瓶中有阳光自绽放

天地有大美而不言

大美葡萄酒
THE BEAUTY IN
WINES

李长征　编著

人民东方出版传媒
People's Oriental Publishing & Media
东方出版社
The Oriental Press

序

作为波亚克 1855 列级庄的庄主兼酿酒师，能够为我的朋友李长征先生的书《大美葡萄酒》作序，这是一件多么令人荣幸的事！

其实，如果你问我，我在家族酒庄里最主要的工作是什么，那么，我必须得发自肺腑地说，我主要的工作就是种葡萄，极其用心地去照顾我的每一棵葡萄树。葡萄酒总会给我带来极大的幸福感，特别是当来自世界各地的葡萄酒爱好者来到波亚克，来到我的酒庄，我与他们一起分享我的美酒的时刻。

葡萄园和葡萄酒的伟业给人类带来了很多意想不到的惊喜，因为每个年份都是一次美妙的创新、一个独特的作品，而且我更愿意用一个艺术家的杰作来形容它。

近年来，我们家族的葡萄酒酿造和葡萄园管理获得了长足的进步，崇敬自然，保护环境，被赋予了更加重要的地位。这个理念时时刻刻指导着我管理家族所有的酒庄，无论是 1855 列级名庄巴特利酒庄（Château Batailley）、浪琴慕莎（Château Lynch-Moussas）、圣埃美隆列级一级 B 等名庄老托特酒庄（Château TrotteVieille）、波美侯雷歌城堡酒庄（Domaine de l'Eglise）和卡斯十字堡酒庄（La Croix du Casse），还是我心心念念的圣埃斯泰夫博赛特酒庄（Château Beau-Site）。

同样，我也是一名出色的波尔多酒商，我也特别自豪于自己在葡萄酒贸易方面的成绩，我的公司波赫马努（Borie-Manoux）致力于服务互相尊重和高品质的合作伙伴。在我的职业生涯中，曾经担任和在任的有：波尔多酒商协会主席、波尔多葡萄酒协会主席（CIVB）、法国葡萄酒及烈酒出口商联合会主席（FEVS）和 1855 列级庄协会主席等职务，我一直致力于让所有人理解和欣赏波尔多的美酒，发现波尔多之美。而我必须说的是，《大美葡萄酒》一书正是"美"的绝妙载体，能够让大家理解并欣赏波尔多和世界各地的"大美"。

但是，如果不说明我与作者李长征先生的第一次相识，那么这个序言就不会完整。2019 年 5 月，李长征先生参加了在浪琴慕莎酒庄举办的"花枝节"暨梅多克左岸骑士授勋活动。当天，我们共同庆祝了卡斯德亚家族入主浪琴慕莎酒庄 100 周年，以及家族在波亚克 400 周年的纪念活动。这是一场伟大的活动，来自世界各地特别是中国的朋友们共同体会了琴慕莎酒庄的美好。对于我来说，这就是我们第一次相遇的美好见证。

让我们向李长征先生致敬，他的这一著作将使爱好葡萄酒的人们更加理解葡萄酒，因为葡萄酒的文明就是友谊与和平的文明。

菲利普·卡斯德亚

2

大
美
葡
萄
酒

Quel plaisir pour un viticulteur de Pauillac , propriétaire de Grands Crus Classés en 1855 que de préfacer un livre de qualité tel que ce livre "The Beauty of Wines " de notre ami Monsieur LI Changzheng.

En effet, je travaille au Château Batailley Grand Cru Classé en 1855, la viticulture c'est-à-dire le soin des vignes comme la vinification de mes vins m'a toujours apporté un grand bonheur que j'apprécie de partager avec nos Visiteurs quand ils viennent à Pauillac.

Le travail de la vigne et du vin apportent beaucoup à l'homme car il s'agit d'une création renouvelée tous les ans, une œuvre unique, je devrais presque dire une œuvre d'artiste.

ou à Domaine de l'Eglise et La Croix du Casse à Pomerol, sans oublier à Beau-Site Saint Estèphe.

La vinification, la gestion des vignes a beaucoup évolué ces dernières années, le respect de la nature, de l'environnement ont pris une importance énorme et gouvernent notre attitude dans la gestion de l'ensemble de nos Chateaux tant à Château Batailley, qu'à Château Lynch-Moussas tous deux Grands Crus Classés en 1855, mais aussi à Château TrotteVieille Premier Grand Cru Classé de Saint Emilion,De même dans la distribution nos Négociants, tel Borie-Manoux.., sont mis à contribution pour trouver des partenaires respectueux de la déontologie que l'on est en droit d'attendre d'Entreprises de qualité.

Au cours de ma carrière, par les différents postes professionnel que j'ai eu le plaisir d'occupe ou que j'occupe aujourd'hui, comme Président des Négociants en Vins de Bordeaux, du CIVB, de la FEVS, du Conseil des Grands Crus Classés en 1855, je me suis toujours attaché à faire comprendre et apprécier nos très bons Vins de Bordeaux, et je dois dire que ce livre "The Beauty of Wines" est un véhicule formidable pour que le public puisse apprécier et comprendre nos Vins.

Mais cette préface ne serait pas complète si je ne racontais pas ma première rencontre avec l'Auteur Monsieur LI.

En effet Monsieur LI m'a fait l'immense plaisir d'assister à la Fête de la Fleur de la Commanderie du Bontemps de Médoc qui a eu lieu en 2019 au Château Lynch-Moussas. A cette occasion on a fêté les 100 ans de la famille Castéja à Lynch-Moussas et nos 400 ans comme propriétaires à Pauillac. Ce fut un grand évènement ou de nombreuses personnalités venues du Monde entier et particulièrement de Chine ont pu découvrir notre très belle propriété de Lynch-Moussas. Cette présence a été pour moi la preuve d'une belle amitié naissante.

Saluons ici, ce grand travail accompli par LI Changzheng pour la compréhension du vin par les hommes, car les Civilisations du Vin sont des Civilisation d'amitié et de paix.

Philippe CASTEJA

今天，很多人都知道葡萄酒是个好东西，是美的。

但我周围的大多数人都不知道怎么发现葡萄酒之美，或者直白地说，不知道怎么找到自己喜欢的葡萄酒，更别提如何感受葡萄酒之美。我的家人、同学、朋友、同事、客户、刚见面认识的陌生人等等，跟我说到葡萄酒的时候，大多都有一种感受，品不出好坏，喝不出差别，不知道怎么选择和评价葡萄酒。其实，我们大多数人除了名气大的拉菲、长城、张裕，再加上一个近年有些知名度的奔富，是很难再说出其他葡萄酒品牌的。

当我们伫立在大卖场的货架前，望着眼前排列得整整齐齐的葡萄酒，有中国、法国、澳大利亚、智利、西班牙、意大利、德国、阿根廷、美国、新西兰、南非等知名产酒国的，甚至还有匈牙利、奥地利、加拿大、阿塞拜疆等小众国家的。再加上，进口酒的正标基本都是产酒国文字，可能是西班牙语、意大利语、葡萄牙语、德语等，一般人很难看得懂。因此，即便是葡萄酒圈的从业人员，大多数也会有茫然无措和无从下手之感。

现在电商发达，天猫、京东、拼多多、苏宁、网易等B2C平台也纷纷引入葡萄酒产品，打折、买赠、超低底价等促销手段琳琅满目，打开葡萄酒店铺网页，各种酒款扑面而来，各种进口的、国产的葡萄酒品牌让人应接不暇。网上选酒丝毫不比超市买酒轻松多少。

街边的便利店、烟酒店、小超市等渠道，葡萄酒也是必备商品，国产酒里的长城随处可见，有的进口葡萄酒被说成是拉菲家族，还有的产品打着奔富的旗号，更有各种各样的不知名、无法确认和难以识别的葡萄酒。

中国的传统媒体、互联网、新媒体等也经常有报道各种假酒的新闻，贴牌酒、套牌酒、保税区灌装酒等消息也甚嚣尘上，有低质高卖的、假酒真卖的、冒牌甩卖的，更让人觉得恐惧和烦恼。

那么到底该怎么样发现葡萄酒之美，怎样在茫茫大海里，找到"合适"的酒呢？其实，"合适"的定义在不同的人身上是不一样的，所以，我们需要将这两个字打上引号。对于不同的人来说，"合适"可能意味着便宜、好喝、喜欢、高级、稀缺。对于刚开始饮用葡萄酒的朋友来说，他或许希望能买到日常饮用的、质量还行的、价格适中的真酒；对于有一定鉴赏能力的"老炮"，他或许希望能尝一尝独特的、有差异化和新鲜感的葡萄酒；对于高端的商务宴请，主人希望能体现出面子、品牌、尊贵和高级；对于像电影《美人鱼》里邓超饰演的土豪刘轩，他需要的只是罗曼尼·康帝，要的是价格高和稀缺。因此，"合适"是本书努力的目标之一，但这个目标实现起来也有难度，我将通过本书的笔触，尽力让"合适"呈现在每一个朋友面前，让您知道"合适"的葡萄酒是什么，以及在哪里。请一起走进葡萄酒的美丽世界！体会不一样的葡萄酒之美。

《大美葡萄酒》中的"大美"二字取自《庄子·知北游》中"天地有大美而不言，万物有成理而不说"。庄子在告诉我们，美存在于大自然之中，为天地所有，人要寻求美，就需要接触"天地"，去观察，去探寻。

葡萄酒的美，来源于风土，更来源于"天地"，从其诞生的那一刻起，葡萄酒一直在淋漓尽致地呈现"天地"之美。葡萄酒与"天地"之间的关系，是所有酒种中最为特殊的，甚至可以说是最为紧密的，最能表达"天地"之美的。葡萄酒因其原料、产地的不同，而绽放在"天地"的各个角落。从东半球的亚洲，到西半球的美洲，从北半球的法国，到南半球的智利，世界七大洲中除了不毛之地南极洲，每个洲都盛产葡萄酒，都孕育了独特的、颜色不同的、极具个性的葡萄品种和葡萄酒。中国古话说，一方水土养一方人，在葡萄酒上更是一方"天地"，奉献了美不可言的葡萄酒。葡萄酒因其颜色、香气、口感、酒精度、含糖量等的差异而千差万别，又因酿造工艺、酿酒师和葡萄品种的不同燕瘦环肥，不同的人种、习俗又赋予了葡萄酒迥异的文化和风格。

本书的初衷是构建一个大美葡萄酒的"天地"，通过本书有限的篇幅和粗浅的文字，给读者提供一个观察"天地"的杰作——葡萄酒之美的渠道和工具。故而，作者梳理了葡萄酒这个酒种的结构，介绍了葡萄酒与大自然、橡木桶、软木塞、标签艺术、酿造工艺、葡萄品种等之间美的联系，提炼了世界上著名和典型的产区、葡萄酒分级及其特点，分享了作者总结的各地葡萄酒酒标的阅读方法和葡萄酒美的标准，提到了国内和国际常见的葡萄酒销售渠道、渠道特点以及购得后如何享用一款酒，介绍了一个普通人成为葡萄酒"大师"的速成之道和这个行业专业人士常用的行业资料，最后还附了一个简单的找酒指南。为了阅读有趣，书中引用了关于葡萄酒的名人名言、中国诗词、历史典故和有趣事件。为了避免葡萄酒译制书籍中常见的过于专业和晦涩生硬的语言风格，本书修辞和行文特意考虑了多用排比、对仗、白描等国人喜欢的表达方式。本书的图片渠道主要是作者自拍、合作伙伴和圈内友人分享、各国葡萄酒推介机构网站提供和需注明来源的国外网站图源等，图片的选择务求趣味性、美观性和故事性。

体验葡萄酒之美最简单的方式是饮用和品鉴，美酒抵达味蕾的时刻，才是葡萄酒生命中最为灿烂的时刻，才是葡萄酒魅力和芬芳充分绽放的时刻。虽然大量的科研成果和生活常识表明葡萄酒有益健康，但还是要切记"物极必反，过犹不及"，必须牢记酒精过量对身体的负面作用。健康饮酒和适量饮酒永远是酒行业从业者鼓励的生活方式，也是葡萄酒"大美"品格的精髓和追求。

希望本书能成为一个良好的工具或者向导，让读者走进"大美"的葡萄酒世界，发现葡萄酒"天地"的大美，找到自己喜欢的美酒，并开启更加愉悦、多姿和健康的人生。

本书视角的葡萄酒

葡萄酒是世界上最文明的事物之一，也是世界上最自然、最完美的东西之一。它带给我们的享受价值和欣赏价值是无与伦比的，远超其他事物带给我们的纯感官感觉。

——欧内斯特·米勒尔·海明威

雷沃堡酒庄的葡萄熟了

第一节　葡萄酒的诞生

关于葡萄酒的诞生，有着多个有趣的传说。

其中有一个故事是关于诺亚方舟和葡萄酒诞生的。

很久以前，地球上发生洪灾。诺亚一家乘坐预先建好的方舟，漂泊在大水之中。他们所带的物品中，有很多葡萄干。由于船舱漏水，放在舱内的葡萄干逐渐腐烂。粮食被吃光后，人们不得不打这些腐烂的葡萄干的主意，于是大家就用从葡萄干中挤出的水分来充饥。喝了这些葡萄水之后，大家觉得有点头晕，但精神振奋，心情愉悦，开始唱起了歌、跳起了舞，全船人异常热闹欢快。后来，人们再次饮用这个葡萄水，又产生了那种美妙的感觉。这时，大家才意识到饮用腐烂的葡萄水能让人变得愉悦，活跃气氛。三个月后，大水退了，和平安宁的生活重新开始。人们特意让葡萄干腐烂，酿造液体饮用，并把这液体称为"酒"。

还有一个故事是关于爱情和葡萄酒诞生的。

古波斯的国王詹姆希德特别喜欢吃葡萄，但是那个时候葡萄是个金贵的东西，他就将吃不完的葡萄藏在密封的罐子里，并写上"毒药"标签贴在罐子外面，以防止别人偷吃。由于国王事务繁忙，很快便忘记了这件事。国王身边有一位失宠的王妃，因爱情日渐枯萎，感觉生不如死，便想反正这日子也没法过了，干脆死了得了，凑巧看到贴有"毒药"二字的罐子。打开罐子一看，里面的液体，颜色很古怪，于是她便将这发酵的葡萄汁当毒药喝下。结果她不但没有死，反

古希腊神话中酿酒的精灵——公元前5世纪壁画。图片来源：www.theoi.com

古埃及那赫特墓壁画。图片来源：http://italiaknowing.it

而有种陶醉的飘飘欲仙之感。多次"服毒"后，她反而容光焕发、面若桃花。她将此事呈报国王后，国王大为惊奇，也喝了一口，一试之下果然美妙，于是这个倒霉的妃子再度得宠，找回了心心念念的爱情，结局皆大欢喜。葡萄酒也因此出现。

葡萄酒是由葡萄制成的酒精饮料，根据公认的"葡萄酒必须由葡萄酿制而成"的定义，追溯葡萄酒的历史必须从葡萄和酿制后的酒两个维度进行证明。关于用葡萄作为发酵原料进行酿酒的最古老证据来自约9000年前的中国。2000年后，酿造葡萄酒的葡萄种子在西亚被发现。考古过程中，在遗址上发现葡萄的种子、果皮、根茎不一定意味着一定存在葡萄酒的生产，可接受的鉴别方法是人工驯化野生葡萄以及这些葡萄加工成酒的证据。人工驯化野生葡萄过程中发生的主要变异是两性花的出现，这意味着驯化后的葡萄能够自我授粉。

根据考古成果，葡萄酒的酿造始于中国（The Origins and History of Winemaking, The Archaeology and History of Grapes and Making Wine, Thought Co, K. Kris Hirst, 2009年11月26日）。

中国科技大学和美国宾夕法尼亚大学专家从河南省贾湖遗址发掘出的大量陶器残留物中分析研究发现，9000年前贾湖人已经掌握了目前世界上最古老的酿酒方法，贾湖古酒中含有稻米、山楂、蜂蜡等成分，在含有酒石酸的陶器中还发现有野生葡萄籽粒。可以推

亚美尼亚阿雷尼史前酿酒遗址中的容器。图片来源：人民图片网

测，考古学家在对河南舞阳县贾湖遗址的考古发掘中，发现了目前世界上最早的用葡萄酿酒的证据。

中国关于葡萄的文字记载可以追溯到商周时期。汉代以前用来酿酒的葡萄主要还是中国本土的野生葡萄品种，而不是来自西亚。中国酿酒采用的西亚葡萄品种于公元前2世纪通过丝绸之路传入我国。

西亚古葡萄酒更接近于是我们现在饮用葡萄酒的祖先。

在西亚，迄今为止最可靠的酿酒证据始于新石器时代的伊朗哈吉费鲁兹，这一时间可追溯到公元前5400年至公元前5000年。考古发现的双耳陶罐底部的沉积物被证明是葡萄单宁和酒石酸盐的混合物。遗址中还发现了另外五个类似于单宁和酒石酸盐沉积物的罐子。

古埃及时代就出现了葡萄酒的贸易记录，埃及法老蝎子王（约公元前3150年）的坟墓中发现了约700个罐子，罐子经特殊处理，当时装满了葡萄酒，这些葡萄酒都是从西亚进口的。

第二节　干红、红酒与葡萄酒的关系

经常有人说，我喜欢喝红酒，我们知道其实他说的是葡萄酒。对很多人来说，红酒就是葡萄酒，干红也能等同于葡萄酒。那么到底什么是干红？什么是红酒？什么是葡萄酒？

首先葡萄酒必须是由葡萄酿造的酒。这与中国多年前曾出现的"三精一水"以及现在仍然有的假葡萄酒有着天壤之别，三"精"就是糖精、酒精、香精，一"水"就是水了，再加上色素就可以生产出一瓶葡萄酒来。假酒不用喝，用鼻子一闻就能闻到浓郁的化学品带来的香味，而不是葡萄发酵、陈酿产生的天然的果香、发酵香等香气。

根据中国的国家标准规定，葡萄酒是以新鲜葡萄或葡萄汁为原料，经全部或部分发酵酿造而成的，含有一定酒精度的发酵酒。中国的国家标准里，还包括了低醇葡萄酒（酒精度为1%—7%）和脱醇葡萄酒（酒精度为0.5%—1%）。根据国际葡萄和葡萄酒组织的规定，葡萄酒是破碎或未破碎的新鲜葡萄果实或葡萄汁经完全或部分发酵获得的饮料，其酒精度不得低于8.5度。但是，根据气候、土壤条件、葡萄品种和一些葡萄酒产区的特殊的质量因素或传统，在一些特定的地区，葡萄酒的最低酒精度可降至7.0度。

不管是中国国家标准还是国际惯例，红酒都指的是红色的葡萄酒，与红酒对应的是白葡萄酒和桃红葡萄酒。白、桃红与红是葡萄酒的三个主要颜色类型。

那么我们常说的干红的"干"是什么意思呢？是让我们一口干了吗？还是这个酒与干燥有关系？在揭秘之前，我们先分析一下到底什么是干红！我们先从中国官方葡萄酒的定义，也就是国家标准中看看能否找出一些端倪。在国标的葡萄酒定义里，干型酒也就是我们说的干红、干白，都是含糖量低于4.0 g/L的葡萄酒。相对应的半干是含糖大于4.0 g/L、小于12.0 g/L的葡萄酒。半甜是含糖量大于12.0 g/L，最高为45.0 g/L。

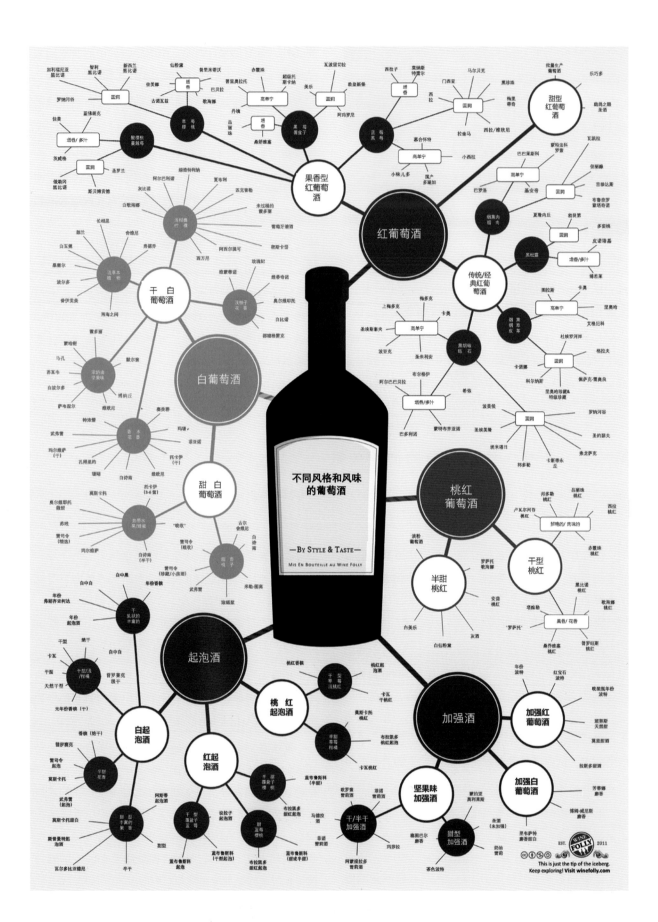

004

大美葡萄酒

甜酒是含糖量大于 45.0 g/L 的葡萄酒。

于是，我们是不是可以看得出来，我们所说的"干"红、"干"白，都是跟含糖量有直接关系的，并不是干燥和湿润的关系。

那为什么有干红这个概念呢？其实这个"干"，是英文 Dry 的直译，我们知道，干红来源于英语里的"Dry red wine"这三个单词，最早是谁把 Dry red wine 翻译成干红的，现在已无从考证。不过这位仁兄在翻译的时候肯定也没仔细琢磨，一看 Dry 就理解成干燥的意思了，于是 Dry red wine 就顺理成章地翻译成了干红。以至于现在我们看到"干"这个形容词很难把它和含糖量联系在一起！但其实呢？ Dry 在英语里除了干燥，还有一层意思，即不甜！大家查阅牛津词典就会发现，里头有一项释义：Dry 是 Sweet（甜）的反义词。因此，Dry Red Wine 最恰当的翻译不应该是"干红"，而应该是"不甜红葡萄酒"，这样的话，葡萄酒的分类就不应该是干型、半干型、半甜型和甜型，而应该是不甜型、微甜型、半甜型和甜型葡萄酒。这种分类可能就不会出现那么多稀里糊涂的误解，但是又好像少了点美妙和神秘。

时过境迁，我们再想去重新翻译已经是不可能了，最好的办法就是接受和掌握这个现实。大家记住一点即可，干不是干燥，而是不甜，含糖量极低之意。

因此，我们也可以看出来，干红不等于红葡萄酒，干红只是红葡萄酒中的一个分支。

红葡萄酒也不等于葡萄酒，它也只是葡萄酒中三个主要颜色当中的一个。

干红和红酒，因为在中国葡萄酒消费初期地位比较高，占比比较大，大家在不了解葡萄酒的详细家族图谱的时候，误认为干红就是红酒，或者就是葡萄酒了。但我们必须强调，葡萄酒是一个很大的体系。

第三节　从中国国家标准看葡萄酒品类的构成

葡萄酒是酒精性饮料中成员最为庞大的品类，按照中国国家标准，葡萄酒可以分别按颜色、含糖量、二氧化碳含量和酿造工艺进行分类。

一、根据颜色

若以颜色为划分标准，葡萄酒可以分为红葡萄酒、白葡萄酒和桃红葡萄酒三大类。这也是最常见的分类方式。

1. 红葡萄酒

红葡萄酒是由红葡萄带皮发酵酿造而成的。浸皮的时间越长，颜色就越深。新酿造的红葡萄酒通常呈现深沉的紫红色或宝石红色。随着陈年时间的增长，其颜色会变浅，呈现石榴红或砖石红色。此外，红葡萄酒的颜色也受酿造品种的影响，一些品种颜色

深，酿造出来的葡萄酒颜色就会比较深沉，比如赤霞珠和西拉。

2. 白葡萄酒

白葡萄酒可以采用白葡萄品种和红葡萄品种酿造。在酿造白葡萄酒过程中，葡萄在压榨后去除葡萄皮和葡萄籽再进行发酵，这样就可以避免萃取果皮中的色素和单宁。白葡萄酒的色泽可以划分为深浅程度不等的青黄色、柠檬黄色、金黄色、琥珀色和棕色。

一般而言，雷司令（Riesling）和灰比诺（Pinot Gris）等品种酿造的葡萄酒会呈现非常浅的柠檬黄色。而不同酿造工艺也会影响成酒的颜色，以霞多丽为例，经过橡木桶陈酿的霞多丽葡萄酒会展现更深的金黄色色泽；相反，不经过橡木桶陈酿的霞多丽葡萄酒的颜色比较浅，呈浅柠檬黄色泽。

3. 桃红葡萄酒

桃红葡萄酒的颜色介于红葡萄酒与白葡萄酒之间，它是由红葡萄品种经过短期浸渍发酵酿成的葡萄酒。与红葡萄酒相似，桃红葡萄酒浸渍时间越长，颜色也会越深。它的色泽从浅至深依次为樱花粉、桃红粉、芍药红、珊瑚红和樱桃红。

二、根据含糖量

若以含糖量为划分标准，葡萄酒可以分为干葡萄酒、半干葡萄酒、半甜葡萄酒和甜葡萄酒四大类。这

桃红葡萄酒

也是另一种最为常见的分类方式。

1. 干葡萄酒（dry wines）

含糖量（以葡萄糖计）小于或等于 4.0g/L 的葡萄酒。或者当总糖与总酸（以酒石酸计）的差值小于或等于 2.0g/L 时，含糖最高为 9.0g/L 的葡萄酒。

2. 半干葡萄酒（semi-dry wines）

含糖量大于干葡萄酒，最高为 12.0g/L 的葡萄酒。或者当总糖与总酸的差值小于或等于 2.0g/L 时，含糖量最高为 18.0g/L 的葡萄酒。

3. 半甜葡萄酒（semi-sweet wines）

含糖量大于半干葡萄酒，最高为 45.0g/L 的葡萄酒。

4. 甜葡萄酒（sweet wines）

含糖量大于 45.0 g/L 的葡萄酒。

三、根据二氧化碳含量

若以二氧化碳含量（以 20℃时二氧化碳压力计，二氧化碳为自然发酵产生）为划分标准，葡萄酒可以分为平静葡萄酒、起泡葡萄酒、高泡葡萄酒、天然高泡葡萄酒、绝干高泡葡萄酒、干高泡葡萄酒、半干高泡葡萄酒、甜高泡葡萄酒和微泡葡萄酒九大类。

1. 平静葡萄酒（still wines）
二氧化碳压力小于 0.05MPa 的葡萄酒。

2. 起泡葡萄酒（sparkling wines）
二氧化碳压力等于或大于 0.05MPa 的葡萄酒。

3. 高泡葡萄酒（sparkling wines）
二氧化碳压力大于等于 0.35MPa（容量小于 250 mL 的瓶子二氧化碳压力等于或大于 0.3 Mpa）的起泡葡萄酒。

4. 天然高泡葡萄酒（brut sparkling wines）
含糖量小于或等于 12.0g/L（允许差为 3.0 g/L）的高泡葡萄酒。

起泡酒

5. 绝干高泡葡萄酒（extra-dry sparkling wines）

含糖量为 12.1 g/L—17.0 g/L（允许差为 3.0 g/L）的高泡葡萄酒。

6. 干高泡葡萄酒（dry sparkling wines）

含糖量为 17.1g/L—32.0g/L（允许差为 3.0g/L）的高泡葡萄酒。

7. 半干高泡葡萄酒（semi-dry sparkling wines）

含糖量为 32.1g/L—50.0g/L 的高泡葡萄酒。

8. 甜高泡葡萄酒（sweet sparkling wines）

含糖量大于 50.0g/L 的高泡葡萄酒。

9. 微泡葡萄酒（semi-sparkling wines）

二氧化碳压力在 0.05MPa—0.34MPa 之间的葡萄酒。

四、特种葡萄酒（special wines）

使用特定方法酿造而成的葡萄酒。

1. 利口葡萄酒（liqueur wines）

在酒精度 12%（体积分数）以上的葡萄酒中，加入葡萄白兰地、食用酒精或葡萄酒精以及葡萄汁、浓缩葡萄汁、含焦糖葡萄汁、白砂糖等，使其酒精度为 15%—22% 之间的葡萄酒。

2. 葡萄汽酒（carbonated wines）

酒中所含的二氧化碳部分或全部由人工添加，具有同起泡葡萄酒类似物理特性的葡萄酒。

3. 冰葡萄酒（icewines）

将葡萄推迟采收，当气温低于零下 7 ℃ 使葡萄在树枝上保持一定时间，结冰后采收，并在结冰状态下压榨、发酵、酿造而成的葡萄酒。

4. 贵腐葡萄酒（noble rot wines）

在葡萄的成熟后期，葡萄果实感染了灰绿葡萄孢（俗称贵腐菌），果实成分发生了明显的变化，用这种葡萄酿造而成的葡萄酒。

5. 产膜葡萄酒（flor or film wines）

葡萄汁经过发酵，在酒的自由表面产生一层典型的酵母膜后，加入葡萄白兰地、葡萄酒精或食用酒精，所含酒精度等于或大于 15.0%（体积分数）的葡萄酒。

6. 加香葡萄酒（flavored wines）

以葡萄酒为酒基，经浸泡芳香植物或加入芳香植物的浸出液（或馏出液）而制成的葡萄酒。

7. 低醇葡萄酒（low alcohol wines）

酒精度为 1.0%—7.0%（体积分数）的葡萄酒。

8. 无醇葡萄酒（non-alcohol wines）

酒精度为 0.5%—1.0%（体积分数）的葡萄酒。

9. 山葡萄酒（V.amurensis wines）

采用鲜山葡萄（包括毛葡萄、刺葡萄、秋葡萄等野生葡萄）或山葡萄汁经过全部或部分发酵酿造而成的葡萄酒。

不死之酒——马德拉酒是著名的利口酒。图片来源：Neil Hennessy-vass

第四节 对葡萄酒消费有意义的分类法

一、酒庄酒、工厂酒

如果你经常喝法国葡萄酒，细心的话很容易会看到在酒标底部印有"Mis En Bouteille au Chateau"或者"Mis En Bouteille A La Propriete"等字样。字面翻译就是"酒庄灌装"和"酒商灌装"，大体上就对应了酒庄酒和工厂酒（或酒商酒）的区分。

另外虽然只有细小区别，但千万不要小瞧这个细微差异，这可能直接影响您入手葡萄酒的价格和品质。

1. 酒庄酒

酒庄酒顾名思义就是酒庄里面所酿造出来的葡萄酒，一般要符合三个要素才能称为酒庄酒。

首先，酒庄拥有属于自己的葡萄园。

其次，酒庄所种植的葡萄不是以商品出售，而是自用酿酒的原料。

最后，酿造和灌装全过程都在酒庄内进行。

酒庄酒一般会在自己酒标的醒目位置印有Chateau、Domain、Clos等字样，国内大都译为"酒庄"。

酒庄酒的产量低。酒庄根据自己葡萄园的面积和产量申报葡萄酒的产能、产量，酒庄不允许购买别人的葡萄或葡萄汁来加工自己的酒庄酒。因此，产量较小，通常年产量仅有几万至几十万瓶。波尔多、勃艮第、纳帕还有一种车库酒庄，顾名思义酿酒车间只有一个车库那么大，产量特别低，价格自然非常昂贵。

因酒庄精细的葡萄园管理，酒庄的葡萄原料质量高，所以出产的葡萄酒都具有酒庄独特的个性和较高品质！

2. 工厂酒

工厂酒通常指大规模工业化生产的葡萄酒。

葡萄酒工厂从葡萄种植者或别的酒厂收购葡萄、原酒，在自己的工厂陈酿、勾兑、调配、装瓶、贴标、装箱，用自己现有的品牌或者根据客户的要求设计产品并进行销售的葡萄酒。与酒庄酒相对应，工厂酒有以下三个特点。

产量高。大型葡萄酒生产工厂可以购买葡萄种植者的葡萄原料，自己发酵生产原酒，也可以从别的生产者手中直接购买原酒，因此，工厂酒的产量很高。

价格相对便宜。因为量大、成本低，工厂酒的价格相对于酒庄酒还是要低一些的。

但我们需要纠正一个误区，那就是酒厂酒就一定比酒庄酒的品质差。其实有些大规模生产的酒厂酒尤

法国波尔多右岸小酒庄酒窖内景，年产能多数低于200吨（左）　美国加州葡萄酒工厂，一个酒罐的容积可达500吨

其是新世界国家的酒厂酒，品质也是不错的。澳大利亚的奔富389、407、707等产品都是工厂酒，但是品质相对也是很高的。即便是旧世界的法国，也不是所有叫酒庄的葡萄酒就一定比工厂酒的品质要好。

新世界的规则与旧世界不同，酿酒理念更为灵活，产品研发也更开放。新世界的工厂酒也常见比酒庄酒质量要好的情形。旧世界比较传统，相对来说，酒庄酒大多数情况下要比同产区、同年份、同品种的工厂酒好。这里面的例外是，在欧洲有很多小酒庄不像拉菲、帕图斯这些巨头拥有完善的酿酒和灌装设备，他们也可能选择把原酒卖给酒商或大型工厂，生产别人的品牌酒或工厂酒。

二、原厂酒和贴牌酒

原厂酒很简单，就是葡萄酒的品牌就是这个酒厂自己的，品牌的知识产权属于生产方。我们的市场上大多数的葡萄酒都是原厂酒。

智利圣利塔集团为美国德州巴西烤肉（Texas de Brazil）贴牌的与店同名葡萄酒。图片来源：www.prweb.com

贴牌酒就是代工生产，国外叫"private label wine"，国内也常用OEM表述。具体操作方式是酒厂按购买方的要求酿酒，或者利用现成的原酒，贴上买方的酒标。代工生产盛行于各种领域，比如白酒、食品、手机、服装、鞋帽等。贴牌酒并非假酒，也与品

圣利塔120系列是智利最畅销原厂大品牌之一

质低劣没有直接关系，这必须澄清，但是贴牌酒里高端酒占比较少，中低端产品较多。贴牌酒的商标所有权不是生产方，生产方只是被商标持有方委托加工。在全世界各产区，都有不少大型酒厂从事专业的贴牌生产服务，是一种较为正常的生产形式。法国、美国等葡萄酒发达国家，有的著名品牌产能不足，或者没有生产能力的，委托第三方加工是比较常见的。

即便是很多葡萄酒的从业人员，想要从外观和酒体上判别是否是贴牌酒也并不容易。但是，个别葡萄酒的酒标和包装做得特别不走心，或者是酒标上错误百出的酒，这种情况还是容易辨别的。

一定程度上来说，没有必要太过于纠结要不要去探究一款葡萄酒到底是原厂酒还是贴牌酒，只要它好喝、性价比高就行了；我们现在可选择的葡萄酒范围较广，如果对一个酒有疑问，或者拿不准，完全可以把视线挪到其他酒上。

贴牌酒中的"山寨"葡萄酒是给市场产生负面影响的葡萄酒。山寨葡萄酒在取名字的时候，强行与市场上比较知名或者畅销的品牌结合在一起。这个问题不是中国独有，其他国家也屡见不鲜，屡禁不止，层出不穷。为此，很多国家还专门出台法律法规对酒标和商标使用进行约束和管理。识别山寨葡萄酒的方法就比较简单了，你只要看品名是不是有"可笑可乐""拉飞""豪牛酸酸乳"等类似套路就可以识别山寨葡萄酒了。

第二章

葡萄酒之美

葡萄酒能抚慰人们的情绪，让人忘记烦恼，使人恢复生气，重燃生命之火。小小一口葡萄酒，会如最美的晨露般渗入我们的五脏六腑。葡萄酒不会令我们丧失理智，它只会带给我们满心的喜悦。

——古希腊哲学家　苏格拉底

第一节 葡萄酒的自然之美

法国阿尔萨斯产区优美的自然风光

　　不管国内还是国外，凡是葡萄园接天蔽日的地方，景色都特别好，而且大凡著名葡萄酒产区，当地都会策划葡萄酒之路、名庄之路、特级园之路、美酒之旅之类的旅游路线，供游客边品鉴美酒，边欣赏天人合一的自然风光。

　　法国波尔多有一条名庄之路，美国纳帕谷有小火

波尔多名庄之路的马拉松运动

车葡萄酒之旅，智利、阿根廷、意大利、西班牙、新西兰、南非等国家的葡萄酒产区也都非常美。

波尔多的名庄之路在波尔多的左岸，从南往北依次穿过梅多克产区的玛歌、上梅多克、圣朱利安、波亚克、圣埃斯托夫等著名村庄。这条路经过著名的玛歌、拉菲、拉图、雄狮、爱诗途、碧尚男爵等列级名庄，道路两旁是鳞次栉比的葡萄园，一望无际，零星分布的酒庄城堡点缀其间，边走边看，边看边尝，可以充分体验葡萄酒的美妙和乐趣。波尔多自然条件优越，名庄之路更是顺着吉伦特河绵延而下，吉伦特河汹涌奔流，湍急壮阔，景色优美，非常适合自驾和骑行。波尔多名庄之路也是波尔多一年一度的国际马拉松举办地。波尔多马拉松是最有法国特色的一场赛事，高度体现了法国人的浪漫主义精神，并将这种欢乐彻底贯穿融汇于比赛中。在许多人眼中，这场赛事足以与波士顿、伦敦马拉松比肩，每年限定 8500 个名额，一经放出都是瞬间被秒光。可见，这不仅仅是一场马拉松，更是一场弥漫着美酒、美食和美景的欢乐之旅。

加州纳帕山谷（Napa Valley）远离都会尘嚣，气候温和，冬暖夏凉，它是世界著名的美酒之乡，也是新世界高端葡萄酒的代名词，数百个大大小小的酒庄藏身于此，用各自的特色和风格诠释这片土地的滋味与丰饶。从旧金山出发，沿着 29 号公路，大约一个多小时的车程就可以到达纳帕。进入狭长蔓延的溪谷后，瞬间感觉进入一个与世隔绝的世外桃源。阳光透过云层洒落在绵延数里的葡萄田上，辉映着山林四季的变化；喧嚣的都市渐行渐远，眼前却翻腾着加州 150 多年的葡萄酒酿造历史。纳帕与波尔多一样，也有一条葡萄酒旅游路线，最著名的就是纳帕的小火车之旅，小火车不仅是穿梭于纳帕葡萄酒产区和知名酒庄的交通工具，更是一个移动的美食天堂和观景列车。乘客可以选择参加参观葡萄酒庄的贵宾之旅，然后回到车上享用丰盛大餐。也可以在车上用餐，随处下车恣意游览。在火车里可以体会纳帕温暖、悠长的黄昏，可以看到纳帕谷的金色夕阳，可以领略到群山起伏的彩色葡萄园的自然风光。

访名庄，看美景，赏佳酿，置身于风景如画的葡萄园和酒香四溢的酒窖，到各大产区体验最淳朴的葡萄酒自然之美。

美国纳帕产区葡萄酒旅游广告

第二节 橡木桶的功劳与价值

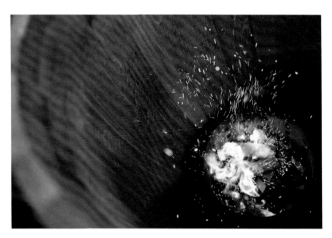

橡木桶的烘烤工艺。图片来源：法国FAMILLE SYLVAIN木桶厂（下同）

一、橡木桶的由来

橡木桶先是用作运输容器，后才用于酿酒。据说，一些来自阿尔卑斯山下的工匠们为了躲避古罗马人带来的战乱，把葡萄酒藏在了橡木桶里，并转移到了山洞中。一年之后，当他们将酒从桶中取出，奇迹出现了，酒的颜色发生了很大的变化，酒的味道也变得异常香醇，并伴随着一种从未有过的芬芳。这就是传说中橡木桶的由来。

二、橡木桶的分类

按来源国来说，橡木桶主要有法国橡木桶、美国橡木桶和匈牙利橡木桶等，法国和美国橡木桶产量大，使用最为广泛。也可以根据使用区域将橡木桶细分为波尔多桶、勃艮第桶等。也可以根据容量大小把橡木桶分为大橡木桶与小橡木桶。另一个有价值的分类方法是根

据橡木桶的烘烤程度，可分为轻度烘烤、中度烘烤和重度烘烤橡木桶。

三、橡木桶的作用

经过橡木桶陈酿的葡萄酒，颜色、香气、单宁、口感都会发生非常大的变化，这种变化在优秀酿酒师的手里，是神奇的、美妙的、令人愉悦的。橡木拥有特殊的组织结构，当被制成橡木桶后，这种结构可以使得少量的空气渗透到桶中，使酒液适度氧化，从而柔化单宁，促进葡萄酒的成熟。此外，橡木桶本身也含有一定的单宁，在葡萄酒陈酿的过程

上：拼玫瑰；左：刨桶；右：劈木

中，桶中的单宁会渗透到葡萄酒中，使酒的骨架和结构更加强劲。橡木桶还能赋予葡萄酒诸如香草、咖啡、烟熏和香料等的风味。

新酿造完成的新葡萄酒带来的生涩单宁并发展出更为复杂的风味。而对于白葡萄酒而言，为了保留其本身优秀的新鲜果香和品种特性，绝大多数都不使用橡木桶。只有酒体较为强劲的霞多丽、灰比诺和白富美等葡萄品种常常用橡木桶陈酿。

四、法国和美国橡木桶的区别

法国和美国橡木桶是世界上最为流行的两种橡木桶，前者价格较贵，后者便宜。

法国橡木桶为葡萄酒带来的风味更加优雅、温和，提供精致的烘烤和坚果味，能够为葡萄酒带来恰到好处的复杂度，并产生更协调、更平衡、更平滑、更柔顺的酒体感受。国内外大多数著名酒庄都使用法国橡木桶。

美国橡木桶则完全是另外一种风格。美国橡木桶往往更加"奔放"，赋予葡萄酒丰富的香草气息以及较多的单宁，且单宁较为艰涩，这是由于美国橡木桶的颗粒没有法国橡木桶那么细致，美国橡木的颗粒较疏松，可以与葡萄酒产生更多的相互接触，葡萄酒可以渗透到更深的颗粒中。增加的表面接触面积使得葡萄酒可以从橡木中提取更多的香料和单宁。

五、并不是所有的酒都需要使用橡木桶陈酿

大多数的优质红葡萄酒选择使用橡木桶陈酿，柔化

法国白橡木

第三节 葡萄酒瓶塞，小中见大的不可或缺

瓶塞的作用是密封和保护葡萄酒，但不同的瓶塞对葡萄酒的保护作用是不同的，瓶塞本身也是葡萄酒魅力的重要延伸之一。国内外都有很多关于瓶塞对葡萄酒衍生、变化影响的研究。下面我们就说说不同瓶塞的作用和贡献。

四种塞子

栓皮栎

一、天然软木塞

软木塞中的贵族，它是质量最高的软木塞。它是由栓皮栎的树皮直接加工而成的瓶塞，主要用于不含气的葡萄酒和储藏期较长的葡萄酒的密封。用天然塞密封的葡萄酒储藏几十年也没有问题，百年以上的纪录不足为奇。名庄酒和高端酒天然软木塞的使用率最高。

二、填充软木塞

软木塞家族中身份较低的一种，它和天然塞出身相同，但选用的原材料质量较差，其表面的孔洞比较多也比较大，空洞中的杂质会对酒的质量有负面影响，于是厂家就用软木粉末和黏合剂的混合物在软木塞的表面涂抹均匀，填充软木塞孔洞上的缺陷。这种瓶塞通常用于品质较低的葡萄酒。

三、聚合塞

它是用软木颗粒和黏合剂黏合而成的软木塞。根据加工工艺的不同又可以分为板材聚合塞和棒材聚合塞。板材聚合塞是用软木颗粒和黏合剂黏合而成的软木塞，物理特性比较接近天然塞，含胶量低，是一种较好的瓶塞，但这种瓶塞生产成本比较高。棒材聚合塞是将软木颗粒压制成棒后加工而成，这种瓶塞含胶量高，质量不如板材聚合塞，不过生产成本较低，在发展中国家使用比较普遍。

聚合塞的价格比天然塞便宜，当然质量比天然塞

要差，长期与酒接触后，会影响酒质或发生渗漏现象，所以，多适用于低端酒和快速饮用型葡萄酒。

四、合成塞

它是一种用特殊工艺制作的复合软木塞，软木颗粒的含量大于51%，其性能和用途都和聚合塞相似。

五、贴片软木塞

用聚合塞或合成塞做主体，在聚合塞或合成塞一端或两端粘贴1片或2片天然软木圆片，通常有0+1塞、1+1塞、2+2塞等，其接触酒的部分为天然材质，这种瓶塞既具有天然塞的特质，又优于聚合塞或合成塞的密封性能。因其档次比聚合塞、合成塞高，成本又比天然塞低，所以是较好的瓶塞选择，它和天然塞一样可以用于较高品质的葡萄酒密封。

六、起泡瓶塞

不接触酒的部分用4—8mm的软木颗粒聚合加工而成，接触酒的部分用单片厚度不低于6mm的两片天然软木贴片加工而成。其密封效果较好，主要用于起泡酒、半起泡酒和含气葡萄酒的密封。

起泡酒塞

七、加顶塞

又叫丁字塞，是一种顶大体小的软木塞，体可为

圆柱形或圆锥形，可用天然软木或聚合软木加工而成，顶的材料可以为木头、塑料、陶瓷或金属等，这种软木塞多用于白兰地酒的密封，我国有些地方也用它来密封黄酒（老酒）和白酒。

八、微颗粒塞

微颗粒塞是最近出现的产品，由于聚合塞的质量问题饱受诟病，瓶塞厂商将软木颗粒进行进一步粉碎，以极细微的颗粒状态进行黏合，在密封能力和透氧率一致性方面有了较大的改观。

九、DIAM塞

DIAM塞是在微颗粒塞的基础上发展出来的产品，

DIAM 塞

各种塞子

将软木颗粒制成粉末状，然后萃取出其中含有的 TCA 和其他引起缺陷性气味的成分物质，再将粉末重新塑型成酒塞。其优势在于杜绝了 TCA 木塞味，并且在透氧率一致性方面有了很大的改进。

十、金属螺旋盖

这种封瓶产品在澳大利亚、新西兰、南非等产区非常流行，可以有效地密封葡萄酒，杜绝氧气的进入，也非常容易开启。

第四节　葡萄酒陈酿之美

葡萄汁发酵结束之后的葡萄酒只能成为新酒，新酒根据其生产类型和风格，可以是新鲜易饮的果香型葡萄酒，也可以是果香浓郁、酒体强壮、单宁与酸度较高的陈酿型葡萄酒。

葡萄酒的陈酿（也有的地方叫作葡萄酒的成熟或熟化）是发酵结束后第一次更换贮藏容器后发生的所有反应和变化，陈酿使酒质有所改善而不是腐败变质。陈酿有大型不锈钢容器陈酿、橡木桶陈酿和瓶储陈酿三个表现形式。

陈酿的目的是提高葡萄酒的品质，从深层次来说，陈酿的意义分为四类，即减少、增加、延续和扩大以促进葡萄酒的成熟。

一、减少

葡萄汁发酵得到的新酒并不是非常完美，甚至还

拉菲酒庄圆形酒窖

有很多缺陷。主要包括：发酵产生的二氧化碳等其他一级酵母的发酵味、新葡萄酒自带的生涩味、新酒的生硬单宁和尖锐感以及发酵控制不当产生的缺陷，如硫化氢等。减少，就是通过陈酿工艺处理掉最初阶段产生的硫化氢，调整新葡萄酒的酸涩感，通气疏散掉二氧化碳等。

二、增加

陈酿和成熟的另一个作用是可以使酒增加更多的内涵，这包括从橡木中浸提香味物质，氧化产生香味和颜色，通过瓶储产生瓶储醇香。这种增加是相对有限和细微的，是新酒美妙成分的有效补充。增加不是掩盖葡萄本身自有的良好特质和风味，否则就是陈酿不当。例如，橡木味过重常常被认为是工艺缺陷，其主要原因是过桶时间过长或者选择了烘烤程度过高的橡木桶，以至于掩盖了葡萄固有的果香。

三、延续

陈酿和成熟过程中，需要延续和保持葡萄酒的果香，保留发酵产生的酒香，特别是葡萄品种特有的香气和风味。陈酿不仅可以延续还可以增强葡萄品种特有的香气和风味，比如糖苷的酸水解可以增强麝香类葡萄的挥发性萜烯成分。

四、扩大

陈酿可以扩大新酒优质成分的深度、广度和复杂性，提高酒的身价，又不失酒的基本特点。这种效果就像是演奏同一首乐谱的交响乐团增加了几种乐器，又如同饺子馅的配方里增加了燕窝、海参和高汤，无论是音乐会、美食，还是葡萄酒，只要是增加了美妙的成分，提高了复杂性、层次感，就会更加诱人而不至于使人感到厌倦。假设发酵结束时，有4种醇存在，它们是乙醇和3种戊醇异构体。如果每种被部分氧化成醛，醛接着再氧化成酸，醇与每种酸酯化，乙醛可能与醇生成半缩醛和缩醛，这样原先的4种化合物就能变成100多种物质。每种物质多少会对风味有影响，肯定就增加了葡萄酒的复杂性。

在葡萄酒的陈酿和成熟过程的顶点，复杂性达到最高。在此之前不够多，在此之后逐渐减少，因此中间阶段整个风味强度为最大。

白马酒庄发酵和贮存车间

第五节 葡萄酒年份之美

很多葡萄酒酒瓶的正标上都有年份，我们通常在酒标上看到的年份，它实际指的是葡萄采摘的年份。

一、年份蕴含的秘密

葡萄酒是农产品，受气候和土地的影响，有的旧世界国家立法禁止改变土壤构成。因此，气候对葡萄园的影响巨大。

而年份就是葡萄园在每一年内因为当年独特的气候影响累积的成果。气候是影响年份最重要的因素之一，因为每个年份的天气状况都不同，对葡萄树生长过程的影响也不同，造成葡萄的糖分积累、酸度表现、风味物质每年变化都较大，所以不同年份出产的葡萄酒的口感、质地和总体品质也不一样。

在气候多变的葡萄酒产区，如法国波尔多、意大利的皮埃蒙特地区，气候因素备受关注。这些地区，将葡萄酒的采收年份分为"伟大年份"、"好年份"和"不理想的年份"。"伟大年份"是指葡萄生长的全年天气情况完美，采收时更是晴朗，这一年酿造的葡萄酒风味、口感和品质都是最棒的，就好像体育赛场上运动员超常发挥，完美绝伦。"好年份"是指不像"伟大年份"那么完美，但还说得过去。"不理想年份"指的是收成那一年天气情况不理想或恶劣、葡萄的品质不尽如人意，所酿造的葡萄酒品质较低的年份。波尔多历史上的1982年、1995年、2005年和2010年等都是伟大年份。

二、年份的重要性

葡萄酒是由葡萄果实酿造而成的，好的葡萄酒必然需要使用高品质的酿酒葡萄作为原料，而葡萄作为一种农作物，其果实品质又与葡萄生长期和采收期的天气条件息息相关。比如，葡萄的开花期提前，葡萄的成熟期也会随之提前。这代表那年的葡萄可能要提前采摘，葡萄成熟得越早，在天气良好的条件下采摘的机会就会越多。

即使是气候十分稳定的葡萄酒产区，也不可能每一年的天气都完全一样，不同年份的葡萄果实在产量、糖度、酸度和风味物质集中度等方面都会有所差别。因此，即使是同一款酒，不同的年份之间也有一定差别。虽然不能说葡萄酒的品质完全由年份决定，但是它对葡萄酒的产量、品质和风格的影响，却是不容忽视的。高端酒必须看年份，不同年份的高端葡萄酒不管是价格还是品质都相差巨大。以拉菲为例，伟大年份的1982年现价5万多元一瓶，而个别差年份只能卖到5000元一瓶。

三、不理想年份能否做出优质葡萄酒

那么，好年份的酒就一定好，坏年份的葡萄酒就一定很差吗？其实不然。就像之前提到的，年份并不能完全决定葡萄酒的品质。

一些产区在发布年份报告时，描述的也是整个产区葡萄酒的大体情况，但这个"大体"却不能覆盖全部。即使是在不理想年份里，总有一些酒庄，或是葡萄园位置得天独厚，或是对葡萄园管理得当，能够免受天气灾害的影响。

随着葡萄园管理技术和酿酒技术的提高，越来越多的酒庄和葡萄种植者已经能够采取有效措施，弱化天气灾害对葡萄产量和品质造成的损失。比如用蜡烛、直升机等措施在倒春寒的天气里给葡萄园增温驱寒等，新世界在干旱季节用滴灌技术给葡萄园浇水等。对于这类酒庄而言，年份对于葡萄酒影响更多的是风格方面的影响。如果这一年天气较为凉爽，则该年份葡萄酒风格会偏向于优雅清新；如果这一年里干燥炎热的天气较多，那么产出的葡萄酒就可能有着极佳的浓郁度和饱满的酒体。

此外，年份对葡萄酒的影响也因产区而异。对于

一些天气多变的葡萄酒产区，例如法国的波尔多、勃艮第（Burgundy），西班牙的里奥哈（Rioja）和下海湾地区（Rias Baixas），德国、新西兰和意大利北部等地，不同年份间天气条件差异很大，年份对葡萄酒的影响才会比较明显。在一些气候较为稳定的产区，如美国加利福尼亚州（California）、法国南部、西班牙中部、阿根廷和葡萄牙等地区，不同年份间葡萄酒的差异不会很大，年份对葡萄酒的影响也没那么重要。

必须强调的是，所有酒庄的酿酒师都以将不理想年份酿造出优质葡萄酒作为目标和使命。

四、无年份葡萄酒

还有一点值得注意的是，对于那些大批量生产的中低价位的葡萄酒，并不需要花过多精力去关注它们的年份。这类葡萄酒本身的陈年潜力和收藏价值都不高，而且大部分生产商在生产这类葡萄酒时会着重保持其品质和风格的一致性，故而年份差异在这类酒中的体现并不明显。

除此之外，葡萄酒界还有一些酒是没有年份但品质很高的，例如无年份的香槟（Champagne）和起泡酒（Sparkling Wine），由不同年份的基酒混合而成；还有一些无年份加强酒，如无年份波特（Port）和无年份雪莉酒（Sherry），也是由于陈年过程中混合了多个不同年份的基酒，无法在酒标上标注其年份。

爱诗途老酒展示区

拉菲酒庄老酒贮存窖

第六节　葡萄酒艺术之美

葡萄和葡萄酒在千百年来的文明演变中都扮演着重要的角色，在神话和各种各样的宗教仪式中代表着神圣的象征意义，在许多历史事件中都占有一席之地，葡萄酒对社会、宗教、文化甚至是政治的影响都有长久的历史，更与艺术相伴相生。

一、葡萄酒与艺术

葡萄酒不只是自然界的产物，它也属于艺术，如果说艺术是社会的浓缩，那葡萄酒就是时代的结晶。很长时间以来，艺术与葡萄酒的结合是灵感的源泉。

马蒂斯的红色画室，就是受葡萄酒颜色的启发，酒红色布满整个画室，启发了画家无穷的灵感。

拉乌尔杜菲（Raoul Dufy）的"收获"系列，毕加索的静物画，纳迪埃（Nattier）优雅漂亮的画面都是葡萄酒在绘画领域的体现。

公元前4世纪时的希腊雕塑家普拉克·西特列斯创作过酒神狄俄尼索斯的雕塑作品。

世界著名的意大利画家达·芬奇笔下《最后的晚餐》和《酒神》，更是充分地表明了葡萄酒是意大利民族饮食中不可或缺的一部分。

当然，还有米开朗琪罗的雕塑《巴克斯》，提香的《酒神祭》，鲁本斯的《西勒诺斯》，1481年意大利籍教宗西克斯图斯四世委托波提切利创作的大教堂的壁画，朱塞佩·阿尔钦博第的《秋天》，莫奈的《草地上的午餐》，雷诺阿的《划桨手的午餐》，扬·斯蒂恩的《乡村狂欢》，卡耶博特的《打磨地板的人》，保罗·塞尚的《玩纸牌的人》等都是价值连城的葡萄酒画作。

艺术家们将葡萄酒和神明、世俗、集会或个人行为联系在一起，既歌颂它的优点，也提到它的缺点。

从古埃及到意大利，从《圣经》到教堂，从立体主义到印象主义，从远古时代到文艺复兴，从古代瓦罐到现代画布，从意大利的维洛奈思到法国的雷诺阿、莫奈，葡萄和葡萄酒主题无所不在。这些画作分布在世界各地的教堂、博物馆和寻常百姓的家里。

二、葡萄酒艺术酒标

将葡萄酒搬入绘画作品可以追溯到千百年前，而将绘画作品融合到葡萄酒中则是从1924年开始的。

很多酒厂都希望将葡萄酒与艺术结合，作为一种精致的生活附属品销售。其中一种方式就是将艺术作品印制在酒标上来吸引消费者。

华盛顿的 Ste. Michelle 酒庄，他们的 Meritage 系列红酒，常采用太平洋西北部艺术家的作品做酒标。加州索诺玛的 Kenwood 葡萄园已经委托艺术大师，为其赤霞珠葡萄酒度身定做艺术酒标。纳帕谷的 Clos Pegase 酒厂则借鉴酿酒师个人的众多"非凡"收藏品，取其精华，制作个性酒标。索诺玛 Imagery 酒厂的投入更大，每年发布24款新品，每款都委托专门的艺术家制作酒标。Imagery 业主表示，酒厂从20世纪80年代起采用艺术作品作为"家族特制葡萄酒"酒标，后来逐渐将艺术酒标用于少数加州非典型性的葡萄酒品种上，由于这些酿酒葡萄品种不同寻常，因此从90年代末开始为每款葡萄酒单独制作艺术酒标。

其实，Imagery 与上述酒厂都是模仿波尔多木桐酒庄的做法。自1945年起，木桐酒庄每年都会为旗舰产品"波尔多红"定做一款艺术酒标，甚至查尔斯王子都为木桐酒庄设计过酒标。有人说，拉菲是金钱的代表，而木桐则是艺术的代表。

Dessin original de   Xu Bing

Château Mouton Rothschild

2018

Toute la récolte a été mise
en bouteilles au Château

PAUILLAC

Baronne Philippine de Rothschild g. f. a
PROPRIETAIRE

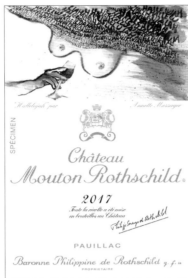

"Hallelujah" par   Annette Messager

SPÉCIMEN

Château Mouton Rothschild

2017

Toute la récolte a été mise
en bouteilles au Château

PAUILLAC

Baronne Philippine de Rothschild g. f. a
PROPRIETAIRE

"Triumphs of Bacchus"   par William Kentridge

SPÉCIMEN

Château Mouton Rothschild

2016

Toute la récolte a été mise
en bouteilles au Château

PAUILLAC

Baronne Philippine de Rothschild g. f. a
PROPRIETAIRE

"Flux" par   Gerhard Richter

SPÉCIMEN

Château Mouton Rothschild

"Mouton ne change"   2015

Toute la récolte a été mise
en bouteilles au Château

PAUILLAC

Baronne Philippine de Rothschild g. f. a
PROPRIETAIRE

Dessin inédit de   Jeff Koons

SPÉCIMEN

2010

toute la récolte a été mise
en bouteilles au Château

Château Mouton Rothschild

PAUILLAC
13,5 % Vol.   APPELLATION PAUILLAC CONTROLEE   75 cl

Baronne Philippine de Rothschild g. f. a
PRODUCE OF FRANCE   PROPRIETAIRE

Dessin inédit de   Giuseppe Penone

2005

toute la récolte a été mise
en bouteilles au Château

Château Mouton Rothschild

PAUILLAC
13% Vol.   APPELLATION PAUILLAC CONTROLEE   75 cl

Baronne Philippine de Rothschild g. f. a
PRODUCE OF FRANCE   PROPRIETAIRE

Dessin inédit de   Antoni Tàpies

1995

toute la récolte a été mise
en bouteilles au Château

Château Mouton Rothschild

PAUILLAC
12,5%Vol.   APPELLATION PAUILLAC CONTROLEE   75 cl

Baronne Philippine de Rothschild g. f. a
PRODUCE OF FRANCE   PROPRIETAIRE

1999

toute la récolte a été mise
en bouteilles au Château

Château Mouton Rothschild

PAUILLAC
12,5%Vol.   APPELLATION PAUILLAC CONTROLEE   75cl

Baronne Philippine de Rothschild g. f. a
PRODUCE OF FRANCE   PROPRIETAIRE

JOHN HUSTON

In celebration of my beloved friend
Baron Philippe's 60 harvest at Mouton   John Huston

Château Mouton Rothschild

1982
ma 60ème vendange   Baron Philippe
tout en bouteille au Château
APPELLATION **PAUILLAC** CONTROLEE   75 cl

Baron Philippe de Rothschild g. f. a
PRODUCE OF FRANCE   PROPRIETAIRE

葡萄酒的艺术之美

第七节　葡萄品种和名称之美

葡萄酒是用葡萄酿造的，葡萄是决定葡萄酒香气、颜色、酒体的最主要因素。葡萄品种之间差异很大，不仅仅是颜色上的差异，更有果肉、果皮、果核上的不同，这些不同综合在一起，形成了复杂、多变、绚丽多彩的葡萄酒世界。

从植物学的角度来说，葡萄有 16 个科属，但能够酿造葡萄酒的葡萄科属绝大多数是"Vitis Vinifera"，Vinifera 源于拉丁文，意思是"葡萄酒的承载者"，属于欧亚葡萄原种。下面我们介绍一些著名的葡萄品种和中文名称。

一、赤霞珠（Cabernet Sauvignon）

赤霞珠

赤霞珠是世界上最著名的葡萄品种，没有之一。赤霞珠原产法国，是法国古老的优良酿酒葡萄品种，果穗中等大而紧密，果粒小，近圆形，紫黑色，果粉和果皮都很厚。赤霞珠的特点是抗病能力强，种植容易，适宜多种风土，是世界上种植面积最广的酿酒葡萄。赤霞珠葡萄酒单宁雄厚猛壮，带有黑加仑、黑莓等芬芳，橡木桶陈酿后添加了香草、杉木、烟熏等风味，香气和口感变得极为复杂。

Cabernet Sauvignon 译名特别多，比如解百纳、加本纳沙威浓、卡本内苏维翁等，但最为人们接受的是"赤霞珠"。"赤"是红的意思，也有忠诚、赤诚之意；"霞"则为早晚的云彩，有"天风剪成片，疑作仙人衣"之魅；"珠"最适合形容葡萄果粒。葡萄不再是葡萄，而变成了散发着红色霞光的珍宝，典雅又浪漫，富贵脱俗，真是妙哉。

二、霞多丽（Chardonnay）

原产自勃艮第，是目前全世界最受欢迎的酿酒葡

霞多丽

萄，属早熟型品种。由于适合各类型气候，耐冷，产量高且稳定，容易栽培，几乎已在全球各产酒区普遍种植。霞多丽果穗中小，呈圆柱形，果穗极紧，果粒小，近圆形，绿黄色，果皮薄，果肉多汁，味道清香。

Chardonnay 的译名有霞当妮、雪丹利、夏多内、莎丹莉等，但最能反映葡萄酒美感的，最有韵味的是"霞多丽"！这个名字既有多变的特性，又有彩霞的美艳，同时也仿佛一位女子的芳名，是音译和意译的完美结合。

三、琼瑶浆（Gewurztraminer）

琼瑶浆

原产于德国南部、奥地利及意大利北部，是一种芳香型白葡萄品种，果粒着生紧，粒小，近圆形，粉红或紫红色，带有独特的荔枝香味。琼瑶浆葡萄酒的特点是酒精度高，色泽金黄，香气浓烈，有芒果、荔枝、玫瑰、肉桂、橙皮，甚至麝香的气味。它的酒体结构丰厚，口感圆润。

Gewurztraminer 的翻译很多，那些德语的音译就跟德语一样难记和拗口，比如"格乌兹塔米那乐"等。"琼瑶"出自《诗经》"投我以木桃，报之以琼瑶"，是美玉的意思，也指特别美好的东西，而古人也一直用"玉液琼浆"来形容口感极佳的美酒。"浆"指浓郁的液体，加上"琼瑶"来描绘它，可以说意境和美感俱佳，有没有看名字就想喝几杯？北京的朋友可以去张家口怀来县，那里的桑干酒庄有一款只在酒庄销售的琼瑶浆甜白，荔枝的果香和蜂蜜的芬芳让人极为陶醉。

四、雷司令（Riesling）

雷司令

其原产地一直成迷，最早的种植记录在德国莱茵河区。它是德国及法国阿尔萨斯最优良、细致的品种。属晚熟型，适合大陆性气候，耐冷，是典型的高贵葡萄品种。其特点是香味多变，从干型到甜型，从清新花香、热带水果味到油质和矿物风情，都有不同层次的展现。

我们乐意叫它"雷司令"，其他版本的翻译有"薏丝玲""丽丝玲"等，颇有妹子风，可以一定程度上展现出 Riesling 花果香气的风格。而雷司令听上去像是雷厉风行的军队统帅，但再冷峻的领袖都有柔情的一面。同时，一些陈年的 Riesling 会有煤油味，此时用雷司令来形容，颇有德国机甲战车的意思，非常有趣和让人印象深刻。

五、长相思（Sauvignon Blanc）

长相思

原产自法国波尔多区，适合温和的气候，主要用来酿造适合年轻时饮用的干白酒，或与赛美容混酿，酿造贵腐酒。该葡萄酒酸味强、辛辣味重，香气浓郁且风味独特，青苹果及醋栗果香混合植物性香 (如青草香和黑茶鹿子树牙香) 最常见，在石灰土质则常有火石味和白色水果香，过熟时常会出现猫尿味，非常容易辨认。

大唐诗仙李白的诗句——"长相思，在长安""长相思，摧心肝"把相思之情写到了极致，而 Sauvignon Blanc 本身较高的酸度，以及慢慢在口中绽放的各种香气，也会让喜欢它的人欲罢不能——都说相思酸楚，但只要陷入相思，便不得不思，心中的身影，从此无法忘却。"长相思"这个译名浪漫抒情、诗意横肆。相比之下，白苏维翁、白苏维浓、白萧维昂、缩维浓、布兰克等，就显得没多少情调了。

六、品丽珠（Cabernet Franc）

法国古老的酿酒品种，世界各地均有栽培。特有的个性是浓烈青草味、黑加仑和桑葚的果香，主要功能是与赤霞珠和美乐（Merlot）混酿。品丽珠果穗中等大小，呈圆锥形。果粒紧密、小、圆，呈紫黑色，果粉厚，果汁多。品丽珠，字面的意思是"品味美丽的珍珠"，与"赤霞珠"这个名字有些类似，但更多了一分雅致与内敛。其他版本如解百纳弗朗、加本力弗朗、卡本尼弗朗、嘉本纳芳等，就是纯粹的音译了。

七、特浓情（Torrentes）

老家在西班牙，不过在阿根廷成了宠儿。不管是西班牙还是阿根廷，都是风情万种的国度，而 Torrentes 芬芳奔放的性格早就存在于它的基因中。它有浓烈的玫瑰花和麝香香气，就好像是玫瑰香葡萄的气味。这也是少有的能够给酒中赋予葡萄般香味的品种。Torrentes 葡萄酒的感觉犹如夏天，花香馥郁、果香丰富，让人不禁联想到玫瑰花瓣、茉莉、柑橘和荔枝。它闻起来充满花香，品尝起来也是甜的。

中国的文人墨客给它的名字是"特浓情"，意思到

品丽珠

特浓情

位，兼顾音译，实在是不能再贴切的称谓了！

八、仙粉黛（Zinfandel）

Zinfandel 起源于克罗地亚的达尔马提亚（Dalma-tia）地区中部，是一种高产、中晚熟的葡萄品种，适宜种植于贫瘠、排水性好的土壤。果穗较大，果粒紧密，对灰霉病比较敏感。作为红葡萄品种里的芳香类品种，酿造的酒香味浓郁，颜色深重，酒精含量极高，单宁丰沛，酒体饱满。

大唐诗人白居易《长恨歌》诗云："回眸一笑百媚生，六宫粉黛无颜色"，"粉黛"是指美丽的女子，前面加个形容词"仙"字，就仿佛此人只应天上有。"仙粉黛"这个翻译，也是音译和意译的绝佳结合。另外，我还喜欢另一个翻译"增芳德"，增加芬芳和美德，也是意境在线。

九、赛美容（Semillon）

Semillon 原产自法国波尔多区，但智利种植面积最广。Semillon 虽非流行品种，但在世界各地都有种植。适合温和型气候，产量大，果粒小，糖分高，容易氧化。赛美容甜葡萄酒，富含杏、桃子、油桃、芒果、柑橘、坚果和蜂蜜的香气。赛美容以生产贵腐酒而著名，其酒可经数十年陈年，口感厚实香醇，甜而不腻。

这个世界上最美的翻译是"赛美容"，"赛"是"比赛""胜过"的意思，比美丽的妆容更美，这难道不是 Semillon 葡萄酒最有趣、最有美感的表现吗？

中国明朝后葡萄酒发展缓慢，一度近乎消失。清末葡萄酒再度回归之后，中国的文人墨客通过富有诗意的翻译又赋予了葡萄和葡萄酒本身更为美妙的内涵，等于是把葡萄和葡萄酒进行了华丽的二次包装。从这点来说，世界各国的酒庄主和葡萄酒商人都应该感谢才华横溢的中国人和博大精深的中国文化。

仙粉黛

赛美容

除以上几个葡萄品种之外，这个世界上有趣的葡萄品种还有很多，比如丹魄、内比奥罗、桑娇维塞、西拉、龙眼、皮诺塔基、马家婆等等，在后文的内容中，我们会慢慢遇到。大家有兴趣的话，也可以自行研究，国内有很多葡萄酒网站，比如红酒世界网、葡萄酒网、知味等，信息也非常丰富。

除以上几个葡萄品种之外，这个世界上有趣的葡萄品种还有很多，比如丹魄、内比奥罗、桑娇维塞、西拉、龙眼、皮诺塔基、马家婆等等，在后文的内容中，我们会慢慢遇到。大家有兴趣的话，也可以自行研究，国内有很多葡萄酒网站，比如红酒世界网、葡萄酒网、知味等，信息也非常丰富。

第三章

法国葡萄酒之美：世界巅峰

　　四件上了年纪的事是好的：老树可以当柴火，陈年葡萄酒喝起来更好，老朋友让人信任，以及，历经岁月的作者具有可读性。

——英国唯物主义哲学家、作家　弗朗西斯·培根

卢瓦尔河谷美如画。图片来源：Francejourneys

第一节　法国葡萄酒：历史悠久，世界第一

一、悠久的葡萄酒历史

法国葡萄酒的历史最早可追溯到公元前6世纪。当时，腓尼基人和凯尔特人首先把小亚细亚原产的葡萄酒、葡萄及酿造工艺传入现在的法国南部马赛地区，使葡萄酒成为人们佐餐的奢侈品。另一种说法是希腊人将葡萄酒、葡萄及酿造工艺传入法国的。

古罗马时期，帝国的军队在征服欧洲大陆的同时也将葡萄的种植与酿酒技术推广开来。在罗马人的大力推动下，葡萄种植迅速地在法国地中海沿岸刮起一阵旋风，也使得饮酒成为一种时尚。

公元92年，罗马人为保护亚丁宁半岛的葡萄种植及酿酒业，逼迫法国人摧毁了大部分葡萄园，因此法国葡萄酒业出现了第一次危机。

公元280年，罗马皇帝下令恢复种植葡萄的自由，法国再次进入葡萄种植与酿酒的重要发展时期。

公元768至814年，统治法兰克王国的查理曼是一个酷爱葡萄酒的君主，查理曼大帝曾经拥有勃艮第著名的科尔登－查理曼特级园。查理曼大帝对葡萄酒的爱好，在客观上促进了他所统治的帝国以及全欧洲的葡萄酒发展。

1441年，勃艮第公爵禁止良田种植葡萄，葡萄种植和葡萄酒酿造再度陷入危机。

1731年，路易十五国王取消了部分勃艮第公爵的禁令。

根瘤蚜虫

1789年，法国大革命爆发，葡萄种植重获自由，法国的葡萄种植及酿酒业也进入了全面发展的新阶段。

1864年，根瘤蚜虫灾害席卷法国，绝大部分葡萄园被毁，幸亏后来发明了砧木技术，也就是把法国葡萄枝嫁接在抗虫害的美国葡萄根上，才使法国葡萄园绝处逢生。

20世纪，葡萄酒生产经历了一场巨大的技术革命。葡萄酒行业进入机械化阶段，提高了葡萄园和葡萄酒的整体质量水平。小型个体生产者联合起来，形成了合作社，他们开始掌握最现代化的葡萄酒酿造和陈酿技术。

20世纪六七十年代，法国葡萄酒产业的发展重点是扩大规模和产量。后来葡萄酒生产者对葡萄酒的质量越来越重视，并在20世纪末达到顶峰。

二、产量和品质双强，影响力冠绝全球

法国有将近100万公顷（1500万亩）的酿酒葡萄园，是世界上最大的产酒国之一，与意大利、西班牙一起占据世界葡萄酒产量的前三把交椅，每年葡萄酒产量近70亿瓶。

法国葡萄酒的分类与中国相似，按颜色分为红葡萄酒、白葡萄酒和桃红葡萄酒；按形态划分可分为起泡酒和静止酒，香槟是仅限于法国香槟产区的起泡酒，其他产区的起泡酒只能叫起泡酒；按含糖量分为干型、半干型、半甜型和甜型葡萄酒；按酒精度分为葡萄酒和加强型葡萄酒，葡萄酒的酒精度一般在8%—14%，而加强型葡萄酒的酒精度在15%—22%。

法国有10个名扬世界的著名葡萄酒产区，分别是波尔多、勃艮第、香槟产区、罗纳河谷、卢瓦尔河谷、阿尔萨斯、普罗旺斯－科西嘉、朗格多克－鲁西荣、汝拉－萨瓦和西南产区。

而真正让法国葡萄酒横行世界的，是法国葡萄酒的分级制度或者确切地说是原产地命名控制制度。

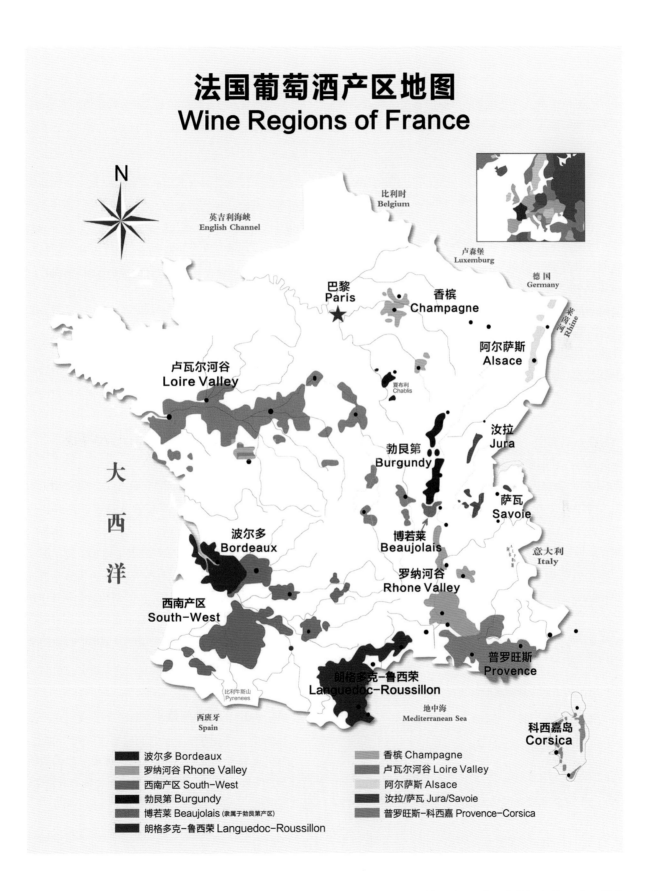

法国葡萄酒产区地图
Wine Regions of France

N

比利时
Belgium

英吉利海峡
English Channel

卢森堡
Luxemburg

德国
Germany

莱茵河
Rhine

巴黎
Paris

香槟
Champagne

阿尔萨斯
Alsace

卢瓦尔河谷
Loire Valley

夏布利
Chablis

汝拉
Jura

大
西
洋

勃艮第
Burgundy

萨瓦
Savoie

波尔多
Bordeaux

博若莱
Beaujolais

意大利
Italy

西南产区
South-West

罗纳河谷
Rhone Valley

比利牛斯山
Pyrenees

普罗旺斯
Provence

朗格多克-鲁西荣
Languedoc-Roussillon

西班牙
Spain

地中海
Mediterranean Sea

科西嘉岛
Corsica

波尔多 Bordeaux
罗纳河谷 Rhone Valley
西南产区 South-West
勃艮第 Burgundy
博若莱 Beaujolais (隶属于勃艮第产区)
朗格多克-鲁西荣 Languedoc-Roussillon

香槟 Champagne
卢瓦尔河谷 Loire Valley
阿尔萨斯 Alsace
汝拉/萨瓦 Jura/Savoie
普罗旺斯-科西嘉 Provence-Corsica

第二节　是什么让法国葡萄酒走向巅峰

法国是这个世界上最会酿酒的国家，也是最会销售葡萄酒的国家，同时也是最会管理葡萄酒行业和市场的国家。

一、原产地命名控制制度（AOC）

法国为保护和发展葡萄酒行业，建立了严格、细致的法律体系，以保障高级葡萄酒的品质信誉，这一体系叫"葡萄酒原产地命名控制制度（Appellationd'origine contrôlée，简称AOC）"。正是这一制度，让法国葡萄酒在全世界名声大噪，也让世界各地的葡萄酒消费者非常简单地就能区分法国葡萄酒的等级和价格范围。该制度始于20世纪初期，法国政府曾经尝试对于"农产品标注原产地真实性"进行规范管理，但刚开始效果不好，制度一度被冷落。后来由于葡萄酒行业连年歉收，受消费者追捧的知名产区葡萄酒却奇货可居，利益驱使下，其他产区开始造假，随便冠以AOC命名。为了解决假酒问题和信誉危机，1935年法国政府成立了"葡萄酒和烈酒国家管理委员会"，为"原产地名称使用"立法，使AOC法律体系在葡萄酒行业得以实施。后来，法国政府又成立了"国家原产地命名管理局"（Institute Nationale des Appelations d'Origines，简称INAO）用以加强AOC的管理工作。

二、原产地命名授予的原则和管理标准

法国授予原产地命名必须遵循以下几个原则：

（1）原产地名称之"名称"必须为地理名称。

（2）该地区生产该产品的历史悠久并且以传统方式生产。

（3）可象征或表彰该产品所具有的质量或其他特性，这些质量或特性持续稳定，符合特定的检测标准。

（4）该质量或特性完全或主要归因于这个地理来源。

法定产区命名酒有严格的标准，包括：原产地区域范围、葡萄品种、酒精度、葡萄园产量、栽培方式（含剪枝、去蕊、疏叶及施肥的标准等）、采收时葡萄的含糖量、酿酒工艺、检验检测、标签标准、质量控制等。符合以上项目特定要求才能成为AOC葡萄酒。

三、AOC与AOP

1992年，欧盟建立了PDO体系，旨在保护欧盟成员国生产的农产品。PDO是欧盟原产地命名保护的标志，而PGI是受保护的地域标志。两个标识的区别在于PDO是指其产品的原料、生产、包装等都是在原产地完成的，PGI是指其产品的原料、生产、包装等只有一部分是在原产地完成的。

为了响应欧盟的改革并配合欧洲农产品级别标注形式，法国于2009年进行了一次改革，于是新的AOP体系取代了原有的AOC制度；VDQS这一等级在2011年被正式撤销，原有的VDQS葡萄酒或被提升或被降级；所有的VDP和VDT葡萄酒分别被IGP和VDF取代。从此，法国国家日常餐酒和地方餐酒行业协会（L'ANIVIT）更名为法国国家葡萄酒行业协会（L'ANIVIN DE FRANCE）。

四、AOP的管理规范

AOP的管理规范与AOC相似，规定了产区的地理范围、葡萄品种、种植要求、采收时葡萄的成熟度、葡萄园产量、酿酒工艺等，相关标准丝毫没有降低。

第三节 世界效仿的葡萄酒分级体系

法国 2009 年起，启动与欧盟 PDO 体系对标的工作，并于 2012 年全面启用了新的分级形式。

一、法国葡萄酒等级制度

2012 年之前，法国葡萄酒被划分为四个等级，从高到低分别是法定产区酒（AOC）、优良地区酒（VDQS）、地区餐酒（VDP）、日常餐酒（VDT）。

1. 日常餐酒（Vin de Table）：档次最低，主要用于日常饮用，不能在酒标上标示产区、品种、年份以及酒庄名称。

2. 地区餐酒（Vin de Pays）：算是稍微优良的餐酒等级，酒标上会标示 Vin de Pays + 产区名。

3. 优良地区酒（Vin Délimité de Qualité Supérieure）：是葡萄酒升级成 AOC 等级前的一个过渡期等级，葡萄酒需要在这个级别接受可否升级的考核，酒标上标示为 Appellation+ 产区名 +Vin Délimité de Qualité Supérieure。这个级别的产量特别少，占比只有 1%—2%。

4. 法定产区酒（AOC）：是法国葡萄酒的最高级别，中文翻译为"原产地控制命名"。酒标上须标示 Appellation+ 产区名 +Contrôlée，这是目前国内进口最多的等级，也是法国产量最大的等级，占比 50% 以上。

法国葡萄酒等级制度

随着欧盟对于农产品分级制度的改革，法国也进行了调整，AOP取代了AOC，取消了VDQS，IGP取代了VDP，Vin de France取代了VDT。

从2012年开始，新的葡萄酒不能冠以旧的等级方式在市场上销售，不过已在销中的酒不需要更改，但这一点的执行程度各地并不一致。

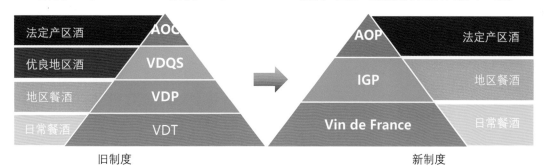

旧制度 → 新制度

法定产区酒AOC：Appellation d'Origine Controlee
2019年8月改为AOP：Appellation d'Origine Protégée
原先，Appellation d'Origine Controlee是指 Appellation + 产区名 + Controlee，
新政策后，原先的产区名将改为：
A+大产区+P，A+次产区+P，A+村庄+P，A+葡萄园+P。实现了AOC到AOP的变化。

2012 年前后法国葡萄酒分级变化情况

二、新葡萄酒等级

2006 年，为对标欧盟 PDO 体系，法国对葡萄酒原有的分级系统进行了分解和修订。从 2012 年起，法国葡萄酒被划分为法定产区酒（AOP）、地区餐酒（IGP）、日常餐酒（VDF）三个等级。但法国还生产大量更低端一点的欧盟餐酒（VDCE，现在统称VUE）。VUE这个级别的葡萄酒原汁可以来源于法国以外的国家，最常见的是葡萄原料成本更低的西班牙、意大利等国家。新的分级制度如下：

1. 日常餐酒（Vin de Table）调整标示为（Vin de France，VDF）

2. 地区餐酒（Vin de Pays）调整标示为（Indication Géographique Protégée，IGP）

3. 法定产区（AOC）调整标示为（Appellation d'Origine Protégée，AOP）

新的分级制度取消了VDQS优良地区酒这一级别，原本的AOC葡萄酒则改名为AOP，在2012年之前已经进入分销渠道的AOC酒无须更换酒标，因此我们在市面上仍然能够买到酒标上标示着AOC的葡萄酒，另外还有很多酒庄和消费者已经适应了原有的标注方法，也有人继续使用AOC标注。

2012年前后，法国葡萄酒级别变化情况如图所示。

AOP涉及面实在太广，同是AOP级别的葡萄酒，价格相差特别多，AOP这个级别里还可以继续细分。

在法国波尔多，AOP级别葡萄酒可以细分为：大区AOP、超级波尔多AOP、小产区AOP、村庄级AOP、中级庄AOP、列级庄AOP。

在法国勃艮第，AOP级别葡萄酒可以细分为：大区AOP、村庄级AOP、一级园AOP和特级园AOP。

在法国香槟产区，AOP级别葡萄酒可以细分为：大区级酒村、一级酒村和特级酒村。香槟是法国唯一一个可以在标签中不标注AOP或法定产区的葡萄酒。

法国葡萄酒之所以闻名世界，一方面得益于原产地命名控制制度和分级体系，还有一个最主要的原因是法国拥有众多优秀的葡萄酒产区，而这些产区里，波尔多排第一位。

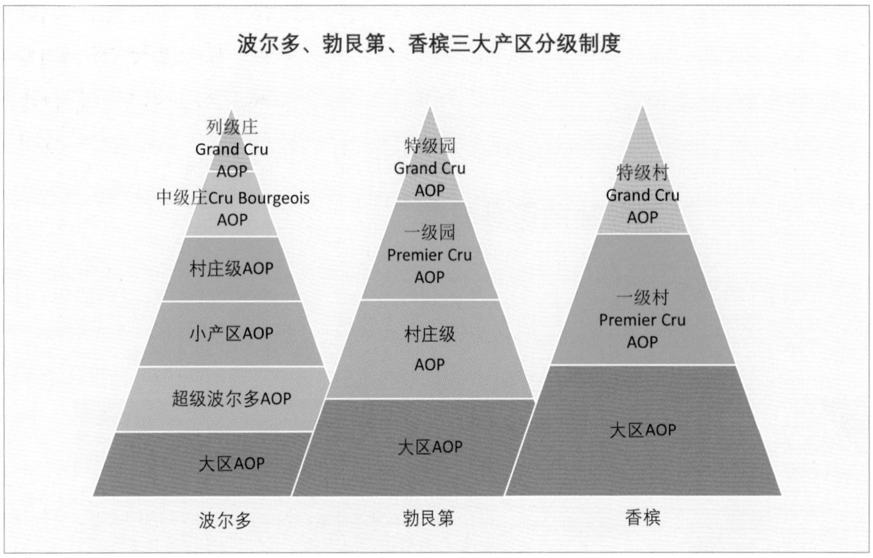

波尔多、勃艮第和香槟产区法定产区分级制度

第四节　波尔多：世界最知名的葡萄酒产区

一、最大法定产区

波尔多是法国面积最大的葡萄酒法定产区，也是世界上知名度最高的葡萄酒产区。下面我们用几组数据窥视波尔多地位之一角。

波尔多葡萄园的总面积不是最大的，但是法定产

男爵古堡酒庄

波尔多的葡萄园总面积占到法国葡萄园的 15%，占世界葡萄园面积的 1.5%。

波尔多由于风土和历史原因，共形成了大大小小多达 65 个法定产区（AOP），葡萄园面积足足有 170 万亩，这是什么概念呢？如果把这些葡萄园搬到上海，相当于上海市面积的六分之一大小！

波尔多有多少家酒庄？这个数字可能有点恐怖，在波尔多大约有 5800 多家酒庄或者葡萄庄园主。平均每个酒庄有 290 亩葡萄园，290 亩看上去

区面积是最大的。法国的十大葡萄酒产区中的卢瓦尔河产区、香槟产区、阿尔萨斯产区和勃艮第产区的法定产区面积之和才勉强与波尔多法定产区的面积相当。

不大，可放在法国其他产区已经不算小了。

波尔多是个特别传统的地方，也是非常有趣的地方，酒庄只负责酿酒，而不直接参与最终的销售，他

波尔多水镜广场。图片来源：World Travel Guide

们直接把酒卖给酒商，由酒商负责市场销售。波尔多有 300 个酒商，29 个合作社和 3 个联合会，以及 72 个经纪人。

气候因素直接影响着波尔多葡萄酒的产量，例如年份绝佳的 2009、2010 分别为 5.75 亿和 5.71 亿升，约 7 亿瓶。而被认为近二三十年来较为艰难的 2013 和 2017 分别为 3.84 亿和 3.5 亿升。波尔多 2018 年平均产量为 5 亿升，大约 6.7 亿瓶，但即便如此，也是非常大的产量了。

波尔多每年的产量平均下来在 5.5 亿升左右，换算成 750 毫升标准装，大约在 7.3 亿瓶。也就是说，波尔多一年的葡萄酒产量可以供每个中国人喝上半瓶。

波尔多葡萄酒是全世界最畅销的酒精饮料之一，平均每一秒钟，大约有 23 瓶波尔多葡萄酒被销售出去。

波尔多葡萄酒出口市场总价值排名前三的市场是中国大陆、中国香港和美国市场。

中国大陆和中国香港占波尔多出口总价值的 30% 以上，出口量每年近 7 亿欧元，约 7000 万瓶。

美国（占出口总价值的 13%，总体积排名第二），总价值 2.79 亿欧元，2600 万瓶。

由此可见，中国是波尔多第一大消费市场，当然波尔多也是中国人投资的主要目的地之一。现如今，中国人已经收购了超过 150 家规模大小不等的波尔多酒庄。

二、波尔多曲折跌宕的发展史

法国波尔多位于北纬 44°50′，西经 0°34′ 左右，西临大西洋，吉伦特河、加龙河和多尔多涅河等著名河流穿流而过。

波尔多城市的历史最早可以追溯到公元前 300 年，这里出现了一个凯尔特人的定居点。

在古罗马时代，波尔多成为铅和锡的重要贸易中心，后来逐渐发展成为罗马阿基坦省的首府。在公元 3 世纪，这个繁华的城市被来自德国的破坏者洗劫一空。在接下来的几个世纪里，这个城市也是命运多舛，多次遭受到了攻击和破坏。

12 世纪中期，阿基坦的埃莉诺公爵与法国国王路易七世离婚并于 6 周后嫁给了英国国王亨利二世，埃莉诺公爵拥有的大片领土也跟随自己并入了英国版图，波尔多进入英国时代。英国贵族酷爱葡萄酒，波尔多的葡萄酒行业进入快速发展时期，成为闻名遐迩的葡萄酒产区和出口城市。然而，英国对波尔多的控制逐渐减少。15 世纪中期，也就是英法百年战争后，它又回到法国统治之下。

18 世纪，波尔多经历了一个"黄金时代"。它被拿破仑三世推崇为其统治下巴黎现代化的典范。1855 年，在拿破仑三世的授意下，波尔多组织了轰动世界的波尔多左岸酒庄分级，成为波尔多乃至法国葡萄酒的里程碑，提升了这座城市和法国葡萄酒的声誉。

今天，波尔多是法国第五大城市。它仍然是法国重要的文化中心，也是世界葡萄酒的中心。

三、波尔多：精妙的风土，葡萄酒的天堂

波尔多被三条河流——加龙河、多尔多涅河和吉伦特河一分为三，就是我们常说的左岸、右岸和两海之间。左岸是指吉伦特河与加龙河的左边，右岸是指吉伦特河与多尔多涅河的右边，两海之间是加龙河与多尔多涅河之间。

1. 左岸

左岸主要有两个小产区，分别是梅多克和格拉夫。

左岸土壤中富含砾石，砾石增加了土壤的通透性和透气性，可以避免根系受水涝之灾和提高根系的呼吸能力，砾石在阳光下具有反光作用，提高树体叶片受光量。还有一种说法，砾石白天吸收光热，夜间缓慢释放热量，可以调节昼夜温度。同样的葡萄品种，左岸早于右岸采收的原因，一定程度上跟砾石的作用有关。

2. 右岸

右岸包括波美侯、圣埃美隆、拉朗德波美侯、弗朗萨克等产区，右岸建立分级制度的是圣埃美隆产区。右岸的土壤颜色相对左岸更深一些，偏黑色，砾石的

埃莉诺公爵（Eleanor of Aquitaine）

含量明显减少，主要以黏土为主，右岸多山丘，深层土壤多石灰岩。

右岸酒庄通常规模较小，加上地形复杂、微气候多变，右岸的葡萄酒是投资人追捧的重要目标。

3. 两海之间

两海之间是波尔多面积最大的葡萄酒产区。两海之间产区土壤以钙化沙土和砾石为主。

该产区中央及北部覆盖了一层混合沙砾质与黏土的较肥沃土壤，主要生产干白葡萄酒和以美乐为主的简单红葡萄酒。该地的西南部沿着加仑河右岸长条形的丘陵，有较多陡峭的山坡，这里生产甜型的白葡萄酒以及粗犷多单宁的红葡萄酒。

四、波尔多知名子产区与葡萄酒

（一）梅多克产区

梅多克的称谓来自拉丁语，意为"在水之间"，梅多克西临大西洋，东面与吉伦特河相交。

梅多克（Medoc）产区是波尔多（Bordeaux）左岸葡萄酒产区的代表，堪称"红葡萄酒宝库"，被誉为法兰西的葡萄酒圣地，位于波尔多地区的西北部，地势平坦，表层土多为沙砾鹅卵石质，下层土为赤褐色含铁土质，种植面积达到 16500 公顷。由于地势的不同，梅多克分为南部的上梅多克（Haut-Medoc）和北部的梅多克。

1. 法定产区

梅多克有两个地区性法定产酒区：梅多克法定产区 AOP Medoc 和上梅多克法定产区 AOP Haut Medoc，六个村庄级法定产酒区：波亚克（Pauillac）、玛歌（Margaux）、圣埃斯泰夫（Saint-Estephe）、圣朱利安（Saint-Julien）、利斯特拉克 - 梅多克（Listrac-Médoc）和慕里斯（Moulis）。

2. 葡萄品种

葡萄品种有赤霞珠（Cabernet Sauvignon）、美乐（Merlot）、品丽珠（Cabernet Franc）、马尔贝克（Malbec）、小味儿多（Petit Verdot）。

梅多克的葡萄种植者从未停止寻求最好的葡萄品种，经过反复的尝试和长期的探索，他们发现，世界最好葡萄品种中，有一种葡萄，简直就是为了梅多克

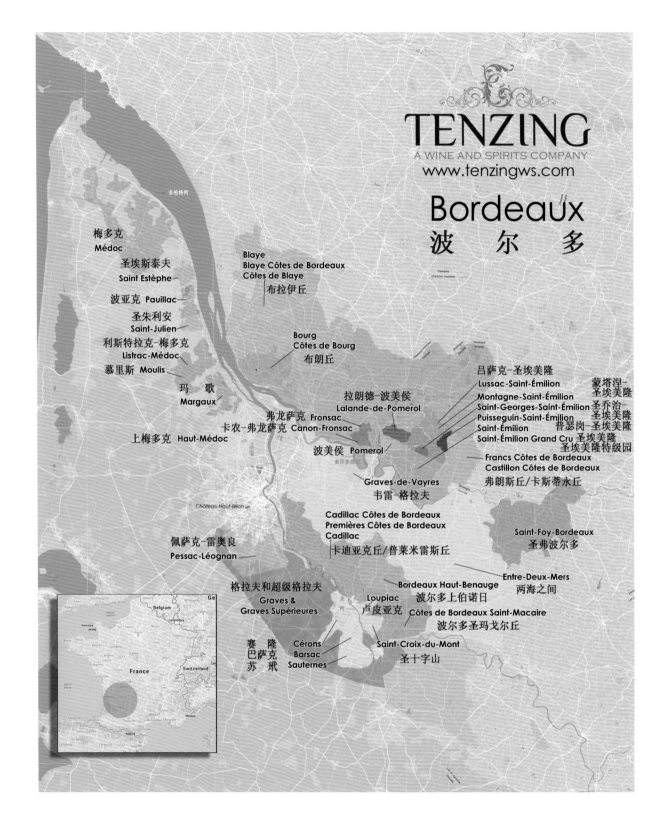

038

而生，它就是赤霞珠（Cabernet Sauvignon）。从18世纪开始，赤霞珠在波尔多地区出现，是适合梅多克缺乏营养但排水系统良好的砾石和沙质土壤的理想品种。赤霞珠所酿造的葡萄酒优雅、色泽深红、富含单宁，并以微妙的香料、紫罗兰和雪松芳香著称。而另一个优点是，赤霞珠葡萄酒具有强大的陈酿潜质。

此外，另一种重要葡萄品种美乐也是梅多克优质葡萄的代表。美乐在波尔多葡萄酒成分中只占一定比例，但其细腻与柔和依然奇妙地在酒中呈现。波尔多从19世纪起就种植该葡萄品种，它口感圆润、单宁柔和、果香浓郁等特点，如今正日益为人们所喜爱。

（二）格拉夫产区

格拉夫（Graves）相当于英文单词"Gravel"，是"沙石"之意。

格拉夫（Graves）在波尔多葡萄酒的历史长河中经过沉淀与洗礼，是波尔多左岸葡萄酒品质最高的产区之一。

1. 风土特点

格拉夫位于波尔多（Bordeaux）市南部的葡萄酒产区，产区大多数土壤结构并不像上梅多克（Haut-Medoc）地区那样是深厚的砾石层，这里多是黏土和砾石的混合土壤，地势较为平坦，气候相对来说也比较温暖。

格拉夫产区葡萄种植历史早在中世纪前期就已拉开帷幕，当时的梅多克（Medoc）还是一个人烟稀少、沼泽遍布的地区。该产区最知名的是侯伯王酒庄（Chateau Haut-Brion），它是1855年评级中唯一一个在梅多克之外的列级名庄，侯伯王酒庄开启了世界酒庄酒的先河，也是世界品牌葡萄酒的始祖。

2. 法定产区

格拉夫产区被划分为4个村庄级产区和一个地区级产区。

按照加龙河的流向，格拉夫产区依次分布着苏玳、巴萨克、赛龙、超级格拉夫、佩萨克·雷奥良5个小产区，其中只有超级格拉夫是地区级AOP，其他都是村庄级AOP。其中，最负盛名的村庄是苏玳和佩萨克·雷奥良。

3. 葡萄酒种类

格拉夫是波尔多唯一一个红白葡萄酒都非常出色的产区，这在以红葡萄酒为主导的波尔多尤其可贵。其最精华的产区是位于格拉夫北部的佩萨克-雷奥良（Pessac-Leognan）村庄级产区，佩萨克-雷奥良的土壤由一层厚厚的砾石构成，最厚的地方可达2—3米，佩萨克-雷奥良汇集了众多的格拉夫列级名庄。

格拉夫产区的干白葡萄酒主要是用长相思和赛美容调配，再用新橡木桶培养，酿造的酒色泽金黄，带有蜂蜜、槐花、柑橘类水果的香气，具有极强的陈年能力。

4. 葡萄品种

格拉夫产区拥有3000公顷（4.5万亩）的葡萄园，75%种植红葡萄品种，25%种植白葡萄品种。

红葡萄品种包括美乐（Merlot）、赤霞珠（Cabernet Sauvignon）和品丽珠（Cabernet Franc），白葡萄品种包括赛美容（Semillon）、长相思（Sauvignon Blanc）和密斯卡岱（Muscadelle）。红葡萄酒以雪松香味赢得了"格拉夫的红葡萄酒是大自然最忠诚的表露"的赞美，而带有乡土味的口感，则成为许多追逐本色和质朴的人的最爱。早在19世纪末，格拉夫的红葡萄酒便成为了英国皇室的宫廷御酒。

JPM家族掌门人：克里斯蒂安·莫意克

5. 苏玳的贵腐酒

苏玳产区位于格拉夫产区南部、加龙河左岸的丘陵地带上，土壤多砾石，排水性好，夏、秋都很温暖，是葡萄生长贵腐菌的绝佳条件。该产区与匈牙利的托卡伊、德国的莱茵高并称为世界三大贵腐酒产区。

格拉夫酒业公会确定并出台了一份最终完成于1959年的格拉夫分级酒庄列表。这份列表只区分红、白葡萄酒，而列级酒庄之间不再区分不同的等级，即只有一个级别——Grand Cru Classe。

（三）波美侯和拉朗德·波美侯产区

波美侯（Pomerol）产区，位于波尔多的右岸，与圣埃美隆和拉朗德·波美侯比邻，产区仅800公顷左右，是波尔多帝王般的存在。产区内有120多个酒庄，每个酒庄的面积都不大，最小的只有1.4公顷。

波美侯没有流行的分级制度，但波美侯却是波尔多乃至当今世界上出产名贵、稀缺葡萄酒最多的产区。只要是打着波美侯产区标志的葡萄酒，基本都不会是便宜货。

雷沃堡酒庄1956年种植的品丽珠

波尔多的酒王不是左岸的一级庄，也不是圣埃美隆的一级A酒庄，而是波美侯的鳌头帕图斯酒庄，另外还有1979年才崛起的里鹏庄（Le Pin）、老色丹（Vieux Ch.Certan）、花堡（Lafleur）、卓龙（Trotanoy）、柏图斯之花（Lafleur Petrus）、克里奈（Clinet）等著名酒庄。

波美侯葡萄酒庞大坚实，不仅能体现出美乐强劲丰满的一面，还随着葡萄酒的成熟，又展现出微妙的复杂性和丰富的变化，波美侯葡萄酒价格也远远高于其他产区，虽然波美侯名声远震，该地区却没有推行分级制度，无论多贵的酒都仅标示 Pomerol AOP。

20世纪70年代开始，波美侯才真正崛起。它的成功，有一人厥功至伟，他就是帕图斯的老板让·皮埃尔·莫意克（Jean-Pierre Moueix，简称JPM）。JPM早年在波美侯的策划和耕耘，使波美侯从无人问津到名声大噪。JPM家族不但拥有波美侯和圣达美隆的众多显赫名庄，而且还在波尔多右岸和左岸遴选和销售优质葡萄酒，JPM家族也是波尔多最为著名的名庄酒酒商之一。JPM去世后，其子克里斯蒂安·莫意克（Christian Moueix）接管他的衣钵，统领庞大的家族资产，与左岸的拉菲和木桐两大家族堪称波尔多三巨头。近年，克里斯蒂安·莫意克远赴美国纳帕谷开创著名酒庄多米纳斯（Dominus）。短短十几年间多米纳斯已成为美国首屈一指的顶级酒庄之一。

拉朗德·波美侯与波美侯仅一条小河之隔，产区风土非常接近波美侯，可以说是波尔多最被低估的小产区和最有发展潜力的小产区，产区已经被拉图集团、金钟集团、红牛集团等著名财团和资金提前布局，酒庄知名度和产品品质在国际上日益升高。

（四）圣埃美隆产区

圣埃美隆（Saint-Emilion）坐落于波尔多东北部35公里处，位于多尔多涅河的右岸。

按地理特征划分，该产区可以分为三部分：南部冲积平原，出产酒质一般的葡萄酒；北部陡峭山坡，为石灰质土壤，聚集了产区大多数列级酒庄；西部高原，靠近波美侯（Pomerol）产区。

圣埃美隆小镇是著名的世界文化遗产，也是波尔

著名车库酒庄——里鹏庄

多旅游胜地，狭窄的街道上矗立着雄伟的天主教堂。大约公元 2 世纪，罗马人开始在这里种植葡萄。4 世纪时，著名的拉丁诗人德西穆斯·马格努斯·奥索尼乌斯（Ausonius-Decimus Magnus）对圣埃美隆产的葡萄酒赞誉有加。圣埃美隆的葡萄酒发展还离不开一个叫埃美隆（Emilion）的僧侣，圣埃美隆（Saint-Emilion）小镇就是以他的名字命名的。埃美隆于 8 世纪来到圣埃美隆，隐居于修道院，带领修道院其他僧侣开始在当地种植葡萄、酿造美酒并进行贸易。

圣埃美隆还是波尔多车库酒运动的发源地。所谓车库酒，是指产量特别小的酒庄，用全新橡木桶发酵和陈酿，灌装前不经任何的澄清或过滤，多为人工酿造，成本极高，价格也非常昂贵。因这些酒的产量极

少，在自家的车库里就可以酿造，所以被称为"车库酒"。当然，现在的车库酒并非要在车库中酿造，但一定是极为稀少的。车库酒也能早饮，果味浓郁，香气澎湃，口感丰满，葡萄原料成熟度高。

五、波尔多：名庄和分级的故事

波尔多最著名的四大产区中，波美侯产区最小，不仅平均葡萄酒价格最贵，也是波尔多最贵葡萄酒和酒王所在地，但也是四个产区中唯一一个没有实行分级制度的产区。关于酒庄分级或者葡萄酒分级，并不是没有任何争论，反倒是争议不断，有的产区还官司缠身，吵吵闹闹，那么波尔多三大知名产区的分级到底是怎么样的呢？

波尔多左岸主要的分级制度有梅多克 1855 分级、1855 苏玳与巴萨克分级、格拉夫分级，右岸为圣埃美隆分级制度。

（一）梅多克 1855 红葡萄酒分级

1. 世界和平带来的巨大创新

1855 年，法国以庆祝滑铁卢战役以来的 40 年和平为名举办了巴黎世界博览会，为了更有利于将波尔多的优质葡萄酒推向世界，应当政的拿破仑三世的要求，波尔多葡萄酒经纪人辛迪加组织根据当时各个酒庄的声望和产品价格，编制了一份酒庄的分级名单。

二级庄爱诗途酒庄的酒窖

这份分级名单选出了 4 家一级庄（Premiers Crus），12 家二级庄（Deuxièmes Crus），14 家三级庄（Troisièmes Crus），10 家四级庄（Quatrièmes Crus）和 18 家五级庄（Cinqièmes Crus）。这 58 家酒庄中，一级庄奥比昂酒庄（Chateau Haut-Brion）来自格拉夫产区，其他 57 家酒庄全部来自梅多克产区。

2. 一次得道万年受益的历史传奇

这份 1855 年定下的列级庄名单在历经 100 多年后，酒庄的名称、所有者、葡萄园甚至葡萄酒的质量都有很多变化，一些酒庄经历了分分合合，而这份分级却只做过两次修订。一次是 1855 年 9 月佳得美酒庄（Château Cantemerle）补录五级庄。然后直到 1973 年，在菲利普·罗斯柴尔德男爵（Philippe de Rothschild）几十年漫长的努力之下，终于将木桐酒庄（Château Mou-ton-Rothschild）从原来的二级庄升到了一级庄，从而改变了一级庄的格局，一级庄由原来的四家变为五家。

时至今日，1855 分级的红葡萄酒酒庄一共有 61 家列级名庄。其中，一级庄 5 家、二级庄 14 家、三级庄 14 家、四级庄 10 家、五级庄 18 家。

3. 列级酒庄的问题与境遇

价格是市场对商品供需关系的实时反映，基本能够体现该酒庄当时的价值。位于金字塔顶端的五家一级庄，历任庄主都把自身品质视为生命，直到今天仍旧盛名不衰，价格也是所有列级庄中最高的，而且还有不断攀升的趋势。但其他酒庄就千差万别，出现了很大变动，有的酒庄早就名不副实，有的酒庄则不断提升，有的二级庄只相当于当年五级庄的位置，有的四、五级庄却已达到二、三级庄的级别。

1855 年梅多克列级酒庄列表

产区	等级	酒庄法文名称	酒庄中文名称
波亚克	一级庄	Château LAFITE-ROTHSCHILD	拉菲酒庄
波亚克	一级庄	Château LATOUR	拉图酒庄
玛歌	一级庄	Château MARGAUX	玛歌酒庄
佩萨克	一级庄	Château HAUT-BRION	奥比昂酒庄
波亚克	一级庄	Château MOUTON-ROTHSCHILD	木桐酒庄
玛歌	二级庄	Château RAUSAN-SEGLA	鲁臣世家酒庄
玛歌	二级庄	Château RAUSAN-GASSIES	露仙歌酒庄
圣朱利安	二级庄	Chateau LEOVILLE-LAS CASES	雄狮酒庄
圣朱利安	二级庄	Château LEOVILLE-POYFERRE	波菲酒庄
圣朱利安	二级庄	Château LEOVILLE-BARTON	巴顿酒庄
玛歌	二级庄	Château DURFORT-VIVENS	度韦酒庄
圣朱利安	二级庄	Château GRUAUD LAROSE	金玫瑰酒庄
玛歌	二级庄	Château LASCOMBES	力士金酒庄
玛歌	二级庄	Château BRANE-CANTENAC	布朗康田酒庄
波亚克	二级庄	Château PICHON-LONGUEVILLE	碧尚男爵酒庄
波亚克	二级庄	Château PICHON-LONGUEVILLE COMTESSE DE LALANDE	碧尚女爵酒庄
圣朱利安	二级庄	Château DUCRU-BEAUCAILLOU	宝嘉龙酒庄
圣埃斯泰夫	二级庄	Château COS-D'ESTOURNEL	爱诗途酒庄
圣埃斯泰夫	二级庄	Château MONTROSE	玫瑰庄园
玛歌	三级庄	Château KIRWAN	麒麟酒庄
玛歌	三级庄	Château D'ISSAN	迪仙酒庄
圣朱利安	三级庄	Château LAGRANGE	力关酒庄

产区	等级	酒庄法文名称	酒庄中文名称
圣朱利安	三级庄	Château LANGOA BARTON	丽冠巴顿酒庄
玛歌	三级庄	Château GISCOURS	美人鱼酒庄
玛歌	三级庄	Château MALESCOT-SAINT-EXUPERY	马烈哥酒庄
玛歌	三级庄	Château BOYD CANTENAC	贝卡塔纳酒庄
玛歌	三级庄	Château CANTENAC-BROWN	肯德布朗酒庄
玛歌	三级庄	Château PALMER	宝马酒庄
上梅多克	三级庄	Château LA LAGUNE	拉拉贡酒庄
玛歌	三级庄	Château DESMIRAIL	狄士美酒庄
圣埃斯泰夫	三级庄	Château CALON-SEGUR	凯隆世家酒庄
玛歌	三级庄	Château FERRIERE	菲丽酒庄
玛歌	三级庄	Château MARQUIS D'ALESME	侯爵酒庄
圣朱利安	四级庄	Château SAINT-PIERRE	圣皮尔酒庄
圣朱利安	四级庄	Château TALBOT	大宝酒庄
圣朱利安	四级庄	Château BRANAIRE-DUCRU	周伯通酒庄
波亚克	四级庄	Château DUHART-MILON	杜赫美伦酒庄
玛歌	四级庄	Château POUGET	宝爵酒庄
上梅多克	四级庄	Château LA-TOUR-CARNET	拉图嘉利酒庄
圣埃斯泰夫	四级庄	Château LAFON-ROCHET	拉芳罗榭酒庄
圣朱利安	四级庄	Château BEYCHEVELLE	龙船酒庄
玛歌	四级庄	Château PRIEURE-LICHINE	荔仙酒庄
玛歌	四级庄	Château MARQUIS DE TERME	德达侯爵酒庄
波亚克	五级庄	Château PONTET-CANET	庞特卡内酒庄
波亚克	五级庄	Château BATAILLEY	巴特利酒庄
波亚克	五级庄	Château HAUT-BATAILLEY	奥巴特利酒庄
波亚克	五级庄	Château GRAND-PUY-LACOSTE	拉古斯酒庄
波亚克	五级庄	Château GRAND-PUY-DUCASSE	都卡斯酒庄
波亚克	五级庄	Château LYNCH BAGES	靓茨伯酒庄
波亚克	五级庄	Château LYNCH-MOUSSAS	浪琴慕沙酒庄
玛歌	五级庄	Château DAUZAC	杜扎克酒庄
波亚克	五级庄	Château d'ARMAILHAC	达玛雅克酒庄
玛歌	五级庄	Château TERTRE	杜特酒庄
波亚克	五级庄	Château HAUT-BAGES-LIBERAL	奥巴里奇酒庄
波亚克	五级庄	Château PEDESCLAUX	百德诗歌酒庄
上梅多克	五级庄	Château BELGRAVE	百家富酒庄
上梅多克	五级庄	Château CAMENSAC	卡门萨克酒庄
圣埃斯泰夫	五级庄	Château COS-LABORY	柯斯拉柏丽酒庄
波亚克	五级庄	Château CLERC-MILON	克拉米伦酒庄
波亚克	五级庄	Château CROIZET-BAGES	歌碧酒庄
上梅多克	五级庄	Château CANTEMERLE	佳得美酒庄

（二）1855 苏玳与巴萨克甜白分级

1855 年，除了梅多克产区酒庄被分级，一同分级的还有苏玳（Sauternes）与巴萨克（Barsac）两个产区，只不过由于这一分级针对贵腐甜白葡萄酒，没有红葡萄酒的 1855 分级那么有名。但实际上，苏玳和巴萨克可以说是世界顶级的贵腐甜白葡萄酒产区。

1855 苏玳和巴萨克分级只有三个级别，列入分级的酒庄按酒庄分家和合并的情况来算，一共有 27 家，其中伊甘酒庄（又称为滴金酒庄，Chateau d'Yquem）独占鳌头，以"超一级"（Premieres Cru Supérieur）位居榜首。另外有 11 家一级庄和 15 家二级庄。

1855 苏玳列级酒庄列表

产区	等级	酒庄英文名称	酒庄中文名称
苏玳	超一级庄	Château d'Yquem	滴金酒庄
苏玳	一级庄	Château LA TOUR BLANCHE	白塔酒庄
苏玳	一级庄	Château LAFAURIE-PEYRAGUEY	拉佛瑞佩拉酒庄
苏玳	一级庄	Château HAUT-PEYRAGUEY	奥派瑞酒庄
苏玳	一级庄	Château RAYNE-VIGNEAU	唯依酒庄
苏玳	一级庄	Château SUDUIRAUT	苏特罗庄园酒庄
巴萨克	一级庄	Château COUTET	古岱酒庄
巴萨克	一级庄	Château CLIMENS	克莱蒙斯酒庄
苏玳	一级庄	Château GUIRAUD	芝路庄园酒庄
苏玳	一级庄	Château RIEUSSEC	莱斯古堡酒庄
苏玳	一级庄	Château RABAUD-PROMIS	哈宝普诺酒庄
苏玳	一级庄	Château SIGALAS-RABAUD	斯格拉哈宝酒庄
巴萨克	二级庄	Château de MYRAT	米拉特酒庄
巴萨克	二级庄	Château DOISY DAENE	多西戴恩酒庄
巴萨克	二级庄	Château DOISY DUBROCA	多西布罗卡酒庄
巴萨克	二级庄	Château DOISY VEDRINES	多希韦德喜酒庄
苏玳	二级庄	Château d'ARCHE	方舟酒庄
苏玳	二级庄	Château FILHOT	飞跃酒庄
巴萨克	二级庄	Château BROUSTET	博思岱酒庄
巴萨克	二级庄	Château NAIRAC	奈哈克酒庄
巴萨克	二级庄	Château CAILLOU	宝石酒庄
巴萨克	二级庄	Château SUAU	苏奥酒庄
苏玳	二级庄	Château de MALLE	马乐酒庄
苏玳	二级庄	Château ROMER du HAYOT	罗曼莱酒庄
苏玳	二级庄	Château ROMER	罗曼酒庄
苏玳	二级庄	Château LAMOTHE	拉莫酒庄
苏玳	二级庄	Château LAMOTHE-GUIGNARD	拉莫特齐格诺酒庄

今天，苏玳和巴萨克分级的意义依旧有用，甚至与针对红葡萄酒的 1855 梅多克分级相比，其市场价格的历史变动更小，曾经的分级依旧能反映出现在品质的高低。顶尖的伊甘酒庄葡萄酒的价格总是高高在

格拉夫名酒

上，是其他苏玳列级名庄的 4—5 倍以上。除此之外，还有四家一级名庄的价格往往都会领先于其他列级庄，分别是：克莱蒙丝酒庄（Château Climens）、莱斯古堡酒庄（Château Rieussec）、苏特罗酒庄（Château Suduiraut）和芝路酒庄（Château Guiraud），其中尤其是被称为"巴萨克之王"的克莱蒙丝酒庄，价格通常会达到其他三家价格的 1.5 倍左右。

（三）格拉夫分级

其实，格拉夫产区在中世纪就已极负盛名，但格拉夫运气实在不佳，在 1855 列级庄名单出炉的 19 世纪，格拉夫却遭受了霉菌、粉苞菌及蚜虫的侵袭，处在历史低潮期。除了奥比昂酒庄（也被称为侯伯王，Château Haut-Brion）之外，格拉夫地区的葡萄酒都无缘列入传奇的 1855 分级阵容。

所以格拉夫的酒庄主们一直不服气。终于在 1953 年，应格拉夫葡萄酒公会的请求，法国国家原产地命名管理局（INAO）开始拟定一份综合评定酒庄、风土、酿造及陈年能力的，能代表格拉夫葡萄酒最高水准的酒庄名单。该名单 1959 年定稿，16 家酒庄进入分级，之后再未进行过复审更改。

不过当年格拉夫的分级是区分红、白葡萄酒的，整体只有一个"列级"的级别（Crus Classé），有的酒庄是因为白葡萄酒进入列级，有的酒庄以红葡萄酒入选，有几家酒庄红、白皆得以入选。但到如今，我们可以认为所有入选格拉夫列级的酒庄，红、白葡萄酒都有列级的水准和地位（除了 Chateau Haut-Bailly 只产红葡萄酒）。

1953 年格拉夫列级酒庄列表

产区酒庄	英文名称	酒庄中文名称
卡多亚克	Château BOUSCAUT	宝斯高酒庄
雷奥良	Château CARBONNIEUX	卡尔邦女酒庄
雷奥良	Château de CHEVALIER	骑士酒庄
维勒纳夫多尔农	Château COUHINS	歌欣酒庄
维勒纳夫多尔农	Château COUHINS-LURTON	金露桐酒庄
雷奥良	Château de FIEUZAL	佛泽尔酒庄
雷奥良	Château HAUT-BAILLY	高柏丽酒庄
佩萨克	Château HAUT-BRION	奥比昂酒庄
玛蒂亚克	Château LATOUR-MARTILLAC	拉图玛蒂雅克酒庄
塔朗斯	Château LAVILLE HAUT-BRION	拉维尔侯伯王酒庄
雷奥良	Château MALARTIC-LAGRAVIERE	马拉狄酒庄
佩萨克	Château LA MISSION HAUT-BRION	美讯酒庄

产区酒庄	英文名称	酒庄中文名称
雷奥良	Château OLIVIER	奥利佛酒庄
佩萨克	Château PAPE CLEMENT	克莱蒙教皇堡酒庄
玛蒂亚克	Château SMITH HAUT LAFITTE	史密斯拉菲特酒庄
塔朗斯	Château LA TOUR HAUT-BRION	拉图尔奥比昂酒庄

现在的格拉夫分级其实更像是佩萨克 - 雷奥良（Pessac-Léognac）的分级，这个子产区的法定命名于1987年建立，在1959年划分等级时还不存在，而所有列级的格拉夫酒庄都"恰巧"属于佩萨克 - 雷奥良这个子产区，跟它与波尔多市距离最近恐怕也脱不开关系。

（四）左岸中级庄评级

中级庄"Cru Bourgeois"评级制度，其实还是针对梅多克产区（Medoc）的一个分级制度。1855分级历经150年几乎一成不变，许多无缘入选1855列级庄的其他酒庄难免觉得不公。1932年，一个新的分级——梅多克"中级名庄"诞生了，它是认可未能获选成为1855分级列级庄的其他优质酒庄的一个很好的补充，在当时，比较有名望的非1855列级酒庄大都加入了中级庄体系。

经过历史变迁，我们现在所看到的中级庄的名号，是2010年最新修订的，它只有一个级别，仅针对单一年份的葡萄酒而非酒庄，而且每年都会由中级庄联盟根据新年份酒款的品质进行重新评定。在2016年的评级中，有278家酒庄的2014年份得以入选中级名庄。

总体来说，中级名庄的称号还是有一定可靠性的，是高性价比的波尔多葡萄酒集中的地方。

（五）圣埃美隆分级制度

这是一个争议不断，闹上公堂，波尔多最吵闹的分级体系。

1952年，在圣埃美隆葡萄酒商会的要求下，法国农业部和国家原产地命名管理局（INAO）开始筹备圣埃美隆产区分级工作。在1855分级制度诞生100年后，1955年，圣埃美隆第一个分级名单出炉，此次分级共有75家酒庄入围。

圣埃美隆分级制度共设三个等级，其中位于金字塔顶端的为圣埃美隆一级 A 等酒庄（Premier Grand Cru Classe A），其次为圣埃美隆一级 B 等酒庄（Premier Grand Cru Classe B），剩下的则为圣埃美隆列级庄（Grand Cru Classe）。不同于1855分级制度，圣埃美隆分级制度不是一成不变的。为了鼓励督促各个酒庄保持优良的酿酒水平，它每10年都会进行重新修订。1955年圣埃美隆第一次分级制度诞生后，官方分别在1969年、1986年、1996年、2006年和2012年对其进行了调整。

圣埃美隆分级近年矛盾不断，经常闹上法庭。2006年提出的分级结果居然未获通过，胎死腹中。在这次修订中，一级庄的数量增至了15个，列级庄的数量却减少到了46个，为史上列级庄数量最少的一次。这次大变动随即触发了波尔多分级史上最激烈的一次争论，很多酒庄被彻底激怒了。他们把圣埃美隆商会告上法庭，要求撤销这份评级。这场官司自2007年11月开始，其中过程迂回

在波尔多，玫瑰花是葡萄园的听诊器，葡萄生病，花先预警

白马酒庄

曲折，加上涉及多方利益，最后到 2009 年 3 月才结束，法庭最终的宣判结果是 2006 年的修订无效。

2012 年，新的分级制度正式公布，这是自 1969 年第二次酒庄分级以来升级酒庄数量最多的一次分级，这次分级还有一个显著变动就是一级 A 等酒庄从原来的两个变成了现在的四个，新加入了金钟（Chateau Angelus）和柏菲（Chateau Pavie），同之前的欧颂（Chateau Ausone）和白马（Chateau Cheval Blanc）一起并列为四大最高等级名庄。

圣埃美隆葡萄酒分级发展历程

时间	一级庄数量		列级庄数量	总数
	A 等	B 等		
1955 年 6 月 16 日	2	无	63	65
1969 年 11 月 17 日	2	10	72	84
1986 年 5 月 23 日	2	9	65	76
1996 年 11 月 8 日	2	11	55	68
2006 年 12 月 12 日（于 2009 年被撤销）	2	13	46	71
2012 年 9 月 6 日	4	14	64	82

然而这次分级并没有浇灭不满者心中的怒火，新分级制度再次引发了诸多争议。白马酒庄的技术总监皮尔 - 奥利维尔·克鲁埃（Pierre-Olivier Clouet）表示，过多的一级 A 等酒庄不利于圣埃美隆在酒界树立良好的形象。欧颂酒庄的酿酒师兼管理人宝琳·沃希尔（Pauline Vauthier）说："2012 年圣埃美隆新分级制度就是个错误，简直就是一团糟。"葡萄酒大师 Mark Savage 也开始质疑圣埃美隆分级是否把风土奉为品质

的指标。于是官司再次打响，金钟酒庄庄主休伯特·德布德拉（Hubert de Bouard de Laforest）和托特维尔酒庄（Chateau Trotte Vieille）的庄主菲利普·卡斯特加（Philippe Casteja）被告上法庭，这两个人被起诉的理由是操纵评级并让自己的酒庄获益。

圣埃美隆评级最大的劣势就是难以保证公平性，每次分级都带来的一系列风波，也无疑给产区的名声带来了无可挽回的损害。此外，从一级庄和列级庄数量来看，圣埃美隆屡次增加入选酒庄数量，可见分级的目的还是以酒庄和产区为主，每次评级都在平衡各方利益，而不是单纯为消费者着想。这样一来，上榜酒庄过多，无疑难以保证葡萄酒的优秀品质。因此，这种分级对于消费者而言，参考意义有，但有些别扭。

需要注意的是，圣埃美隆产区还存在并非具有分级含义的"优质酒庄"（Saint-Emilion Grand Cru），"优质酒庄"的数量众多，和"Grand Cru Classé 列级名庄"并无关系。优质酒庄的酒标上印的是"Grand Cru"而非"Grand Cru Classé"字样，彼此之间的水平和价格差距可以非常大，并不是一个等级认证，基本就是产量和酒精度标准比圣埃美隆酒庄 AOP/AOC 严一点，几乎当地大部分酒庄都能申请。

除了以上五种分级制度外，波尔多还有艺术家酒庄分级制度（Cru Artisas），也诞生于 1855 年，但是在 1973 年进行了重新审核。2006 年，有 44 家来自梅多克的酒庄获得此称号。

2012 年圣埃美隆列级庄列表

等级	酒庄法文名称	酒庄中文名称
一级 A 级	Château AUSONE	欧颂酒庄
一级 A 级	Château CHEVAL BLANC	白马酒庄
一级 A 级	Château ANGELUS	金钟酒庄
一级 A 级	Château PAVIE	柏菲酒庄
一级 B 级	Château BELAIR-MONANGE	宝雅酒庄
一级 B 级	Château CANON	卡侬酒庄
一级 B 级	Château BEAUSEJOUR	博赛庄园酒庄
一级 B 级	Château BEAU-SEJOUR BECOT	博塞贝戈酒庄
一级 B 级	Château CANON LA GAFFELIERE	卡农嘉芙丽酒庄
一级 B 级	Château FIGEAC	飞卓酒庄
一级 B 级	Château LA GAFFELIERE	嘉芙丽酒庄
一级 B 级	Château PAVIE MACQUIN	柏菲玛凯酒庄
一级 B 级	Château TROPLONG-MONDOT	卓龙梦特酒庄
一级 B 级	Château TROTTEVIEILLE	老托特酒庄
一级 B 级	Château LARCIS DUCASSE	拉斯杜嘉酒庄
一级 B 级	Château VALANDRAUD	瓦兰佐酒庄
一级 B 级	CLOS FOURTET	富尔泰酒庄
一级 B 级	LA MONDOTTE	拉梦多酒庄
列级庄	Château l'ARROSEE	拉若斯酒庄
列级庄	Château BALESTARD la TONNELLE	拉图奈酒庄
列级庄	Château BARDE-HAUT	巴德酒庄
列级庄	Château BELLEFONT-BELCIER	贝勒芬酒庄
列级庄	Château BELLEVUE	美景酒庄
列级庄	Château BERLIQUET	贝尔立凯城堡
列级庄	Château CADET-BON	嘉德邦酒庄
列级庄	Château CAP de MOURLIN	卡地慕兰酒庄
列级庄	Château CHAUVIN	舍宛酒庄
列级庄	Château CLOS de SARPE	萨普酒庄
列级庄	Château CORBIN	柯尔斌酒庄
列级庄	Château COTE de BALEAU	贝露酒庄
列级庄	Château DASSAULT	达索酒庄
列级庄	Château DESTIEUX	迪斯特酒庄
列级庄	Château de FERRAND	飞鸿酒庄
列级庄	Château de PRESSAC	比萨酒庄
列级庄	Château FAUGERES	富爵酒庄
列级庄	Château FAURIE de SOUCHARD	菲力苏酒庄
列级庄	Chateau Fleur Cardinale	花妃酒庄
列级庄	Château FOMBRAUGE	芳宝庄园
列级庄	Château FONPLEGADE	枫嘉酒庄
列级庄	Château FONROQUE	弗兰克庄园
列级庄	Château FRANC MAYNE	富梅诺酒庄
列级庄	Château GRAND CORBIN	大柯尔斌酒庄
列级庄	Chateau Grand Corbin-Despagne	德斯巴涅酒庄
列级庄	Château GRAND MAYNE	大梅诺酒庄

等级	酒庄法文名称	酒庄中文名称
列级庄	Château GRAND PONTET	大鹏酒庄
列级庄	Château GUADET	歌德酒庄
列级庄	Château HAUTE SARPE	上萨普酒庄
列级庄	Château JEAN FAURE	让福尔酒庄
列级庄	Château LA CLOTTE	克洛特酒庄
列级庄	Château LA COMMANDERIE	骑士酒庄
列级庄	Château LA COUSPAUDE	古斯博德酒庄
列级庄	Château LA DOMINIQUE	多米尼克酒庄
列级庄	Château LA FLEUR MORANGE	莫朗酒庄
列级庄	Château LA MARZELLE	玛泽勒酒庄
列级庄	Château LA SERRE	拉塞尔酒庄
列级庄	Château LA TOUR FIGEAC	拉图飞卓酒庄
列级庄	Château LANIOTE	兰尼特酒庄
列级庄	Château LARMANDE	拉芒德酒庄
列级庄	Château LAROQUE	拉罗克酒庄
列级庄	Château LAROZE	纳鲁斯庄园
列级庄	Château LE CHATELET	夏乐酒庄
列级庄	Château LE PRIEURE	佩邑酒庄
列级庄	Château LES GRANDES MURAILLES	梅利酒庄
列级庄	Chateau Monbousquet	蒙宝酒庄
列级庄	Château MOULIN DU CADET	加迪磨坊酒庄
列级庄	Château PAVIE DECESSE	柏菲德凯斯酒庄
列级庄	Château PEBY FAUGERES	菲比富爵酒庄
列级庄	Château PETIT FAURIE de SOUTARD	小富苏酒庄
列级庄	Château QUINAULT l'ENCLOS	君豪酒庄
列级庄	Château RIPEAU	赫柏酒庄
列级庄	Château ROCHEBELLE	罗奇酒庄
列级庄	Château SANT-GEORGES COTE PAVIE	圣乔治波菲丘酒庄
列级庄	Château SANSONNET	桑索酒庄
列级庄	Château SOUTARD	苏塔酒庄
列级庄	Château TERTRE DAUGAY	道卡伊酒庄
列级庄	Château VILLEMAURINE	威乐酒庄
列级庄	Château YON FIGEAC	永卓古堡
列级庄	CLOS DES JACOBINS	雅科宾酒庄
列级庄	CLOS de l'ORATOIRE	奥哈瓦酒庄
列级庄	CLOS LA MADELEINE	玛德莱娜酒庄
列级庄	CLOS SAINT-MARTIN	圣马丁酒庄
列级庄	COUVENT DES JACOBINS	雅科宾修道院酒庄
列级庄	CLOS LA MADELEINE	玛德来娜酒庄
列级庄	CLOS SAINT-MARTIN	圣马丁酒庄
列级庄	COUVENT DES JACOBINS	雅科宾修道院酒庄

第五节　拉菲为什么那么牛

拉菲酒庄的瓶储酒、橡木桶陈酿和木桶清洗设备

关于拉菲的记载可以追溯到公元 1234 年，从 14 世纪起拉菲酒庄就一直是中世纪领主的领地。在法国西南部比利牛斯地区的方言中，"la hite"意为"小山丘"，这就是拉菲的由来。

17 世纪 70 年代，雅·克·德·塞居尔侯爵建立了拉菲葡萄园。1732—1733 年间，英国首相罗伯特·沃波尔每三个月就要购买一个橡木桶的拉菲。1755 年，法国黎塞留元帅为治病爱上拉菲，在黎塞留元帅的影响下，法国国王也爱上拉菲，于是拉菲在整个凡尔赛宫快速流行起来。1815 年，波尔多葡萄酒经纪人劳顿先生建立了第一套波尔多梅多克分级表，他将拉菲推为榜首。1855 年巴黎世界博览会的官方分级标准，又确立了拉菲的"一级庄"的地位。1868 年，詹姆斯·罗斯柴尔德男爵在公开拍卖会上购得拉菲古堡。1974 年，埃里克·罗斯柴尔德男爵开始掌管拉菲罗斯柴尔德集团，他为追求顶级品质不懈努力，1982 年拉菲正是对他热情和努力的回报。

由此可见，拉菲的历史光环确实让它有牛气的本钱。拉菲在中国超级火爆的原因还有以下几个方面：

首先是 20 世纪 90 年代香港电影的推动。在中国人还不怎么喝葡萄酒的时候，是香港电影让中国人知道了拉菲这个品牌，《英雄本色》《赌圣》等电影都有很多关于拉菲的桥段。

其次是著名酒评家罗伯特·帕克的作用。帕克还是小角色的时候，就因为对"1982 年的拉菲"是不同寻常的超级好酒的判断而一举成名。当然，他也把 1982 年拉菲和拉菲酒庄推向另一个高度。

还有一个原因是"拉菲"这个名字带来的。拉菲的火爆也许是沾了名字的光，中国人记不住太长的外国名，但"拉菲"简单、顺口又洋气。相反，奥比昂、武当王、雷沃堡、帕图斯等三个字或者四个字的酒庄就没有拉菲那么幸运了。

其实，最后一个原因也可以提一下，那就是当前阶段葡萄酒在中国的普及度较为有限，中国人还不太懂酒，请客送礼只认牌子不认酒。

第六节　勃艮第：有酒也有故事的法国传奇

勃艮第（Burgundy）位于法国东北部，在北纬47°和东经4°左右，地形以丘陵为主，属大陆性气候，被称为"地球上最复杂难懂的葡萄酒产区"。勃艮第葡萄酒是世界上最贵的葡萄酒，世界最贵葡萄酒前50席中绝大多数来自勃艮第。因此，勃艮第是葡萄酒爱好者敬慕和仰视的存在，在葡萄酒世界拥有不可撼动的神圣地位。

勃艮第的葡萄酒历史可以追溯到公元前，起源时间没有精确定论，有人认为是公元前6世纪，也有人说始于公元前4世纪，还有的说是公元1世纪或3世纪。关于勃艮第葡萄酒的奠基人，有人认为是凯尔特人，也有人说是高卢人，但大家都公认勃艮第在被罗马人占领之前，就已经出现了葡萄酒。

有文字可查的、最早的勃艮第葡萄酒生产是公元312年。

公元500年开始，西多会（Cistercians）的修士们开始种植葡萄并酿造葡萄酒。

公元768—814年，查理曼大帝热爱葡萄酒，著名的高顿-查理曼酒庄就是他的私家葡萄园。由于查理曼大帝大力推广葡萄酒，勃艮第开始大面积种植葡萄并打开了葡萄酒市场。

14和15世纪，勃艮第的公爵们坚持不懈地改良葡萄酒。为了将勃艮第葡萄酒推广到整个欧洲，他们大力支持勃艮第葡萄酒的商业化并维护勃艮第葡萄酒在欧洲的声誉。

在勃艮第骑行，享受葡萄园的乐趣。图片来源：Tingle Creative

18世纪拿破仑在位时期，勃艮第葡萄酒继续向俄国和美洲扩张。

1870—1880年，根瘤蚜虫灾害肆虐，欧洲包括勃艮第等绝大多数的葡萄园惨遭毁灭。砧木技术发明后，勃艮第酒农和庄园主趁机优化种植，提升了葡萄酒质量。

20世纪40年代，富有勃艮第特色的法定产区分级制度逐渐完善，勃艮第的生产标准和质量要求进一步巩固。

在勃艮第的葡萄酒文化中，博纳济贫院扮演过重要角色。该院15世纪由法国掌玺大臣、勃艮第的菲利普公爵尼古拉·罗兰和其夫人建造，目的是给贫民提供一个避难所。济贫院的传统一直保存并流传下来，每年11月的第三个星期天，勃艮第都会举行盛大的葡萄酒慈善拍卖活动，勃艮第酒业领袖、演艺明星、商界大佬等都会参加这一盛会，并以拍下自己青睐的美酒为荣。

一、勃艮第：顶级葡萄酒之魂的风土

勃艮第盛产霞多丽干型白葡萄酒和黑比诺红葡萄酒，不管是霞多丽还是黑比诺都是世界价格之最！由此可以看得出勃艮第风土之优秀。

（一）勃艮第的气候特点

勃艮第是典型的大陆性气候，冬夏温差大，冬季干燥寒冷，夏秋温和但常有冰雹，春季易出现霜寒。加上勃艮第地处法国中央山脉，纬度较高。这样的气候和地理条件并不是种植葡萄的最佳环境，但勃艮第却培育和酿造了优良的葡萄品种和高品质的葡萄酒。为了避开以上不利条件，勃艮第人将葡萄种植在面向东方、东南方和西方的斜坡上，山坡的朝向、高度、倾斜角度以及背斜谷，形成了微妙的微气候环境，避免了西北风的侵袭，并有效地利用太阳的光热，使其种植的葡萄品种越来越好。

勃艮第克里玛和克罗。图片来源：Unesco/联合国教科文组织

（二）勃艮第的土壤特点

勃艮第各个葡萄园的土质各异，包括石灰质、黏土石灰质、花岗岩质、砂质等多种土壤，但这个产区覆盖着的主要还是风化与冲刷形成的石灰质黏土，只不过不同葡萄园的黏土、石灰质土和沙质土的构成比例不尽相同。

中世纪西多会的修士们对葡萄的种植和酿造做出过巨大贡献，他们试验和研究不同的种植和酿造工艺，推动了修剪、引枝、扦插、酿酒、陈酿、品尝和分析等的技术进步。据说，他们用舌头去品尝泥土与碎石，通过这种与大自然的直接交流，发现和选择优质的葡萄园。修士们认为只有相同的风土才能种出风味相同的葡萄，于是克里玛（Climats，法文 Terrior 的勃艮第用法）的概念就诞生了，克里玛强调风土对葡萄的影响，特定的风土条件形成了相应的葡萄园地块，并生产出风格不同的葡萄酒。庄园主将克里玛用高一米左右的石墙围起来，以便和旁边的葡萄园分开，这些葡萄园的围墙叫作"克罗（Clos）"。

二、勃艮第：另一种分级制度

勃艮第绝大多数的葡萄酒都是法定产区葡萄酒（也就是 AOP，2012 年前称为 AOC），也有地区餐酒（VdP），但产量小。勃艮第每年的葡萄酒产量仅占法国的葡萄酒产量的 6% 左右，但 AOP 就占了全法国 400 多个中的 101 个。

根据风土质量，勃艮第葡萄园被划分为四个等级。以下数据参考于勃艮第葡萄酒行业协会官网公布 2007—2011 年的平均值。

（一）大区级 AOP（AOP Régionales）：

勃艮第有 23 个大区级 AOP 产区，涵盖的范围最广，产量占勃艮第总产量的 52%。除了马孔区（Maconnais）以外，大区级 AOP 的名称全都会冠上"Bourgogne"。

产量控制：红葡萄酒每公顷不超过 5500 升，白葡萄酒每公顷 6000 升。

葡萄成熟度的要求：红酒自然酒精度不低于 10%，白酒不低于 10.5%。

（二）村庄级 AOP（AOP Villages）

一些地理位置好、风土条件好，葡萄酒品质出众的村庄，可被列为村庄级 AOP。村庄级 AOP 共有 44 个，其中：马孔区（Maconnais）有 5 个，夏布利（Chablis）有 1 个，其他的都在金丘，产量占勃艮第总产量的 37%。一个村庄级 AOP 可能涵盖数个村庄，同样一个葡萄园也可能分属于多个村庄。

产量控制：红葡萄酒每公顷不超过 4000 升，白葡萄酒每公顷 4500 升，夏布利、马孔区、夏隆内丘产量稍高一点。

葡萄成熟度的要求：红葡萄酒自然酒精度 10.5%，白葡萄酒自然酒精度 11%。

（三）一级园（Premier Cru）

在村庄级 AOP 的范围里，有些表现好的葡萄园，可以被提列为"一级葡萄园"。它们仍然依附在所属村庄级的 AOP 之下，命名时会标上葡萄园名称并加上"一级"的 法 文："Premier Cru" 或 "1er

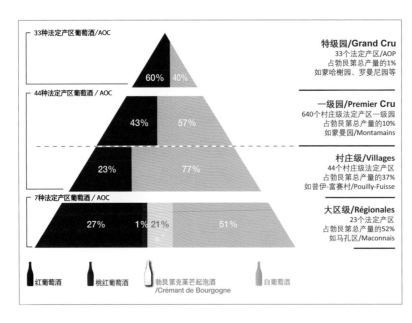

勃艮第分级

Cru"。一级葡萄园的数目有 640 个，但面积、产量都不大，只占勃艮第总产量的 10%。

在酒标上，可以标示出特定葡萄园的名称，但如果是混合了不同一级葡萄园的葡萄酒就不能标上葡萄园的名字。

产量控制：红葡萄酒每公顷不超过 4000 升，白葡萄酒每公顷 4500 升。

葡萄成熟度的要求：红葡萄酒自然酒精度 11%，白葡萄酒自然酒精度 11.5%。

（四）特级园（Grand Cru）

勃艮第共有 33 个特级葡萄园，其产量仅占勃艮第总产量的 1%。红葡萄酒的特级葡萄园有 26 个，总面积 400 多公顷（6000 多亩），都在金丘（Cote d'Or）内，其中只有 Corton 位于博纳丘（Cote de Beaune），其他的都位于夜丘（Cote de Nuits）。只产白葡萄酒的特级葡萄园有 7 个，不到 200 公顷（3000 亩），其中 6 个位于博纳丘，1 个位于夏布利（Chablis）。而其中特级葡萄园科尔登园（Corton）与慕西尼园（Musigny）既产红葡萄酒，也产白葡萄酒。

产量控制：红葡萄酒每公顷不超过 3500 升，白葡萄酒每公顷不超过 4000 升。

葡萄成熟度的要求：红葡萄酒自然酒精度 11.5%，白葡萄酒自然酒精度 12%。夏布莉产区的要求较低，白葡萄酒每公顷不超过 4500 升，最低酒精度要求 11%。

三、勃艮第：葡萄酒种类、葡萄品种和知名产区

勃艮第产区位于巴黎的东南侧，与巴黎仅有几个小时的车程。该产区共分为 5 个主要的子产区，下面还有几百个细分的小产区。

（一）勃艮第葡萄酒种类

勃艮第出产的葡萄酒类型有白葡萄酒、桃红葡萄酒和红葡萄酒。

（二）主要酿酒品种

霞多丽（Chardonnay）、黑比诺（Pinot Noir）、佳美（Gamay）和阿里高特（Aligote）。

（三）知名产区

勃艮第的子产区从北向南依次是：夏布利、夜丘、博纳丘、夏隆内丘和马孔，夜丘和博纳丘又合称为金丘（Cote d'Or），是勃艮第最精华的顶级葡萄酒产区，如下图所示。

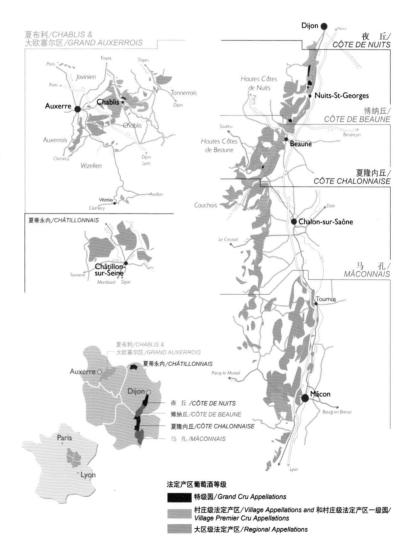

勃艮第产区图

1. 夏布利

夏布利是勃艮第最北部的葡萄酒产区，以其出产的同名葡萄酒而闻名。

霞多丽是唯一的法定酿酒葡萄。

夏布利的葡萄酒历史可追溯12世纪，该产区只出产霞多丽白葡萄酒，这是一种干型酸爽的浓郁型白葡萄酒。只要一说某款酒是夏布利，那么它100%就是霞多丽干白。随着夏布利在瓶中不断地成熟，其表现会越来越迷人和平衡。

夏布利葡萄酒按等级有村庄级（Petit Chablis）、一级园和特级园。

夏布利特级园面积为103.91公顷（合1500亩左右），主要有7个园区：宝歌（Bougros）、贝斯（Les Preuses）、福迪斯（Vaudesir）、格勒诺（Grenouilles）、瓦慕（Valmur）、克洛斯（Les Clos）和布朗雪（Blanchot），平均亩产葡萄酒约300瓶。

夏布利特级园的葡萄酒产量仅占夏布利总产量的3%，所以，价格极高。

夏布利特级园的葡萄酒是夏布利最饱满、最醇厚以及最复杂的酒款，风格优雅、活力十足，富含燧石般矿物气息，陈年潜力高。这得益于园内的启莫里阶土（Kimmeridgian）带来的脆爽、清新风格，而凉爽的生长季以及较晚的采收时间则使得酸度和糖分平衡协调。

2. 夜丘

夏布利往南就是夜丘（Cote de Nuits）。夜丘坐落于著名的第戎市（Dijon）和圣·夜乔治（Nuits St. Georges）之间。

夜丘的酿酒师们尝试了各种新工艺和风格，但是又坚持传统，酿造出了精美绝妙的葡萄酒。夜丘盛产霞多丽干白，但最出名的还是黑比诺葡萄酒，用黑比诺酿造的桃红葡萄酒也相当不错。夜丘的葡萄酒橡木桶陈酿的时间较长，一旦完全成熟，就表现出惊人的爆发力。夜丘是上帝最爱的土地，是勃艮第最骄傲的产区。勃艮第共有33个特级园，出产红葡萄酒的特级园有25个，其中24个位于夜丘。以下我们好好看看这24个特级园。

（1）香贝丹园（Chambertin）

位于热夫雷-香贝丹村（Gevrey-Chambertin），面

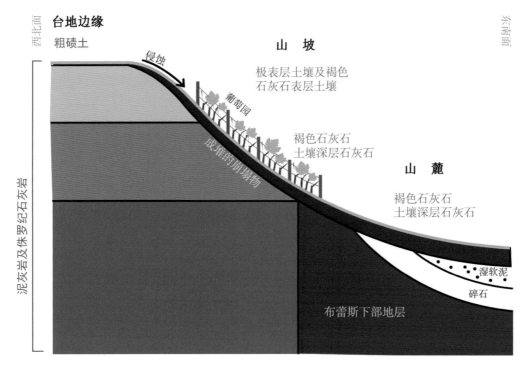

勃艮第葡萄园特殊的走向有利于避风、排水和获得光照

积 12.9 公顷（合 194 亩），平均亩产 201 瓶。12 世纪，一位名叫贝丹（Bertin）的人创建了该园。最初这个园的名字是 Champ de Bertin，是"贝丹的田地"的意思，后来逐渐简称为 Chambertin。香贝丹园的红葡萄酒有"王者之酒"的美誉，因为它是拿破仑最钟爱的葡萄酒。现在，25 家酒庄共同拥有该园。

（2）香贝丹 - 贝日园（Chambertin-Clos de Bèze）

也位于热夫雷 - 香贝丹村，紧邻着香贝丹园，面积 15.4 公顷（合 231 亩），平均亩产 201 瓶。与邻居香贝丹一样，香贝丹 - 贝日园也是品质最棒的历史名园。两家的黑比诺葡萄酒气势雄浑，颜色深邃，单宁紧涩，强劲有力，结构严谨，陈年 15—30 年才达到最佳适饮状态。该园现为 18 个酒庄所有。

（3）夏贝尔 - 香贝丹园（Chapelle-Chambertin）

这是热夫雷 - 香贝丹村的第三座名园，与贝日园隔"路（特级园之路）"相望。面积 5.49 公顷（合 82 亩），平均亩产 200 瓶。夏贝尔之名源于一座小教堂（Chapelle），主要产红葡萄酒，颜色较浅，酒风柔和，陈年 8—20 年能达到适饮状态。目前，9 家酒庄共同拥有该园。

（4）夏姆 - 香贝丹园（Charmes-Chambertin）

位于热夫雷 - 香贝丹村南部，对面是香贝丹园，面积 29.57 公顷（合 440 亩），平均亩产 211 瓶，产红葡萄酒，年轻的夏姆 - 香贝丹香气浓郁，口感柔软，富含成熟水果的芬芳，陈年大约 10—20 年达到适饮状态。

（5）格里特 - 香贝丹园（Griotte-Chambertin）

位于香贝丹与贝日园交界的下坡处，与热夫雷 - 香贝丹村其他特级园相比，其地势低，面积小，仅 2.73 公顷（合 41 亩），平均亩产约 220 瓶。该园的红葡萄酒颜色深邃，果味充沛，质地如天鹅绒顺滑柔软，陈年 10—20 年达到适饮状态。今天，9 家酒庄共同拥有该园。

（6）拉奇希尔 - 香贝丹园（Latricières-Chambertin）

位于热夫雷 - 香贝丹村的西侧，北邻香贝丹园，面积 7.35 公顷（合 110 亩），平均亩产 231 瓶。该园坡度平缓，产红葡萄酒。虽几米之隔，但相比香贝丹园，

酒体轻盈，单宁柔顺，陈年后会渐渐展现出野味和香料的味道。目前，10 家酒庄共同拥有该园。

（7）玛兹 - 香贝丹园（Mazis-Chambertin）

夜丘最北部的特级园，也最靠近热夫雷 - 香贝丹村的中心，面积 9.1 公顷（合 137 亩），产红葡萄酒，平均亩产 234 瓶。该园红葡萄酒香气芬芳，单宁粗犷，力量十足。当前，28 家酒庄共同拥有该园。

（8）玛泽耶 - 香贝丹园（Mazoyères--Chambertin）

位于"特级园之路"的东侧，面积 1.82 公顷（合 27 亩），产红葡萄酒。这个园比较奇特，该园葡萄酒能以夏姆 - 香贝丹园的名义出售，由于夏姆 - 香贝丹园名气更大，现在只有约 10% 左右的葡萄酒沿用玛泽耶 - 香贝丹园商标。玛泽耶 - 香贝丹园的酒结构紧凑，口感饱满，野味明显。

（9）卢索 - 香贝丹园（Ruchottes-Chambertin）

又一个热夫雷 - 香贝丹村名园，面积 3.30 公顷（合 50 亩），平均亩产量 232 瓶。该园海拔最高，坡度最大，土壤贫瘠（园名就有多石之意）。该园的葡萄酒富含红色浆果的芬芳，结构扎实，单宁坚实，力量十足。目前，共有 7 家酒庄拥有该园。

说完了 9 个热夫雷 - 香贝丹村的特级园，我们继续沿着特级园之路向南就到了莫雷 - 圣丹尼村，这里有四大名园。

（10）洛奇园（Clos de la Roche）

位于莫雷 - 圣丹尼村北部，面积 16.90 公顷（合 254 亩），平均亩产 223 瓶。彭寿酒庄（Domaine Ponsot）在该园占据面积最大，约 3.4 公顷。该园排水性好，地形倾斜度适中，朝向东北，光照充足。酒质为本村最佳，结构平缓，酒体厚实，带有红色和黑色浆果风味，并富含紫罗兰、松露、药草、胡椒和烟熏等复杂香气，极耐陈年。目前，40 家酒庄共同拥有该园。

（11）兰布莱园（Clos des Lambrays）

位于莫雷 - 圣丹尼村西南部，面积 8.84 公顷（合 133 亩），平均亩产 222 瓶。该园大部分属于兰布莱酒庄（Domaine des Lambrays），剩下一小块属于麦赫米酒庄（Domaine Taupenot-Merme）。因此，兰布莱酒庄

不能在葡萄酒酒标上标注"单一园（Monopole）"字样。兰布莱园创建于1365年，1981年由一级园跻身为特级园。该园红葡萄酒果香充沛，口感丰富，细腻优雅，远近闻名。

（12）大德园（Clos de Tart）

位于莫雷-圣丹尼村南部，始于1141年，是个单一园，为莫门森（Mommessin）家族所有。面积7.53公顷（合113亩），平均亩产204瓶，该园朝向南北，树龄较老，主要为泥灰质石灰岩土壤。大德园主要产红葡萄酒，酒风优雅，细致平衡。

（13）圣丹尼园（Clos Saint-Denis）

位于莫雷-圣丹尼村北部，面积6.62公顷（合99亩），平均亩产232瓶。莫雷-圣丹尼村的名字便是来自该园，主要产红葡萄酒，是村内最细致优雅的葡萄酒，酒风接近香波-慕西尼村，酒体轻巧，单宁柔和，

比较早熟。

稍走两步就到了香波-慕西尼村，这个村只有两个特级园。

（14）波内玛尔园（Bonnes Mares）

波内玛尔园横跨香波-慕西尼（Chambolle-Musigny）和莫雷-圣丹尼（Morey-Saint-Denis）这两个酒村，面积15.06公顷（合225亩），平均亩产206瓶。该园红葡萄酒酒体饱满，圆润多香，肌肉扎实，单宁丰富。目前，20家酒庄拥有该园。

（15）慕西尼园（Musigny）

位于香波-慕西尼村的南部坡地上，面积10.86公顷（合163亩），平均亩产184瓶。是夜丘唯一一个既生产红葡萄酒也生产白葡萄酒的特级园，红葡萄酒的产量占总产量的90%以上。该园名庄林立，如卢米酒

雷穆父子酒庄的葡萄园

庄（Domaine G. Roumier）、武戈伯爵酒庄（Domaine Comte Georges de Vogue）和乐桦酒庄（Domaine Le-roy）等，是勃艮第顶级葡萄园之一。

再往南是伏旧村，这个村只有一个特级园，就是伏旧园。

（16）伏旧园（Clos de Vougeot）

是夜丘最大的特级园，也是历史名园，因一条小河得名，面积50.59公顷（合759亩），平均亩产237瓶。主要位于海拔240—270米的东南朝向的山坡上。土壤类型多样，因此酒风复杂多变。现在，为82家酒庄所有，包括乐桦酒庄这样的名庄。伏旧园红葡萄酒年轻时口感紧实，风格强健，陈酿10年后达到完美状态。

看完了伏旧园，很快就到了弗拉热-依瑟索村（Flagey-Echézeaux），这里有两大以村名命名的著名特级园。在法定产区制度下，这两个特级园也都依附在沃恩-罗曼尼村。

（17）伊瑟索园（Echézeaux）

面积37.69公顷（合565亩），平均亩产212瓶。21世纪初，伊瑟索园属于84个庄园主，他们所产葡萄酒质量不一，但是，其中有一个最出名的主人！它就是罗曼尼·康帝酒庄（Domaine de La Romanee-Conti）。

（18）大伊瑟索园（Grands Echézeaux）

面积9.14公顷（合137亩），平均亩产212瓶。大伊瑟索园葡萄酒的品质和风格比邻居伊瑟索园和伏旧园要好一些，酒体丰厚，单宁强劲，年轻时粗犷，需要陈年后方能进入适饮期。目前，21个酒庄拥有该园，最出名的主人也是罗曼尼·康帝酒庄。

终于到了最牛酒村——沃恩-罗曼尼村，它绝对是世界顶级黑比诺之地。

（19）罗曼尼-圣-维旺园（Romanée-Saint-Vivant）

沃恩-罗曼尼村最大的特级园，面积9.44公顷（合142亩），平均亩产165瓶。其名字来源于圣-维旺修道院（Abbey of Saint Vivant），这个修道院在中世纪时期拥有数个本村特级园。目前，11家酒庄拥有该园。该园的葡萄酒精巧细致，优雅迷人，非常耐久。

（20）李奇堡园（Richebourg）

这也是沃恩-罗曼尼村较大的特级园，占地面积为8.03公顷（合120亩），其中3.51公顷属罗曼尼·康帝所有，平均亩产189瓶。李奇堡园酒体丰盛饱满，果香浓郁，酒风强劲，陈年潜力极佳，是侍酒师们的最爱。现在，11家酒庄拥有该园，其中又有罗曼尼·康帝酒庄。

（21）罗曼尼园（La Romanée）

特别特别小的特级园，面积仅0.85公顷（合13亩），平均亩产243瓶。为里贝公爵酒庄（Domaine du Comte Liger-Belair）独有，土壤类型有石灰岩、鲕粒灰岩、黑色石灰土、棕色钙质土壤、沙质黏土、鹅卵石土等。该园葡萄酒非常优雅，富有肉感，散发着樱桃、黑醋栗、黑莓、香料和动物皮毛的气息，陈年后会产生蜜饯和皮革的风味，单宁丝滑，余味持久。

（22）罗曼尼·康帝园（Romanée-Conti）

世界第一园！面积1.81公顷（合27亩），平均亩产仅167瓶，为罗曼尼·康帝酒庄独有，酒庄的名字正是取自该园。该园的罗曼尼·康帝酒庄干红葡萄酒（Domaine de la Romanée-Conti）被誉为"世界上最伟大的酒款之一"，或者大多数时候可以把"之一"去掉，也是勃艮第最完美、最昂贵的葡萄酒之一，星光万丈，万众膜拜。

（23）大街园（La Grande Rue）

面积1.65公顷（合25亩），平均亩产242瓶，为拉玛舒酒庄（Domaine Francois Lamarche）所有。该园红葡萄酒娇柔妩媚，果味清新，散发出红色水果、覆盆子和紫罗兰等的香气，单宁柔和，余味持久，醒酒后散发出野味的气息。

（24）拉塔希园（La Tâche）

面积6.06公顷（合91亩），平均亩产168瓶，为罗曼尼·康帝酒庄所有。位于斜坡上，坡顶陡峭，地质复杂，土壤深度不一，排水良好。该园葡萄酒颜色较深，充满黑樱桃和香料的香气，平衡细致，口感强劲，质地厚重，陈年后风味会愈发复杂，口感也愈加稠密。该园葡萄酒可与罗曼尼·康帝媲美，价格却没那么昂贵，是收藏家的宠儿。

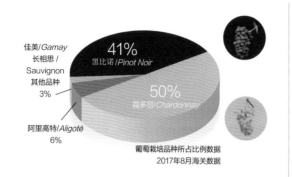

佳美/Gamay
长相思/Sauvignon
其他品种 3%

阿里高特/Aligoté
6%

41%
黑比诺/Pinot Noir

50%
霞多丽/Chardonnay

葡萄栽培品种所占比例数据
2017年8月海关数据

勃艮第各葡萄酒类型占比

夜丘之行暂告段落，我们来到博纳丘，目标还是特级园。第一个抵达的村庄是拉都瓦村（Ladoix），然后是阿罗克斯 - 科尔登村（Aloxe-Corton）和佩尔南 - 韦热莱斯村（Pernand-Vergelesses）。

3. 博纳丘

博纳市是勃艮第葡萄酒的"首都"，众多酒商和生产商云集于此，这个城市更是旅游名城，比如著名的博纳济贫院就在博纳。博纳丘是世界最佳霞多丽产地，也出产酒体丰满的红葡萄酒。勃艮第 33 个特级园中有 8 个坐落在博纳丘，其中就包括世界上生产最贵白葡萄酒的蒙哈榭园（Montrachet）和尔登 - 查理曼园（Corton-Charlemagne）。博纳丘绵延 20 公里，比夜丘要平缓和开阔，葡萄园面积也是夜丘的两倍。

以下我们介绍博纳丘的 8 个特级园。

（1）科尔登园（Corton）

位于科尔登山（Corton Hill）的较低处，科尔登园跨阿罗克斯 - 科尔登、佩尔南 - 韦热莱斯和拉都瓦 3 个村庄，是博纳丘唯一一个生产红葡萄酒的特级园。面积 88.31 公顷（合 1325 亩），红葡萄酒的产量高达 95%。目前，约 200 家酒庄拥有科尔登园。

（2）科尔登 - 查理曼园（Corton-Charlemagne）

同科尔登园一样，科尔登 - 查理曼园也是跨阿罗克斯 - 科尔登、佩尔南 - 韦热莱斯和拉都瓦 3 个村庄，面积 71.88 公顷（合 1078 亩）。葡萄园的名字来源于查理曼大帝，可见其地位。据说，查理曼大帝还是王子时，被封赏了这里的几块土地。还传说查理曼大帝的妻子更喜欢白葡萄酒，因为白葡萄酒不会弄脏查理

曼雪白的大胡子。因此，查理曼大帝冲冠一怒为老婆，下令拔掉所有红葡萄藤，全改种白葡萄！该园葡萄酒酸度高，富含肉桂、香草、蜂蜜、矿物质、黄油和果香，陈年 10 年后才会进入适饮期。

了解了以上三个酒村的特级园之后，我们再进入一个白葡萄酒"高峰"——普里尼 - 蒙哈榭村和夏山 - 蒙哈榭村。

（3）巴塔 - 蒙哈榭园（Bâtard-Montrachet）

巴塔 - 蒙哈榭园坐落在普里尼 - 蒙哈榭（Puligny-Montrachet）和夏山 - 蒙哈榭（Chassagne-Montrachet）两个酒村内，面积 11.97 公顷（合 180 亩），平均亩产 286 瓶。葡萄园名字中的"Batard"是勃艮第公爵一个私生子的名字。中世纪时，公爵将这片葡萄园分给了这个私生子而得名。巴塔 - 蒙哈榭园的白葡萄酒圆润肥硕，果香纯净，富含热带风情。目前，49 家酒庄拥有该园。

（4）碧维妮 - 巴塔 - 蒙哈榭园（Bienvenues-Bâtard-Montrachet）

位于普里尼 - 蒙哈榭村，面积 3.69 公顷（合 55 亩），平均亩产 322 瓶。该园白葡萄酒酒体饱满，带有蜂蜜和金银花之魅，风格与巴塔 - 蒙哈榭园接近。目前，15 家酒庄拥有该园。

（5）骑士 - 蒙哈榭园（Chevalier-Montrachet）

位于普里尼 - 蒙哈榭村，面积 7.36 公顷（合 110 亩），平均亩产 231 瓶，唯一法定的葡萄品种是霞多丽。该园霞多丽葡萄酒酒体瘦高匀称，兼具水果和矿物质气息，酸度强劲。目前，16 家酒庄拥有该园。

（6）蒙哈榭园（Montrachet）

蒙哈榭园跨夏山 - 蒙哈榭和普里尼 - 蒙哈榭两个村庄，面积 8 公顷（合 120 亩），平均亩产 328 瓶，此园产的葡萄酒是世界上最优质和最昂贵的干白葡萄酒，与科尔登 - 查理曼齐名。蒙哈榭园坡度完美，光照充足，排水良好，因此葡萄可以很好地生长和成熟。酒款富有独特的矿物质气息，香气迷人，口感丝滑，香柔细腻。

（7）克利特 - 巴塔 - 蒙哈榭园（Criots-Bâtard-Montrachet）

属于夏山 - 蒙哈榭酒村，面积 1.75 公顷（合 26 亩），平均亩产 263 瓶。相比巴塔 - 蒙哈榭园和其他蒙哈榭园，该园白葡萄酒相对酒体轻盈，口感细致，丰盈柔美，酸度清新，优雅平衡。

（8）查理曼园（Charlemagne）

面积特别小，只有 0.28 公顷（仅 4 亩），也位于科尔登山上，不过这个产区在地理上处于科尔登 - 查理曼园范围内，产量非常有限，这里的葡萄也常常与科尔登 - 查理曼园其他克里玛的葡萄混酿。

勃艮第的红葡萄酒发酵。图片来源：BIVB Aurélien IBANEZ

4. 夏隆内丘

博纳丘再往南就是夏隆内丘，它位于沙尼（Chagny）和蒙塔尼（Montagny）镇之间。主要的葡萄品种是霞多丽、黑比诺、佳美和阿里高特（Aligote）。

夏隆内丘南北长 25 公里，东西宽 7 公里，海拔高度为 250—370 米，土壤以泥灰质土为主。沿着省道，葡萄酒村庄此起彼伏，风景如画。这里不像夜丘和博纳丘那么连续，葡萄园散落在森林和牧场间，祥和而又沉静。

夏隆内丘有 5 个法定产区（AOP）。

马是勃艮第葡萄园作业不可缺少的伙伴。图片来源：www.halcyontours.com

布哲隆（Bouzeron）在最北部，以阿里高特闻名，葡萄酒带有白色水果味和清淡的花香，口感简单，酸度较高。

吕利（Rully）在东南方向，主要产霞多丽干白葡萄酒，价格比金丘便宜得多。在好的年份，高品质的吕利也有着饱满的口感和复杂的架构，如果有幸购买到一瓶顶级吕利，则可以品尝到一流霞多丽的风味，吕利产区也是勃艮第起泡酒的重要产区。

吕利往南，就是夏隆内丘最知名的产区——梅尔居雷。梅尔居雷葡萄园面积超 600 公顷（9000 亩），主要产高品质的黑比诺葡萄酒。梅尔居雷虽没有特级葡萄园，却拥有 30 多个 100 公顷以上的一级园，含金量相当高。梅尔居雷红葡萄酒年轻时严肃、封闭、干涩，但经过 5—10 年陈年后，焕发新生。梅尔居雷没有夜丘和博纳丘那么出名，但对于消费者来说，却是福音，因为我们花不多的钱买到高水准的一级园葡萄酒。

再往南是基辅依（Givry），是夏隆内丘最小的法定产区，主要产红酒，果香丰沛，简单易饮。

最南部是蒙达涅（Montagny），仅产霞多丽白葡萄酒，清淡可口，好年份也有杰出表现。

5. 马孔

勃艮第最南部的产区是马孔（Maconnais），南北绵延 35 公里，东西跨度 10 公里，东抵索恩河谷（Saone Valley），西到格罗纳河谷（Grosne Valley），北邻夏隆内丘（Cote Chalonnaise），南接博若莱（Beaujolais）。

马孔产区也没有特级园（Grand Cru）和一级园（Premier Cru），但其村庄级法定产区声名远扬，主要是因为该产区的葡萄酒简单易饮和性价比高。

马孔最知名的是普伊 - 富赛（Pouilly-Fuisse）小产区，只生产霞多丽白葡萄酒。因为马孔产区独特的石灰质和泥灰质土壤，普伊 - 富赛风格清新，酒体精致，优雅迷人，质地丰富，结构平衡，富含柠檬、葡萄柚、菠萝、桃子、合金欢、矿物质、面包屑、奶油糕点、杏仁、榛子和蜂蜜等的芬芳。另外，普伊 - 富赛葡萄酒的橡木味道也非常美妙。

伯恩济贫院

勃艮第 33 个特级园

产区 Région Viticole	村庄 Village	编号 No.	特级园名称 Appellation	葡萄酒种类 Type du vin	代表酒庄 Domaine Célèbre
夏布利和大欧塞尔区 Chablis et Grand Auxerrois	夏布利村 Chablis	1	夏布利特级园 Chablis Grand Cru	白葡萄酒 Vin Blanc	圣安托尼酒庄（Saint–Antoine） 杜瓦安酒庄（Jean–Paul & Benoit Droin）
夜丘产区 Côte de Nuit	热夫雷 – 香贝丹村 Gevrey–Chambertin	2	香贝丹园 Chambertin	红葡萄酒 Vin Rouge	阿曼·卢梭父子酒庄（Domaine Armand Rousseau Pere et Fils） 特拉佩父子酒庄（Domaine Trapet Pere et Fils） 罗西诺特拉配酒庄（Rossignol–Trapet） 卡穆父子酒庄（Domaine Camus Pere & Fils）
		3	香贝丹 – 贝日园 Chambertin Clos de Bèze	红葡萄酒 Vin Rouge	皮埃尔达莫瓦酒庄（Domaine Pierre Damoy） 阿曼·卢梭父子酒庄（Domaine Armand Rousseau Pere et Fils） 拉厚泽酒庄（Domaine Drouhin–Laroze） 法维莱酒庄（Domaine Faiveley）、 亨利洛奇酒庄（Henry Roch） 布鲁诺·克莱尔酒庄（Domaine Bruno Clair）
		4	格里特 – 香贝丹园 Griottes–Chambertin	红葡萄酒 Vin Rouge	彭寿酒庄（Domaine Ponsot） 雷克勒酒庄（Domaine Rene Leclerc） 约瑟夫杜鲁安酒庄（Maison Joseph Drouhin）
		5	拉奇希尔 – 香贝丹园 Latricières–Chambertin	红葡萄酒 Vin Rouge	卡穆父子酒庄（Domaine Camus Pere & Fils） 罗西诺特拉配酒庄（Rossignol–Trapet） 特拉佩父子酒庄（Domaine Trapet Pere et Fils） 约瑟夫法弗莱（Joseph Faiveley） 勒桦酒庄（Domaine Leroy）
		6	玛兹 – 香贝丹园 Mazis–Chambertin	红葡萄酒 Vin Rouge	勒桦酒庄（Domaine Leroy） 伯恩济贫院（Hospices de Beaune） 杜加酒庄（Domaine Dugat–Py） 约瑟夫法弗莱（Joseph Faiveley） 亨利酒园（Henri Rebourseau） 阿曼 – 杰夫酒庄（Domaine Harmand–Geoffroy）
		7	夏贝尔 – 香贝丹园 Chapelle–Chambertin	红葡萄酒 Vin Rouge	皮埃尔达莫瓦酒庄（Domaine Pierre Damoy） 彭寿酒庄（Domaine Ponsot） 特拉佩父子酒庄（Domaine Trapet Pere et Fils） 拉厚泽酒庄（Domaine Drouhin–Laroze） 罗西诺特拉配酒庄（Rossignol–Trapet） 路易拉都酒庄（Louis Jadot）
		8	卢索 – 香贝丹园 Ruchottes–Chambertin	红葡萄酒 Vin Rouge	阿曼卢梭酒庄（Domaine Armand Rousseau Pere et Fils） 慕吉酒庄（Domaine Georges Mugneret–Gibourg） 塞尔维艾斯莫尼酒庄（Domaine Sylvie Esmonin） 卢米酒庄（Domaine G.Roumier）
		9	香牡 – 香贝丹园 Charmes–Chambertin	红葡萄酒 Vin Rouge	卡穆父子酒庄（Domaine Camus Pere & Fils） 阿曼卢梭父子酒庄（Domaine Armand Rousseau Pere et Fils） 佩罗 – 米诺酒庄（Domaine Perrot–Minot） 麦赫米酒庄（Domaine Taupenot–Merme） 亨利酒园（Henri Rebourseau） 阿罗德酒庄（Domaine Arlaud） 亨利·理查德酒庄（Domaine Henri Richard） 哈贝酒庄（Domaine Gerard Raphet）
		10	玛泽耶 – 香贝丹园 Mazoyères–Chambertin	红葡萄酒	卡穆父子酒庄（Domaine Camus Pere & Fils）

产区 Région Viticole	村庄 Village	编号 No.	特级园名称 Appellation	葡萄酒种类 Type du vin	代表酒庄 Domaine Célèbre
夜丘产区 Côte de Nuit	莫雷 – 圣丹尼村 Morey–Saint–Denis	11	洛奇园 Clos de la Roche	红葡萄酒 Vin Rouge	彭寿酒庄（Domaine Ponsot） 杜雅克酒庄（Domaine Dujac） 阿曼卢梭酒庄（Armand Rousseau） 阿米奥奥特父子酒庄（Pierre Amiot et Fils） 柯乐福庄园（Coquard Loison Fleurot） 乔治里尼耶酒庄（Georges Lignier） 休伯特里尼耶酒庄（Hubert Lignier） 勒桦酒庄（Domaine Leroy）
		12	圣丹尼园 Clos Saint–Denis	红葡萄酒 Vin Rouge	杜雅克就酒庄（Domaine Dujac） 彭寿酒庄（Domaine Ponsot） 勒桦酒庄（Domaine Leroy）
		13	兰布莱园 Clos de Lambrays	红葡萄酒 Vin Rouge	兰布莱酒庄（Domaine des Lambrays） 麦赫米酒庄（Domaine Taupenot–Merme）
		14	大德园 Clos de Tart	红葡萄酒 Vin Rouge	摩曼森酒庄（Mommessin）
	香波 – 慕西尼村 Chambolle–Musigny	15	波内玛尔园 Les Bonnes–Mares	红葡萄酒 Vin Rouge	卢普绍莱酒庄（Lupe Cholet） 勒桦酒庄（Domaine Leroy）
		16	慕西尼园 Le Musigny	红和白葡萄酒 Vin Rouge et Vin Blanc	武戈伯爵酒庄（Domaine Comte Georges de Vogue） 木尼艾酒庄（Domaine Jacques–Frederic Mugnier） 卢米酒庄（Domaine G. Roumier） 勒桦酒庄（Domaine Leroy）
	伏旧村 Vougeot	17	伏旧园 Clos de Vougeot	红葡萄酒 Vin Rouge	伍杰雷酒庄（Domaine de la Vougeraie） 安格奥斯酒庄 (Domaine Anne Gros) 贝塔娜酒庄 (Domaine Bertagna)
	沃恩·罗曼尼村 Vosne–Romanée	18	罗曼尼·康帝园 La Romanée-Conti	红葡萄酒 Vin Rouge	罗曼尼·康帝（Domaine de La Romanee–Conti)
		19	罗曼尼园 La Romanée	红葡萄酒 Vin Rouge	里贝伯爵酒庄（Domaine du Comte Liger–Belair）
		20	拉塔希园 La Tâche	红葡萄酒 Vin Rouge	罗曼尼·康帝（Domaine de La Romanee–Conti)
		21	李奇堡园 Richebourg	红葡萄酒 Vin Rouge	罗曼尼·康帝（Domaine de La Romanee–Conti) 亨利·贾伊尔（Henri Jayer） 勒桦酒庄（Domaine Leroy）
		22	罗曼尼 – 圣 – 维旺园 Romanée-Saint-Vivant	红葡萄酒 Vin Rouge	勒桦酒庄（Domaine Leroy） 罗曼尼·康帝（Domaine de La Romanee–Conti) 卡帝亚酒庄（Domaine Sylvain Cathiard）
		23	大伊瑟索园 Grands-Echézeaux	红葡萄酒 Vin Rouge	勒桦酒庄（Domaine Leroy） 罗曼尼·康帝（Domaine de La Romanee–Conti) 约瑟夫杜鲁安酒庄 (Maison Joseph Drouhin)
		24	伊瑟索园 Echézeaux	红葡萄酒 Vin Rouge	罗曼尼·康帝（Domaine de La Romanee–Conti) 亨利·贾伊（Henri Jayer）
		25	大街园 La Grande Rue	红葡萄酒 Vin Rouge	拉玛舒酒庄（Domaine Francois Lamarche）

产区 Région Viticole	村庄 Village	编号 No.	特级园名称 Appellation	葡萄酒种类 Type du vin	代表酒庄 Domaine Célèbre
博纳丘产区 Côte de Beaune	拉都瓦 - 塞黑尼阿罗克斯 - 科尔登和佩尔南 - 韦热莱斯 Ladoix-Serrigny, Aloxe-Corton & Pernand-Vergelesses	26	科尔登园 Corton	红和白葡萄酒 Vin Rouge et Vin Blanc	勒桦酒庄（Domaine Leroy） 罗曼尼·康帝（Domaine de La Romanee-Conti) 约瑟夫杜鲁安酒庄 (Maison Joseph Drouhin)
		27	科尔登 - 查理曼园 Corton-Charlemagne	白葡萄酒 Vin Blanc	马特莱酒庄（Domaine Bonneau du Martray） 塞纳伯爵酒庄（Domaine Comte Senard） 科奇酒庄（Domaine Coche-Dury）
		28	查理曼园 Charlemagne	白葡萄酒 Vin Blanc	
	普里尼 - 蒙哈榭和夏山 - 蒙哈榭 Puligny-Montrachet & Chassagne-Montrachet	29	蒙哈榭园 Le Montrachet	白葡萄酒 Vin Blanc	罗曼尼·康帝（Domaine de La Romanee-Conti) 约瑟夫杜鲁安酒庄 (Maison Joseph Drouhin) 拉芳酒庄（Domaine des Comtes Lafon） 勒弗莱酒庄（Domaine Leflaive）
		30	骑士 - 蒙哈榭园 Chevalier-Montrachet	白葡萄酒 Vin Blanc	奥维那酒庄 (Domaine d'Auvenay) 路易亚都酒庄（Maison Louis Jadot） 路易拉图酒庄（Maison Louis Latour）
		31	巴塔 - 蒙哈榭园 Bâtard-Montrachet	白葡萄酒 Vin Blanc	勒桦酒庄（Domaine Leroy）
		32	碧维妮 - 巴塔 - 蒙哈榭园 Bienvenues-Bâtard-Montrachet	白葡萄酒 Vin Blanc	拉梦内酒庄（Domaine Ramonet） 勒弗莱酒庄（Domaine Leflaive）
		33	克利特 - 巴塔 - 蒙哈榭园 Criots-Bâtard-Montrachet	白葡萄酒 Vin Blanc	奥维那酒庄 (Domaine d'Auvenay)

四、 罗曼尼·康帝的传奇故事

在周星驰电影《美人鱼》的开头，男主为庆祝竞拍到了青锣湾的 一 块地皮，开了号称 100 万元一瓶的 90 年份罗曼尼·康帝红酒来庆祝，这肯定不是罗曼尼·康帝在影视剧里的第一次不付广告费的出镜。

罗曼尼·康帝年产量极其稀少，年产量仅 6000—9000 瓶。在伦敦、纽约和香港各大拍卖会上，罗曼尼·康帝就像是武林传奇中的"独孤求败"，其价格遥遥领先于任何名庄酒。葡萄酒大师罗伯特·帕克说："罗曼尼·康帝是百万富翁之酒，却只有亿万富翁才喝得到。如果谁有一杯在手，轻品一口，无论从哪个方面讲，恐怕都会有一种帝王的感觉油然而生。"这个世界驰名的酒庄常被简称为 DRC（Domaine de la Romanee Conti）。

1232 年，维古（Vergy）家族将一块土地捐给教会，其中就包括著名的罗曼尼·康帝葡萄园。此后 400 年间，这座葡萄园都属于天主教的产业。1631 年，十字军东征巴勒斯坦，教会为支持这场战争，筹措巨额军费，将罗曼尼·康帝卖给克伦堡家族。18 世纪 60 年代，克伦堡家族债务缠身，被迫将其出售。摩拳擦掌的问津者不在少数，而当这些人知道两位大人物欲买下这块葡萄园后，就再也不敢去凑热闹了。

这两位大人物，一位是法国国王路易十五的堂兄

罗曼尼·康帝葡萄酒

弟、波旁王朝的康帝亲王，另一位则是在朝野影响力极大的法王的情妇——蓬巴杜夫人。这样的特殊关系，让这场竞争格外令人瞩目。最后还是康帝亲王笑到最后，于1760年以当时令人难以置信的天价8万里弗尔（法国古重量单位，斤，约490克）购入罗曼尼酒庄，另外还支付12400里弗尔买下窖藏的成品酒。平均地价是当时顶级葡萄园地价的12倍以上，从而使罗曼尼酒庄成为当时世界上最昂贵的酒庄，其至高无上的地位开始确立。

其后，1789年法国大革命到来，康帝家族被逐，葡萄园被充公拍卖。但是因为康帝亲王的关系，罗曼尼·康帝这座酒庄的价格直到今天都是天价。进一步说，也正是因为他，勃艮第产区的葡萄酒从此带上了神秘色彩和高贵的气息。1942年，亨利·勒华从迪沃·布洛谢家族手中购得罗曼尼·康帝一半股权。至今，罗曼尼·康帝一直为两个家族共同拥有。如果要排一个世界十大葡萄酒琅琊榜，罗曼尼·康帝可以是第一名。而且，勃艮第只因一家罗曼尼·康帝就足以媲美波尔多，让勃艮第与波尔多并驾齐驱。

第七节　香槟：上帝的恩赐，伟大的造物

任何事物过多无益，但香槟例外。

——美国著名作家马克·吐温

话说，在与康帝亲王竞争罗曼尼葡萄园失败之后，蓬巴杜夫人开始推崇香槟。作为法王路易十五的著名情妇、法国上流阶层的社交名媛，蓬巴杜夫人对引领香槟风潮，让巴黎成为时尚艺术之都，都功不可没。她曾说："酩悦香槟（Champagne Moet & Chandon）使每位男士变得诙谐风趣，也使每位女士变得美丽动人。"

时至今日，香槟已经成为欢庆时刻的最佳酒款，从酒杯底部缓缓上升的微小气泡让人赏心悦目，香槟的灵动跳跃与每个人的喜悦心情相得益彰。

香槟地区有着近千年的葡萄种植和葡萄酒的酿造史。

17世纪后期，唐·培里侬发明了不同年份基酒调配酿造法，为香槟的诞生奠定了基础。18世纪，气泡慢慢在香槟区的白葡萄酒中出现，起泡酒正式登上历史舞台。然后，蓬巴杜夫人对香槟推波助澜。

香槟的秋天 / Global Grasshopper

19世纪初，历史上最有名的香槟爱好者——拿破仑出现了，这位叱咤风云的法国皇帝是香槟的忠实粉丝，据说每次战前只要喝了香槟都能取得胜利。进攻俄国之前，拿破仑没喝香槟，结果大败。

20世纪，好莱坞明星们也不停为香槟"背书"。玛丽莲·梦露热爱白雪香槟，詹姆斯·邦德喜欢唐·培里侬（Dom Pérignon）和堡林爵（Bollinger）。

香槟是重要场合进行庆祝的最佳酒品，从公元9世纪到1825年的查理十世，法兰西历任国王都在兰斯加冕且用香槟进行庆祝。1900年的巴黎世界博览会、协和超音速客机首航、英法海底隧道建成和《欧洲联盟条约》签订等一系列重要事件都由香槟见证。随着时间的推移，香槟作为欢庆用酒的形象得到了进一步巩固。

经历了几个世纪的时代变迁，香槟从红转白，从甜变干，从浑浊变清澈，从静态变起泡，从名不见经传变举世瞩目。

一、香槟：什么是香槟？葡萄酒的精彩蝶变

（一）什么是香槟？

香槟其实是一种起泡酒，受法国原产地法律保护，只有香槟产区选用法定的葡萄品种并使用传统瓶中二次发酵法酿造的起泡酒才能在酒标上使用"香槟"这个酒名（因历史原因，美国加州也可以使用）。作为一个地区，香槟产区大约位于北纬48°1′、东经0°19′左右。

（二）香槟的起源

埃及、希腊和罗马文献以及《圣经》中都记录过葡萄酒会自发产生气泡的现象。葡萄汁发酵起于深秋，但寒冷的冬季到来，发酵便自然停止，酵母还未完全将糖分转化为酒精时，酒液就已被装入瓶中，来年春季气温升高，发酵又自然开始，于是就出现了二氧化碳，形成了我们所看到的气泡。

香槟侍酒

与香槟的发明有紧密联系的，还有被公认为"香槟之父"的唐·培里侬。他一直都在研究如何让葡萄酒不产生气泡，因为产生气泡在当时是品质差的象征。1688年，他进入亨特维尔修道院，开始酿酒及管理酒窖。在此期间，他发明了很多酿造香槟的技术，如混酿和澄清等，他留下的酿造香槟的很多基本原理至今还在使用。

路易十五时代，香槟贸易兴盛起来，并涌现出大量的香槟品牌，如酩悦、凯歌和路易王妃等。在接下来的时间里，香槟的酿造工艺和技术愈发成熟和现代化，香槟的名气也越来越大，逐渐在全球流行开来。

（三）酿酒葡萄品种

香槟产区主要选用霞多丽（Chardonnay）、黑比诺（Pinot Noir）和莫尼耶皮诺（Pinot Meunier）这三个葡萄品种来酿造香槟酒。

香气四溢、清新细腻的霞多丽葡萄主要产自白丘产区，酸度较高，花香迷人。

果香浓郁、内敛成熟的黑比诺葡萄主要来自兰斯山产区，酿成的酒紧致而优雅。

马恩河谷是莫尼耶皮诺之乡，这里春季易遭受霜冻危害，但十分适合种植发芽较晚的莫尼耶皮诺。

（四）香槟的分类

1. 按酿酒原料质量，分为无年份、年份和特酿香槟（Cuvee Prestige）

（1）无年份香槟（Non-Vintage）

无年份干香槟（NV）通常用产自不同年份、不同地区的酒混合酿造而成。这种香槟最能代表香槟酿造者的风格，且将始终保持不变。酒标上没有年份标示，需陈酿15个月以上才可上市。

（2）年份香槟（Vintage）

年份香槟（Vintage）用产自单一年份的葡萄原料酿造而成，是具有丰富个性的香槟。只在最佳年份里酿造，所用的酿酒葡萄原料必须采摘自酒标上标注的年份。

玛姆香槟的酒窖。图片来源：Greatdays Travel

（3）特酿香槟（Cuvee Prestige）

特酿包括年份特酿，也不乏无年份特酿。目前，单一园特酿香槟也越来越常见。特酿香槟必须反映出某生产商、某一年份或某一葡萄园的独特之处。该香槟产量极低。

凯歌香槟的酒窖。图片来源：VisitFrenchWine.com

2. 根据含糖量的不同可以分成七类

（1）绝干（brut natural、brutzero），含糖量≤ 3 g/L。

（2）极干（Extra Brut/Ultra Brut）：3 g/L <含糖量 ≤ 6 g/L，不常见。酿造这种香槟的厂家不多，Laurent Perrier 和 Jacques Selosse 出品的超干香槟比较常见。

（3）干（dry）：6g/L <含糖量≤ 12 g/L。

（4）半干或半甜（extra sec 、extra dry）：12 g/L <含糖量≤ 20 g/L。

（5）甜（Sec）：这种风格的香槟也不多见，酿造时补充了 1%—3% 的甜酒，17 g/L <含糖量≤ 35g/L。

（6）特甜（Demi Sec）：这种风格的香槟是肥鹅肝的好伴侣。由于添加的甜酒量达到 3%—5%，35 g/L <含糖量≤ 50 g/L，具有比较明显的甜味，但是正好和香槟的酸味搭配出酸甜的口感。Mercier 酒厂推出了半干的桃红香槟，非常稀有。

（7）绝甜（Doux）：此风格香槟非常甜，也非常少，添加了 8%—15% 的甜酒，残糖在 50 g/L 以上。早期的香槟酒还经常保留这个风格，沙皇时期的俄国

曾经是香槟最大的出口市场，出口到俄国的香槟主要是这种类型的。

3. 按品种划分

（1）黑中白香槟（Blanc de Noirs）

完全由红葡萄（黑比诺和莫尼耶皮诺）所酿基酒所调配的白色葡萄酒，香槟中比较常见，结构坚实，散发着红色水果的香气。

（2）白中白香槟（Blanc de Blancs）

顾名思义，白中白香槟采用 100% 霞多丽酿造而成，陈年潜力佳，年轻时果香清新，柑橘味突出，而陈年后会发展出浓郁的黄油风味。"白中白"一词也会被别的产酒地区用于标明只使用霞多丽调配的起泡酒，用以区分用别的白葡萄酿造的起泡酒。

（3）桃红香槟（Rose）

桃红香槟是少数可以用红白基酒调配的桃红葡萄酒，目的是让每年出产同种的桃红香槟颜色维持一致。

4. 按葡萄园级别划分

在香槟产区，葡萄园可以分为无级别园、一级

隐藏在葡萄园之下的神秘世界。图片来源：POMMERY 香槟官网

园（Premier Cru 44 个）、特级园
（Grand cru17 个）。

二、香槟：法定产区和葡萄酒分级

1942 年，为了保护香槟的声誉和市场力量，香槟省成立了香槟葡萄酒行业协会（CIVC）用以创建和监督葡萄园生产和酿造方法。香槟产区是法国唯一一个可以在标签中不标注 AOP 或法定产区的地区。

（一）香槟区分级制度

香槟区的分级是按村来进行评级的，分为三个级别：特级村、一级村和大区级酒村。酒村的等级由多种因素决定，包括土壤、葡萄园坡度、朝向等。

香槟法定产区目前共有 3.4 万公顷（51 万亩）葡萄园，分别散落在 320 个村落中，分为 28.1 万个地块。320 个村中有 17 个特级村（Grand Cru）、44 个一级村（Premier Cru）。17 个特级村葡萄园面积共 4000 公顷，一级村约 5000 公顷，大区级酒村达 2.1 万公顷（32 万亩）。

（二）香槟区法定产区

香槟产区有五大法定子产区世界闻名，分别是兰斯山、白丘、马恩河谷、塞扎纳丘和巴尔丘。

1. 兰斯山（Montagne de Reims）

（1）葡萄品种：霞多丽、黑比诺、莫尼耶皮诺，白香槟占 84%，桃红占 15%。

（2）土壤类型：以白垩土为主，表层土含有黏土、沙土、砂岩、褐煤和泥灰岩，还有黏土和石灰岩构成的混合土壤。

香槟产区葡萄园地图

（3）风土特点：兰斯山地理位置偏北，温度较低，葡萄成熟较慢，葡萄酸度高，因此该产区所产的葡萄是制造香槟的最佳原料，有"黑比诺王国"之称。

兰斯拥有著名的世界遗产——兰斯大教堂，该教堂在法国大革命之前，一直是法国国王登基加冕的地方。香槟酒的历史，也是从这里开始的。

（4）兰斯的特级村有 9 个，分别是韦尔泽奈（Verzenay）、维齐（Verzy）、昂博内（Ambonnay）、布齐（Bouzy）、卢瓦斯（Louvois）、博蒙特维赛（Beaumont-sur Vesle）、麦莉 - 香槟（Mailly-Champagne）、皮约（Puisieulx）和西勒里（Sillery）。

2. 白丘 (Côte des Blancs)

（1）葡萄品种：霞多丽、黑比诺，霞多丽占90%以上，莫尼耶皮诺低于1%。

（2）土壤类型：白垩土，土层不如兰斯山产区那么深厚，土壤构成较浅，砂石较多，还有少许黏土和褐煤。

（3）风土特点：白丘的葡萄园较为分散，多位于马恩河的南岸，主要生产高质量的白葡萄酒。该产区最出名的酒款是由霞多丽酿造的香槟酒。在香槟的三大产区中，马恩河谷、兰斯山都种植有法定红葡萄品种——黑比诺和莫尼耶皮诺，而白丘好像是只种植霞多丽。

（4）白丘特级村庄共6个，分别是瓦利村（Oiry）、烁伊利村（Chouilly）、克哈芒（Cramant）、阿维兹（Avize）、奥格尔（Oger）和美尼尔-苏尔-奥格尔（Le Mesnil-sur-Oger）。

瓦利村有80公顷葡萄园，位于沙朗巴特（Butte de Saran）的山坡上，主要种植霞多丽，莫尼耶皮诺种植面积不足1公顷。

烁伊利村有500公顷葡萄园，种植的白葡萄具有特级的品质，也种植少量一级品质的黑比诺。葡萄酒的特点是香气丰富浓郁，相比于邻居村庄，矿物之感稍弱。

克哈芒（Cramant），这是一个被夹在沙朗巴特和白丘之间的村庄，有320公顷葡萄园，全部种植霞多丽。葡萄酒的特点是其如奶油般绵密的气泡。凯歌香槟（Veuve Clicquot）、巴黎之花香槟（Perrier-Jouet）、酩悦香槟（Champagne Moet&Chandon）和路易王妃香槟（Champagne Louis Roederer）等著名品牌都有葡萄园。

阿维兹（Avize），也计划全部种植霞多丽，占比99%。所产香槟是所有香槟特级村中矿物风味最为浓郁、风味最原始的香槟之一。

奥格尔（Oger），380公顷的葡萄园都种植霞多丽，所产葡萄酒的特点是兼具矿物质风味和绝佳平衡感。

最后是美尼尔-苏尔-奥格尔（Le Mesnil-sur-Oger），其葡萄酒特点是优雅平衡，精致细腻，陈年潜力大，沙龙香槟的所在地。

3. 马恩河谷 (Vallée de la Marne)

（1）葡萄品种：莫尼耶皮诺、黑比诺。

（2）土壤类型：主要为白垩土，表层混有其他类型的土壤。

（3）风土特点：这里日照充足，出产的香槟以饱满、丰润著称，香气也非常浓郁。

（4）马恩河特级村：

第一个是图尔马恩（Tours-sur-Marne），是一个沿湖的村庄，有一个3.5公顷的葡萄园，三分之二是黑比诺，因而并非一个被高度认可的特级园。

第二个是埃伊（Ay）村。无论是从葡萄园本身，还是其在香槟行业的地位来看，它都是一个重要的特级园，总面积约141公顷，其中80%种植黑比诺。

4. 塞扎纳丘 (Cote de Sezanne)

（1）葡萄品种：霞多丽。

（2）土壤类型：以石灰土和泥土为主。

（3）风土特点：塞扎纳丘的气候非常适宜种植葡萄，北部是白丘产区，向南延伸至塞纳河（Seine）附近。塞扎纳丘的葡萄园和白丘一样大多位于朝向东面的山坡上，出产的香槟酸度相对较低，而香气浓郁度更高。

塞扎纳丘知名香槟生产商不多。

5. 巴尔丘 (Cote des Bar)

（1）葡萄品种：黑比诺。

（2）土壤类型：泥灰石土壤。

（3）风土特点：巴尔丘的地理位置更靠南一些，气候类型属于半大陆性，比香槟的其他子产区更为暖和。巴尔丘产区的地形多为平缓起伏的山丘，再加上塞纳河和奥布河（Aube）的影响，葡萄园多位于朝南的山坡上，出产的葡萄酒大多口感丰富、果香馥郁。

巴尔丘产区有时也被称作"奥布产区（The Aube）"。

巴尔丘产区还有一个专门用来酿造桃红葡萄酒的产区——黎赛桃红（Rose de Riceys）。黎赛桃红使用黑比诺为原料，采用半二氧化碳浸渍法（Semi-carbonic Maceration）酿造。因其独特的酿造方式，黎赛桃红葡萄酒的颜色会比其他桃红更深一些，其风味也会在柔和的果香中夹杂些许杏仁和泥土的芳香，十分美味。

三、香槟：你心里的那一瓶——著名香槟品牌的魅力之源

一直以来香槟是品质与奢华的代名词，对于有钱人来讲，喝香槟是一种享受，正是上流社会和富有阶层对香槟的追捧，才诞生了多个全球顶级的香槟品牌。

（一）酩悦香槟（Moet & Chandon）

诞生于 1743 年，创始人是克劳·酩悦（Claude Moet），但真正让这个品牌闻名世界的是他的孙子——简·雷米·酩悦（Jane-Remy Moet）。因雷米与拿破仑的深情厚谊而让这个品牌声名鹊起，赢得了"皇室香槟（Imperial）"的美誉。从拿破仑庆祝战争胜利的盛典、皇室婚礼到新船起航仪式，从世界上最负盛名的赛车场到网球场上属于胜者的庆贺场面，从好莱坞的奥斯卡、金球奖到全球各大国际电影节的盛大红毯，都有酩悦的身影。

酩悦的代表性产品有几款，其中特酿年份干型香槟，极端感性，非常稀有，口感醇厚，色泽纯正；酩悦粉红年份香槟（Brut Rose Vintage），只在黑比诺成熟最好的年份酿造，极为多变，富含丰盈的水果味道，颜色浪漫可人，深受女士喜爱；酩悦帝王香槟（Brut Imperial），是酩悦风格的最佳代言，反映了风土千变万化的特性，由三大品种调配而成，富含白柠檬和葡萄花蕾的香气。

（二）唐·培里侬（Dom Pérignon）

也叫香槟王，诞生于 1668 年，有"香槟之父"及王储婚礼香槟的美誉，是以香槟之父——唐·培里侬命

酩悦

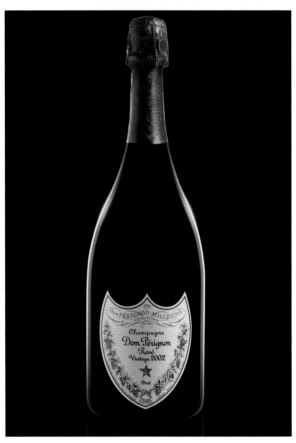

香槟王

路易王妃水晶香槟

库克钻石白中白香槟（Clos du Mesnil）

名的著名品牌，它的历史几乎与香槟这个酒种的历史一样悠久。

唐·培里侬品牌坚持只酿造年份香槟，葡萄原料都要来自最好的年份，如果葡萄原料不符合唐·培里侬的品质标准，这一年就不会生产年份香槟。

（三）路易王妃（Louis Roederer）

诞生于 1776 年，有"英国皇室的御用香槟、香槟中的劳斯莱斯"的美誉。

路易王妃公司位于法国兰斯城（Reims），由杜布瓦（Dubois）父子创建，最早并不叫这个名字。直到 1833 年，路易·勒德雷尔（Louis Roederer）从他叔叔那里继承了这份产业，酒庄才更名为路易王妃香槟（Louis Roederer）。19 世纪中期，路易王妃蜚声国际，并获沙皇亚历山大三世的青睐。沙皇要求路易王妃帮他定做奢华的"水晶香槟"（Louis Roederer Cristal），因此，在沙皇时代，路易王妃每年都会收到沙皇的大量订单和卢布。路易王妃是尊贵、典雅、财富、奢华

的象征，是世界上最贵、最高级的香槟之一。

（四）库克香槟（Krug）

库克香槟诞生于 1843 年，有"香槟中的劳斯莱斯、香槟界的长寿冠军、香槟中的干邑"的美誉。

库克以酿造高品质香槟闻名。香槟的储存时间一般不超过 20 年，而库克是少数可以陈年 50 年以上的酒。2002 年，锡安公园举行盛大晚宴，庆祝亨利·库克掌舵 40 周年，库克公司拿出了 1928 年的库克香槟招待到场的各界名流。库克香槟是由 10 个甚至更多年份的 120 款基酒调配而成，因此，酒款风味丰富，香气复杂，口感细腻，分外优雅，陈酿 6 年以上才会出售。

（五）巴黎之花（Perrier Jouet）

巴黎之花诞生于 1811 年，有"世界上最贵的香槟"的美誉。

1811 年，软木塞制造商皮埃尔·尼克拉斯·玛

巴黎之花美丽时光年份香槟

菲丽宝娜歌雪园年份香槟

丽·皮埃尔（Pierre-Nicolas-Marie Perrier）与阿黛丽·丘伊特（Adèle Jouet）结婚，他们在埃佩尔奈创建了巴黎之花。1902年，埃米尔·加莱（Emile Gallé）为巴黎之花设计了绘有白色银莲花和金色玫瑰藤蔓的特别酒款。1969年，埃米尔的杰作被完美复制，"美丽时光"年份香槟诞生。"美丽时光"一经推出便享誉全球，成为巴黎之花历史上决定性的转折点。

（六）宝禄爵香槟（Pol Roger）

宝禄爵香槟诞生于1849年，位于香槟名城埃佩尔奈，创始人宝禄爵（Pol Roger）来自著名酒村埃伊村（Ay）。宝禄爵香槟是由埃佩尔奈18座葡萄园的葡萄酿造而成，酒体丰腴，颜色深沉，口感醇厚，有着顶级香槟所特有的活力与精致。宝禄爵品质无与伦比，声望极高，备受尊崇。

（七）菲丽宝娜香槟（Philipponnat）

诞生于1522年，菲丽宝娜起步于两大名村埃伊村和马勒伊村，这个家族拥有大量法定一级村和特级村葡萄园。菲丽宝娜就是用这些葡萄园的葡萄酿造的，

非常富有产区特色，这些背景造就了菲丽宝娜高雅的气质。另外，该家族有近五个世纪的酿酒传承，底蕴深厚，技艺精湛。

菲丽宝娜的歌雪园香槟（Clos des Goisses）声名远播，口感复杂，香气清新，品质上乘，极具陈年潜力，给人以极美妙的享受。

（八）堡林爵香槟（Bollinger）

堡林爵香槟诞生于1829年，创建于兰斯，有"王室御用香槟"的美誉。

1835年，堡林爵出口至英国，是最早进入英国市场的香槟之一。堡林爵在酿造过程中添加的糖分比其他酒厂要少，在最初各种甜腻腻的香槟中，其干干的口感明亮脱俗。1884年，英国皇室对其宠爱有加，被维多利亚女王指定为王室御用香槟。堡林爵的粉丝还有美国州长、社会名流甚至一些著名的电影人物。1987年《007-黎明危机》里，詹姆·斯邦德说：Bollinger R.D.，it's the best! 堡林爵是家族化经营的大牌香槟之一，以特级村和一级村葡萄园的高品质香槟闻名。堡林爵仅使用霞多丽和黑比诺葡萄进行酿造，在木桶中进行发酵。其极品老藤香槟，采用在根瘤蚜虫灾害中幸存下来的葡萄老藤产的葡萄酿造，可谓是极为稀缺。

堡林爵香槟系列产品

（九）凯歌（Veuve Clicquot）

凯歌诞生于 1772 年，也创建于兰斯，有"香槟贵妇"的美誉。

1772 年，银行家菲利普·克里科在兰斯创立酒厂，其子弗朗索瓦娶了彭撒丁家的女儿，弗朗索瓦结婚四年后突然去世，年仅 27 岁的克里科夫人成了寡妇，但是她非常坚强，继续经营香槟产业，还把品牌名改成了丈夫和自己姓氏的组合，就是现在的凯歌 (Veuve Clicquot)。1816 年，她发明了筛渣技术，该技术帮助酿酒师酿造出酒质清澈、透明无瑕、品质超群的香槟酒。凯歌是深受皇室贵族及名人雅士喜爱的品牌，也是法国最大的香槟生产商之一。香槟贵妇（Veuve Clicquot La Grande Dame）是凯歌的代表作，用大比例的黑比诺和少量的霞多丽混酿，口感活泼，香气浓郁，充满干果、蜂蜜与鲜花的芬芳。

（十）玛姆（Mumm）

玛姆诞生于 1827 年，创立于德国，有"王者的香

凯歌香槟贵妇年份香槟

大美葡萄酒

玛姆克拉芒香槟

槟"的美誉。

玛姆是德国最古老的贵族世家。1852年，乔治·赫尔曼·玛姆掌管了家族公司，致力于在欧洲、澳大利亚和新西兰推销香槟酒。20世纪初，该公司已经拥有巨大的国际市场份额，业务遍布美国、俄罗斯和加拿大，并远至巴西和秘鲁。乔治创造了著名的"红带香槟（Mumm Cordon Rouge）"，成为玛姆品质的象征。红带香槟由77个优质葡萄园的精选葡萄巧妙混酿，黑比诺占45%，霞多丽占30%，莫妮耶皮诺占25%，富含杏、黄桃和香草芬芳，配合味蕾上馥郁的鲜果和坚果气息，格外丰润，淡淡奶香，余味浓郁，沁人心脾。

（十一）白雪（Piper Heidsieck）

白雪诞生于1785年，有"时尚派对制造者"的美誉。

其创办人是弗洛伦斯·路易·海德希克（Florens Louis Heidsieck），葡萄园主要位于兰斯。18世纪末，他已经是一名专业的酿酒师了，曾赠予被推上断头台的、发出贵妇的叹息的、路易十六的传奇皇后玛丽·安托瓦内特（Marie Antoinette）一瓶他自己酿造的葡萄酒。今天，白雪香槟已成为名副其实的"时尚派对制造者"，在明星云集的盛会，如颁奖典礼、时装秀、电影首映等场合，都可以看到白雪香槟的踪影。白雪黑钻香槟（Cuvee Rare）是其代表作，这个酒款闪耀着迷人的金色，香气层次分明，口感开始是酸橙、马鞭草与野玫瑰的芬芳，随后是热带水果的释放，再接着是香料、白胡椒、甘草等香气的迸发，入口泉水般爽净，回味饱含着黄色核果的风情。

（十二）妮可（Nicolas Feuillatte）

妮可诞生于1976年，有"香槟产区最年轻的国际大牌"等美誉。

1976年，尼古拉斯·菲亚特创建香槟品牌妮可（Nicolas Feuillatte）。1978年，第一瓶妮可香槟诞生，并迅速在美国大获成功。1986年，为了扩大规模，妮可与最大的合作社联合体"香槟地区合作社"合并，同年成为白宫首选香槟。

四、香槟：世界已经大行其道，中国还会远吗？

2017年，法国香槟行业协会在上海召开年度香槟酒（中国）进口商座谈会，该协会在会议上公布的官方统计数据显示，2017年香槟在中国大陆市场的进口量及进口额同比增长了51.9%和76.7%，这说明中国香槟进口量有了大幅提升，而且进口产品的单价也贵了。这一增长幅度在香槟酒全球前30个出口国家及地区内都首屈一指，稳居第一。

2018年，中国葡萄酒的进口量出现了自2014年

白雪香槟

来的首次下跌，但香槟的进口量和进口额却不降反增。香槟委员会数据显示，中国进口香槟增幅高达9.1%，进口额升幅超过一成。中国进口形势出现了低价位香槟需求量稳定，高端起泡酒需求量越来越高的情况。作为佐证，像巴黎之花、唐·培里侬、酪悦等这些顶级香槟品牌在沿海发达城市越来越受欢迎，要知道，上述品牌的顶级香槟在中国市场的售价动辄上万元甚至几十万元。

但是，香槟在中国还有很长的一段路要走，市场不成熟是主要原因。国内市场对于香槟认知度非常有限，与静态葡萄酒的不同处在于，香槟的消费市场现在还只是集中在北、上、广、深以及沿海发达地区，即便是在这些地区，消费者对于香槟与其他起泡酒的差别也没有清晰的概念。最主要的是香槟在传统流通渠道、餐饮渠道等的可见度都还非常低。

2020年，中国葡萄酒进口量大幅下滑，但香槟进口量仍高居全球第八位。

香槟是饮用场景化极强的葡萄酒，香槟的消费人群也更加广泛，好奇心强的年轻人、城市高级白领、商务精英、政商领袖、演艺明星等都是香槟的主要消费人群和客户。以往更多地出现在庆典、夜场的香槟，如今也越来越多地走入寻常百姓家，商务酒会、高端宴会、家庭餐桌、朋友小聚抑或是情人之间的浪漫，香槟在中国的饮用场景已经越来越广泛了。

香槟消费与经济发达水平和富裕程度直接相关，随着中国中产阶层消费理念的升级和改变，中国人均收入的逐步提高，香槟或者起泡酒肯定会成为大放异彩的葡萄酒类型。

五、香槟酒的看标识酒

现在使用的标注项目：

1. "香槟"质量标志，这是法国的法定产区葡萄酒中唯一不需要标注 AOP 或 AOC 的葡萄酒。

2. 实际的酒精含量或酒精浓度，以体积百分比来表示。例如：12°% vol。

3. 品牌名。

4. 生产者标注，其次是酿造者注册地城市和"法国"字样。

5. 葡萄酒瓶的标注容量，单位为升、厘升或毫升。

6. 由 CIVC（香槟地区葡萄酒跨行业委员会）颁发的专业注册（RM 指酒农自产葡萄酒、NM 指酒厂自酿葡萄酒、CM 指合作社联合酿造葡萄酒、RC 指酒农出售合作社酿造葡萄酒、SR 指酒农合资酿酒公司酿造的葡萄酒、ND 指零售商自行贴标销售的葡萄酒、MA 指买家贴牌葡萄酒）。

7. 批次号（这个号码可以直接标注在酒瓶上）。

8. 可能存在的过敏原亚硫酸盐提示。

9. 含糖量通过如下术语表示：自然极干型（brut nature）、超干型（extra brut）、极干型（brut）、半干型（demi-sec）、甜型（doux）等。

10. 有关不建议孕妇饮用酒类产品的健康忠告（可选用文字或图标）。

11. 原产地（法国葡萄酒、欧共体国家葡萄酒等）。

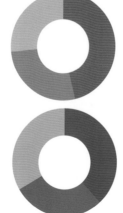

全球香槟消费数据

2020年香槟消费量（亿瓶）全球总消费量2.44亿瓶		
法国	1.13	46.6%
欧盟	0.66	27.1%
其他	0.65	26.5%

2020年香槟消费额（亿欧元）全球总消费额42亿欧元		
法国	16	39.0%
欧盟	12	27.9%
其他	14	33.1%

妮可香槟原文正标

大美葡萄酒

香槟背标

2020 年 排名		消费额 / 百万欧元	消费量 / 百万瓶
1	美 国	502	20.8
2	英 国	338	21.3
3	日 本	271	10.8
4	德 国	167	10.1
5	意大利	147	6.9
6	比利时	142	9
7	澳大利亚	126	8.5
8	中 国	99	3.5
9	瑞 士	95	4.9
10	西班牙	60	3

香槟的全球表现，超过 190 个国家的消费者在饮用香槟

法国的香槟出口一直在持续增长

在过去的 20 年中，

香槟在欧盟以外的销量增长了一倍

....

....

全世界有 30 个市场的年平均消费量超过 50000 瓶！

第八节　卢瓦尔河谷：法国花园，帝王之谷的醉美历史

要完整领略法国风情，只需要去两个地方，一是巴黎，一是卢瓦尔河谷（Loire Valley）。卢瓦尔河，法国第一长河，孕育和滋养了卢瓦尔河谷。河流两岸有许多精致的小山丘，古老的城堡掩映在绿树丛中，这些古堡大都建于中世纪和文艺复兴时期，宅院幽深，青苔斑驳。高耸的教堂、精致的民宅、奔流的河水、轻抚的微风、怡人的芳香，给人以徜徉天堂、如临仙境之感。

公元 582 年，第一次有了卢瓦尔河谷都兰（To-uraine）产区种植葡萄的记录，安茹（Anjou）伯爵和教会在城堡周围开辟葡萄园。到了中世纪，出现很多著名产区，如圣 - 布桑（Saint-Pourcain）、昂热（Angers）、桑塞尔（Sancerre）和奥尔良（Orléans）等产区。

1154 年，亨利二世成为英格兰国王，他就是波尔多章节提到的埃莉诺公爵的第二任丈夫，亨利二世开创了金雀花王朝，他将安茹的葡萄酒带进了王宫。正是法国和英国王室对卢瓦尔河葡萄酒的偏爱，才造就了卢瓦尔河葡萄酒的声誉。

香波堡。图片来源：www.loire-valley-tours.com

15世纪，葡萄酒的贵族专卖权法令被废除，昂热、索米尔（Saumur）和奥尔良等城市周边的葡萄园不断发展和扩大，资产阶级逐渐形成。资产阶级葡萄园的发展同时也大幅度推动了对芬兰和其他北欧国家的出口。

16世纪，由于卢瓦尔河谷葡萄酒口感好、距离近以及特权等原因，对荷兰的出口量也提高了。

18世纪末和19世纪初，法国大革命爆发，卢瓦尔河谷的葡萄酒行业进入艰难时期。另外，当时新兴的交通工具的出现，尤其是铁路的发展，使卢瓦尔河谷葡萄酒被迫面临与中部产区竞争的处境，卢瓦尔河谷之前的地缘优势大不如前了，国际影响力和行业地位也有所下降。

19世纪后期，葡萄根瘤蚜虫危机摧毁了大部分卢瓦尔河谷的葡萄园。

1935年，法国建立原产地命名控制制度（AOC），第二年卢瓦尔河谷就正式实施了AOC。

卢瓦尔河谷是法国葡萄酒的发源地，是法国南北文化的交汇处。

一、风土特点和酿酒品种

卢瓦尔河谷产区位于法国西部偏北，沿卢瓦尔河及其支流分布。

（一）气候特点

卢瓦尔河谷气候总体温和。

南特（Nantais）和安茹（Anjou）属海洋性气候，冬季温和，夏季炎热且光照充足，温差很小。

索米尔（Saumur）和都兰（Touraine）则受到大陆性气候的影响，属于半海洋性气候，起伏的丘陵阻挡了来自大洋的气流。

从都兰至中央地区的边界，气候逐渐变成大陆性气候，海洋的影响越来越弱。卢瓦尔河及其支流在维

勃艮第香瓜葡萄园

持有利于葡萄种植的众多小气候方面起到了相当重要的缓和作用，这里的葡萄酒也因此才保持了多样性，拥有不同的风格。

（二）土壤特点

卢瓦尔河谷土壤极为复杂多变，既有石灰岩、火石岩和沙质岩，也不乏砾石、火成岩和页岩。正是这样多样的土壤特征，赋予了该产区繁多的葡萄酒种类和丰富的口感。

（三）特色品种

卢瓦尔河谷特色白葡萄品种有：勃艮第香瓜（Melon de Bourgogne）、白诗南（Chenin Blanc）、长相思，红葡萄品种有品丽珠、黑比诺、佳美等。

（四）葡萄酒类型

虽然产区面积大，但卢瓦尔河谷葡萄酒类型却只有甜润型和干型两种。甜润型葡萄酒分布在中部的都兰和安茹，采用白诗南酿造。干型葡萄酒分布在东部的桑塞尔和普伊以及西部的密斯卡岱（Muscadet）。

二、法定产区和经典产品

卢瓦尔河谷位于法国西北部，有四个著名的子产区，自西向东依次是南特、安茹、索米尔和都兰，产区气候变化较大，既有海洋性气候也存在半海洋或者半大陆性气候，土壤类型多样，石灰岩、火石岩、沙质土、砾石土、火成岩和页岩等都较为常见。

卢瓦尔河谷产区与波尔多不同，卢瓦尔河谷是一个比较大的范围，串联起多个城市，因此，在AOP这个级别上，都分布在各个子产区，不像波尔多有大区级法定产区（Appellationd'origine Bordeaux Contrôlée），卢瓦尔河谷大区层面上只有地区餐酒IGP（val de lore）。作为法国第三大葡萄酒产区，从大西洋入海口处的南特到东面中央大区的桑塞尔（Sancerre），卢瓦尔河谷孕育了63个葡萄酒法定产区（AOP）。其中，中部的安茹、索米尔和都兰三地就囊括了其中的49个。

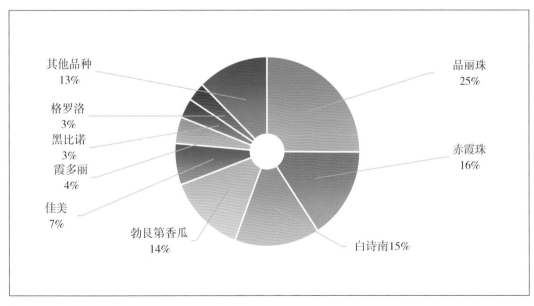

卢瓦尔河谷主要葡萄品种种植面积占比

（一）南特

1. 风土特点

南特位于卢瓦尔河东段的南岸，延伸至大西洋，地势低平缓和，葡萄园面积有 1.5 万公顷（23 万亩）。呈现出典型的海洋性气候特点。临近大西洋意味着这里的冬季短暂而温和，几乎全年都有降水，夏季温暖，光照充足，温差较小。

2. 葡萄品种

勃艮第香瓜、白福儿（Folle Blanche）

3. 特色葡萄酒

南特最著名的葡萄酒是密斯卡岱，密斯卡岱是酒名，酿酒品种是霞多丽的近亲"勃艮第香瓜"。密斯卡岱售价不高，然而却很有特色，干、酸度高、口味清淡，常有白色水果的清香、带有些许咸味，但在炎热的年份可能会酸度不足，是搭配海虾、生蚝等海鲜的绝配。传统上密斯卡岱是以泡渣法酿造（Sur Lie），这个工艺的核心是将死掉的酵母继续保留在酒液里，然后将葡萄酒直接灌装装瓶，这种方法有助于丰富密斯卡岱的风味及结构。

泡渣法（Sur Lie）密斯卡岱葡萄酒

（二）安茹

1. 葡萄品种

白诗南、品丽珠。

2. 葡萄酒种类

安茹以甜润型葡萄酒为主，也出产干型葡萄酒和桃红葡萄酒。

卢瓦尔河谷产区地图

俯瞰卢瓦尔河。图片来源：Visit French Wine

3. 产区特点

古安茹公国是法兰西王国非常重要的公国，酿酒历史悠久，曾有一段时间版图属于英国。安茹地区最著名的甜酒产区是莱昂丘（Coteaux du Layon），莱昂丘有三个著名的村庄，分别是邦妮苏（Bonnezeaux）、卡特修姆（Quarts de Chaume）和修姆（Chaume），包括莱昂丘都成为一种葡萄酒的代名词了，这些葡萄酒都是白诗南葡萄酿造的。安茹地区也酿造被称为萨维涅尔（Savennières）的干性白诗南葡萄酒。另外，该产区也有精致的红葡萄酒。当然，安茹干型桃红葡萄酒产量最大，影响力也非常大。

（三）索米尔地区

1. 葡萄品种

品丽珠、赤霞珠、白诗南、霞多丽。

2. 风土特点

索米尔位于卢瓦尔河谷中段，葡萄园面积约 4000 公顷（6 万亩），主要的土壤类型为白垩土，呈现出典型的由海洋性气候向大陆性气候过渡的半海洋性气候特点。该产区毗邻安茹产区，也有人把它当作安茹产区的一部分。不过两地的葡萄酒差异明显，索米尔葡萄酒特色鲜明，个性十足。

3. 特色葡萄酒

索米尔是盛产由白诗南、霞多丽等为原料用传统香槟法酿造起泡酒的产区，索米尔的起泡酒原料全部手工采摘，而且葡萄园严格限产。

该产区也出产优秀的静止葡萄酒，白葡萄酒主要以白诗南为主，红葡萄酒则以品丽珠为主。索米尔葡萄酒大多酒体轻盈，风格淡雅，酸度较高，既适合年轻时饮用，也可贮藏陈年。

（四）都兰地区

1. 葡萄品种

品丽珠、白诗南等卢瓦尔河谷的所有葡萄品种。

2. 风土特点

都兰的土壤类型主要是石灰石土质。都兰与索米尔气候相似，但即使在非常炎热的年份，品丽珠也可以保持非常高的酸度，让甜型葡萄酒呈现清新口感。

3. 特色葡萄酒

都兰最有名气的子产区是希侬（Chinon）、布尔格伊（Bourgueil）和圣尼古拉斯·布尔盖尔（St.Nicolas de Bourgueil）。品丽珠最为出名，其中圣尼古拉斯·布尔盖尔的红葡萄酒最浓郁耐久藏，但其国际知名度却不如希侬。

武弗雷（Vouvray）以及梦路易（Montlouis）的白诗南白葡萄酒最为著名，白葡萄酒类型也颇为丰富，从干白酒到各式甜白酒，应有尽有。

（五）卢瓦尔中部

1. 葡萄品种

长相思。

2. 风土特点

卢瓦尔中部位于法国地理位置的中心，至少有2000年的葡萄酒历史，是长相思的故乡。气候特点呈现出大陆性气候特征。

3. 特色葡萄酒

桑塞尔（Sancerre）和普伊 - 富美（Pouilly-Fumé）是两个产区名字，现已发展成典型的葡萄酒名词，是卢瓦尔中部最著名的葡萄酒。这两个产区的长相思葡萄酒因不同的土壤，如砾石、燧石、莫里阶土等赋予的多样结构和复杂香气跻身于世界最佳长相思葡萄酒之列。桑塞尔精雕细刻，普伊 - 富美强劲饱满，他们已经成为长相思葡萄酒的国际标杆了。当然，这里也生产卓越的黑比诺葡萄酒。

第九节　罗纳河谷：天生丽质的古老产区

罗纳河谷位于法国东南部，在里昂与普罗旺斯区之间。

罗纳河，诞生于地球的上一次冰川期，起源于阿尔卑斯山脉，在法国南部蜿蜒813公里后进入地中海。罗纳河自古以来就是地中海和北欧与大西洋之间的交通要道，古希腊人从罗纳河向北航行至高卢做生意，

桑塞尔早晨的阳光。图片来源：Visit French Wine

用葡萄酒换取大量的生活用品，当时用来运输葡萄酒的主要器皿是罗马双耳陶罐。

公元前 125 年，古罗马人来到罗纳河谷，建造了维埃纳城（Vienne），并在罗帝丘（Côte-Rôtie）和埃米塔日（Hermitage）陡峭的坡地上开始种植葡萄。

公元 1 世纪，罗纳河谷成为当时最好的葡萄酒产地，并外销到罗马等其他国家。后来，葡萄种植才传到波尔多等地区。因此，罗纳河谷的葡萄酒历史比起法国其他产区更加悠久。

14 世纪，罗马教廷纷争，教皇克雷芒将教廷迁移到罗纳河谷南部的阿维尼翁地区，并先后修建了"教皇宫"和夏宫"教皇新堡（Châteauneuf-du-Pape）"作为教皇行宫。为了满足教廷所需，邻近的葡萄园不断改良葡萄品种和酿造技术，使罗纳河谷产区的葡萄酒质量突飞猛进，"教皇新堡"这样的名酒诞生了。

17 世纪，罗纳丘（Côtes du Rhône）的葡萄酒也越来越受到人们的关注，每个人都喜欢这种带有香料味的罗纳葡萄酒。为了保证该地葡萄酒的纯正性，国王颁布法令，所有运输和销售使用的酒桶上必须贴有字母 CDR 的标签，这是法国法定产区（AOC）的雏形。罗纳河谷是众多名人雅士聚集之地，著名作家大仲马、罗马学者普林尼、法国国王菲力普四世、美国第三任总统杰弗逊、大文豪雨果、音乐大师华格纳、法国前总统戴高乐等都对罗纳河谷眷顾有加。

罗纳河谷是法国最大的法定红葡萄酒产区和第二大法定葡萄酒产区。

一、罗纳河谷：法国的第一个 AOC 及分级体系

罗纳河谷是法国第一个实施法定产区命名控制制度（AOC，现称为 AOP）的。

罗纳河谷。图片来源：GlobalGrasshopper

罗纳河谷的法定产区，根据葡萄酒质量和地域区段共分为四个等级。各个等级对葡萄园单位面积葡萄酒产量、酒精度和葡萄品种等都有着非常明确的规定。

三大主要法定红葡萄品种为：歌海娜（Grenache）、西拉和慕合怀特（Mouvedre）。

六大主要法定白葡萄品种为：玛珊（Marsanne）、瑚珊（Roussanne）、维欧尼（Viognier）、白歌海娜（Grenache blanc）、白克莱尔特（Clairetteblanche）和布布兰克（Bourboulenc）。

当然也有佳利酿（Carignan）、神索（Cinsault）等9个法定红葡萄品种和白玉霓（Ugni blanc）、白匹格普勒（Picpoul blanc）两个法定白葡萄品种。

罗纳河谷法定产区分为大区级、一般村庄级、独立村庄级和特级村（含自然甜葡萄酒产区）四级。

（一）大区级法定产区（Côtes du Rhône AOP）

1. 等级规模

大区级 AOP 是罗纳河谷法定产区等级中的最低等级，产区面积覆盖罗纳河谷的 6 个省 171 个市镇。葡萄园面积约 3 万公顷（45 万亩），聚集了 5300 个葡萄种植户，70 个酿酒合作社，20 个酒商，年总产量约 2亿瓶。

2. 法定要求

罗纳河谷规定每公顷葡萄酒的产量不能超过 5200升，葡萄酒的酒精含量不得低于 11%。

对于红葡萄酒和桃红葡萄酒，对酿造葡萄品种的要求是西拉（Syrah）和（或）慕合怀特（Mourvedre）的含量不得低于 15%，可以允许混酿不超过 5% 的白葡萄品种。蒙特里马尔（Montélimar）省的红葡萄酒中的歌海娜（Grenache noir）含量不得低于 40%。对于白

罗纳河谷的葡萄园。图片来源：Domaine Select Wine & Spirits

葡萄酒来说，要求六大主要法定白葡萄品种的含量不低于80%。

3. 大区级的标签标示方法

罗纳河谷大区级 AOP 的酒标标注方法是：

Côtes du Rhône 和 Appellation+ Côtes du Rhône+Controlee（Protégée）

（二）一般村庄级法定产区（Côtes du Rhône Villages AOP）

1. 等级规模

一般村庄级法定产区覆盖 95 个市镇，葡萄园约 9005 公顷（约 14 万亩）。该级别产区对土壤和气候条件的要求比较高。

2. 法定要求

葡萄酒的产量不能超过 4200 升 / 公顷，葡萄酒的酒精度不得低于 12%。

红葡萄酒品种的要求是歌海娜的含量不得低于 50%，西拉和（或）慕合怀特的含量不得低于 20%，其他法定品种的含量不得多于 20%。

桃红葡萄酒中歌海娜的含量不得多于 50%，西拉和（或）慕合怀特的含量不得低于 20%，其他法定红葡萄品种的含量不得多于 20%，混入的白葡萄品种不得多于 20%。

白葡萄酒以六大白葡萄品种为主，其他法定品种的含量不得多于 20%。

3. 村庄级法定产区的标签标示方法

Côtes du Rhône villages 或 Appellation+ Côtes du Rhône villages+Controlee（Protégée）。

（三）独立村庄级法定产区（Côtes du Rhône Villages + Village Name AOP）

1. 等级规模

只有 22 个村庄法定产区允许在酒标上标注村庄的名字。这 22 个村是鲁塞村（Rousset-les-Vignes）、圣潘塔雷昂村（Saint-Pantaléon-les-Vignes）、瓦尔西村（Valréas）、尼思（Nyons）、匹美哈斯村（Puyméras）、维桑村（Visan）、圣莫里斯村（Saint-Maurice）、罗艾村（Roaix）、赛古埃村（Séguret）、萨布莱村（Sablet）、圣塞西尔（Sainte-Cécile）、余少村（Massifd'Uchaux）、洛丹村（Laudun）、普兰德迪村（Plan de Die）、韦松拉罗迈讷（Vaison-la-Romaine）、圣热尔韦村（Saint-Gervais）、许兹克朗村（Chusclan）、叙兹拉鲁斯（Suze-la-Rousse）、罗谢古德（Rochegude）、圣昂代奥（Saint-Andéol）、思酿谷（Signargues）、加达涅（Gadagne）。

2. 法定要求

葡萄酒的产量上限为 4000 升 / 公顷，葡萄酒的酒精度不得低于 12.5%。

对葡萄品种的规定与一般村庄级法定产区的要求相同。

3. 标签标示方法

仅限 22 个村庄，多标注为 Côtes du Rhône Villages + Village Name，也可以标注为 Villages 或 Appellation+ Villages+Controlee（Protégée）。

（四）特级村产区（Crus des Côtes du Rhône AOP 或 Vins Doux Naturels）

特级村产区是指罗纳河谷的 17 个独立村庄，出产最好的罗纳河谷佳酿，用 Cru 来标示。罗纳河谷特级村葡萄酒骨架清晰，肌肉丰满，极耐陈年，个性鲜明，特色突出，是最值得尝试的酒。

1. 等级规模

只有 17 个特级村能满足本标准，其中北罗纳河谷有 8 个，南罗纳河谷 9 个，其中有 2 个还是自然甜葡萄酒产区。

北罗纳河谷：罗第（Côte-Rôtie AOP）、孔得里约（Condrieu AOP）、格里叶堡（Château-Grillet AOP）、圣约瑟夫（Saint Joseph AOP）、克罗兹 - 埃米塔日（Crozes-Hermitage AOP）、埃米塔日（Hermitage AOP）、科尔纳斯（Cornas AOP）、圣佩雷（Saint Péray AOP）。

南罗纳河谷：万索布尔（Vinsobres AOP）、拉斯多（Rasteau AOP）、吉恭达斯（Gigondas AOP）、瓦格拉斯（Vacqueyras AOP）、博姆 - 德奥尼斯（Beaumes de Venise AOP）、教皇新堡（Châteauneuf-du-Pape AOP）、

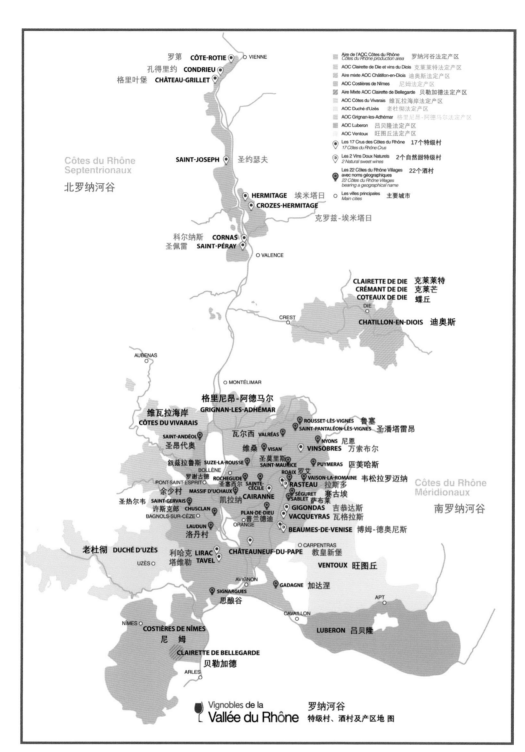

罗第 **CÔTE-ROTIE** ○ VIENNE
孔得里约 **CONDRIEU**
格里叶堡 **CHÂTEAU-GRILLET**

Côtes du Rhône
Septentrionaux
北罗纳河谷

SAINT-JOSEPH 圣约瑟夫

HERMITAGE 埃米塔日
CROZES-HERMITAGE

克罗兹-埃米塔日

科尔纳斯 **CORNAS**
圣佩雷 **SAINT-PÉRAY**
○ VALENCE

CLAIRETTE DE DIE 克莱莱特
CRÉMANT DE DIE 克莱芒
COTEAUX DE DIE 蝶丘
DIE

CREST

CHATILLON-EN-DIOIS 迪奥斯

☐ Aire de l'AOC Côtes du Rhône 罗纳河谷法定产区
Côtes du Rhône production area
☐ AOC Clairette de Die et vins du Diois 克莱莱特法定产区
☐ Aire mixte AOC Châtillon-en-Diois 迪奥斯法定产区
☐ AOC Costières de Nîmes 尼姆法定产区
☐ Aire Mixte AOC Clairette de Bellegarde 贝勒加德法定产区
☐ AOC Côtes du Vivarais 维瓦拉海岸法定产区
☐ AOC Duché d'Uzès 老杜彻法定产区
☐ AOC Grignan-les-Adhémar 格里尼昂-阿德马尔法定产区
☐ AOC Luberon 吕贝隆法定产区
☐ AOC Ventoux 旺图丘法定产区
◉ Les 17 Crus des Côtes du Rhône 17个特级村
17 Côtes du Rhône Cru
◉ Les 2 Vins Doux Naturels 2个自然甜酒村
2 Natural sweet wines
◉ Les 22 Côtes du Rhône Villages 22个酒村
avec noms géographiques
22 Côtes du Rhône Villages
bearing a geographical name
○ Les villes principales 主要城市
Main cities

AUBENAS

○ MONTÉLIMAR

格里尼昂-阿德马尔
GRIGNAN-LES-ADHÉMAR
维瓦拉海岸
CÔTES DU VIVARAIS

SAINT-ANDÉOL
圣昂代奥

叙兹拉鲁斯 **SUZE-LA-ROUSSE**
BOLLÈNE
罗谢古德 **ROCHEGUDE**
PONT-SAINT-ESPRIT 圣谢西尔 **SAINTE-**
余少村 **CÉCILE**
MASSIF D'UCHAUX
圣热尔韦 **SAINT-GERVAIS**
许斯克郎 **CHUSCLAN**
BAGNOLS-SUR-CÈZE
LAUDUN
洛丹村

ROUSSET-LÈS-VIGNES 鲁塞
SAINT-PANTALÉON-LÈS-VIGNES 圣潘塔雷昂
瓦尔西 **VALRÉAS**
维桑 ♀ **VISAN**
圣莫里斯 **SAINT-MAURICE**
♀ NYONS 尼恩
♀ **VINSOBRES** 万索布尔
♀ **PUYMÉRAS** 匹美哈斯
罗艾
VAISON-LA-ROMAINE 韦松拉罗迈纳
RASTEAU 拉斯多
SÉGURET 塞古埃
SABLET 萨布莱
CAIRANNE 凯拉纳
GIGONDAS 吉恭达斯
PLAN-DE-DIEU **VACQUEYRAS** 瓦格拉斯
普兰德迪
ORANGE
BEAUMES-DE-VENISE 博姆-德奥尼斯
CARPENTRAS

Côtes du Rhône
Méridionaux
南罗纳河谷

老杜彻 **DUCHÉ D'UZÈS**
UZÈS

利哈克 **LIRAC** 教皇新堡
塔维勒 **TAVEL** **CHÂTEAUNEUF-DU-PAPE**

VENTOUX 旺图丘

AVIGNON
♀ **GADAGNE** 加达涅

♀ **SIGNARGUES**
思酿谷

CAVAILLON

APT

NÎMES **COSTIÈRES DE NÎMES**
尼姆

LUBERON 吕贝隆

CLAIRETTE DE BELLEGARDE
贝勒加德

ARLES

Vignobles de la
Vallée du Rhône
罗纳河谷
特级村、酒村及产区地图

---

2. 法定要求

罗纳河谷特级村的法定标准比较复杂，针对每个特级村的最低酒精度、葡萄品种、栽培方法、酿酒方法、橡木熟成方法、葡萄酒风格等的法定要求都不相同，都有具体的规定。

3. 标签标示方法

Villages（仅限16个村庄）或Appellation+Villages+Controlee（Protégée）。

（五）罗纳河谷卫星产区

整个河谷的外围还有11个卫星产区，包括：迪奥斯（Châtillon en Diois）、克莱莱特（Clairette de Die）、克莱芒（Crémant de Die）、蝶丘（Coteaux de Die）、格里尼昂·阿德马尔（Grignan-les-Adhémar）、维瓦拉海岸（Côtesdu Vivarais）、老杜彻（Duché d'Usés）、吕贝隆（Luberon）、尼姆（Costièresde Nîmes）、贝勒加德（Clairette de Bellegarde）和旺图丘（Ventous）。

利哈克（Lirac AOP）、塔维勒（Tavel AOP）、凯拉纳（Cairanne AOP）。

自然甜葡萄酒产区：博姆-德奥尼斯、拉斯多。

二、罗纳河谷：特色风土与经典美酒

从地理位置上，罗纳河谷被分为南北两块，中间也有葡萄种植，但知名度远远不如南北罗纳。

（一）北罗纳河谷

北罗纳河产区是从维埃纳城开始一直向南延伸至瓦朗斯（Valence）的区域，约40公里长，呈带状。

1. 主要葡萄品种

白葡萄品种主要有马尔萨讷、胡姗、维欧尼。

红葡萄为西拉。

2. 主要子产区

北罗纳河谷的第一名产区是埃米塔日，其次是科尔纳斯、罗第丘和孔德里约等，也非常知名。

3. 风土特点

北罗纳河谷产区为温和的大陆性气候，夏季炎热，阳光充足，秋季凉爽，冬季则十分寒冷。土壤以花岗岩、板岩为主。

另一个特点是葡萄园在陡峭的山坡上，有些地方的坡度甚至超过了60度。为了更好地利用阳光，同时减少水土流失，也让葡萄园更加易于管理，庄园主将葡萄园修建成了梯田，是当地一道亮丽的风景。

（二）北罗纳葡萄酒传奇

1. 吉佳乐世家（E.Guigal）

吉佳乐世家享有"罗纳河谷之王"的盛誉，酒窖位于阿布斯村，采用有机种植，严格控产，延迟采收，酿造出芳香迷人、酒休丰满、颜色深邃的佳酿。旗舰酒款是罗第丘的3块最优秀的葡萄园出产的，俗称为"LA LA LA"的三款名酒，在罗伯特·帕克评分历史上给出了33个满分。

la Mouline（慕林园）2477元；la Turque（杜克园）2451元；la Landonne（南多娜）2554元。

2. 莎普蒂尔酒庄（Maison M. Chapoutier）

该酒庄总部位于埃米塔日产区，奉行单一品种的酿酒理念，该酒庄的罗第丘葡萄酒用100%西拉酿造，

吉佳乐

埃米塔日的白葡萄酒用100%玛珊酿造，而教皇新堡用100%歌海娜酿造。旗舰酒款是号称LE LE LE的三款名酒，吉佳乐世家有LA LA LA，莎普蒂尔酒庄有LE LE LE，三款LE LE LE曾获8个帕克满分。

3. 让-路易斯·沙夫酒庄（Domaine Jean-Louis Chave）

同样位于埃米塔日产区，所酿造的葡萄酒，获得

莎普蒂尔

众多酒评家的非凡赞誉，是罗纳河谷名家中的翘楚。该酒庄旗舰酒款是凯瑟琳特酿（Domaine Jean-Louis Chave Ermitage 'Cuvée Cathelin'）。凯瑟琳特酿（Hermitage Cuvée Cathelin）是酒庄著名、奢华的佳酿，曾有 4 个年份获得过帕克满分。连续两年登榜成为 wine-searcher 上全球最贵 50 支葡萄酒之一，也是整个罗纳河谷产区最贵的葡萄酒。

嘉伯乐小教堂

让－路易斯·沙夫

4. 嘉伯乐酒庄（Domaine Paul Jaboulet Aîné）

该酒庄被帕克称赞为"世界上最著名的高品质罗纳河谷葡萄酒酿造商"的顶级名庄。旗舰酒款：Domaine Paul Jaboulet Aîné Hermitage La Chapelle，国际均价 1500 元。酒庄的旗舰酒款 La Chapelle，江湖名号是"小教堂"，多次获得帕克满分，也是历史上获得最多酒评家满分的传奇酒款，是北罗纳河谷葡萄酒粉丝梦寐以求的"对象"。

（三）南罗纳河谷

南罗纳河谷产区是蒙特里马尔省以南的区域，较为宽广。

1. 葡萄品种

红葡萄品种主要有歌海娜、慕合怀特、西拉、佳丽酿、神索等。

白葡萄品种主要有白歌海娜、玛珊、瑚珊。

2. 主要子产区

南罗纳河谷的第一名产区是教皇新堡，吉恭达斯和瓦格拉斯等也较为出色，塔维勒的桃红葡萄酒也非常知名。

3. 风土特点

该产区属地中海性气候，冬季温和，夏季炎热，日照充足。南罗纳河谷还经常刮一种来自阿尔卑斯山名叫密斯脱拉的强风，冷而干燥，对河谷的葡萄种植造成很大的不利影响，需要搭设支架预防葡萄树被大风吹断。南罗纳河谷土壤类型多样，以河流的冲积土壤为主，还包含鹅卵石、红色沙质黏土、砾岩等。

（四）南罗纳葡萄酒传奇

1. 博卡斯特酒庄（Château de Beaucastel）

教皇新堡卓越水准的古老名家，是罗纳河谷产区

博卡斯特酒庄的葡萄园

历史最悠久的酒庄，采用有机种植，多个年份获得帕克评分满分，极具陈年潜力。旗舰酒款：Château de Beaucastel Châteauneuf-du-Pape Grand Cuvée Hommage a Jacques Perrin。国际均价：2600 元左右。

2. 哈雅丝酒庄（Château Rayas）

该酒庄是教皇新堡另一个著名酒庄，也是杰西斯·罗宾逊及罗伯特·帕克等多位酒评家赞不绝口的

博卡斯特

哈雅丝

酒庄。

哈雅丝酒庄最负盛名的是该家族一脉相承的四样"传家宝"，也就是惊人的酿酒才华、坚守的传统风格、卓越的品质水平和古怪的家族脾性。据说，无论是酒庄忠实的粉丝，还是著名酒评家，想要拜访他们的酒庄，都是一件非常困难之事。旗舰酒款：Château Rayas Châteauneuf-du-Pape。国际均价：3700元左右。

3. 亨利·博诺酒庄（Henri Bonneau）

坐落在教皇新堡最佳风土克劳高原（La Crau），酒庄的酒窖装修十分朴素，但却酿造出了产区中数一数二的作品。旗舰酒款：Domaine Henri Bonneau Châteauneuf-du-Pape Réserve des Célestins。国际均价：2900元。

第十节　阿尔萨斯：七仙女的故乡

阿尔萨斯有七大葡萄品种，六白一红，各具特色，被比喻为葡萄酒界的"七仙女"。

既然是七仙女的故乡，那么阿尔萨斯一定就是一个仙境。而实际上，阿尔萨斯可以说是全法国最美丽的葡萄酒产区。阿尔萨斯葡萄园大多分布在莱茵河西岸，与莱茵河对岸的德国法尔兹隔河相望，孚日山脉向东延伸的山脉上，风景如画的村庄以及令人肃然起敬的大教堂点缀其间。

阿尔萨斯的葡萄酒历史也是拜古罗马人所赐，这段历史与其他产区相似，殊途同归。公元1世纪左右罗马人带来了葡萄和葡萄酒。阿尔萨斯因其特殊的地理位置而受到日耳曼民族和罗马民族的深远影响，罗马人在新纪元之初将古罗马文明带到这片广袤的土地上，接着阿尔萨斯在法兰克墨洛温王朝快速发展，随后进入加洛林王朝，人们开始大量饮用阿尔萨斯"振奋精神、充满欢乐"的葡萄酒。在第一个千年之末，有160个村庄种植葡萄。中世纪中后期，阿尔萨斯葡萄酒已跻身欧洲最负盛名的葡萄酒之列。

16世纪，阿尔萨斯葡萄酒达到了顶峰。但这段繁荣期被突如其来并持续了三十年的战争所破坏。自此，阿尔萨斯葡萄酒行业进入了急剧下降通道，战争、掠夺、灾害等天灾人祸给产区带来负面影响。

第一次世界大战结束后，阿尔萨斯葡萄园得以重生。阿尔萨斯葡萄种植者参与了一项质量保证政策，承诺选用当地最具典型性的葡萄品种酿造葡萄酒。自1945年起，这项政策得以巩固和优化，葡萄园界线被划定，葡萄酒生产和酿造法规被制定、颁布和实施。阿尔萨斯又分别在1962年、1975年和1976年建立了"阿尔萨斯原产地命名"、"阿尔萨斯特级酒庄"和"阿尔萨斯起泡酒"的标准。

今天，阿尔萨斯葡萄酒生产商和酒商被阿尔萨斯葡萄酒行业协会（CIVA）组织起来，致力于阿尔萨斯葡萄酒在全世界范围内的推广与传播。

一、阿尔萨斯：风土特点和葡萄品种

"虽然近年来德国酿雷司令越来越干，但跟阿尔萨斯的雷司令相比，口感上还是过于紧致和消瘦。而阿尔萨斯最好的雷司令酒体饱满，入口圆润，是不可思议的干型酒，酸度清新并带有青柠檬的香气，且丰富的甘油更增加了其风味的浓郁度。"

这是著名酒评家奥兹·克拉克赞誉阿尔萨斯雷司令的溢美之词，充分反映了阿尔萨斯虽与德国一河之隔却非常独特的美妙风土。

童话般的阿尔萨斯

（一）风土特点

1. 气候特点

阿尔萨斯属于凉爽的大陆性气候，孚日山脉挡住了西边吹来的富含雨水的风，于是阿尔萨斯成了全法国最干燥的地区。年均降雨量约 500 毫米，夏季晴朗且炎热，秋季干燥和凉爽，年日照时长超过 1800 小时。夏季可能会遇到干旱，当然偶尔会出现暴风雨夹杂冰雹，冬季有时特别寒冷，葡萄会休眠甚至冻死。冬天的寒冷，让这里的庄园主更乐意将葡萄种植于陡峭的斜坡上，斜坡的坡度有时能达到 40 度，一般为东向或东南向，这样能更好地接受阳光的照射，避开寒冷的气流。

2. 土壤特征

阿尔萨斯地质结构复杂，土壤类型十分丰富。较高的山坡上土壤贫瘠，以花岗岩、片麻岩、片岩、火山岩、黏土为主；而山脚下多以石灰岩、砂岩、黏土、泥灰土为主；平原地区最重要的土壤为冲积土。

那为什么阿尔萨斯的土壤结构那么复杂呢？这要从阿尔萨斯的地壳运动说起。

5.4 亿年前，火山喷发的岩浆冷却后形成的火山岩（古生代）被海洋覆盖（中生代），火山岩逐渐被侵蚀又被不同时期的海洋生物沉积岩所覆盖，因亚欧板块和非洲板块挤压隆起又形成小山包（新生代），不同的土壤层也顺势隆起，再后来莱茵地堑（Rhin Graben）下沉形成莱茵平原（新生代）。现今莱茵河从地堑流过，莱茵平原西面断层为孚日山，东面断层则是黑森林，西面的断层不是一个干净的断面，而是多个割裂的地块和断层交错的区域，使多个时期的土壤露出地表。

不同的土壤类型也造就出不同的葡萄酒风格，一般黏土、泥灰土地区出品的葡萄酒表现为酒体饱满，香气浓郁。而石灰岩、砂岩地区出品的葡萄酒表现为酒体轻盈，平衡优雅，结构明晰；片岩、片麻岩、石灰岩地区出品的葡萄酒则更容易展现出矿物风味。

俯瞰美丽的阿尔萨斯。图片来源：Visit Alace

（二）阿尔萨斯七仙女

1. 葡萄品种

阿尔萨斯七大葡萄品种：琼瑶浆（Gewurztra-miner）、雷司令（Riesling）、西万尼（Sylvaner）、麝香（Muscat）、灰比诺（Pinot Gris）、白比诺（Pinot Blanc）、黑比诺。

2. 葡萄酒特点

阿尔萨斯是白葡萄酒的故乡，出产的葡萄酒中90%都是白葡萄酒，而且风格各异，既有清新脆爽的干白，也有优雅馥郁的起泡酒，还有透着蜂蜜味的甜白。

葡萄酒大多以单品种酿造，在酒标上标注葡萄品种。

阿尔萨斯葡萄酒以雷司令干白葡萄酒最为著名，这种葡萄酒一改传统的甜型或半甜型雷司令葡萄酒风格，将阿尔萨斯地区特色表露无遗。

除了雷司令，阿尔萨斯地区还出产白比诺（Pi-not Blanc）、灰比诺（Pinot Gris）、琼瑶浆等白葡萄酒，还有越来越受人们喜爱的阿尔萨斯克莱芒起泡酒（Crémant d'Alsace）。

二、阿尔萨斯：法定产区和分级体系

阿尔萨斯地区可分为两个部分，勒登（Rodern）以北为下莱茵（Bas-Rhin），勒登以南沿孚日山向南（Vosges）为上莱茵（Haut-Rhin）。这一点与新西兰的南岛、北岛非常相似。

阿尔萨斯海拔为200—400米，上莱茵地区的平均海拔高于下莱茵地区，而且上莱茵地区聚集着阿尔萨斯产区最多的顶级葡萄园，因此酒的品质也更高。

整个阿尔萨斯产区是狭长形的，沿着孚日山脉从北往南绵延约120公里，东西向只有5.8公里宽，产区葡萄园面积21200公顷（32万亩），比勃艮第产区略小一点，不足波尔多的五分之一。

阿尔萨斯最好的葡萄园在科尔马（Colmar）小镇

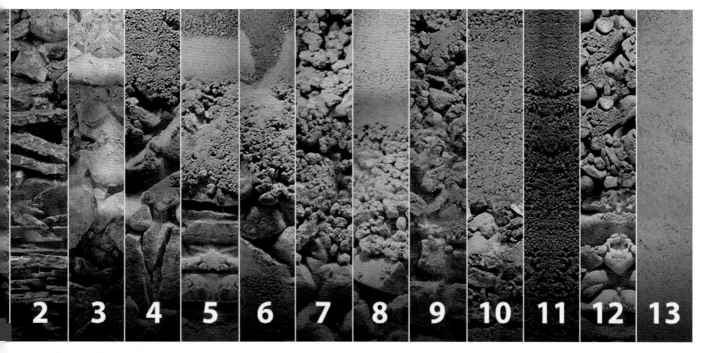

2 3 4 5 6 7 8 9 10 11 12 13

阿尔萨斯的土壤

以西的区域。因为再往北或往南孚日山的高度不足以遮挡所有的湿润空气，降雨相对更多。下莱茵地区虽然也能酿造出高品质的酒，却很难达到上莱茵地区的成熟度和风味浓郁度。

（一）法定产区

阿尔萨斯葡萄酒产区主要分为两个级别，分别是阿尔萨斯大区级葡萄园（Alsace AOP）和阿尔萨斯特级园（Alsace Grand Cru AOP）。阿尔萨斯大多数的葡萄酒都是 AOP 以上水平。

19 世纪和 20 世纪，法国的其他产区如波尔多都在推行分级制度的时候，阿尔萨斯由于地理位置和法德争端等原因一直处于动荡中。与勃艮第一样，阿尔萨斯最好的葡萄园也被称作特级园（Grand Cru）。同样是最好的葡萄园，产出最好的葡萄酒，勃艮第的特级园闻名天下，耳熟能详，但阿尔塞斯的特级园却待在深闺，鲜有人知。个中缘由，除了区域位置、产区历史、产品营销外，还与阿尔萨斯特级园直到 1975 年才建立有关系。

阿尔萨斯法定产区葡萄酒在上市之前，必须通过国家原产地命名管理局的鉴定与批准。

阿尔萨斯法定产区主要分三大块，分别是阿尔萨斯法定产区（Alsace AOP）、阿尔萨斯特级园法定产区（Alsace Grand Cru AOP）、阿尔萨斯克莱芒起泡酒产区（Cremant d'Alsace）。

1. 阿尔萨斯法定产区

阿尔萨斯法定产区制度建立于 1962 年，占据了当地大约 70% 的产量，其中绝大多数为白葡萄酒。

2. 阿尔萨斯特级园法定产区

1975 年，阿尔萨斯启动了特级园法定产区制度，分别在 1983 年、1992 年和 2007 年追加了特级园的数量。目前阿尔萨斯特级园共 51 个，面积从 3 公顷（45 亩）到 80 公顷（1200 亩）不等，葡萄必须通过手工采摘，并且在阿尔萨斯产区内酿造，而产量仅占阿尔萨斯产区总产量的 4%。

特级园法定产区对葡萄园的要求比大区级更加严格，在单位面积产量、种植方式、种植密度、采收时间、采摘方式、葡萄品种、酒精含量、酿酒工艺等方面都有近乎苛刻的规定。阿尔萨斯特级园充分展现了风土优势，所酿造的葡萄酒具有强烈的表现力和独特性。特级园允许种植的葡萄品种有雷司令、麝香、灰比诺和琼瑶浆，但后来有两次调整。

2005 年，特许佐森伯格（Zotzenberg）产区内的西

ALSACE WINE MAP 阿尔萨斯葡萄酒地图

ROUTE DES VINS D' ALSACE 阿尔萨斯名庄之路

FRANCE
Alsace

葡萄酒产区

● ALSACE AOC 法定产区

GEWURZTRAMINER 琼瑶浆
MUSCAT D'ALSACE 麝香
PINOT BLANC 白比诺
PINOT GRIS 灰比诺
RIESLING 雷司令
SYLVANER 西万尼

PINOT NOIR 黑比诺

下莱茵
BAS RHIN

Strasbourg 斯特拉斯堡

Obernai 奥贝奈

Barr 巴尔

Dambach-la-Ville 当巴克拉维尔

塞莱斯塔 Sélestat
里博维莱 Ribeauvillé
胡纳维尔 Hunawihr   Bergheim   贝尔盖姆
里克维尔 Riquewihr
凯撒斯贝格 Kaysersberg
特尔克海姆 Turckheim   Colmar 科尔马

Eguisheim 埃吉海姆

FRANCE

坦恩 Thann

Mulhouse 牟罗兹

GERMANY

N
W E
S

HAUT RHIN
上莱茵

Rhine
莱茵河

SWITZERLAND

大美葡萄酒

万尼葡萄酒品种和阿滕贝格（Altenberg de Bergheim）产区内酿造的混酿葡萄酒被列入阿尔萨斯特级园葡萄酒。

2007年，特许凯菲格夫（Kaefferkopf）产区内酿造的混酿葡萄酒被列入阿尔萨斯特级园葡萄酒。比较出色的葡萄园有索恩堡（Schoenenbourg）、汉斯特（Hengst）、盖斯堡（Geisberg）、城堡山（Schlossberg）。

索恩堡主要种植雷司令，其他贵族品种中琼瑶浆、灰比诺和麝香都有出色表现。土壤类型主要为火山土壤，葡萄酒更具力量与活力。著名酒庄有雨果父子（Hugel）、波特盖伊（Bott-Geyl）等。

汉斯特的土壤富含铁元素，其雷司令葡萄酒中酚类物质含量更高，黑比诺富含更多的色泽和单宁。这里最出彩的葡萄品种为琼瑶浆。知名酒庄有巴梅列梅

汉斯特特级园。图片来源：阿尔萨斯葡萄酒行业协会网站

盖斯堡特级园。图片来源：阿尔萨斯葡萄酒行业协会网站

彻（Barmes-Buecher）等。

盖斯堡阳光充沛，稍微多风，这种微气候使得葡萄既能完美成熟，又能拥有清新的酸度和精致的结构。知名酒庄有婷芭克世家（Maison Frimbach）等。

城堡山历史悠久，名声在外。土壤多以花岗岩、片麻岩和石英组成。这种土壤有非常好的保温效果，能够将热量储存起来，并反射到葡萄园中，帮助葡萄顺利成熟。雷司令是城堡山最闪耀的一颗明珠，这里的雷司令风格优雅，有特别的辛辣风味和多层次的花香。知名酒庄有温巴赫（Domaine Weinbach）、保罗·布兰（Domaine Panl Blank）等。

3. 阿尔萨斯克莱芒起泡酒（AOP Cremant d'Alsace）

阿尔萨斯克莱芒起泡酒主要以白比诺葡萄为酿酒原料，也使用灰比诺、黑比诺、雷司令或者霞多丽酿造，风格热烈，细致活泼，而且精致芬芳。

20世纪初，许多阿尔萨斯葡萄酒公司使用香槟法来酿造起泡酒，但并没有得到重视和大力推广。直到1976年8月24日，阿尔萨斯起泡酒原产地命名控制制度建立，这个制度带给阿尔萨斯全新的管理框架，按照香槟的各种标准和要求，酿造高品质的克莱芒起泡酒。如今，阿尔萨斯起泡酒联合会会员数已经超过

500个。

阿尔萨斯气候干燥，光照丰富，山坡朝阳，正是这种独特的地理位置和气候条件，赋予了每个葡萄品种不可复制的特殊性，酿造出的起泡酒细腻而精致。

（二）其他类型葡萄酒

1. 晚收甜酒（Vendanges Tardives）

阿尔萨斯法定产区大区级和特级园两种葡萄酒都可以生产"晚收型葡萄酒"，当然，它们代表的仍旧是最严苛的法定产区品质标准。晚收的意思是指葡萄成熟后达到采摘标准，等上几周后，再去采摘过熟的葡萄，葡萄品种多为琼瑶浆、灰比诺、雷司令或者麝香等著名品种。

2. 贵腐甜酒（Selection de Grains Nobles）

与苏玳的贵腐酒相似，葡萄被贵腐菌（一种灰孢霉菌）感染后再进行采摘酿造的甜酒。贵腐菌的发展和浓缩赋予葡萄酒浓烈的芳香、丰富的构架和圆润的口感，只有四大贵族品种才能酿造这一葡萄酒。

（三）阿尔萨斯葡萄酒之路

波尔多有一条名庄之路，阿尔萨斯有一条"葡萄酒之路"。

这条"葡萄酒之路"为阿尔萨斯葡萄酒的声誉建

阿尔萨斯特级园清单

	特级园	面积（ha）	等级	品 种	著名酒庄
1	歌黛 Goldert	45.4	***	麝 香	Burn, B Humbrecht, CV Pfaffenheim
2	汉斯特 Hengst	75.8	***	琼瑶浆	Josmeyer, Mann, Barmes-Bucher
3	索马贝格 Sommerberg	28.4	***	雷司令	Boxler, Shoffit, Weinzhorn
4	卡斯特堡 Kastelberg	5.8	***	雷司令	Gresser, Kreydenweiss, Wach
5	斯波伦 Sporen	23.7	***	琼瑶浆	Schaller, Fréderic Engel, Hugel
6	索恩堡 Schoenenbourg	53.4	***	雷司令	Bott-Geyl, Deiss, Fréderic Engel, Hugel, Meyer-Fonné, Stoeffler

	特级园	面积（ha）	等级	品 种	著名酒庄
7	罗萨克 Rosacker	26.2	***	雷司令，琼瑶浆	Trimbach, Mader, Mittnacht-Klack, Sipp-Mack
8	基希贝格 Kirchberg	11.4	***	雷司令，麝香	Louis Sipp, Jean Sipp, Fuchs
9	盖斯堡 Geisberg	8.5	***	雷司令	Faller, Kientzler, Trimbach
10	福斯腾 Furstentum	30.5	***	灰比诺，雷司令	P Blanck, Mann, Weinbach
11	阿滕贝格 Altenberg	35.1	***	雷司令，琼瑶浆	Deiss, Lorentz, Spielmann
12	郎让 Rangen	18.8	***	灰比诺，雷司令	Schoffit, Zind-Humbrecht
13	吉特雷 Kitterlé	25.8	**	雷司令，灰比诺	Schlumberger

続表

	特级园	面积(ha)	等级	品 种	著名酒庄
14	凯斯勒 Kessler	28.5	**	雷司令	Dirler-Cadé, Schlumberger
15	辛克夫雷 Zinnkoepflé	68.4	**	雷司令，琼瑶浆	Boesch, Landmann, Rominger, Bursin
16	福伯格 Vorbourg	72.6	**	琼瑶浆，灰比诺	Hunold, Muré, Frick
17	哈茨堡 Hatchbourg	47.4	**	麝香	J Cattin, Hartmann
18	普弗斯伯格 Pfersigberg	75.5	**	雷司令	Kuentz-Bas, Kuentz, Schueller, Charles Bauer, Sorg, Ginglinger
19	艾希贝格 Eichberg	57.6	**	琼瑶浆	A Hertz, Sorg, Stoffel, Charles Bauer, Ginglinger
20	布兰德 Brand	17.7	**	雷司令	Armand Hurst, Boxler, Kuentz-Bas, Zind-Humbrecht, Josmeyer
21	弗洛里蒙 Florimont	21	**	雷司令	J Boxler, CV Ingersheim, Sorg,
22	修道山 Muenchberg	17.7	**	雷司令	Koch, Ostertag, Julien Meyer
23	韦伯堡 Wiebelsberg	12.5	**	雷司令	Boeckel, Gresser, Rieffel, Wach
24	佐森堡 Zotzenberg	36.4	**	西万尼	Boeckel, Haegi, Rieffel, Rietsch
25	基希贝格 Kirchberg	40.6	**	琼瑶浆	Heywang, Stoeffler
26	阿滕贝格 Altenberg	31.2	**		Vogt, Lissner, Muhlberger
27	阿滕贝格 Altenberg	29	**	琼瑶浆	Loew, Mochel, Schmitt
28	英格堡 Engelberg	14.8	**	雷司令	Heckmann, Bertholtz, Loew, Schmitt
29	施泰因克劳斯 Steinklotz	40.6	**		Laugel, Fritch
30	维奈克城堡山 Wineck-Schlossberg	27.4	**	雷司令	Bernhard, Ecklé, Meyer-Finneé
31	城堡山 Schlossberg	80.3	**	雷司令	Bernhard, Salzmann-Thomann, Stirn, Weinbach
32	奥斯贝格 Osterberg	24.6	**	雷司令，麝香	Joggerst, Louis Sipp, Schwach, Sipp-Mack
33	马克雷恩 Marckrain	53.4	**	灰比诺，琼瑶浆	Laurent Barth, Michel Fonné, Schaetzel, Stirn
34	曼德贝格 Mandelberg	22	**	雷司令，麝香	J P Mauler, Schaller, Wiederhirn, Ziegler-Mauler
35	玛姆伯格 Mambourg	61.8	**	琼瑶浆	Deiss, Bernhard, Michel Fonné, Ringenbach-Moser, Stirn
36	坎兹勒堡 Kanzlerberg	3.2	**	琼瑶浆	Lorentz, Spielmann
37	弗兰肯施泰因 Frankstein	56.2	**	琼瑶浆，雷司令	Arnold, Beck-Hartweg, J Hauller, Schaeffer-Woerly
38	凯菲格夫 Kaefferkopf	71.7	**	琼瑶浆	Binner, Schaetzel, Freyburger, Simonis
39	奥威勒 Ollwiller	35.9	*	雷司令	Schmitt
40	赛领 Særing	26.8	*	琼瑶浆	Dirler-Cadé, Schlumberger
41	斯皮耶热尔 Spiegel	18.3	*	麝香，琼瑶浆	Dirler-Cadé, Schlumberger
42	芬斯伯格 Pfingstberg	28.2	*	雷司令，琼瑶浆	Albrecht, Camille Braun, Valentin-Zusslin
43	施泰因特 Steinert	38.9	*	灰比诺	Frick
44	斯塔因鲁伯 Steingrubler	23	*	琼瑶浆	Barmès-Buecher, Dietrich, Mann
45	温森伯格 Winzenberg	19.2	*	雷司令	Auther, Metz, Bohn René
46	梦贝格 Moenchberg	11.8	*	雷司令	Gresser, Kreydenweiss, Wach
47	布鲁得塔 Bruderthal	18.4	*	雷司令	Weber
48	颂格兰兹 Sonnenglanz	32.8	*	琼瑶浆	Bott-Geyl, Mallo, Stirn
49	普拉莱顿堡 Praelatenberg	18.7	*	琼瑶浆	Allimant-Laugner, Engel, Siffert
50	格洛埃克伯格 Gloeckelberg	23.4	*	灰比诺	Koberle-Kreyer, Koehly
51	弗洛因 Froehn	14.6	*	琼瑶浆，麝香	Becker, CV Hunawihr

阿尔萨斯特级园之路。图片来源：Visit French Wine

设做出了巨大的贡献。阿尔萨斯"葡萄酒之路"长度170公里，连接从北到南各个葡萄园的山坡，一路葡萄园起伏连绵，道路两旁分布着鲜花盛开的村庄和童话般多彩的屋舍。这条路以其路线的特别和简单易行闻名于世，为探索阿尔萨斯产区和拜访酒庄提供了极大的便利。

第十一节　普罗旺斯：世外桃源

　　普罗旺斯让人迷醉，是享乐主义的天堂。

　　普罗旺斯位于法国东南部，从地中海沿岸一直延伸到内陆的丘陵地区，罗纳河穿流而过进入地中海。普罗旺斯以薰衣草闻名世界，更是爱情之都和旅游胜地，以明媚的阳光、蔚蓝的海岸、深邃的天空，令世人惊艳，每一个到访普罗旺斯的人都有来到了世外桃源之感。

　　普罗旺斯是法国葡萄酒最古老的产区。

　　普罗旺斯的历史可追溯到公元前600年左右，古希腊人在今天的马赛地区所在地建立了一个叫作马萨利亚的殖民城市，这也是马赛被誉为法国最古老城市的原因。古希腊人最早为普罗旺斯和法国带来了酿造葡萄酒的葡萄种子。

　　古罗马时代，普罗旺斯是罗马的行省，古罗马人在此建造了阿尔勒市、尼姆市、奥朗日等城市。今天，这些城镇还残留着圆形竞技场、古代歌剧院和沧桑加尔桥等历史遗迹，仿佛在向世人诉说着往日的繁华。另外，普罗旺斯这个名字，在拉丁文中就是"罗马行省"的含义。

　　公元476年，西罗马帝国灭亡，普罗旺斯被划入法兰克王国。公元855年，普罗旺斯独立，成为"太阳帝国"。公元1246年，路易九世的弟弟查尔斯向普罗旺斯公主碧儿翠丝求婚成功，普罗旺斯成为查尔斯伯爵领地。1481年，普罗旺斯末代国王去世，无嗣可承，普罗旺斯遂并入亲戚法国国王路易十一名下，普罗旺斯被统一归入法国。现在的普罗旺斯，从古代到中世纪的光影依然随处可见，仿佛时光静止，岁月凝固，别具风情地展示给世人历史的表情和变迁。

普罗旺斯历史悠久，人文荟萃，莫奈、毕加索、凡·高、塞尚、夏卡尔等人纷在普罗旺斯开启艺术生命新阶段，也吸引了美国作家费兹杰罗，英国作家劳伦斯、科学家赫胥黎、德国诗人尼采等纷至沓来。当然，其中自然也少不了彼得·梅尔，他的名著《山居岁月》将普罗旺斯的魅力推向巅峰。

普罗旺斯是法国第一大桃红葡萄酒产区，占法国桃红葡萄酒总产量的45%以上。当然如果只有桃红葡萄酒，它就没有那么高的国际地位，其红葡萄酒和白葡萄酒也一样别具风格，与桃红一起构成了一道传统而精彩的普罗旺斯风景线。

一、产区规模

1. 葡萄园面积

普罗旺斯的葡萄园总面积约2.7万公顷（约41万亩），主要分布在瓦尔省（Le Var）、罗纳河口（Bouches-du-Rhône）和阿尔卑斯-滨海（Alpes-Maritimes）三个省，这三省的葡萄园都经过INAO的严格评选，产区内进行过精确的测量，从罗纳河口到阿尔卑斯-滨海，普罗旺斯呈现出五种主要的气候和土壤变化。

2. 产量和类型

普罗旺斯的葡萄酒年产量约1.6亿瓶（95%为普罗旺斯AOP级的葡萄酒）。

普罗旺斯也是法国为数不多的既有红、白葡萄酒，又出产桃红葡萄酒的地区，其中白葡萄酒产量约占总产量的5%，红葡萄酒约占15%，而桃红葡萄酒则占到80%左右。

3. 产业情况

普罗旺斯共有349个独立酒庄、49个联合酒庄和58个葡萄酒贸易公司。

二、风土特点

1. 气候特点

普罗旺斯属于典型的地中海气候，阳光明媚，气候干燥，年日照时间在2700—2900小时之间。降水量全年可达到600毫升，主要分布在秋季和春季。因为山多，又形成了诸多微气候。普罗旺斯春季和秋季经常会有风暴袭击，短时间内造成大量降水，夏季炎热干燥。

普罗旺斯流行一种著名的密斯托拉风（Mistral），冬季密斯托拉风穿越阿尔卑斯山脉，使普罗旺斯变得寒冷，给夏季带来一丝清凉，虽然有时候过于强劲，但却有益于葡萄的生长和预防病虫害。

2. 土壤特征

普罗旺斯砾石遍布，透水性好，土壤贫瘠，有机物质匮乏。土壤类型多样，有石灰岩土、结晶质土、钙质黏土等类型。

西北部产区多山，土壤主要以石灰岩土壤为主，因为水土流失，土壤十分贫瘠。

东部产区地处山脚，以结晶质土为主，地势较为平缓，由于火山活动，分布有一些彩色斑岩。

3. 葡萄酒特点

普罗旺斯的红葡萄酒风味特别，带有药草和黑醋栗的味道。桃红葡萄酒酒体香滑，结构完整。白葡萄酒芳香清丽，超凡脱俗。

三、葡萄品种

由于有着不同的土壤、气候、海拔和历史等原因，普罗旺斯成为许多著名葡萄品种的聚集地，很多品种只有普罗旺斯种植，在别处很难发现。普罗旺斯的法定葡萄品种约36种，原产于法国、西班牙、意大利、希腊和匈牙利以及普罗旺斯本地。何其牛哉！

普罗旺斯葡萄酒地图
Provence Wine Map

罗讷河谷 Rhone
阿维翁 Avignon
阿尔勒 Arles
埃克斯丘 Coteaux d' Aix-en-Provence
佛卡吉耶 Forcalquier
马诺斯克 Manosque
皮耶尔瓦赫 Coteaux de Pierrevert
瓦尔河畔 Villars-Sur-Var
至雷米 Saint-Remy de Provence
圣-维克多 Sainte-Victoire (Cote de Provence)
瓦尔丘 Coteaux Varois
格拉斯 Grasse
尼斯 Nice
夏纳 Cannes
贝 Be
埃克斯 Aix-en-Provence
萨莱尔纳 Salernes
德拉吉尼昂 Draguignan
弗雷瑞斯 Frejus
弗雷瑞斯 Frejus
布里尼奥勒 Brignoles
欧巴涅 Aubagne
马赛 Marseille
圣特鲁佩斯 Saint-Tropez
波城 Les Baux de Provence
派勒特 Palette
拉西奥塔 La Ciotat
邦多勒 Bandol
土伦 Toulon
赫雅斯 Hyeres
普罗旺斯丘 Cotes de Provence
卡西斯 Cassis
邦多勒 Bandol
皮耶尔雷弗 Pierrefeu
拉隆德 La Londe

Part of Côtes de Provence AOC
25 km
25 mi

1. 白葡萄品种

主要有侯尔（Rolle）、白玉霓、布布兰克（Bourboulenc）、克莱雷（Clairette）、玛珊、瑚珊和白歌海娜（Grenache Blanc），以及长相思和赛美容等。本地品种有白帕斯卡（Pascal）、白特（Terret Blanc）、斯帕诺（Spagnol）和皮内罗洛（Pignerol，几近消失）等。

2. 红葡萄品种

主要有歌海娜、西拉、慕合怀特、佳丽酿、神索、古诺瓦兹、丹娜和赤霞珠等。本地品种有堤布宏（Tibouren）、布拉格（Braquet）、卡丽托（Calitour）、黑福尔（Folle Noir）和芭芭罗莎（Barbaroux）等。

四、分级体系制度

1. 法定产区原产地命名

不是所有普罗旺斯的葡萄酒都可以标注"Cote de Provence"。

像其他产区一样，普罗旺斯原产地命名受"国家原产地命名管理局（INAO）"的管理和控制。因气候、土壤和质量条件符合，前面提到的普罗旺斯三省约1.8万公顷（约27万亩）葡萄园被授予法定产区称号（AOC）。但直到1977年普罗旺斯才获得INAO法定产区原产地命名。

2. 列级庄分级

普罗旺斯是法国除波尔多之外唯一一个对酒庄进行分级的产区，勃艮第、香槟区和阿尔萨斯是基于葡萄园进行分级。

1955年，14家普罗旺斯酒庄被官方认定为列级庄（Crus Classés）。

不过这份列级名单比较特殊，与波尔多差距很大。这份名单评选的标准没有规定必须在自己酒庄葡萄园生产的葡萄酒才能标识为列级酒庄。也就是说，即使这些酒庄在很远的地方另外购置葡萄园，其生产的葡萄酒依然可以标识为普罗旺斯列级酒庄葡萄酒。

3. 知名产区

普罗旺斯有三个最重要的大区级法定产区，它

普罗旺斯的桃红

们分别是普罗旺斯丘（Cotes de Provence）、埃克斯丘（Coteaux d'Aix en Provence）和瓦尔丘（Coteaux Varois de Provence）。其他还有五个产区也较为知名。

普罗旺斯丘位于普罗旺斯东北部，从内陆一直延伸到海边，是普罗旺斯最大的法定产区，葡萄园约2万多公顷（30亩左右），其中87%左右是桃红葡萄酒，可谓是名副其实的桃红大户。

赤霞珠葡萄园

埃克斯丘葡萄园面积约3500公顷（约53万亩），葡萄园和薰衣草田相互掩映。主产年轻饮用型干型桃红和红葡萄酒，也有干白，但不多。另外，越来越多的酒庄开始有机种植。

瓦尔丘北部靠近内陆，位于普罗旺斯中央，连绵的石灰岩质山脉为这里的葡萄园营造出多种微气候，高海拔的葡萄园更加凉爽，葡萄酒酸度较高，酒体风格清爽怡人。

波城（Les Baux de Provence）是位于艾克斯丘和罗纳河谷之间的一个小产区，酒体风格浓郁丰沛，颇有些罗纳河谷之风。

派勒特（Palette）白葡萄酒产于一个四面环山的圆形峡谷中，不受季风侵袭，所产的红、白、桃红葡萄酒享誉已久。

卡西斯（Cassis）葡萄园位于一个圆形峡谷的石灰岩质梯田上，包围着一个小港口，面对阳光和大海，以出品低酸度的干白著称。

邦多勒（Bandol）葡萄园是在干燥的石灰质矽土梯田上，混合高比率的Mourvèdre品种，所生产的酒柔顺爽口，有特殊香气，能长期保存。

贝莱（Bellet）是个很小的葡萄园，位于陡峭的山坡上，被一些花圃包围，其葡萄酒新鲜爽口。

第十二节　科西嘉岛：伟人故里

科西嘉岛是拿破仑·波拿巴一世的出生地，市中心矗立着拿破仑雕像，雕像不远处的拿破仑纪念碑仿佛在向世人诉说着这位法国伟大传奇人物的往昔岁月。

当地的石桌状墓碑、糙石巨柱及其他巨大石碑等遗物证明，至少在 3000 年前科西嘉岛就有人居住。公元前 560 年，古希腊人从小亚细亚到达科西嘉岛，在岛的东岸建造了阿拉利亚（Alalia）镇，并带来了葡萄酒和葡萄种植业。公元前 3 世纪初，迦太基人统治该岛。公元前 259 年，科西嘉岛被罗马人占领。科西嘉岛是兵家必争之地，13 至 15 世纪，比萨、热那亚、阿拉贡等城邦先后夺取了该岛的控制权。1769 年，科西嘉岛被强行并入法国版图，不久拿破仑降生，法国最伟大的皇帝诞生了。

科西嘉岛位于普罗旺斯和意大利的托斯卡纳之间的海域中，葡萄种植历史已经超过 2500 年，葡萄酒是科西嘉岛主要的农业物产。科西嘉岛，远远看去像是一座浮在海面上的山，自古希腊以来，就有"美丽岛"的美誉。

科西嘉岛关于葡萄酒的各方面都更接近于意大利，不过其近代的酿酒史，主要还是受法国的影响。

一、风土特点

科西嘉岛葡萄园面积约 1.2 万公顷（约 18 万亩）。

1. 气候特点

科西嘉岛为地中海气候，有着法国本土任何一个地方都无法企及的阳光和干燥，年平均气温 15 C。

2. 土壤特征

该产区多山的地形诠释了岛上多元化的风土条件，最广泛的土壤是花岗岩和片岩，土壤色深而贫瘠。

二、葡萄品种

1. 白葡萄品种

主要有维蒙蒂诺（Vermentino）、白玉霓（Ugni Blanc）等。

美丽之岛——科西嘉。图片来源：Simpson Travel

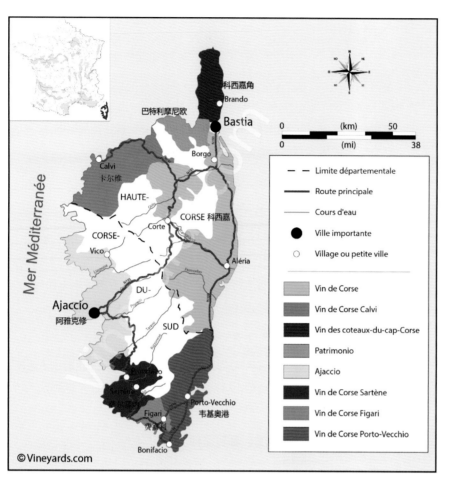

科西嘉产区图

酒和地区餐酒（IGP）两个级别。

1. 法定产区葡萄酒

科西嘉法定产区葡萄酒只占总量的 14% 左右。科西嘉法定产区由一个大法定产区和两个市镇法定产区组成。

科西嘉整体法定产区名为"Vin de Corse"。"Vin de Corse"葡萄酒如果来源于法定的村庄和城镇产区，可以在法定产区名后面标上村庄名和城镇名，如 Calvi 市的葡萄酒可以标识为"Vin de Corse Calvi"。标有产地的酒往往更有个性，品位和品质也更高。

科西嘉有两个市镇法定产区，一个是科西嘉首府阿雅克修 AOP（Ajaccio），另一个是北部名镇帕特里莫尼奥 AOP（Patrimonio）。

2. 地区餐酒（IGP）

科西嘉岛的地区餐酒有一个好听的名字，叫"美丽岛地区餐酒"暨 Indication Géographique Protégée de l'Ile de Beaute。大区餐酒占科西嘉产区总产量的 86% 左右。

3. 主要子产区

科西嘉岛的葡萄园都位于岛的边缘，与大海日日相望，主要的子产区有：

（1）卡尔维（Calvi）

土壤以花岗岩质土为主，葡萄酒口感细腻，酒体饱满，主要品种是歌海娜和希亚卡雷罗。

（2）萨尔泰纳（Sartene）

主要品种是西阿开兰、歌海娜和神索。西阿开兰红葡萄酒新鲜易饮，酒体柔顺，并带有香料味，桃红

2. 红葡萄品种

主要有涅露秋（Nielluccio）、西阿开兰（Sciacarel-lo）、巴尔雷斯（Barbarose）、歌海娜、西拉、慕合怀特、神索、佳丽酿、麝香等。整个科西嘉岛种植的葡萄数量近 40 种。维蒙蒂诺（Vermentino）是科西嘉岛第一大白葡萄品种，早期采摘可以酿造白葡萄酒，晚期采摘则可酿造红葡萄酒。

来自意大利托斯卡纳的涅露秋（Nielluccio）是岛上最名贵的葡萄品种，常用于酿造充满果香，单宁精致优雅的红葡萄酒和桃红葡萄酒。

西阿开兰（Sciacarello）是当地特有的葡萄品种。

三、法定产区和产品分级

科西嘉岛主要生产科西嘉法定产区（AOP）葡萄

则酒精度高，口感活泼。

（3）费嘉利（Figari）

土壤与花岗岩质土结构很相似，盛产优质珍藏型红葡萄酒及口感爽脆的白葡萄酒。

（4）科西嘉角（Coteaux du Cap Corse）

产梵尔芒蒂诺白葡萄酒和麝香自然甜葡萄酒。

（5）韦基奥港（Porto-Vecchio）

产红葡萄酒、白葡萄酒和桃红葡萄酒，白葡萄酒口感脆爽。

（6）巴特利摩尼欧（Patrimonio）

土壤以钙质土为主，用涅露秋和歌海娜混酿酿造浓烈、圆润的红葡萄酒，使用梵尔芒蒂诺酿造清爽怡人的白葡萄酒。

（7）阿雅克修（Ajaccio）

土壤以花岗岩质土为主，主要使用希亚卡雷罗酿造果香型的红葡萄酒和桃红葡萄酒。

第十三节　西南产区：波尔多的后花园

多尔多涅河像是戏剧丑角身上的五彩斗篷，当它流到贝尔热拉克（Bergerac）和它的葡萄园的时候，便变成了紫色！

——法国著名诗句

西南产区（South West France）位于波尔多（Bordeaux）产区东侧和南侧，西邻大西洋，南接地中海，多尔多涅河（Dordogne River）和加龙河（Garonne River）的上游正好处于该产区。这里紧邻波尔多，在酿酒品种以及酿造工艺上有很多雷同之处，甚至可以说这里的部分葡萄酒也可以与波尔多一较高下。

南比利牛斯山（摄影：Haleigh）

从历史上看，西南产区葡萄种植历史悠久。因为其更靠近南部，很多地方种植葡萄的起始时间早于波尔多。跟法国大多数产区一样，西南产区的葡萄种植得益于古希腊人和古罗马人。

公元前1世纪，罗马兵团在这片土地上建造了很多城堡，给西南产区增添了更多的历史风情。西南产区葡萄酒的历史和市场地位不高，一直笼罩在波尔多的阴影之下。由于波尔多的地方保护主义，在将近五个世纪的时间里，西南产区的葡萄酒必须等到波尔多葡萄酒售罄之后才能通过波尔多的酒商以波尔多之名出口到海外市场。后来随着铁路的大发展，西南产区终于迎来了转机。但即便是现在，西南产区也很难摆脱小波尔多的印象。

西南产区从法国行政区域上看，主要分布在阿基坦大区和南部的比利牛斯大区。

从北部的多尔多涅河畔到洛特河河谷（vallée du Lot），从巴斯克地区（Pays basque）到加斯科涅（Gascogne）和阿让奈（Agenais），从中部高原（Massif central）的南部到塔恩山丘（coteaux du Tarn），从加龙河流域到图卢兹（Toulouse），西南产区传承着两千年葡萄种植传统和酿酒特别工艺。

一、产区规模

1. 葡萄园面积

西南产区地域辽阔，是法国第五大葡萄种植产区，葡萄种植总面积约5万公顷（约75万亩）。

2. 产量和类型

该产区年葡萄酒产量约4.5亿瓶，其中白葡萄酒约2.42亿瓶，红葡萄酒和桃红葡萄酒总计约2.08亿瓶，其中30%的葡萄酒为法定产区（AOP）级。

二、风土特点

1. 气候特点

西南产区气候较为复杂多变。西部产区相较于地中海，更靠近大西洋，所以当地受到海洋性气候影响较强，而受地中海气候影响较弱。东部内陆产区大陆性气候更强，稍有地中海的影响。夏季炎热，秋季温

法国西南产区卡奥瓦雷特桥。图片来源：Visit French Wine

和且光照充足，冬季与春季凉爽多雨，为葡萄的生长创造了非常良好的先天条件。而南部靠近图卢兹和地中海，受地中海气候影响较大。

2. 土壤特征

土壤类型丰富多变，包括黏土、石灰质、硅质土和砾石土壤等类型。

三、葡萄品种

这里繁多的各式本地品种，让人犹如置身于各种葡萄品种的植物园。

1. 白葡萄品种

白葡萄品种主要有长相思、赛美容、密斯卡黛、白诗南、白玉霓、昂登（Ondenc）等。当地特色的白葡萄品种丰富，莫扎克（Mauzac）有一定知名度，葡萄酒清淡高酸，可用于酿造高品质的起泡酒，还有酿造西南地区甜酒之王的小芒森（Petit Manseng），也比较出名。

2. 红葡萄品种

主要有赤霞珠、品丽珠、丹娜、美乐、梅瑞乐（Merille）等，在波尔多不受重视的马尔贝克（Malbce）在这里表现相当精彩，还有强劲粗涩的塔那（Tannat）、陈酿潜力强的红芒森（Manseng），以及柔和芬芳的内格瑞特（Negrette）等。

3. 特色品种

西南产区的特色葡萄品种：

马尔贝克（Malbec）来自西南产区著名的产区卡奥（Cahors），卡奥是马尔贝克的发源地。以马尔贝克酿造的"黑酒"，酒体中等，单宁柔软，有着樱桃、李子的芳香，以及一丝干树叶的气息。因英国国王亨利三世将此酒选为其婚宴用酒而出名。

丹娜（Tannat），起源于马迪朗产区，也是乌拉圭的国家第一红葡萄品种。这是一款比较少见的葡萄品种，葡萄皮厚籽大，单宁含量丰富，陈酿潜力优秀。酿成的葡萄酒有着黑加仑、甘草、烟熏的香气。

西南产区还保留着陶罐陈酿传统。图片来源：Visit French Wine

西南产区广袤的葡萄园。图片来源：Visit French Wine

四、分级体系

西南产区主要生产三种级别葡萄酒：法定产区葡萄酒（AOC/AOP）、地区餐酒（IGP）和普通餐酒（VDF）。

五、著名子产区

西南产区气候炎热，葡萄园面积大，葡萄品种丰富，出产很多类型的葡萄酒。其中 16000 公顷（约 24 万亩）生产 AOP 级别葡萄酒。产区内又分为十多个法定小产区。

古老的贝尔热拉克（Bergerac）是西南产区最主要的葡萄酒产地，贝尔热拉克的蒙巴济亚克（Montbazil-lac）出产的贵腐甜酒，是法国最好的甜酒之一。

1. 贝尔热拉克和多尔多涅河（Bergerac & Dordogne River）

贝尔热拉克最接近波尔多，产区气候与波尔多也极其相似，都受大西洋气候影响，因为更靠近大陆，所以相较于波尔多，气候更加温暖，葡萄园多分布在多尔多涅河两岸。

本产区出产的红、白或桃红甚至是贵腐甜白都采用波尔多的葡萄品种酿造，常见的白葡萄品种有：长相思、赛美容、白诗南、密思卡岱、白玉霓、昂登（Ondenc）等。红葡萄品种有赤霞珠、品丽珠、美乐、马尔贝克、梅瑞乐。

知名小产区主要有：

（1）蒙哈维尔（Montravel）以白葡萄酒闻名。

（2）佩夏蒙（Pecharment）以满布砾石的黏土土壤为主，红葡萄酒浓厚强劲略带野性，非常精彩，常需要经过一段时间的成熟以柔化强硬的单宁。

（3）蒙巴齐亚克（Monbazillac）的贵腐甜白酒最为经典，中世纪就已颇具名望。

（4）索西涅克（Saussignac）和罗塞特（Rosette）也以出产高品质贵腐甜白葡萄酒闻名。

西南产区主要葡萄酒小产区分布图

西南产区葡萄酒地图

2. 加龙河与塔恩河（Garonne & Tarn）

该区域以两大主要河流命名，位于西南产区的东部，产区向南一直延伸到法国第四大城市图卢兹（Toulouse）。本产区气候复杂，偏西的地区主要受大西洋气候影响，而偏东的地方则以地中海气候为主。

葡萄品种除了长相思、赛美容、白诗南、密思卡岱、白玉霓、赤霞珠、品丽珠、美乐、马尔贝克等之外，还有很多本地和波尔多没有的葡萄品种，如红葡萄品种费尔莎伐多（Fer Servadou）、杜拉斯（Duras）、佳美（Gamay）、内格瑞特（Negrette）、西拉（Syrah）、丹娜（Tannat）、阿布修（Abouriou）、黑普鲁内拉（Prunelard）、神索（Cinsault）、黑福儿（Jurancon Noir）、莫泽格（Mouyssagues）、黑比诺（Pinot Noir）等，白葡萄品种有兰德乐（Len de L'el）、莫扎克（Mauzac Blanc）等。

迪拉斯酒区（Coates de Duras）、蒙特拉维勒区（Coates du Marmandais）和布泽（Buzet）是三个AOP产区，都是在古罗马时期就开始了葡萄酒生产，早期受波尔多影响颇大，葡萄品种也与波尔多差别不大，气候与波尔多接近但相对干燥炎热。迪拉斯（Cote de Duras）、蒙特拉维勒区（Cote de Marmandais）等子产区葡萄酒风格各异。布泽（Buzet）主要以波尔多品种酿造红、白和桃红葡萄酒。

3. 洛特河（Lot River）

洛特河是马尔贝克的故乡，同时受大西洋气候和地中海气候双重影响，这里种植的葡萄品种与加龙河和塔恩河种植的葡萄品种相同。

知名小产区主要有：

（1）卡奥（Cahors）是本产区最出名的小产区，它是马尔贝克的故乡。卡奥的"黑酒"颜色浓深，状如黑墨，被英国王室和沙皇俄国青睐达几个世纪。卡奥的葡萄酒，颜色深邃，果香浓郁，富含李子、烟草气息，有的伴有清晰的植物气息。

（2）马西亚克（Marcillac）出产单宁结实的红葡萄酒和口感圆润的桃红葡萄酒。

（3）埃斯坦（Estaing）出产果香型白葡萄酒和红葡萄酒，特别适合年轻时饮用。

（4）艾特雷克·勒弗（Entraygues-Le Fel）则位于多石的山坡之上，地势陡峭，阳光充沛，因此这里出产的葡萄酒陈年潜力较强。

4. 比利牛斯山区（Pyrenees）

比利牛斯山区主要包括了加斯科涅和贝恩巴斯克等产区，葡萄酒风格粗犷，主要采用当地葡萄品种丹娜酿造。

白葡萄品种有白卡拉多（Camaralet）、大芒森（Gros Manseng）、小芒森（Petit Manseng）、露泽（Lauzet）、阿芙菲雅（Arrufiac）、拉菲亚（Raffiat）、库尔布（Courbu）、白克莱雷（Clairette Blanche）和巴罗克（Baroque）。红葡萄品种有丹娜、黑芒森（Manseng

Noir）、黑库尔布（Courbu Noir）、费尔莎伐多（Fer Servadou）等。

知名小产区主要有：

（1）马第宏（Madiran）是这里最著名的AOP产区，丹娜则是这里的红葡萄之王。法定产区要求，这里的丹娜葡萄酒必须以60%以上的丹娜酿造，也有用100%丹娜酿造的葡萄酒。丹娜葡萄酒充满浓郁的黑色水果香气，还伴有烘烤、香料等气息，单宁丝滑，数个世纪以来都深受人们的喜爱。

（2）维克·贝勒帕夏尔（Pacherenc du Vic Bilh）也位于法国和西班牙交界处，这里出产的干白葡萄酒以热带水果味和果脯香气著称，而贵腐甜白葡萄酒则充满了新鲜核果味和白色花香。

（3）朱朗松产区（Juranson）是最具西南特色的甜白葡萄酒产区，历史非常悠久。1553年，法国国王亨利·保罗四世出生，亨利·保罗的洗礼是用一片大蒜片涂在嘴唇上再喝一口朱朗松葡萄酒完成的，因此朱朗松在中世纪时就已经相当出名。与波尔多的贵腐甜酒不同，朱朗松甜白产自晚收的葡萄小芒森（Petit manseng）和大芒森（Gros manseng）两个品种，也有库尔布（Courbu）等品种。

（4）伊卢雷基（Irouleguy）是法国巴斯克地区唯一的AOP级产区，葡萄园大多位于陡峭山坡上，出产高品质干白葡萄酒和细腻红葡萄酒。

（5）图尔桑（Tursan AOP）用当地白葡萄品种巴罗克（Baroque）酿造的白葡萄酒最为出名。而在圣山（Saint Mont）产区，一些老藤葡萄树树龄可以超过150年，红葡萄酒充满浓郁黑水果气息，白葡萄酒富有新鲜矿物味，而桃红葡萄酒则以红色浆果香气为主。

（6）贝恩产区（Bearn AOP）以丹娜葡萄为主。

5. 地区餐酒（IGP）产区

西南产区还拥有众多地区餐酒产区，如斯科涅丘（Cote de Gascogne IGP）、塔恩丘（Cotes du Tarn IGP）、阿列日（Ariege IGP）等等。

第十四节　朗格多克 - 鲁西荣：貌似低调的庞然大物

朗格多克（Languedoc）- 鲁西荣（Roussillon）葡萄酒产区在法国并不是一个特别知名的产区，与波尔多、勃艮第、香槟、罗纳河谷等国际知名产区相比，朗格多克 - 鲁西荣非常低调，但这并不是这个产区实力的真实写照。相反，位于法国南部地中海岸边的朗格多克 - 鲁西荣是世界上面积最大的地区餐酒（IGP）产区，葡萄酒产量占法国总产量的 33% 以上，占世界总产量的 5%，可谓存在感十足。

下图是朗格多克 - 鲁西荣江湖地位的清晰体现，通过以下数字我们可以看到一个葡萄酒版图上的庞然大物。该产区年产葡萄酒 13.6 亿升，约 18 亿标准瓶，占法国总产量的 33% 以上，葡萄园面积将近 25 万公顷（375 万亩），共有 2 万多家酒厂。

一、产区情况

1. 产区概述

朗格多克 - 鲁西荣行政区诞生于 20 世纪 80 年代，因此该产区从地理位置上说其实是两个产区，即朗格多克和鲁西荣的联合名称。

在历史上几百年的时间里，朗格多克地区就包括了鲁西荣地区甚至面积更广的区域。因此，区分朗格多克和朗格多克 - 鲁西荣并没有太大的意义，在很多人的印象里朗格多克就可以等同于朗格多克 - 鲁西荣。因为面积足够大，这个产区出产各种葡萄酒，早期以普通餐酒为主，所以给世人造成了只出产低价葡萄酒的印象，但从 20 世纪 60 年代以来，朗格多克 - 鲁西荣在葡萄品种、种植、酿酒工艺等各方面都有了长足的进步，不仅产量大，而且品质也在逐步提升。

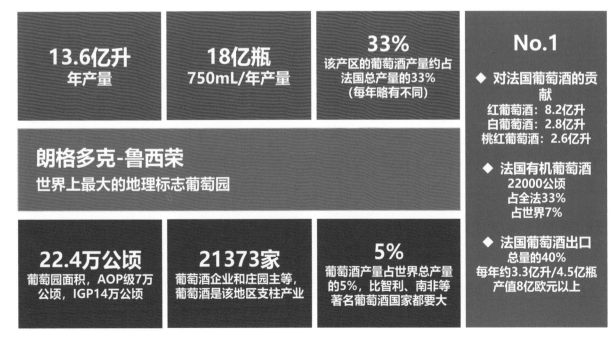

朗格多克 – 鲁西荣产区数据。数据来源：Social Vignerons，April 18, 2017

VIGNOBLE DU

LANGUEDOC ROUSSILLON

朗格多克-鲁西荣

朗格多克 – 鲁西荣产区地图

2. 朗格多克

位于产区的东北方向，在文化上与鲁西荣差异较大。悠久的葡萄酒酿造传统，多元的自然条件，以及繁多的葡萄品种，让朗格多克地区可以出产多种类型的葡萄酒。但目前，朗格多克仍以地区餐酒（IGP）等级葡萄酒为主，但法定产区（AOP）等级的葡萄酒占比和产量已经慢慢提升了。

3. 鲁西荣

鲁西荣是一个靠近西班牙边境的产区，位于比利牛斯山脚，地势比朗格多克高且崎岖。这里除了是全法国最重要的自然甜葡萄酒的产区，也是品质较高的干红葡萄酒产区，白葡萄酒和桃红葡萄酒也占一定比例。鲁西荣的红葡萄酒颜色深、单宁重，除了天然存

在的果香外，常含有香料的香气。白葡萄酒不多，清新的酸度和清淡的口感是最大特点。与西班牙交界的"科利乌尔（Collioure）"产区盛产干型的红葡萄酒和桃红葡萄酒，这些葡萄酒颜色深，酒精强，口感强劲厚实。

4. 土壤特征

该产区土壤类型变化多样，有浑圆的鹅卵石、广阔的阶地、砂岩、泥灰岩、碳酸岩、页岩、黏土、砾石、沙质土壤、磨砾石等多种类型。这也造就了该产区多种多样的葡萄酒风格，最好的葡萄园多位于干燥贫瘠的山坡上。

5. 气候特点

朗格多克 - 鲁西荣产区属于典型的地中海气候，

夏季炎热干燥，日照强烈，保证葡萄生长期所需的热量。冬季温和多雨，让土壤养精蓄锐，补充水分。该产区拥有全法国最长的日照时间，平均每年多达320天，给葡萄的生长提供了理想的气候条件。朗格多克-鲁西荣地区多风，当地两种风比较普遍，分别是密斯托拉风和纳尔旁风，风力强劲，破坏力大，这本是葡萄生长的不利条件，但劣势却实际上形成了优势。首先，强风吹走了葡萄园上空的云层，保证了充足阳光。其次，使得温度稳定下来，避免了过低或过高的负面影响，为葡萄生长提供天然"空调"。另有防止葡萄腐烂，避免滋生病菌之效。

二、葡萄品种和酒种

1. 红葡萄品种

主要以佳丽酿（Carignan）、歌海娜（Grenache）、西拉（Syrah）、神索（Cinsault）、姜氏（Merlot）、赤霞珠（Cabernet Sauvignon）、慕合怀特（Mourvedre）等为主。

2. 白葡萄品种

主要有霞多丽、长相思、维欧尼（Viognier）、白歌海娜（Grenache Blanc）、莫扎克（Mauzac）、匹格普勒（Picpoul）、白诗南（Chenin Blanc）、玛珊（Marsanne）、胡珊（Roussanne）、布布兰克（Bourboulenc）、克莱雷（Clairette）和马家婆（Macabeu）等。

近些年来，随着葡萄酒市场的发展，该地区也流行以国际品种为主的单一品种地区餐酒，如赤霞珠、美乐、霞多丽、长相思，大量出口到世界各地。红葡萄酒大多数是由多种葡萄混酿而成，其中佳丽酿与神索是常见的搭配，这样酿造的红葡萄酒有很大的发挥空间。

3. 葡萄酒酒种

朗格多克-鲁西荣地区生产多种类型的葡萄酒，除了干型红葡萄酒和干型白葡萄酒外，还生产自然甜葡萄酒(VDN)、桃红葡萄酒、起泡葡萄酒和甜白葡萄酒。

朗格多克的风土：蓝天、葡萄园和阳光。图片来源：朗格多克及南法葡萄酒行业协会

其中比例是 93% 的平静葡萄酒，5% 的起泡酒，2% 的麝香加强甜白葡萄酒。如果按颜色分，红葡萄酒占 76%，桃红葡萄酒占 14%，白葡萄酒占 10%。

三、葡萄酒分级

朗格多克 - 鲁西荣产区被业界人士称为"地区餐酒之王"，因此，IGP 级别的葡萄酒是本产区主流。

1. 法定产区分级

2010 年，朗格多克葡萄酒协会引进一种全新方法，以质量和经济标准作为衡量依据，将朗格多克法定产区葡萄酒（AOP 级葡萄酒）划分为三个等级：

朗格多克法定产区葡萄酒（Languedoc AOP）

朗格多克高级葡萄酒（Grand Vins du Languedoc）

朗格多克特级葡萄酒（Grand Crus du Languedoc）

2. 各级别产区情况

最高等级的特级园葡萄酒产区（Grand Crus du Languedoc）有科彼埃·布泰纳克（Corbières-Boutenac）、米内瓦·拉·利文尼亚（Minervois La Livinière）、拉尔扎克（Terrasse du Larzac）、蒙彼利埃（Grès de Montpellier）、圣卢普（Pic Saint Loup）、佩泽纳斯（Pèzenas）、拉克莱普（La Clape）、利慕·布兰克斯（Limoux blancs）、圣奇尼安·罗克布伦（Saint-Chinian Roquebrun）和圣奇尼安·贝劳（Saint Chinian Berlou）。

次高等级的高级葡萄酒产区（Grand Vins du Languedoc）有米内瓦（Minervois）、科彼埃（Corbières）、圣钦尼安（Saint Chinian）、利慕斯（Limoux Schaumweine）、鲁特（Limoux rot）、马莱帕（Malepère）、福尔热（Faugères）、卡巴尔代（Cabardès）、密斯卡岱·弗龙蒂尼昂（Muscat de Frontignan）、密斯卡岱·卢奈尔（Muscat de Lunel）、密斯卡岱·米勒瓦（Muscat de Mireval）、密斯卡岱·圣让德·米内瓦（Muscat de Saint-Jean de Minervois）、克莱莱特·朗格多克（Clairette du Languedoc）、皮内（Picpoul du Pinet）、蒙特佩鲁（Montpeyroux）、卡布里埃（Cabrières）、圣克里斯托尔（Saint-Christol）、索米埃（Sommières）、

Corbières Boutenac 产区葡萄园。图片来源：朗格多克及南法葡萄酒行业协会

自然甜加强葡萄酒产区。图片来源：朗格多克及南法葡萄酒行业协会

卡图兹（Le Quatourze）、梅雅内尔（La Méjanelle）、圣泽里（Saint-Drézery）、圣乔治（Saint-Georges d'Orques）。

地区级法定产区葡萄酒就一个：Languedoc AOP。

起泡酒的法定产区葡萄酒共 3 个，分别是布朗凯特·利慕（Blanquette de Limoux，主要法定品种是莫扎克），传统法的布朗凯特·利慕起泡酒（Blanquette de Limoux Méthode Ancestrale，100% 的莫扎克），以及利慕·克雷芒（Crémant de Limoux，品种是莫扎克、霞多丽和黑比诺）。

法定产区自然甜葡萄酒（VDN）共 4 个，分别是：密斯卡岱·弗罗蒂南（Muscats de Frontignan）、卢内尔（Lunel）、米勒瓦（Mireval）和圣让·德·米内瓦（Saint-Jean-de-Minervois）。

地理标志产区葡萄酒（IGP）共 11 个。

朗格多克 - 鲁西荣基于 AOP 级别之上的葡萄酒分级体系，为朗格多克产区 AOP 级别葡萄酒的发展提供了机会和空间。新制度更能体现朗格多克产区由于土壤结构特征和不同微气候而造就的葡萄品种和风土的多样化。目前，该产区很多酒庄已经在致力于减少产量，充分发挥潜能，提升酿酒技术，以酿造精品葡萄酒。

四、奥克 IGP 葡萄酒

法国奥克 IGP 葡萄酒（全称为 Pays d'Oc IGP），在 2009 年之前被称为奥克地区餐酒（Vin de pays d'Oc），是拥有受保护地理标志（IGP）的法国地区餐酒。奥克 IGP 葡萄酒的酿酒原料必须来自奥德省、加尔省、埃罗省、东比利牛斯省和洛泽尔省的以下 6 个县：伊斯帕格纳克（Ispagnac）、蒙特布伦（Montbrun）、奎扎克（Quézac）、圣埃尼米（Sainte-Enimie）、拉马莱内（LaMalène）和莱斯维涅（LesVignes）。奥克 IGP 产区内种植有 56 个葡萄品种，是世界上葡萄品种最多的产区之一，年出口总量居法国第一，出口总值居法国第二。葡萄园面积是波尔多的 3 倍，勃艮第的 9 倍。

第十五节　汝拉萨瓦：法国东部的小而美

汝拉萨瓦是法国十大著名葡萄酒产区之一，其实这是对汝拉和萨瓦两个产区的组合叫法。汝拉萨瓦位于法国最东部，与瑞士接壤，面积小，产量低。与波尔多、勃艮第等不一样，这两个产区在中国的知名度不高，但在法国，因出产风格独特的葡萄酒独树一帜。

一、汝拉产区

1. 气候特点

该产区的气候条件与相邻的勃艮第相似，同属大陆性气候，但其冬季更长更冷。因此，葡萄的生长季节长，采收通常在 11 月，有时候甚至推迟到 12 月。

2. 土壤特征

汝拉产区土壤中混杂着石灰质石、泥灰岩和黏土。汝拉大多数优质的葡萄园都分布在海拔约 200 至 400 米之间的西南或西向土坡上。

白葡萄生长在石灰质土中，而红葡萄多分布在黏土质土中。

3. 葡萄品种

汝拉产区有五大葡萄品种，其中黑比诺和霞多丽是当地种植的国际品种。该产区单一品种的黑比诺葡萄酒酒体更为轻盈，霞多丽与勃艮第夏布利风格相似，酸度较高，酒体纤瘦。

汝拉当地颇具特色的品种主要有三个，也是前文提到的五大品种之三。

（1）萨瓦涅（Savagnin）

萨瓦涅是汝拉当地最著名的白葡萄品种。颗粒小、颜色淡，成熟缓慢，酿造出的白葡萄酒通常是干型，口感略显辛辣却又不乏清新感。

（2）特卢梭（Trousseau）

特卢梭在葡萄牙常被用于酿造波特酒（Port），但汝拉产区用它来酿造红葡萄酒。这种酒一般会有野味和泥土的香气，酒体饱满，层次丰富。

（3）普萨（Poulsard）

这是种色深、皮薄的红葡萄品种，酿造的酒颜色轻淡，接近桃红的色泽。这种葡萄酒具有精致而独特的香气，口感清淡柔和。

4. 特色葡萄酒

汝拉的葡萄酒产量不高，但这里出产的葡萄酒风格别具一格，尤其是黄酒（Vin Jaune）和稻草酒（Vin de Paille）。

（1）黄酒（Vin Jaune）

黄酒是汝拉地区最具代表性的葡萄酒，其酿酒方式与西班牙的雪莉（Sherry）相似。

在萨瓦涅葡萄非常成熟的时候采摘，放入橡木桶中发酵，然后储存至少 6 年的时间，其间不添桶。渐渐地，酒液表面会形成一层与雪莉酒相似的酒花（Flor），这层膜能保护葡萄酒不被过度氧化。桶里酒液会随着时间流逝慢慢蒸发，直到 6 年 3 个月后，剩下

汝拉黄酒

阿尔卑斯山上的萨瓦葡萄园。图片来源：www.wineconcepts.net

汝拉稻草酒

60% 的酒会被装入克拉夫兰瓶（Clavelin）。这种瓶子是当地特有的，容量只有 620 毫升。黄酒色泽晶莹华贵，带有独特的核桃、坚果的香气，口感浓厚圆润，余韵相当悠长，陈年潜力极强，可达数十年。

（2）稻草酒（Vin de Paille）

稻草酒是一种使用在稻草上风干的葡萄来酿造的甜酒。

具体方法是将采收的霞多丽、萨瓦涅或者普萨放置于麦秆堆上，风干 6 周。大约在圣诞节至 1 月底期间，等到葡萄的水分丧失、糖分升高后，对葡萄进行压榨，接着在橡木桶中陈酿 2—3 年。这种酒颜色金黄，口感甜美，香气诱人，带有杏脯和果酱的风味，陈年潜力不容小觑。

除了黄酒和稻草酒，汝拉产区还生产克雷芒起泡酒（Cremant）和麦文酒（Macvin）。起泡酒采用霞多丽或黑比诺以传统香槟法酿造，果香馥郁，口感清新脆爽，风格朴实，平易近人，性价比颇高。麦文酒用葡萄汁和葡萄渣白兰地相混合，得到酒精度 16%—22% 的利口酒，口感香甜浓郁，可以作为餐后酒饮用。

二、萨瓦产区

位于法国东部与瑞士交界的阿尔卑斯山区，气候寒冷，适合种植的面积仅一千多公顷（不足两万亩）。

1. 气候特点

该产区是高山大陆性气候，极为寒冷，但因为有罗纳河及其支流流过，一定程度上改善了萨瓦葡萄园的温度条件。

2. 土壤特征

主要是冰积土、黏土、石灰岩、泥灰岩等。葡萄生长在海拔 200—450 米向阳的山腹中。

3. 葡萄品种

白葡萄品种有 5 个，包括瑞士的夏瑟拉（Chasselas）、霞多丽、胡珊，本地品种贾给尔（Jacquère）和阿尔地斯（Altesse）。贾给尔是萨瓦种植面积最大的葡萄品种，所产葡萄酒口味清淡，酒精度低，带有火石味。阿尔地斯（Altesse）产量低，酒精度高，口味厚重，

香味浓郁，具陈年潜力。

红葡萄品种有黑比诺、佳美、蒙得斯（Mondeuse）。

4. 主要产区

萨瓦产区有 16 个独立的葡萄园，这些葡萄园可以在酒标上单独标注。

比热是萨瓦产区最受酒评家推崇的产区，2009 年才获得 AOC 认证，主要用佳美酿造轻盈、起泡、半甜的桃红葡萄酒。

第十六节　看标识酒：法国葡萄酒的标签标识解读

一、标签标识

在购买葡萄酒的时候，阅读酒标非常重要，因为你可以从酒标上知道很多关于这瓶葡萄酒的信息，比如酒庄名称、产区、葡萄品种、年份和酒精度等等。当然，各国家、各产区对于酒标如何标示葡萄酒信息会有不同的规定。

如果某款法国葡萄酒的酒标标注了 Grand Cru Classe、Premieres Cru Supérieur、Grand Cru、Premier Cru、1er Cru 等，说明这款葡萄酒级别较高，品质应该较有保证。法国葡萄酒各个级别酒标需要标注的信息是有一定差别的，具体标注的方法和要求如下表所示。

法国不同葡萄酒酒标对照表

	法国餐酒 VDF	地区餐酒 IGP	法定产区 AOP	法定产区 AOP 以上
通用标注	（1）法国生产 （2）装瓶厂及地址如产地与法定产区重合，则必须用邮编代替地址 （3）酒精含量，以体积百分比显示 （4）容量，一般是 75cL 即常见的 750 毫升 （5）警告类：饮酒警告和过敏提示等，各个国家不同，正背标体现皆可			
不同标注	Vin De France	（6）产区名称，如奥克产区 Pays d'Oc （7）Indication Géographique Protégée	（6）法定产区 （7）Appellation d'Origine Protégée 或 Appellation+ 产区 +Protégée 也有不少酒庄继续沿用： Appellation d'Origine Controlee，或 Appellation+ 产区 +Controlee，如 Appellation Bordeaux Protégée/Controlee	法定产区 AOP 所有项目 + 列级符号、葡萄园、葡萄村等； 香槟不需要标注 AOP。
非强制标注	（1）商标 （2）饮用建议等	（8）年份 （9）葡萄品种 （10）商标名称 （11）生产者和葡萄园的名称 （12）生产方法 （13）饮用建议事项等	（8）年份 （9）葡萄品种 （10）商标名称 （11）生产者和葡萄园的名称 （12）生产方法 （13）饮用建议事项等 （14）酒庄内灌瓶	同法定产区 （个别法定产区必须标注品种）

118

大美葡萄酒

二、看标识酒

法国葡萄酒酒标呈现的信息一般会包括品牌商标、酒精含量、容量、采摘年份、葡萄园、酒商、装瓶商、法定产区、列级信息、葡萄酒类型、政府要求和亚硫酸盐含量等。除了年份、酒精度、容量等这种比较直接的产品信息外，我们也能从酒标上获取不少看不见的信息。比如，法定产区就可能不仅仅是一个地名，也可能是一个葡萄酒种类，也可能隐含了葡萄品种，比如卢瓦尔河谷的密斯卡岱、阿尔萨斯的克莱芒起泡酒、勃艮第的夏布利等等。

下面分别以地区餐酒（IGP）、波尔多右岸村庄级和波尔多左岸 1855 列级庄为例说明酒标信息。

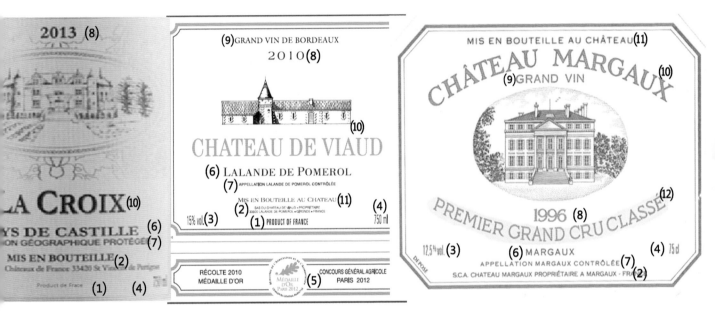

左 1 是 Indication Géographique Protégée，区域 IGP

左 2 是波尔多右岸 Lalande de Pomerol AOC 雷沃堡酒庄

左 3 是 Margaux AOC 法定产区玛歌酒庄

（1）法国生产，具体信息为：Product de France

（2）装瓶厂及地址

（3）酒精含量。三款产品分别是 12%、15 % 和 12.5%

（4）容量。中级庄使用的是"750 毫升"，其他是 75cL

（5）品质信息：获奖情况，左 2 是法国本土葡萄酒竞赛巴黎大奖赛最高奖——金奖

（6）产区：Pays De Castille、Lalande de Pomerol 和 Margaux

（7）分级信息：自左至右分别是 IGP、AOC 和 AOC

（8）年份：采摘年份分别是 2013 年、2010 年和 1996 年

（9）葡萄园等级：左 3 和左 2 都是 Grand Vin（优质葡萄园）

（10）品牌名

（11）酒庄内灌装：左 3 和左 2

（12）列级信息：Premier Grand Cru Classe 意思是左岸一级庄

第四章

意大利葡萄酒之美：产量第一

葡萄酒能点亮心灵深处的秘密，给我们带来希望，击退怯懦，驱走枯燥，也教会我们如何来达成所愿。

——罗马帝国时期著名诗人、批判家　贺拉斯

佩拓酒庄

第一节　意大利：曾经的世界葡萄酒中心

意大利这个神奇的葡萄酒国度，北起阿尔卑斯山，南到地中海的西西里岛，整个国家都像是平铺在葡萄园里。其葡萄种植和酿酒的历史，可以追溯到公元前2000年。4000多年的葡萄酒历史和饮酒文化造就了意大利人爱酒的习惯和独特的葡萄酒传承，所以有人说，意大利人的血液里流淌的都是葡萄酒。

一、葡萄酒历史

在欧洲葡萄酒发展史中，意大利葡萄酒有着举足轻重的地位。公元前9世纪，伊特鲁里亚人（Etruscan）在意大利创造了灿烂的文明。公元前8世纪到公元前6世纪，意大利进入大希腊时代。

公元前754年，古罗马建城，罗马帝国后来又经历了罗马王政时代（前753—前509年）、罗马共和国（前509—前27年）、罗马帝国（前27—476年/1453年）三个阶段，帝祚绵延长达两千多年。通过不断的战争和疆域扩张，罗马帝国发展成为以地中海为中心，跨越欧、亚、非三大洲的大帝国。

古希腊人把意大利叫作"Eenotria"（埃娜特利亚），意思就是葡萄酒之国，埃娜特利亚是古希腊语中的一个名词，代指意大利东南部。到了古罗马时代，雄辩家西塞罗、恺撒大帝都曾沉迷意大利葡萄酒。据说古罗马士兵们上前线时，不仅带着武器还带着葡萄苗，领土扩张到哪里，就在哪里种下葡萄和酿酒。这就是西班牙、法国、德国等欧洲国家广泛种植葡萄和酿造葡萄酒的原因。因此，也可以说是意大利向欧洲各国传播了葡萄苗和葡萄酒酿造技术。

古罗马时期的葡萄酒跟现代葡萄酒有很大不同，古罗马人经常把葡萄酒与水混合，以降低葡萄酒的高酒精度。另外，古罗马人喜欢甜葡萄酒，他们经常饮用来自那不勒斯附近的甜白葡萄酒。古罗马人还会在葡萄酒中加入蜂蜜、香草、香料、盐，甚至是粉笔灰等东西以调节葡萄酒的风味，这一点跟西班牙、中国很多时候往葡萄酒里加雪碧和可乐异曲同工。

在葡萄酒的酿造上，古罗马人也希望尝试一些奇怪的点子和想法，他们改进了酿酒工艺，引进了葡萄园棚架技术，提高了榨汁机的效率，培养了一批葡萄酒大师队伍，他们知道什么品种种植在什么样的气候土壤上。古罗马人可能也是最早认识到葡萄酒陈酿潜

法国东南部的 Mas des Tourelles 酒庄至今仍保留着罗马最原始的酿造风格（左：古罗马木葡萄压榨机，右：采摘）

考古学家发现的古罗马军队葡萄酒发酵和储藏室。图片来源：The Drink Business

力的人，他们更喜欢陈年 10—25 年的葡萄酒。他们还意识到，为了长时间存放葡萄酒，需要有良好密封性的容器，因此他们发明了木桶、玻璃罐和软木塞。正是"喝货"古罗马人，推动了葡萄酒行业向更高质量和更高产量的大踏步进步。

从公元 16 世纪起，意大利相继被法国、西班牙、奥地利占领，直至 1861 年才建立起意大利王国，国家的动荡使得意大利葡萄酒产业发展缓慢。这时酒农种植葡萄，酿造葡萄酒，仅仅只是为家人享用或作为赠送亲友的礼物。

1963 年，意大利政府意识到葡萄酒品质的重要性，为了做好葡萄酒质量和行业管理，意大利学习法国原产地命名控制制度，建立了意大利最早的葡萄酒法规体系，并将葡萄酒分为四个等级，标志着意大利葡萄酒进入全新的发展时期。

今天的意大利已经成为世界第一大葡萄酒生产国，

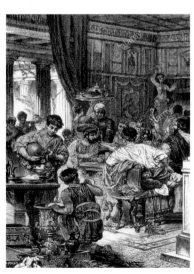

古罗马贵族饮酒场景

古罗马储酒设施遗址。图片来源：Dreamstime

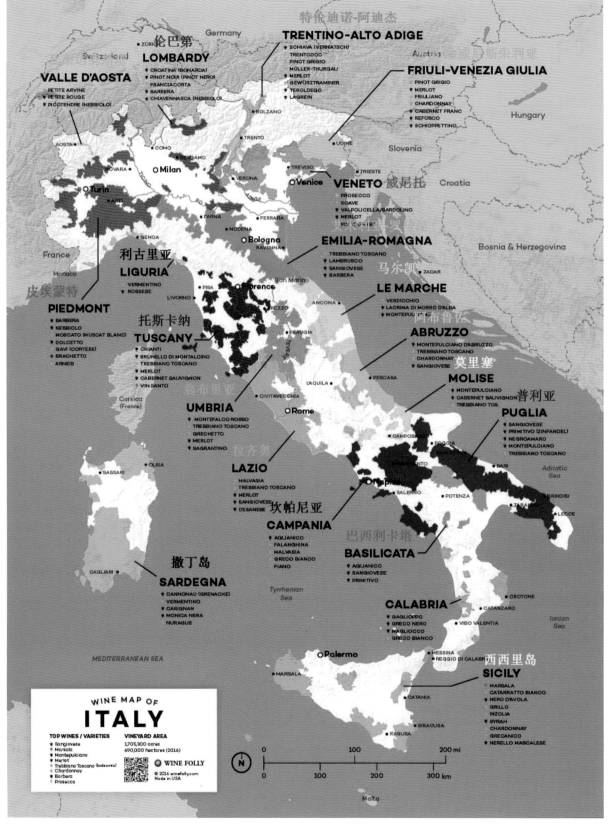

意大利葡萄酒地图

葡萄酒品质也可以媲美任何知名产区，成为意大利出口的最主要农产品。

二、风土概况

意大利地形多变，气候多变，葡萄品种多样，天然就是优秀的葡萄酒产地。

1. 地理位置

意大利的国土形状像一只靴子，故还有"靴子国"的外号。意大利地形狭长，跨越了 10 个纬度，北部是阿尔卑斯山脉，亚平宁山脉纵横半岛，山地与丘陵连绵起伏。地中海三面环绕，海岸线极为绵长。海洋和高山地形使得意大利每个葡萄酒产区都有其独特的微气候环境。由于每个产区气候不同，所种植的葡萄品种差别很大，葡萄酒的风格也千差万别。

2. 气候环境

看世界地图，可以看出意大利主要属于地中海气候。由于纬度跨度大，加上海洋和山脉的双重影响，意大利北部相对较冷，南部炎热，中部温和，这种多变的气候，为不同葡萄品种的生长提供了量身定制一般和富有差异化的生长环境。

3. 土壤特征

意大利大多数产区的土壤是火山岩、石灰岩和坚硬的岩石，也有沙砾土和黏土。

4. 葡萄品种

意大利葡萄品种繁多，就像是一个酿酒葡萄的种类库。有人说过，想了解意大利的葡萄品种，就像那不勒斯（Naples）的交通一样，混乱与无助。有一个说法是，意大利的葡萄品种超过 2000 种，意大利法定葡萄品种就达到 300 种，常见的葡萄品种也有几十种，关键是，葡萄品种的名字也很难记。

红葡萄品种方面，意大利北部的内比奥罗（Nebbiolo）为皇，中部是桑娇维塞（Sangiovese）最棒，而南部老大是艾格尼科（Aglianico）。

但白葡萄品种地域难分，北部百花齐放，以本土葡萄为主，如托凯（Tocai）、柯蒂斯（Cortese）和高岗（Garganega）等，长相思、琼瑶浆、霞多丽等国际品种也有一席之地。意大利中部主要的白葡萄品种有特雷比奥罗（Trebbiano），皮埃蒙特（Piedmont）的巴贝拉（Barbera）以及普利亚（Apulia）的黑曼罗。

三、葡萄酒类型

意大利的红葡萄酒知名度非常高，很多产区绝对是国际一线明星，如巴罗洛（Barolo）、巴巴莱斯科（Barbaresco）、布鲁奈罗 - 蒙塔奇诺（Brunello di Montalcino）、阿玛罗尼 - 瓦波里切拉（Amarone della Valpolicella）等。

但意大利白葡萄酒也值得一提，虽不具有法国勃艮第等产区白葡萄酒良好的陈年潜力，但如今的意大利白葡萄酒清新爽口，也是非常不错的佐餐佳品。

而且，意大利的甜葡萄酒和起泡酒也可以叫板其他国家巅峰产区的竞争对手，可谓是百花齐放，精彩纷呈。

四、葡萄酒产区

意大利拥有 20 个行政区，每个行政区都是一个大葡萄酒产区。但是我们通常将它们划分为四大地域产区：东北部产区、西北部产区、中部产区和南部产区。

1. 东北部产区包括威尼托（Veneto）、特伦迪诺 - 阿迪杰（Trentino-Alto Adige）和弗留利 - 威尼斯朱利亚（Friuli-Venezia Giulia）三个行政区。该产区被阿尔卑斯山脉环绕，为地中海性气候，夏季炎热少雨，冬季温和多雨。东北部产区的葡萄酒种类繁多，包括红葡萄酒、白葡萄酒和起泡酒等。其中，威尼托是最为知名和重要的生产地区。

2. 西北部产区的冬天寒冷，夏季凉爽，秋季较长。年平均降雨量达到 850 毫米。西北部包括皮埃蒙特（Piemonte）、瓦莱达奥斯塔（Valle d'Aosta）、利古里亚（Liguria）、伦巴第（Lombardy）和艾米利亚 - 罗马涅（Emilia-Romagna）五个行政区。其中，皮埃蒙特是最牛产区，皮埃蒙特出产的巴罗洛和巴巴莱斯科葡萄酒享誉全球，令人叫绝。

西西里岛布黛菈酒庄

126

3. 中部产区位于意大利中部，被亚平宁山脉划分为东西两区，两区的地中海给葡萄品种带来了不同的风格。产区包括阿布鲁佐（Abruzzo）、莫里塞（Molise）、托斯卡纳（Toscana）、拉齐奥（Lazio）、马尔凯（Marche）和翁布里亚（Umbria）等六个行政区。其中，托斯卡纳是最为重要的产区，拥有意大利半数以上的著名酒庄和意大利最多的 DOCG 葡萄酒。

4. 南部产区包括坎帕尼亚（Campagna）、普利亚（Puglia）、巴西利卡塔（Basilicata）、卡拉布里亚（Calabria）、西西里岛（Sicilia）和撒丁岛（Sardegna）等六个行政区。该产区大部分葡萄园分布在丘陵山坡上，加上特有的地中海气候，为该区的葡萄酒增添了许多独特的风味。

第二节　意大利：迟到的分级，严格的制度

20 世纪 60 年代以前，意大利葡萄酒在国际市场上无法与法国抗衡，葡萄园管理水平和葡萄酒品质也与今天相去甚远，国际影响力一直处于低位。很多人想到，这可能是因为意大利没有建立像法国一样的原产地命名控制（AOC）制度。

1963 年，意大利国会通过了原产地命名法案（Denominazione Di Origine），制定了自己的分级制度，并

大美葡萄酒

于 1966 年正式实施。该制度起初只有 DOC 和 VDT 两个等级。到了 1980 年，增加了 DOCG 等级。1992 年，IGT 级别也加入了该体系。最新的一次改革是在 2010 年，目的是为了配合欧盟 2009 年颁布的原产地保护制度。

一、2010 年前的分级体系

1. 日常餐酒（Vino da Tavola，简称 VDT）

日常餐酒（VDT）指最普通的意大利葡萄酒，是意大利最低级别的葡萄酒。这个级别的葡萄酒对产地、酿造方式等规定和限制不是很严格。按照规定，日常餐酒可以用欧盟准许的、来自不同地区的葡萄酒进行勾兑。

2. 优良地区餐酒（Indicazione Geograficha Tipica，简称 IGT）

优良地区餐酒（IGT）是指某地理产区上酿造的具有地方特色的葡萄酒，要求使用该地区种植的葡萄比例不低于 85%，一般还要标明葡萄品种和该葡萄酒的颜色。意大利优良地区餐酒是经欧盟批准和管控的葡萄酒，它与法国地区餐酒（VINS DE PAYS）和德国地区餐酒（LANDWINE）比较接近。

意大利最早的分级制度中不存在 IGT 这一等级，促使 IGT 等级出现的是那些对品质有要求的生产商。他们从国外引进葡萄品种来改进葡萄酒品质。在托斯卡纳地区，酿酒师将赤霞珠、美乐和桑娇维塞等品种混合在一起酿成的超级托斯卡纳（Super Tuscans），就是 IGT 最典型的代表。

IGT 等级中包含了大量极优质的葡萄酒，如托斯卡纳的索拉雅（Solaia）、天娜（Tignanello）、桑穆斯（Summus）等，可以被列入意大利最昂贵的葡萄酒行列。这些葡萄酒虽然是 IGT 等级，却达到了波尔多左岸列级名庄的水准和价格。因此，一定程度上 IGT 命名已经发展成为一个值得炫耀的级别，第一个被从 IGT 等级升级成为 DOC 等级的葡萄酒，就是当今葡萄酒世界大名鼎鼎的西施佳雅（Sassicaia）。

3. 法定产区葡萄酒（Denominazione di Origni Controllata，简称 DOC）

法定产区葡萄酒（DOC）在被评为该级别之前，必须是 5 年以上的 IGT 级别产区。在种植品种、品种比例、葡萄园海拔、单位产量、葡萄园修剪方法、酿酒工艺、陈酿方式和时间等方面都有明确的要求。每一款 DOC 葡萄酒必须达到特定的颜色、香气和口感标准，这些项目由品尝委员会控制。另外，葡萄酒的酒精度、总酸、含糖量等也是严格检测和受控的指标。

至于商标，意大利有统一的规定，会在该等级葡萄酒的瓶颈标签上印上 DOC 的标识。

4. 优质法定产区葡萄酒（Denominazione di Origni Controllata e Garantita，简称 DOCG）

优质法定产区葡萄酒（DOCG）是从 DOC 级产区中挑选品质最优异的产区再加以认证，接受更严格的葡萄酒生产与标签法规的管制。DOCG 是意大利葡萄酒等级中最高的一级。必须在特定的产区，符合规定的生产标准，才能冠以 DOCG。DOCG 葡萄酒必须瓶装出售，酒瓶容量要小于 5 升，官方授予的带有唯一编码的 DOCG 标签必须贴在酒瓶的瓶颈处。DOCG 管理极为严格，一旦 DOCG 产区的酒庄或者酒厂被品尝委员会公开否决，这些酒就必须降级到日常餐酒。

申请 DOCG 等级产区，必须是持续 5 年以上的 DOC 级别产区。对 IGT 葡萄酒，若申请 DOCG 至少需要 10 年，因为它必须至少花费 5 年的时间在 IGT 级别上历练，然后，另外以 DOC 的身份再运行 5 年，之后才能申请 DOCG 级别。

DOC 等级的产区获得 DOCG 名头必须达到 4 个核心条件：第一，这个 DOC 产区已经诞生了历史上重要的葡萄酒；第二，该产区葡萄酒的质量已经获得国际认可，并且具有持续性；第三，葡萄酒质量有了巨大提升并且受到关注；第四，该地区生产的葡萄酒已经为意大利经济的健康发展做出了巨大贡献。

2010 年以后，意大利与欧盟原产地保护制度进行对标，也进行了一定的调整和变革，具体变化如下图所示。

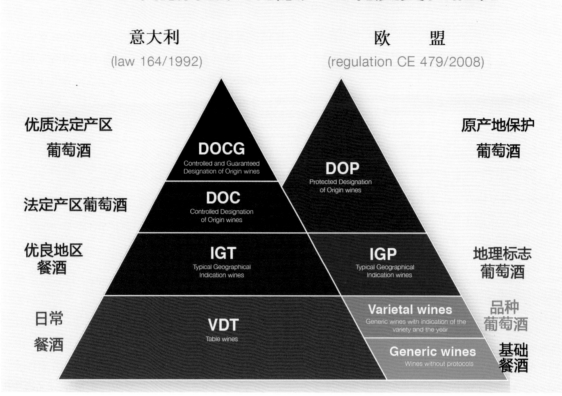

意大利
(law 164/1992)

优质法定产区
葡萄酒

法定产区葡萄酒

优良地区
餐酒

日常
餐酒

DOCG
Controlled and Guaranteed
Designation of Origin wines

DOC
Controlled Designation
of Origin wines

IGT
Typical Geographical
Indication wines

VDT
Table wines

欧　盟
(regulation CE 479/2008)

DOP
Protected Designation
of Origin wines

IGP
Typical Geographical
Indication wines

Varietal wines
Generic wines with indication of the
variety and the year

Generic wines
Wines without protocols

原产地保护
葡萄酒

地理标志
葡萄酒

品种
葡萄酒

基础
餐酒

2010年前后意大利原产地制度变化情况

二、2010 年后的分级体系

1. 基础餐酒（Vini Generic）

意大利文 Vini 在英文中是 Wines（葡萄酒）的意思，这个级别的葡萄酒可以来自欧盟的任何地方，没有具体的产地标示，也没有规定葡萄品种，也可以不标注年份。

2. 品种葡萄酒（Vini Varietali）

这个级别的葡萄酒也可以来自欧盟的任何地方，但至少要有一个国际葡萄品种的含量在 85% 以上，或完全是由两种甚至多种国际葡萄品种混酿，国际品种是指品丽珠、赤霞珠、美乐、西拉、霞多丽、长相思。酒标上可以标注葡萄品种和年份，但不能标注产地。

3. 地理标志葡萄酒（Vini IGP）

也就是原酒法的 IGT 级别葡萄酒。截至 2013 年，意大利共有 118 个 IGT 产区，即 IGP 产区。

4. 原产地保护葡萄酒（Vini DOP）

包括意大利原分级法的 DOC 和 DOCG 两个级别。

三、产地保护标识

为有效区分 DOC 和 DOCG 葡萄酒，意大利出台了 DOC 和 DOCG 标签制度，凡是通过了 DOC 和 DOCG 认证的葡萄酒，都可以在瓶颈处贴上 DOC 和 DOCG 标签（如下图所示），且每个产品都有一个编号可供查询和追溯。

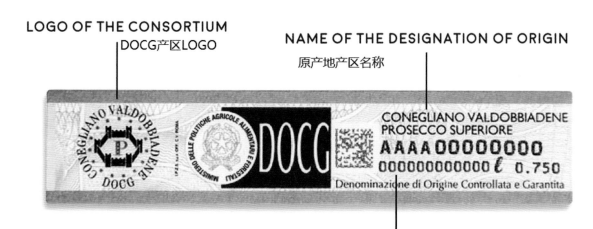

LOGO OF THE CONSORTIUM
DOCG产区LOGO

NAME OF THE DESIGNATION OF ORIGIN
原产地产区名称

每一瓶的独有编号 UNIQUE SERIAL NUMBER FOR EACH BOTTLE

意大利 DOCG 标签及解读

DOCG 标签示例

截至 2013 年，意大利共有 330 个 DOC 和 73 个 DOCG，加起来共有 403 个 DOP。

一定程度上，DOCG 葡萄酒是品质的保证，但并不是所有高质量的意大利葡萄酒都是 DOCG，名声大噪的"超级托斯卡纳"就是例外。值得注意的一点是，意大利从北往南的 20 个大区并非都有 DOCG，只有 15 个大区拥有此殊荣。其中皮埃蒙特坐拥最多数量的 16 个 DOCG，接着是威尼托大区 14 个，托斯卡纳 11 个。意大利有 5 个大区，一个 DOCG 也没有。

皮埃蒙特，真是意大利"一哥"。

第三节　皮埃蒙特：葡萄酒发烧友的朝圣之地

渐渐变亮的、朦胧黑暗的彼方，伫立着一个充满温柔和安心的影。不久，神秘的影开始缠上微光的衣裳，那像残月一样浮现的姿态，既庄严又充满慈爱。

——《神之雫》第六使徒

皮埃蒙特是葡萄酒发烧友的朝圣之地。它不仅是意大利最好的产区，在世界上最好的葡萄酒产区中也享有无与伦比的地位。位于意大利西北部的巴罗洛、巴巴莱斯科和巴贝拉·阿斯蒂，都是意大利享誉世界的葡萄酒产区。

一、产区概况

皮埃蒙特位于意大利西北部，该产区山地占 43%、丘陵占 30%、平原占 27%。其名字 "Piedmont" 在意大利语中就是"山脚"之意，顾名思义，该产区坐落在阿尔卑斯山脚下，阿尔卑斯山环绕其西侧和北侧，与法国的普罗旺斯形成天然屏障。

皮埃蒙特是意大利葡萄酒王国中的一顶皇冠，有意大利的"勃艮第"之称。该产区与勃艮第的相似之处在于，很多酒庄规模小、家族化，因近乎痴迷地注重质量而盛名远播。

内比奥罗之于皮埃蒙特，就如同黑比诺之于勃艮第。内比奥罗虽不是该地区种植最广泛的葡萄，却是为产区葡萄酒口碑带来极大贡献的葡萄品种。该产区葡萄酒产量在意大利不是最高的，但其质量名列前茅，高级别法定产区（DOC、DOCG）葡萄酒竟占全国的 15% 以上，仅次于维尼托大区的 17.5%。

内比奥罗

130

大美葡萄酒

二、葡萄品种

皮埃蒙特是一个以单一品种葡萄酒闻名的产区，也是世界上许多知名品种以及风味独特的地区性品种的原产地。

1. 红葡萄品种

主要有内比奥罗（Nebbiolo）、巴贝拉（Barbera）、多姿桃（Dolcetto）、布拉奇托（Braccheto）、伯纳达（Bonarda）、赤霞珠、格丽尼奥里诺（Grignolino）、美乐、黑比诺等多种本地和国际葡萄品种。

当家红葡萄品种是最著名也最精彩的内比奥罗，以其"焦油和玫瑰"的香味而闻名，内比奥罗的名字来源于意大利文 Nebbia，意思是雾气。这是来源于在收获季节（通常在 10 月中旬），此地常笼罩着雾气的缘故。

莫斯卡托

2. 白葡萄品种

主要有白莫斯卡托（Moscato Bianco）、柯蒂斯（Cortese）、阿内斯（Arneis）、黎明（Erbaluce）、法沃里达（Favorita）、霞多丽等。

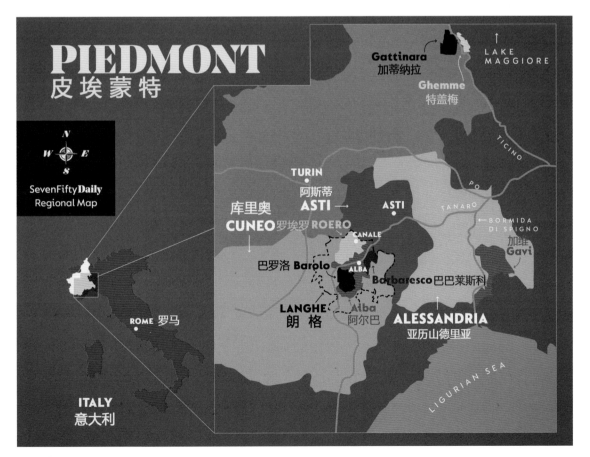

皮埃蒙特葡萄酒地图

莫斯卡托是皮埃蒙特最具代表性的白葡萄品种，可以酿造在全球引起风潮的阿斯蒂（Asti）起泡酒和阿斯蒂 - 莫斯卡托（Moscato d'Asti）葡萄酒。

三、气候特点

皮埃蒙特属于大陆性气候，冬天有雪，较为寒冷，气温常在 -4℃左右，夏季干燥无雨，天气炎热，气温常达 35—38℃，春秋两季的昼夜温差很大。

四、土壤特征

以多石的火山岩和黏土泥灰土为主。

五、巴罗洛（BAROLO）——酒中之王

在葡萄酒界，皮埃蒙特因巴巴莱斯科和巴罗洛这对孪生巨人而闻名于世，还有盛产白葡萄酒的加维（Gavi）和顶级起泡酒的阿斯蒂（ASTI）。皮埃蒙特有17个 DOCG 产区和 42 个 DOC 产区，是意大利葡萄酒产区当仁不让的老大。

巴罗洛大部分酒庄规模都非常小，产区只有 2000 公顷左右的土地。因此，巴罗洛的土地寸土寸金，单价可高达 150 万欧元 / 公顷，与波尔多波美侯价格差不多。巴罗洛的内比奥罗葡萄也与勃艮第的黑比诺有许多相似的地方，如皮薄、颜色浅且难种植，地域间的风格差异大等特点。

（一）气候特点

巴罗洛属大陆性气候。春季气候相对寒冷，夏季炎热，昼夜温差大，秋季可能会有些许雨水的困扰。

（二）土壤特征

按照风土差异，巴罗洛产区大体可以分为东、西两大谷地。

东部是塞拉伦加谷地，土壤贫瘠、多砾石、富含铁、磷和钾元素，葡萄酒具有单宁结实，酒体强劲，具有极长的陈年潜力（至少 12 年）的特点。

西部的土质和巴巴莱斯科十分接近，以托尔顿阶时期的石灰质泥灰土为主，地区所酿造的葡萄酒香气馥郁、单宁顺滑、酒体丰满。

（三）寸土寸金的葡萄酒村

最重要的酒村有拉梦罗村（La Morra）、巴罗洛村（Barolo）、卡斯蒂戈隆 - 法列多村（Castiglione Falletto）、塞拉伦加·阿尔巴村（Serralunga d'Alba）和梦馥迪·阿尔巴村（Monforte d'Alba）。

其他还有：凯拉斯科（Cherasco）、迪亚诺·阿尔巴（Diano d'Alba）、格林扎纳·卡佛（Grinzane Cavour）、诺维罗（Novello）、罗迪（Roddi）和凡登诺（Verduno）几个村庄。

巴罗洛的葡萄酒稀缺而珍贵，因此葡萄园的价格极为昂贵，可谓是寸土寸金，可与法国的波美侯、纳帕等著名小产区比肩。

（四）酒中之王的风格特点

巴罗洛葡萄酒风格强劲、香气复杂，有"酒中之王"的美誉。

年轻的巴罗洛单宁极为强劲，甚至紧涩，需要很长时间的陈酿来使之柔滑。所以，一般巴罗洛酒会至少陈酿三年（如果是 Reserve 级别的则至少五年）才上市销售。但即使这样，新上市的酒还是不适宜马上饮用。其硬涩的单宁往往降低了品尝的愉悦感。

（五）巴罗洛的特级园

巴罗洛葡萄酒生产商受勃艮第特级园启发，在意大利著名酒评家路易吉·维诺内利（Luigi Veronelli）的带领下，根据葡萄园中葡萄的品质，开始对巴罗洛产区的葡萄园进行分级。由于巴罗洛特级葡萄园并没有得到官方授权，因此大多特级葡萄园都是历史上有卓越声誉或其酿造的葡萄酒曾以高价卖出的葡萄园。

如今，被公认的巴罗洛特级葡萄园有：

（1）巴罗洛村的坎露比（Cannubi）、萨玛萨（Sarmassa）和布鲁纳特（Brunate）葡萄园。

（2）拉梦罗村的瑟约古（Cerequio）和洛奇（Rocche）葡萄园。

巴罗洛产区。图片来源：Italianwinecentral

（六）著名酒庄

1. 孔特诺酒庄（Giacomo Conterno）

20世纪初，孔特诺酒庄掌门人吉亚科莫（Giacomo）成功打造了"梦馥迪诺（Monfortino）"葡萄酒，这也是酒庄所在地梦馥迪诺村（Monforte）的地名。这款酒结构坚实，生命力强大，让孔特诺酒庄一跃成为意大利名气最大的酒庄之一。孔特诺酒庄是典型的旧派作风，也是意大利大红虾三杯奖荣誉酒庄。

2. 伊林奥特酒庄（Elio Altare）

伊林奥特酒庄则是新派巴罗洛，被公认为是皮埃蒙特产区的激进改革者，该酒庄现代化风格葡萄酒是年轻酿酒师所追求的典范。罗伯特·帕克在伊林奥特默默无闻时就对其评价极高，但业界大佬当时并不认同。如今，伊林奥特已经让业界轰动，炙手可热。该酒庄也是意大利大红虾三杯奖的常客。

3. 嘉科萨酒庄（Bruno Giacosa）

嘉科萨酒庄是意大利最受人尊敬的生产商之一，也是皮埃蒙特酿造单一葡萄园酒款的领头人。嘉科萨酒庄专业、热情，又充满智慧，创造了意大利佳酿神话。著名的《品醇客》（*Decanter*）杂志认为，如果意大利酒庄分等级，嘉科萨酒庄将被列入一级庄。

4. 沃尔奇奥酒庄（Roberto Voerzio）

沃尔奇奥酒庄坐落在皮埃蒙特的朗格镇（Langhe）。帕克曾这么称赞沃奇奥酒庄的庄主罗伯特·沃尔奇奥（Roberto Voerzio）："他是我遇见过最狂热的酿酒师之一。"

（3）卡斯蒂戈隆·法列多村的蒙普维特（Monprivato）和维利欧（Villero）葡萄园。

（4）塞拉伦加·阿尔巴村的拉泽瑞多（Lazzarito）和维那·瑞安达（Vigna Rionda）葡萄园。

（5）梦馥迪·阿尔巴村的布斯雅（Bussia）和吉尼斯亚（Ginestra）葡萄园等。

沃尔奇酒庄庄主及其产品

5. 皮欧酒庄（Pio Cesare）

皮埃蒙特产区最古老的酒庄之一，2002 年被《葡萄酒观察家》（*Wine Spectator*）评为"全球 10 佳酒庄"之一，由西泽尔·皮欧（Cesare Pio）创立于 1881 年。西泽尔是最早的一批葡萄酒发烧友，也是最早致力于发挥产区风土条件以及对品质严格要求的酿酒师之一。在全球多家顶级的餐厅中，可以发现皮欧酒庄的葡萄酒。

6. 桑德罗妮酒庄（Luciano Sandrone）

该酒庄是巴罗洛产区的一家传奇酒庄，其多款葡萄酒都获得了国际级酒评家罗伯特·帕克（Robert Parker）的高评分。

她就是本章之始提到的《神之雫》第六使徒。

神之水滴第六使徒品牌——桑德罗妮

大美葡萄酒

六、巴巴莱斯科（BARBARESCO）——皮埃蒙特双雄之一

巴巴莱斯科最著名的葡萄品种也是内比奥罗，虽然是同一个品种，风格上有一定的相似，但巴巴莱斯科和巴罗洛还是有明显差异的。巴巴莱斯科的内比奥罗单宁更少，更为优雅，价格不像巴罗洛那样高处不胜寒，因此有人认为它性价比更高。

（一）气候特点

巴巴莱斯科产区属大陆性气候，丘陵绵延，地势比巴罗洛更低，以种植内比奥罗葡萄为主。

（二）土壤特征

该产区的土壤主要是由托尔顿阶（Tortoniano）时期的泥灰土和砂土组成。这些泥灰土呈现些许灰蓝色，富含钙质，因其易于松动的特性，形成了圆而低缓的山丘，而这也为该产区提供了种植葡萄的理想环境。

（三）巴巴莱斯科葡萄酒村

根据优质法定产区（DOCG）法律规定，巴巴莱斯科被划分为三个酒村：巴巴莱斯科村、内华村（Neive）

和特黑索村（Treiso），但三大村庄的葡萄酒又各具特色。很多大型酒庄都位于巴巴莱斯科村，该村葡萄园的生产总量占据了巴巴莱斯科总产量的45%。品质优异的巴巴莱斯科葡萄酒年轻时单宁厚重，至少可以陈酿10—15年，有的甚至可以陈酿20多年。典型的巴巴莱斯科葡萄酒带有玫瑰、紫罗兰的香气，并伴有樱桃、松露、茴香和甘草的风味。

（四）巴巴莱斯科特级葡萄园

与巴罗洛一样，巴巴莱斯科产区也模仿勃艮第进行了葡萄园分级，尝试着评选出该产区的特级葡萄园。20世纪60年代，意大利著名酒评路易吉·维内里（Luigi Veronelli）评选出巴巴莱斯科特级葡萄园。70年代，又有其他酒评家尝试着对自己心目中的特级葡萄园评级。如今，当地已经根据各个葡萄园的产品质量以及葡萄酒价格而形成了一份特级葡萄园的名单。

这些特级葡萄园包括：

（1）巴巴莱斯科村的蒙特斯芬诺（Montestefano）和瑞芭哈（Rabaja）葡萄园。

（2）内华村的阿尔贝撒尼（Albesani）和圣斯特凡

巴巴莱斯科。图片来源：皮埃蒙特葡萄酒协会

意大利无法超越的传奇——嘉雅

斯缤尼塔酒庄和庄主

狮子酒和犀牛酒

诺（Santo Stefano）葡萄园。

（3）特黑索村的佩爵（Pajore）葡萄园。

（五）著名酒庄

1. 嘉雅酒庄（Gaja）

嘉雅是意大利著名的"四雅"之一，另外三"雅"是指西施佳雅（Sassicaia）、索拉雅（Solaia）和奥纳亚（Ornellaia）。

嘉雅酒庄由乔万尼·嘉雅（Giovanni Gaja）创建于1859年，是唯一一个被《意大利葡萄酒年鉴》（*Vini d'Italia*）评为五星级的酒庄，并且一直位居榜单首位。作为皮埃蒙特颇具代表性的名庄，嘉雅是意大利首个引进赤霞珠、霞多丽、长相思等葡萄品种酿酒的酒庄，也是第一个把葡萄品种单独分开种植并酿造单一品种葡萄酒的酒庄。

2. 斯缤尼塔酒庄（La Spinetta）

斯缤尼塔酒庄被评为三星酒庄，排名在它之前的是本产区超级名庄，也就是无法超越的传奇——嘉雅酒庄。"犀牛"酒和"狮子"酒是该酒庄两款特别知名葡萄酒，它们的酒标图案都出自文艺复兴时期日耳曼画家阿尔布雷特·丢勒（Albrecht Durer）之手。

七、阿斯蒂（ASTI）和加维（GAVI）

除了巴罗洛和巴巴莱斯科，皮埃蒙特的阿斯蒂和加维两产区因出产特色葡萄酒而闻名世界。

（一）阿斯蒂（ASTI）

阿斯蒂位于皮埃蒙特产区的南部，处于塔纳罗河（Tanaro）上游丘陵谷地中，以阿斯蒂起泡酒而闻名全球。1993 年，阿斯蒂被评为 DOCG 产区。

白莫斯卡托经典酒款就是著名的阿斯蒂起泡酒（Asti 或 Asti Spumante），它也是除法国香槟外最著名的起泡酒之一。阿斯蒂还出产品质上佳的微泡酒阿斯蒂莫斯卡托（Moscato d'Asti），这款酒酒精度低，在一

顿丰盛的晚宴之后，能为宾客带来惊喜和欢愉，是白莫斯卡托香甜的葡萄酒的典型代表。

此外，阿斯蒂产区也用巴贝拉（Barbera）葡萄酿造巴贝拉阿斯蒂（Barbera d'Asti），品质也不错，受人喜欢。弗雷伊萨（Freisa）、多姿桃（Dolcetto）和布拉凯多（Brachetto）也是常见的葡萄品种，生产清淡柔和、新鲜易饮而且还带点微泡的红酒。

（二）加维（GAVI）

加维产区在 1974 年被评为 DOC 法定产区，1998年被升级为 DOCG 法定产区，全称是加维柯蒂斯（Cortese di Gavi DOCG），主要使用柯蒂斯（Cortese）葡萄酿造整个皮埃蒙特最著名的白葡萄酒。

柯蒂斯在中国知名度不高，但在 17 世纪，使用柯蒂斯酿造的加维白葡萄酒在皮埃蒙特地区就已十分流行了。20 世纪 80 年代，由于新葡萄酒厂肆无忌惮地提高产量，使得大量品质低下的加维葡萄酒流入市场，影响了柯蒂斯白葡萄酒的口碑，大家对它的关注度也下降了。但近几十年来，意大利对品质的重视程度提升，各种相对小众的葡萄品种被再次开发，推到人们面前，柯蒂斯迎来新的发展机遇，加维产区再次焕发生机。

阿斯蒂起泡酒

第四节　托斯卡纳：文艺复兴发源地，葡萄酒美丽天堂

托斯卡纳（Tuscany）有"华丽之都"的美誉，因其丰富的艺术遗产和绚丽的文化积淀而名扬天下。托斯卡纳被视为意大利文艺复兴的发源地，诞生和哺育了一大批有影响力的艺术家和科学家，如达·芬奇、伽利略、普契尼、彼特拉克、但丁、米开朗琪罗等。

一、产区概况

托斯卡纳是意大利最知名的明星产区，位于意大利的中部，首府是佛罗伦萨。该产区西接第勒尼安海，东临亚平宁山脉，北邻艾米里亚 - 罗马涅（Emilia-Romagna），西北临利古里亚（Liguria），南接翁布利亚（Umbria）和拉齐奥（Latium），地理位置优越。托斯

卡纳之于意大利，好比波尔多之于法国。

二、葡萄品种

白葡萄品种主要有特雷比奥罗、玛尔维萨（Malvasia）、莫斯卡德洛（Moscadello）、维奈西卡 - 圣吉米亚诺（Vernaccia di San Gimignano）等。红葡萄品种主要有桑娇维塞、绮丽叶骄罗（Ciliegiolo）、卡内奥罗（Canaiolo）、科罗里诺（Colorino）、玛墨兰（Mammolo）、赤霞珠、美乐、西拉等。

桑娇维塞是该产区的明星葡萄品种，"Sangiovese"的字面意思是"丘比特之血"。桑娇维塞葡萄的独特之

处在于其多变的风格，既可以展现出类似酸樱桃和草莓果酱的风味，也具有烤胡椒和番茄等更偏向草本的香气。由于酸度和单宁双高，桑娇维塞是托斯卡纳最具可塑性的葡萄品种。

三、气候特点

托斯卡纳呈现出典型的地中海气候，冬季温和，夏季炎热干燥。

四、土壤特征

该产区有两种经典土壤类型。

一种是被叫作嘉斯托（Galestro）的土壤，这是一种片岩土壤，其岩石强度低、易碎、排水性好，含有黏土和石灰岩成分，主要分布在经典基安帝产区以北，如庞扎诺（Panzano in Chianti）和鲁芬娜（Chianti Rufina）等地，非常适合桑娇维塞的生长。

另一种是阿尔巴热斯（Albarese）土壤，是一种石灰岩土壤，既含有小粒的石子，也有巨大的石块，排水性好、硬度高、养分低，甚至比嘉斯托还贫瘠，主要分布在经典基安帝以外的地区。

五、法定产区

托斯卡纳是以红葡萄酒为主的产区，共分布着 11 个 DOCG 和 41 个 DOC 葡萄酒产区，而且其中的大多数都拥有卓越的名声，著名的 DOCG 包括经典基安帝（Chianti Classico）、基安帝（Chianti）、布鲁奈罗 - 蒙塔奇诺（Brunello di Montalcino）和蒙特布齐亚诺贵族（Vino Nobile di Montepulciano）。

除品质优秀的 DOCG 和 DOC 法定产区外，很多 IGT 和 VDT 等级的葡萄酒同样令人印象深刻，品质丝毫不逊于 DOCG 和 DOC 级别的葡萄酒，在全球都享

有极高的声誉。

六、基安帝——传奇黑公鸡

基安帝是一个很广泛的地区统称，位于佛罗伦萨（Florence）和锡耶纳（Siena）之间，风景优美，历史悠久，现在已经成为意大利高品质葡萄酒的代名词。

（一）葡萄酒历史

基安帝的葡萄种植历史非常悠久，可以追溯至罗马帝国之前的伊特鲁里亚人时代，当时的伊特鲁里亚在这里种植葡萄、进行品种杂交实验和酿造优质的葡萄酒。到 1716 年，托斯卡纳的大公爵科西莫三世德美第奇正式确定了基安帝葡萄酒产区的边界，今天的经典基安帝的大部分产区就大致位于此。

20 世纪初，基安帝葡萄酒的影响力逐渐扩大，周边区域也开始以"基安帝"或者"基安帝风格"的名义卖酒，基安帝所包含的范围开始扩展到周边地区。1932 年，基安帝正式被划分为 7 个子产区。1967 年，该地区被授予 DOC，又于 1984 年被授予 DOCG。

（二）基安帝子产区

基安帝共有 7 个子产区，包括阿勒蒂尼山（Colli Aretini）、菲欧伦蒂尼山（Colli Fiorentini）、比萨纳山（Colline Pisane）、森纳斯山（Colli Senesi）、蒙塔巴诺（Montalbano）、蒙特斯巴托丽（Chianti Montespertoli）和鲁芬娜（Rufina），其中佛罗伦萨以东的鲁芬娜最为知名，鲁芬娜葡萄酒十分优雅且陈年潜力强。

另外，如果把经典基安帝也包括进来，那么广义基安帝就有 8 个子产区。近年来由于"超级托斯卡纳"的崛起，经典基安帝感受到了巨大压力，也随之不断提高葡萄酒品质，影响力也提升了。

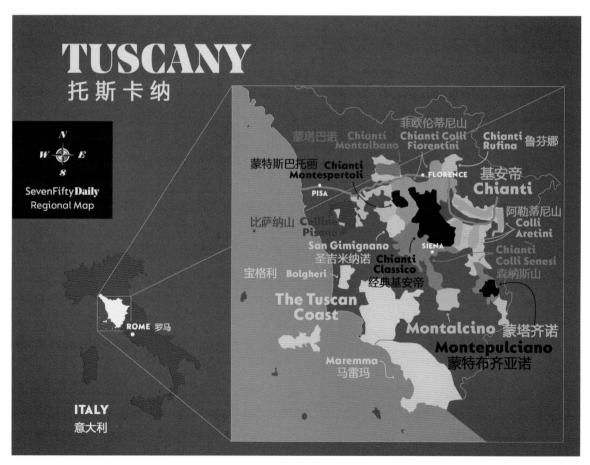

托斯卡纳葡萄酒地图。图片来源：SevenfiftyDaily-Jeff Quinn 绘制

（三）基安帝葡萄酒分类

基安帝葡萄酒分为五类：基安帝（Chianti DOCG）、超级基安帝（Chianti Superiore）、经典基安帝（Chianti Classico）、经典基安帝珍藏（Chianti Classico Riserva）和经典基安帝精选（Chianti Classico Gran Selezione）。

基安帝。基安帝葡萄是七个子产区的普通基安帝，葡萄园面积约 1.5 万公顷（25.5 万亩）。

超级基安帝。比基安帝葡萄酒有着更严格的标准。葡萄原料来除经典基安帝产区之外的基安帝产区葡萄园，但是酒标上不能出现基安帝子产区，至少陈酿 9 个月（含 3 个月的瓶储）才能上市。

经典基安帝。葡萄原料必须完全来自酒庄自己种植的葡萄园，不可外购葡萄原料或原酒，葡萄酒中固形物要高于 26 克/升，酒精度不低于 12 度，至少陈酿 12 个月（含 3 个月的瓶储）才能上市。

经典基安帝珍藏。除经典基安帝要求外，经典基安帝珍藏葡萄酒的酒精度不得低于 12.5 度，至少陈酿 24 个月（含 3 个月的瓶储）才能上市。

经典基安帝精选。比经典基安帝珍藏要求还要高，酒精度不得低于 13 度，至少陈酿 30 个月，其中包含至

少 3 个月瓶储，需通过化学成分分析和第三方的盲品评价才能被授予经典基安帝精选。

（四）经典基安帝葡萄酒黑公鸡标志

黑公鸡的标志源自佛罗伦萨和锡耶纳争夺基安帝的故事。

中世纪的时候，佛罗伦萨和锡耶纳长期争战，为了终止战事，分割基安帝，双方决定在听到公鸡鸣叫时，派出各自的骑手从首都出发，双方骑手碰面的地

基安帝葡萄酒瓶颈处的黑公鸡标志

中间这位商人手中的葡萄酒是基安帝经典瓶型——稻草瓶

方就是两国领土的边界。结果佛罗伦萨人选了只黑公鸡，然后使劲儿地饿这只"小黑"。锡耶纳选了只白公鸡，为了让"大白"好好表现，锡耶纳人对它好吃好喝地伺候。比赛那天佛罗伦萨的"小黑"公鸡早饿得睡不着觉，一放出笼就喔喔啼叫，于是佛罗伦萨的骑手早早提前就出发了，几乎拿到了所有的基安帝地区。

当然，这仅仅是一个传说，可信度不高，但"黑公鸡"的形象在当地深入人心，并且成为古基安帝军团的象征。后来经典基安帝葡萄酒联盟将其选作经典基安帝葡萄酒的标志。

（五）著名酒庄

基安帝产区的著名酒庄有力保山路（Castello di Nipozzano）、阿玛酒庄（Castello di Ama）、富迪酒庄（Fontodi）、费尔西纳酒庄（Felsina Berardenga）和蒙森特酒庄（Castello di Monsanto）等。

七、布鲁奈罗 - 蒙塔奇诺——意大利之魂

托斯卡纳的布鲁奈罗 - 蒙塔奇诺（Brunello di Montalcino）子产区海拔564米，位于锡耶纳以南40公里处，葡萄园面积约1.2万公顷（18万亩）。1980年7月1日，

布鲁奈罗 - 蒙塔奇诺成为意大利第一批获得 DOCG 法定等级的葡萄酒，但该产区高质量葡萄酒的名誉已经传颂了几百年。

（一）气候特点

属于地中海气候，比邻近产区更为干燥。

（二）土壤特征

离河岸较近的葡萄园土壤较松软，以黏土为主。

高海拔的葡萄园以石灰岩和黏土为主。由海拔高度、土壤类型与山坡朝向等因素综合塑造了产区内各个地块之间差异较大和微妙的微气候，所以布鲁奈罗葡萄酒也风格各异。

（三）葡萄品种

桑娇维塞。

（四）葡萄酒特点

布鲁奈罗 - 蒙塔奇诺被誉为"意大利的灵魂"，必须用 100% 的桑娇维塞酿造，它也是当地的法定葡萄品种。

酿酒环节的长时间陈酿是主要特点，这使得它的颜色为偏石榴红的宝石红色。布鲁奈罗 - 蒙塔奇诺葡萄

布鲁奈罗 – 蒙塔奇诺典型的酒窖内景。图片来源：www.free tour.com

鲁芬娜名庄－力保山路

酒香气浓郁，持久复杂，酒体饱满，酸度合适，口感高雅，既有灌木<u>丛</u>、红色浆果以及泥土的清香，也有由木桶与陈酿带来的陈酿香，酒精度最低12.5度，而通常会达到13.5度甚至更高。

布鲁奈罗－蒙塔奇诺的桑娇维塞

1888 和 1891 年份的碧安帝山迪

传统的布鲁奈罗 - 蒙塔奇诺葡萄酒需要经过长期且缓慢的发酵，通常置于大型的橡木桶中陈酿数十年再装瓶，有着极为浓郁的风味、浓缩的酒体和强劲的冲击力。如今，法规关于布鲁奈罗葡萄酒的橡木桶陈酿时间由原来的 4 年改为 2 年，但瓶储陈酿不得低于 2 年，也就是还是需要 4 年总的陈酿后才能上市。布鲁奈罗 - 蒙塔奇诺酒体强劲，结构平衡，果香丰富，常见酸樱桃、无花果、西红柿、烟草、烟熏和皮革等香气，单宁厚重、酸度高、颜色深，陈年潜力巨大，陈酿 10—20 年达到最佳饮用状态。如果说巴罗洛是皮埃蒙特的"硬汉"，那布鲁奈罗就是托斯卡纳的"硬汉"。

（五）著名酒庄

1. 碧安帝山迪酒庄（Biondi Santi）

碧安帝山迪酒庄在 1888 年酿造史上生产了第一瓶真正意义上的布鲁奈罗 - 蒙塔奇诺，因而也被称为布鲁奈罗之父。碧安帝山迪酒庄是蒙塔奇诺举足轻重的酒庄，堪称意大利四大顶尖酒庄之一。

2. 索得拉酒庄（Soldera）

索得拉酒庄曾被称为"在坏年份里也能生产出高品质的布鲁奈罗葡萄酒的伟大酒庄"。

3. 麓鹊酒庄（Tenuta Luce）

花思蝶集团旗下另一名庄，由维托里奥·花思蝶（Vittorio Frescobaldi）和罗伯特·蒙大维（Robert Mondavi）共同创立。

布鲁奈罗 – 蒙塔奇诺的土壤

布鲁奈罗之王——麓鹊酒庄

麓鹊的标志是一轮金光四射的太阳，伴随着 12 道火焰

八、蒙特布齐亚诺贵族——仙浆琼液

公元 15 世纪，提多·利维奥在他的《罗马纪年》一书中将蒙特布齐亚诺贵族葡萄酒称为"仙浆琼液"。1530 年，教皇保罗三世的葡萄酒供应商圣·兰切利奥，赞赏蒙特布齐亚诺为"完美的葡萄酒"。18、19 世纪，欧洲作家如伏尔泰和亚历山大·大仲马等都提到过蒙特布齐亚诺贵族葡萄酒。17 世纪该产区曾被评为"托斯卡纳葡萄酒之王"。

（一）气候特点

蒙特布齐亚诺贵族产区属于大陆性气候，晴朗干燥，得益于地中海的调节作用，不过于炎热。

（二）土壤特征

黏质砂土石灰石。

（三）葡萄品种

桑娇维塞、卡内奥罗、科罗里诺、玛墨兰（Mammolo）、赤霞珠和美乐等。

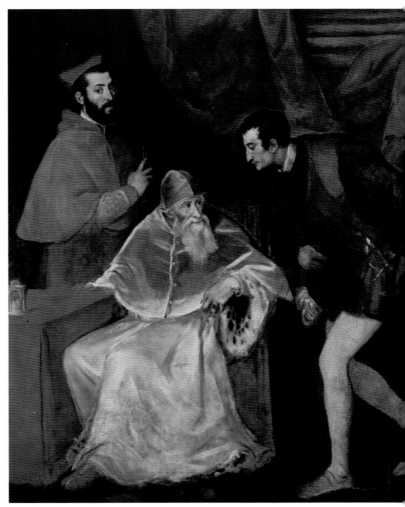

教皇保罗三世是蒙特布齐亚诺贵族葡萄酒粉丝

阿维尼塞斯酒庄正在风干的葡萄。图片来源：Cortonaprivatetours

（四）葡萄酒风格：托斯卡纳贵族

蒙特布齐亚诺贵族葡萄园面积仅有 1245 公顷（1.9 万亩），是托斯卡纳最小的 DOCG 产区，也是托斯卡纳均价最贵的产区。蒙特布齐亚诺贵族葡萄酒上市日期是葡萄采收 2 年后的 1 月 1 日起，因为该葡萄酒必须经过 2 年陈酿期后方可上市。而珍藏级葡萄酒至少要经过 3 年的陈酿（其中包含 6 个月的瓶陈期）后方可上市。"Vino Nobile" 是贵族葡萄的意思，而 "Montepulciano"（蒙特布齐亚诺）是托斯卡纳一个小镇的名字，蒙特布齐亚诺贵族产区（Vino Nobile di Montepulciano）的名称由此得来。

1980 年，蒙特布齐亚诺产区被授予 DOCG。蒙特布齐亚诺贵族葡萄酒必须由 70% 以上的桑娇维塞，最多 20% 的卡内奥罗及其他葡萄品种混酿而成，至少陈酿 2 年以上，其中橡木桶陈酿时间不低于 12 个月。蒙特布齐亚诺贵族葡萄酒带有浓郁的泥土、甘草和黑色水果等气息，单宁强劲饱满，酸度较高，陈年潜力较强，可达 10 年以上。

（五）知名酒庄

该产区著名的酒庄有波斯卡莱利酒庄（Boscarelli）、布拉塞斯卡（La Braccesca）、阿维尼塞斯（Avignonesi）和宝丽酒庄（Poliziano）等。

九、超级托斯卡纳——非正式超级巨星

根据国际权威机构伦敦国际葡萄酒交易发布的 Fine Wine 100 指数，排在前 10 位的意大利葡萄酒中，近六成是超级托斯卡纳（Super Tuscany）。

（一）超级托斯卡纳

意大利葡萄酒的法律规定，酒庄使用国际葡萄品种（如赤霞珠、美乐等）酿成的酒，即使品质很高，也只能归类为 IGT 甚至 VDT 等级，不能被授予 DOC 或 DOCG 这些高的等级。因为托斯卡纳 DOC 法定产区法规还规定，当地葡萄酒在使用 85% 的桑娇维塞之外，还必须使用 15% 的两到三种本地葡萄，其中还包含一种本地白葡萄。

1978 年，西施佳雅 1972 年份获评世界上最好的赤霞珠红葡萄酒。美国的《葡萄酒观察家》也多次给予这款酒非常高的评价，而这款酒只是个 IGT 级别葡萄酒。像西施佳雅一样，许多备受赞誉的托斯卡纳优质佳酿都没有得到与其品质相对应的等级。

超级托斯卡纳是由一群满怀热情、强调创新的酿酒师打造的葡萄酒。他们在葡萄品种选育、酿酒工艺、陈酿方法、混酿比例等方面，对传统做法进行了大胆的革新而酿造出了独特而优质的葡萄酒。

托斯卡纳采摘后的粒选作业。图片来源：Decanter

传奇缔造者——西施佳雅

宝格利产区的酒窖

由此可见，意大利法定产区制度还是存在诸多的"不完美"之处，硬生生给"逼"出了一个非正式超级巨星——"超级托斯卡纳"来。

（二）主要产区

超级托斯卡纳主要集中在宝格利（Bolgheri）、瓦迪克尼亚（Val di Cornia）和蒙特斯库达伊奥（Montescudaio）等地区。

（三）两大流派

1. 本土超级托斯卡纳

本土超级托斯卡纳是以安东尼世家公司的天娜葡萄酒为代表的葡萄酒，其主要特点是以意大利本土葡萄桑娇维塞与国际品种如赤霞珠、品丽珠、美乐进行混酿而成的葡萄酒。

1971 年，安东尼世家率先将经典基安帝规定的 15% 的本地葡萄，换成了国际品种赤霞珠和品丽珠，这款葡萄酒就是天娜，而天娜也是公认的第一个超级托斯卡纳。没有遵循经典基安帝法规的天娜不能使用 Chianti Classico DOC 等级，于是安东尼世家公司在酒标上标注 TOSCANA。但因其品质卓越，在国际市场大受欢迎，价格也是经典基安帝的数倍。

很多经典基安帝产区的酒庄纷纷效仿，诞生了一大批以 TOSCANA 标注的品质优异的托斯卡纳葡萄酒，这场自愿降级酿造高品质葡萄酒的运动，被称为"超级托斯卡纳运动"，慢慢地这些葡萄酒就被国际市场统称为"Super Toscana 超级托斯卡纳"。

2. 国际超级托斯卡纳

超级托斯卡纳的第二个流派，就是宝格利（Bolgheri）产区的超级托斯卡纳国际派。宝格利产区的历史

改变意大利葡萄酒的五大超级巨星：天娜、索拉雅、西施佳雅、马塞托、奥纳亚（从左至右）

非常短，从 1968 年诞生第一款葡萄酒西施佳雅，到 90 年代这个产区才开始成形。

之所以本书把它归为国际派，是因为这个产区主要种植赤霞珠、美乐、品丽珠等国际品种，很多意大利葡萄酒权威人士鄙视地认为这是"意大利的法国葡萄酒产区"，更有甚者说这个产区为迎合国际市场的法国口味，而放弃意大利本土葡萄的媚世之作，不知道是不是吃不着葡萄说葡萄酸。但国际市场可不管意大利权威人士那一套，持续追捧国际超级托斯卡纳。由于葡萄酒品质极佳，价格又贵，宝格利产区近些年在全球的风头急升，大有赶超波尔多列级庄的趋势。

（四）超级托斯卡纳名庄

1. 圣圭托酒庄（Tenuta San Guido）

圣圭托酒庄地处意大利托斯卡纳的宝格利地区。酒庄出产的西施佳雅葡萄酒是托斯卡纳的酒中之王，被称为意大利的"拉菲"，另一名酒天娜也非常有名。

2. 安东尼世家酒庄（Marchesi Antinori）

安东尼世家酒庄在意大利托斯卡纳地区名声显赫，世代隶属于安东尼家族。1385 年吉万尼·安东尼加入在佛罗伦萨市被称作"佛罗伦萨艺术"的酿酒师公会。安东尼世家酒庄的索拉雅（Solaia）和天娜葡萄酒（Tignanello）等优秀酒款都诞生在超级托斯卡纳。

圣圭托酒庄

安东尼世家酒庄

3. 奥纳亚酒庄（Ornellaia）

1981 年成立，位于托斯卡纳的西边，紧邻海边，由 91 公顷的葡萄园组成。2001 年，奥纳亚庄园被美国加利福尼亚州的罗伯特-蒙大维（Robert Mondavi）公司购买，从此该酒庄变成了一个美国公司。

奥纳亚酒庄

4. 马塞托酒庄（Masseto）

花思蝶集团（Frescobaldi）旗下酒庄，有着"意大利帕图斯（Petrus）"之美誉，《葡萄酒观察家》（*Wine Spectator*）和帕克团队（Robert Parker Team）等权威酒机构曾多次给该酒款打出满分。

马塞托酒庄

第五节 威尼托：传统与革新的传奇葡萄酒产区

威尼托（Veneto）是意大利葡萄酒出口量第一大区，这个大区有两个中国人很熟悉的旅游名城，一个是水城威尼斯，另一个是维罗纳。

水城威尼斯闻名遐迩，维罗纳是罗密欧与朱丽叶经典爱情故事的发生地，而且这里还有意大利第二大的圆形竞技场 Arena，每年夏天在这个竞技场里都有歌剧演出季，吸引了来自全世界的游客和观众。

一、葡萄酒历史

与意大利许多其他的产区一样，威尼托产区有着相当悠久的酿酒历史，据文字材料记载，威尼托的葡萄酒历史可追溯到古罗马时期。

公元前 7 世纪，生活在威尼托的伊特鲁里亚和雷第人（Etruscan 和 Raetic）便开始种植葡萄，酿造品质不俗、颇受欢迎的雷第安葡萄酒（Raetia Wine），这种葡萄酒曾深受著名学者老普林尼（Pliny the Elder）和古罗马诗人维吉尔（Virgil）的青睐。罗马帝国衰落以后，威尼托的安希纳图（Acinatico）葡萄酒名气依旧

波普洛尼亚的伊特鲁里亚卫城

饮酒的伊特鲁里亚人

很大。安希纳图是瓦波里切拉（Recioto della Valpoli-cella）葡萄酒的前身，安希纳图采用了在草席上让葡萄半风干后酿造葡萄酒，使其酒体风格甜美。

随着外族入侵，威尼托葡萄园遭到了毁坏，酒农和庄园主们不得不重新种植葡萄。后来，威尼斯（Venice）商人们也逐渐活络起来，他们一边进口希腊葡萄酒，一边出口威尼托本土的葡萄酒。就在日渐繁盛的葡萄酒贸易中，威尼托成为当时地中海最大的葡萄酒贸易中心。

二、产区概况

威尼托（Veneto）是意大利东北部的一个行政区，首府是威尼斯（Venice），坐落于阿尔卑斯山和亚得里亚海之间。西接伦巴第（Lombardy），南临艾米利亚 -罗马涅（Emilia-Romagna），东边与奥地利接壤。

威尼托大区有 14 个 DOCG 法定产区，仅次于皮埃蒙特大区的 17 个，是意大利拥有 DOCG 第二多的大区。此外该产区还拥有 29 个 DOC 产区，葡萄园面积超过 9 万公顷，年葡萄酒产量近 10 亿升，是当之无愧的意大利重量级葡萄酒产区。

三、葡萄品种

1. 白葡萄品种

主要有格雷拉（Glera）、佳娜佳（Garganega）、特雷比奥罗（Trebbiano）、托卡（Tocai）、普洛赛克（Prosecco）、维多佐（Ver-duzzo）、达莱洛（Durella）、维斯派拉（Vespaiola）、霞多丽、长相思、白比诺（Pinot Bianco）、灰比诺（Pinot Grigio）等。

2. 红葡萄品种

主要有柯维娜（Corvina）、科维诺尼（Corvinone）、罗蒂内拉（Rondinella）、莫利纳拉（Molinara）、奈格拉拉（Negrara）、美乐、赤霞珠、巴贝拉（Barbera）等。

白葡萄种植量最大的是格雷拉（Glera），用于生产普罗赛克（Prosecco），占比 24%。其次为佳娜佳（Garganega），占比 14%。灰比诺（Pinot Grigio）占比 9%。

威尼托的葡萄架势。图片来源：Torresella 官网

红葡萄品种美乐最多，占比 12%。用于酿造阿玛罗尼的柯维娜占比 10%。

四、气候特点

威尼托由于受到北部山脉与东部海洋的调节，气候温和、较为稳定，非常适合葡萄的生长。

五、土壤特征

威尼托大区拥有意大利最多样的地貌特征，主要有阿尔卑斯山山脉、不同种类的山丘、河流湖泊和海滩。总体上说，威尼托大区平原占 56.4%，山脉占 29.3%，丘陵占 14.3%。

产区土壤表层覆盖着泥沙，内层含有黏土和钙质石灰岩土。

六、子产区分布

威尼托共有 14 个 DOCG 产区，其中最为重要的有 4 个，分别是瓦波里切拉（Valpolicella）、苏瓦韦（Soave）、卢佳娜（Lugana）和巴多利诺（Bardolino）等。

这 14 个产区和特点如下：

1. 瓦波利切拉阿玛罗尼（Amarone della Valpolicella），以红葡萄酒为主，使用柯维娜的比例为 45%—95%，其中允许最多 50% 的柯维娜（Corvina）可被科维诺尼代替，罗蒂内拉 5%—30% 等。

2. 瓦波利切拉乐巧多（Recioto della Valpolicella），以甜红葡萄酒为主，酒精度一般在 16 度左右，使用 45%—95% 的柯维娜，5%—30% 的罗蒂内拉葡萄酿造。

3. 超级巴多利诺（Bardolino Superiore），红葡萄酒为主，使用 35%—80% 维罗纳的柯维娜葡萄，允许最多 20% 的柯维娜（Corvina）可被科维诺尼代替，罗蒂内拉 10%—40% 等。

4. 阿索罗普罗赛克（Asolo Prosecco），以白葡萄酒和起泡酒为主，至少使用 85% 的格雷拉葡萄。

5. 科奈里阿诺 - 普罗赛克 Conegliano Prosecco，以白葡萄酒、起泡酒为主，至少使用 85% 的格雷拉葡萄。

俯瞰苏瓦韦产区。图片来源：Dltviaggi

6. 巴尼奥利·弗里拉洛（Friularo di Bagnoli），主要是红葡萄酒，使用至少 90% 的拉波索葡萄酿造。

7. 皮亚夫·马拉诺特（Piave Malanotte），主要是红葡萄酒，使用至少 70% 的皮阿韦拉波索（Raboso Piave）和最多 30% 的维罗纳拉波索（Raboso Veronese）葡萄混合酿造。

8. 科奈里阿诺山丘（Colli di Conegliano），主要是红葡萄酒、白葡萄酒、甜酒。

9. 蒙泰罗（Montello），主要是红葡萄酒，使用 40%—70% 的赤霞珠，30%—60% 的美乐和／或品丽珠和／或佳美娜。也可以添加不超过 15% 的适合种植在 Treviso 产区非芳香葡萄园内颜色相似的葡萄。

10. 科利·尤金内伊（Colli Euganei Fior d'Aranci），主要是白葡萄酒、起泡酒，使用至少 95% 的莫斯卡托葡萄酿造。

11. 丽森（Lison），主要是白葡萄酒，使用至少 85% 的托卡葡萄，与弗留利大区共享 DOCG。

12. 超级苏瓦韦（Soave Superiore），主要是白葡萄酒、起泡酒，使用至少 70% 的佳娜佳葡萄，混合最多 30% 的苏瓦韦的特雷比奥罗（Trebbiano di Soave）葡萄酿造，白葡萄酒和起泡酒通常为干型。

13. 甘柏拉拉乐巧多（Recioto di Gambellara），主要是白葡萄酒、起泡酒，使用 100% 的葡萄风干酿造，这种酒通常为甜白葡萄酒和甜起泡酒。

14. 苏瓦韦乐巧多（Recioto di Soave），主要是白葡萄酒、起泡酒，使用至少 70% 的佳娜佳葡萄，混合最多 30% 的苏瓦韦的特雷比奥罗葡萄酿造。

看以上的地名和葡萄名，超级托斯卡纳能火绝对是有理由的，为啥？超级托斯卡纳葡萄酒相对简单易记，但威尼托这些子产区和葡萄酒得花费些工夫了，以上这些名字除了意大利人，一般消费者能轻松理解

威尼托产区图。图片来源：Vinmaps

和记住的不太多。

认真看完了上面 14 个地名和葡萄酒，我们可以总结出威尼托的几大代表性酒种，即阿玛罗尼、普罗赛克（Prosecco）、乐巧多（Recioto）和里帕索（Ripasso）。别的产区都是先说产区再说酒，但是威尼托我们可以反着来，直接上"出名"的酒。

"牛"酒，阿玛罗尼登场。

七、阿玛罗尼：意大利液体黄金

阿玛罗尼（Amaron）被誉为"意大利液体黄金"。

阿玛罗尼是威尼托可以与巴罗洛、基安帝、巴巴莱斯科、托斯卡纳相媲美的另一现象级葡萄酒，讨人喜欢的成熟浆果、甘草、巧克力和无花果的香气结合在一起，颜色、糖分、香气和风味浓郁度远超普通葡萄酒，具有饱满的酒体、高达 15% 以上的酒精度和甜

美而复杂的口感。

盛产阿玛罗尼的瓦波里切拉，早在 1968 年就获得了 DOC 地位，2009 年成功升级为 DOCG 级。

（一）葡萄品种

1. 葡萄品种

柯维娜（Corvina）、科维诺尼（Corvinone）、罗蒂内拉（Rondinella）、莫利纳拉（Molinara）。

2. 补充说明

柯维娜广泛种植于瓦波里切拉产区，这个名字原意是"未成熟的"，该葡萄品种晚熟。罗蒂内拉起源于意大利语"Rondini"，是"燕子"的意思，因为品种颜色深浓，就像燕子的羽毛。科维诺尼一直被误会为 Corvina 的克隆品种，但二者并无关系。它晚熟、果串疏松，十分适合风干。莫利纳拉是面粉的意思，因为品种的花朵看起来像面粉，属于中晚熟的葡萄品种，

半干的和树上的柯维娜（Corvina）

产量极高。

这几个品种常常混酿，柯维娜通常占主导地位，可以使用枯藤法酿造阿玛罗尼、乐巧多甜酒和里帕索甜酒，也可以酿造易饮、性价比高的普通红葡萄酒。

（二）枯藤酿造法（Appassimento）

1. 阿玛罗尼的基本工艺

枯藤法酿酒工艺可以追溯到古罗马帝国时期。

阿玛罗尼名庄泽纳多酒庄，正在风干中的葡萄

枯藤法的核心是在冬天将酿酒葡萄置于通风、干燥的小屋内风干，使葡萄流失大约30%的水分，从而让糖分和风味物质得以浓缩。这样使得葡萄酒酸度下降的同时，风味物质更加凝练，葡萄酒整体而言结构更平衡、风味更浓郁、质地更柔顺。

采用枯藤法酿造的葡萄酒必须手工采摘葡萄原料，因为机器采摘会导致果粒破裂，手工采摘才能保证果穗和果粒的完整，方便后续的晾晒。采摘后整穗葡萄会被放在通风性良好的房间里自然风干，风干时间根据葡萄的成熟度而定，一般在60—120天不等。风干之后的葡萄会经过一系列正常的酿酒过程，发酵完成后的葡萄酒需要在橡木桶中陈酿12—18个月，在上市发售之前至少还需要再瓶储陈酿1年。

2. 乐巧多和里帕索

枯藤法是用来酿造威尼托产区某些风格独特的葡萄酒的一项酿酒工艺，比如乐巧多和帕赛托。

乐巧多甜酒是发酵时过早停止发酵，保留葡萄酒中的剩余糖分，使葡萄酒呈甜型。帕赛托甜酒是把正常发酵的葡萄酒加入阿玛罗尼酒渣中，酒渣里面剩余的糖分会启动二次发酵，这样既可增加葡萄酒的风味，又能获得与阿玛罗尼葡萄酒相似的质地。

（三）瓦波里切拉

1. 法定产区之路

自18世纪末以来，瓦波里切拉产区历尽了根瘤蚜虫病的肆虐和霉霜病的侵害。直至20世纪50年代，其葡萄酒产量才迅猛上升。1968年，瓦波里切拉产区被授予DOC。2009年，瓦波里切拉-阿玛罗尼和瓦尔波利切拉-乐巧多被授予DOCG。

2. 瓦波里切拉葡萄酒金字塔

根据葡萄酒风格来看，瓦波里切拉葡萄酒呈典型的金字塔分布，覆盖从酒体轻盈的起泡酒到风味浓郁的干型葡萄酒以及口感甜蜜的乐巧多（Recioto）甜葡萄酒等多种类型。

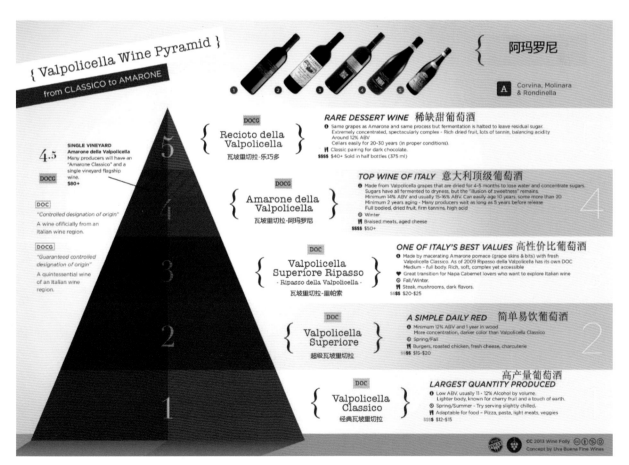

瓦波里切拉金字塔。图片来源：Wine Folly

自左至右，依次是昆达莱利、波特嘉、戴福诺和马西

最低级的是瓦波里切拉新酒（Valpolicella Nouveau），该葡萄酒在葡萄采摘和发酵完成后很快就装瓶销售，风格类似于法国博若莱产区新酒。

往上一级是经典瓦波里切拉（Valpolicella Classico），这种葡萄酒是日常饮用和佐餐的主要产品。

然后就是超级瓦波里切拉（Valpolicella Superiore），要求酒精含量在12%ABV以上，并陈酿至少1年才能上市销售。

次最高等级是瓦波里切拉-里帕索（Valpolicella Ripasso），这些酒采用酿造阿玛罗尼（Amarone）或乐巧多的酒渣二次发酵而成。

最后就是顶级的瓦波里切拉-阿玛罗尼和瓦波里切拉-乐巧多，这两者都是采用枯藤法酿造，是瓦波里切拉高级葡萄酒的代表，也是意大利顶级葡萄酒阵营成员。

（四）知名酒庄

1. 昆达莱利酒庄（Giuseppe Quintarelli）

昆达莱利是阿玛罗尼之王、意大利的膜拜酒，以深邃、复杂的阿玛罗尼和与众不同的手写酒标闻名于世，许多阿玛罗尼酒庄的终极目标就是成为昆达莱利。

2. 波特嘉酒庄（Distilleria Bottega）

波特嘉酒庄对大自然异常尊重，严格管理葡萄园，原料质量极高，产品设计个性十足。

3. 戴福诺酒庄（Dal Forno Romano）

成立于1983年的，仅有8公顷低产葡萄园，酿酒成本高昂，品质极佳，产品价格也嗷嗷叫地高。

4. 马西酒庄（Masi Agricola）

马西酒庄极富创新精神，为了酿造最让人满意的葡萄酒，该酒庄从葡萄栽培、设备引入到发酵工艺，始终不断尝试和进行技术革新。

5. 泽纳多（Zenato）

品质享誉全球，葡萄园位置得天独厚，有"卢加纳之魂"和"瓦波里切拉之心"的美誉。

第六节　普罗赛克：香槟劲敌

普罗赛克首先是一个著名的葡萄酒产区，如今它已经成为一个起泡酒种类的代名词，而且其指代的范畴早已超过了起泡酒。自进入 21 世纪起，普罗赛克起泡酒获得越来越多的关注，使得法国香槟的地位岌岌可危。时间到了 2014 年，普罗赛克在英国的销量飙升 74.6%，普罗赛克起泡酒的全球销量首次超过香槟，成为世界上销量领先的起泡酒。

一、产区概况

普罗赛克产区位于意大利北部，它位于阿尔卑斯山（Alps）和亚得里亚海（Adriatic Sea）之间。

2009 年，意大利葡萄酒管理局授予普罗赛克产区 DOCG（Prosecco DOCG），自此，"Prosecco"这个名字受法定产区的法律管制和保护。这样做的目的是限制其他地区及国家生产 Prosecco 和 Glera 葡萄酒（尤其是澳大利亚的 Prosecco 或 Glera 葡萄酒），保护意大利 Prosecco 和 Glera 葡萄酒的意大利专有性。于是，Prosecco 成为像香槟一样代指葡萄酒种类的名词。

二、葡萄品种

1. 白葡萄品种

主要有格蕾拉（Glera）、霞多丽、灰比诺等。

2. 红葡萄品种

主要有黑比诺、佩雷拉（Perera）、特雷维佐和维蒂索（Verdiso）等。

3. 品种要求

格蕾拉（Glera）是酿造普罗赛克的主要品种，在威尼托和弗留利（Friuli）地区已经有上百年的种植历史。原来格蕾拉的名字就叫 Prosecco，但因为 Prosecco 覆盖的范围扩大，名字被用得太过，有点烂了。为了保护这个葡萄酒种类的名誉，意大利就把葡萄品种 Prosecco 改成 Glera 了。酿造普罗赛克，格蕾拉葡萄的占比至少要达到 85% 的比例，别的白葡萄品种比例要低于 15%。

普罗赛克侍酒

三、气候特点

普罗赛克全年气候温和，地形多山，排水性好，产区多风，有利于葡萄园保持干燥，降低了葡萄园感染病菌的风险，是一个非常适合种植白葡萄品种的产区。

四、土壤特征

以中生代石灰岩和黏土为主，特别适合起泡酒葡萄品种的种植和生长。

五、酿酒工艺

1. 弗里赞特起泡酒（Vino Frizzante）

与传统香槟法酿造的起泡酒不同，它采用罐中发酵法酿造（又被称作查玛法）。这种工艺生产的起泡酒富含新鲜花香和果香，气泡压力小，风格简单易饮，产量大，价格低，但市场占有率越来越高。

2. 斯普曼特起泡酒（Vino Spumante）

斯普曼特酿酒法是采用传统法香槟法酿造的普罗赛克起泡酒。两种工艺在产品上的主要区别在于二氧化碳压力不同。斯普曼特普罗赛克中的二氧化碳气压至少3个bar以上，基本在3—5bars之间，而且限定二次发酵和陈酿时间至少1个月（有时长达3个月）。因此，酒质要优于弗里赞特，属于经典传统型起泡酒。

3. 科尔芬多起泡酒（ColFondo）

科尔芬多是一种在无压罐中进行第一次发酵，然后再装瓶进行第二次发酵生产的混浊型微起泡酒。据说这是普罗赛克的最原始风格。事实上，科尔芬多类似于法国卢瓦尔河谷南特地区出产的"Sur Lie"白葡萄酒，属于一种未经过滤的普罗赛克混浊型微起泡酒。这种风格的起泡酒有的属于DOC和DOCG等级。

有点浑浊的科尔芬多

普罗赛克发酵设备

4. 普罗赛克静态葡萄酒

并不多见的一种普罗赛克。

六、按含糖量进行的分类

普罗赛克葡萄酒与香槟一样，已经涵盖所有糖度类型。理论上，含糖量越低，质量越高。特别极干（Extra brut）以上的术语仅限 DOCG 产区使用。

1. 天然普罗赛克（Pas dosé / Brut Nature / Dosaggio zero），含糖量 <3g/L。

2. 特别极干（Extra brut），含糖量≤6g/L。

3. 极干（Brut），6 g/L＜含糖量≤12 g/L。

4. 特别干（Extra dry），12 g/L＜含糖量≤17 g/L。

5. 干（Dry），17g/L＜含糖量≤32 g/L。

6. 半干（Demi sec），32 g/L＜含糖量≤50 g/L。

7. 甜（Dolce 或 Doux），含糖量＞50 g/L。

七、普罗赛克分级

1. 普罗赛克 DOC（Prosecco DOC）

普罗赛克 DOC 是最低级普罗赛克。由威尼托大区和弗留利 - 威尼斯朱利亚大区（Friuli-Venezia Giulia）组成，覆盖 9 个省的 556 个市镇和公社。酿酒葡萄允许来自区内各地，法律约束没那么严格，出产的 Prosecco 起泡酒和葡萄酒品质一般，优秀者不多。

2. 特雷维索普罗赛克 DOC（Prosecco Treviso DOC）

特雷维索普罗赛克 DOC 是普罗赛克 DOC 当中的 2 个小产区之一，以特雷维索省（Treviso）命名。特雷维索普罗赛克酿酒葡萄只能来自特雷维索省的 95 个市镇和公社，产区范围比 Prosecco DOC 要小得多，法律约束和管制条件也较严格，酒质比普罗赛克 DOC 要好。

3. 特里雅斯特普罗赛克 DOC（Prosecco Trieste DOC）

特里雅斯特（Trieste）是弗留利 - 威尼斯朱利亚大区最小的省，它位于亚得里亚海的北岸，这是另一个特别小的产区。因此，注明有 Trieste 的起泡酒特别珍贵。

4. 阿索洛优质普罗赛克 DOCG（Asolo Prosecco Superiore DOCG）

只有阿索洛（Asolo）法定产区的葡萄酒并达到相应的法规要求，才可以被授予阿索洛优等普罗赛克 DOCG（Asolo Prosecco Superiore DOCG）。葡萄园集中在皮亚韦河（Fiume Piave）右岸的 Cornuda 镇和阿索洛（Asolo）市之间，东西绵延约 8 公里，丘陵起伏，风土优越，葡萄酒品质出众。

5. 科内利亚诺 - 瓦尔多比亚德尼优质普罗赛克

普罗赛克趣图

DOCG（Conegliano Valdobbiadene Prosecco Superiore DOCG）

产区建于 1962 年，1969 年被授予 DOC，2009 年获得 DOCG。产区位于普罗赛克中央的特雷维索省（Treviso）北部，地处皮亚韦河（Fiume Piave）左岸，与阿索洛普罗赛克隔河相望。该产区风土出色，风格多样。

6. 科奈里阿诺 - 瓦尔多比亚德尼优质普罗赛克葡萄园级 DOCG（Conegliano Valdobbiadene Prosecco Superiore Rive DOCG）

这是一个科奈里阿诺 - 瓦尔多比亚德尼产区内带 RIVE 的小产区，Rive 在意大利语中意为"河岸"或"斜坡"。Rive 是指 12 个市镇和 31 个公社的小产区，可理解为 43 个"河坡"或 43 个"葡萄园"，也是 43 个地理标志，每个都代表不同的风土，也代表 43 个个性不同的葡萄酒。根据法规，这 43 个 Rive 的普罗赛

克起泡酒只能采用斯普曼特工艺，禁止使用弗里赞特。标签上必须注明葡萄收获年份和葡萄的产地"Rive di…"，比如 Rive di Guia 等。

7. 科奈里阿诺 - 瓦尔多比亚德尼 - 卡提兹优等普罗赛克 DOCG（Conegliano Valdobbiadene Prosecco Superiore di Cartizze DOCG）

以卡提兹（Cartizze）山命名。卡提兹山是普罗赛克产区当中的顶级风土，也是意大利单价很高的葡萄园。因此，卡提兹优质 DOCG 普罗赛克起泡酒都比较贵。

但普罗赛克起泡酒与香槟相比，价格仍相差很大，即便是顶级普罗赛克也只是与普通香槟的价格相当。因此，普罗赛克有"穷人的香槟"之称，几乎不存在像年份香槟一样昂贵的普罗赛克。

卡提兹优质 DOCG

第七节 看标识酒：意大利葡萄酒的标签标识解读

各个国家的葡萄酒酒标都有很多共通的地方，比如酒庄名、品牌名、产区、葡萄品种、年份、容量和酒精度等。当然，各个国家和产区葡萄酒酒标上显示的信息也不同，其中最大的不同是来自文字和分级上的差异。

一、意大利酒庄主要信息

1. 意大利生产

Product of Italy 或者 Italy。

2. 酒精含量

以体积百分比显示，与品质不一定正相关。

3. 容量

一般是 75cL 即常见的 750 毫升。

4. 产区

产区的位置一般都会在 DOCG 等分级术语的正上方，是非常重要的信息。

5. 产区术语

从高到低分别是 DOCG (Denominazione di Origine Controllata e Garantita)、DOC (Denominazione di Origine Controllata)、IGT (Indicazione Geografica Tipica)、VDT (Vino da Tavola)，每一瓶 DOCG 的酒都由政府严格把控，在瓶颈处有防伪标签。这是非常重要的信息。

6. 品质等级

（1）Riserva（珍藏）同 Reserve，中文翻译为珍藏，酒标上标有 Riserva 的意大利葡萄酒，都是较高品质的葡萄酒。

（2）Superiore 不是说这瓶酒的质量非常好，而是表示这瓶酒的酒精度比同产区没标的更高，是非常重要的信息。

7. 年份

葡萄采摘的年份，非常重要的信息。

8. 葡萄品种

意大利规定单一品种葡萄酒，该葡萄品种的含量体积占比必须达到 85% 以上，是非常重要的信息。

9. 酒庄和品牌信息

一般是品牌或酒庄名称，大多数酒庄都是配合图标使用的，或者各种艺术字体，所以大家如果看到文图结合的，一般就是酒庄名字了。

10. 生产者和葡萄园的名称。

11. 生产方法。

12. 品质属性。如获奖信息、限量编号、名家背书等。这是酒标信息中的重要参考，有这几项的酒一般不会差。

13. 生产方法。

14. 饮用建议事项等。

15. 酒庄、酒厂内灌瓶。

16. 装瓶厂及地址。

17. 警告类。饮酒警告和过敏提示等，各个国家不同，可能会出现在正标和背标上。

18. 含硫量标识。

二、常见术语

Abboccato：微甜。

Amabile：半甜。

Amaro：苦涩或者极干。

Asciutto：极干。

Auslese：源自德语，通常用于特伦托（Trentino-Alto Adige）产区，酿酒的葡萄都是经过精挑细选而得。

Azienda/Azienda Agricola：酒庄或者酒厂。

Bianco：白葡萄酒。

Cantina Sociale/Cooperativa：合作社式酒厂。

Casina North：农场或者庄园。

Casa Vinicola：商业化酒厂。

Cerasuolo：樱桃红，用来形容桃红色。

Chiaretto：颜色介于浅红色和桃红色之间。

Classico：DOC 等级葡萄酒中最好或者最著名的部分。

Consorzio：是指致力于推销葡萄酒的生产商，通常坚持高于 DOC，葡萄酒的酿酒标准。

DOC（Denominazione di Origine Controllata）：这个等级如同法国的 AOC，目前意大利共有 310 个左右的 DOC 产区。

DOCG（Denominazione di Origine Controllata e Garantita）：法定产区最高等级。

Dolce：口感非常甜。

Fattoria：农场。

Fermentazione Naturale：起泡酒酿造法，通常是指在不锈钢罐或者瓶中二次发酵。

Frizzante：微起泡葡萄酒。

Imbottigliato All'Origine：酒庄装瓶。

IGT（Indicazione Geografica Tipica）：包含了大量非常好的葡萄酒，大多数 IGT 葡萄酒在托斯卡纳生产，超级托斯卡纳的级别。

Liquoroso：通常是指口感较甜的加强型葡萄酒，有时也可以指酒精度较高的干型葡萄酒。

Localita/Ronco/Vigneto：单一葡萄园葡萄酒。

Messo in Bottiglia Nell'Origine：酒庄装瓶。

Metodo Classico/Metodo Tradizionale：传统酿造方法。

Passito：通常是指采用风干的葡萄酿造的甜型葡萄酒。

Produttore All'Origine：酒庄装瓶。

Ramato：采用灰比诺（Pinot Grigion）酿造的呈铜色的葡萄酒。

Recioto：采用风干葡萄酿造的甜型葡萄酒。

Riserva/Riserva Speciale：指经过较长陈酿时间的珍藏酒款。不同风格的珍藏葡萄酒对陈酿时间的长短有着相应的严格法律规定。

Rosato：桃红葡萄酒。

Rosso：红葡萄酒。

Secco：干型。

Semi-Secco：甜度中等的葡萄酒。

Spumante：起泡酒。

Stravecchio：根据 DOC 或者 DOCG 法规陈酿的，熟成时间非常长的葡萄酒。

Superiore："超级"，陈年期比一般 DOC 等级的葡萄酒要更长，通常酒精浓度也高出 0.5%—1%。

Talento：一个注册商标，用来表示采用传统方法酿造的起泡酒。

Tenuta：酒庄。

Uvaggio：采用多种葡萄酿造的葡萄酒。

Vecchio：古老的。

Vendemmia：指葡萄采摘，用于年份之前或者之后。

Vigna/Vigneto：葡萄园。

Vin Santo/ Vino Santo：口感通常较甜、有时也会呈干型的白葡萄酒，通常是采用风干葡萄酿造而成，要在密封的橡木桶中储存数年。

Vino：葡萄酒。

Vino Novello：新酒。

Vino Da Pasto：普通的葡萄酒。

Vino Da Tavola：餐酒。

左 1 普罗赛克起泡酒　左 2 经典基安帝　右 2 阿玛罗尼　右 1 超级托斯卡纳

（1）意大利生产，具体信息为：Product of Italy
（2）装瓶厂及地址
（3）酒精含量，左边两个产品分别是 11.5%、13.5%
（4）容量，75cle（也就是 750 毫升），750mL
（5）法定产区，分别是卡提兹瓦尔多比亚德尼、基安帝、瓦尔波切拉、托斯卡纳
（6）品质属性：Superiore 和 Classico
（7）法定等级：DOC、DOCG、DOC、IGT
（8）年份：2009 年、1995 年和 2004 年
（9）品牌：BISOL、ISOLE e OLENA、ZENATO、TIGNANELLO
（10）品牌 LOGO
（11）酒厂内灌装

第五章

西班牙葡萄酒之美：风情万种

雪莉酒就如装在瓶子里的西班牙阳光，给人们带来灿烂的心情。

——莎士比亚

菲斯特酒庄

第一节　西班牙：历史悠久，比法国更早的葡萄酒

西班牙葡萄酒历史非常悠久，有人说有近3000年的历史，还有人说4000年。

一个说法是，安达卢西亚（Andalucia）西南部海岸最先种植葡萄，因为那里有西班牙最古老的葡萄树，但是西班牙葡萄酒和葡萄种植的历史起点从来就没有一个非常确定的记载。这可能是整个欧洲历史的通病，因为欧洲不像中国早早地进入文字时代和统一时代。

西班牙葡萄酒的正史必须从"大约"开始。

大约在3000年前，可能是腓尼基人将葡萄带到了伊比利亚半岛，并开始在岛上种植。这个以经商为生的部落在现在的加迪斯建立了一个当时叫加迪尔（Gadir）的港口。后来，他们又辗转到了西班牙内陆，在现在赫雷斯地区的山里建立了一个叫雪拉（Xera）的城镇，并开始在这里种植葡萄。雪拉的气候比较温和，非常适合葡萄的生长，加上腓尼基人非常善于经商，西班牙的葡萄酒在公元前就已经成为地中海和北非最常见的商品了。

罗马帝国的入侵带来了特殊的酿酒工艺，让伊比利亚半岛葡萄酒的生产得以改善。罗马人带来的新技术是将葡萄酒储存在高大的土质容器里，并放在烟囱旁边，据说这样可以让葡萄酒既保留水果的口感质地和花果的芬芳，又可以达到一定的微醺效果。这么看这好像是世界上最早的"橡木桶"陈酿。

罗马帝国的衰落拖累了西班牙葡萄种植业发展的脚步，日耳曼人的到来破坏了大片葡萄园。再后来，文明程度比日耳曼人高很多的西哥特人阻止了情况的

古罗马时代西班牙的酿酒作坊

西班牙收复失地战争

恶化，并改善和提升了葡萄种植技术。

公元 711 年，阿拉伯人入侵西班牙。阿拉伯人只用了 7 年时间就征服了伊比利亚半岛，从而西班牙开始了为期近 800 年的伊斯兰统治。由于禁止饮用任何酒精饮料，他们的到来同样对葡萄酒行业非常不利。虽然如此，葡萄种植技术在阿拉伯人统治时期却得到了发展，原因之一是阿拉伯人对葡萄汁及对葡萄作为水果的需求。另一个原因是在阿拉伯人统治的几百年里，也仍然有一些相对比较开放的朝代，允许一些教士酿造葡萄酒。

公元 1492 年，西班牙光复。国土收复后直到天主教统治时期，葡萄种植业才真正开始飞速发展。教会和传教士们在重建葡萄园的过程中扮演了十分重要的角色，葡萄酒是天主教传统中最不可缺的元素之一，而且酒窖也可以为当地人和朝圣者提供很好的休闲场所。由此开始，葡萄的种植逐步发展到了其他地区。

在随后的几个世纪，葡萄酒逐渐成为餐桌上不可缺少的饮品，葡萄酒的运输流动也促成了不同产区的诞生，并且形成了各个产区轮流给首都供应葡萄酒的传统。

1858 年，英国植物学家从美国带回了葡萄藤植株标本，但这个标本里有根瘤蚜虫，于是葡萄界的黑死病暴发了，这场肆虐北欧近半个世纪的灾难让法国各产区几乎被团灭。很多法国人不得不在比利牛斯山的另外一侧建立新的种植园，他们也因此引进了多种葡萄品种、种植技术、酿酒设备以及最新工艺。直到今天，里奥哈和杜罗河谷的一些地区仍然可以找到当时移栽过来的赤霞珠和美乐葡萄藤。

随着西班牙葡萄酒业的发展，西班牙人意识到对本国葡萄酒进行法律保护的重要性。

1932 年，西班牙学习法国，建立了原产地命名控制制度（Denom inación de Origen，DO），并于 1970 年作了修订。原产地命名控制制度促进了西班牙葡萄酒的发展和行业规范，西班牙葡萄酒世界地位也一步步攀升。

2003 年，为了响应欧盟原产地保护制度的各项要求，西班牙在原有制度的基础上作了相应的调整，建立了新的葡萄酒分级制度。

1986 年，西班牙加入欧盟，西班牙葡萄酒产业近几十年发生的巨大变化，可能比前几个世纪的进步都要大。

如果说法国葡萄酒是优雅的公爵夫人，那西班牙葡萄酒更倾向于勇猛沉稳的斗牛士，沉着稳重的外表下裹着一颗跃跃跳动的热情的心，饱满、有力、一触即发。

第二节　西班牙：有创新的葡萄酒分级制度

西班牙葡萄酒分级制度首先是基于原产地名称保护制度，该制度是西班牙法定的产品地理标志，是欧洲原产地命名保护（AOP）标志的一部分，受法律保护。

一、历史沿革

1972年，西班牙农业部借鉴法国和意大利的成功经验，成立了西班牙国家原产地命名委员会（Instito de Denominaciones de Origen，简称INDO）。是的，看到这个缩写再结合法国部分的内容，你一定会觉得有点熟悉，这个部门相当于法国国家原产地命名委员会（Institute Nationale des Appelations d'Origines，简称INAO），同时建立了西班牙原产地命名控制制度（Denominaciones de Origen，简称DO，相对于法国的AOC）。目前，西班牙有55个DO，其中1994年后批准的有20个。

1986年，DO制度内加入了更高等级的"优质原产地命名Denominaciones de Origen Calificada（简称DOC，也写成DOCa）"，这个略高于DO。目前只有两个产区符合DOC标准，就是里奥哈（Rioja）产区和普里奥拉托（Priorat）产区，普里奥拉托葡萄酒用加泰罗尼亚语术语DOQ（Denominació d'Origen Qualificada）来表示。

西班牙DO制度主要用以保护西班牙葡萄酒的品质和信誉，当然对蜂蜜、肉类等其他一些食品种类也有效。只有真正出产于某地理区域的葡萄酒才可以以此区域之名行销出售，以保护产地的名誉，排除不公平竞争和消费者误导。比如，只有西班牙Jerez产区的葡萄酒才能被称为Jerez雪莉酒（Jerez-Xérès-Sherry）。

二、分级制度

2003年，为了响应欧盟并配合欧洲农产品级别标注形式，西班牙在原有制度的基础上作了相应的调整，建立了新的葡萄酒分级制度。

这一制度将西班牙葡萄酒从低到高分为六个等级。

西班牙的葡萄酒分级包含以下6个级别：

1. 日常餐酒（Vino de Mesa，简称VDM）

日常餐酒是西班牙葡萄酒分级体系中最低的一级，相当于法国2012年以前分级体系的"Vin de Table"。

2. 地区餐酒（Vino de la Tierra，简称VT或VdlT）

这一级别是次最低档次，相当于法国2012年以前分级体系中的"Vin de Pays"。在葡萄品种、产量、葡萄园位置和陈酿等方面的要求并不高，西班牙共有40多个地

三国与欧盟

西班牙与欧盟、法国和意大利的分级对比

大美葡萄酒

区餐酒产区，其中产量最大的两个是卡斯蒂利亚（Castilla）和卡斯蒂利亚 - 莱昂（Castilla y Leon）。

3. 地理标志葡萄酒（Vinos de Calidad con Indicacion Geografica，简称 VC 或 VCIG）

这个级别是地区餐酒的最高级别，是升级为原产地命名葡萄酒（DO）前必经的过渡，相当于法国 2012 年以前分级体系中的 VDQS 级别。授予该级别 5 年以上的产区有资格申请更高的 DO 级别。

4. 原产地命名葡萄酒（Denominaciones de Origen，简称 DO）

在 1988 年之前，DO 一直是西班牙葡萄酒的最高等级，类似于法国的 AOC 和意大利的 DOC 级别，在产区范围、产量、葡萄品种、酿造技术等方面有严格的要求，西班牙达到 DO 资格的葡萄园在 60% 左右。

5. 优质原产地命名葡萄酒（Denominacion de Origen Calificada，简称 DOC 或 DOCa）

这是西班牙葡萄酒的最高等级，规定和管理异常严格。

西班牙加入欧盟后，于 1988 年设立了优质原产地命名葡萄酒这一等级。获评 DO 等级 10 年以上的产区才能申请成为 DOC 产区。全西班牙只有里奥哈（Rioja DOC）和普里奥拉托（Priorat DOQ）两个 DOC 产区。

6. 酒庄葡萄酒（Vino de Pago，简称 VP）

在 2003 年的改革中，西班牙新增了酒庄葡萄酒这一特殊分级。这是由于之前部分酒庄坐落在 DO 产区之外或是采用国际品种酿酒等原因而未被纳入西班牙分级体系，但实际上它们的葡萄酒也具有可媲美 DO 葡萄酒的品质。该等级以酒庄为单位进行评定，不限定产区。入选的酒庄需要具有较高的国际知名度，而且必须使用自家葡萄园的葡萄来酿酒，并在酒庄内完成装瓶。

目前，西班牙仅有 10 多家酒庄享有这份荣誉。

7. 根据陈酿时间，DO 以上（含 DOC 和 VP）级别葡萄酒又分为 4 个等级

西班牙葡萄酒分级也有着自己的特色，那就是根据 DO 及 DOC 级别葡萄酒的陈酿时间，分为新酒

西班牙歌海娜老藤。图片来源：Winecuentista

（Joven）、陈酿（Crianza）、珍藏（Reserva）和特级珍藏（Gran Reserva）这 4 个等级。

（1）新酒

上市前至少陈酿一年但不经过橡木桶陈酿。

（2）陈酿

红葡萄酒上市前至少陈酿两年，且至少经过半年的橡木桶陈酿。

白葡萄酒或桃红葡萄酒则至少陈酿一年。

（3）珍藏

红葡萄酒上市前至少陈酿三年，且至少经过一年的橡木桶陈酿。

白葡萄酒或桃红葡萄酒则至少陈酿两年，且至少经过半年的橡木桶陈酿。

（4）特级珍藏

红葡萄酒上市前至少陈酿五年，且至少经过两年的橡木桶陈酿。

白葡萄酒或桃红葡萄酒则至少陈酿四年，且至少经过半年的橡木桶陈酿。

以上四个命名必须经过原产地命名控制委员会（INDO）核准同意才能标注在酒标上。另外，这一分级方式只是以葡萄酒陈酿时间为标准，与葡萄酒的质

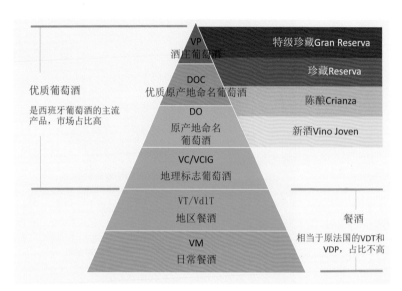

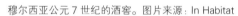

西班牙葡萄酒分级图

8. 对标欧盟新地理标志

为了响应欧盟颁布的地理标志制度，西班牙将分级体系调整如下：

（1）日常餐酒（VM）调整为欧盟的"葡萄酒（Vino）"级别，属无地理标志葡萄酒。

（2）地区餐酒（VT/VdlT）调整为地理标志保护葡萄酒（Indicacion Geografica Protegida，简称 IGP），属于欧盟的 PGI 类别，但很多庄园主仍然在酒标上使用原来的 VT/VdlT 级别标签。

（3）原产地命名控制葡萄酒（VC、DO、DOCa 和 VP）调整为原产地命名保护葡萄酒（Denominacion de Origen Protegida，简称 DOP），属于欧盟的 PDO 类别。

量和受欢迎程度并没有直接关系。近年来，很多果香型"新酒"和"陈酿"级别的葡萄酒，得到越来越多的消费者认可。

穆尔西亚公元 7 世纪的酒窖。图片来源：In Habitat

第三节　西班牙葡萄酒产区：英姿飒爽与风情万种

英姿飒爽的斗牛士、风情万种的西班牙女郎，西班牙不仅有奔腾在绿茵场上的足球帅哥和让人着迷的性感女郎，更有像满天星光一样闪耀光芒的西班牙葡萄酒。

作为旧世界葡萄酒的代表，西班牙没有墨守成规、因循守旧地恪守旧世界的条条框框，而是不断创新、汲取新的养分，因此被认为是旧世界中最前卫的产酒国。西班牙与意大利、法国长期霸占世界前三大葡萄酒生产国，这三个国家的葡萄酒产量相差不大，大多时候西班牙排第三位。而在葡萄的种植和葡萄园面积上，西班牙是欧洲三强当仁不让的霸主，2017 和 2018 年其葡萄园面积均在 97 万公顷左右。

西班牙复杂的地理条件和气候变化，塑造了西班牙葡萄酒多变和多样的风格。北部凉爽的加利西亚、白雪皑皑的比利牛斯山，干燥的中央高原，南部阳光明媚和多沙土壤的安达卢西亚，南北横跨 7 个纬度（36°N 至 43°N），大西洋和地中海海岸之间的距离近800 公里。不同的海岸线、气候条件、海拔高度和土壤构成，让西班牙葡萄酒既有斗牛士的英姿飒爽，又包含西班牙女郎的风情万种。

在山峰和高原之间分布着西班牙葡萄园赖以生存的河流，这些河流不仅提供急需的水源，也对各个产区的土壤和微气候产生影响。西班牙最重要的"葡萄酒之河"是米诺河、杜罗河、塔霍河、瓜迪亚纳河和埃布罗河，前四条河流向西进入葡萄牙，埃布罗河向东奔流，流经卡斯蒂利亚·莱昂、埃尔佩斯·瓦斯科、纳瓦拉、里奥哈和阿拉贡，然后抵达加泰罗尼亚的地中海海岸。

西班牙里奥哈产区葡萄酒节上的葡萄酒大战。图片来源：http://marbellahomes.com

西班牙17个行政区都有葡萄园和葡萄酒，包括加那利群岛和巴利阿里群岛。葡萄园最集中的地方是卡斯蒂利亚 - 拉曼查，但最著名的葡萄酒来自加利西亚 Galicia（下海湾 Rias Baixas）、加泰罗尼亚 Catalonia（普里奥拉托 Cava and Priorat）、安达卢西亚 Andalucia（赫雷斯 Jerez）、卡斯蒂利亚 - 莱昂 Castillay Leon（鲁埃达、托罗和杜埃罗河谷 Rueda，Toro and Ribera del Duero）、当然还有里奥哈（Rioja）。

西班牙葡萄品种也非常丰富，多达600多个，但常见品种大概20种左右。本土葡萄品种中，按葡萄园面积排序，主要的红葡萄品种是丹魄（Tempranillo）、博巴尔（Bobal）、歌海娜（Garnacha）和慕合怀特（Monastrell）；主要的白葡萄品种是阿依仑（Airen）、维奥娜 / 马家婆（里奥哈叫作 Viura/ Macabeo）、帕洛米诺（Palomino）和阿尔巴利诺（Albarino）。国际品种如赤霞珠、西拉、霞多丽和长相思等在西班牙也越来越受欢迎，它们在西班牙各个地区的种植量也在上升。

在过去的几十年中，西班牙葡萄酒行业加速了现代化的步伐，传统的做法和技术让位给了最先进的技术和设备，西班牙葡萄酒的质量和稳定性有了显著的提高。

西班牙葡萄酒地图

大美葡萄酒

第四节　里奥哈：西班牙的骄傲

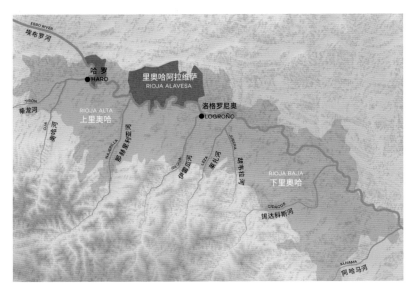

里奥哈产区地图

里奥哈（Rioja）是西班牙最知名的葡萄酒产区，是西班牙的骄傲。

里奥哈位于西班牙的北部，这里的地形辽阔，从最西端到最东端之间有 100 公里的距离，从北到南的跨度也达到 40 公里，从而形成了不同的气候类型和地理风貌。据说在公元 2 世纪，古罗马人统治时代，里奥哈就已经大规模种植葡萄和酿酒了。

一、产区规模

里奥哈的葡萄园主要集中在埃布罗（Ebro River）河岸，总种植面积为 6.4 万公顷（约 96 万亩）左右，分布在 3 个省：里奥哈省（4.4 万公顷左右）、阿拉瓦省（Alava，1.3 万公顷左右）和纳瓦拉省（Navarre，6700 公顷左右）。

二、葡萄品种

1.红葡萄品种

主要有丹魄、歌海娜、格拉西亚诺（Graciano）、马苏埃罗（Mazuelo）、红马图兰纳（Maturana Tinta）等。

2.白葡萄品种

主要有维奥娜（Viura）、玛尔维萨（Malvasia）、白歌海娜（Garnacha Blanca）、白丹魄（Tempranillo Blanco）、白马图兰纳（Maturana Blanca）、里奥哈图伦特斯（Turruntes）、霞多丽、长相思和贝德侯（Verdejo）等。

红葡萄品种以丹魄、歌海娜和格拉西亚诺最为知名，白葡萄品种以维奥娜和玛尔维萨最为有名。

里奥哈的老藤丹魄。图片来源：里奥哈葡萄酒协会

三、子产区

里奥哈有 3 个子产区，上里奥哈（Rioja Alta）、北部的里奥哈阿拉维萨（Rioja Alavesa）和东南部的下里奥哈（Rioja Baja）。

1. 上里奥哈

上里奥哈主要受大西洋气候的影响，土壤多为富含白垩或铁质的黏土及冲积土，这里海拔相对较高，气候凉爽，非常适合种植早熟的丹魄，其出产的葡萄酒比其他 2 个产区具有更高的单宁和酸度。上里奥哈出产高品质、大气魄且平衡度佳的葡萄酒。

2. 里奥哈阿拉维萨

该产区明显受到了大西洋气候的影响，较为凉爽，多为梯田式的小片土地，土壤为富含白垩的黏土，这里适合种植丹魄，其葡萄成熟缓慢，出产酒体饱满、酸度较高、口感饱满、风格细腻的葡萄酒。

3. 下里奥哈

下里奥哈为典型的地中海气候，气候温暖，夏季干燥，土壤为冲积土和富含铁质的黏土，非常适合晚熟的歌海娜种植，此产区的葡萄酒以浓郁果香见长，酒精度略高，口感饱满圆润，甜美易饮，绝大多数不适合陈酿。

四、里奥哈葡萄酒的陈年等级和特色

1. 里奥哈葡萄酒分级

里奥哈葡萄酒被称为西班牙的"酒中瑰宝"，具有超凡的陈酿能力，这也是高品质葡萄酒所独有的特征。里奥哈葡萄酒酒体强壮，经过橡木桶陈酿的里奥哈葡萄酒香气更加复杂，层次感更加突出。陈酿时间越长，里奥哈红葡萄酒的陈酿香气，如咖啡、巧克力、烟草、香草和皮革等香气越浓郁；白葡萄酒的香草、烤面包、

里奥哈著名家族酒庄——菲斯特酒庄

里奥哈葡萄酒真实性标签

烤榛子和奶油风味越足，口感越厚重饱满，层次越复杂，品质越高，价格自然也越贵。

里奥哈葡萄酒可分为4级：普通级、陈酿级、珍藏级和特级珍藏级。

2. 里奥哈葡萄酒真实性标签

里奥哈认证产区管理委员会实施了一项在葡萄酒行业中处于领先地位的新质量安全系统，以确保里奥哈出品葡萄酒的真实性，这个系统叫作"Rioja Trust-seal"（里奥哈信誉章）的印章是位于酒瓶标签上的一个7毫米×22毫米大小的金属条。它使用欧元防伪技术，标签设计独特、光泽柔润、边缘锐利和视觉明显，可以让消费者轻松分辨真伪，几乎无法仿冒。

普通级里奥哈张贴浅绿色标签，陈酿级别的葡萄酒贴红色的认证标签，珍藏级别的葡萄酒贴有砖红色的认证标签，特级珍藏酒贴有蓝色的认证标签。

五、里奥哈起泡酒

里奥哈大部分都是静态葡萄酒，但也出产少量的卡瓦（Cava）起泡酒。卡瓦采用传统香槟法酿造，酿造工艺精细，基酒调配完毕之后，向瓶中加入酵母和糖，葡萄酒在瓶中进行二次发酵和陈酿，陈酿时间不少于9个月。在此过程中，酵母分解糖分产生 CO_2，

CO_2 溶解于酒中形成气泡。再通过转瓶工序沉降酒泥，最后脱泥添液封瓶。

里奥哈普通卡瓦起泡酒至少陈酿9个月，珍藏级卡瓦至少陈酿15个月，特级珍藏级至少陈酿30个月，通常带有丰富的果香和花香，气泡均匀细小，口感新鲜清爽，陈年后往往带有坚果、烤面包和烤杏仁风味。

六、里奥哈知名酒庄

1. 莫瑞塔侯爵酒庄（Marques de Murrieta）

里奥哈最古老的酒庄之一，第一个将橡木桶陈酿技术引进到里奥哈，也是第一个将里奥哈葡萄酒出口至其他国家。莫瑞塔侯爵酒庄里，在层层尘土蛛网、充满岁月痕迹与气味的古老酒窖中，尽是存放多年的陈年老酒。

2. 瑞格尔侯爵酒庄（Marques de Riscal）

创建于1972年，位于里奥哈阿拉维萨产区，是里奥哈产区最富有革新精神的酒庄，第一个将波尔多酿酒技术带回里奥哈，从而奠定了现代里奥哈葡萄酒产业的基础。酿造类似波尔多风格的葡萄酒，将丹魄与赤霞珠、美乐、马尔贝克等混酿，出产的葡萄酒口感极为浓郁复杂，是里奥哈葡萄酒的杰出代表。

大美葡萄酒

瑞格尔侯爵酒庄

3. 菲斯特酒庄（Fastino）

1861 年菲斯特的创始人来到里奥哈，收购葡萄园。现在的菲斯特酒庄是世界上橡木桶数量和瓶储酒数量较多的酒庄之一，其酒窖内橡木桶的数量超过 8 万只，瓶储酒超过 900 万瓶。它也是西班牙皇室御用品牌。

菲斯特酒庄内景

第五节　普里奥拉托：传奇产区的最新绽放

2006 年，西班牙宣布把普里奥拉托从法定产区（DO）升级为与里奥哈并肩的优质法定产区（DOCa）后，它在国际葡萄酒界的声誉便一飞冲天，一举成为西班牙最具代表性的优质葡萄酒产地之一。

一、产区概况

普里奥拉托产区位于加泰罗尼亚（Catalonia）地区的塔拉戈那（Tarragona）省境内，在西班牙是一个面积较小的产区，葡萄园面积只有 1900 公顷左右（约29 万亩）。靠近西班牙东北部的地中海沿岸，北部是蒙桑特山脉（Montsant Mountain），埃布罗河（Ebro）的支流休拉纳河（Siurana River）贯穿整个产区。

在行政区域上，普里奥拉托是蒙桑特的一部分，但普里奥拉托是优质法定产区（DOCa），蒙桑特（Montsant）是法定产区（DO）。

二、葡萄品种

1. 红葡萄品种

主要有佳丽酿、歌海娜、多绒歌海娜、赤霞珠、美乐、西拉等。

普里奥拉托的葡萄园

酸酸甜甜类型的葡萄酒在阳光下快速氧化。图片来源：Trave Past 50

2.白葡萄品种

主要有白诗南、马家婆（Macabeo）、白歌海娜、佩德罗·希梅内斯（Pedro Ximenez）等。

近年来，歌海娜在产区内的种植情况保持稳定，佳丽酿逐渐减少，国际品种日益增加，赤霞珠种植比例最大，西拉增加最快。该产区绝对以红葡萄酒为主，白葡萄酒产量极小。葡萄品种的分布上，96%为红色品种，仅仅4%为白色品种。

经典的普里奥拉葡萄酒是由古老的藤蔓植物加那卡和卡里尼娜酿造而成，具有浓郁的甘草、矿物和樱桃的香气。

三、气候特点

总体来说，普里奥拉托呈现典型的大陆性气候特征，由于受到冰冷的北风和温暖的东风的双重影响，夏天炎热且持续时间长，最高温度可达35℃。晚上气温低，昼夜温差15—20℃。冬天较冷，最低温度能到-5℃。全年降雨量在400—600毫米，全年日照可达2600小时，偶尔会有霜冻、冰雹、干旱的危害。由于蒙桑特山脉的阻挡和产区内复杂的地形，在河谷和高地表现出不同的微气候差异。

四、土壤特征

普里奥拉托土壤由风化的红黑板岩和云母组成，土壤贫瘠，透水性较好。葡萄扎根很深，可以汲取深层的水源、养分和矿物。而小颗粒的云母，可以反射阳光储存热量。土壤赋予了葡萄酒成熟的浆果和香料的芬芳，也散发着如石墨般的矿物气息，高酒精度的葡萄酒酒体厚实，单宁细腻紧致。

普里奥拉托优质法定产区还有花岗岩土，这种土壤由前寒武纪（大约6亿年前）的花岗岩石分解进化而来。

五、种植管理

1.海拔的魅力

在普里奥拉托，海拔高度对葡萄酒的质量影响特别大。最适宜种植葡萄的海拔高度为500米左右。以海拔500米为分界线，更高海拔的土壤中缺少板岩成分，葡萄酒也就相应地缺少了矿物质风味。而在500米以下的地方，土壤又有些肥沃了，温度也相对更高，葡萄酒相对普通。

这样的坡度任何工作都有风险。图片来源：Forbes

2. 怕光的产区

普里奥拉托的葡萄园被设计成面向北方和东方，这样做的目的是降低葡萄树被晒伤的风险，同时也为了能吹到来自地中海的微风。

3. 种植的挑战

普里奥拉托平均每公顷葡萄园只有2850株葡萄树，而法定产区的规定为2500—9000株/每公顷。产量与质量密切相关，产量越低，质量越高。普里奥拉托产量超低的主要原因有三个：干燥的气候、贫瘠的土壤和低产的葡萄老藤。

普里奥拉托葡萄园非常陡峭，平均坡度为35度，以至于葡萄园机器和设备无法展开作业。人们在葡萄园劳作时必须保护好自己以免滑下山坡。为了维护好这些葡萄园，只能依靠人工和驴子耕作。

六、分级制度

1. 基本分级

与里奥哈相同，普里奥拉托葡萄酒可分为4级：普通级、陈酿级、珍藏级和特级珍藏级。

2. 普里奥拉托村庄产区

普里奥拉托是西班牙少有的可以标注村庄的葡萄酒产区，一般只有该村庄范围内的葡萄园的酒才能在酒标上标明村庄，在行政上，被授予优质法定产区（DOCa）的村庄只有9个，分别是Bellmunt del Priorat、Gratallops、El Lloar、El Molar、La Morera de Montsant（包括Scala Dei，被誉为"上帝之梯"，是该产区最为原始的葡萄园）、Poboleda、Porrera、Torroja del Priorat、La Vilella Alta & La Vilella Baixa。此外，普里奥拉托优质法定产区还覆盖了Falsett村的北部（Masos de Falset）和El Molar村的东部（Les Solanes del Molar）。

七、产区变化和产区领袖

普里奥拉托历史顶峰时葡萄园面积达到了5000公顷（7.5万亩）。19世纪末，西班牙也遭受了根瘤蚜虫的侵入，并引发普里奥拉托经济崩盘和大范围人口迁徙。20世纪50年代，普里奥拉托重新建设葡萄园。而该产区也因为葡萄酒再次名声大噪，多亏了葡萄酒，这个历史产区再次焕发生机，普里奥拉托也成为西班牙葡萄酒价格最贵的葡萄酒著名产区之一。

今天，多个葡萄酒巨头已在普里奥拉托优质法定

普里奥拉托也有使用橡木桶发酵的葡萄酒。图片来源：Forbes

产区投资办厂，如奥斯本（Osborne）、品诺德（Pinord）、科多纽（Codorniu）、桃乐丝（Torres）和菲斯奈特（Freixenet）等等。随着产区葡萄种植面积的扩大以及新酒庄的成功，葡萄酒的价格也跟着水涨船高。1996年，普里奥拉托每升3.14欧元，现在已经高于每升10欧元了，上涨了3倍以上。普里奥拉托成了人们竞相收藏的高端美酒。

罗伯特·帕克（Robert Parker）和他的《葡萄酒倡导家》（*The Wine Advocate*）对普里奥拉托葡萄酒的赞誉和佳士得拍卖行拍出的超高价，不约而同地推高了普里奥拉托葡萄酒的国际地位。

执着而又顽强的第一批开拓者获得了巨大的回报，在没有任何人愿意花钱购买他们的葡萄的年代，他们仍然在最为艰苦的土地上冒着安全风险非常努力地耕作。如今，葡萄酒酿造在普里奥拉托整个产区欣欣向荣，越来越多的酒庄拔地而起，葡萄酒博物馆以及葡萄酒信息中心等等也逐渐建立起来。

第六节　佩内德斯与卡瓦起泡酒：迷人的西班牙气泡

佩内德斯距离巴塞罗那仅20英里，这里多山，除了一望无际的葡萄园外，还零星分布着传统的农场、村庄、城堡以及葡萄酒庄。总之，佩内德斯是一个风景优美的葡萄酒产区。

佩内德斯是加泰罗尼亚最重要的产区，无论是产量还是葡萄酒风格的多样性都是产区领袖。佩内德斯法定产区（DO）涵盖了红、白和桃红三种颜色，含糖量包括干型、半干和甜酒多种类型。但似乎这还不够，它的葡萄园还生产另外一个西班牙大杀器，那就是西班牙香槟即卡瓦起泡酒！

卡瓦酒窖。图片来源：Cellartours

一、葡萄品种

1. 白葡萄品种

马家婆、沙雷洛、帕雷亚达、霞多丽。

2. 红葡萄品种

歌海娜、佳莉菲娜（Cariffena）、丹魄、莫纳斯特雷尔（Monastrell，又叫慕合怀特 Mourvedre）、美乐、赤霞珠和黑比诺等。

3. 品种趋势

佩内德斯红葡萄酒传统上多是用歌海娜、佳莉菲娜、丹魄、莫纳斯特雷尔等本土品种酿造，但近年来，越来越多的国际葡萄品种，尤其是波尔多知名葡萄品种如美乐、赤霞珠等种植面积越来越大。白葡萄酒与卡瓦起泡酒的葡萄品种相同，以马家婆、沙雷洛、帕雷亚达、霞多丽为主。

白葡萄酒果香浓郁，酒体轻盈，风格清新，适合年轻时饮用。果香型霞多丽白葡萄酒富有柠檬香气，带有细致的品种特性；而经过橡木桶中发酵的霞多丽，则将霞多丽的果香与橡木桶的奶油香极好地融于一体。

桃红葡萄酒由丹魄、赤霞珠、美乐和黑比诺等酿

造，呈覆盆子粉红色，浓烈浑厚，芳香四溢，清新可口。

红葡萄酒多由本土葡萄丹魄和歌海娜酿造，多为年轻的红葡萄酒，酒精度偏低，并带有某种草药味。经过橡木桶陈酿的红葡萄酒，多由单一的国际品种赤霞珠和美乐酿造而成，有时也会用国际品种与当地葡萄品种混酿，细致的橡木味和馥郁的果香结合得很好，极其浓烈，口感复杂且有肉感。

二、气候特点

该产区为地中海气候，夏季温暖，冬季温和，雨量适中，降雨主要集中在春季和秋季。由于沿海丘陵地形复杂，各地气候差异显著，使得这里的酿酒师能够酿造相对多元的葡萄酒风格。

三、土壤特点

佩内德斯土壤深厚，砂土和黏土的比例相当，渗透性好，蓄水能力强，有机成分匮乏，并不肥沃。

四、主要产区

1960 年，佩内德斯获得西班牙法定产区（DO），在生产工艺不断革新的背景下，再加上对国际品种赤霞珠、美乐、黑比诺等的尝试，佩内德斯葡萄酒行业发生了很大的变化，品质提升幅度很大。但这些葡萄酒并没有得到世界葡萄酒评论家的支持和青睐，主要原因是附近的普里奥拉托的表现实在是过于优秀，分散了大家的注意力。

根据佩内德斯气候因素，佩内德斯可以细分为 3 个子产区或者风格不同的种植区域。

1. 上佩内德斯（Alt Penedès）

葡萄园的海拔高度非常高，介于 500—800 米之间。适应凉爽气候的葡萄品种在这里表现非常出色，如霞多丽、雷司令、琼瑶浆和本土品种帕雷亚达（Parellada）等，一些著名的白葡萄酒出自这里。

2. 佩内德斯中部

在佩内德斯中部，葡萄产量最高，葡萄园的海拔高度介于 250—500 米之间。绝大多数的卡瓦起泡酒（Cava）都产自这里，所用的葡萄品种主要有马家婆（Macabeo）、帕雷亚达（Parellada）和沙雷洛（Xarel-lo）。该产区主要的葡萄品种还有丹魄（Tempranillo）、赤霞珠（Cabernet Sauvignon）和美乐（Merlot）。

3. 下佩内德斯（Baix Penedès）

主要在地势低洼的沿海地区，是佩内德斯最热的区域。该区域的葡萄酒以酒体丰满的红葡萄酒为主，使用的葡萄品种主要为歌海娜（Garnacha）、佳丽酿（Carinena）和慕合怀特（Mourvedre，当地称为Monastrell）。

五、卡瓦起泡酒（Cava）

有人说，法国香槟如果是一位彬彬有礼的绅士的话，那么西班牙卡瓦则是一位激情飞扬的斗牛士。

1. 卡瓦的诞生

18 世纪初，加泰罗尼亚人掌握了法国香槟酒的特殊软木塞工艺。从此，佩内德斯区就开始按照传统的香槟酿造工艺，改良和创造出属于西班牙人自己的起泡酒。在这一过程中，加泰罗尼亚人逐渐认识到酿造高质量的起泡酒，其秘诀在于葡萄种植区域，由自然条件、土地、气候所共同形成的微环境。

1863 年，法国的葡萄园遭遇根瘤蚜虫的侵袭，这却无意中让加泰罗尼亚葡萄酒引起了消费者的关注和追捧。而当这些根瘤蚜虫飞跃比利牛斯山到达加泰罗尼亚时，人们已经学会了怎么应对这些虫害，把损失控制和减少到最低。这个时候，很多葡萄园重新种植，卡瓦的研发者们用马家婆等本土白葡萄品种和香槟的酿造工艺开发成功了卡瓦起泡酒。随着时间的推移，不管是工艺的成熟度和质量，西班牙的卡瓦都可以称得上是世界上最好的起泡酒之一。

1972 年，这种酒被命名为"卡瓦"。

2. 酿酒葡萄品种

卡瓦的主要酿酒品种是马家婆、帕雷亚达和沙雷洛，都是白葡萄品种。少数卡瓦也可采用霞多丽、黑比诺、歌海娜和慕合怀特酿造，后三种为红葡萄品种。

卡瓦诞生地：Codorniu Modernista 酒厂。图片来源：Cellartours

Codorniu Modernista 的酒窖。图片来源：Cellartours

3. 卡瓦的分类

（1）干型或绝干型卡瓦起泡酒

干型或绝干型卡瓦适合作为开胃酒饮用，其果味丰富，口感新鲜清爽。绝干型卡瓦是一种特殊的起泡酒，其剩余糖分比干型卡瓦更低，因此热量也更低，以至于其受欢迎程度正不断上升，常被用来代替鸡尾酒和淡啤酒。

（2）卡瓦桃红起泡酒

采用一些红葡萄酒调配的卡瓦，歌海娜桃红卡瓦以其草莓和覆盆子味闻名，慕合怀特则以其古朴的桃红色和桃子以及花香味引人注目，黑比诺也有应用。

（3）年份卡瓦和陈年卡瓦

年份卡瓦和陈年卡瓦往往伴有迷人的烤苹果和烤杏仁的香气，而且许多还采用香槟的经典配方——黑比诺＋霞多丽来酿造。

卡瓦起泡酒的生产范围覆盖整个西班牙，法定产区卡瓦（Cava DO）是其官方等级。佩内德斯和埃布罗河谷出产的卡瓦起泡酒占据大多数。目前在册的卡瓦起泡酒厂家将近 200 家。

第七节　杜埃罗河岸：西班牙酒王之地

西班牙最著名的葡萄酒出自贝加西西里亚酒庄（Bodegas Vega-Sicilia）和平古斯酒庄（Dominio de Pingus），两家酒庄相距不足 2 公里，是杜埃罗河岸最为经典的优质葡萄酒代表。但是相比于里奥哈，杜埃罗河岸是显而易见的后起之秀，其名扬天下的时间也不过短短 40 年。

一、产区概况

杜埃罗河岸位于西班牙中部偏北的地区，在卡斯蒂利亚 - 莱昂大区境内。因产区分布在杜埃罗河（Duero）两岸，遂以河流命名。杜埃罗河绵延 115 公里。与法国的吉伦特河、罗纳河和德国的摩泽尔河一样，杜埃罗河也是一条孕育出优质葡萄酒产区的伟大河流。

杜埃罗河下游在葡萄牙境内被称为杜罗河

杜埃罗河谷冬天漫长，夏季干燥，昼夜温差大，降雨少。图片来源：杜埃罗葡萄酒协会

（Duoro），那里正是闻名世界的波特酒（Port）的故乡。

二、葡萄品种

1. 法定红葡萄品种

丹魄（Tempranillo，在当地也被称为 Tinta del Pais 或者 Tinto Fino，占种植量的 90% 左右）、赤霞珠、美乐、马尔贝克和歌海娜。

2. 白葡萄品种

阿比洛（Albillo，非法定）。

杜埃罗河岸大部分葡萄酒主要是由丹魄酿造的红葡萄酒，以及少量主要采用歌海娜酿造的桃红葡萄酒。

阿比洛是唯一的白葡萄品种，但产区法规并不允许生产白葡萄酒。

三、气候特点

杜埃罗河岸产区位于西班牙内陆，位于海拔 800

米的伊比利亚半岛北部高原。在德拉德曼达和瓜达拉马两大山脉的庇护效应下，创造了一种独特和不同的气候。夏天炎热干燥，最高温度可以到 40℃；冬天寒冷，最低温度可以到 –18℃；春天的霜冻对葡萄园也是很大的威胁。

但是在杜埃罗河水的滋润下，两岸的葡萄园能够汲取到丰富的水分，沿岸的气候也由于河流的吸热和放热趋于温和。夏季的干燥空气恰好阻止了霉菌的生长。同时，由于昼夜温差较大，葡萄树的生长期被延长，果实在 10 月甚至 11 月才会成熟，这使得葡萄能够缓慢地积累糖分和风味物质。

四、土壤特点

由于杜埃罗河岸产区海拔高，葡萄园分布在海拔高度 600—900 米之间。随着地理位置和高度的变化，土壤呈现出多样化的特质。这里的土壤被认为是赋予杜埃罗河岸葡萄酒极大的复杂性和综合特征的主要原因，石灰岩、泥灰岩和白垩土交替分布在沙土和黏土的表层下。

五、分级和法定产区制度

与里奥哈和普里奥拉托相同，杜埃罗河岸法定产区（DO 级）葡萄酒也分为 4 级：普通级、陈酿级、珍藏级和特级珍藏级。

1982 年，杜埃罗河岸被授予 DO，当时整个产区内只有 9 家酒庄。如今，除了平古斯、贝加西西里亚两大名庄外，杜埃罗河岸地区还坐落着许多国内外知名的大酒庄，酿造出了许多质量上乘、价值不菲、闻名世界的葡萄酒。根据法规，杜埃罗河岸的红葡萄酒中的丹魄含量不得低于 75%，歌海娜和阿比洛的含量不能超过 5%；而桃红葡萄酒中法定红葡萄品种的含量不得低于 50%。每公顷葡萄园的葡萄产量上限 7000 公斤，实际上只能达到 4100 公斤 / 公顷。较低的产量保证了葡萄原料的品质，酚类、酯类等完美集聚和较高的成熟度，使得杜埃罗河岸的葡萄酒含糖量高，并拥有丰富的风味物质，还富含风土带来的矿物质香气。

六、产区品牌和名庄

最大牌的葡萄酒是平古斯和贝加西西里亚。

1. 平古斯（Pingus）

平古斯酒庄葡萄园占地 4.5 公顷，每公顷种植 3000—4000 株葡萄藤，平均藤龄在 80—90 年。1995

平古斯葡萄酒

平古斯酒庄

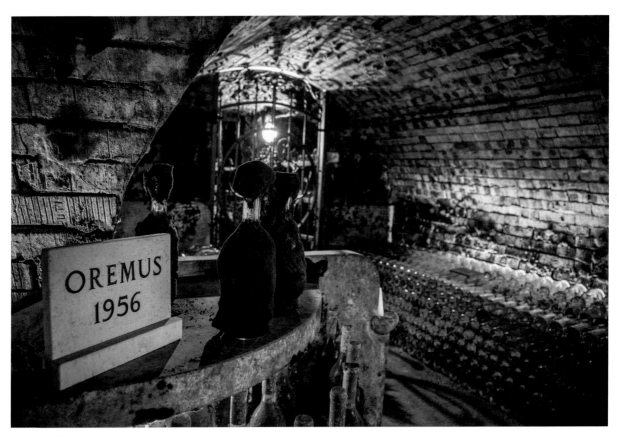

贝加西西利亚的酒窖

年 9 月，平古斯酒庄第一个年份的葡萄酒只有 325 箱，采用风格极度浓缩、力量感饱满的老藤丹魄酿造而成，著名葡萄酒品鉴家罗伯特·帕克给予酒庄 98—100 的评分。

1997 年，平古斯第一次上市，瞬间造成巨大轰动，酒庄产品被美国各大酒商竞相采购。在很长一段时间内，平古斯酒庄的葡萄酒在市场的零售价都高于波尔多五大酒庄，也可以说是西班牙当之无愧的膜拜酒。

2. 贝加西西里亚（Vega Sicilia）

贝加西西里亚酒庄也有西班牙酒王之称，主要产品有三大系列，分别是尤尼科（Unico）、瓦布伦纳和特级珍藏（Reserva Especial）。

尤尼科葡萄酒是酒庄名望的造就者，由丹魄和赤霞珠混酿而成，不一定每年都会生产。过去，尤尼科要在橡木桶中陈酿 10 年，最高陈酿纪录还达到了 25 年，不过现已下降到 4 年左右了。尤尼科系列酒款除了是西班牙最昂贵的葡萄酒外，也是国际拍卖市场上为数不多的能与法国名庄相抗衡的西班牙葡萄酒。

像波尔多的木桐酒庄一样，贝加西西里亚也钟情于艺术酒标创作。1960—2004 年期间，酒庄每年都邀请西班牙著名艺术家对酒标进行设计，不过只有大瓶装的尤尼科葡萄酒才有此特例。

下海湾的地势较低。图片来源：Unbuenvino

第八节　下海湾：绿色产区，下一个新星

下海湾地区位于西班牙西北部的加利西亚大区（Galicia）的西南边，毗邻葡萄牙北部的绿酒产区（Vinhos Verdes），由一个个深入内陆的海湾组成，海岸线蜿蜒曲折。下海湾地区"Rias Baixas"在加利西亚语中是"低河口"的意思，这里也是下海湾的四条河流的入海口，传说这里是上帝造物闲暇时留下的手指印。

一、产区概况

西班牙下海湾产区位于大西洋沿岸，是1988年才被授予法定产区（DO）的新兴产区。但由于其众多富有进取心的酿酒公司的不懈努力，积极采用现代化酿酒手段和技术来种植和酿造该地区标志性的葡萄品种阿尔巴利诺（Albarino），因此其地位迅速提高。

凯尔特人创造了加利尼西亚的古代史，但现在所使用的语言却与葡萄牙语十分相似。在最近的三百年里，该地区被圣地亚哥大教堂影响巨大。自10世纪起，圣地亚哥吸引大批朝圣者沿朝圣者之路前来朝拜。许多朝圣者携带的物品中，有人认为就有德国的雷司令葡萄。雷司令最初仅被修道院种植，用以满足修士们饮酒所需，后来扩散到其他区域。这是下海湾最主要的葡萄品种阿尔巴利诺的起源。

二、葡萄品种

主要是白葡萄品种，有阿尔巴利诺、特雷萨杜拉（Treixadura）、洛雷罗（Loureiro）、凯诺（Caino）、特浓情（Torrontes）和格德约（Godello）等。

法定葡萄品种共12种，阿尔巴利诺种植量占90%以上。特雷萨杜拉常用于阿尔巴利诺的混酿。洛雷罗是罗萨尔地区高品质的本地品种。其他品种种植量少。

三、气候特点

下海湾是典型的大西洋海洋性气候，潮湿凉爽，非常适合白葡萄品种的生长。

大西洋对下海湾地区的气候产生了重要影响，这里的年平均降雨量非常高，有时超过1800毫米，海上的薄雾也增加了凉爽的气候。年日照时间超过2200小时，在葡萄的生长和成熟季节里阳光明媚，保证了果实能够健康成熟。正是因为这样的气候条件，阿尔巴利诺葡萄酒才会如此成功，海水的清凉帮助葡萄保持清爽、令人垂涎欲滴的酸度，这也形成了当地独特的葡萄酒风格。因此，下海湾葡萄酒具有强烈的芳香，回味是悠长、令人愉悦的花香。

下海湾的葡萄园和架势（需要强力固定）管理。图片来源：FWS

四、土壤特点

下海湾产区岩石土壤中富含花岗岩。另外，产区内的四条河流为该地区带来混合了黏土、泥土、沙土和砾石的冲积土壤。这些土壤中有机质较少，矿物质含量高，适合葡萄生长。正是这种土壤的原因，又为阿尔巴利诺葡萄酒注入了强烈的矿物质感。

五、法定产区

下海湾法定产区（DO）成立于1988年，共有五个DO级子产区，从北至南沿着河岸、海岸分布，分别是：萨尔内斯峡谷（Val do Salnes）、乌利亚河岸（Ribeirado Ulla）、索托迈奥尔（Soutomaior）、罗萨尔（O Rosal）和特亚伯爵领地（Condado do Tea）。

1. 萨尔内斯峡谷

下海湾历史最悠久的子产区，葡萄园面积最大，酒庄数量最多。该产区紧挨着入海口，地势较低，低山和峡谷平原错落，土壤为花岗岩和冲积土。同时，它也是下海湾产区内最凉爽潮湿的地方，是白葡萄品种阿尔巴利诺（Albarino）的原产地。

2. 乌利亚河岸

下海湾地区最年轻的子产区，2000年才被认定为

下海湾产区地图

大美葡萄酒

DO级。该子产区的葡萄园分布在乌利亚河（Ulla River）中游，位置偏内陆，并不临海，土壤以冲积土壤为主。

3. 索托迈奥尔

下海湾最小的子产区，坐落在群山之间，于1996年被列为DO级产区。这里的土壤多砂石，岩床亦为坚硬的花岗岩。

4. 罗萨尔

在下海湾的最南端，位于米诺河（Mino River）沿岸，靠近入海口，毗邻大西洋，同时与葡萄牙相接。此处岩床为花岗岩，土壤为冲积土。葡萄园通常分布在河流两岸的梯田上。这里的白葡萄酒酸度相对更低，显示柔顺容易亲近的特点。

5. 特亚伯爵领地

以米诺河（Mino River）的支流特亚河（Tea River）命名，是下海湾地区面积第二大的产区。葡萄园分布于两条河流沿岸，与葡萄牙的绿酒产区隔河相望。由于离海岸较远且地理位置偏南，这里气候相比其他几个地区更为温暖干燥，平均气温15℃，夏季最热时可高达40℃。此地土壤为花岗岩和板岩。

六、阿尔巴利诺

种植率接近95%，当仁不让的下海湾第一葡萄品种。

阿尔巴利诺是一种原产于西班牙北大西洋海岸加利西亚的绿色葡萄品种，阿尔巴利诺白葡萄酒有桃子、柑橘和矿物特性，有时表现出轻微的咸度，与当地的海鲜真是完美搭配。独特的矿物气息和令人兴奋的酸度容易让人联想起德国的雷司令，但是它丰腴的酒体和杏、桃、橘的香气又带有维欧尼的特征，它甚至兼具灰比诺迷人复杂的香气。当种植在酸性土壤中，它会呈现迷人的矿物气息，结构感尤为突出；而种植在沙质土壤中则表现得柔软圆润。

尽管产量很小，难于栽培，但阿尔巴利诺结实的葡萄皮对于在潮湿的环境中对抗真菌病害却能起到重要作用。它也是西班牙少有的能够独立担当主角的白葡萄品种，尤其能经得起苹果酸乳酸发酵的再次雕琢，也能承受得起橡木桶发酵带来的厚重感和复杂度，拥有绝佳的陈年能力。

海鲜是阿尔巴利诺的最佳搭档

第九节 赫雷斯：以国酒雪莉之名

如果我有一千个儿子，第一个儿子本着人性化的原则，我会教他放弃所有的束缚，沉溺于雪莉酒当中。

——法国国王·亨利四世

赫雷斯（Jerez）之名最初来源于英文单词"sherry"（雪莉酒），还有一个说法是雪莉酒的名称来源于赫雷斯市的阿拉伯语名称雪莉斯（Scheris）。由此不难看出，赫雷斯就是雪莉酒的故乡。

一、酿酒历史：会旅行的酒

赫雷斯地区一直是葡萄的种植中心，赫雷斯地区的酿酒历史几乎等同于西班牙的酿酒历史。雪莉酒被誉为西班牙的国酒，早在古罗马时期就已经享有盛誉。中世纪时备受各国商人青睐。因经常被出口到其他国家，被十分形象地说成是"会旅行的酒"。

1933 年，西班牙国家葡萄酒法案颁布生效时，赫雷斯就成为西班牙第一个欧洲最古老的法定产区（DO）。在赫雷斯，不是所有的葡萄酒产品都能标识成雪莉酒。如果要享有这个权利必须符合"产区自治协调委员会"所制定的各项规定，包括葡萄园划分、葡萄品种、栽种方式、生产工艺、陈年时间和地点、生产规模、产量等等各种细节，满足条件以后经过审核合格后，方可冠以"JEREZ-XERES-SHERRY"进行销售。

二、曼妙雪莉：酒中辣妹

说到雪莉酒，就不能不说中国文字的

橡木桶是雪莉贸易中最常用的容器

地理大发现后，雪莉成为最著名的葡萄酒之一

大美葡萄酒

优美和博大精深，"雪"字完美呈现了雪莉酒的工艺特点，契合发酵过程中产生的酒花形象；"莉"可以表达雪莉酒杯中的形色魅力和口感芬芳。由此可见，中文的"雪莉"，是一个完美的音译，让雪莉酒给人增加了想象的空间。

因为雪莉发酵过程中有的会产生酒花，符合中国葡萄酒定义里的产膜葡萄酒。另一方面，因为酒精度高，又是一种加强葡萄酒，雪莉酒真可以用"酒中辣妹"形容。

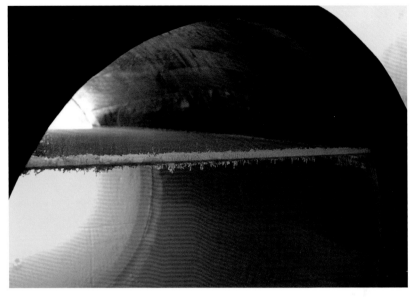

雪莉酒发酵过程中产生的神奇的酒花

三、产区概况：优越地理

赫雷斯位于伊比利亚半岛最南端加迪斯省，葡萄园集中在赫雷斯 – 德拉弗隆特拉（Jerez de la Frontera）、

圣玛利亚港 Puerto de Santa Maria 和桑卢卡尔 – 德巴拉梅达（Sanlucar de Barrameda）三座城市四周，形成了一个包括沿海地区在内的三角形区域。俗称"雪莉酒三角州 Sherry Trangle"。

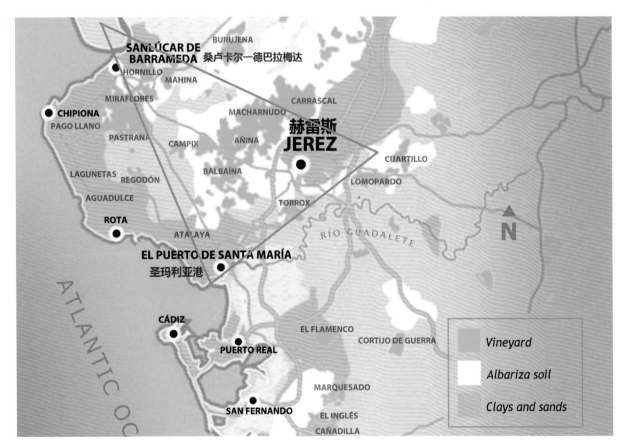

雪莉酒三角州（Sherry Trangle）

四、葡萄品种：个性鲜明

1. 帕罗米诺（Palomino）是雪莉酒最主要的传统葡萄品种，95%的雪莉酒都是由帕罗米诺酿造的。这种葡萄皮很薄，所以采摘时需要十分小心，还需要纯人工在夜间采摘，然后迅速送往酿酒厂，以防止变质，影响风味。

2. 佩德罗-希梅内斯（Pedro Ximenz，简称PX）和麝香（Moscatel）这两种葡萄在赫雷斯也占重要地位，是甜型雪莉酒的主要原料。采收之后置于太阳底下晒成半干再用于酿酒，葡萄糖分含量极高，因此酿成的雪莉酒浓郁甜稠。

帕罗米诺和白垩土。图片来源：Chilledmagazine

五、风土条件：雪莉福地

赫雷斯能成为最适合生产雪莉酒的产区，主要得益于得天独厚的风土条件。

1. 气候特点

赫雷斯产区是典型的大西洋海洋性气候，较为温暖，从海上吹来潮湿的风，不仅为产区提供了相应的湿度，并有一定的降温作用。这有利于酿造雪莉酒的葡萄品种保留较高的酸度，也为当地酒窖提供了一个"自然空调"。这个地区的年平均日照时间为300天，日光非常充足，使葡萄得以充分成熟。此外，该产区还受到东部平原的陆地温暖气候影响。

2. 土壤特点

赫雷斯产区有三种不同类型且各具特色的土壤。

第一种是白垩土成分较高、土质极佳的"Albariza"土壤。这种土壤在雨季可以吸收水分，雨季结束后则会逐渐变干，形成一个干燥的硬壳，为葡萄反射阳光，同时向葡萄树的根茎提供水分。第二种是含有丰富的黏土和少许白垩土的"Baros"土壤。第三种是主要为沙土的"Arenas"土壤。总的来说，这些土壤都非常适合佩德罗-希梅内斯和麝香等葡萄的生长。

六、雪莉分类：燕瘦环肥

常见的雪莉酒类型包括：干型雪莉酒、自然甜型雪莉酒和调配甜型雪莉酒。

1. 干型雪莉酒

干型雪莉酒包括：菲诺雪莉酒（Fino）、曼萨尼亚雪莉酒（Manzanilla）、阿蒙提拉多雪莉酒（Amontillado）、帕罗卡特多雪莉酒（Palo Cortado）、欧罗索雪莉酒（Oloroso），一般都是用帕洛米诺葡萄（Palomino）酿造。

（1）菲诺（Fino）是一种比较清新、细腻、芬芳的雪莉类型，呈淡柠檬色，风味比较"冲"，口感极干，其酒精含量一般在15%—17%之间，菲诺需要在索雷拉系统陈酿至少两年。

（2）曼萨尼亚（Manzanilla）像菲诺一样有着轻盈又新鲜的雪莉酒体，产自圣卢卡-巴拉梅达且在此地完成陈酿，其酿造方式与菲诺基本一致，酒精含量在15%—17%之间。

（3）阿蒙提拉多（Amontillado）既具有菲诺般清新爽利的酵母风味，又具有陈酿带来的坚果、奶油、干水果、柑橘皮等风味，呈琥珀色，口感更饱满也更复杂，被人们认为是品质最高、最复杂的雪莉风格，酒精含量在16%—18%之间。

（4）帕罗卡特多（Palo Cortado），酒体饱满，具有黄油、坚果的芬芳，干水果的口味，以及微咸的余韵，风格介于阿蒙提拉多和欧罗索之间，酒精含量在18%—20%之间，它是一种干型的稀有雪莉酒。

（5）欧罗索（Oloroso）具有浓郁的坚果、焦糖、干水果的口味，尽管为干型，却常带有少许回甘，酒体饱满且酒精度更高，酒精含量在18%—22%之间，呈较深的棕色。

2. 自然甜型雪莉酒

自然甜型雪莉酒包括：麝香甜型雪莉酒（Moscatel）、佩德罗-希梅内斯雪莉酒（Pedro Ximénez）。

（1）麝香甜型雪莉酒（Moscatel）产自马拉加（Malaga），使用麝香葡萄发酵后加入葡萄酒精制成。具有麝香葡萄典型的橘花、茉莉花、葡萄香气，入口甜美但收敛，以略干苦的风味收尾。

（2）佩德罗-希梅内斯雪莉酒（Pedro Ximénez）是一种极其浓郁、黏稠、甜美的甜型雪莉，采用风干过的佩德罗-希梅内斯葡萄为原料，酿造出的葡萄酒呈深棕色，芳香四溢，口感甜蜜，带有干果、咖啡和甘草味道，酒精含量高。

酿酒师在观察雪莉酒发酵情况

3. 调配甜型雪莉酒

（1）奶油雪莉酒（Cream）是由欧罗索雪莉和佩德罗-希梅内斯雪莉调配而成的甜型雪莉酒，也被叫作"甜欧罗索（Sweet Oloroso）"。颜色较深，如同糖浆般浓稠，带有烤坚果、焦糖的气息，酒体饱满甜美，余味绵长。

（2）奶白雪莉酒（Pale Cream）一般是将菲诺雪莉加甜（加入浓缩甜葡萄汁）酿造而成，还可以通过奶油雪莉去除颜色而得到，既有菲诺雪莉的清爽酒花风味又有甜味。

（3）半甜雪莉酒（Medium）的风格多样，含糖量在5g/l—115g/l的雪莉都可以称为"Medium（中甜/干型）"雪莉。入口较干，香气类似阿蒙提拉多，具有糕点、柑橘皮、干水果的风味，入口微干，收尾悠长。

赫雷斯地区的木桶厂工人正在给雪莉桶制作标记。图片来源：赫雷斯产区协会网站

不同类型的雪莉酒

七、酿酒工艺：酒花的神奇和索雷拉的脑洞

酿造雪莉酒的工艺非常特殊。

1. 神奇的酒花

赫雷斯产区温暖湿润的气候，很容易导致葡萄酒因为细菌感染而腐败，普通葡萄酒在橡木桶中陈酿时，必须充满以隔绝空气。但雪莉酒却反其道而行。酿酒师会故意留下1/3的空间，让酒接触空气，从而产生一层由天然酵母菌孢子构成的白色薄膜，其实就是酵母菌落，又叫酒花。酒花对周围环境的湿度和温度很敏感，且无法在酒精度为15.5度以上的酒液中生存，它喜好凉爽的温度和较高的湿度，通常生长于春秋季节，死于夏冬。因此，酒花是雪莉酒酿造过程中最神奇的一部分。

2. 干型雪莉酒工艺：酒花决定了雪莉类型

干型雪莉酒一生中要经历两次分级，第一次根据酒花最初的生长状况分为菲诺（fino）和欧罗索 oloroso 两大类型，第二次分级是酒液加强之后的细分。

（1）第一次分级

如果酒花的生长质量良好，酒体轻，颜色淡，则被划分为菲诺。最好的菲诺来自生长在老藤和最好的 Albariza 土壤的葡萄，优雅是一款菲诺雪莉最重要的品质。

如果没有酒花或者酒花很少，则被称为欧罗索，味道浓郁甜美。轻快、甜美、浓郁，而且酒精浓度不是很高（一般葡萄酒为12%—15%）。

（2）第二次分级

发生在酒液进行加强之后，酒庄会根据第一次分级的结果对不同类型的雪莉酒添加高酒精度的葡萄烈酒。为了不阻止酒花的生长，菲诺酒精度会加强到15—15.5度。欧罗索则会加强到17或18度以此阻止酒花的生长。

加强后的酒液被转移到橡木桶中度过半年到一年时间的"Sobretabla"阶段，此后酒庄会再次审查和品尝每一桶再进行第三次分级，这次分级着重于菲诺的考核：

如果酒花生长良好，且具有独特的潜力，酒庄则会"逆反"它的生长规律，将酒液二次加强到17度使其进行氧化陈酿，这种雪莉酒称为帕罗卡特多。

如果酒液失去酒花的庇护，酒庄只能顺应它的

大美葡萄酒

"天命"，将其酒精度加强到 17 度，而后开始漫长的氧化陈年旅程，这种雪莉酒称为阿蒙提拉多。如果酒庄认为该酒液的质量不合格，则会将酒液加强到 17 度后作为酿醋原料使用。

3. 甜型雪莉酒

甜型雪莉酒的葡萄佩德罗 - 希梅内斯和麝香完全成熟后，开始采摘，先要白天阳光曝晒以提高糖分，晚上用帆布盖好以防露水润湿或雨水淋湿，正常的好天气下一般晒 4—5 天即可。由于发酵时糖分太高，酵母难以"施展拳脚"使得发酵过程很慢，所生成的酒精度也很低，保留了大量的天然糖分。为了稳定橡木桶内酒液的状态，这时酒庄会第一次添加葡萄烈酒使酒精上升到 10 度左右。直到度过了采摘后的第一个秋天和冬天，新酒会在去除酵母之后进行第二次加强，这一次的度数将会增加到 15—17 度。之后将其转移到索雷拉系统中进行氧化陈酿。

4. 索雷拉的脑洞

一种名叫索雷拉（SOLERA）的特殊陈酿系统也异常关键。索雷拉把陈酿过程中的橡木桶分为数层堆放，堆放层数每个酒厂都不太一样，少者仅 3 层，最多则可达到 14 层，最底层的酒桶存放最老的酒，最上层的则存放最年轻的酒。每隔一段时间，酒厂会从最底层取出一部分的酒装瓶出售，再从上层的酒桶中依次取酒补充最底层缺少的酒，顺序就是第二层桶补第一层，第三层桶补第二层，以此类推。如此一来便能以老酒为基酒，以年轻的酒来调和，使得雪莉酒同时兼具新酒的清新与老酒的醇厚。

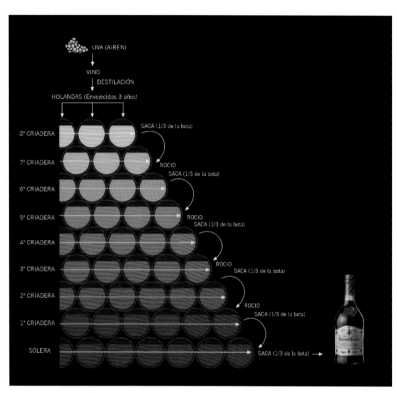

自上至下逐层勾兑的索雷拉系统示意图

18 世纪末期，索雷拉系统就已经非常流行了

雪莉酒配餐表

	干型雪莉					混合型雪莉		天然甜型雪莉	
	曼萨尼亚	菲诺	阿蒙提拉多	欧罗索	帕罗卡特多	半甜雪莉	奶油雪莉	麝香甜	佩德罗一希梅内斯
	(MANZANILLA)	(FINO)	(AMONTILLADO)	(OLOROSO)	(PALO CORTADO)	(MEDIUM)	(CREAM)	(MOSCATEL)	(P.XIMENEZ)
橄榄	★	★					★		
坚果	★	★	★	★	★				
腊肉	★	★	★	★	★				
干酪			★	★	★				
蓝纹奶酪						★	★		★
软奶油奶酪				★	★	★	★		
鹅肝酱						★	★		
咸鱼	★	★							
沙拉	★	★	★						
清汤									
烤鱼	★	★	★						
炸鱼	★	★							
贝类	★	★	★						
烟熏鱼			★						
新鲜金枪鱼			★	★	★				
洋蓟			★						
芦笋			★						
蘑菇			★	★	★				
白肉	★	★							
野味			★	★	★				
炖菜				★	★				
辣菜			★	★	★	★	★		
冰激凌							★	★	★
红色水果						★	★		
柑橘类水果						★	★	★	
甜食						★	★	★	★
苦味巧克力									★

正如莎士比亚所说，雪莉是瓶中的西班牙阳光。

第十节　拉曼恰：世界上面积最大的葡萄酒产区

很多人都熟悉著名作家塞万提斯的小说《堂吉诃德》，拉曼恰（La Mancha）就是该小说主人翁的故乡，堂吉诃德自封的头衔就是"拉曼恰的贵族"。所以拉曼恰又有"堂吉诃德故乡"的美名。

定产区，也是世界上面积最大的葡萄酒产区，葡萄园面积将近 19.2 万公顷（290 万亩），葡萄酒产量占西班牙总产量的三分之二左右，该产区也广种橄榄树，盛产橄榄油。

一、产区概况

拉曼恰自治区的全名是卡斯蒂利亚-拉曼恰（Castilla-La Mancha），位于整个伊比利亚半岛的正中心。

拉曼恰产区北面与马德里法定产区相邻，几乎将另一个法定产区瓦尔德佩涅斯圈了起来，产区覆盖卡斯蒂利亚-拉曼恰自治区的阿尔巴塞特省、雷阿尔塞特省、昆卡省和托雷多省。该产区是西班牙最大的法

二、葡萄品种

1. 白葡萄品种

主要有阿依仑（Airen）、马家婆（Macabeo）、帕尔迪纳（Pardina）、霞多丽（Chardonnay）和长相思（Sauvignon Blanc）等。

拉曼恰的风车。图片来源：Zicasso

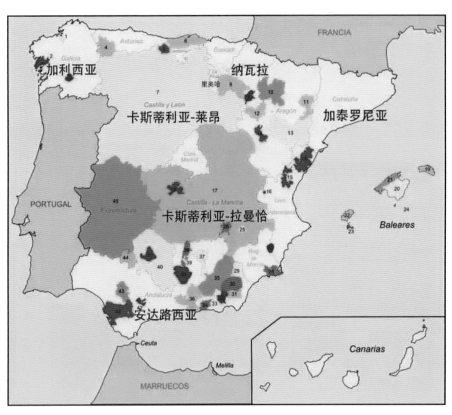

拉曼恰产区地图

许多经济农作物都难以在这个区域种植。

四、土壤特点

拉曼恰产区地形平坦，葡萄园位于海拔 700 米以上的位置。土壤一般为沙砾土、石灰质土以及黏土。

五、分级制度

直到 1976 年拉曼恰才正式被授予法定产区（DO），该产区已经涌现出越来越多的优质葡萄酒，但该地区一直被认为是低质量和散装葡萄酒的重要来源地。

2003 年，西班牙通过了独立酒庄酒（Vino de Pago）法规，拉曼恰产区已经有 9 个独立酒庄诞生，

2. 红葡萄品种

主要有丹魄、赤霞珠、小味儿多、歌海娜、慕合怀特、西拉和博巴尔（Bobal）等。

只有耐高温和干燥环境的葡萄品种才能适应拉曼恰的风土。阿依仑是拉曼恰也是世界上种植面积最大的葡萄品种，主要种植在拉曼恰平原。此外，这地区的其他白葡萄品种有马卡贝奥、青葡萄和小粒麝香葡萄。

三、气候特点

拉曼恰产区属于典型的高原与大陆型气候。夏季温度常在 40—45℃，冬季温度在零下 10—12℃。降雨量很低，年均为 375 毫米左右。昼夜温差极大，

拉曼恰的酒窖。图片来源：Visitmadridtoday

大
美
葡
萄
酒

其中西班牙第一个独立酒庄——瓦尔德博萨酒庄（Dominio de Valdepusa）就在拉曼恰。

独立酒庄属于法定产区（DO）级别，但在管理和标准上则更加严格，想要成为独立酒庄，必须达到的条件有：

1. 葡萄酒的葡萄原料必须来自酒庄自有的葡萄园。

2. 葡萄酒必须在自家酒庄内酿造。

3. 葡萄酒的风味具备风土的典型性。

独立酒庄以酒庄为单位，而不是以产区为单位进行认证，有点像法国列级庄评级，但两者又不相同。在西班牙拥有独立酒庄荣誉的 18 个酒庄中，拉曼恰就占了 9 家。

第十一节　纳瓦拉：西班牙知名桃红葡萄酒产区

纳瓦拉（Navarra）葡萄酒历史悠久，西班牙最古老的葡萄榨汁槽遗迹就在纳瓦拉，这个榨汁槽由古罗马人于公元 2 世纪修建。

一、产区概况

纳瓦拉产区位于同名的纳瓦拉（NAVARRA）的自治区南部，葡萄园分布在自治区内比利牛斯山（Pryrence）的南向的缓坡，一直延伸到埃布罗河（Ebro）盆地。

近年来，随着酿酒技术的革新和酿酒师的努力，该产区优质红葡萄酒和白葡萄酒也渐露头角。2013 年，该产区葡萄园面积达到 11370 公顷（17 万亩），分布着 113 个 DO 级酒庄和 3 个 VP 酒庄，年产 4000 万升

纳瓦拉的颜色是粉色的。图片来源：Navarra Wine US

纳瓦拉的葡萄园。图片来源：Navarra Wine US

葡萄酒，位居法定产区第九位，其中 37% 用于出口。

二、葡萄酒历史

公元 2 世纪，古罗马人在此地开始酿酒，目前在很多村庄都还有酿造葡萄酒的遗迹，而葡萄种植的历史比葡萄酒的历史还要早，因为，史前的野生欧亚葡萄在当地仍有种植。

公元 475—1453 年，纳瓦拉王国和法国联系很紧密，葡萄种植业蓬勃发展。

15 世纪，纳瓦拉的桃红葡萄酒获得世界的认可。

1860 年，受益于法国根瘤蚜虫病暴发导致的葡萄酒短缺，纳瓦拉葡萄酒销量大增。19 世纪末，根瘤蚜虫杀到纳瓦拉，98% 的葡萄园遭到重创。20 世纪初，葡萄园得以重建，葡萄酒合作社成立，产量逐步增加，大量散装酒开始出口。

1980 年起，私人酒庄和合作社开始生产优质瓶装葡萄酒。

三、葡萄品种

1. 白葡萄品种

主要有马卡贝奥（Macabeo）、霞多丽、白歌海娜，此外还有酿造甜白的白麝香（Moscatel de Grano Menudo）等。

2. 红葡萄品种

主要有丹魄、歌海娜、赤霞珠、美乐、格拉西亚诺（Graciano）和佳丽酿等。

四、气候特点

纳瓦拉产区北部是典型的干旱、半湿润气候，年平均降雨量在 593—683 毫米之间。产区中部为过渡性气候，南部地区则较为干旱，年平均降雨量仅为 448

毫米。总的来说，西北部的大西洋、东北部的比利牛斯山脉和埃布罗河以及地中海的综合影响，形成了产区较为温暖的气候。

五、土壤特点

该产区土壤多样，不同地区之间差异较大，土壤各不相同。巴亚·蒙大拿（Baia Montaña）地区主要是微红或微黄的多石土壤，瓦迪萨贝（Valdizarbe）和提厄拉·艾斯特拉（Tierra Estella）地区为棕灰石灰岩和石灰岩，上河岸地区（Ribera Alta）为石灰岩和冲积泥土，下河岸地区（Ribera Baja）为棕灰色石灰岩和冲积土。

六、桃红葡萄酒和丹魄的天下

纳瓦拉是个传统的桃红葡萄酒产区。

30 年前，歌海娜的种植面积达到了总种植面积的 90%，桃红葡萄酒产量很高，达到 1300 万升以上，占产区总产量的 1/3。纳瓦拉干型桃红葡萄酒清爽而果味浓郁，特别适合搭配当地的食物。

但随着丹魄种植面积的提高，以丹魄为主进行混酿成为纳瓦拉葡萄酒的主流。2013 年，丹魄葡萄酒达到总量的 58.2%，葡萄酒风格也从酒精度较高、果味浓郁、年轻易饮型向酒体厚重、果香浓郁、橡木桶风格转变。赤霞珠、美乐和黑比诺等国际品种也逐渐被产区酿酒师重视，少量白葡萄酒则聚焦在霞多丽、马家婆和白歌海娜几款主要品种上。

自然甜葡萄酒也被允许使用莫斯卡托酿造。

去纳瓦拉，品酒和感受奔牛节的刺激。图片来源：Navarra Wine US

第十二节　看标识酒：西班牙葡萄酒的标签标识解读

有前面的法国和意大利作为参照，到了西班牙我们可以直奔主题。

一、西班牙葡萄酒酒标显示的主要信息

1. 西班牙生产：Product of Spain 或者 Spain。

2. 酒精含量。

3. 容量：一般是 75cL 即常见的 750 毫升。

4. 产区。这是酒标信息中第一个重要元素。

5. 产区分级：从高到低分别是 DOCa、DO 等。这是酒标信息中第二个重要元素。

6. 品质等级：Grand Riserva、Riserva、Crizanza、Anejo 等。这是酒标信息中第三个重要元素。

7. 年份。这是酒标信息中第四个重要元素。

8. 葡萄品种。这是第五个重要元素。

9. 酒庄和品牌信息。这是酒标信息中第六个重要元素。

10. 生产者和葡萄园的名称。

11. 生产方法。

12. 品质信息。如获奖信息、限量编号、名家背书等。这是酒标信息中第七个重要参考，一般质量不会差。

13. 生产方法。

14. 饮用建议事项等。

15. 酒庄、酒厂内灌瓶。

16. 装瓶厂及地址。

17. 警告类。饮酒警告和过敏提示等，各个国家不同，可能会出现在正标和背标上。

18. 含硫量标识。

二、常见术语

Anejo：在橡木桶或者瓶中陈年 12 个月。

Blanco/Blanca：白葡萄酒。

Bodega：字面意思为"葡萄酒酒窖"，通常是葡萄酒公司名字的一部分。

Cava：用传统方法酿造的西班牙起泡酒，属于 DO 级别。

Clarete：指介于淡红和深粉红之间的颜色。

Cosecha：年份，是指这瓶葡萄酒中，85% 的酿酒葡萄是来自酒标上所标示的年份。

Cosechero：一款清爽、果香浓郁的新酒，与"vino joven"意思接近。

Criado Y Embotellado Por：混酿与装瓶。

Crizanza：标有"Crizanza"的红葡萄酒至少需陈年 2 年（其中，在橡木桶中必须陈年 6 个月）；标有"Crizanza"的白葡萄酒或者桃红葡萄酒至少需陈年 1 年（其中，在橡木桶中必须陈年 6 个月）。

DO（Denominacion de Origen）：产自严格控制品质的产区的葡萄酒。

DOC：西班牙分级中最高的等级。

Doble Pasta：是指在发酵浸皮时，葡萄皮用量是普通葡萄酒 2 倍的红葡萄酒，这种葡萄酒酒液并不透明，颜色浓郁。

Dulce：甜型葡萄酒。

Embotellado Por：装瓶。

Espumoso：起泡酒。

Generoso：加强酒或者甜酒。

Gran Reserva：指产自最好年份的葡萄酒，通常具

202

大美葡萄酒

法国酒优雅，西班牙酒奔放

有很长的陈年潜力。标有"Gran Reserva"的红葡萄酒陈年时间至少为 5 年，其中必须有 18 个月在橡木桶中陈年。而白葡萄酒和桃红葡萄酒的陈年时间为 4 年，其中必须有 6 个月在橡木桶中陈年。

Noble：在橡木桶或者瓶中陈年 2 年。

Nuevo：一款果香丰富、口感清爽的新酒。

Reserva：产自不错年份的葡萄酒，通常具有较长的陈年能力。对于红葡萄酒来说，酒标上标有"Reserva"则至少需要陈年 3 年，其中至少 1 年在橡木桶中陈年；白葡萄酒和桃红葡萄酒则至少

需要陈年 2 年，其中至少 6 个月在橡木桶中陈年。

Rosado：桃红葡萄酒。

Seco：干型葡萄酒。

Semidulce：半甜型葡萄酒。

Sin Crianza：没有经过橡木桶陈年的葡萄酒，包括冷装瓶早的白葡萄酒以及大部分桃红葡萄酒。

Tintillo：介于淡红色和深粉红色之间的颜色，与"clarete"意思相近。

Tinto：红葡萄酒。

Viejo：字面意思为"老"。2005 年后，"Viejo"的葡萄酒至少需要陈年 3 年。

Vina/Vinedo：字面意思为"葡萄园"，通常作为品牌名称的一部分，并不是指某块特殊的葡萄园。

Vino Comarcal：地区级葡萄酒，等级位于 Vino de mesa 之上，Vino de la tierra 之下。

Vino de Aguja：一款低泡酒。

Vino de Calidad Con Indicacion Geografica：等级位于 Vino de la tierra 和 Denominacion de Origen 之间的葡萄酒。

Vino de la Tierra：西班牙葡萄酒。

Vino de Mesa：餐酒，普通的便宜的葡萄酒。

Vino de Pasto：一款普通的、便宜的葡萄酒。

每年的杜埃罗河岸采摘节都是一场狂欢。图片来源：杜埃罗河岸葡萄酒协会

左 1 是单一园卡瓦起泡酒　左 2 是里奥哈菲斯特　右 2 是普里奥拉　右 1 是帕罗卡特多雪莉酒

（1）西班牙生产，具体信息为：Product of Spain

（2）装瓶厂及地址

（3）酒精含量

（4）容量。750mL

（5）自左至右：Serral Del Vell、里奥哈、普里奥拉、雪莉产区

（6）品质术语：天然干型、限量珍藏、高级、帕罗卡特多雪莉酒

（7）法定分级：单一园、Serral Del Vell、DOCa、DOCa

（8）年份：左 1 是 2008 年，右 1 是 30 年陈酿

（9）品牌名称：Recaredo、Fasusinino（菲斯特）、Ermita、Obispo Gascon

（10）品牌 LOGO

（11）装瓶信息：左 2 意为"19933 瓶中的第 13231 瓶"

第六章

德国葡萄酒之美：最高贵的白葡萄酒产地

我在德国随机品尝了 425 次雷司令酒，其中超过 60% 可以评 90 分以上。

——布鲁斯·桑德松

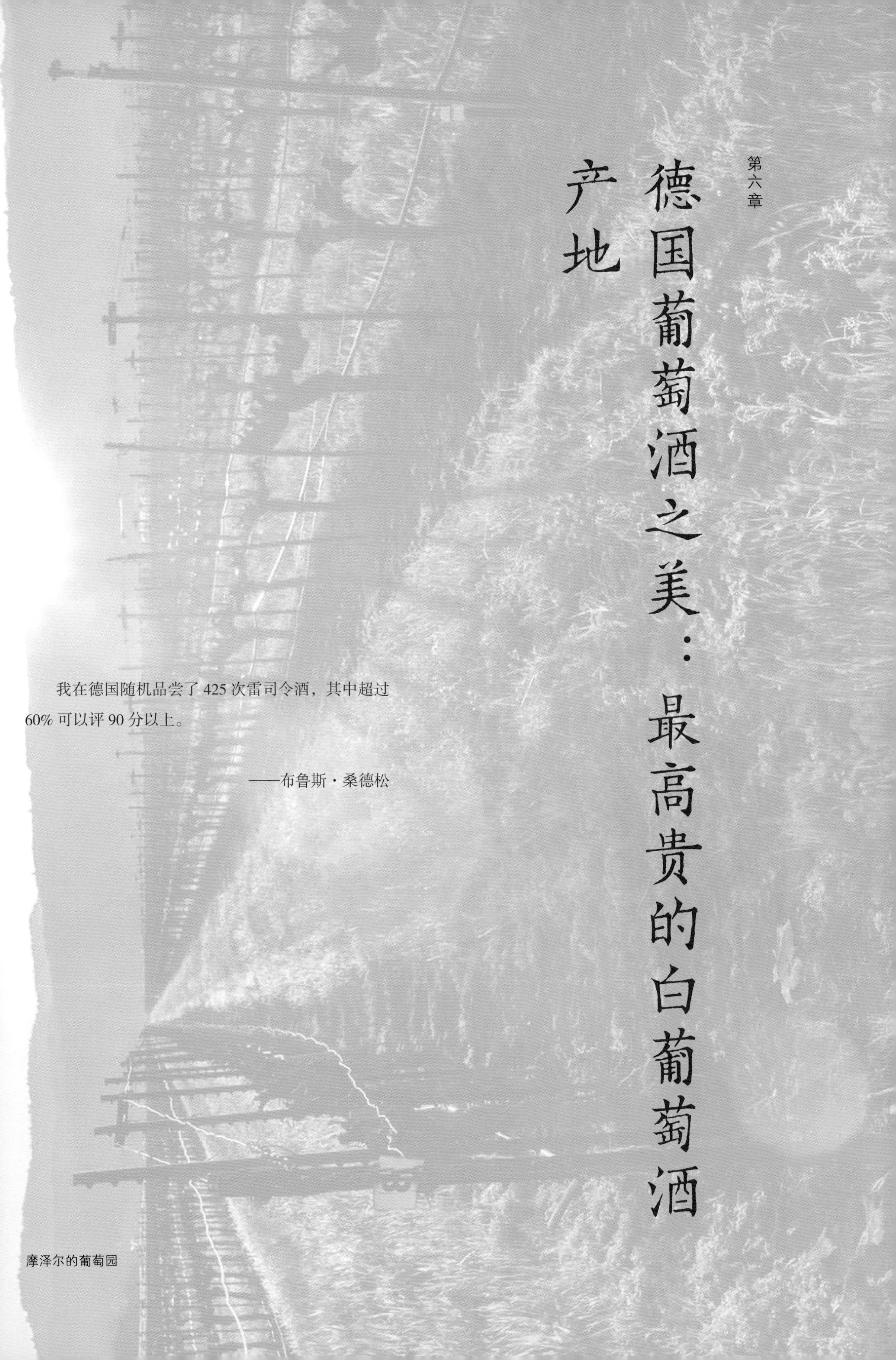

摩泽尔的葡萄园

第一节　德国：骨子里的严谨和皇室用酒

根据 100 分制的评分原则，90 分以上的葡萄酒是优秀葡萄酒，95 分以上就是极佳葡萄酒了。这可以说明德国雷司令的整体品质确实非常好。但葡萄酒业内人士都把德国雷司令现在的情况称为一场"复兴"，甚至可以说是涅槃重生。这到底是怎么回事呢？这必须从德国的葡萄酒发展历程说起。

一、葡萄酒历史：又是罗马人的贡献

德国葡萄酒的酿造历史可以追溯到公元前 100 年。

古罗马人占领了日耳曼地区一部分领土，也就是现在德国的西南部，罗马人在这块土地上开始酿造葡萄酒。考古学者在匹兹伯特发现了一个公元 400 年葡萄压榨遗址，这是迄今为止在阿尔卑斯山脉以北发现的最大的罗马人葡萄压榨遗址。但是，关于雷司令的明确记载却并不是很早，仅仅始于 1435 年 3 月 13 日，记载说，在莱茵黑森一个名叫卡森伯根的公爵购买了六株雷司令葡萄树。

雷司令繁荣起来的始作俑者是莱茵高地区天主教本笃会约翰内斯贝格修道院。1716 年，富尔达侯爵买下了约翰内斯贝格修道院，该修道院的葡萄园已经损毁。在随后的五年中，富尔达侯爵重建了荒废的葡萄园，并开始种植雷司令。1721 年，修道院的雷司令达到了 29 万棵。附近的酒农学习修道院的做法，争相种植雷司令。有些地区还颁布法令，强调酒农只能种植雷司令一种葡萄。1787 年 5 月 8 日，特里尔选帝侯和大主教温兹斯劳斯（Clemens Wenzeslaus）宣布将所有

Hessische Bergstraße 产区沧桑的酒窖。图片来源：Thoughtco

下等的葡萄品种拔掉，并改种高贵的雷司令。如今，摩泽尔地区每年都在5月8日这一天庆祝这个著名的指令。

1845年，英国维多利亚女王赴莱茵高省亲，她品尝了德国雷司令后如获至宝，并给这种葡萄酒取名为"豪客"（"Hock"）。这也是今天英国人仍用"豪客"称呼雷司令的原因。

关于雷司令贵腐甜酒的起源，还有个有趣的故事。

1775年，富尔达侯爵所派遣的传达采摘命令的信使由于在路上被抢劫和拘禁，耽误了行程，当他到达修道院的时候，所有葡萄都烂在了地里，并感染了一种后来叫"贵腐霉"的霉菌。修道院就将这些葡萄丢弃，给了农民。农民不舍得扔，就用这些看上去腐烂的葡萄酿造葡萄酒，出人意料的是他们发现这些晚摘的烂葡萄糖分和酸度都很高，由于感染了霉菌，具有极其特别的风味，由此雷司令餐后甜酒就诞生了。用雷司令酿造的贵腐甜酒一直盛行至今，它们按糖分含量的高低被划分为精选、逐粒精选和贵腐精选雷司令葡萄酒。

20世纪初，雷司令作为优势葡萄受推崇的地位遭到了逆转。由于德国酒农受所谓科学酿酒思潮的影响，人们企图用物理、化学测量方法来代替人的嗅觉和味觉，特地培养了很多早熟、高产、抗病力强的杂交品

种。原来种植雷司令的葡萄园开始试种其他葡萄"新品种"，比如西万尼（Silvaner）等。1930年，莱茵高产区雷司令葡萄的占比下降到了57%。

20世纪60年代和70年代，德国葡萄酒的国际形象受到严重损坏，德国酒商无所顾忌地生产大量甜味的勾兑葡萄酒，比如蓝仙姑（Blue Nun）和圣母之乳（Liebfraumilch）等以供出口。结果，这种糖水味的、平庸廉价的葡萄酒在国际上成为了德国葡萄酒的代名词。

为了扭转形象，经过德国酒农的不断努力，这种情况已经改变，雷司令迎来了复兴。摩泽尔和莱茵高这样以顶级雷司令而久负盛名的产区，再次得到了国际认可。其他产区的酒农也再次意识到雷司令终究还是德国最伟大、最重要的葡萄品种。德国雷司令葡萄酒再一次在世界范围内成为可以信赖和质量保证的代名词，又一次跻身世界最昂贵白葡萄酒行列。

德国葡萄酒学院国际市场总监蒂芬·辛德勒先生说："在过去几年中德国葡萄酒获得了极大的声誉。那些世界最知名、最具权威的酒评人都为顶级雷司令而振臂呐喊。德国雷司令的种植面积达到了世界总面积的60%，德国酒农从这场雷司令的复兴中则理所当然地获益最多。"

蓝仙姑葡萄酒酒标上起初修女穿的是棕色衣服，因为一个印刷错误才变成了蓝色

第二节　德国：复杂的分级，清晰的等级

1971 年，德国最早的葡萄酒分级制度诞生。

像前面的法国、意大利和西班牙一样，作为欧盟成员国，德国一样要融入欧盟地理标志标签管理体系（Geographical Indications，简称 GI），欧盟 GI 分为原产地命名保护（Protected Designation of Origin，简称 PDO）和地理标志保护（Protected Geographical Indication，简称 PGI）两大类，PDO 和 PGI 都有着严格的规定。

但德国在对标欧盟 GI 的基础上，也结合自己国家的实际做了一定创新，最突出的特点是以葡萄采收时的天然糖度作为评定葡萄酒等级的依据，依此构建了德国葡萄酒四 +6 的质量等级体系。"四"大基础分级分别是日常餐酒、地区餐酒、优质葡萄酒和高级优质葡萄酒。高级优质葡萄酒又细分为 6 个等级，即珍藏、晚采、精选、逐粒精选、冰酒、逐粒精选贵腐葡萄酒。

另外，德国还有一个类似西班牙酒庄分级的酒庄联盟（VDP）的分级体系。

一、四大基础分级

1. 日常餐酒（Deutscher Wein）

这一等级的葡萄酒不具有地理标志标签，是使用成熟度一般的葡萄原料酿造的廉价葡萄酒，且酒精度在 8.5 度以上。

2. 地区餐酒（Landwein）

带有 PGI 保护的葡萄酒，需产自法律规定的 19 个产区，且酒精度至少比日常餐酒高 0.5%，只有干型和半干型两种风格。也是用成熟度一般的葡萄原料酿造的葡萄酒。

3. 优质葡萄酒（Qualitatswein bestimmter Anbaugebiete，简称 QbA）

比前两个等级的要求更为严格，这个等级的酿酒葡萄需达到法定产区级别，必须在酒标上标注产区名。酿酒葡萄较为成熟，且必须来自 13 个法定产区，不允许跨产区混酿，但允许加糖发酵来提高葡萄酒的酒精含量。这个级别的德国葡萄酒产量最大，也最常见。2005 年的数据显示，该级别葡萄酒产量约 60 万吨。

俯瞰莱茵高第一牛镇基德里希 Kiedrich。图片来源：莱茵高葡萄酒协会官网

4. 高级优质葡萄酒（Qualitatswein mit Pradikat 或 "Prädikatswein"，简称 QmP，酒标上是 "Prädikatswein"）

高级优质葡萄酒是德国葡萄酒质量等级的最高级别，如果按照德文 Qualitatswein mit Prädikat 逐字翻译即为"具有优异特性的高级葡萄酒"，简称 QmP。这个级别的酿酒葡萄成熟度良好，发酵不允许加糖。

日常餐酒和地区餐酒在德国葡萄酒质量等级的金字塔的最底层，但是总产量与 QbA 和 QmP 两大级别比起来，可以忽略不计。

优质葡萄酒和高级优质葡萄酒都要经过官方的质量检验，并获得质量控制检测号码（A.P.Nr.）之后，方能销售，该号码必须在酒标上显示。

二、高级优质 6 大等级

1. 珍藏葡萄酒（Kabinett Wines）

珍藏葡萄酒也有"小房酒"之称，原指小型酒窖及其中存放的珍品葡萄酒，1971 年正式成为德国葡萄酒法规中的等级之一。这一级别的葡萄酒是高级优质葡萄酒中最为淡雅的一种，使用完全成熟的葡萄酿造而成，通常酒体轻盈，酸度脆爽，酒精度较低（半甜型约 8%—9%，干型约 12%）。酿酒师可以选择在酵母菌将糖分全部转化为酒精之前终止发酵，以获得糖度和酸度之间的平衡。

2. 晚采葡萄酒（Spätlese Wines）

正如字面意思，其酿酒葡萄比珍藏级更晚采收，因此成熟度更高，也带来了更多的糖分、更饱满的酒体和更浓郁的风味。但在等待采收期间，会有雨水破坏果实的风险。采用雷司令酿造的晚采葡萄酒通常散发着柑橘类水果和核果的香气，且具有不错的陈年潜力。

3. 精选葡萄酒（Auslese Wines）

使用经过人工挑选的、成熟的整串葡萄酿造而成，涵盖了从干型到甜型的葡萄酒风格。虽然许多葡萄酒的酒标中并未标明，但可以从酒精度来判断其风格。如果酒精度较高，那么这款精选葡萄酒便是干型的，反之则

是甜型的。但整体而言，精选葡萄酒比晚收葡萄酒更饱满、更成熟。酿造这一等级葡萄酒的葡萄还有可能感染了贵腐菌（Noble Rot），因此其糖分含量更高。

4. 逐粒精选葡萄酒（Beerenauslese Wines，简称 BA）

使用人工逐粒精选感染了贵腐菌的晚收葡萄酿造。后面匈牙利篇章我们还会讲到，贵腐酒葡萄原料需要在特定的条件下采摘。首先，葡萄必须完全成熟。其次，需要潮湿多雾的早晨及阳光明媚的下午等天气条件的配合，以滋生和控制贵腐菌。这一等级的葡萄酒均为甜型、酒精度低，具有贵腐菌所带来的蜂蜜、柑橘类果皮和干果的风味。

5. 冰酒（Eiswein）

冰酒的酿造条件更加苛刻。首先要让成熟后的葡萄留在葡萄树上直到深冬，当气温下降到结冰点时，葡萄中的水分就会结冰。此时，通过人工采摘并尽快在结冰状态下压榨，以获得糖分、酸度和风味物质高度浓缩的葡萄汁，再经过精心把控的酿酒工序后，一瓶冰酒才最终诞生。冰酒的酿酒葡萄的成熟度需至少达到 BA 水准，且并非每一年份都有条件酿造，所以产量稀少。冰酒通常极大地展现出葡萄品种本身的风味，甜度与酸度达到了很好的平衡。

6. 逐粒精选贵腐葡萄酒（Trockenbeerenauslese Wines，简称 TBA）

这一等级的葡萄酒极为稀缺，需使用经过人工逐粒挑选、感染了贵腐菌且已经干缩的葡萄浆果进行酿造。这种葡萄的糖分含量非常高，以至于酵母菌在将全部糖分转化为酒精之前就会自然死亡，所以 TBA 的酒精度很低（通常为 8% 左右），糖度与酸度达到完美平衡，具有贵腐菌的风味特征。

三、德国葡萄酒名庄联盟 VDP

1. 名庄联盟诞生的背景

德国人崇尚严谨，前面详述的四 +6 分级体系仍然存在很多缺陷，级别只取决于葡萄的糖分含量，酒标标注得不严谨，酒标根本不能判定此酒是产自品质更

好的单一葡萄园还是品质一般的大型葡萄园等。

为了评出德国最好葡萄园的品质潜力，确保德国未来葡萄园的独特种植景观，重塑人们对德国优质干白葡萄酒的信心，强调高级优质酒的传统内涵，突出其自然成熟的甜味属性。德国葡萄酒名庄联盟（VDP）就创建了自己的葡萄园分级制度。

2.VDP 的高标准

加入 VDP 的条件十分苛刻，其要求远高于德国官方法定标准的所有要求。所有的酒庄成员都要经过严格的考核，且定期审核，从而保证其葡萄酒有着卓越的品质。具体标准如下：

（1）拥有高品质葡萄园，且种植 80% 以上的传统葡萄品种（通常是雷司令和比诺家族葡萄）。

（2）葡萄酒产量要低于 7500 升 / 公顷。

（3）葡萄栽培可持续化，且不能破坏生态环境，与自然和谐相处。

（4）葡萄采摘后要手工筛选。

（5）采用传统酿造工艺。

（6）自家拥有酒窖、设备和酿酒设施的所有权。

（7）葡萄园的栽培和酿造环节都要受到监控。

3.VDP 分级

1971 年，德国新法颁布导致了众多葡萄酒名称的出现，让消费者感到眼花缭乱，更难以分辨出葡萄酒的品质了。VDP 联盟根据葡萄园的质量和特点、葡萄种植者的手艺以及年份品质，把葡萄园共分为四级。

VDP 鹰型标志

210

（1）大区级（VDP Gutswein）

大区级 VDP，是 VDP 分级中的入门酒款，主要满足上述 VDP 标准即可。

（2）村庄级（VDP Ortswein）

村庄级 VDP，是一个村庄最好的葡萄园，葡萄园的最大产量为 7500 升 / 公顷。

（3）一级园（VDP Erste Lage）

村庄中的一流葡萄园，葡萄品质一流，葡萄园的最大产量为 6000 升 / 公顷，通常于次年的 5 月 1 日开始销售。

（4）特级园 VDP Grosse Lage

这是德国最好的葡萄园，所酿造的葡萄酒能反映出当地风土的独特特点，葡萄园的最大产量为 5000 升 / 公顷。白葡萄酒于次年的 9 月 1 日开始销售，红葡萄酒于两年后的 9 月 1 日开始销售。

4.VDP 标志

VDP 的标志是一个雄鹰加一串葡萄。1982 年，VDP 同意在葡萄酒包装上使用雄鹰徽标。1991 年，又规定雄鹰标志必须出现在葡萄酒瓶帽上。

5. 著名 VDP 酒庄

VDP 联盟有 200 个酒庄，几乎都是百年名庄，拥有悠久的种植和酿造历史，出产德国顶级葡萄酒，而伊慕酒庄和普朗酒庄是最牛的。

（1）伊慕酒庄（Weingut Egon Muller-Scharzhof）

伊慕酒庄位于摩泽尔（Mosel），所产雷司令葡萄酒享有"德国雷司令之王"美誉。酒庄拥有约 11.3 公顷（170 亩）的葡萄园，采用非常传统的方式管理葡萄园。物以稀为贵，每年拍卖会上，伊慕酒庄所出品的雷司令白葡萄酒总能拍出令人惊叹的高价。

（2）普朗酒庄（Weingut Joh. Jos. Prum）

也位于德国摩泽尔，是德国最富传奇色彩的酒庄之一。酒庄葡萄园占地 17.4 公顷（260 亩），全部种植雷司令，平均树龄 50 年，发酵后用橡木桶陈酿到次年的 7 月，葡萄酒品质超高。其旗下两款葡萄酒均被收录在《世界最珍贵的 100 种绝世美酒》中。

第三节　雷司令：德国葡萄酒的旗帜

雷司令是德国品质最优异的葡萄品种，也堪称世界上最精良的白葡萄品种。

——杰西斯·罗宾逊

雷司令的火爆并不是在杰西斯·罗宾逊评论之后才发生的。

雷司令葡萄园

1845年，维多利亚女王陪德国贵族丈夫阿尔伯特亲王回老公的家乡省亲。女王夫妇受邀到莱茵高霍克海姆地区品尝美酒，便一发不可收拾地爱上了雷司令，从此之后，英国就掀起了雷司令狂潮。1953年，老维多利亚女王的玄孙女伊丽莎白二世正式登基，在庆祝晚宴上选用了一款来自莱茵黑森地区 Keller 酒庄的雷

雷司令葡萄

司令白葡萄酒，令女王大为高兴。

雷司令是一个薄皮、芳香型的白葡萄品种，糖分积累较慢，但是能很好地保留酸度，葡萄的酸度有助于雷司令葡萄酒的陈年，而品种特有的芳香，又赋予雷司令葡萄酒人见人爱的特质。

其实，雷司令是一款适应性非常强的葡萄品种。在德国13个葡萄酒产区，处处可见它的踪影。无论冰天雪地，还是温暖如春，只要它决定留下，它就必定能够繁荣。对土壤类型也不挑剔，板岩土、云母片岩土、花岗岩土、石灰岩土、石英岩土、流纹岩土、砂岩土、沙质土等，每一种土壤都有不同的表现，澳大利亚、新西兰、法国、中国等很多葡萄酒产区都有种植，且风格各异，百芳竞放。雷司令葡萄酒种类多样，从干型酒到甜型酒，从优质葡萄酒（Qba）、贵腐酒到顶级冰酒，各种级别收放自如。此外，酒精含量较低的特点也使得雷司令在酒杯中呈现悦人的光泽和迷人的香味。雷司令是一种富于变化的葡萄，含多种果香，从桃子、柑橘的特色香味，到热带水果的清香和蜂蜜的甜香，再到中国北方的槐花香，不一而足。更特别的是它独一无二的果酸，时而浓厚，时而清新，千变万化，令人惊奇，年轻时爽劲，成熟后娇媚，时间再推移开去，还有老辣的煤油味产生。目前，雷司令在全球的种植面积约为4万公顷（55万亩），德国就占到63%，约2.3万公顷（34万亩）。德国摩泽尔河（Mosel）两岸坐南朝北的陡峭山坡是世界上顶级的雷司令产地。

第四节　德国著名葡萄酒产区：十三太保

> 如果我有移山之力，那么无论我所到何处，都愿把约翰内斯山带在身旁。
>
> ——海因里希·海涅

德国葡萄酒的魅力源于复杂的葡萄酒产区和多样的风土条件。德国共有13个葡萄酒产区，分别是阿尔（Ahr）、摩泽尔（Mosel）、那赫（Nahe）、莱茵黑森（Rheinhessen）、法尔兹（Pfalz）、中部莱茵（Mittelrhein）、莱茵高（Rheingau）、弗兰肯（Franken）、黑森山道（Hessische Bergstrasse）、符腾堡（Wuerttemberg）、巴登（Baden）、萨勒-温斯图特（Saale-Unstrut）和萨克森（Sachsen）。葡萄园大都分布在河谷地区，南方的康士坦丁湖沿着莱茵河及其支流，北抵波恩的米特莱茵，西与法国的阿尔萨斯接壤，东部到易北河。北方地区葡萄酒清淡可口，果香四溢，芳香馥郁，幽雅脱俗，果酸鲜爽。南方地区葡萄酒圆润充实，果味诱人，味道刚烈，不失温和。

这13个产区中，最为著名的葡萄酒产区是摩泽尔、莱茵高、法尔兹和莱茵黑森四大产区。

一、摩泽尔

摩泽尔是世界公认的德国最好的白葡萄酒产区之一，在2007年8月1日前，一直被称作摩泽尔-鲁尔-萨尔（Mosel-Saar-Ruwer），之后为了便于记忆，提高国际形象，产区名被精简为摩泽尔（Mosel）。

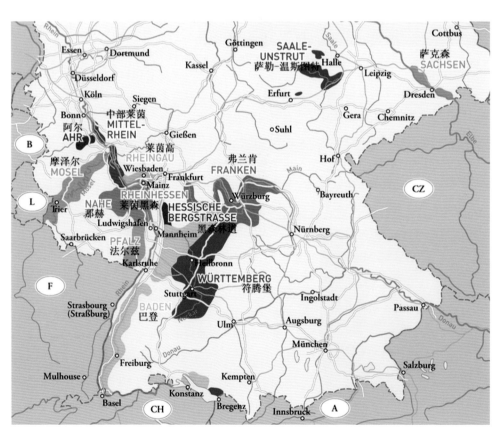

德国各大葡萄酒产区

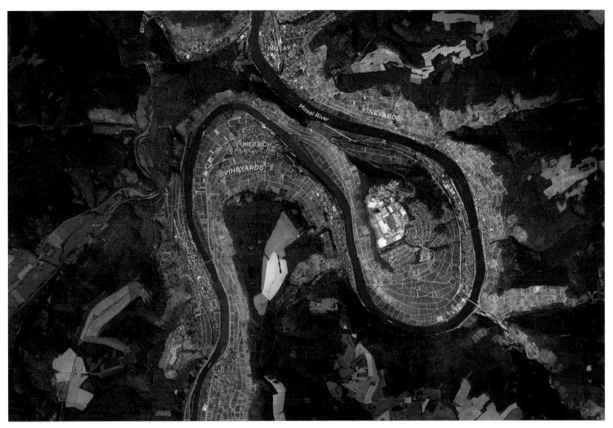

俯瞰摩泽尔

1. 产区概况

摩泽尔产区有三支河流，分别是摩泽尔河、萨尔河和卢汶河，后两条河流是摩泽尔河的支流。

摩泽尔河、萨尔河和卢汶河河谷地区自古以来就是德国最壮观的葡萄酒产区和葡萄种植区，酿酒历史可以追溯到古罗马帝国时期。这些地方的葡萄园分布在陡峭的层岩上，形成极其美艳的莱茵河沿岸景观。从上面的俯视图可以看出，摩泽尔的葡萄园都在陡峭的河谷两岸，葡萄园之陡峭，仿佛置身于悬崖峭壁。

2. 气候特点

因为有河谷的遮挡，摩泽尔成为德国最暖和的产区之一。这些从河流拔地而起的陡峭板岩斜坡在白天吸收阳光的热量，晚上再缓慢释放，因此昼夜温差小。冬季适度寒冷，夏季愉悦温暖，雨水充足饱满，年平均气温约10℃。温润的气候，使得摩泽尔葡萄园拥有极长的生长期。

3. 土壤特征

摩泽尔位于北纬50度附近。葡萄园的土壤大部分以板岩为主，最大的特点是葡萄园分布在陡峭的河谷两岸，河岸的坡度一般在60度以上，机械设备无法使用，人工作业和牲畜劳动是唯一可行的办法，葡萄树必须独立引枝以适应如此陡峭的坡度。

4. 葡萄品种

主要品种有雷司令、艾伯灵（Elbling）、白比诺、灰比诺、肯纳（Kerner）和欧塞瓦（Auxerrois）等，雷司令种植率超过50%。

5. 摩泽尔传奇

是什么成就了摩泽尔传奇？答案是摩泽尔特殊的地质条件和悠久的酿酒历史。

摩泽尔的特殊地质以板岩和斜坡土壤为主，即使是在潮湿雨季，葡萄园的排水也非常好。其次，板岩土壤能够在白天储存热量，这使得葡萄园在凉爽的夜晚也不至于温度过低，这在偏凉爽年份特别有益。再

超级巨星伊慕 Weingut Egon Muller。图片来源：www.falstaff.de

者，这种土壤里能滋生一些天然微生物，如野生酵母和细菌等，这带给摩泽尔葡萄酒一种独特的矿物风味。由于板岩土壤较贫瘠，不利于农作物的种植，后来才逐渐被用来种植葡萄。

摩泽尔葡萄园面积约 1.3 万公顷（合 20 万亩），其中半数以上种植雷司令。产区内有 6 个子产区、19 个酒村和 525 个单一葡萄园。

二、莱茵高

1. 产区概况

莱茵高产区葡萄园面积并不算大，只有区区 3288 公顷（5 万亩左右），但是这里却出产世界级的葡萄酒。莱茵高产区最有历史的产区就是约翰山 "Johannisberg"，这里被认为是雷司令起源地。在美国，很多雷司令葡萄酒的标签上都会使用 "Johnannisberg Riesling" 的名称，也正是缘于此。

2. 葡萄品种

莱茵高几乎全部是雷司令和黑比诺。

晚熟葡萄品种特别适合莱茵高，雷司令能够展现出典型的矿物质感和结构良好的酸度，种植比例接近 80%。黑比诺是莱茵高第二葡萄品种，它在整个产区都有种植，但主要分布在阿斯曼思豪森（Assmannshausen）。

3. 气候特点

该产区呈现出类似地中海的气候特征。

陶努斯（Taunus）山为莱茵高提供了一个天然屏障，抵御寒风，减少降雨，年

罗波威尔 Weingut Robert Weil 酒庄的直升机酒庄游。图片来源：罗波威尔官网

罗波威尔 Weingut Robert Weil 酒庄。图片来源：罗波威尔官网

平均降雨量约为 500 毫米。葡萄园多朝南，可以接受更多的阳光，年日照时间为 1600 小时。这里的年平均气温为 10.6℃，气候温和、相当干燥。秋季雾多，有助于贵腐菌的形成，常见的植物有无花果、橄榄和杏等，因此好年份的莱茵高会收获带有浆果和浆果干风味的高质量葡萄酒。

4. 土壤特征

莱茵高可划分为三个不同的土壤区域。

西部地区，包括吕德斯海姆贝格、洛尔希和阿斯曼思豪森，土壤是保温性很好的板岩，以及鳞片状板岩主导的土壤。莱茵高中部和东部，在距离莱茵河不远的低海拔区域，以沙肥土和黄土为主，这是两种保水能力强的土壤。而离莱茵河远海拔又比较高的葡萄园，以石英岩和片麻岩覆盖的黄土和第三纪的沉淀土为主。

5. 葡萄酒风格

与摩泽尔的雷司令相比，莱茵高不论是颜色、香气、口感和酒体都更重。

如果说摩泽尔的葡萄酒是莫扎特，那么莱茵高就是贝多芬。莱茵高的葡萄酒也是装在莱茵瓶中，但颜色是棕色的。

三、法尔兹

法尔兹位于德国莱茵黑森的南方，长 80 多公里，是德国第二大葡萄酒产区，种植面积达 2.3 万多公顷（约 35 万亩），仅次于莱茵黑森。法尔兹北部与莱茵黑森接壤，南边是法国的阿尔萨斯，西边是萨尔兰德（Saarland），东边莱茵河另一边则是巴登。

1. 葡萄品种

白葡萄品种：雷司令、米勒 - 图高（Muller-Thurgau）、肯纳（Kerner）、西万尼（Silvaner）、施埃博（Scheurebe）、琼瑶浆（Gewurztraminer）。

红葡萄品种：丹菲特（Dornfelder）、葡萄牙人（Portugieser）。

2. 气候特点

该产区气候偏向地中海气候，十分温暖，阳光充足，年日照时间为 1800 小时，年平均气温为 11℃，很少出现晚霜和冬霜。这种暖和的气候缘于法尔兹布满森林的斜坡，它们保护了葡萄园免受寒风侵袭，另外降水也较为合适。

3. 土壤特征

北部和南部的土壤相差很大。北部地区大部分是轻质黏土、砂石、黄土、泥灰岩和这些土壤的混合泥土。南部地区还有更多的肥土，因此更加深重和肥沃。共同之处是，两个地区都有一些壳灰岩、花岗岩、斑岩和斑岩土壤。

4. 葡萄酒特点

雷司令是法尔兹第一葡萄酒。

法尔兹的雷司令与德国其他产区相比，多了几分复杂，酒体更为饱满，酸度比摩泽尔稍低。雷司令干白保留了品种特有的清新，但也拥有难得的醇厚和力量。雷司令甜白则酸度突出，口感圆润。此外，法尔兹有的酒庄还将雷司令和米勒-图高混酿，这种葡萄酒价格平易近人，酒体中等至饱满，充满令人愉悦的花香。

丹菲特葡萄酒是法尔兹最为知名、最为成功的红葡萄酒，颜色漂亮，卖相极佳，酸度较好，口感柔和，风味复杂，层次感好。

四、莱茵黑森

莱茵黑森地处莱茵河谷，西部与那赫（Nahe）河相邻，北部和东部毗邻莱茵河。

1. 产区概况

莱茵黑森是德国面积最大的葡萄酒产区，葡萄园面积2.65万公顷（40万亩）。从普通的佐餐酒到起泡葡萄酒，一应俱全。此地最有名的是一种低端葡萄酒"圣母之乳（Liebfraumilch）"，167个村庄几乎都酿造此酒。

2. 葡萄品种

主要有米勒-图高、肯纳（Kerner）、西万尼（Silvaner）、雷司令、施埃博（Scheurebe）、巴克斯（Bac-

216

法尔兹的葡萄园。图片来源：FINEDINING LOVERS

chus）等。

3. 气候特点

莱茵黑森的气候条件适宜葡萄的生长。在奥登森林、陶努斯山、洪斯吕克山岭和北法尔兹高地的庇护下，这个产区有温和的气温，年平均温度为 11℃。莱茵黑森区处于欧洲中部最干燥地区，夏天温暖，冬天温和，降雨较少，每年日照 1700 小时，使该产区成为德国最温暖的葡萄酒产区之一。

4. 土壤特征

莱茵黑森的土壤类型多样。

黄土和风积沙土到处都有，石英岩、斑岩、板岩、和火山岩也常见。

当然还有不同的黏土、砂石和沙砾土等。

5. 葡萄酒特点

莱茵黑森地区的葡萄酒绵软柔和，特色显著，这使得它比其他德国葡萄酒更易辨别。由于生长在温和的气候条件下，这里的葡萄无须与环境相抗争，因此少了一点特色。不过，莱茵黑森的葡萄酒酒香浓郁，

莱茵黑森的土壤特征

味道甘冽，很受消费者喜爱。

莱茵黑森葡萄酒的主要原料是米勒 - 图高葡萄，这种葡萄酿造的葡萄酒柔和、多汁、果味绵长。另一种被广泛用来酿酒的是西万尼，酒体完整，香气浓烈。

圣母之乳这个酒名来源于一座圣母教堂，同时它也是一座著名酒庄的名字。后来，它被用来代指德国多个产区所生产的半甜型葡萄酒。这个酒在国际市场上的声誉并不好，属于 QbA 级别，特点是酒精度低，简单顺口带有甜味，极其廉价。

第五节　看标识酒：德国葡萄酒的标签标识解读

德国葡萄酒的酒标最麻烦的是德语，别说是在中国，即便是在德国的大本营欧洲，出了德语区，看德国葡萄酒标也是一件费劲之事。但我们还是能整理和找出德国葡萄酒酒标的典型信息和筛选容易记忆或者比较重要的信息的。

一、德国葡萄酒酒标显示的主要信息

1. 德国生产：Product of Germany 或者 Germany。

2. 酒精含量。

3. 容量：一般是 75cL，即常见的 750 毫升。

4. 产区术语。这是酒标信息中第一个重要元素。最值得购买的产区有 Rheingau（莱茵高）、Mosel（摩泽尔）、Pfalz（法尔兹）和 Nahe（那赫）等，不知道选什么品种的话，就直接拣雷司令即可。

其他还有 Ahr（阿尔）、Baden（巴登）、Franken（弗兰肯）、Hessische Bergstrasse（黑森林道）、Mitterlrhein（中部莱茵）、Rheinhessen（莱茵黑森）、Saale-Unstrut（萨勒 - 温斯图特）、Sachsen（萨克森）、Wurttemberg（符腾堡）等产区。

5. 分级术语。这是酒标信息中第二个重要元素。包括日常餐酒（Deutscher Wein）、地区餐酒（Landwein）、优质葡萄酒（QbA）、高级优质葡萄酒（Pradikatswein）。高级优质葡萄酒还有更为精细的分级，分别是珍藏葡萄酒（Kabinett Wines）、晚采葡萄酒（Spätlese Wines）、精选葡萄酒（Auslese Wines）、逐粒精选葡萄酒（Beerenauslese Wines，简称 BA）、冰酒（Eiswein）、逐粒精选贵腐葡萄酒（Trockenbeerenauslese Wines，简称 TBA）。

6. 年份。这是酒标信息中第三个重要元素，有年份起码说明了是个年份酒。

7. 葡萄品种。这是酒标信息中第四个重要元素，记住雷司令、雷司令、雷司令，重要的葡萄酒说三遍。

8. 德国名庄联盟 VDP。这是酒标信息中第五个重要元素。记住鹰形标、鹰形标、鹰形标，再说三遍。

9. 德国名庄联盟 VDP 更精细分级。从低到高分别是 Gutswein（大区级）、Ortswein（村庄级）、Erste Lage（一级园）、Grosse Lage（特级园），这是酒标信息中第六个重要元素。

10. 酒庄和品牌信息。这是酒标信息中第七个重要元素。识别名庄的重要参考。

11. 品质信息。如获奖信息、限量编号、名家背书等。这是酒标信息中第八个重要参考。

12. 酒庄、酒厂内灌瓶。

13. 装瓶厂及地址。

14. 含硫量标识。

15. AP-Nr：AP 检验号码，每批葡萄酒都必须经过官方的正式检验以取得检查号码，其中第一个数字代表产区，最后两个数字代表检验的年份。

16. 生产方法。

17. 饮用建议事项等。

18. 警告类。饮酒警告和过敏提示等，各个国家不同，可能会出现在正标和背标上。

二、其他常见术语

Abfullung：装瓶。

Deutscher Qualitatsschaumwein/Deutscher Sekt Bestimmter Anbaugebiete：指一种起泡酒，这种起泡酒通常是由来自某产区的 100% 德国葡萄酿造而成。

Deutscher Sekt/Deutscher Qualitatsschaumwein：起泡酒，由 100% 的德国葡萄品种酿造而成。此外，酿酒葡萄最多两种，且葡萄酒在出售前必须已经陈年 10 个月。

Edelfaule：贵腐霉菌。

Einzellage：单一葡萄园，德国法定的最小的产区。

Eiswein：冰酒。

Erzeugerabfullung：酒庄装瓶，包括葡萄种植到酿造装瓶都由同一生产商完成。

Flaschengarung：瓶中发酵的起泡酒，并不需要完全按照传统方法酿造。

Flaschengarung Nach Dem Traditionellen Verf Ahren：由传统方法酿造的起泡酒。

Gutsabfullung：酒庄装瓶，只有酒庄的酿酒师持有酿酒学毕业文凭才能在酒标上标明此术语。

Gutswein and Ortswein：酒庄葡萄酒或公社葡萄酒。

Halbtrocken：半干，半干型葡萄酒的残余糖分在 18 克 / 升以下，酸度在 10 克 / 升以下。

Klassifizierter Langenwein：指产自一级葡萄园的葡萄酒，产量最多为 6500 升 / 公顷。

Lieblich：甜度适中的葡萄酒，残余糖分在45克/升。

Qualitatsschaumwein：品质优异的起泡酒，只要是欧盟国家都可以生产。

Rebe：葡萄品种。

Rosewein/ Roseewein：桃红葡萄酒。

Rotling：由红葡萄或者红白葡萄混酿的桃红葡萄酒，在餐酒（Tafelwein）、地区餐酒（Landwein）和高级葡萄酒（QbA）等级中必须标示出来，但是在优质高级葡萄酒（QmP）中可以选择性标示。

Schillerwein：与 Rotling 是同一类型的葡萄酒，产自符腾堡（Wurttemberg）产区。

Sekt：起泡酒。

Suss：甜酒，剩余糖分含量超过 45 克 / 升。

Trocken：干型葡萄酒。

Weinkellerei：葡萄酒公司。

Weissherbst：桃红葡萄酒。

Weisswein：白葡萄酒。

左 1 是德国 SEKT 起泡酒　中间是德国酒王伊慕酒庄　右 1 是莱茵黑森的丹菲特（原产于德国的葡萄品种）葡萄酒

（1）德国生产
（2）酒精含量：分别是 12.5%、7.5% 和 8%。
（3）容量标识：分别是 750 毫升、375 毫升和 750 毫升
（4）产区标识：分别是摩泽尔、摩泽尔和莱茵黑森
（5）分级术语，自左至右为：优质餐酒、高级优质餐酒、优质餐酒
（6）年份，自左至右为：2010 年、2006 年、2004 年
（7）葡萄品种，自左至右为雷司令、雷司令和丹菲特
（8）名庄联盟标志
（9）高级优质餐酒最高等级：逐粒精选贵腐葡萄酒（TBA）
（10）产品品牌和 LOGO
（11）品质信息：中间酒标标注的是巴黎大奖赛（Grand Prix Paris 1900）和圣路易斯大奖（Grand Prize St. Louis 1904）。
（12）生产商：左 1 是生产商名称，中间是生产商名称和酒庄内罐装，右 1 是灌装和运输者或叫生产商
（13）生产商地址
（14）含硫标识
（15）官方检验的 AP 码，说明每一瓶都经过了官方检验检测

第七章

葡萄牙葡萄酒之美：欧洲第五

葡萄酒是大地和太阳的儿子，它振奋我们的精神，启发我们的智慧。

——葡萄牙谚语

杜罗河谷。图片来源：Nattivus

第一节　葡萄牙：曾经的世界葡萄酒贸易中心

世界上葡萄酒酒量最大的不是牛气冲天的法国、意大利、西班牙，更不是美国、澳大利亚，而是葡萄牙。根据国际葡萄和葡萄酒组织（OIV）2018 年数据，葡萄牙年人均饮用葡萄酒 69 升，合 92 瓶 / 人年！这个饮用量是俄罗斯人的 6 倍，英国人的 3 倍，法国人的 1.2 倍，约是中国人的 50 倍。牛吧！

对于葡萄牙人来说，如果不喝葡萄酒那简直就没法吃饭。葡萄牙人除了能喝葡萄酒，还特别能生产葡萄酒，葡萄牙是欧洲第五大葡萄酒生产国，也是世界上前十位的葡萄酒生产国之一。与意大利和西班牙很像，整个葡萄牙都是葡萄酒产区，全国 10% 以上的耕地都种植葡萄。

葡萄牙葡萄酒始于公元前，发展于古罗马帝国的扩张。公元前 600 年，葡萄牙就已经出现葡萄酒了，这么算起来葡萄牙的葡萄酒历史已有 2500 多年。公元前 219 年，古罗马军队进入葡萄牙北部杜罗河谷，葡萄酒是罗马人的军需品，爱喝酒的罗马人进一步刺激

了葡萄牙的葡萄酒行业发展，当地人也同样爱上了葡萄酒。现在的葡萄牙博物馆还保存有罗马时代的工艺品、石制葡萄压榨工具、陶制的双耳瓶等葡萄酒发酵和储存器皿。

1143 年，葡萄牙独立，葡萄酒事业更加发达起来，葡萄酒开始出口。

14 和 15 世纪，英法大战了 110 年。英国人为了找到法国葡萄酒的替代品，沿着杜罗河搜索葡萄园，虽然杜罗河上游到处是干旱、荒凉、贫瘠的片岩坡地，却有上好的葡萄生长环境。经过几代的艰辛开垦，杜罗河上游被开辟成无边无际梯田环绕的葡萄园，并酿造高品质的葡萄酒。但是，从葡萄牙向英国出口葡萄酒，运输是个大的麻烦。因为船舱的温度过高，为了使酒可以经过长时间的海运而不变质，于是人们就往葡萄酒中添加白兰地，以终止葡萄酒的发酵。这样既保留了葡萄原汁的芬香和甜美，原来红酒中的涩味也没有了，酒的口感也更加润滑和顺畅。这就是葡萄牙

波特酒的由来。

18世纪，英国人大规模地贩卖波特酒到欧洲各地，杜罗河葡萄酒的出口量快速增长，市场上供不应求。为了维护波尔图葡萄酒的长远利益和声誉，国王下令严格监测波尔图的葡萄酒质量并明确划分，高品质葡萄酒只能由在杜罗河岸的高地上的葡萄牙酿造。1756年，葡萄牙杜罗河流域成为世界上第一个为葡萄酒进行产区界定的国家，严格遵循原产地种植及酿造工艺。

第二节　葡萄牙：葡萄牙分级制度和葡萄酒种类

葡萄牙是葡萄酒分级制度的发源地，葡萄牙人是最先进行葡萄酒分级的国家之一。200年前，葡萄牙就开始立法实施产区名称管理体系，比法国还要早。

一、葡萄牙的分级制度

1.法定产区

法定产区，简称DOC，全称Denomination de Origem Controlada，相当于法国的AOC级别。

2.推荐产区

推荐产区，简称IPR，全称Indication of Regulated Provenance。

3.准法定产区

准法定产区，简称VQPRD，全称Vinhos de Qualidade Produzidos em Regioses Determinadas。相当于法国的VDQS等级。

4.优质加强葡萄酒

优质加强葡萄酒，简称VLQPRD，全称Vinhos Licorosos de Qualidade Produzidos em Regiao Determinadas。

5.优质起泡酒

优质起泡酒，简称VEQPRD，全称Vinhos Espumantes de Qualidade Produzidos em Regiao Determina-das。

6.优质半干起泡酒

优质半干起泡酒，简称VFQPRD，全称Vinhos Frisante de Qualidade Produzidos em Regiao Determina-das。

7.地区餐酒

地区餐酒，简称VR，全称Vinho Regional。与法国的VDP相近，没有按照法定产区标准酿造的葡萄酒，但这个级别不是低品质的代名词。

8.日常餐酒

日常餐酒，简称VDM，全称Vinho de Masa，相当于法国的VDT。

二、葡萄酒种类

葡萄牙盛产白葡萄酒、桃红葡萄酒、起泡酒、波特酒和马德拉酒，其中最后两种酒世界闻名。白葡萄酒主要产于葡萄牙西北部，酒精度低，酸度较高，十分清新。桃红葡萄酒特别有名气的不多，可以算得上是一种海边葡萄酒，但出口量大。起泡酒主要产自葡萄牙较寒冷的地方。波特酒和马德拉酒属于加强葡萄酒，是葡萄牙特色，特点鲜明，闻名世界。波特酒还被誉为葡萄牙"国酒"。

第三节　葡萄牙：葡萄酒产区和葡萄酒特点

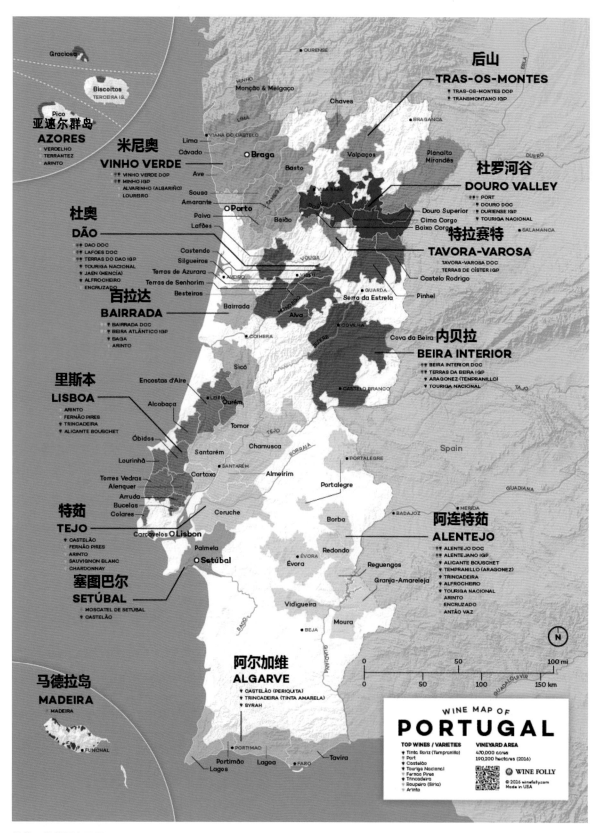

葡萄牙葡萄酒产区图

葡萄牙地形以平原为主，地势由东北向西南倾斜。北部为梅塞塔高原，中部多山地，南部多丘陵，西部为沿海平原。

葡萄牙气候宜人，冬季温暖湿润，夏季相对干燥。气候上是海洋性气候向地中海气候过渡的中间气候。西北部，年降雨量超过 1000 毫米，有些山岭地带可达 2000—2500 毫米。在东北部和特茹河以南，干旱时有发生。马德拉群岛属地中海气候，比较湿润，气温较高，年降雨量低于 1000 毫米。亚达尔群岛气候湿润，年降雨量 1000 毫米以上。

葡萄牙共有 14 大葡萄酒产区，每个产区各有不同，风格各异。这 14 个产区是特茹（Tejo）、杜罗河谷（Douro Valley,）、后山（Trás-Os-Montes）、特拉赛特（Távora-Varosa）、内贝拉（Beira Interior）、阿连特茹（Alentejo）、阿尔加维（Algarve）、马德拉岛（Madeira）、塞图巴尔（Setúbal）、里斯本（Lisboa）、百拉达（Bairrada）、杜奥（Dão）、米尼奥（Vinho Verde）和亚速尔群岛（Azores）。

一、后山

1. 气候土壤

后山产区位于葡萄牙与西班牙的交界处，周围有

许多小山丘，葡萄园以花岗岩为主，这里的种植密度在整个葡萄牙是最高的。当然，山脉对当地气候也有一定的影响，是葡萄园降雨时的庇护伞，不过这也使得这里成为葡萄牙最干旱的地区之一，所以葡萄园主要分布在河流沿岸。

2. 葡萄品种

以红葡萄为主，有多瑞加（Touriga Nacional）、弗兰卡（Touriga Franca）和罗丽红（Tinta Roriz，即丹魄 Tempranillo）等。

3. 葡萄酒特点

后山产区以酒体饱满的混酿红葡萄酒著称，酒精度高，葡萄酒强劲有力。一些海拔较高的凉爽地区出产的葡萄酒酒体相对较轻，酒精度也没那么高。

二、特拉赛特

1. 气候特点

特拉赛特的夜晚更加凉爽，葡萄没那么容易达到理想的成熟度，该产区更适合生产高酸度的起泡酒。

2. 葡萄品种

白葡萄品种主要有菲娜玛尔维萨（Malvasia Fina，

葡萄梯田美如画。图片来源：Butterfield & Robinson

本土芳香型葡萄），以及赛希尔（Cerceal）和古维欧（Gouveio）等。

红葡萄品种主要有阿拉贡内斯（Aragonez，丹魄在葡萄牙的另一别名）、弗兰卡和红巴罗卡等。由于起泡酒的迅速发展，黑比诺和霞多丽的种植面积也越来越大。

3. 葡萄酒特点

特拉赛特以出产起泡酒著称，当然还有由赛希尔和古维欧酿造的酒体轻盈型白葡萄酒等。

三、阿连特茹

葡萄牙是世界上最大的软木塞生产国，其中阿连特茹的软木塞历史最为悠久且质量上乘。因此，有"骑在软木塞上的葡萄酒产区"的美誉。

1. 气候土壤

阿连特茹群山起伏，阳光充沛，气候炎热，降雨较少，兼具大陆性气候和地中海气候的特征，这些都为制作软木塞的树种栓皮栎的生长提供了完美的天然条件。产区北部气候温暖潮湿，花岗岩土壤赋予了葡萄酒鲜味和优雅的果香。中部以大陆性气候为主，冬季寒冷，夏季炎热，加上片岩的影响，葡萄酒酒体往往丰富而又强劲。南部东西朝向的陡坡很好地庇护了葡萄园，属于温暖的地中海式气候，降雨量相对较低。

2. 葡萄品种

主要有阿拉贡内斯、卡斯特劳（Castelao）和特林加岱拉（Trincadeira）等，是该产区最重要的红葡萄品种。近年来国产多瑞加、紫北塞和西拉（Syrah）也有良好表现。

3. 葡萄酒特点

阿连特茹的红葡萄酒酒体饱满，年轻时颜色较深，单宁柔和，带有浓郁的成熟水果香气。该产区许多现代化酒庄致力于打造单宁精细、橡木桶陈酿的红葡萄酒，果香浓郁，带有摩卡风味。白葡萄酒酸度较高，各种酒体都有，一些生产商也酿造橡木桶陈酿葡萄酒，增加葡萄酒的深度和复杂度。

四、里斯本

1. 气候土壤

里斯本位于大西洋沿岸，以温暖的海洋性气候为主，昼夜温差不大，降雨量一般为600—700毫米。葡萄园多位于缓坡上，土壤以石灰石和黏土为主。

2. 葡萄品种

红葡萄品种主要有阿拉贡内斯、巴加（Baga）、卡马哈（Camarate）、红迷·乌达（Tinta Miuda）和多瑞加等，国际品种如赤霞珠和西拉等。

白葡萄品种主要有阿瑞图、费尔诺·皮埃斯（Fern-ao Pires）、玛尔维萨·菲娜（Malvasia Fina）等。

3. 葡萄酒特点

里斯本的葡萄酒非常适合日常饮用。红葡萄酒极具现代风格，以果香为主，颜色深厚，还拥有清新的酸度。该产区白葡萄酒清新活泼，十分优雅。因子产区风土的不同，葡萄酒风格也会有所不同：

阿伦克尔（Alenquer），红葡萄酒风味凝练，单宁充沛，采用卡斯特劳、阿弗莱格（Alfrocheiro）、阿拉贡内斯和国产多瑞加等酿造。

布塞拉（Bucelas），以酒体轻盈型白葡萄酒为主，一般带有柑橘和蜜蜡风味。

阿鲁达（Arruda），经常采用国际品种如赤霞珠和西拉等酿造酒体饱满型红葡萄酒。

科拉尔（Colares），采用种植在海滩悬崖边上的白葡萄品种菲娜玛尔维萨来生产酒体饱满的氧化风格白葡萄酒，颜色呈金色。

奥比杜斯和卢雷亚（Obidos and Lourinha），以酒体轻盈型芳香白葡萄酒为主。

五、塞图巴尔

1. 气候土壤

塞图巴尔是一个半岛产区，半岛上的葡萄园大多以石灰岩土壤为主，而平原上的葡萄园则多为沙土。

为海洋性气候，气候温暖，温差较小，年均降雨量为400—500毫米。

2. 葡萄品种

本土葡萄和国际品种在这里都非常常见，主要的红葡萄品种有卡斯特劳和阿拉贡内斯、多瑞加、西拉和赤霞珠等。白葡萄品种有白麝香（Moscatel）、费尔诺皮埃斯、阿瑞图和霞多丽等。

3. 葡萄酒特点

当地麝香甜白葡萄酒比较出色，这种葡萄酒一般呈深金色。长时间的葡萄皮浸渍，带来独特的颜色，延续了品种香气，酒体浓郁，口感丰富。

六、杜奥

该产区是葡萄牙名声卓著的葡萄酒产区之一。

1. 气候土壤

杜奥得名于产区内的一条河流，加上这里多山，葡萄园大多位于山坡或山谷处以及河岸附近。杜奥以花岗岩土壤为主。气候特点上呈现出冬季寒冷多雨，夏季炎热干燥，昼夜温差较大等特点，天然具备优质葡萄酒的理想原料条件。

2. 葡萄品种

红葡萄品种主要有多瑞加、罗丽红、阿弗莱格和珍拿（Jaen）等。

白葡萄品种主要有依克加多（Encruzado）、碧卡（Bical）和华帝露（Verdelho）等。

3. 葡萄酒特点

杜奥产区的红葡萄酒一般比杜罗河的酒体轻盈，葡萄酒大多呈现宝石红色，单宁和酸度双高，带有优雅成熟的红色水果香味，陈年潜力优秀。这里的白葡萄酒酒体中等，酸度较高且口感清新。主要的葡萄酒特点如下：

杜奥阿弗莱格，酒体中等，带有红浆果、甘草和香料等香味。

杜奥珍拿，酒体饱满，带有覆盆子和黑浆果等果味，单宁紧实，酸度较高。

杜奥多瑞加，酒体饱满，带有浓郁的黑色水果、巧克力和摩卡咖啡等风味，单宁精细，酸度中等偏高。

杜奥餐酒（Terras do Dao），除了本土葡萄品种，杜奥餐酒也常试探使用一些国际品种来进行混酿。

七、特茹

1. 气候土壤

特茹产区的气候特征表现为温暖的海洋性气候。

特茹产区可分为三大子产区，也就是坎普（The Campo）、拜罗（The Bairro）和沙尔内卡（The Charneca）。坎普以冲积土为主，拜罗以贫瘠的石灰岩和黏土为主，沙尔内卡以沙质土壤为主，这使得三地种植的品种差异明显。

2. 葡萄品种

主要有阿尔巴利诺、紫北塞、赤霞珠、西拉、国产多瑞加、特林加岱拉（Trincadeira）、费尔诺皮埃斯、长相思（Sauvignon Blanc）和霞多丽等。

特茹产区种植着各种各样的葡萄，从绿酒产区的阿尔巴利诺到风味浓郁的紫北塞，甚至国际品种都可以看到。

3. 葡萄酒特点

既出产价格实惠的餐酒，也有更高等级的 DOC 葡萄酒。其中，红葡萄酒大多采用赤霞珠、西拉、国产多瑞加和特林加岱拉等混酿。白葡萄酒则采用费尔诺皮埃斯、长相思（Sauvignon Blanc）和霞多丽等混酿。坎普主要生产费尔诺皮埃斯干白葡萄酒，现在也混酿少量的阿瑞图来增加葡萄酒的鲜味。拜罗出产阿拉贡内斯、西拉和卡斯特劳等葡萄酒为主，产量较低。沙尔内卡的红葡萄酒和白葡萄酒都拥有良好的结构感。

八、百拉达

1. 气候土壤

百拉达非常靠近大西洋，气候温和，夏季温暖，冬季多雨，九月下旬的雨季经常会影响葡萄的采收和产量。葡萄园的黏土中还富含比例很高的石灰岩。

2. 葡萄品种

巴加是该产区一个多产的红葡萄品种，既可以酿造芳香型桃红起泡酒，也可以酿造酒体轻盈柔和型干红葡萄酒。此外，费尔诺皮埃斯、碧卡和阿瑞图等品种也有种植。

3. 葡萄酒特点

红葡萄酒一般采用巴加酿造。过去，单一品种的巴加葡萄酒结构紧密，高酸且带有浓郁的黑浆果风味，有的余味中还带点焦油味。如今的百拉达葡萄酒风格多样，多单宁精细，风格优雅，以红色果香为主且具有陈年潜力。

白葡萄酒一般采用芳香型品种费尔诺皮埃斯、碧卡和阿瑞图酿造，其中费尔诺皮埃斯在这里常被称作玛利亚戈麦斯（Maria Gomes）。

起泡酒采用早采收的巴加和费尔诺皮埃斯等品种酿造，多呈天然干型，带有明显的蜂蜜和白果的香气。

九、内贝拉

1. 气候土壤

内贝拉为大陆性气候。这里还是葡萄牙山区最多的葡萄酒产区，冬天的冰雪气候对于葡萄种植来说极具挑战。内贝拉的生长季较短，不过依然非常炎热。

传统风格的酒窖

2. 葡萄品种

红葡萄品种主要有巴加、卡斯特劳、巴斯塔都（Bastardo）和国产多瑞加等。国际品种赤霞珠、美乐（Merlot）和西拉在这里也有种植。白葡萄品种有费尔诺皮埃斯、碧卡、阿瑞图、西利亚（Siria）、玛尔维萨（Malvasia）和霞多丽、长相思等。

3. 葡萄酒特点

红葡萄酒以果味为主，偶尔带点草本烟熏味，余味强劲。

白葡萄酒酒体纤瘦，带有白垩土质矿物味。

十、阿尔加维

1. 气候土壤

阿尔加维位于葡萄牙大陆的最南端，这里的塔维拉（Tavira）还有"南部的威尼斯"之称，因此相比于葡萄酒，这里更以旅游胜地之名著称。这里阳光强烈，温度较高，属于温暖的海洋性气候，会加速葡萄的生长与成熟。

2. 葡萄品种

紫北塞、西拉、阿拉贡内斯等比较常见，还有多瑞加、黑莫乐和卡斯特劳等。白葡萄品种主要有阿瑞图、玛尔维萨、霞多丽、维欧尼（Viognier）等。

3. 葡萄酒特点

以往这个产区的葡萄酒酒精度较高，果味浓郁甜腻，其他风味则很难发展出来。现在这里也生产小规模的清新风格型白葡萄酒，一般酸度较高，还带有甜甜的烟熏味，很容易让人联想起南澳葡萄酒。

十一、亚速尔群岛

1. 气候土壤

亚速尔群岛位于大西洋当中，离葡萄牙大陆有1600公里之远。属于海洋性气候，昼夜温差小，最冷月和最热月温度差异也不大，这使得产区的葡萄很难达到酚类物质的完全成熟，因此加强法是当地酒厂针对原料缺陷而实行的补救措施。

2. 葡萄品种

华帝露是该产区最主要的白葡萄品种，此外这里还种植有阿瑞图、特伦太和费尔诺皮埃斯等。

3. 葡萄酒特点

优质白葡萄酒一般呈金色，口感浓稠，还带有令人难忘的甜度，以及带点咸味的烟熏类香气。

第四节　杜罗河谷：波特酒之乡，葡萄牙顶级知名产区

波特是一剂非常非常煽情的药，几天之后，还能够感受到它使我热血沸腾。

——葡萄牙谚语

香醇美酒、绚丽梯田，地处偏僻葡萄牙北部的杜罗河谷，美得惊艳，杜罗河谷位于葡萄牙北部最大的城市波尔图东部，是葡萄牙佳酿的象征，是世界上最古老的葡萄酒产区之一，也被誉为世界上五大最美产区之一。而这个产区最为著名的葡萄酒就是葡萄牙国酒波特酒。

一、产区概况

波尔图山地约有 28 万公顷（420 万亩）葡萄园，其中杜罗河两岸的 3 万公顷（45 万亩）梯田更是上好葡萄的栽种良地，梯田上葡萄树的根可以在这些含有丰富钾磷的坡地里探伸到地下极深的范围，四季湿度和温度的变化都不会影响它们吸收养分，加上本地充足的阳光使得葡萄原料的质量非常高，当然就可以酿造优质的葡萄酒。

杜罗河谷的葡萄园大多种植在河岸陡峭的梯田上，

16 世纪云集里斯本的酒商和运输波特酒的牛车

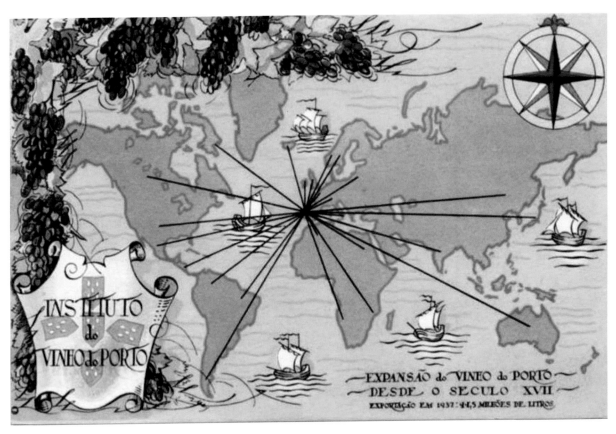

17 世纪波特酒全球扩张之路

据说自耶稣时代起，当地人就沿着河岸的山丘以人力建成了壮观的葡萄梯田。正因如此，整个产区都被联合国教科文组织列入了世界文化遗产名录。

二、气候特点

杜罗河谷产区横跨面积大，因此气候非常多样，既有西部温暖的海洋性气候，年均降雨量为 900 毫米，也有东部炎热的大陆性气候，年均降雨量 400 毫米。

三、土壤特征

杜罗河谷的土壤以板岩类片岩土壤为主，排水性良好，同时能保证一定的湿度。更重要的是，这种土壤还能在白天吸收热量，晚间散热，夜间温度不至于过低。

四、什么是波特酒

波特酒的英文名称是 "Port Wine"，葡萄牙语是 "Porto"，这是世界最著名的加强葡萄酒之一，也是葡萄牙的 "国酒"。"Port" 一词源于葡萄牙港口城市名 "波尔图（Porto）"。也有人翻译成 "波尔图酒"。除葡萄牙以外，也有一些国家出产与波特酒一样的加强葡萄酒，如澳大利亚、南非、阿根廷和美国等。但根据

波特酒酒瓶的变化。图片来源：Amasscook

欧盟原产地保护制度的规定，只有来自葡萄牙的加强葡萄酒才能叫"波特酒（Port/Porto）"，这跟香槟一样。

每年九月是葡萄的收获季节，波特酒由杜罗河山谷特定区域酿造。在发酵过程中用白兰地或葡萄蒸馏酒加强，以终止发酵，从而将糖分残留在酒中，酒精度也提高到15%—23%。到了第二年的冬季，天气转冷，新酒陆续通过河道运到波尔图市或河对岸的加亚新城进行陈酿。把新酒从颠簸迂回的杜罗河上运输，是波尔图酿酒师坚持的传统，他们认为，运输过程的这段水路非常重要，因为酒在河上与两岸飘来的新鲜空气有了接触，氧气是波特酒陈酿过程中重要的养分。所以，两百多年来，用以酿造著名波特酒的新酒，都要经过河运然后上岸入窖。大多数新酒用橡木桶在"山洞"里陈酿，葡萄牙语中的山洞发音为"KA-VE"，意思是"酒窖"。通过陈酿后才能称之为"波特（Port & Porto）"。

五、波特酒分类方法

1. 还原陈酿和氧化陈酿

根据陈酿工艺，波特酒大致分为"还原陈酿（reductive aging）"和"氧化陈酿（oxidative aging）"两大类。

还原陈酿是在玻璃瓶中与空气隔绝进行陈酿的波特酒。这个过程会使酒体慢慢褪色，成熟后口感柔和，含有微量单宁。氧化陈酿是在橡木桶中陈酿，与还原陈酿相比，橡木桶陈酿酒体褪色较快，同时还会蒸发掉一些水分（Angel's Share），蒸发掉的部分被称为"天使的份额"，氧化陈酿的波特酒略微黏稠，口感更浓郁。

2. 普通波特和特殊波特

根据杜罗河河谷波特酒协会（Instituto dos Vinhos do Douro e Porto）的分类，波特酒又可分为"普通波特"和"特殊波特"两大类。普通波特是指红宝石波特、茶色波特和白波特。特殊波特是除了普通波特之外的其他波特。

杜罗河上运输波特酒的船只。图片来源：www.winetourismportugal.com

不同类型的波特酒和配餐

3. 上述两种分类存在很多重合和交叉之处

红宝石波特（Ruby Port）： 陈酿时间较短，不超过3年，属于波特酒的主流产品，包括红宝石珍藏（Ruby Reserva）和精美红宝石（Fine Ruby）。这两种波特酒体呈红宝石色，比较普通，售价低，口感甜，适合配甜点和调酒。

桃红波特（Rose Port）： 最近几年出现的新品。从原料和工艺方面而言，它属于红宝石波特酒，只是采用了类似桃红葡萄酒的方法酿造，无须陈年。酒体呈浅红色或粉红色，口感清新、芳香，不宜久存。

白波特（White Port）： 通常由白葡萄酿造，有干和甜之分。干型白波特在标签上面标注有术语"Leve Seco"；甜型白波特标注有术语"Lagrima"。干型波特酒常用于餐前饮用，甜型做餐后甜酒饮用。此外，年轻的白波特还常被作为混合饮品的基酒使用，酒体呈金黄色，口感清新，结构饱满，酸度低，具有明显的花香、水果和蜂蜜等香气。

年份波特（Vintage Port）： 由大年份产出的葡萄酿造。属于波特酒中的精品，橡木桶陈酿2—3年，装瓶后继续陈酿10—40年。酒体保留了深红宝石颜色和丰富的果香，装瓶陈年后，酒香复杂，口感多变，不过会产生少许沉淀，饮用之前需要滗酒，且冰镇后净饮最佳（不加冰块直接饮用）。

个性年份波特（Vintage Character）： 又称珍藏（Reserve）波特。于2002年诞生，由不同年份红波特酒混酿而成，禁止在标签上面注明年份。此类酒品质良莠不齐，并且在市场上面比较少见，风格介于红宝石波特与年份波特之间。

单一园年份波特（Single quinta Vintage Port）： 用同一块葡萄园且同一年出产的葡萄酿造，标签上面注明葡萄园的名字。

晚装瓶年份波特（Late Bottled Vintage），简称LBV。 此类酒具有年份酒的特性，木桶陈酿时间在4—6年，有过滤和未经过滤两种类型。标签上面注明有"瓶中成熟（Bottle Matured）"的酒至少在瓶内陈酿3年以上。未经过滤的酒，在饮用前需要滗酒。

酒垢波特（Crusted Port）： 由多种年份波特混合生产而成，橡木桶陈酿3—4年，装瓶后至少陈酿3年。此类酒装瓶前不过滤，因此，瓶壁有明显的沉淀物，饮用之前需要滗酒。酒垢波特的风格与年份波特酒相似。

晚装瓶年份波特（LBV）

茶色波特（Tawny Port）：典型的氧化波特，经橡木桶长期陈酿后，酒体过度氧化，渐渐变成黄褐色或茶色。无年份茶色波特表示橡木桶陈酿至少2年。而年份茶色波特由多种不同年份的酒液调配而成，有10、20、30和40年之分，酒标上的数字是调配之后的平均陈酿时间。茶色波特呈现明显的坚果、香料和氧化味，有干型和甜型之分，适合净饮。

加菲波特（Garrafeira）：典型的氧化波特，采用单一年份同一批葡萄酿造，先用大橡木桶陈酿至少7年，然后转入11升的暗绿色玻璃坛子中继续陈酿至少8年，实际时间可能更长。装瓶前需要过滤，酒的标签上面注明3种时间：葡萄收获期、转入玻璃容器日期和装瓶日期。酒体呈黄褐色，氧化味明显，香气和味道复杂多变。

科黑塔波特（Colheita）：典型的氧化波特，比较稀少，在葡萄牙本国最为著名。它是单一年份的茶色波特酒，一直陈酿在橡木桶中，直到出售时才装瓶。最低的陈酿时间不得低于8年，大多数的酒庄会陈酿更长时间。酒标上不仅要标明葡萄采收年份，还要标明在橡木桶中的陈酿时间及装瓶时间。

4. 其他分类

波特酒也可以按照含糖量分为极干、干型、半干、甜和非常甜，不过就算是极干波特酒，喝起来依然会比较甜，因为极干的含糖量就在40g/l以上。

六、杜罗河谷的其他葡萄酒

1. 葡萄品种

按法规，允许酿造波特酒的葡萄超过100种，但被广泛使用的红葡萄品种只有红巴洛卡、卡奥红、法国多瑞加（Touriga Franca）、多瑞加和罗丽红这5个品种。

2. 其他酒种

杜罗河谷并不是只生产波特酒，也生产一般的红白葡萄酒；杜罗河谷同时拥有波特酒和静态葡萄酒"Douro"两大DOC。波特酒和一般葡萄酒的比例是4:6，红白比例为6:4。杜罗河法定产区（Douro DOC）葡萄酒是最好的葡萄酒。

第五节　马德拉酒——不死之酒

马德拉酒和绿酒也是葡萄牙非常有特色的两个葡萄酒类型，知名度也比较高。波特酒产自杜罗河谷，马德拉酒产自马德拉岛，而绿酒产自米尼奥。

一、马德拉岛产区

1. 风土特点

马德拉岛（Madeira）是与葡萄牙大陆脱离开来的群岛，它位于大西洋之间，与大陆相距1000公里，距离南面的非洲摩洛哥反而只有600公里。马德拉岛葡

萄园都位于陡峭的山坡或梯田上，产区以亚热带地中海气候为主，冬季温和，夏季炎热潮湿，高降雨量容易让葡萄园产生真菌疾病。

2. 葡萄品种

舍西（Sercial）、华帝露、波尔（Boal）/布尔（Bual）和马姆齐（Malmsey）是马德拉四大酿酒葡萄，传统上常被称作四大贵族品种，只有这四种葡萄酿造的马德拉酒才能在酒标上标示品种。此外，白葡萄特伦太（Terrantez）、巴斯塔都（Bastardo）以及红葡萄品种黑莫乐（Tinta Negra Mole）等也较为普遍。

船员在打捞水中的马德拉酒桶

二、什么是马德拉葡萄酒

马德拉酒的酿酒工艺非常特殊，酿酒师向新酒里添加48度的白兰地以提高酒精度到17—18度，再转入发酵容器中陈酿3个月以上，并以30℃—50℃的温度加速酒的成熟和老化，这使得马德拉酒拥有一种略呈氧化的特殊香味。

历史上马德拉酒并不像现在这么知名。自20世纪90年代起，马德拉酒的品质就有所提升。现在的马德拉酒清新纯净，颜色从浅金黄色到琥珀色变化。受其特殊陈酿工艺的影响，一些高品质的马德拉酒还会带有陈酿的香气，酸度也较高，经得起风吹雨打，堪称最长寿的葡萄酒，有"不死之酒"的美誉。

马德拉酒存在"陈年酒"与"年份酒"两种平行的分类系统。

三、马德拉葡萄酒——陈年酒

马德拉陈年酒以年龄作等级来区分质量的优劣：

1. 三年或"优选"（Three Years Old 或 Finest）

三年的马德拉酒，酒瓶上一般找不到"三年"的字样，也没有葡萄品种名称。这是由于这个类型属于马德拉家族的入门系列，往往是黑莫乐或康培雷萨葡萄混酿为主，而且用相对廉价的高温室法制成，绝大部分都是在大型不锈钢或水泥容器中陈酿的，所以还"不够资格"标品种名。著名的"雨水（Rainwater）"马德拉就属于这个等级，呈现出酒体清淡、较平衡、价格便宜等特点，受到很多葡萄酒爱好者欢迎。

2. 五年或"珍藏"（Five Years Old 或 Reserva）

黑莫乐或康培雷萨葡萄是这个级别的主要酿酒葡萄品种，但是在这个级别，已经开始出现单一贵族品种酿造的马德拉酒了。2015年，黑莫乐也被允许酿造单一品种马德拉酒。这个级别的大部分酒是用高温室法酿造，在不锈钢或水泥容器中陈酿，但精品酒也在橡木桶中陈酿。这是性价比极高、非常有趣、可选择性很大的一类马德拉酒。

3. 十年或"特别珍藏"（Ten Years Old，Reserva Especial，Special Reserve，或 Reserva Velha）

1735 年在沉船里打捞出来的马德拉葡萄酒

4. 十五年或"极致珍藏"（Fifteen Years Old, Reserva Extra, 或 Extra Reserve）

十年和十五年马德拉酒的绝大多数都是贵族品种酿造，且瓶身都标示葡萄品种。需要注意的是，十年或十五年是指酒中最年轻部分的葡萄年份至少是十年或十五年的意思。理论上更老陈年数字是允许的，只是市场上非常少见。到了这个级别，已经全部需要采用雪莉酒的索雷拉系统进行陈酿了。

四、马德拉葡萄酒分类方法二——年份酒

1. 收获型马德拉酒（Colheita，或称为 Harvest）

这种酒必须是单一年份，而且必须在桶中陈年五年以上才能装瓶上市。如果没有标示品种，通常就是以黑莫乐为主的混酿，不过单一品种的更为常见。最近十年间，这种高级马德拉酒在国际市场上逐渐受到消费者青睐，可以算是明日之星。

2. 年份型马德拉酒（Frasqueira，或称为 Vintage）

这是顶级的马德拉酒，它必须是单一年份、单一贵族品种、标示品种，同时最少在橡木桶中熟成二十年以上。许多顶级马德拉酒甚至会在橡木桶中或大型玻璃瓶中陈酿百年后才装瓶。这种酒一旦装瓶，成熟就非常缓慢。也因为如此，许多人会干脆把这种酒直立存放，以防止软木塞可能带来的变味。

第六节　葡萄牙的米尼奥特色——绿酒

米尼奥（Minho）本身是以当地的一条河流命名，加上靠近大西洋，海风经常夹杂着降雨而至，这也是该产区葡萄丰富多产的重要原因。

一、产区概况

米尼奥是葡萄牙最富挑战性的一个产酒区，因为其地理位置在葡萄牙相对寒冷和多雨的西北部地区。

二、气候特点

米尼奥西邻大西洋，没有山脉的保护，受大西洋海风的影响较大，气候较为温和。这里最显著的气候特点就是降雨多，平均年降水量达到 1200 毫米，所以

因为泛绿光，所以叫绿酒

该产区的湿度较大。

三、土壤特征

该产区大部分地区是花岗岩，排水性能较好。土壤厚度较浅，主要是砂质土壤质地，酸度较高。此产区酒农们可种植面积都比较小，采用杂耕，葡萄采用高架式种植，留下地下的空间种植别的农作物，所以葡萄园的景观非常特殊。

四、葡萄品种

白葡萄品种主要有阿尔巴利诺（Alvarinho）、阿维苏（Avesso）、洛雷罗（Loureiro）、阿瑞图（Arinto）和塔佳迪拉（Trajadura）等。

红葡萄品种主要有阿瓦雷罗（Alvarelhao）、艾斯帕德罗（Espadeiro）、黑凯诺（Caino Tinto）和赤霞珠等。

五、什么是绿酒

绿酒是米尼奥产区最经典的葡萄酒，因此很多人习惯将米尼奥称为绿酒产区，不过这里并不只有人们所熟知的绿酒。

1. 绿酒（Branco Vinho Verde）

绿酒之所以为"绿"，是因为该酒在年轻时常会带有一点绿色的反光或者荧光，它实际上是一种酒体轻盈型白葡萄酒。绿酒既可以混酿，也可以用洛雷罗和阿尔巴利诺等单一品种酿造。整体而言，这种葡萄酒果香浓郁，还带有柠檬水的风味以及甜瓜、醋栗和白垩土般的质地。绿酒酸度较高，口感爽脆，一般适合年轻时饮用，且非常适合搭配沙拉、鱼类和蔬菜类。

2. 其他葡萄酒

米尼奥产区也出产红色/桃红版本的绿酒（Rosado Vinho Verde），这些葡萄酒可由阿瓦雷罗等众多罕见品种酿造，一般带有红浆果和柠檬水般的酸度。

第七节　看标识酒：葡萄牙葡萄酒的标签标识解读

葡萄牙葡萄酒酒标的特点是葡萄牙文字带来的差异。另外，葡萄牙自己的分级体系和特色葡萄酒，也是酒标信息与其他国家不一样的地方。但是，酒标标注的内容基本都大差不差，酒标看得多了，即便不认识文字，也可以一蒙二猜三百度，进而了解个八九不离十了。

一、葡萄牙葡萄酒酒标显示的主要信息

1. 葡萄牙生产：Product of Portugal 或者 Portugal。

2. 酒精含量。

3. 容量：一般是 75cL，即常见的 750 毫升。

4. 产区。比较重要的信息，最值得购买的产区是杜罗河谷（Douro）。

其他还有 12 个产区：特茹（Tejo）、后山（Trans-montano）、特拉赛特（TAVORA- VAROSA）、内贝拉（Beiras）、阿连特茹（Alentejo）、阿尔加维（Algarve）、马德拉岛（Madeira）、塞图巴尔（Setubal Peninsula）、里斯本（Lisboa）、百拉达（Bairrada）、杜奥（Dao）、米尼奥（Minho）。

5. 葡萄酒酒种，比较重要的信息：

白葡萄酒 Vinho Branco

红葡萄酒 Vinho Tinto

桃红葡萄酒 Vinho Rosé

起泡酒 Vinho Espumante

天然葡萄酒 Vinho Natural

有机葡萄酒 Vinho Orgânico

生物动力法葡萄酒 Vinho Biodinâmico – Biodynamic wine

干型起泡酒 Bruto

甜葡萄酒 Doce

半干葡萄酒 Meio-Seco

干型葡萄酒 Seco

红宝石波特 Ruby Port

桃红波特 Rose Port

白波特 White Port

年份波特 Vintage Port

个性年份波特 Vintage Character

单一园年份波特 Single quinta Vintage Port

晚装瓶年份波特 Late Bottled Vintage

酒垢波特 Crusted Port

茶色波特 Tawny Port

加菲波特酒 Garrafeira

科黑塔波特 Colheita

马德拉酒 Madeira

绿酒 Branco Vinho Verde

6. 法定分级。比较重要的信息，从高到低的分级依次是：

法定产区 Denomination de Origem Controlada（简称 DOC）

推荐产区 Indication of Regulated Provenance（简称 IPR）

准法定产区 Vinhos de Qualidade Produzidos em Regioses Determinadas（简称 VQPRD）

优质加强葡萄酒 Vinhos Licorosos de Qualidade Pro-duzidos em Regiao Determinadas（简称 VLQPRD）

优质起泡酒 Vinhos Espumantes de Qualidade Pro-duzidos em Regiao Determinadas（简称 VEQPRD）

优质半干起泡酒 Vinhos Frisante de Qualidade Pro-duzidos em Regiao Determinadas（简称 VFQPRD）

地区餐酒 Vinho Regional（简称 VR）

7. 年份和陈酿年份。比较重要的信息，年份说明了这个酒是有一定品质基础的。

8. 葡萄品种。

9. 品质信息。如获奖信息、限量编号、名家背书等。比较重要的信息，是质量的基本保证之一。

10. 酒庄和品牌信息。

11. 酒庄、酒厂内灌瓶。

12. 装瓶厂及地址。

13. 含硫量标识。

14. 警告类。饮酒警告和过敏提示等，各个国家不同，可能会出现在正标和背标上。

二、其他常见术语

Adamado：甜型葡萄酒。

Adega：字面意思为"酒窖"，通常作为葡萄酒公司或者合作社名字的一部分，与西班牙酒标上的"bodega"意思接近。

Aperitivo：开胃酒。

Bruto：与法文中的"brut"类似，用于描述起泡酒。

Carvalho：橡木。

Casa：庄园，也可以指单一葡萄园葡萄酒。

Colheita：年份。

Clarete：波尔多风格红葡萄酒或者颜色较深的桃红葡萄酒。

Claro：新酒。

Doce：甜型葡萄酒。

Engarrafado na origem：酒庄装瓶。

Espumante：起泡酒。

Generoso：口感偏甜、酒精度高的开胃酒或者餐后甜酒。

Licoroso：加强葡萄酒。

Maduro："成熟的"，通常是指在大桶中陈年的葡萄酒。

Palacio：酒庄或者庄园，也可以指单一葡萄园葡萄酒。

Produzido e engarrafado for：产于或者装瓶于。

Quinta：农场或者庄园。

Reserva：常用来形容一个品质卓越的年份，且葡萄酒的酒精度比法律规定值要高 0.5% 以上。

Solar：庄园或者酒庄，也可以指单一葡萄园葡萄酒。

Tinto：红葡萄酒。

Velho："老"的意思，过去，velho 并没有什么法律含义，但是现在通常用来限定葡萄酒的短陈年时间：红葡萄酒为 3 年以上，白葡萄酒为 2 年以上。

Vinha：葡萄园。

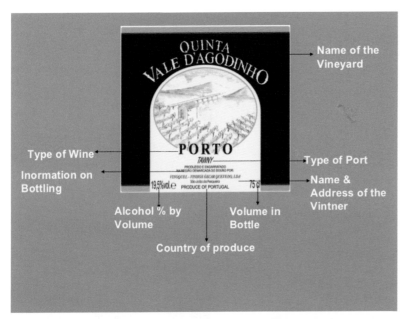

茶色波特酒标示例（上图）红葡萄酒酒标示例（下图）

238

大美葡萄酒

第八章

匈牙利之美：不熟悉的人生必选

托卡伊激发我大脑的每一根神经，深入我的心田，点燃智慧的火花和幽默的灵感！

——伏尔泰

酿酒师的工匠精神是一瓶好酒的前提条件。图片来源：New Zealand Wine

第一节　匈牙利葡萄酒：不是只有托卡伊

匈牙利葡萄酒一直被认为是难以捉摸和神秘的，而且赞誉不断。

匈牙利位于欧洲中部，产自其托卡伊地区的葡萄酒闻名世界。但其实几个世纪以来，匈牙利一直是多种类型葡萄酒的生产国。匈牙利的葡萄酒文化可以追溯到罗马时代，并经受了诸多政治、宗教和经济方面的压力，包括16世纪的伊斯兰统治（当时禁止饮酒）和19世纪后期的葡萄根瘤蚜虫灾难。

一、风土特点

匈牙利的东部被喀尔巴阡山脉所包围，这对当地气候产生了相当大的影响，保护了这片土地不受来自波兰和乌克兰西部地区的冷风的影响。匈牙利属于典型的大陆性气候，但也受到巴拉顿湖和纽西德尔湖的吸热和放热作用，给葡萄园提供一个更长、更温和的生长周期。匈牙利秋季气候较为特殊，雾气昭昭，有利于酿造著名的贵腐葡萄酒。

二、著名产区

匈牙利最著名的葡萄酒是托卡伊贵腐酒和埃格尔的公牛血（Bikaver）红葡萄酒。但是，匈牙利葡萄酒还有来自巴拉顿湖、索姆洛和涅兹梅利海岸的白葡萄酒，以及维兰尼、索普龙和塞克斯扎德等不同地区的优质红葡萄酒。

14世纪末，匈牙利在全国已经形成了22个葡萄酒产区，但最重要的4个葡萄酒产区都位于这个国家

1912年的托卡伊，酒瓶被霉菌覆盖，霉菌靠挥发的酒滋养

1552 年，土耳其入侵匈牙利诞生了公牛血葡萄酒。图片来源：www.thebacklabel.com

的东北部，从布达佩斯向北，分别是马特拉（Matraal-ja）、埃格尔（Eger）、布克（Bukkalja）与托卡伊（To-kaj-Hegyalja）产区。

马特拉产区葡萄园面积达 7000 公顷（11 万亩），主要分布在马特拉山南麓，土壤中含有大量的微量元素和白圭。马特拉地区的白葡萄酒以酸度高、品质高、颜色清亮且易保存而享誉欧洲。马特拉酿酒历史悠久，传说 700 年前，法国人入侵马特拉的珍珠城堡，把三个美丽的童贞女孩锁进黑暗的地下室，让她们在沐浴之后赤身裸体地踏踩葡萄，第一瓶马特拉葡萄酒就这样诞生了。

埃格尔产区葡萄园面积约 5000 多公顷（8 万亩），坐落在连绵的火山群中。这里独特的火山土质和温暖的气候适合赤霞珠、美乐、贵人香等多种葡萄的生长，品质极其优良。本地盛产著名的红葡萄酒"公牛血"，"公牛血"这个名称源自 1552 年。1552 年，土耳其苏莱曼大帝侵略匈牙利，匈牙利的将领为了鼓舞士气，给士兵准备了大量美食和公牛血红葡萄酒，喝过酒的士兵们斗志高昂。土耳其军队听说匈牙利军队喝了公

牛血，勇猛异常，竟害怕畏缩，放弃了进攻。这就是"公牛血"的由来，埃格尔也被称为匈牙利葡萄酒的"红宝石"。

塞克萨德以红葡萄酒而闻名，这个产区以温暖的大陆性气候为主，光照强度高，温差大。葡萄酸度高，又能完全成熟，香气丰富。塞克萨德也酿造一些白葡萄酒，主要酿酒品种是威尔士雷司令（Welschriesling）和霞多丽。匈牙利的霞多丽干白葡萄酒通常经过匈牙利橡木桶陈酿，匈牙利橡木桶产量低，品质不逊于法国橡木桶，能够赋予霞多丽丰富的变化。

匈牙利的北面及中西部是白葡萄酒的天堂，匈牙利的经典干白葡萄酒色泽金黄，富含香料和胡椒辛辣味，口感浓烈。匈牙利的白葡萄品种较少，酒体丰厚浓郁，口感饱满。灰比诺白葡萄酒干爽纯正，品质极好，尤以产自西面巴拉顿湖（Lake Balaton）地区的为最佳。

当然，匈牙利名气最大的葡萄酒还是托卡伊。

第二节　贵腐酒，让人着魔的甜酒

匈牙利托卡伊贵腐酒是让人着魔的甜酒！

贵腐酒（Noble Wine）是源自匈牙利的一种很珍贵的甜型葡萄酒，因利用一种被叫作"贵腐霉"（Noble Rot）的灰霉菌感染的葡萄原料酿造而成，故名"贵腐酒"。

贵腐酒的问世纯属偶然，也可以说带有很大的必然性。

一个故事说，有一年的葡萄采收太晚了，葡萄受贵腐霉感染，果粒呈半腐烂的干瘪状态。通常情况下人们只能将其遗弃，但歪打正着利用它酿成的葡萄酒，口味异乎寻常地香甜，后来更是获得了法国国王路易十四"葡萄酒之王"的美誉。

大家可能不知道的是，葡萄在生长过程中，果皮经常会沾染霉菌、酵母、细菌等微生物，而"贵腐霉"的特殊之处在于：若附着在尚未成熟的葡萄皮上，则会成为一种病害导致葡萄腐烂，故庄园主都特别讨厌它，大家使用一种叫"波尔多液"的药物喷洒到葡萄树上以杀灭病害。但它若附着在已经成熟的葡萄皮上，则会繁殖而且穿透葡萄皮，促进葡萄中的水分挥发，葡萄中的糖分、酸类、酚类等物质将高度浓缩，它还能进行一定程度有效的自然发酵，使最终酿成的葡萄酒在同类的甜酒中呈现出难以模仿的风采。

贵腐酒的品质，很大程度上取决于贵腐菌的表现。要达到漂亮的贵腐菌附着，必须有良好的温湿度条件。

进入秋季，葡萄完全成熟，早上需要有丰富的水汽带来滋润贵腐菌生长的湿度，这是贵腐菌生长所需的基本环境，贵腐菌将其细细的菌丝刺穿葡萄的表皮，留下许多小孔。到了中午，又必须有充足的光照令雾气散去，让整个下午保持在干燥温暖的状态，只有这样才能控制住贵腐菌的疯狂生长，并促使葡萄中的水分通过小孔蒸发，从而令糖分、酸类、酚类等物质开始浓缩并产生一些独特的风味。因此，我们可以看出，贵腐酒的生产条件完全取决于上天，老天爷配合，天气变化无缝对接，才能具备酿造贵腐酒的前提条件。

由于贵腐菌消耗的酸类物质要比糖分更多，为了保持口感上的平衡，酿酒师也会使用一部分未经贵腐菌侵染的自然风干的葡萄来弥补酸度。

感染贵腐菌的葡萄

匈牙利葡萄酒地图

Northern Transdanubia	北外多瑙河	
Sopron	索普伦	
Pannonhalma	帕衣哈马	
Neszmély	尼兹梅里	
Mór	莫里	
Etyek-Buda	艾杰克-布达	
Balaton	巴拉顿	
Nagy-Somló	索洛	
Zala	扎拉	
Balaton-felvidék	巴伏高-费尔维德克高地	
Badacsony	巴达克索尼	
Balatonfüred–Csopak	巴拉顿菲瑞德-克索帕克	
Balatonboglár	巴拉顿博格勒	
Pannon	潘农	
Tolna	托尔瑙	
Szekszárd	塞克萨德	
Pécs	佩奇	
Villány	维拉尼	
Danube (Duna)	多瑙河	
Hajós-Baja	郝佳-巴佳	
Kunság	昆萨格	
Csongrád	琼格拉德	
Upper Hungary	上匈牙利	
Mátra	马特拉	
Eger	埃格尔	
Bükk	布克	
Tokaj	托卡伊	
Tokaj	托卡伊	

第三节　托卡伊：匈牙利国宝的传奇历史

这个世界上有三个国家出产极为优秀的贵腐酒，一个是本章的主角匈牙利托卡伊产区，另外两个是前面提到的法国和德国。法国顶级的贵腐酒在波尔多苏玳产区，德国最佳贵腐酒产自莱茵高。

托卡伊位于匈牙利东北部与斯洛伐克接壤的地方。因此托卡伊既是一个地名，又是一个匈牙利葡萄酒的名字。地名原文是 Tokaj（英文名 Tokay），葡萄酒名称是 Tokaji。托卡伊曾多次获得世界金奖，其制造工艺复杂，价格昂贵，也常常被称为"液体黄金"。第一次世界大战前，斯洛伐克也是匈牙利领土。奥匈帝国战败后，特里亚农条约将匈牙利一分为二，斯洛伐克靠近匈牙利托卡伊的边境地区也产类似的葡萄酒，并沿

用托卡伊之名。与法国的香槟一样，2007 年欧盟规定只有匈牙利可以使用"托卡伊（Tokaji）"这个名字作商标。

关于托卡伊还有一个故事。

1650 年，土耳其军队入侵匈牙利。当土军迫近托卡伊时，正值葡萄采收季节，为免遭土军劫掠，托卡伊拉科齐家族推迟采摘。直到 11 月初上冻之前，才开始采收。因水分收缩，葡萄这时已经干蔫，表皮变薄发皱，并泛起一层霉菌。无奈之下也只能拿它来酿酒。但没有想到的是，这一年酿造的葡萄酒较之正常季节采摘的葡萄所酿成的酒，味道要醇美得多。偶然的推迟采摘，意外地创造了托卡伊葡萄酒。

托卡伊酒庄和托卡伊美酒的代名词，也被标注在托卡伊酒标的显著位置上，沿用至今。

法国文豪伏尔泰曾经这样赞美托卡伊："她激发我大脑的每一根神经，深入我的心田，点燃智慧的火花和幽默的灵感。"

奥地利音乐家舒伯特谱写了优美的《托卡伊赞歌》。

奥匈帝国的首位皇帝佛朗茨·约瑟夫和他的皇后伊丽莎白，也就是大名鼎鼎的茜茜公主都是托卡伊美酒的粉丝。

据说，英国维多利亚女王生日，约瑟夫都会送上12瓶托卡伊作为礼物。1900年，维多利亚女王81岁寿诞时，共收到了972瓶托卡伊。

俄国沙皇彼得大帝也是托卡伊的狂热粉丝，曾派使团和驻军到托卡伊，监督葡萄的采收和葡萄酒的酿造。1707年，彼得大帝钦定托卡伊葡萄酒为宫廷御用酒，替代了之前从希腊、西班牙进口的葡萄酒。在位仅两年的俄国伊丽莎白女皇叶卡捷琳娜，用于购买托卡伊美酒的开销就多达百万卢布。

瑞典国王古斯塔夫三世，法国最后一个皇帝拿破仑三世，大文豪大仲马，伟大的音乐家贝多芬、舒伯特、海顿以及历任罗马教皇都是托卡伊美酒的拥趸。

在世界上享有盛誉的托卡伊可被称为匈牙利最耀眼的明珠、匈牙利的骄傲、匈牙利的国宝。

托卡伊粉丝路易十四

自问世以来，托卡伊葡萄酒一直以其独一无二的顶级品质而享誉世界。

几百年来，托卡伊一直是欧洲王室用酒，法国的路易十四称其为"酒中之王，王室之酒"，他对贵腐酒的喜爱无人不知，以至于这句"广告语"不仅成为托

第四节　匈牙利明珠：托卡伊魅力之源

16世纪中叶，托卡伊成为著名的甜白葡萄酒托卡伊"阿苏"的产区，这里历史上就遍布酒厂，托卡伊也因此成为匈牙利葡萄酒贸易的中心。托卡伊靠近斯洛伐克和乌克兰，位于匈牙利首都布达佩斯东北约200公里处。托卡伊风土条件优秀，将近6000公顷（9万

亩）的葡萄园分布在山麓上。

一、气候特点

传统意义上的托卡伊产区位于海拔457米的高原

上，是典型的大陆性气候，春季凉爽干燥，夏季温热，秋季多雨，冬天寒冷多大风。加上河川因素，提供了贵腐菌生长的环境条件，但因为降雨后天气恢复快，能避免雾气久聚不散，以提供避免葡萄生霉腐烂的干燥条件。

二、土壤和地理特征

托卡伊产区主要的土壤是黏土，但是靠近南部的大部分地区特别是托卡伊山麓还会有黄土。黏土和黄土条件使得葡萄园的葡萄可以酿造酒体圆润、香气充足并且酸度优雅的托卡伊葡萄酒。

托卡伊产区地表是相当古老的岩层，过去是海底，后因地壳运动抬升形成大小丘陵和山脉，产区内的博德罗格河（Bodrog）和提萨河（Tisza）也是地壳运动形成的。托卡伊山峦起伏的地理条件将产区切割成许多微气候，河川所产生的雾气，也为贵腐菌提供了良好生长环境。

三、葡萄品种

目前，托卡伊甜白葡萄酒的法定葡萄品种有六种，分别是富尔民特（Furmint）、哈斯莱威路（Hárslevelü）、萨格穆斯克塔伊（Sarga Muskotaly）、科维斯泽罗（Koverszolo）、泽达（Zeta）和卡巴尔（Kabar），均是白葡萄。

托卡伊产区种植率最高的是富尔民特，占66%。位居第二的是哈斯莱威路，占13%。富尔民特是一个晚熟的葡萄品种，却很早发芽，并且能够忍受干燥寒冷的环境。富尔民特对土壤中的矿物质也相当敏感，是一种很能忠实呈现风土条件（terroir）的匈牙利原生品种。根据富尔民特的成熟度以及是否被贵腐菌附着，能酿造干白、晚收甜白与贵腐甜白葡萄酒。因为极高的酸度与甜度，富尔民特酿造的白葡萄酒拥有惊人的陈年潜力，因而被葡萄酒专家Oz Clarke誉为"永生葡萄酒"。每年2月1日，是国际富尔民特日。

四、托卡伊工艺之美

1. 采摘和筛选

贵腐葡萄的成熟不像是田径赛程的跑步比赛，发令枪一响大家都开始奔跑，贵腐葡萄每天都有不同程度的附着，而且会随天气的变化而波动。

托卡伊的贵腐葡萄原料必须分批次、手工采收。某些特别好的年份，采收工作甚至会持续到12月，每人每日仅能采收约250—400公斤的葡萄。逐粒精选的阿苏（Aszú）葡萄，需要手工从葡萄穗上逐粒拣采沾染贵腐菌的、干瘪成几近葡萄干形态的阿苏葡萄（Aszú是匈牙利语"干瘪"的意思）果粒，每人每日仅能采收8—10公斤。可想而知，采收环节的成本已经非常高了。

贵腐葡萄浓缩的不只是葡萄的糖分，实际上葡萄

富尔民特

托卡伊葡萄采摘

原料的质量状况做适当的调整。为避免葡萄籽的破裂，需以最小压力，分多次慢慢将阿苏葡萄的汁液榨出来，接着过滤沉淀后，再进行发酵和橡木桶陈酿，橡木桶陈酿时间至少要达到 18 个月，再经过 1 年的瓶储陈酿方能上市，橡木桶和瓶储环节都在地下酒窖里进行。

托卡伊阿苏刚结束发酵时酒精度与苏玳贵腐酒相似，但最终酒精度会稍低一些，很大一部分原因是出在了陈酿上，托卡伊陈酿环节酒精挥发比例相对较大。

需要特别说明的是托卡伊阿苏酿造葡萄的出汁率特别低，5 公斤以上的葡萄原料才能酿成 1 公斤的阿苏葡萄酒。

五、托卡伊分类

托卡伊葡萄酒的类型有干白葡萄酒（Tokaj wine）、绍莫罗得尼（Tokaji Szamorodni）、阿苏、阿苏至宝（Aszu Eszencia）、托卡伊至宝和现代风格的甜白葡萄酒（Modern stlye）几种类型。

1. 干白葡萄酒（Tokaj wine）

托卡伊产区也生产高级干白葡萄酒。没有经过贵腐菌侵染的葡萄用于酿造干白葡萄酒，托卡伊的干白葡萄酒有多种风格：有些是果香新鲜、没有经过橡木陈酿、适合新鲜时饮用的干白葡萄酒，有些是酒体集中、有陈酿潜力的干白葡萄酒，还有一些是经过新橡木桶陈酿的顶级白葡萄酒。

2. 绍莫罗得尼（Tokaji Szamorodni）

绍莫罗得尼采用部分被贵腐霉感染的葡萄穗酿造。

根据贵腐菌感染程度的不同，有可能被酿造成干型的，也有可能被酿造成甜型的托卡伊绍莫罗得尼。

干型绍莫罗得尼带有一些贵腐的风味。绍莫罗得尼葡萄酒必须在酒庄中存放两年以上才能出售，其中必须至少有一年时间是在橡木桶中陈酿，很多酒庄会选择陈酿更长的时间才出售。干型绍莫罗得尼在橡木陈酿过程中往往并不装满，而是留有一定的空间让酒的表面生长酒花酵母（Flor yeast）。因此，还带有西班牙菲奴雪莉（Fino Sherry）的风味。

托卡伊至宝——全月宫

的酸度和风味物质也被浓缩了，而这也是高品质的甜酒，糖度和酸度都非常平衡以及香气、层次非常丰富的原因。

2. 酿造工艺

托卡伊的酿造工艺，是以干白葡萄酒做基酒，把阿苏贵腐葡萄装进一个叫作"筐（Puttonyos）"的容器中与基酒混合，浸泡 1—2 天，浸泡时间根据当年葡萄

采摘阿苏的"筐"

甜型绍莫罗得尼不会生长酒花酵母，但往往具有比较明显的氧化风味，现在也有少数酒庄开始生产没有氧化味道或只有轻微氧化味道的甜型绍莫罗得尼葡萄酒。

3. 阿苏（Tokaji Aszu）

托卡伊阿苏葡萄酒的酿造分为两个发酵阶段，第一个阶段是先用普通葡萄发酵成干白，作为托卡伊阿苏的基酒。第二个阶段，把阿苏葡萄放在基酒中浸渍。按照传统工艺，是用未破碎的阿苏葡萄直接浸渍以防止浸渍出苦味物质。然后把混合物进行压榨，得到的葡萄酒要陈酿三年以上。加入的阿苏葡萄的量决定了葡萄酒最后的甜度，托卡伊常用"Puttonyos"来描述葡萄酒的甜度。"Puttonyos"可以翻译为"筐"，一筐能装25公斤葡萄，按筐酒换算出的糖度如下：

3 筐（3P）：60g/L（自 2013 年起，已被取消标签标注法律保护）。

4 筐（4P）：90g/L（自 2013

年起，已被取消标签标注法律保护）。

5 筐（5P）：120g/L（自 2013 年起，已被取消标签标注法律保护）。

6 筐（6P）：150g/L（标签标注受法律保护）。

根据 2013 年法规，以"筐"计算甜度的方式已被取消，但酒庄仍能依其偏好与市场需求，在酒标上标注 3P、4P、5P 的字样。Tokaj Aszú 仅能在含糖量 120g/L 以上的贵腐甜酒标上使用（对等于 5P 以上）。含糖量超过 150g/L 的贵腐甜酒才能标注 6P。

4. 阿苏至宝（Aszu Eszencia）

这种贵腐葡萄酒产量非常少，价格昂贵，而且只有在很好的年份才生产，其含糖量不得低于 180g/L，必须经过橡木桶陈酿 3—6 年。

托卡伊至宝产量极低，被王公贵族奉为神药。图片来源：http://tastehungary.com

5. 托卡伊至宝（Tokaji Eszencia）

这是一种极少出现的极品贵腐葡萄酒，是用阿苏葡萄的自流汁液酿造的葡萄酒，由于糖度非常高，酵母菌极难发酵，往往需要好几年的时间才能完成发酵过程，即使发酵结束，其酒精度也很难超过 5%。法定托卡伊至宝葡萄酒的最低含糖量不得低于 450g/L，另外葡萄酒中也含有极高的酸度能与高糖度相平衡，其香气和风味极其复杂和集中，它可以保持自身新鲜的酒体长达一个世纪甚至更长的时间。

6. 现代风格的甜白葡萄酒（Modern Stlye）

托卡伊产区也开始生产新鲜型的甜白葡萄酒，这些葡萄酒不属阿苏葡萄酒的分类，这些葡萄酒不会在橡木桶中陈酿很长的时间，出售时有比较新鲜的香气，有时也具有非常高的品质，其价格可以卖到与阿苏系列葡萄同样的价格水平，甚至更贵。

六、托卡伊的葡萄酒特色

经典的托卡伊贵腐葡萄酒为深琥珀色，酸度非常高，香气集中馥郁，具有橘子酱、杏、桃、蜂蜜等的香气。最好的托卡伊葡萄酒更加复杂，酸度和糖度极为平衡、优雅，酒体层次变化大。除了果香之外，还带有黑麦面包、烟熏、咖啡、焦糖等香气和风味。

贵腐葡萄酒是可以随时随地享用的，不过要注意避免和巧克力、咖啡口味相冲。在法国传统上被用来搭配鹅肝酱、蓝霉奶酪及油脂丰富的坚果，也特别搭配法式蛋糕。它和香料丰富的中餐，如川菜、湘菜也能很好地搭配。而对葡萄酒爱好者来说，贵腐酒本身就是一道很好的甜点。

七、托卡伊的保健功效

托卡伊葡萄酒还具有保健和滋补功效。

半个世纪前，托卡伊贵腐酒被称为"液体盘尼西林"，被列入了匈牙利国家药典。当时的统治者和贵族阶层把托卡伊用于保健，随时摆放在床边，常饮以滋养精力。这其实源于托卡伊葡萄酒的天然抗氧化作用，其抗氧化剂含量比白葡萄酒高出两三倍，而酒中的 5-羟色胺对人体细胞也有滋补功效。

托卡伊至宝的饮用工具。图片来源：http://tastehungary.com

第五节　看标识酒：匈牙利葡萄酒的标签标识解读

匈牙利最出名的葡萄酒是托卡伊，在国内也不容易买到其他类型的匈牙利葡萄酒，但酒标看多了，还是不难阅读的。

一、匈牙利葡萄酒酒标显示的主要信息

1. 匈牙利生产：Product of Hungary。

2. 酒精含量。

3. 容量。

4. 产类术语。这是酒标信息中第一个重要元素。

5. 分级术语。这是酒标信息中第二个重要元素。干白葡萄酒（Tokaj wine）、绍莫罗得尼（Tokaji Szamorodni）、阿苏（Tokaji Aszu）、3—6筐（Puttonyos）、阿苏至宝（Aszu Eszencia）、托卡伊至宝（Tokaji Eszencia）、现代风格的甜白葡萄酒（Modern Stlye）。

6. 法定产区分级：地区餐酒 Tajbor（相似于法国的 VDP）、法定产区 Minosegi Bor（相似于法国的AOC）等。

7. 年份。这是酒标信息中第三个重要元素，有年份起码说明了是个年份酒。

8. 葡萄品种。这是酒标信息中第四个重要元素。

9. 酒庄和品牌信息。这是酒标信息中第五个重要元素，是识别名庄的重要参考。

10. 品质信息。如获奖信息、限量编号、名家背书等。这是酒标信息中第六个重要参考，一般质量不会差。

11. 酒庄、酒厂内灌瓶。

12. 装瓶厂及地址。

13. 含硫量标识。

14. 警告类。饮酒警告和过敏提示等，各个国家不同，可能会出现在正标和背标上。

二、常见术语

Asztali Bor：餐酒，级别最低的葡萄酒。

Aszu：用过熟的葡萄酿造的非常甜的托卡伊甜酒（Tokaji），与德国的精选葡萄酒（Auslese）类似。

Bor：葡萄酒。

Borkulonlegessege Szologazdasaganak：来自特定产区葡萄园的特酿葡萄酒。

Borvidek：葡萄酒产区。

D_L_：葡萄园。

Des：甜葡萄酒。

Feher：白葡萄酒。

Forditas：一种甜型托卡伊葡萄酒。

Habzo：起泡酒。

Hordo：橡木桶。

Dgbor：冰酒。

Kesoi Szureteles：迟摘型葡萄酒。

Kimert Bor：普通的葡萄酒。

Kontnyeki Bor：匈牙利葡萄酒。

Kulonleges Minosegu：法律规定为"品质特别"，品质在 Minosegi 葡萄酒等级之上。

Minosegi Bor：品质优异的葡萄酒，与法国的AOC 级别类似。

Orszagos Bormin_Sit_Bizottsag or OBB：全国葡萄酒质量管理委员会。

Orszagos Bormin_Sit_Intezet or OBI：各州葡萄酒质量管理委员会。

Palack：酒瓶。

Palackzas：正在装瓶。

Palackozott：已装瓶。

Pezsgo：起泡酒。

Pince：酒窖。

Siller：颜色浓郁的桃红葡萄酒或者颜色较淡的红葡萄酒。

Szamorodni：通常是指未经奥苏浓汁调配的托卡伊甜酒，因此口感呈干型。

Szaraz：干型葡萄酒。

SZ_L_Birtok：酒庄。

SZ_L_Skert：葡萄园。

Tajbor：相当于法国地区餐酒（VDP）级别的葡萄酒。

Termel_：葡萄酒产量。

T_Ke：葡萄酒。

Toppedt Sz_L_B_L Keszult：贵腐酒。

Voros：红葡萄酒。

左1是埃格尔公牛血　右2是托卡伊干白 – 富尔民特　右1是托卡伊阿苏6筐

（1）匈牙利生产：Product of Hungary 或 Hungary
（2）酒精含量：左1是12.5%，右1是10.5%
（3）容量
（4）产区术语：埃格尔（Eger）、托卡伊、托卡伊
（5）分级术语：右1托卡伊阿苏级
（6）年份：右2是2005年，右1是2006年
（7）葡萄品种：右2是富尔民特
（8）酒庄和品牌信息
（9）品质信息：右1是6筐
（10）生产信息
（11）装瓶厂及地址
（12）葡萄酒种类：公牛血 / 红葡萄酒、干白、托卡伊 / 阿苏
（13）警告语

美国之美：世界第四大，赢了大法国

好的葡萄酒，证明了上帝希望我们幸福。

——美国总统 富兰克林

生产效率堪比矿泉水的美国大型葡萄酒工厂

第一节 美国：新世界领袖的成长史

美国创造了葡萄酒的"美国梦"，40年前苦苦挣扎的美国酿酒人肯定想象不到他们能够实现如此高的葡萄酒成就。

美国是葡萄酒大国，这个"大"可体现在三个方面。首先美国是葡萄酒生产大国，年产量排世界第四位，仅次于意大利、法国和西班牙。其次，美国是世界第一葡萄酒消费大国，世界各大葡萄酒知名产区的葡萄酒都在美国有一席之地。再次，美国也是葡萄酒品质大国，美国的葡萄酒品质一流，是世界翘楚，要不然也不会两次在法国巴黎干翻法国酒。

相比于法国、意大利、西班牙这些巨头，美国葡萄酒历史不长，但也比美国这个国家的历史长得多。欧洲葡萄酒得益于古希腊、古罗马的战争与扩张，美国葡萄酒的发展得益于世界地理大发现产生的移民潮或者欧洲列强的殖民运动。

1562年到1564年，法国基督教胡格诺教徒来到美国，在美国的佛罗里达州杰克逊维尔地区用美国野生的斯卡珀农（Scupernong）葡萄酿造葡萄酒，然而他们发现用美国野生葡萄品种酿造的葡萄酒带有麝香味，与法国葡萄酒差异很大，让他们很沮丧。

1619年，有酒瘾的法国人为了喝上他们心心念念的法国味道，他们请其他欧洲人将传统的葡萄品种赤霞珠和雷司令引种到美国，但这些早期引种的葡萄苗由于水土不服以及美国当地的病虫害的侵扰，绝大部分死掉了。

1683年，威廉·贝尼（William Penn）在宾夕法尼亚州创建了一个葡萄园，种植法国葡萄品种。

1769年，天主教方济各会的传教士在加利福尼亚州圣地亚哥附近，建立了第一个葡萄园和酒厂，并逐渐将葡萄种植和酿酒向加州北部扩散。

1779年，西班牙传教士将在南美表现尚可的葡萄品种"传教葡萄"——一种名叫Criolla的葡萄，因与

传教有关，后来通称类似经历的葡萄为传教葡萄（Mission），传教葡萄先扩展到洛杉矶一带，然后又到达旧金山市北部的索诺玛，葡萄园和葡萄酒业也由加州南部向加州北部发展。

1848年，加州淘金热兴起，淘金像瘟疫一样传开，淘金者像洪水一样来到加州。

1850年，加利福尼亚宣布立州，淘金热让旧金山从一个小村庄变成了大城镇。为了喝到葡萄酒，来自欧洲的移民在淘金的同时在雅拉丘陵种植仙粉黛、佳丽酿等品种并用其酿酒。

1864年，加州的金子消失殆尽，淘金潮宣告结束。但在这十多年里，来自意大利、德国等欧洲的新移民发现了加州葡萄种植的巨大潜力，开始在加州投资葡萄酒厂和酒庄，当地的葡萄种植面积快速发展起来。

1886年至1890年，细菌病害皮尔斯病（Pierce）和根瘤蚜虫灾难肆虐了美国葡萄园，葡萄酒产业遭受重创。1920年，美国施行"禁酒令"，全国大多数葡萄园和葡萄酒厂停止运营，仅允许在宗教活动上用酒，这给了美国的葡萄酒产业以沉重的打击。

1933年，"禁酒令"被废止，但有的州继续执行禁酒令，极端的地区直到1966年"农场酒厂法令"实施才真正停止禁酒。葡萄酒厂商试图重振美国葡萄酒产业，但困难重重，上一代酿酒师也已过世，只有极少的农民还有葡萄园。加上美国经济危机爆发，消费者需要廉价的甜型加强葡萄酒。为发展美国葡萄酒业，一些美国人洄游欧洲，向"老家"同行学习酿酒技术，并积极寻觅和引进适宜在美国生长的优良酿酒葡萄品种，这也是今天的美国酿酒葡萄如此繁多的原因之一，美国的酿酒葡萄品种包括来自法国、意大利和德国等多个国家的著名品系。

二战后，加利福尼亚和纽约州的一些州立大学开展了葡萄种植和酿酒新技术的研究和教育风潮。在技

加州的葡萄酒旅游异常发达，图为鹿跃酒庄（上左1）的品鉴和其他酒庄的体验式营销

术驱动之下，大大提高了适合美国风土的优良酿酒葡萄的种植面积和优质葡萄酒的产量。这也成为美国葡萄酒技术水平发展的转折点。如今，美国对葡萄酒的研究已经武装到了牙齿，研究之深入、设备之精细、成果之丰富可以媲美世界任何国家。

20世纪70年代到80年代，发生了震惊世界葡萄酒圈的"巴黎审判"，也就是美国和法国葡萄酒的一次盲评PK，巴黎审判以美国的绝对胜利告终。美国加州的酿酒师在加州北部纳帕、索诺马等子产区取得的成功吸引了大量国内外资本进入，并且带动了俄勒冈州、华盛顿州和纽约州等新兴产区的葡萄酒产业发展，美

国葡萄酒进入火箭速度的发展阶段。

近三十年来，美国葡萄酒像革命一般横扫美国，葡萄酒生产者数量超过7000多家，比20世纪70年代增加了18倍。另一方面，其葡萄酒从业者和科学研究也加快了消费者的葡萄酒知识普及，进一步刺激了对高品质葡萄酒的需求。2001年，美国超过法国和意大利成为世界第一大葡萄酒消费国。

第二节　巴黎审判：史无前例，影响深远

它摧毁了法国至高无上的神话，开创了葡萄酒世界民主化的纪元，这在葡萄酒历史上是一个分水岭。

——罗伯特·帕克

罗伯特·帕克提到的"摧毁了法国至高无上的神话"的葡萄酒来自美国，这个事件就是轰动全球的"巴黎审判（Judgement of Paris）"。那么为什么这个事件取名叫"Judgement of Paris"呢？这源于古希腊的神话故事。

希腊英雄珀琉斯与海洋女神忒提斯举行婚礼，奥林匹斯山的众神都被邀请参加，但纷争女神厄里斯却独独在受邀之外。厄里斯非常生气，心里的阴影面积逐渐扩大，于是决定弄点"纷争"。她把一个金苹果扔在了现场欢快的客人中间，上面写着：送给最美丽的女人。现场的女人们虚荣心大发，天后赫拉、智慧女神雅典娜、爱神阿佛洛狄忒都想得到金苹果，为此争吵不休，最后她们决定让特洛伊王子帕里斯裁决到底谁该得到苹果。三个人就"贿赂"帕里斯，赫拉答应让他成为一个国王，雅典娜保证让他成为最聪明的人，阿佛洛狄忒则承诺让他娶到希腊最美丽的女人——海伦。最后，王子帕里斯把金苹果判给了爱神阿佛洛狄忒。然后在爱神的帮助下，海伦被"骗"到了特洛伊，嫁给了帕里斯。然后长达十年的特洛伊战争打响，后续剧情详见布拉德·皮特的电影《特洛伊》。著名油画《帕里斯的审判》描绘的正是帕里斯做出评判的一瞬间，而 Paris 不仅是个人名，也恰巧是个地名，也就是法国的首都——巴黎。这也是人们把这个事件叫作"巴黎审判"的原因，只不过这一次评判的不是金苹果归属，而是葡萄酒冠军宝座。

一、历史背景

我们说巴黎审判如何传奇都是事后诸葛亮，在巴黎审判之前，即便是组织者也不会想到这个偶然事件造成的巨大影响。所有人都把这次活动当成一次普普通通的品鉴会，尤其是受邀的各位大咖根本没把这次品鉴会当一回事。这必须先啰唆一下当时的葡萄酒行业背景。

1920—1933 年的美国禁酒令，给美国葡萄酒行业造成了毁灭性的重创。而在禁酒令废除后紧接而来的第二次世界大战，导致美国葡萄酒行业复苏无力。直到二战结束之后，美

帕里斯的审判（作者：Henryk Siemiradzki）

国葡萄酒业才稳定下来，进入快速发展的通道。在以嘉露（Gallo）为代表的平价酒庄和以罗伯特·蒙大维（Robert Mondavi）为代表的精品酒庄的共同努力下，加州纳帕谷成为美国当时发展最快的产区。到 70 年代，加州葡萄酒在国际上也是获奖颇多，在国际上逐渐建立了声誉。

但是，在 20 世纪 70 年代以前包括之后很长的时间里，所有人都认为没有任何一个地方的葡萄酒能够与法国的葡萄酒相提并论。即便是美国人自己也"崇洋媚外"，喜爱法国葡萄酒远远超过美国酒，认为美国酒低端、品质一般，因此美国酒那个时候卖个 6 美元以上已经是非常高的价格了。有钱人还是喝法国酒，他们认为国产葡萄酒只能算是装在酒瓶中的葡萄汁，只有法国酒才值得被欣赏、被细细品味（这一点好像跟当前的中国很像）。因此，无论任何人以任何形式，如果对法国葡萄酒的至尊地位提出质疑，在大家看来都是不可思议的事情。尽管法国以外的欧洲国家不乏优秀的葡萄园和酿酒师，但业内仍然一致认为法国酒的地位不可动摇。不管是旧世界代表欧洲传统酿酒文化的法国人，还是新大陆的"暴富者"，几乎所有人都认为法国葡萄酒是一个不可战胜的神话。

就是在这种情况下，一个在巴黎从事葡萄酒生意的英国商人组织了一次品鉴会，并利用强大的个人影响力悄悄邀请了很多业内牛人。这个英国人就是不是葡萄酒大师（Wine Master）的"大师"——史蒂芬·斯伯莱尔（Steven Suprrier）。

二、发起人

史蒂芬·斯伯莱尔是葡萄酒界的一个传奇。他从一个普普通通的葡萄酒商人蜕变成葡萄酒业内举足轻重的大师级人物，他没有接受过葡萄酒大师（Master of Wine，常简写为 MW）和侍酒师大师（Master Sommelier，常简写为 MS）的洗礼，他走的是另一条截然不同的葡萄酒大师修行的道路。

1970 年，他与夫人移居法国，在巴黎开了一家葡萄酒商店，在当时的法国，这是一家少有的会说英语的酒商，这让他得到不少说英语的顾客的照顾，他另

一个销售法宝是鼓励顾客在购买葡萄酒之前先进行品尝。1973 年，他开了个人的第一所葡萄酒培训学院。商业与教育的融合，令斯伯莱尔先生名利双收，很快跻身巴黎上等葡萄酒名人圈。史蒂芬是一个地地道道的"法国粉"，尤为钟爱法国葡萄酒，这从他本次筛选的法国竞赛选手就可以看出端倪。

举办品鉴会的想法并不是由斯伯莱尔提出来的，他的商业伙伴帕特丽夏·加拉赫（Patricia Gallagher）才是真正的幕后推手。加拉赫是美国人，在此之前她已经了解到加州已具备酿造高品质葡萄酒的实力。因此，她提议举办一场加州酒与法国酒的品鉴会，以此纪念美国独立战争，同时也能借美法同仇敌忾的历史情谊来提升人们对美国葡萄酒的认知。

三、评委会

1976 年，史蒂芬为品鉴会请来了 9 位重量级的评委阵容，包括名庄庄主、葡萄酒评论家、侍酒师和餐厅主厨，也有法国葡萄酒管理机构官员，详细成员如下：

罗曼尼·康帝酒庄奥伯特·维兰（Aubert de Villaine）

美人鱼酒庄庄主、波尔多列级酒庄联盟主席皮埃尔·塔里（Pierre Tari）

法国葡萄酒杂志 RVF 编辑奥德特·卡恩（Odette Kahn）

米其林餐厅 Restaurant Taillevent 老板克劳德·弗希纳（Jean-Claude Vrinat）

米其林餐厅 Le Grand Véfour 老板兼主厨雷蒙德·奥利弗（Raymond Oliver）

巴黎著名的银塔餐厅（Tour D'Argent）首席侍酒师克里斯汀·瓦纳克（Christian Vanneque）

法国国家原产地命名管理局（INAO）首席监察官皮利尔·布瑞杰斯（Prieur Brejoux）

法国《新指南》的总监 Claude Dubois-Millot

法国葡萄酒协会 Michel Dovaz

加上史蒂芬本人和他的好朋友、葡萄酒学院的教

师巴提西亚，但他们二人的评分不计。

这个星光灿烂的专业评委团，可以彰显这次活动的"不"公正性和"不"可靠性，或许史蒂芬内心里是希望法国赢的。

组织这样的一场盲品，不仅法国人不感兴趣，就连美国人自己都没有兴趣。这些评委们在接到邀请的时候只知道要去品尝一些美国加州的葡萄酒，并不知道这会是一场对抗赛。至于媒体方面，只有美国《时代周刊》驻巴黎的记者乔治·泰伯（George Taber）出于和史蒂芬的个人交情到场，法国媒体无一出席。后来，是乔治·泰伯将品鉴会现场发生的细节一一做了记录。

四、参赛酒款

史蒂芬挑选了美国的 6 款赤霞珠和 6 款霞多丽带回法国，分别与 4 款波尔多红葡萄酒和 4 款勃艮第白葡萄酒对阵（详见下面的酒单和排名）。看到这个酒单，很多人对这些法国酒很熟悉，但美国酒至今也多数不认识。即便是现在，你一定会有发起人太偏心的想法。四款勃艮第葡萄酒中有三款都来自一级园，另一款则来自特级园。在挑选波尔多的葡萄酒时，斯伯莱尔以赤霞珠为主的混酿葡萄酒对战加州仅采用赤霞珠酿造的单一品种葡萄酒。其中有两款酒来自一级庄木桐酒庄和侯伯王酒庄。而年份上更是独到，红酒组别中有三支（波尔多 1970）被波尔多葡萄酒行业联合会评为 45 年来最优秀的红酒，参赛阵容星光熠熠，实力超群。

相比之下，入选的加州选手就比较年轻了。这些加州选手皆来自 60 年代或 70 年代初刚刚建立或是重新开办的酒庄。史蒂芬在美国选酒时，酒庄还不配合，让史蒂芬自己想办法把酒运去法国。

1976 年法国巴黎盲品会排名（白葡萄酒组）

名次	酒款	年份	产地
1	蒙特莱那霞多丽干白葡萄酒 Chateau Montelena	1973	美国加州
2	默尔索夏尔姆干白葡萄酒 Meursault Charmes Roulot	1973	法国勃艮第
3	查龙干白葡萄酒 Chalone Vineyard	1974	美国加州
4	春山干白葡萄酒 Spring Mountain Vineyard	1973	美国加州
5	约瑟夫杜鲁安酒庄慕丝园干白葡萄酒 Beaune Clos des Mouches Joseph Drouhin	1973	法国勃艮第
6	自由马克修道院酒庄干白葡萄酒 Freemark Abbey Winery	1972	美国加州
7	拉梦内酒庄巴塔 - 蒙哈榭园干白葡萄酒 Batard-Montrachet Ramonet-Prudhon	1973	法国勃艮第
8	勒弗莱普榭乐园干白葡萄酒 Puligny-Montrachet Les Pucelles Domaine Leflaive	1972	法国勃艮第
9	维德克莱斯特庄园霞多丽干白葡萄酒 Veedercrest Vineyards	1972	美国加州
10	戴维·布鲁斯酒庄霞多丽干白葡萄酒 David Bruce Winery	1973	美国加州

1976 年法国巴黎盲品会排名（红葡萄酒组）

名次	酒款	年份	产地
1	鹿跃酒窖 23 号桶干红赤霞珠葡萄酒 Stag's Leap Wine Cellars Cask 23	1973	美国加州
2	木桐酒庄干红葡萄酒 Château Mouton-Rothschild	1970	法国波尔多
3	梦玫瑰酒庄干红葡萄酒 Château Montrose	1970	法国波尔多
4	侯伯王酒庄干红葡萄酒 Château Haut-Brion	1970	法国波尔多
5	山脊蒙特贝罗干红葡萄酒 Ridge Vineyards Monte Bello	1971	美国加州
6	雄狮酒庄干红葡萄酒 Château Leoville Las Cases	1971	法国波尔多
7	赫兹马莎园赤霞珠干红葡萄酒 Heitz Wine Cellars Martha's Vineyard	1970	美国加州
8	克罗杜维尔酒庄干红葡萄酒 Clos Du Val Winery	1972	美国加州
9	梅亚卡玛斯酒庄干红葡萄酒 Mayacamas Vineyards	1971	美国加州
10	自由马克修道院酒庄干红葡萄酒 Freemark Abbey Winery	1969	美国加州

大美葡萄酒

五、盲品结果

美国加州葡萄酒完胜法国酒，这是所有人都没有想到的结果，成绩如下：红葡萄酒组别美国鹿跃酒窖排第一，木桐、梦玫瑰、侯伯王酒庄分列第二至第四；白葡萄酒组别前四名被加州揽获三名。

1. 有趣的盲品的过程

因为是盲品，每个组别均由 10 家酒庄组成，6 家来自美国，4 家来自法国。然而，这种地域分布和酒庄的名称，除了组织者本人之外，其他评审都一无所知，以保证品鉴公正性。首先，每瓶酒都做遮盖处理，采用统一酒杯，专业侍酒，侍酒师依传统程序倒酒。然后，评委们进行品鉴、打分和点评。

《新指南》的总监杜布瓦 - 米洛最不客气，他先点评道："这肯定是一支加利福尼亚酒，一点香气都没有！"他放下酒杯，随即在记分牌上写下了分数，布雷汝先生和卡恩女士也很快亮出了他们的分数：0 分和 1 分，满分为 20 分。随着一支支白葡萄酒品鉴结束，评委们表示：他们已经从"低贱的"美国酒中找出了

"高贵的"法国酒。主办人斯伯莱尔保持沉默。

2. 白葡萄酒盲品结果

白葡萄酒组打分结束，斯伯莱尔决定在红酒组开始之前公布分数：加利福尼亚蒙特莱那（Montelena）酒庄获得了所有评委的最高分，累计总分 132，排名第二的是法国勃艮第默尔索的芙罗（Roulot）酒庄，而第三名和第四名都由美国的酒庄占据。名次揭晓，举座哗然。

3. 红葡萄酒盲品结果

红酒组品评开始，法国人决定挽回面子，但结果一样让人失望。

红酒组的结果是：第一名美国鹿跃（Stag's Leap）酒庄，领先第二名的法国波尔多名庄木桐酒庄 1.5 分。法国队这次实力也不容小觑，第二、三、四名均由波尔多红酒占据。

六、口水大战

红葡萄酒第一名鹿跃酒庄第二天便收到了法国葡萄酒生产商的联名信，表示本次赛果纯属对方走运，法方拒绝承认。但大洋彼岸却炸开了锅，《时代》杂志、《洛杉矶时报》、《华盛顿时报》都在第一时间报道了赛果，一串串爆炸性头条连日充斥各大媒体。

另一边厢的法国媒体，却噤若寒蝉。直到 3 个月后，《费加罗报》才发表一篇短文《葡萄酒大战发生过吗？》，指出赛果"是可笑的"，"根本无须严肃对待"。半年之后，另一份大报《世界报》才发表相关文章，口径与前者完全一致。《时代》记者塔贝则成为法国人的眼中钉，连续几年都被酒业单位拒绝接待。

从 20 世纪 70 年代后期开始，加利福尼亚葡萄酒业界和大西洋对岸的法国同行展开了无休止的口水战，不管是 1976 年巴黎品酒会的亲历者，还是市井普通的品酒师，都纷纷发表文章剖析赛果。更有甚者怀疑史蒂芬·斯伯莱尔选择了波尔多不适合品鉴的年份，也有人说法国酒需要陈年，现在还不到品评的时机等等。

巴黎审判现场

上左：嘉露酒业超大型原酒运输车

上右：嘉露酒业巨型储酒罐

下图：加州大学戴维斯分校的科研设备

七、战事再起

1986 和 2006 年，斯伯莱尔先生相继举行了两次品酒会，每次都挑选相同的 6 支美国酒对阵 4 支法国酒，而每一年都以美国取得胜利而告终。

八、巴黎审判的意义

巴黎审判不仅对美国葡萄酒业意义重大，同时也预示着全球葡萄酒行业将会发生巨大变化，法国在这一市场中所扮演的角色也改变了。从此，世界各地的投资者、葡萄酒爱好者、品鉴家和普通消费者都更加关注美国、关注加州，这极大程度上推动了加州葡萄酒的进步。巴黎审判是世界葡萄酒发展史上的重要转折点，它让葡萄酒爱好者们意识到，他们可以从世界各地寻找美酒，而不仅仅局限于法国，我们可以品味和鉴赏的葡萄酒多姿多样、丰富多彩、燕瘦环肥，也许这才是巴黎审判的最大意义所在。

在 20 世纪的最后 30 年，新世界葡萄酒的春天到了！

第三节　美国葡萄酒法定种植区制度：与旧世界就是不同

与法国、意大利、西班牙等旧世界国家不同，美国葡萄酒虽然品质高、名气大，但是在葡萄酒的法律法规上却并没有那样复杂、严谨的分级制度。

一、AVA 产区制度

1978 年，美国酒类、烟草和武器管理局 BATF（现为美国联邦酒精烟草税务贸易局，简称 TTB）以法国 AOC 制度作为参考，因地制宜制定了美国法定葡萄种植区（AmericanViticultural Areas，简称 AVA）制度，并于 1983 年正式生效。

美国之所以没有像旧世界那样建立复杂的分级体系和法定产区命名制度，可能是因为美国葡萄酒发展历史并不是那么悠久，加上根瘤蚜虫灾难、禁酒令、二战等几次大的打击挫折，美国葡萄酒是 20 世纪下半叶才真正走上快速发展道路的。法国的 AOC 制度是建立在数代人薪火相传的基础上，他们非常清楚在每块土地上种植什么样的葡萄品种，用什么样的方法去管理。美国 AVA 制度就显得粗糙多了。

二、AVA 产区制度的特点

1. 管理较为宽松

AVA 制度对葡萄酒的规定较为宽松，只根据地理位置、自然条件、土壤类型及气候划分产区，对葡萄品种、产量和酒的酿造方式并没有限制。美国的 AVA 制度是由下往上的。申请人向 TTB 提出申请，TTB 认定，然后将它挂在 TTB 网站上向公众征求意见。在公示期内，如没有强烈反对，一般都会被通过。

2. 产区范围灵活

AVA 产区的范围可大可小，有可能是多个州、一个州、一个郡、一个山谷或者是一个镇，比如加利福尼亚、纳帕郡（Napa County）、纳帕山谷（Napa Val-ley）、奥克维尔镇（Oakville），最小的 AVA 也可能是划定的某块葡萄酒区域，如中央海岸（Central Coast）等。

三、AVA 葡萄酒四大原则

1. 至少要有 95% 的葡萄原料是按酒标上标注的年份采收的。

2. 至少 85% 的葡萄原料来自该 AVA 产区。

3. 对于单品种葡萄酒，该葡萄品种的含量至少为 75%，最多时可使用 3 个品种名称，但要列出每个品种的量。

4. 若酒标上标注"Estate Bottling"（酒庄装瓶），则葡萄原料必须 100% 由该酒庄种植、采摘和酿造，葡萄酒必须由该酒庄独立装瓶。如标有"Proprietor Grow"（自家种植）或"Vintner Grow"（庄园主种植）字样的，要求所用葡萄必须是生产厂家拥有或掌管下的葡萄园采收的。必须标注酒精含量，误差范围在 ±1% 以内。"Produced"（生产）表示至少有 75% 的原酒来自这个酒厂。除此之外，有些优质葡萄酒也有自己的命名法，例如纳帕谷赤霞珠（Napa Valley Caber-net）和索诺玛黑比诺（Sonoma Pinot Noir）等。

美国的 AVA 产区绝大部分在加州，但 AVA 的法规在不同的地方也有所不同。如对于单品种葡萄酒，俄勒冈州（Oregon）要求该葡萄品种的含量至少达到 90%，华盛顿州（Washington）和加州（California）则要求至少达到 85%。AVA 产区制度并不是消费者选酒的绝对参考，产自 AVA 产区的葡萄酒不一定就比产自非 AVA 产区的葡萄酒质量好。所以，挑选某款美国葡萄酒的时候，更重要的参考依据是酒庄地位、著名酒评家的评分以及葡萄酒竞赛得奖情况等。

第四节　美国葡萄酒产区：从西到东，从南到北

美国 50 个州都生产葡萄酒，自西海岸到东海岸分布着大大小小的葡萄园、酒厂和酒庄，但 90% 以上产量来源于加州、俄勒冈、华盛顿和纽约州，其中加州产量占全国的 90% 左右，是另外三个州产量总和的五倍以上。美国的主要葡萄品种为霞多丽和赤霞珠，而仙粉黛是美国自己培育的品种。

加州的葡萄采摘

某酒厂进行的葡萄酒不同瓶塞的氧化对比试验

第五节　加利福尼亚：新世界王者

加利福尼亚州（经常被简称为"加州"）位于美国西海岸，占据了西海岸 2/3 的面积，跨越 10 个纬度，西临太平洋，北接俄勒冈州（Oregon），东接内华达州（Nevada）及亚利桑那州（Arizona），南邻墨西哥，是美国最重要、面积最大的葡萄酒产区。加州的葡萄酒产量要比整个澳大利亚总产量高出三分之一，该州约有 850 家酒庄。如果把加州当成一个国家，它将是全球第四大葡萄酒产区，葡萄园面积达 24 万公顷（360 万亩），葡萄酒产量约占美国总产量的 90%。

一、产区概况

加州产区的葡萄种植历史可追溯到 1799 年，当时朱尼皮罗·塞拉神父（Junipero Serra）带领的一众传教士在圣地亚哥传道院（Mission San Diego de Alcala）栽种了一批葡萄苗，正式拉开了加州葡萄酒酿造史的帷幕。19 世纪初期，加州的葡萄酒行业开始走向商业化。20 世纪上半叶，在禁酒令、经济危机和第二次世界大战的多重打击下，加州的葡萄酒行业遭受重创，直至 70 年代"巴黎审判"之后才重获生机。

作者在作品一号酒庄

二、气候特点

加州葡萄酒产区大致可以归类为地中海型气候和大陆性干燥气候。因为纬度跨度大、地形变化大，加州的气候变化很大，是一个气候非常复杂的区域。接近太平洋和海湾地区的葡萄园气候相对凉爽。而像索诺马和纳帕部分地区由于山脉的阻隔，内陆地区减缓了海洋冷流的影响。而小部分地区处于干旱少雨地带，大部分地区降水量能满足葡萄种植需求，旧金山北部的地区降雨量在 615—1150 毫米，而南部产区降雨量只有 330—519 毫米。

三、土壤特征

北美和太平洋板块的板块构造影响了加州的土壤类型和地貌。

土壤多样性很强，包括白垩、石灰石、黏土、壤土以及火山灰等，不同土壤上有时候种植相同的葡萄品种，气候与土壤的多样性是加州葡萄酒有别于美国和世界其他产区的主要原因之一。

四、葡萄品种

加州的酿酒葡萄多达 110 多种，主要葡萄品种有赤霞珠、霞多丽、美乐、黑比诺、长相思、西拉和仙粉黛。

加州葡萄酒多为风格简朴、果味浓郁的新世界酒。温暖的天气赋予了加州葡萄酒较高的酒精度，许多葡萄酒的酒精度都超过了 13.5%。加州霞多丽会经过苹果乳酸发酵，使用橡木桶陈酿，因此带有黄油风味，酒体丰满。加州的长相思没有产自卢瓦尔河谷和新西兰的香草味道，但却有充满活力的酸味和新鲜的花香。靠近海岸的较凉爽地区更适合种植黑比诺和霞多丽等冷凉气候品种，内陆较为炎热的地方是赤霞珠、西拉、美乐等的天下，仙粉黛分布较广。

五、葡萄酒种类

多样的风土赋予了加利福尼亚州丰富的酿酒葡萄和丰富的葡萄酒类型，各类型的混酿葡萄酒、单一品种葡萄酒、静止型葡萄酒、起泡葡萄酒和餐后甜酒等在这里几乎都能找到。

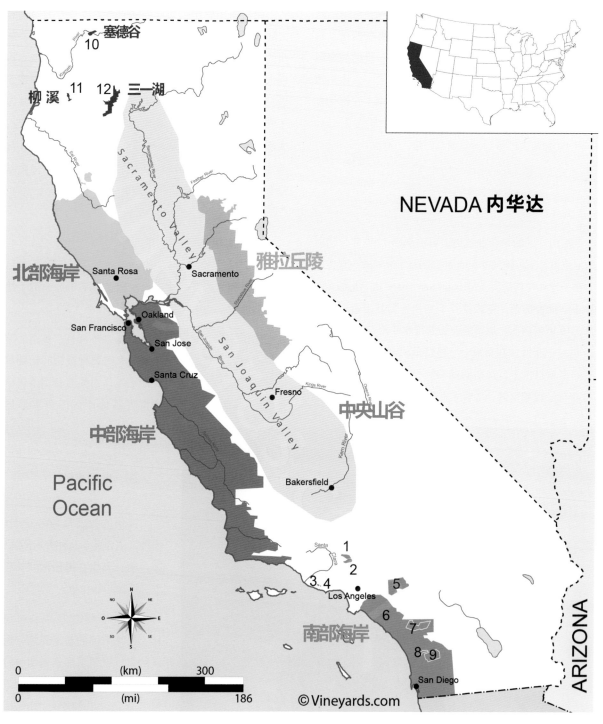

加利福尼亚葡萄酒地图

六、加州葡萄酒产区

加利福尼亚的葡萄酒产区通常分为 4 个主要地区：

1. 北部海岸（North Coast）

旧金山湾的北部大部分地区，包括著名的葡萄酒产区纳帕谷（Napa Valley）、索诺玛县（Sonoma County）、门多西诺县（Mendocino County）和莱克县（Lake County）。根据各个小产区的具体风土特征，北部海岸除了赤霞珠和霞多丽这两大主力军以外，还种植了仙粉黛、黑比诺、美乐和长相思等多个品种。北部海岸名庄林立。

2. 中部海岸（Central Coast）

从旧金山湾往南至圣巴巴拉，拥有超过 4 万公顷（60 万亩）葡萄园。这里主要的 AVA 产区有圣克鲁斯山（Santa Cruz Mountains）、帕索罗布尔斯（Paso Robles）、蒙特利、圣塔玛丽亚谷、圣伊内斯山谷（Santa Ynez Valley）和圣塔丽塔山（Sta. Rita Hills）等。霞多丽是这里的主要品种，占葡萄总种植面积的 50%，此外、赤霞珠、长相思、美乐和黑比诺亦有种植。

3. 中央山谷（Central Valley）

出产加州 75% 的酿酒葡萄，由两个山谷构成，即北部的萨克拉曼多河谷（Sacramento Valley）和南部的圣华金河谷（San Joaquin Valley）。产区包括中央山谷、雅拉丘陵（Sierra Foothills）、洛迪（Lodi）等。葡萄品种有鲁勃德（Rubired）、宝石解百纳（Ruby Cabernet）等新葡萄品种。赤霞珠、美乐、霞多丽、鸽笼白（Colombard）、白诗南和巴贝拉等亦广泛种植。

4. 南部海岸（South Coast）

加州南部的一部分，即洛杉矶南部与墨西哥接壤的沿海地区，包括了文图拉县和洛杉矶县，地处加州南部边境以北，圣地亚哥市以南。南部海岸是一个很美丽的地方，风和日丽，天气明朗，碧海银滩。周围被洛杉矶、圣地亚哥等名城环绕，唯一比较出名的葡萄种植区是蒂梅丘拉谷（Temecula Valley）。

木桥酒庄

纳帕谷产区地图

CALIFORNIA
NAPA

1. 卡利斯托加
Calistoga

2. 豪威尔山
Howell Mountain

LAKE
BERRYESSA

6. 奇利谷区 Chiles Valley District

CALISTOGA

3. 钻石山区
Diamond Mountain
District

4. 春山区
Spring Mountain
District

ST. HELENA

LAKE
HENNESSY

Vineyard Acres

7. 卢瑟福
Rutherford

5. 圣海伦娜
St. Helena

8. 奥克维尔
Oakville

12. 阿特拉斯峰
Atlas Peak

11. 鹿跃区
Stags Leap
District

10. 央特维尔
Yountville

9. 维德山
Mount Veeder

13. 纳帕谷橡木
海丘区
Oak Knoll District
of Napa Valley

15. 野马谷
Wild Horse Valley

SONOMA

14. 库斯维尔
Coombsville

CARNEROS
(SONOMA)

16. 卡尼罗斯
Los Carneros

NAPA

(29)

101

N

TO SAN FRANCISCO

10 mi

20 km

良好赤霞珠种植谷

最佳赤霞珠种植谷

最佳黑皮诺种植谷

良好赤霞珠种植山坡

最佳赤霞珠种植山坡

最佳仙粉黛种植区

大美葡萄酒

七、超级明星纳帕谷

1. 产区概况

纳帕谷是加州乃至全美最著名的葡萄酒产区，在纳帕谷的众多葡萄酒中，表现最好，也最脍炙人口的是以赤霞珠酿造的红葡萄酒。如今，美国和加州的国际地位就是纳帕谷的赤霞珠打下来的。1981年，纳帕谷正式成为加州第一个AVA产区。按照土壤、气候、地形的不同，纳帕谷又被划分成16个子产区（Sub Appellations），这些子产区各属于一个AVA。

2. 主要子产区

这16个子产区是阿特拉斯峰（Atlas Peak）、卡利斯托加（Calistoga）、智利谷区（Chiles Valley）、库斯维尔（Coombsville）、钻石山区（Diamond Mountain District）、豪威尔山（Howell Mountain）、卡尼罗斯（Los Carneros）、维德山（Mount Veeder）、纳帕谷橡木海丘区（Oak Knoll）、奥克维尔（Oakville）、卢瑟福（Rutherford）、圣海伦娜（St. Helena）、春山区（Spring Mountain）、鹿跃区（Stags Leap）、央特维尔（yountville）以及野马谷（Wild Horse Valley）。

八、加州名庄与膜拜酒

加州名庄林立。20世纪90年代，膜拜酒（Cult Wine）开始风行美国加州。膜拜酒之所以被"膜拜"，一方面是酒好，另一方面是因为不容易买到。想喝它的人不但要攒着大把钞票，排在长长的排队名单上，

至于最后能不能喝上一口，还得看运气才行。正是这种变态的稀缺性，让膜拜酒一步步走向神坛。

1. 啸鹰酒庄（Screaming Eagle）

位于加州纳帕谷的奥克维尔（Oakville），由简·菲利普斯女士（Jean Phillips）创立，其酿酒哲学是"更少就是更多"和"展现原始的葡萄园特征"。啸鹰酒庄有"美国膜拜酒之王"之称，可以说是美国葡萄酒的珠穆朗玛。2016年，在世界百强佳酿中排名第四，仅次于罗曼尼·康帝、里鹏和柏图斯，售价更是拉菲古堡的数倍。

2. 西恩夸农酒庄（Sine Qua Non）

1994年，曼弗雷德·克兰克尔（Manfred Krankl）与妻子伊莱恩（Elaine）共同创建了西恩夸农酒庄。克兰克尔曾经告诉罗伯特·帕克，他的目标是酿造完美成熟、口味完整且充满活力的葡萄酒，不仅保持雅致和个性，还要充分表达年份的独特性。西恩夸农一瓶1995年的红心皇后桃红（Queen of Hearts rose）曾拍出4.3万美元的高价，创葡萄酒史上最贵桃红纪录。罗伯特·帕克对这家酒庄打出的多个满分，使其价格更是水涨船高。

3. 哈兰酒庄（Harlan Estate）

1984年，威廉·哈兰（H. William Harlan）买下了奥克维尔玛莎葡萄园西面93公顷（约1400亩）的土地，创立了哈兰酒庄。威廉·哈兰是个时髦和成功的地产商，哈兰酒庄风景极为优美，葡萄园的设计和种植非常先进，每一瓶都是精致、丰富和复杂的葡萄酒，

从左至右依次是啸鹰、哈兰和多米纳斯

曾获得帕克的多个满分。1990年，哈兰推出第一个年份酒，立刻造成轰动，销售一空。

4. 艾伯如酒庄（Abreu Vineyard）

艾伯如酒庄的赤霞珠葡萄酒可以登顶世界最佳葡萄酒之列，最出名的两款赤霞珠是马德罗纳园赤霞珠（Cabernet Sauvignon Madrona Ranch）和托尔维洛斯赤霞珠（Cabernet Sauvignon Thorevilos）。艾伯如酒庄的庄主戴维·艾伯如（David Abreu）年轻时留学法国的勃艮第，学成后回国成立了自己的葡萄园管理公司，为啸鹰、哈兰和寇金等膜拜酒庄管理葡萄园。艾伯如酒庄2012与2013年份的马德罗纳园赤霞珠干红葡萄酒曾获得帕克的《葡萄酒倡导家》（Wine Advocate）的满分评价。

5. 寇金酒庄（Colgin Cellars）

1992年，安妮·寇金（Ann Colgin）与弗莱德·施耐德（Fred Schrader）联手创立 Colgin-Schradar Cel-lars，也就是现在的寇金酒庄。后来，两人分手，酒庄由安妮·寇金经营。酒庄位于美国加利福尼亚州的圣海伦娜（St. Helena）产区，九号庄园（IX Estate Vine-yard）、卡瑞德园（Cariad Vineyards）和特伊卡松山园（Tychson Hill Vineyard）是寇金酒庄著名的三座葡萄园。其中，九号庄园委任大师戴维·艾伯如管理，聘请海伦·特雷（Helen Turley）做酿酒顾问。寇金多个酒款曾获得帕克的满分评价。

6. 艾西尔酒庄（Eisele Vineyard Estate）

艾西尔酒庄原名阿劳霍酒庄（Araujo Estate），葡萄园背靠岩壁山，沐浴粉笔山谷吹来的凉风，气候凉爽，土壤富含鹅卵石，面积40英亩（合243亩），是纳帕谷最著名的赤霞珠葡萄园之一。艾西尔的葡萄园曾为山脊酒庄（Ridge）、约瑟夫·菲尔普斯（Joseph Phelps）、罗伯特·蒙大维等知名酒庄提供原料，并诞生了诸多传奇酒款。1971年，酒庄开始独立酿酒，第

多米纳斯酒庄

艾伯如酒庄（左）和达拉·瓦勒酒庄（右）

一个年份葡萄酒便凭借极强的陈年能力而闻名，体现出极佳的风土特征。1990 年，阿劳霍家族买下这个酒庄。2000 年，国际酿酒大师米歇尔·罗兰加盟阿劳霍团队，酒庄也开始向生物动力法转型。自 1974 年起，罗伯特·帕克就成为该酒庄忠实的粉丝，并给出过满分评价。

7. 多米纳斯酒庄（Dominus Estate）

1982 年，法国著名酿酒家族柏图斯（Petrus）家族掌舵人克里斯蒂安·莫意克（Christian Moueix）创立多米纳斯酒庄，克里斯蒂安是为数不多的同时在法国和美国酿造这个世界上最为优质葡萄酒的法国人之一。多米纳斯酒庄的酿酒哲学绝对是经典的波尔多风格，充分发挥风土的潜力，与家族波尔多酒庄一样的发酵工艺，橡木桶陈酿 18 个月，用蛋白澄清等，都在向世界传递其美国风土、法国理念的典型基因。克里斯蒂安将酒庄以"Dominus"命名，在拉丁语里这是"上帝"的意思，显示了他对风土的尊重和对大自然的敬畏之心。

8. 达拉·瓦勒酒庄（Dalla Valle Vineyards）

1982 年，达拉·瓦勒和妻子直子·达拉·瓦勒共同创建了达拉·瓦勒酒庄，葡萄园位于纳帕奥克维尔，从其葡萄园可以俯瞰纳帕谷。酒庄葡萄园面积小，产量只有 2400 箱，所以极难买到。1986 年，第一款达拉·瓦勒赤霞珠红葡萄酒（Dalla Valle Cabernet Sauvignon）面世。1988 年，Heidi Barrett 加入酒庄，酿造了著名的达拉·瓦勒玛雅葡萄酒（Dalla Valle Maya），玛

雅是庄主达拉和直子的女儿的名字。1992 年份的玛雅获得罗伯特·帕克首个满分，后来米歇尔·罗兰为该酒庄提供酿酒服务，酒庄影响力继续提升。

9. 谢福酒庄（Shafer Vineyards）

谢福酒庄由约翰·谢福（John Shafer）创立。1972 年，约翰·谢福来到纳帕谷种植葡萄，并于 1978 年开始酿酒，次年建立了酿酒厂。谢福酒庄的酿酒理念是"让水果决定风格"。该家族对外宣称，他们的葡萄园能够酿出强劲、明显、没有过多限制的口味，而且，他们利用园中的气候追求真正成熟的葡萄，这样的葡萄可以带来丰富的香气、浓郁的色彩和美妙的风味物质。谢福酒庄以"纳帕最佳葡萄酒之一"而闻名。

10. 布莱恩特（Bryant Family Vineyard）

布莱恩特酒庄位于加州圣海伦娜，始于 1987 年，由冬·布莱恩特（Don Bryant）和芭芭拉·布莱恩特（Barbara Bryant）创立，葡萄园面积只有 15 英亩（约 91 亩），产量只有 2000 箱。酒庄的葡萄园位于一个非常陡峭的山坡上，岩石大小不一，但光照充足。这样的地形让酒庄的微气候非常美妙，西风吹过山脉，掠过亨尼西湖冰凉的湖面，进入酒庄的葡萄园，给炎热天气里的葡萄树降温。因为葡萄园多石，葡萄树可以扎根很深去汲取水分，又保证了良好的水源。虽然该酒庄 1992 年才开始酿造第一个年份葡萄酒，但该酒庄的葡萄酒已经达到了神话般的境界（罗伯特·帕克语）。

第六节　俄勒冈州：世界上最好的黑比诺产区之一

俄勒冈州位于美国西北海岸，西邻太平洋，北接华盛顿州，东邻爱达荷州，南邻加利福尼亚州和内华达州。该州葡萄酒的历史相对较短，不过现在它已经成为美国最优秀的葡萄酒产区之一。俄勒冈产区的葡萄酒风格独特，香气浓郁富有特色，而且酿造技术也有独到之处。

一、气候条件

总体来说，该产区气候较为凉爽，夏季温和漫长，秋季较为潮湿，更偏向南方（更靠近加利福尼亚州）的地区气候略显干燥。

俄勒冈州的气候非常适合酿酒葡萄的生长，阳光充裕的山坡也赋予葡萄园良好的光照条件和有效积温，葡萄在夏天和秋天成熟良好，风味饱满。

二、土壤特征

俄勒冈州的葡萄园主要位于海岸山脉（Coast Range）和瀑布山（Cascades）之间。土壤主要是花岗岩，带有少量的火山岩和黏土。西临太平洋的地理优势以及不同的海拔高度为产区创造了一系列不同的微气候。

三、葡萄品种

1. 红葡萄品种

俄勒冈天气凉爽，非常适合冷凉葡萄品种的种植。

因此，该州种植面积最大的葡萄品种是黑比诺，最著名的葡萄酒也是由黑比诺葡萄酿造的，俄勒冈也被认为是除勃艮第以外，世界上最好的黑比诺产区之一。此外，美乐、赤霞珠、西拉、仙粉黛等红葡萄品种也表现良好。

因为与众不同的风土条件，俄勒冈的黑比诺葡萄酒香气、口感和酒体与其他产区葡萄酒风格迥异。俄勒冈黑比诺葡萄酒富有黑莓等果香，经过陈酿后又演变出泥土、皮革、烟草、菌类和香辛料风味的复杂葡萄酒。

2. 白葡萄品种

灰比诺是俄勒冈白葡萄酒的主要品种，霞多丽和雷司令也是俄勒冈白葡萄酒中的佼佼者。

俄勒冈的葡萄园。图片来源：俄勒冈葡萄酒协会（摄影 Carolyn Wells-Kramer）

四、著名产区和酒庄

1. 法定种植区

俄勒冈州有 5 个子法定种植区 AVA，即哥伦比亚峡谷（Columbia Gorge）、哥伦比亚河谷（Columbia Valley AVA）、蛇河谷（Snake River Valley）、南俄勒冈州（Southern Oregon）和威拉米特河谷（Willamette Valley）。其中最著名的产区是威拉米特河谷法定种植区，俄勒冈州大约 70% 的酒庄都位于此。

威拉米特山谷和海岸山脉下的丘陵地带都是葡萄生长的理想环境。威拉米特下面还有 6 个 AVA 子产区，分别是契哈姆山（Chehalem Mountains）、丝带岭（Ribbon Ridge）、邓迪丘（Dundee Hills）、亚姆希尔 - 卡尔顿（Yamhill-Carlton）、麦克明维尔（McMinnville）和依奥拉山（Eola-Amity Hills）。这 6 个子产区拥有顶级葡萄园，出产顶级黑比诺酒，很多品鉴家认为可以和勃艮第相抗衡。

2. 契哈姆山

契哈姆山产区毗邻波特兰市，葡萄园面积大约为 670 公顷（1 万亩）。契哈姆山的黑比诺葡萄酒以樱桃味、红茶味和肉桂味著称，酒体往往较为宏大。

知名酒庄有简西酒庄（J. Christopher）、雷克斯酒庄（Rex Hill）和庞兹酒庄（Ponzi Vineyards）等。

3. 丝带岭

丝带岭属于契哈姆山产区的一部分，不过由于土壤类型和气候都略有差异，因此单独为一个 AVA。丝带岭葡萄园面积为 200 公顷（3000 亩），其黑比诺葡萄酒以浓郁的蔓越莓味和泥土气息闻名，是典型的俄勒冈黑比诺葡萄酒。

知名酒庄有连襟酒庄（Beaux Freres）、砖房酒庄（Brick House）和帕格酒庄（Patricia Green）等。

4. 邓迪丘

邓迪丘拥有威拉米特河谷最古老的葡萄园：艾瑞

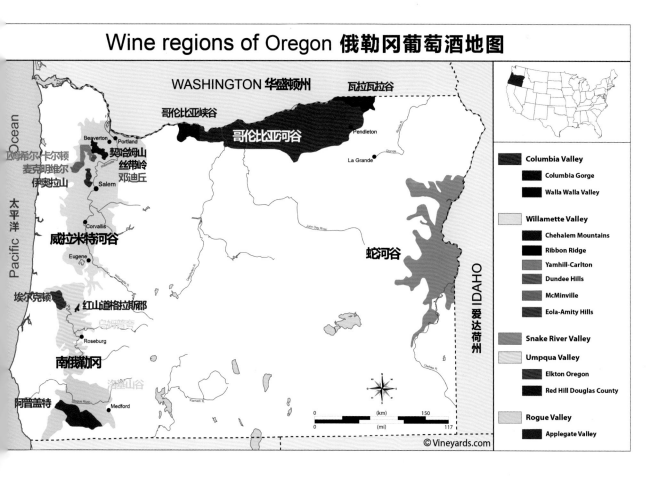

第九章　美国之美：世界第四大，赢了大法国　**269**

葡萄园（Eyrie Vineyards），于 1965 年开始种植葡萄。邓迪丘葡萄园面积 690 公顷（11000 亩），其黑比诺葡萄酒几乎都不经过橡木桶陈酿，以覆盆子味和红茶味著称。

知名酒庄有艾瑞酒庄（Eyrie Vineyards）、安详酒庄（Domaine Serene）和艾翠斯酒庄（Archery Summit）等。

5. 亚姆希尔 - 卡尔顿

亚姆希尔 - 卡尔顿产区葡萄园面积约 480 公顷（7000 亩），最好的葡萄园位于西南面的绵延小山丘之上，这里午后炎热，因此造就了黑比诺葡萄酒具有黑樱桃味，还伴有香草的甜美气息。

知名酒庄有大桌园酒庄（Big Table Farm）、安妮艾米酒庄（Anne Amie Vineyards）和索特酒庄（Soter）等。

6. 麦克明维尔

麦克明维尔产区（McMinnville）葡萄园面积约 240 公顷（3600 亩），是俄勒冈黑比诺葡萄酒的明日之星。麦克明维尔黑比诺葡萄酒具有浓郁的黑樱桃和李子味，有时还带有松木和药草的粗犷气息。

知名酒庄有海蓝酒庄（Hyland Estates）和亚姆希尔谷酒庄（Yamhill Valley Vineyards）等。

7. 依奥拉山

依奥拉山产区（Eola-Amity Hills）由一系列小山丘组成，所有顶级葡萄园都面朝东南，葡萄园面积约 526 公顷（7900 亩）。依奥拉山黑比诺葡萄酒以浓郁的李子和加仑味著称，还伴有微妙的香辛料香气。知名酒庄有克里斯顿酒庄（Cristom）、圣纯洁酒庄（St. Innocent）和伊弗珊酒庄（Evesham Wood）等。

因部分工作是室外进行的（如压榨），酒厂大量设施并没有房顶覆盖

第七节　华盛顿州：年轻新秀

华盛顿州地处美国的西北角，与法国大致处于同一纬度，全州的地貌造就了多种局部气候区域，适合不同葡萄品种的生长。该州葡萄酒产业相对年轻，但目前产品中不乏出色的葡萄酒。

一、产区概况

华盛顿州葡萄酒畅销美国 50 个州和全球 40 多个国家，已成为美国第二大葡萄酒生产州，葡萄园面积超过 11736 公顷（18 万亩）。1987 年，成立美国华盛顿州葡萄酒委员会以规范葡萄酒贸易管理。为了种植和酿酒标准化以及商标管理，1999 年委员会又成立了华盛顿州葡萄酒质量联盟（WWQA）。华盛顿州是美国各州中第一个规定"高品质"葡萄酒标准的产区。华盛顿州葡萄酒性价比高，是受普通消费者欢迎的葡萄酒产区。

候较为温和，葡萄可以完全成熟，而温度较低的夜晚促进果实酸度积累，从而酿造口感丰盈、平衡度佳的葡萄酒。冬天气温较低，可以在一定程度上防御葡萄根瘤蚜虫的侵袭。

二、气候条件

华盛顿州位于北纬 46 度，葡萄生长季节的日照时间比加州多出 2 小时，日照时间大约为 17.4 小时。气

三、土壤和地理特征

冰河时期的洪水造就了哥伦比亚盆地，而华盛顿州就处于哥伦比亚盆地里。层次丰富的花岗岩、沙土、淤泥以及少量火山岩构成了典型的混合土壤特征。这种土壤里的沙质土，排水性好，非常适合葡萄生长。

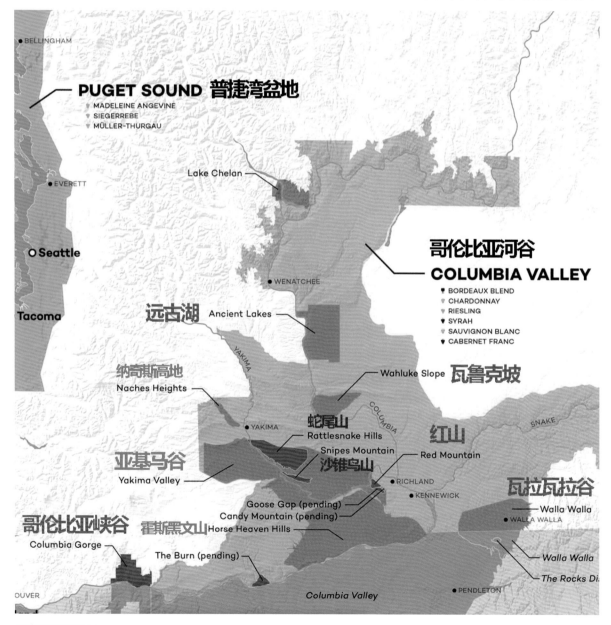

华盛顿葡萄酒地图

四、经典葡萄品种

红葡萄品种中赤霞珠、美乐最为出名，马尔贝克、桑娇维塞也有良好表现。

白葡萄品种中雷司令、霞多丽表现最佳，琼瑶浆、维欧尼和赛美容等葡萄品种也非常优秀。

五、法定种植区

华盛顿州主要的法定种植区（AVA）包括亚基马（Yakima）、瓦拉瓦拉（Walla Walla）、哥伦比亚河谷（Columbia Valley）、普捷湾盆地（Puget Sound）、红山（Red Mountain）和哥伦比亚峡谷（Columbia Gorge）等。各个种植区都具有其独特的气候、土壤和地理特征。

哥伦比亚河谷是最为著名的法定种植区，靠近加拿大。当地的夏季气候温和，温度适中，白昼较长，夜晚凉爽，有利于高端葡萄酒的生产和酿造。

六、著名酒庄

1. 奎尔瑟达溪酒庄（Quilceda Creek）

奎尔瑟达溪酒庄的创始人埃里克斯·戈利齐（Alex Golitzin）出生于法国，并于 1946 年移民美国。该酒庄于 1978 年创立。1979 年，该酒庄酿造了第一款奎尔瑟达溪酒庄赤霞珠葡萄酒。四年后，该酒庄产品在美国西北部酿酒协会（Enological Society of the Northwest）举办的葡萄酒大赛上获得了金奖和特等奖，也是当天唯一获此殊荣的葡萄酒，酒庄也因此为全国的葡萄酒爱好者所熟知。奎尔瑟达溪酒庄陈年能力极强，是"充满了乐趣"，世界一流但被人所知甚少的酒庄。

2. 哥伦比亚山峰酒业（Columbia Crest Winery）

创建于 19 世纪 80 年代初，其所产葡萄酒每年都被国际媒体誉为全世界最物超所值的葡萄酒。多款葡萄酒名列《葡萄酒鉴赏家》杂志"百款佳酿"。2005 年份珍藏赤霞珠还曾名列美国著名葡萄酒杂志 Wine Spectator 百大榜首。

3. 圣米歇尔酒庄（Chateau Ste. Michelle）

创建于 1934 年，其酿酒历史可追溯至美国禁酒令解除后，是美国华盛顿州最古老的酒庄。圣米歇尔酒庄生产的葡萄酒品类繁多，霞多丽、美乐、赤霞珠葡萄酒得到专业好评，Wine Enthusiast 杂志评选其为 2004 美国年度风云酒厂。

圣米歇尔酒庄和哥伦比亚山峰同属圣米歇尔葡萄酒集团，都是美国华盛顿州的新锐酒庄之一，出产价格平实合理、质量上佳的葡萄酒。

4. 阳光山谷酒厂（Col Solare Winery）

1992 年，意大利安东尼世家掌门人马切斯·皮耶罗·安东尼（Marchese Piero Antinori）游览哥伦比亚河谷时，巧遇圣米歇尔酒庄的特德·巴塞莱尔（Ted Baseler）。两家一拍即合，决定合作酿造华盛顿最好的赤霞珠葡萄酒。2005 年，选定在红山产区建造"阳光山谷酒厂"。2007 年 4 月 12 日，酒厂落成并很快成为产区最为优秀的葡萄酒公司之一。

在酿酒方面，华盛顿州盛行新世界与旧世界相结合的酿酒工艺和技术。这里的葡萄酒既有新世界果香奔放的特点，又不失旧世界的结构和酸度。因此，华盛顿州的葡萄酒普遍得到酒评家们高分好评。据统计，在过去的几年里，有将近 50% 的酒获得了 90 分及 90 分以上的高分。与纳帕谷等产区相比，华盛顿州出产的葡萄酒也相对比较便宜，性价比颇高。

第十章

加拿大之美：一个品类的巅峰

男人就像葡萄酒，碌碌无为者慢慢化为醋，而卓尔不群者则愈老愈香。

——教皇 约翰二十三世

萌芽

第一节　加拿大葡萄酒：以冰酒闻名，但不只是冰酒

英国人的主权主张

加拿大葡萄酒产业的历史不长，主要经历可以追溯到150年前。

1497年，约翰·卡伯特，第一个绘制加拿大海岸地图的人，他第一个踏上纽芬兰或布雷顿角岛，声称此处是英格兰的领地。

一、加拿大葡萄酒发展史

19世纪，欧洲移民开始尝试栽培欧洲葡萄树，开辟葡萄园，然而加拿大极端的大陆性气候，使得这些葡萄不能顺利生长。于是，早期的酿酒师改用本土葡萄品种河岸葡萄（Riparia，美洲最顽强的品种之一，抗寒、抗病，是根瘤蚜虫的克星）和拉布拉斯卡纳（Labrusca，北美常见的本土酿酒葡萄），这也

是加拿大早期葡萄酒业的基础。加拿大拉布拉斯卡纳甜型葡萄酒一直盛行至20世纪70年代。加拿大本土葡萄能够适应当地的气候，但产量和口感不佳。

20世纪初，欧洲移民开始在安大略省南部气温较

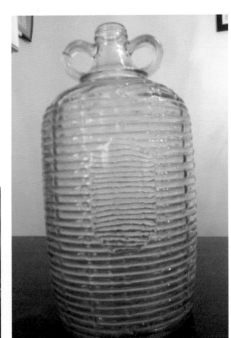

1928年创建的加拿大酒业是当时最著名的葡萄酒公司（双耳酒瓶及瓶底）。图片来源：Wines of Canada

大美葡萄酒

维黛儿葡萄，中国多地也有种植

高的地方，如埃塞克斯县（Essex County）试种欧洲葡萄。20世纪60年代开始，欧洲葡萄品种逐渐成功扎根于加拿大的土地上，葡萄园从过去的埃塞克斯县迁移到更适合欧洲品种生长的大瀑布地区。

1916年至1927年，加拿大也像美国一样实行禁酒令，这对该国的葡萄酒贸易产生了巨大影响。一些小产区因失去了重要的出口市场而陷入低谷，安大略省因有中央政府特许，葡萄酒行业一枝独秀。1927年，禁酒令解除，加拿大政府颁布法律，所有酒厂必须持有经营执照，酒庄从此纳入法制管理体系中去。但由于种种原因，加拿大葡萄酒行业发展比较缓慢。

20世纪60年代，加拿大人采用嫁接技术，将欧洲的葡萄品种扦插到加拿大土著葡萄的根部，成功让欧洲葡萄品种适应了加拿大的土壤和气候。这时期，加拿大移民政策宽松，德国、意大利移民纷至沓来，对加拿大葡萄酒产业的蓬勃发展做出了不可磨灭的贡献。德国、意大利移民引进了大量的欧洲葡萄品种并带来了欧洲先进的酿酒技术。另外，他们还将鲜食和榨汁葡萄品种改造成酿酒品种。

1975年，加拿大第一批冰葡萄酒研制成功，整整比德国晚了181年。目前，加拿大酒庄中，较知名的酒庄主很多都是德国、意大利后裔。

1988年，加拿大与美国签署了自由贸易协定，这一年对葡萄酒业来说是非常重要的一年。这不仅增强了该国葡萄酒生产者的竞争意识，而且对加拿大建立优质葡萄酒酿造联盟（VQA）也起到了推动作用。

二、气候特点和地理特征

加拿大是世界上国土面积第二大的国家，湖泊众多，海岸线长度世界第一，水资源十分丰富。巨大的陆地、海洋和众多的淡水湖以及高山给加拿大带来了各种各样的微气候，庄园主可以很好地利用这些微气候把葡萄种好。

从纬度的角度来说，加拿大的葡萄酒产区并不是很靠北。实际上其纬度与意大利托斯卡纳、法国普罗旺斯比较接近，但由于受到北极气候影响，加拿大的葡萄酒产区非常寒冷。由于气候寒冷的关系，影响到了葡萄的生长，但是这样酷寒的气候，却也为加拿大的葡萄酒业带来新的机会。德国、奥地利的某些产区也盛产冰酒，但是必须等到秋末、寒冬才能酿造冰酒，常常需要三四年才有一次优秀的冰酒年份。而加拿大冰酒反而可以年年生产，品质也较其他地区为佳。加拿大已被公认为世界上最主要且品质最佳的冰酒生产国。

优质葡萄酒酿造联盟（VQA）已成为加拿大美酒的名片

三、葡萄品种

加拿大以原生耐寒冷的欧美杂交葡萄品种为主，红葡萄品种有黑巴可（Black Baco）与马雷夏尔·弗什（Marechal-Foch）。

白葡萄品种有白赛瓦（Seyval Blanc）与维黛儿（Vidal）。近年来，加拿大也出现了种植欧洲品种的热潮。

四、优质葡萄酒酿造联盟

1988年，加拿大葡萄酒生产者建立了"优质葡萄酒酿造联盟（Vintners Quality Alliance，简称VQA）"，将加拿大产区分成以下四区：安大略省（Ontario）、英属哥伦比亚省（British Columbia）、魁北克省（Quebec）与新斯科舍（Nova Scotia），用来规范和保护葡萄酒原产地地名的使用方式，明确划定了以上四大葡萄酒产区的地理范围。

优质葡萄酒酿造联盟（VQA）的诞生，使得消费者可由此判定该葡萄酒来自加拿大。安大略省于1988

VQA 标志

年开始率先执行VQA标准，而英属哥伦比亚省1990年才启动实施。从2000年开始，VQA由一个自愿的标准组织变成一个强制的法律体系。

VQA是一个独立的联盟，下属有葡萄酒厂、种植者、酒类管理部门以及学术、餐饮和研究机构。对于葡萄酒的产地和品种，VQA有严格规定：

1. 葡萄酒必须采用经典欧洲葡萄品种酿造，如霞多丽、灰比诺或雷司令，或者优良杂交品种。

2. 酒标上如注明葡萄品种，那么该品种体积含量至少要达到85%。

酿造冰酒的葡萄既可以机器采收，也能够手采；被冰雪包裹的葡萄果粒晶莹剔透

3. 所有葡萄品种在采收时必须达到一个规定的最低自然糖度,不同的葡萄酒,包括甜酒、冰酒以及以葡萄园命名的酒或酒庄装瓶的酒,都有不同的糖度规定。

4. 酒庄装瓶的葡萄酒必须是 100% 由酒庄拥有或控制的葡萄原料酿造。

5. 如果使用葡萄园名称,葡萄园地点必须在法定产区内,且所有葡萄必须来自该葡萄园。

6. 葡萄酒还必须由独立的专家小组进行品评,只有达到标准的才能授予 VQA 级别,允许在葡萄酒包装上使用 VQA 标志。此外,经过 VQA 品评小组认定,质量特别优秀的葡萄酒还可获得 VQA 金质奖章。值得一提的是,该国允许酒商使用外国的葡萄汁进行酿酒,酒标标注"加拿大窖藏"。其中,英属哥伦比亚省酿酒所允许使用的进口葡萄汁含量可达 100%,而安大略省则要求进口葡萄汁的含量至多不能超过 70%。

第二节 知名产区:安大略和英属哥伦比亚

加拿大两个最大、最重要的葡萄酒产区分别是安大略省和英属哥伦比亚省,这两个产区能够出产全国 98% 的优质葡萄酒。魁北克省与新斯科舍也在慢慢崛起,出现了一批数量不大却十分忠诚的粉丝。而符合加拿大优质葡萄酒酿造联盟 VQA 标准的产区,只有安大略省和英属哥伦比亚省。

有迟采葡萄酒、精选迟采葡萄酒(Select Late Harvest)和特选迟采葡萄酒(Special Select Late Harvest)等。其中,起泡酒以霞多丽和黑比诺葡萄为原料,风格传统,气泡精细,品质很高。

安大略产区适合种植多种葡萄品种,葡萄品种多

一、安大略省

1. 产区概况

安大略省是加拿大的第二大省,位于加拿大南部,北临哈德逊湾,南边为五大湖区和圣劳伦斯河。因此,安大略省随处可见奔流不息的河流、连绵起伏的群山,更有尼亚加拉大瀑布这样的网红旅游景区。安大略产区葡萄园面积超过 6000 公顷(9 万亩),酒厂、酒庄有 140 多家。葡萄酒种类多样,餐酒、迟采葡萄酒、冰酒和起泡酒,半干、甜型和干型葡萄酒等应有尽有,级别上又

尼亚加拉大瀑布

达60多种。这些基本都是适宜在凉爽气候下生长的欧洲品种，如雷司令、霞多丽、佳美、黑比诺和品丽珠等，也有少许北美本地品种杂交而成的优质品种，如黑巴科和维黛儿。其中，维黛儿的表现突出，用其酿造的冰酒在国际葡萄酒界赢得了很高声誉。

2. 优秀子产区

安大略省被划分为五个法定葡萄栽培区，或者叫五大产区，这五大产区分别是伊利湖北岸（Lake Erie North Shore）、尼亚加拉半岛（The Niagara Peninsula）、爱德华王子县（Prince Edward County）、皮利岛（Pelee Island）和安大略省级产区，最著名的是前三个。

伊利湖北岸是一个相对独立的小岛，气候较为温暖，光照充足，葡萄园坐落在面向湖面的缓坡上，湖水起到了调节葡萄园温度的作用，葡萄的生长期更长。受冰河世纪末期残留物的影响，产区土壤以砂质土、砾石土、片岩、黏土和石灰质土为主，矿物质丰富，排水性良好。

尼亚加拉半岛又大又冷，位于北部的安大略湖与南部的伊利湖之间，东部是尼亚加拉河，地处美国和加拿大的交界处，也是尼亚加拉瀑布的发源地。形成大瀑布的断崖面，挡住了大陆吹来的冷风，吸收了安大略湖温和的南风，形成了一个特殊的气流圈，造就了尼亚加拉半岛北部这个独特而又非常适合酿造冰酒的地区。

2007年，爱德华王子县被授予VQA，是安大略省最新、最靠北的葡萄酒产区。该产区气候凉爽，葡萄园被湖水环绕，湖水在微妙地调节气温。地形受冰川影响明显，东北多峡谷和悬崖，西南多河滩，土壤多棕红色的黏性壤土和砂质壤土，底层为石灰岩床，矿物质丰富。但这一地区冬天更加寒冷，葡萄生长季需要培土防寒。

3. 知名酒庄

云岭庄园（Inniskillin）、湖景庄园（Lakeview）、诗樽庄园（Strewn）、克莱姆斯庄园（Calamus）、哈伯庄园（Harbour）等，安大略省冰酒总产量占全加拿大的70%。

冬天的安大略省葡萄园。图片来源：Canadi Anaffair

二、英属哥伦比亚省

1.产区概况

英属哥伦比亚省是加拿大最西边的省份，1990 年之前还不适宜种植葡萄，酒的质量也一般。1990 年，《美加自由贸易协定》签署，欧肯那根河谷的葡萄酒相比加利福尼亚的葡萄酒竞争优势凸显，其他子产区也逐渐发展起来。受纬度、山脉以及太平洋的影响，英属哥伦比亚省气候多样，降雨、降雪、气温和昼夜温差差异比较大。

英属哥伦比亚省与安大略省一样，葡萄品种丰富，数量达到 60 多种。按种植面积排序，种植量最大的四个葡萄品种是美乐、黑比诺、赤霞珠和西拉。除此之外，灰比诺、琼瑶浆、白比诺、雷司令、长相思、品丽珠和霞多丽也有种植。

该省白葡萄酒名气比较大，但最近几年赤霞珠、品丽珠和西拉等的表现也非常优秀。

2.优秀子产区

欧肯那根河谷（Okanagan Valley）是该省主要的葡萄酒产区，是加拿大第二大葡萄酒产区，仅次于安大略的尼亚加拉半岛。欧肯那根河谷风光秀美，气候适宜，土壤优秀。该地区靠近欧肯那根沙漠，葡萄生长期昼夜温差较大，凝聚了大量的糖分，成熟后气候寒冷，有利于葡萄自然浓缩，而且不易霉烂。

3.知名酒庄

欧肯那根酿造出了加拿大乃至世界顶级的冰酒，知名酒庄有蓝山酒庄（Blue Mountain）、美神希尔酒庄（Mission Hill）、云岭酒庄（Inniskillin）和尼克米普酒庄（Nk'Mip Cellars）等。还有些很好玩的酒庄，比如性感内衣酒庄（Dirty Laundry），而且说到做到，真用内衣概念进行营销，可以说相当大胆。

第三节 冰酒：加拿大国酒，大自然的礼物

加拿大冰酒是大自然赐予的礼物，冰酒是浓缩的精华。

冰酒是在 1794 年由德国法兰克尼亚（Franconia）的酿酒师意外发明的。当时，酿酒师使用在葡萄藤上结冰的葡萄来进行压榨，这些葡萄本来是准备在冬天给动物做饲料用的。酿酒师把冰葡萄压榨和发酵之后，发现竟然得到一种残留糖分含量非常高的葡萄酒。这就是后来的冰酒。

加拿大优质葡萄酒酿造联盟 VQA 对冰酒（Icewine）的定义是：利用在 -8℃以下，在葡萄树上自然冰冻的葡萄酿造的葡萄酒。葡萄在被冻成固体状时才采摘压榨，在压榨过程中必须保持冰冻状态，多余的水分因结成冰晶而被除去，只流出少量浓缩葡萄汁被慢慢发酵。VQA 对冰酒的标准号称世界上最严格的葡萄酒标准。典型的加拿大冰酒用维黛儿和雷司令葡萄酿造。

一、冰酒的感官特点

酸度和糖度平衡协调、甜美醇厚，口感清爽，常常带有成熟的梨、桃子、芒果和花的香味，同时还带有浓郁的蜂蜜、杏仁、干果香，丰富细腻，酒精度不高。既适合单独饮用，也能与新鲜水果、鲜乳酪、蛋糕等甜点产生很好的搭配。有人曾经这样形容："冰酒将会成为葡萄酒中的海洛因。"

二、全球冰酒产区

冰酒的酿造对地理气候要求极为严格，纬度高、温度低，冬季要天寒地冻，但其他季节却又要足够温暖，因此全球只有加拿大、德国、奥地利、美国、中国等少数几个国家生产冰酒。

魁北克冬天的葡萄园，与安大略差异显著。图片来源：Epicure & Culture

加拿大的四个葡萄酒产区中，符合 VQA 冰酒标准的产区只有安大略省和英属哥伦比亚省，另外两省不执行 VQA 标准，故只有安大略省、英属哥伦比亚省的冰酒才能被称为 "Icewine"。在加拿大，冰酒仅仅占到葡萄酒总产量的 2%。

三、冰酒的工艺特点

加拿大的酿酒法律规定，用于生产冰酒的葡萄必须在室外温度不高于 -8℃ 的条件下采摘，压榨工序也需要在葡萄仍处于结冰状态时进行。此外，每次压榨得到的葡萄汁的白利糖度（Brix）不可低于 32 度，不允许人为加糖，而且所有用于发酵的葡萄汁的平均白利糖度不可低于 35 度。不仅如此，发酵后的酒液还要满足特定的要求：残含糖量至少达 100g/L，酒精度不低于 7% 且不高于 14.9%。

四、冰酒为什么那么贵？

冰酒是市场上价格最贵的葡萄酒种类之一，香槟、波尔多、勃艮第、波特酒均不能与之抗衡。世界上最贵的一瓶冰酒于 2006 年 11 月由安大略省一个小酒庄（Royal Demaria 皇家德马里亚）售出，价格高达 3 万美元。

树上的冰葡萄

即将压榨的冰葡萄

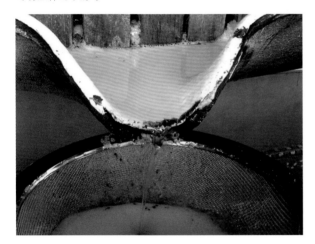

自流汁

压榨机

云岭庄园的葡萄园。图片来源：Canadian Festival Guide

冰箱酒

通常 8—10 公斤葡萄才能酿造 1 瓶 375mL 的冰酒，而普通葡萄酒只需 1 公斤葡萄即可酿造 1 瓶 750mL 的葡萄酒。而葡萄园需建防鸟和防冰雹的保护网，冰葡萄通常是在寒冬中人工采摘，还需半夜作业，其成本也很高。

另外，冰酒仅有极少数国家能酿造，由于产量低导致了物以稀为贵。

还需要注意的是，酒标上标注"Iced Wine"是加拿大冰冻葡萄酒；标注"Icebox Wine"是冰箱酒。它们不是假酒，但和纯正的冰酒"Icewine"在风味表现上相去甚远。

第十一章

智利之美：已经升起的巨星

我喜欢在桌旁
我们说着话
光线透过酒瓶
葡萄酒智慧生辉

——智利著名诗人　巴勃罗·聂鲁达

智利躲过根瘤蚜虫灾害，是嫁接技术挽救了世界各国的葡萄园

第一节　智利葡萄酒：安第斯雄鹰

智利位于南美洲西南部，安第斯山脉西麓，东同阿根廷为邻，北与秘鲁、玻利维亚接壤，西临太平洋，南与南极洲隔海相望，是世界上地形最狭长的国家。智利的葡萄酒产区大致位于智利中间偏北的区域，从北到南像一条狭长的彩带，介于太平洋和安第斯山脉之间。

智利葡萄已经出现了几个世纪，但直到 20 世纪 80 年代，智利葡萄酒才步入国际顶级葡萄酒之列。

一、智利葡萄酒史

1541 年至 1554 年，随着西班牙移民的到来，第一批葡萄酒被引入智利，1548 年第一个葡萄园出现在拉塞雷纳（La Serena）。 智利中部的气候与地中海非常相似，冬天多雨，夏天炎热，这里成为葡萄园的完美栖息地，产量一直增长。但 16 世纪中后期腓力二世禁止扩大葡萄种植园，这项禁令持续到 1678 年。另一项禁令是在 19 世纪，当时智利葡萄酒开始与西班牙葡萄酒竞争。

1818 年智利独立，成立共和国，才真正将葡萄酒视为国际贸易的重要发动机。法国农业技术人员克劳迪奥·盖伊（Claudio Gay）被智利政府雇用来创建葡萄种植公司，该公司在 1850 年已经种植了大约 40000 株来自欧洲的葡萄藤进行科学试验，这样他们就可以确定哪些品种更适合智利葡萄酒。另一个故事是号称智利葡萄酒之父的斯维思特·欧查佳维亚（Silvestre Ochagavía）推动了智利葡萄酒的现代化。斯维思特去了欧洲，雇用了法国专家，他们于 1851 年开始用赤霞珠、马尔贝克、美乐、黑比诺、雷司令、长相思和赛美容代替传教葡萄 País。

1863 年，根瘤蚜灾难从法国起步然后开始肆虐全球，欧洲葡萄园很快沦陷。1873 年，它到达加利福尼亚，1875 年到达澳大利亚，1880 年到达南非。但奇怪的是，智利没有受到这场病害的影响，智利葡萄酒很快在北美市场占据一席之地。

20 世纪初，智利葡萄酒进入衰退期，一方面是葡萄酒税收增加，另一方面是美国的禁酒令导致美国对智利葡萄酒的需求大减。从 1938 年到 1974 年，因禁止引进新葡萄品种和葡萄酒工艺技术，酿酒工艺落后，陈酿使用榉木桶而不是橡木桶，导致智利酒质量一般，发展不快。

20 世纪 80 年代，国际葡萄酒生产商看到智利葡萄酒的质量和潜力，并决定投资智利，酿酒师开始改用不锈钢发酵容器和橡木桶，葡萄酒业的新技术时代也由此开启。到 90 年代初，智利已经和世界上一些顶级葡萄酒生产商处于同一水平了。

到了本世纪，智利的若干明星葡萄酒已经成为熠熠生辉的巨星。

二、优秀葡萄品种

1. 赤霞珠

智利赤霞珠颜色较深，果味浓郁，单宁结实，其富含的薄荷气息是智利赤霞珠的明显特点，不同产区的赤霞珠各有特色，有的红色浆果味浓郁、有的带有果酱味、有的胡椒味明显，还有的具有香草味道。智利葡萄酒品质高、价格便宜，性价比极高，但智利也逐渐制造了一批价格昂贵的世界级高端红葡萄酒，如活灵魂等。

2. 佳美娜

像许多新世界国家一样，智利也诞生了自己国家的标志性葡萄品种，这就是享誉全球的佳美娜。佳美娜曾经在波尔多被广泛种植，并在根瘤蚜灾害暴发后灭绝。在 20 世纪 90 年代，佳美娜在智利被重新发现。佳美娜多数情况下与美乐混种，却可以比其他品种多出一两个星期的成长期，单一品种和混酿的佳美娜都表现出非同一般的魅力。智利的佳美娜葡萄酒颜色浓、糖分高、酸度较低、单宁柔和、酒体较为丰满。

智利葡萄酒产区的秋天美如画

如果成熟度好，酒体圆润柔顺，经常带有红色浆果、黑巧克力和胡椒般的辛辣口味。

3. 西拉

智利西拉葡萄酒颜色深，单宁重，酒体丰满厚重，果香丰富有层次，果香类型覆盖浆果、核果、浅嫩的红色水果和成熟的黑色水果的果香，另外胡椒般的香料香气、陈酿发展出的陈酿香气丰富美妙。

4. 美乐

美乐葡萄肉软多汁，呈蓝黑色，酿造出的葡萄酒色泽美丽。智利的这一品种果香丰富，酿造的葡萄酒具有李子、樱桃、蓝莓、黑莓的果味以及黑胡椒的辛辣感，此外薄荷的香气也非常独特。

5. 霞多丽

智利霞多丽引自法国勃艮第，是全球最知名的白葡萄品种之一。霞多丽葡萄酒酸度高、酒精淡，以青苹果等绿色水果香为主，不同产地的霞多丽香气差别

较大。智利的霞多丽，酸度明显高于长相思。

6. 长相思

长相思是智利非常重要的白葡萄品种，果实含汁量多，味道酸甜，因种植条件不同呈现出多样风格，通常带有柠橙和柚子的水果香，芳香型带有荔枝、龙眼的果香，北部的长相思明显有矿物质的特点。

智利较凉爽地区的黑比诺给人的印象深刻，波尔多品种当中的小味儿多、品丽珠和马尔贝克也都有一席之地。

三、地理特征

智利南北 4300 公里的陆地，横跨 39 个纬度，地形非常有利于葡萄栽培。

尽管智利只有 160 公里宽，但智利各产区的大多数气候变化是从东到西演变，而不是从北到南发生。

太平洋带着它的南极堡洋流，给沿海葡萄园带来了凉爽的微风，而沿海山脉的庇护使智利的中部山谷相对温暖和干燥。沿着东部边境，在安第斯山脉的山麓，高海拔和丰富的融雪河流再次创造了一个不同的地形。一边是太平洋，另一边是安第斯山脉的屏障，智利的葡萄园一直受到保护，没有受根瘤蚜虫的侵害。

第二节　智利葡萄酒分级：五个等级

与法国、意大利、西班牙这些旧世界相比，智利对葡萄酒的产区、酒庄、葡萄种植、葡萄品种、酿酒工艺等等管理规范和法律要求较少，智利葡萄酒等级划分主要还是针对酒的本身而言。智利葡萄酒主要分为五个等级。

1. 品种级（Varietal）

只标注葡萄品种，是比较基础的酒。品种酒可以细分为三种：品种级、优质品种级、精选级。这三种都是同一级别，区别在于葡萄的树龄长短。优质品种级比品种级树龄大，精选级树龄最大。

2. 珍藏级（Reserva）

酒是由橡木桶储存过的，比品种级的酒好。

3. 特级珍藏级（Gran Reserva）

使用更多、更新的桶，储藏的时间较长，质量也更上一层楼，很多酒厂都有这类酒。

4. 家族珍藏级（Reserva De Familia）

基本上是酒庄最好的酒，也可能用类似的方式来代表特殊的出品，如蒙特斯（Montes）的 Alpha 系列和 M 系列等等。

智利葡萄酒越来越推崇有机种植，依靠动物、昆虫和生态系统的自我调节达到各方平衡。图片来源：Cono Sur 官网

5. 至尊限量级（Premium）

比家族珍藏更好，但数量有限，如果没有达到标准的葡萄，酒厂就不会酿造 Premium。关于 Reserva De Familia 和 Premium 的第二个区别是酒经过橡木桶的陈酿时间。通常状况下，Premium 使用法国橡木桶陈酿，时间要超过 18 个月。智利的葡萄酒分级制度比较简单，酒庄可在酒标上自行标注，不同酒庄间没有太多可比性。不过对于有信誉的酒庄而言，标注级别越高，葡萄酒品质越好。

第三节　智利葡萄酒产区：　海洋与高山魅力

智利的葡萄酒产区有两种分类方式，最新的一个补充划分是按照从海岸到安第斯山过渡的顺序，分为海岸区、河谷区和安第斯山区。

蓝色部分是靠近太平洋的海岸区，中间是河谷区，最右侧是安第斯山区。这种划分方式的原因是，智利人经过长时间的积累和总结发现，智利产区微气候的不同并不主要是从南向北变化，而是从海洋向高山的短距离大幅度变化，这一点非常有趣和奇妙，因为智利国土东西向跨度非常小。

另一种产区划分方式比较早，始于 1995 年，是按照从北向南进行的大区区块划分。

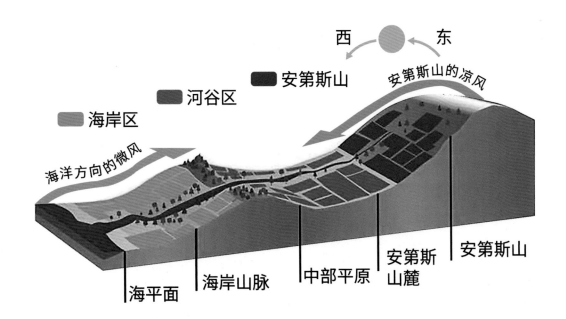

海洋与高山对智利产区的东西向影响

智利的压榨季到了。图片来源：Country Walkers

圣利塔酒庄。图片来源：圣利塔官网

大
美
葡
萄
酒

圣利塔酒庄葡萄园。图片来源：圣利塔官网

第四节　智利葡萄酒产区：五彩斑斓

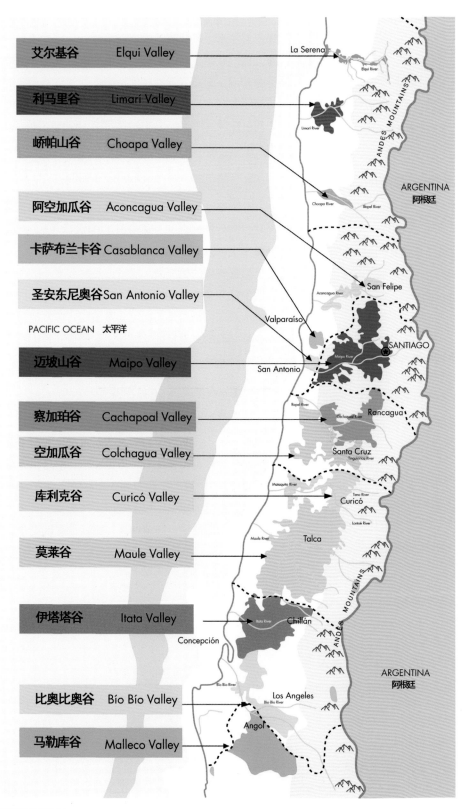

智利葡萄酒地图

1995 年，智利颁发了新葡萄酒法规，规定了葡萄酒产区的 4 个层级的划分原则：大区（Region）、子产区（Sub-Region）、小产区（Zom）和村镇（Area）产地。智利从北到南的大区分别是阿塔卡玛（Atacama Region）、科金博大区（Coquimbo Region）、阿空加瓜大区（Aconcagua Region）、中央山谷大区（Central Valley Regions）、南部大区（Southern Region）和奥斯陆大区（Austral Region）。最北部的阿塔卡玛以出产智利特色白兰地 Pisco 闻名，奥斯陆还在开发中。

一、科金博大区（Coquimbo Regions）

1. 艾尔基谷（Elqui Valley）

艾尔基谷盛产麝香葡萄，是智利 Pisco 的主要原料。除麝香外，其他品种葡萄园约有 448 公顷，主要种植佳美娜、西拉、赤霞珠等品种。

2. 利马里谷（Limarí Valley）

安第斯山上的雪水在这里汇集成为利马里河，葡萄园面积约 1679 公顷，大多数为红葡萄品种。西拉最为出色，酒款拥有精致的单宁和新鲜的酸度。白葡萄品种则以霞多丽扬名，足以代表智利霞多丽的最高水准。

3. 峤帕山谷（Choapa Valley）

峤帕山谷位于智利最窄处，安第斯山脉和海岸山脉在这里相接。至今还没有酿酒厂设在此地，但在多岩石的山麓却有一些葡萄园，限量种植优质西拉和赤霞珠，因其高酸性和低 PH 值而弥足珍贵。

二、阿空加瓜大区（Aconcagua Regions）

阿空加瓜产区由三个子产区组成，包括温暖的阿空加瓜谷（Aconcagua Valley），以及凉爽的卡萨布兰卡谷（Casablanca Valley）和圣安东尼奥谷（San Antonio Valley）。

4. 阿空加瓜谷（Aconcagua Valley）

1870 年，阿空加瓜谷就开始种植红葡萄品种，种植面积约 1025 公顷（1.5 万亩），位于陡峭狭窄的河谷中，享有太平洋和安第斯山脉带来的气候影响。东部

安第斯山脚地带是智利最温暖的区块之一，好在由山上吹来的晚风可以令葡萄保持充足酸度，酿造果味馥郁而平衡的酒款。这里是顶级红葡萄酒产区，赤霞珠一直占据霸主地位，酒中常常会伴有薄荷和桉树叶风味。近年来，酿酒师开始朝着酿造高品质酒的方向努力。他们开始在西面贫瘠而凉爽的山坡或沿海地带开辟葡萄园，期望降低酒精度，酿造带有清新果味的葡萄酒。智利名酒桑雅（Sena）便出自此处，这支酒由智利伊拉苏酒庄（Errazuriz）与美国领袖罗伯特·蒙大维（Robert Mondavi）联合打造。

5. 卡萨布兰卡谷（Casablanca Valley）

卡萨布兰卡谷位于沿海山脉和太平洋之间，是智利最凉爽的产区之一，葡萄园 3700 公顷（5.5 万亩）。得益于大洋吹过来的海风，葡萄享有较长的生长期，得以酿造精致的葡萄酒。这里也是智利唯一一个白葡萄多于红葡萄的地区，高品质的智利白葡萄酒大多来自这个产区，特别是长相思和霞多丽，非常清新的柠檬香是它们的典型特征。另外，红葡萄品种中黑比诺也有不俗表现，是当地的一颗新星。

6. 圣安东尼奥谷（San Antonio Valley）

圣安东尼奥谷是个比较小的产区，靠近海边，风土多样，出产高品质葡萄酒。圣安东尼奥谷与卡萨布兰卡谷气候相近，葡萄酒风格也相似，但这里产量非常小，只有 327 公顷（5000 亩）左右的葡萄园。另外，受海洋影响更为明显，气温更凉爽而稳定。长相思声誉最高，酒体饱满，酒精度高，比其他产区更强壮有力。黑比诺偏旧世界风格，果香奔放，暗藏土壤风味，是智利黑比诺标杆。

三、中央山谷大区（Central Valley Regions）

7. 迈坡山谷（Maipo Valley）

迈坡山谷是智利最古老的产区。这是一个横向的山谷，从安第斯山向下直达太平洋，适合种植多个葡萄品种。葡萄园面积超过 1 万公顷（15 万亩），是智利葡萄酒核心。山谷被群山环抱，海洋影响较小，气候较为温暖。安第斯山脉的丘陵地带是优质赤霞珠产地，晚上安第斯高山吹来的凉风创造了显著的昼夜温

差，酒款果味充沛，酒精度较高，甚至会展现出浓郁的干果香气和鲜明的薄荷味。

8. 察加珀谷（Cachapoal Valley）

这个山谷的葡萄园是安第斯山脉下最佳的葡萄种植地之一，超过 15 万亩的葡萄园，适合种植红葡萄品种，赤霞珠单宁圆润，酒体丰满。佳美娜葡萄酒也同样值得称道。

9. 空加瓜谷（Colchagua Valley）

空加瓜谷也是传统的重要葡萄酒产区，种植面积约为 40 万亩，拥有相当高的国际知名度，吸引众多法国酒商前来投资，或建立酒庄，或与当地大酒庄合作，酿造具有法国特色的优质酒款。这里葡萄品种多样，尤其以红葡萄最为出色，红葡萄品种约占 90%，红葡萄酒以酒体饱满、果香直接而闻名，尤其是赤霞珠混酿，展现了相当高的水准。

10. 库利克谷（Curicó Valley）

库利克谷是智利重要的农业中心，葡萄园集中在中央平原和沿岸山脉的山坡上，面积近 2 万公顷（30万亩）。这里的白葡萄有着较好的酸度，特别是长相

思。这里较为温暖的山谷如 LONTUE 等出产高品质的赤霞珠。这里的派斯逐渐被优质品种取代，赤霞珠种植面积最广泛，葡萄酒比北边更精致轻盈。白葡萄酒则以长相思为主，品质稳定，比同产区的红葡萄酒更出彩。

11. 莫莱谷（Maule Valley）

莫莱谷是智利葡萄园面积最大的产区，东临安第斯山脉。温暖、肥沃的土壤使这里成为重要的葡萄种植区，主要酿造量大而价位低廉的葡萄酒。莫莱谷比库利克谷更为凉爽，酿造的酒款拥有更精致的酸度，与成熟的红色水果风味达到理想平衡。如同库利克谷一样，派斯逐渐被国际品种取代，其中，又以赤霞珠和佳美娜最为出色。

四、南部大区（Southern Regions）

12. 伊塔塔谷（Itata Valley）

这是智利传统的葡萄酒产区，有 400 年的历史，种植面积约 10000 公顷，这里也能出产优质葡萄酒。

乘坐缆车俯瞰空加瓜谷。图片来源：http://i3.visitchile.com

著名的 VIK 酒庄

伊塔塔谷曾是比奥比奥谷的一部分，但近年来日益受到人们的重视，最终被认证为一个独立产区，还没有特别出名的酒庄。

13. 比奥比奥谷（Bío-Bío Valley）

比奥比奥谷以黑比诺、马尔贝克、雷司令、霞多丽和琼瑶浆等品种为主，而马勒库谷（MALLECO）也是比奥比奥谷的一部分，基本上跟比奥比奥谷差不多，这里出产不错的霞多丽。

14. 马勒库谷（Malleco Valley）

智利成熟产区中的最南端，也有一些实验性的葡萄园向南延伸至更南方的 Osorno。马勒库谷降雨多，生长期短，对很多葡萄品种来说充满风险，但对于霞多丽来说则特别适合，黑比诺也是机会。

第五节　智利葡萄酒的旗手，世界格局中的翘楚

20 世纪 90 年代，智利葡萄酒在产量上发展很快，但更多的人意识到智利风土的潜力，在干露、圣丽塔等知名葡萄酒公司的带领之下，智利人开始在靠近太平洋的凉爽地区种植赤霞珠、黑比诺、霞多丽、西拉等著名葡萄品种，并取得了巨大成功。很多大区涌现出诸多知名小产区、葡萄酒品牌和酒庄。下面是智利部分葡萄酒品牌和酒庄列表供大家参考。

一、智利酒王——活灵魂（Vina Almaviva）

1997 年，法国木桐酒庄与智利干露联手在智利迈坡山谷产区建立了活灵魂酒庄。活灵魂红葡萄酒有"智利酒王"之称。

活灵魂

二、阿勒塔尔酒庄红葡萄酒（Altair）

阿勒塔尔酒庄位于察加珀谷产区，由智利名庄圣派德罗酒庄（Vina San Pedro）和波尔多（Bordeaux）圣埃美隆列级名庄达索酒庄（Chateau Dassault）合资创建，酒庄红葡萄酒以赤霞珠等多种葡萄酿造而成，并在法国橡木桶中陈酿10—20个月，有覆盆子、醋栗、黑莓香气，后期则发展出香料、巧克力和雪松的气息。入口结构紧致，果味浓郁复杂。

三、卡门金牌珍藏红葡萄酒（Carmen Gold Reserve）

卡门酒庄位于智利迈坡山谷，由克里斯蒂安·兰

卡门

兹（Christian Lanz）在 1850 年创立，是智利历史最悠久的酒庄，酒庄名字"Carmen"是庄主妻子的芳名。卡门金牌珍藏红葡萄酒由赤霞珠酿造而成，并在橡木桶中陈酿了 18 个月。这款酒呈现出雪松、醋栗、李子和香料的香气，入口结构饱满，单宁如天鹅绒般丝滑。

四、蓝宝堂阿帕塔丘红葡萄酒（Casa Lapostolle Clos Apalta, Colchagua Valley, Chile）

蓝宝堂酒庄位于智利的空加瓜谷产区，由法国的曼勒 - 拉博丝特（Marnier Lapostolle）家族和智利的拉巴特（Rabat）家族于1994年共同创建。拉博丝特阿帕塔丘红葡萄酒由多种葡萄品种混酿而成，酿酒葡萄全部为人工采摘，在法国橡木桶中陈酿，单宁精细，果味充沛，并带有丁香和黑胡椒的风味。

五、干露魔爵赤霞珠红葡萄酒（Concha y Toro Don Melchor Cabernet Sauvignon）

干露酒庄创立于1883年，是智利最大的葡萄酒业集团之一。1891年，一个鬼故事使干露酒庄成名。当时，干露先生听到一位酒庄工人说酒窖里有鬼，便灵机一动，将此事当真事对外传播。如此一张扬，小偷就再也不敢来偷酒了。干露魔爵赤霞珠红葡萄酒散发着树莓和泥土的气息，带有黑色巧克力及黑色水果风味，酸度适中，口感集中，单宁强劲，余味中蕴含着黑李子和角豆的气息。

序号	品牌中文名	品牌外文名	小产区	子产区	大区
1	活灵魂	Vina Almaviva	上普恩特 Puente Alto	迈坡谷 Maipo Valley	中央山谷大区 Central Valley Regions
2	干露魔爵赤霞珠红葡萄酒	Concha y Toro Don Melchor Cabernet Sauvignon			
3	卡门金牌珍藏红葡萄酒	Carmen Gold Reserve			
4	查德威克红葡萄酒	Vinedo Chadwick			
5	莫任得酒庄混酿红葡萄酒	Morande House of Morande Red Blend			
6	奇布拉达酒庄金色圣殿赤霞珠红葡萄酒	Vina Quebrada de Macul Domus Aurea Cabernet Sauvignon			
7	圣利塔真实家园赤霞珠红葡萄酒	Santa Rita Casa Real Cabernet Sauvignon			
8	阿勒塔尔酒庄红葡萄酒	Altair Red		察加珀谷 Cachapoal Valley	
9	VIK 酒庄红葡萄酒	VIK Red			
10	圣卡罗世纪传承红葡萄酒	Santa Carolina Herencia	贝尔摩产区 /Peumo		
11	蓝宝堂阿帕塔丘红葡萄酒	Casa Lapostolle Clos Apalta		空加瓜谷 Colchagua Valley	
12	蒙特斯欧法 M 红葡萄酒	Montes Alpha M	阿帕塔山谷 Apalta		
13	蒙特斯富乐红葡萄酒	Montes Folly			
14	威玛 1 号红葡萄酒	Viu Manent Viu 1			
15	圣派德罗合恩角特藏赤霞珠红葡萄酒	Vina San Pedro Cabo de Hornos Special Reserve Cabernet Sauvignon	朗图山谷 /Lontuey	库利克谷 Curic ó Valley	
16	伊拉苏马克西米诺庄主珍藏红葡萄酒	Errazuriz Don Maximiano Founder's Reserve		阿空加瓜谷 Aconcagua Valley	阿空加瓜大区 Aconcagua Regions
17	赛妮娅红葡萄酒	Sena			
18	斯尔本塔塔台克里斯托宝佳美娜	Vina von Siebenthal Tatay de Cristobal Carmenere			
19	伊拉苏比萨霞多丽	Errazuriz Aconcagua Costa Las Pizarras Chardonnay			
20	狂人庄蒲佳兰	Clos des Fous Pucalan Arenaria Pinot Noir			
21	七谷塔塔依	Vina von Siebenthal Tatay de Cristobal Carmenere			
22	柯诺苏逸品黑比诺红葡萄酒	Cono Sur Ocio Pinot Noir		卡萨布兰卡谷 Casablanca Valley	
23	维拉塔纳格	Villard Tanagra Syrah			

六、柯诺苏逸品黑比诺红葡萄酒（Cono Sur Ocio Pinot Noir）

柯诺苏酒庄由干露酒庄创立于 1993 年。柯诺苏逸品黑比诺红葡萄酒呈宝石红色，散发着精致的红色水果、白花、紫罗兰和甜香料香气，口感优雅、浓郁、酸度极佳，质地稠密，集中度惊人。

七、查威克红葡萄酒（Vinedo Chadwick）

查威克酒庄位于迈坡谷产区，是伊拉苏酒庄（Vina Errazuriz）旗下的高端酒庄。查威克红葡萄酒极为优雅，又拥有卓越的新鲜度和纯净度，单宁细致，口感平衡，余味美妙，陈年潜力极强。2014年份获得了詹姆斯·萨克林满分（100分）的评分，成为智利第一款满分酒。

查威克

八、伊拉苏马克西米诺庄主珍藏红葡萄酒（Errazuriz Don Maximiano Founder's Reserve）

伊拉苏酒庄位于阿空加瓜山谷。酒庄的历史可以追溯到1870年，创始人是来自西班牙的智利移民麦西米亚·伊拉苏（Don Maximiano Errazuriz）。伊拉苏马克西米诺庄主珍藏红葡萄酒选用以赤霞珠为主的经典波尔多品种混酿而成，香气浓郁，酒体饱满，口感丰富，带有成熟的黑醋栗、李子、摩卡和可可风味，单宁成熟，风格优雅而不失强劲。

九、蒙特斯欧法 M 红葡萄酒（Montes Alpha M）

蒙特斯酒庄（Montes Wines）于1988年创立。据说，创始人之一道格拉斯·莫里（Douglas Murray）曾在一次死里逃生的重大事故中看到天使的身影，从此就坚信有天使守护神的存在，酒庄因此选择了手持葡萄和酒杯的天使形象作为商标。蒙特斯欧法 M 红葡萄酒由赤霞珠等多种葡萄混酿而成，香气浓郁而复杂，结构紧实，单宁丝滑。

十、蒙特斯富乐红葡萄酒（Montes Folly）

蒙特斯富乐红葡萄酒是一款智利顶级西拉（Syrah）葡萄酒，在法国新橡木桶中的陈酿时间长达24个月。该酒表现出蓝莓、黑莓、巧克力和烤面包的香气，单宁柔顺、口感平衡、回味悠长。2007、2011和2012年份都获得了詹姆斯·萨克林97分的高分。

十一、莫任得酒庄混酿红葡萄酒（Morande House of Morande Red Blend，Maipo Valley，Chile）

莫任得酒庄（Morande）创建于1996年，创始人帕布洛·莫任得（Pablo Morande）曾在干露集团担任过20年的酿酒总监，并酿造了魔爵赤霞珠红葡萄酒。莫任得酒庄混酿红葡萄酒在法国橡木桶中陈酿20个月，带有肉豆蔻、香兰子和李子的香气，酒体丰满，结构良好，余味悠长。2010年份曾获《智利葡萄酒年鉴》（Descorchados）"最佳混酿红葡萄酒"和"迈坡谷最佳葡萄酒"称号。

十二、奇布拉达酒庄金色圣殿赤霞珠红葡萄酒（Vina Quebrada de Macul Domus Aurea）

20世纪70年代，奇布拉达酒庄（Vina Quebrada de Macul）的葡萄园还是一片质地很差的菜地。后来这片地的主人听从了邻居的建议开始种植葡萄，没想到竟收获了惊喜。金色圣殿赤霞珠红葡萄酒是一款以赤霞珠为主的波尔多混酿葡萄酒，有樱桃、橙皮和巧克力的香气，口感平衡。为了最大限度地保留风味，这款酒在装瓶前未经过滤。

十三、圣卡罗世纪传承红葡萄酒（Santa Carolina Herencia）

圣卡罗酒庄（Santa Carolina）由路易斯·皮雷拉（Luis Pereira）于1875年创立，是智利国内深受欢迎的老品牌。为了表达对妻子的爱，路易斯·皮雷拉用太太的名字"Carolina"为自己的酒庄命名。圣卡罗世纪传承红葡萄酒由佳美娜等多种葡萄混酿而成，呈宝石红色，有红色水果、小豆蔻、雪松和雪茄盒的香气，果香浓郁，结构细腻，单宁丝滑，回味悠长。

十四、圣利塔真实家园赤霞珠红葡萄酒（Santa Rita Casa Real）

1880年，圣利塔酒庄（Santa Rita）由当时的著名企业家多明戈·费尔南德斯·康查（Domingo Fernandez Concha）创立，曾8次获得美国《葡萄酒与烈酒》（*Wine and Spirit*）杂志年度最佳葡萄酒酒庄的殊荣。圣利塔真实家园赤霞珠红葡萄酒呈宝石红色，黑莓、蓝莓等深色水果香气浓郁，还有香草和烟草的气息，结构饱满，单宁细腻优雅。

十五、圣派德罗合恩角特藏赤霞珠红葡萄酒（Vina San Pedro Cabo de Hornos Special Reserve）

圣派德罗酒庄地处智利中央谷地（Central Valley）产区内的库里科谷（Curico Valley），是智利最传统且历史最悠久的酒庄之一。圣派德罗合恩角特藏赤霞珠红葡萄酒的第一个年份酿造于1994年，是智利最早的精品酒。这款酒果香浓郁，并带有香料气息，入口有果酱、李子和樱桃风味，单宁细腻优雅。

赛妮娅

十六、赛妮娅红葡萄酒（Sena）

赛妮娅（Sena，又名：桑雅）位于智利的阿空加瓜谷产区，是由伊拉苏酒庄庄主爱德华多·查威克与美国葡萄酒之父罗伯特·蒙大维（Robert Mondavi）合作打造的顶级酒庄。"Sena"在西班牙语中的意思是"签名"，代表了两个家族共同的风格和经验，在酒标上也可以看到两位庄主的签名。

赛妮娅香味复杂而浓郁，清新的果香与肉桂和烟草的香气完美融合，伴有淡淡的熏香和雪松气息，酸度清爽，尾韵悠长。

十七、威玛1号红葡萄酒（Viu Manent Viu 1）

成立于1935年的威玛酒庄（Viu Manent）位于空加瓜谷。在赤霞珠和佳美娜作为主流红葡萄品种的智利，威玛酒庄却对马尔贝克（Malbec）情有独钟。威玛1号红葡萄酒由马尔贝克酿造而成，呈深紫色，散发出李子、紫罗兰、香料和雪茄盒的香气，口感平衡，结构细腻，回味悠长。

十八、斯尔本塔塔台克里斯托宝佳美娜红葡萄酒（Vina von Siebenthal Tatay de Cristobal）

斯尔本塔酒庄（Vina von Siebenthal）位于智利的阿空加瓜谷葡萄酒产区。酒庄致力于出产酒体优雅、能完美体现风土特色的优质葡萄酒。《葡萄酒倡导家》（*The Wine Advocate*）的评委米勒（J.Miller）评价道："如果要为酒庄颁发奥斯卡最佳表现奖，我会颁给斯尔本塔酒庄。"斯尔本塔塔台克里斯托宝佳美娜红葡萄酒呈现出野生蓝莓、矿物和泥土的香气，口感复杂，酸度均衡。

第十二章

阿根廷之美：世界第五大葡萄酒强国

阿根廷（Argentina）在西班牙语中的意思是"白银"，这是早期西班牙冒险家给阿根廷取的名字。其实，阿根廷不产白银，但却是"世界的粮仓和肉库"，这是因为阿根廷有着肥沃的土壤，丰茂的草原，良好的气候。

当然还有美酒，阿根廷不是葡萄酒小国，是实打实的世界第五大葡萄酒强国。

第一节　阿根廷：新世界里早起的鸟儿

西班牙人是阿根廷第一批殖民者

阿根廷的葡萄酒历史接近 500 年，在葡萄酒新世界属于起步非常早的国家，但其真正腾飞，却是最近 20 年的事情。只是纵观阿根廷葡萄酒从头到尾的历程，那也是相当刺激，跌宕起伏。

一、阿根廷葡萄酒历史

1. 葡萄酒萌芽

1551 年，葡萄种植在阿根廷中部、西部和东北部逐渐发展开来。虽然当时的殖民者带来了欧洲葡萄品种，但是由于气候不同，找到适合的种植地却不那么容易。直到 1577 年，来自秘鲁的传教士在安第斯山下成功种植了葡萄。

至少从 16 世纪中叶，阿根廷就开始酿酒了

2. 阿根廷独立

1821 年，圣马丁将军带领阿根廷人民战胜了西班牙殖民者。阿根廷独立建国后，一般居民才得以任意耕种葡萄，葡萄在阿根廷才被广泛种植。

3. 向欧洲学习

1853 年，阿根廷在门多萨创办了第一个农业学校，米歇尔·艾梅·普杰（Michel Aimé Pouget）被任命为校长。他很关注葡萄酒在阿根廷的发展，于是决定引进法国葡萄，推广法国种植技术，提倡科学管理方法。门多萨和圣胡安出现了葡萄酒行业现代化的苗头。农业学校的创办，对葡萄酒在阿根廷的发展起到关键作用，也为未来葡萄酒在阿根廷的繁荣奠定了坚实基础。

4. 快速发展期

1960 年，大型酿酒厂、装瓶厂和一个精益生产系统终于建设完成，葡萄田的管理更加科学化，政府也加大对葡萄酒业的投资与支持力度，分销和零售网络覆盖全国主要市场。阿根廷葡萄酒在世界葡萄酒版图中已经占有相当重要的位置。

5. 快速衰退期

20 世纪 70 年代，阿根廷向世界流行趋势逐渐靠拢，大量低质量葡萄酒的生产模式被淘汰，而软饮料和啤酒纷纷进入市场，佐餐酒的消费大幅下滑。到 1991 年，阿根廷葡萄酒人均消费量从 90 升下降到 55 升。从 1982 年到 1992 年的 10 年间，葡萄园被大量连根拔起，36% 的葡萄园被移除。

6. 重新启程，再度出发

1999 年，阿根廷政府发布葡萄酒法定产区制度，来自西班牙、意大利与法国的新移民又带来先进的葡萄种植和酿造技术，欧洲和美国的投资者纷至沓来，阿根廷葡萄酒才再次迈入新的发展纪元。

第二节　阿根廷葡萄酒产区：高海拔、特干燥、大温差

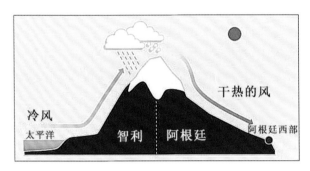

阿根廷的气候示意图

一、高海拔的地理特征

高海拔是阿根廷葡萄酒产区的代名词。它为阿根廷带来了多样的微气候和风土，赋予了葡萄酒多变的风格与魅力。谈及阿根廷的风土，最关键的一个词就是"海拔"。正如同智利跨度如此大的纬度，阿根廷葡萄园的海拔高度跨度也是非常大的，阿根廷海拔范围在 700 米至 1400 米，平均海拔超过 900 米。

二、干燥的大陆性气候

阿根廷的葡萄酒产区多集中在高海拔山区和远离海岸的沙漠地带，这让阿根廷成为世界上仅有的几个处于大陆性气候区的产酒国。

阿根廷是大陆性气候，太平洋吹来的海风被安第

斯山阻挡，再加上阿根廷的葡萄园基本上分布在南纬 23°—45° 之间，导致气候偏热。葡萄园就像在沙漠中生存的绿洲，若不是有这么高的海拔，恐怕都难以存活。海拔高，所以夜晚温度低，昼夜温差大，有利于风味物质积累，使得葡萄酒极具风味，并且可以保持酸度。除了海风，安第斯山还阻隔了太平洋的水汽，阿根廷年均降水量只有 152—406 毫米。因为干燥，所以几乎没有感染病虫害的风险，葡萄树有了更健康的生长环境，这也让当地推行有机葡萄酒变得更加容易。但夏季很容易下冰雹，冰雹可以导致全年葡萄产量报废，尤其是门多萨省。所以很多酒庄都安装防冰雹网，保护葡萄园，这种网顺便还可以防止过于强烈的阳光晒伤葡萄。

但这样的气候条件也有缺陷，高海拔地区冬季寒冷，春秋两季容易发生霜冻；对低海拔地区来说，夏季可能会过于炎热，难以酿造细致的葡萄酒。

三、土壤特征

阿根廷广阔的国土和丰富的自然生态系统让人们开辟大面积的优质葡萄园成为可能，从南部寒冷的巴塔哥尼亚（Patagonia）到阿根廷北部，到处可见管理良好的葡萄园。土壤贫瘠是阿根廷产区的又一特殊之处。由于气候寒冷，导致土壤高矿化，多岩石，含氮

门多萨的夏季很容易下冰雹

保护葡萄园的防冰雹网

量过高，才形成如此特别的土壤。

阿根廷葡萄酒的风格更多得益于气候而非土壤，强烈的日照、干燥的空气和高海拔导致的巨大日夜温差赋予了葡萄酒浓厚的风味。阿根廷葡萄园一天之内的温差甚至能达到20℃，为全球之最。

四、灌溉措施

因为太过干旱，阿根廷不得不对葡萄园进行灌溉。

灌溉问题直到现在也是阿根廷讨论和争议颇多的一个话题，主要有人主张漫灌，有人主张滴灌。过去阿根廷的葡萄园都采用漫灌法，葡萄园可以稳定地大量补充来自安第斯山脉的冰雪融水。

不过近些年来葡萄园越来越多，山上的积雪越来越少，再加上漫灌容易导致葡萄藤疯长从而品质变低的问题，现在越来越多的葡萄园都改用了滴灌法。滴灌法通过控制水源，可以让葡萄更缓慢地成熟，从而孕育出更复杂的风味。

第三节　阿根廷特色葡萄品种——值得书写的马尔贝克

由于历史上各个国家的移民，阿根廷的葡萄品种非常多。就像智利的佳美娜、德国的雷司令、南非的皮诺塔基，阿根廷也有一个独步天下的红葡萄品种，那就是马尔贝克。

一、红葡萄品种

1. 马尔贝克

马尔贝克最初的故乡是法国的卡奥（Cahors）地区，由米歇尔·艾姆·普格引进到阿根廷，不过现在阿根廷的马尔贝克与法国的相比，不光尝起来不一样，葡萄长得也不一样了，经过一个多世纪以来阿根廷酒农的栽培筛选，马尔贝克已经完全适应了阿根廷的环境。

马尔贝克现在是阿根廷种植面积最广的品种，在全国各地都有种植。酿造的葡萄酒颜色深、酒体饱满、单宁含量高，香气非常成熟，具有黑樱桃、李子等黑色水果和黑胡椒香气，有时甚至有煮熟的水果风味。

传统的阿根廷马尔贝克做法是采摘时比较追求果实成熟度，然后用新橡木桶陈酿。但是现在也有很多酒庄将采收期提前并减少使用新桶，酿造了风格更优雅的马尔贝克。

2. 伯纳达（Bonarda）

伯纳达是阿根廷种植面积第二大的品种，它起源于18世纪的萨瓦地区（Savoie），当时的萨瓦还属于意大利而非法国，不过现在无论是在意大利还是法国，伯纳达都几乎绝迹了。

伯纳达生长周期长，比较晚熟，这也是为什么它在相对凉爽的欧洲地区长得不太好。伯纳达天生产量比较高，也需要较长的时间来达到完全成熟。历史上阿根廷那段葡萄酒消费猛增的时期，伯纳达主要用来做廉价的散装葡萄酒，现在则是经常用来与马尔贝克一起混酿，不过也出现了不少优质的单品种伯纳达葡萄酒。

伯纳达颜色较深，果味浓郁，除此之外它的风格就非常多变了，种植位置对葡萄酒的酸度、单宁和香气影响很大。若不控制产量，伯纳达会被酿成果味新鲜的简单易饮型葡萄酒。如果控制产量并达到足够的成熟度，伯纳达也可以酿成酒体饱满、香气集中的葡萄酒。

3.其他红葡萄品种

红葡萄品种中除了上述二者和赤霞珠、西拉、黑比诺等法国品种，丹魄（Tempranillo）、桑娇维塞（Sangiovese）、巴贝拉（Barbera）等葡萄也都在这里有一席之地。黑比诺现在主要集中在阿根廷最南边的巴塔哥尼亚（Patagonia）产区和个别海拔较高的葡萄园。

这些品种在阿根廷酿造的葡萄酒往往有很强劲的成熟风味，和它们在欧洲原产地的风格很不一样。

二、白葡萄品种

1.特浓情（Torrontes）

特浓情是阿根廷最主要的白葡萄品种，土生土长的阿根廷葡萄。

实际上阿根廷的特浓情是 3 个品种的总称，当年西班牙人将第一批葡萄带到阿根廷后，亚历山大麝香葡萄（Muscat of Alexandria）和克里奥亚家族的克里奥亚奇卡（Criolla Chica）杂交生出了 3 个变种：门多萨特浓情（Torrontes Mendocino）、圣胡安特浓情（Torrontes Sanjuanino）和里奥哈特浓情（Torrontes Riojano），都是后来以产地的名字命名的。其中里奥哈特浓情栽培面积最大，品质最好。

尽管特浓情三姐妹在 18 世纪末就已经出现了，但是几十年后酒农们才发现它们跟亚历山大麝香不是同一种葡萄，但是又误以为它们是来自西班牙里奥哈（Rioja）的"Torrontes"，特浓情便阴差阳错地叫了这个名字，这一错就是一个半世纪，直到 20 世纪末才被确认是阿根廷的 3 个本土品种。

特浓情葡萄酒芳香浓郁，带有柠檬、桃子、甜瓜、金银花、玫瑰等香气，有点像它们的亲妈麝香葡萄，但比麝香多了一丝香料风味，酸度中等，酒体中轻。

特浓情在高海拔葡萄园中长得很好，因为它天生低酸，夜间的低温有助于保持酸度和芳香。为保持新鲜的花果香气，特浓情通常都是低温发酵，不过桶，在采收当年就发售了，适合年轻时饮用。

2.其他白葡萄品种

特浓情之后种植面积第二大的是一个叫佩德罗 - 吉梅内斯（Pedro Gimenez）的本土品种，品质较低，过去主要用来酿造本国消费的廉价葡萄酒，近些年产量也越来越低了。

此外，阿根廷种植面积较大的还有霞多丽、长相思、白诗南、维欧尼、赛美容和雷司令这几个品种。

其实阿根廷还有许许多多的品种，过去用于酿造国内市场消费的廉价餐酒的都是一些本土品种，现在正以飞一般的速度被人们遗忘着。阿根廷，确实早就已经同国际接轨了。

第四节　阿根廷葡萄酒法定产区制度：有旧世界的影子

为有效控制葡萄酒生产质量，阿根廷国家农业技术研究院（Instituto Nacional de Tecnologia Agropecuaria）于 1999 年提出了一系列方案，经政府核定而成为阿根廷法定产区标准（D.O.C.）的法令，唯有符合资格的葡萄酒标签上才可以注明 D.O.C. 法定产区的字样。施行至今，已核定四个法定产区，分别是 Lujan de Cuyo、San Rafael、Maipu 和 Valle de Famatina。

法定产区的内容包括四个重点：

1. 必须全部使用划定的法定产区内生产的葡萄。

2. 每公顷不得种植超过 5500 株葡萄藤。

3. 每公顷葡萄产量不得超过一万公斤。

4. 葡萄酒必须在橡木桶中培养至少一年，并且必须在瓶中熟成至少一年。

继智利之后，阿根廷葡萄酒也进入快速的发展轨道。图片来源：Plan South America

这样的法定产区标准保证了葡萄的种植不至于滥产，同时也保障了葡萄酒的基本质量。但实际上，许多有分量的酒庄仍然没有实行 D.O.C. 标准，依旧沿袭传统方式栽种、照顾和酿造，继续坚持自我风格。

第五节　阿根廷葡萄酒产区：4 区 12 省

阿根廷葡萄酒产区共分为四个大的区域，即北部地区、库约地区、巴塔哥尼亚地区和大西洋地区，四个地区中共辖 12 个省区，其中最为著名的有 9 个省。分别是北部地区的萨尔塔省（Salta）、图库曼省（Tucuman）和卡塔马卡省（Catamarca），库约地区的拉里奥哈省（La Rioja）、门多萨省（Mendoza）和圣胡安省（San Juan），以及巴塔哥尼亚的拉潘帕省（La Pampa）、内乌肯省（Neuquen）和黑河省（Rio Negro）。

从阿根廷葡萄酒地图我们可以看出，四大区域内各省区和子产区海拔高度差别很大，最北部的 Humahuaca 海拔高度居然高达 3000 米。各省区产区风土和特点如下：

一、卡塔马卡（Catamarca）

卡塔马卡的酿酒区位于该省的西部地区，主要的酿造区位于提诺加斯塔区（Tinogasta），该产区占据了

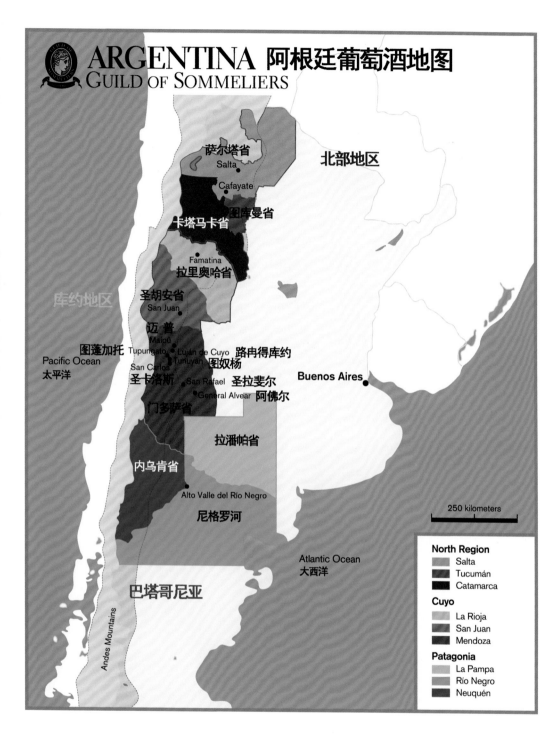

该省近 70% 的葡萄种植量。此外，该省其他的葡萄种植区还包括伯利恒（Belen）、菲安巴拉（Fiambala）和圣玛纳（Santa María）。这些地区最典型的葡萄品种是妥伦特斯（Torrontes）和赤霞珠。其中，里奥诺妥伦特斯白葡萄酒香气浓郁，酒体中等，拥有高酒精度和中等酸度，并且带有明显的果香味和花香味。

二、萨尔塔（Salta）

萨尔塔省的葡萄产区是世界上海拔最高的葡萄种植区，最高处海拔可高达 3000 米以上，世界第一高葡萄园（Molinos）就位于此。该省最杰出的产区是卡法耶（Cafayate），该产区占据了卡尔查奇思山谷（Calchaquíes Valleys）70% 以上的葡萄园，产区内最出色的葡萄品种是特浓情和马尔贝克。

三、图库曼（Tucuman）

图库曼产区位于萨尔塔产区以南、卡塔马卡产区以北，海拔高度在1700—2500米之间。主要种植的葡萄品种有丹娜（Tannat）、马尔贝克、西拉、伯纳达（Bonarda）、赤霞珠和特浓情。

四、拉里奥哈（La Rioja）

拉里奥哈产区位于阿根廷西部法定产区，也是阿根廷最古老的葡萄酒产区，出产优质葡萄酒。面积比南面的重量级葡萄酒产区门多萨和圣胡安要小很多。拉里奥哈产区气候炎热干燥，出产的白葡萄酒具有酒精度较高，酸度较低的特点。当地降雨稀少，年降雨量仅为5英寸，给葡萄种植带来不小的挑战，但独特的风土条件赋予了麝香（Muscat）和特浓情（Torrontes）极佳的品质。拉里奥哈省内的San Huberto酒厂是阿根廷最知名的酿酒厂之一，已有100年的历史。

五、门多萨（Mendoza）

门多萨是阿根廷最大也是最重要的葡萄酒产区，马尔贝克尤为出名，为世界之最，用其酿造的葡萄酒色泽偏黑，果香醇厚，口感柔和，风味独特，一直位于阿根廷最优质葡萄酒之列。门多萨的产区分布在5个面积较大的绿洲，路冉得库约、圣拉斐尔（San Rafael）、迈普（Maipu）三个子产区最为出名。门多萨遍布葡萄园，一直延伸到西边的安第斯山脉，每年收获的葡萄基本上都用来酿造葡萄酒。整个门多萨有大小酒厂两千多家，每家酒厂都有自己的葡萄园，这里酿造

门多萨被誉为世界葡萄酒旅游胜地之一。图片来源：www.aqua-firma.com

出了阿根廷最好的葡萄酒。

六、圣胡安（San Juan）

圣胡安产区是阿根廷第二大葡萄种植区，那里有许多著名的山谷，不但气候温暖，而且光照充足。良好的生长环境使得当地种植的葡萄风味物质浓郁、多酚含量较高，所酿成的葡萄酒酒体优雅、果味十足。此外，西拉、马尔贝克、赤霞珠、伯纳达、霞多丽和特浓情在圣胡安产区也都有所种植。值得一提的是，圣胡安产区的西拉由于表现良好，现在受到越来越多人的关注。该产区最好的红葡萄酒生产地是其子产区图卢姆山谷（Tulum Valley）。这个地区的葡萄种植区海拔从 600 米到 1200 米，适合种植多种葡萄，出产优质葡萄酒。

七、拉潘帕（La Pampa）

拉潘帕位于一座扇形的山谷里，谷内主要种植的葡萄品种有美乐、马尔贝克、赤霞珠和霞多丽等。

八、内乌肯（Neuquen）

内乌肯省的北部山区气候干燥，非常适合种植葡萄，圣帕特里西奥（San Patricio）是其中的产区，如今这里是各大葡萄种植公司的首选之地。该产区的年降雨量仅仅 7 毫米，昼夜温差高达 20℃，这样的天气条件就使得葡萄在成熟季不但能够更好地生长，而且可以聚集更多的风味物质。该产区酿造的葡萄酒拥有浓郁的果香，酒体厚重，口感复杂。而凉爽的气候能够使酿造出来的葡萄酒细致优雅，比如黑比诺。

九、黑河（Rio Negro）

黑河省是巴塔哥尼亚最杰出的葡萄酒产区，这里属于典型的大陆性气候，冬季非常寒冷，夏季炎热干燥。独特的地理地貌，使得该产区葡萄酒不但个性十足，而且出类拔萃，葡萄酒的酸度和甜度可以达到完美的平衡。巴塔哥尼亚地区主要以出产白葡萄酒而闻名于世，这里用赛美容与长相思混合酿造的白葡萄酒，拥有独特、丰富的矿物质风味，为其他产区所没有。此外，这里还种植着一些红葡萄品种，如马尔贝克、美乐和黑比诺等。

第六节　阿根廷十大著名葡萄酒：个个能打

1.卡氏家族艾斯提巴珍藏赤霞珠干红葡萄酒（Catena Zapata 'Catena Zapata Estiba Reservada' Cabernet Sauvignon）

卡氏家族酒庄（Catena Zapata）号称"阿根廷酒王"。此款卡氏家族艾斯提巴珍藏赤霞珠干红葡萄酒呈深紫红色，散发出浓郁的雪松、成熟的醋栗、甜甜的香料以及烟草的味道，口感柔顺，带有馥郁的红色水果果香以及淡淡的黑胡椒和桉树叶的味道，单宁如丝顺滑，口感圆润雅致。

2. 科沃斯尼可沃尔图诺赤霞珠 - 马尔贝克干红葡萄酒（Vina Cobos Corte uNico-Volturno Cabernet Sauvignon - Malbecl）

产自科沃斯酒庄

卡氏家族酒庄艾斯提巴珍藏干红

卡氏家族酒庄

科沃斯酒庄

（Vina Cobos），酒庄由美籍酿酒师鲍尔·霍布斯（Paul Hobbs）于1997年创建，他对赤霞珠（Cabernet Sauvignon）情有独钟，这在马尔贝克（Malbec）大受恩宠的阿根廷显得格格不入。该款酒采用37%的马尔贝克与赤霞珠混酿，其陈年潜力可达50年之久，还曾获得罗伯特·帕克98分的高分。

3.科沃斯百美系列蜜丝罗妮园马尔贝克干红葡萄酒（Vina Cobos 'Cobos' Marchiori Vineyard Malbec）

又是科沃斯的佳作，这款酒颜色深浓，香气中带有浓郁的红李子、无花果和黑莓的气息，伴有肉桂、甘草和咖啡的香气，口感柔顺，果味突出，单宁细腻，酸度足够，余味持久。

露奇博斯卡

4. 露奇博斯卡膜拜干红葡萄酒（Luigi Bosca Icono）

该款酒的首个年份酒产自 2005 年，目前均价 130 美元。葡萄采自 Las Compuertas 子产区，葡萄园海拔高达 1050 米，树龄也高达 90 年，完美诠释了门多萨的风土。该酒采用马尔贝克和赤霞珠混酿而成，充满浓郁的黑色果味，风味凝练，单宁丝滑。

5. 多米诺彼此干红葡萄酒（Dominio del Plata Nosotros）

该款酒出自著名酿酒师苏珊娜·巴尔博（Susana Balbo）之手，她号称阿根廷的"特浓情皇后"。不过该款干红葡萄酒采用路冉得库约和优克谷（Uco Valley）的马尔贝克酿造，法国橡木桶陈酿。

6. 菲丽芬卡阿尔塔米拉马尔贝克干红葡萄酒（Achaval Ferrer Finca Altamira La Consulta Malbec）

此酒由著名的阿根廷膜拜酒产商菲丽酒庄（Achaval Ferrer）打造。葡萄园位于优克谷，树龄达 80 年，葡萄产量低。该酒呈深石榴色，混合了黑莓和黑樱桃的果香及一些轻微花香，口感光滑略带辛辣，单宁结构精致，已经连续三年入围 Wine Spectator 百大葡萄酒。

7. 卢卡尼克马尔贝克干红葡萄酒（Luca Nico Malbec）

卢卡酒庄（Luca）位于阿根廷门多萨（Mendoza）省的优克山产区，是该产区知名的酒庄之一。这款干红颜色深浓，清新自然，酸度足够，香气中带有黑莓和杂交草莓的气息，伴有香料、摩卡味道，单宁柔顺，余味持久，带有淡淡的花香，获得多个葡萄酒权威机构高分好评。

卢卡尼克

卡氏家族尼古拉斯

诺米娅马尔贝克

8. 卡氏家族尼古拉斯干红葡萄酒（Catena Zapata Nicolas Catena Zapata）

卡氏家族酒庄上榜的第二款酒。采用赤霞珠和马尔贝克酿造的干红葡萄酒于2000年在伦敦的一次盲品会上一战成名，而其对手都是名家中的名家，如波尔多列级酒庄酒和加州的作品一号等等。

9. 菲丽芬卡贝拉威斯塔马尔贝克干红葡萄酒（Achaval Ferrer Finca Bella Vista Malbecl）

该酒由老藤马尔贝克酿成，总体呈现出黑色水果的味道，单宁比较平滑。

10. 诺米娅马尔贝克红葡萄酒（Bodega Noemia de Patagonia Malbec）

非门多萨产区的著名葡萄酒，产自内格罗河产区（Rio Negro），葡萄树种植于20世纪30年代，酸度适中，果香浓郁，目前年产量仅6000瓶。

第十三章

澳大利亚：新世界翘楚

一支华尔兹圆舞曲，一杯葡萄酒，意犹未尽！
——奥地利作曲家　约翰·施特劳斯

玛格丽特河的土壤。图片来源：Marga Retriver Discovery

第一节　澳大利亚：阳光之岛，美酒天堂

澳大利亚的葡萄酒历史只有 200 多年，在新世界里属于标准的后起之秀。但这并没有影响这个阳光之岛成为美酒天堂，澳大利亚葡萄酒因品质高和独特性而闻名于世，鉴于其历史相对较短，澳大利亚葡萄酒的发展速度让人称赞。

一、葡萄酒萌芽

1788 年，首批欧洲移民来到澳大利亚定居，他们从欧洲带来的物品中就有葡萄苗，到达之后，这些人就开始种植葡萄了。

1824 年，一位名叫詹姆士·布什比（James Busby）的人来到澳大利亚。他是一位葡萄园艺师，在移民澳大利亚之前，生活在法国的葡萄酒圣地波尔多。到了澳大利亚后，他开始在一所农业学校教授葡萄种植课程。因为对澳大利亚葡萄种植做出的杰出贡献，詹姆士·布什比被誉为对早期澳大利亚葡萄酒萌芽和发展影响力最大的人。

1830 年，詹姆士·布什比农业学校的葡萄园里出产的第一桶葡萄酒卖到英格兰，结果得到当时品鉴家们的好评，被誉为葡萄酒的"希望之星"。1831 年，詹姆士·布什比又花了三个月的时间周游法国和西班牙，收集带回了 543 条葡萄枝，其中有 362 条在澳大利亚存活了下来。他又在悉尼的皇家植物园里创建了第一片葡萄苗木基地，并在维多利亚和南澳也同样创建了葡萄苗木基地。现在澳大利亚被世界各地广泛认可的著名葡萄品种，比如西拉（Shiraz）、赤霞珠、雷司令和麝香葡萄（Muscat）等都是发源于这些苗木基地。

二、快速发展期

19 世纪 50 年代，澳大利亚的维多利亚州、新南威尔士州和南澳都出现了大片的葡萄园。此时，这个年轻国家的人口增加了两倍，并出现了喜欢喝葡萄酒的富裕的中产阶级。澳大利亚葡萄酒行业开始有模有样地发展起来，并致力于国际市场的出口业务。19 世纪后半期，葡萄根瘤蚜虫灾害席卷欧洲，许多古老的葡萄园遭受灭顶之灾。而澳大利亚的大部分地区躲过了这一劫，从而使其得以保存了一些世界上最古老的葡萄藤。

19 世纪到 20 世纪的绝大多数时间里，澳大利亚的葡萄酒业主要服务于稳定增长的国内需求，偶尔也在出口市场上小试牛刀，但占比不高。二战之后，大约 80% 的澳大利亚葡萄酒都是以甘醇甜美为特征的雪莉酒和波特酒。20 世纪 70 年代中期，受广大消费者对日常餐酒需求量增加的影响，加强型葡萄酒的销售逐渐走弱。从 20 世纪 80 年代中期起，澳大利亚国内消费者的口味再次升级，从而涌现出许多品质上乘的葡萄酒，这种形势促使澳大利亚葡萄酒业开始放眼外部市场。

三、澳大利亚之巅

1980 年以后，澳大利亚大量引进先进种植方法以及最先进的酿造设备，并开办葡萄酒大学，勇于在葡萄酒产品和营销上进行创新，螺旋盖、盒中袋、易拉罐、利乐包等新型包装让人眼花缭乱，满足了多样化消费市场需求。今天，澳大利亚已经形成 60 多个独特的葡萄酒产区，栽培当地特色葡萄品种。澳大利亚不仅能源源不断地提供品种齐全、品质稳定、价格适中的餐酒，也有能力酿造出独具本土风格的"区域之粹"葡萄酒以及享誉世界的高品质"澳大利亚之巅"葡萄酒。

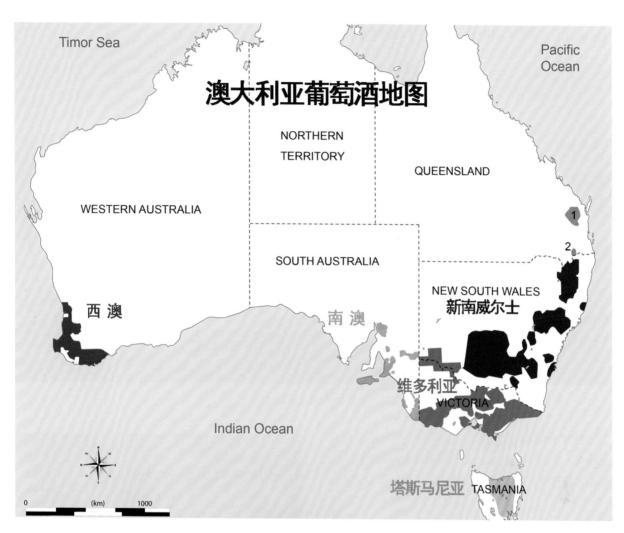

澳大利亚葡萄酒地图

Timor Sea

Pacific Ocean

NORTHERN TERRITORY

QUEENSLAND

WESTERN AUSTRALIA

1

2

SOUTH AUSTRALIA

西 澳

南 澳

NEW SOUTH WALES
新南威尔士

维多利亚
VICTORIA

Indian Ocean

0   (km)   1000

塔斯马尼亚 TASMANIA

巴罗萨产区还存在用脚踩破碎葡萄的方式，这种方式可以避免浸提机械破碎带来的果核劣质单宁。图片来源：Wine Australia

第二节 澳大利亚葡萄酒地理标志制度

南澳河地（River Land）产区独特的红土葡萄园。图片来源：Wine Australia

从 20 世纪 60 年代开始，澳大利亚葡萄酒地理标志制度（Australian Geographical Indication，简称 AGI 或 GI）就已经开始实施了。

一、产区分级

根据这一制度，澳大利亚葡萄酒产区划分为三级——州（State）/区域（Zone），产区（Region）和次产区（Sub-region），也可称之为地理标志制度体系。南澳州在此基础上引入了优质地区（Super Zone）概念，目前只有阿德莱德地区被定义为优质地区。阿德莱德地区包括巴罗萨（Barossa）、福雷里卢（Fleurieu）和高山岭（Mount Lofty Ranges）等知名产区。

二、制度特点

虽然 AGI 制度为官方制定，但并没有区分等级，其严谨性远不及法国的 AOC 制度，也没有直接的法律法规进行约束，而是通过产地注册及商标管理的相关法规来加以限制，以达到间接保护产地标识之目的。

巴罗萨郎米尔 1843 年种植的西拉。图片来源：langmeilwinery

大美葡萄酒

根据制度，如果某款葡萄酒标注了产区名字，那么其酿酒原料必须有 85% 要来自该产区。

澳大利亚是在 1993 年才开始真正推动葡萄酒产地标识制度的，这是因为澳大利亚与欧盟签署了贸易协定。根据 1993 年 12 月 5 日澳大利亚与欧盟签署的 TRIPs 协定（WTO 成员方遵守的一种知识产权法规），澳方需要执行保护产地命名权的义务，否则将不允许澳大利亚葡萄酒出口至欧盟国家，包括美国。于是，澳大利亚不得不加快脚步，完成 AGI 制度，虽然产区的划分当时有争议，但大部分已被广泛接受了。

三、地理标志

澳大利亚绝大多数地理标志葡萄园集中在东部和南部沿海地带，以及西南部沿海地带，主要位于西澳州（Western Australia）、最大的以及顶级葡萄酒产地南澳州（South Australia）、昆士兰（Queensland）、新南威尔士州（New South Wales）、维多利亚州（Victoria）、北领地（Northern Territory）、首都行政区（Australian Capital Territory）以及塔斯玛尼亚（Tasmania）。

1996 年，澳大利亚通过了"东南澳大区"地理标志，这也是一个比较特殊的称谓，主要包括东南部所有葡萄酒产区。这个大区出现的主要原因，是为了让澳大利亚大型葡萄酒公司能使用不同产区和次产区的原酒或原料进行调配，生产质量稳定、大众化的葡萄酒。

截至 2016 年，澳大利亚有 65 个葡萄酒产区、14 个子产区，总计 117 个"地理标志"的葡萄酒种植区。

四、关于年份和品种的规定

与大多数国家的葡萄酒一样，澳大利亚葡萄酒的年份是指葡萄采收的年份。虽然法规并没有强制要求在酒标上标示这一信息，但若标示年份，应至少有 85% 的葡萄是该年份采收的葡萄。

澳大利亚法规并没有限制可以酿造葡萄酒的品种，也没有强制标示葡萄品种。但若要标示则必须遵循规定：

（1）单一葡萄品种葡萄酒，那么该品种在该葡萄

维多利亚州的蓝吉吉山葡萄园被誉为澳大利亚最美葡萄园之一。图片来源：www.visitmelbourne.com

酒中的比例至少要达到 85%（体积含量）。

（2）混酿葡萄酒，酒标上标注为"Blend"，最多标注 5 个品种，标注的品种要超过整体含量的 95%，且每个品种不得低于 5%。 或至多标注 3 个品种，标注品种的总含量要超过 85%，单一品种不得低于 20%。

澳大利亚葡萄酒产地地理标志一览表（截至 2016 年）

国家 / 州 / 区域 State/zone	产区 Region	次产区 Subregion
澳大利亚 Australia		
东南澳大利亚 South Eastern Australia		
南澳 South Australia		
阿德莱德（超级地区，包括高山岭、福雷里卢和巴罗萨） Adelaide (Super Zone, includes Mount Lofty Ranges, Fleurieu and Barossa)		
巴罗萨 Barossa	巴罗萨山谷 Barossa Valley	
	伊顿谷 Eden Valley	伊顿山 High Eden
北方 Far North	南弗林德斯山脉 Southern Flinders Ranges	
福雷里卢 Fleurieu	科伦西溪 Currency Creek	
	袋鼠岛 Kangaroo Island	
	兰好乐溪 Langhorne Creek	
	麦克拉伦谷 Mclaren Vale	
	南福雷里卢 Southern Fleurieu	
石灰岩海岸 Limestone Coast	库纳瓦拉 Coonawarra	
	本逊山 Mount Benson	
	甘比尔山 Mount Gambier	
	帕史维 Padthaway	
	洛贝 Robe	
	拉顿布里 Wrattonbully	
下墨累 Lower Murray	河地 Riverland	
高山岭 Mount Lofty Ranges	阿德莱德山区 Adelaide Hills	Lenswood
		皮卡迪利山谷 Piccadilly Valley
	阿德莱德平原 Adelaide Plains	
	克莱尔谷 Clare Valley	
半岛 The Peninsulas		
新南威尔士 New South Wales		
大江大河 Big Rivers	墨累河岸地区 Murray Darling	
	佩里库特 Perricoota	
	滨海沿岸 Riverina	
	斯旺希尔 Swan Hill	
中部山脉 Central Ranges	考拉 Cowra	
	满吉 Mudgee	
	奥兰治 Orange	

国家 / 州 / 区域 State/zone	产区 Region	次产区 Subregion
猎人谷 Hunter Valley	猎人 Hunter	布鲁克福德维治 Broke Fordwich
		波科宾 Pokolbin
		上猎人谷 Upper Hunter Valley
北部河流流域 Northern Rivers	黑斯廷斯河 Hastings River	
北麓 Northern Slopes	澳大利亚新英格兰 New England Australia	
南部海岸 South Coast	肖海尔海岸 Shoalhaven Coast	
	南部高地 Southern Highlands	
新南威尔士南 Southern New South Wales	堪培拉区 Canberra District	
	刚达盖 Gundagai	
	希托普斯 Hilltops	
	唐巴兰姆巴 Tumbarumba	
塔斯马尼亚 Tasmania		
西部平原 Western Plains		
西澳大利亚 Western Australia		
中西澳大利亚 Central Western Australia		
东部平原 – 内陆和西澳大利亚北部 Eastern Plains– Inland and North Western Australia		
大珀斯 Greater Perth	皮尔 Peel	
	珀斯山 Perth Hills	
	天鹅区 Swan District	天鹅谷 Swan Valley
西南澳大利亚 South West Australia	黑林谷 Blackwood Valley	
	吉奥格拉非 Geographe	
	大南部地区 Great Southern	奥尔巴尼 Albany
		丹麦 Denmark
		法兰克蓝河 Frankland River
		巴克山 Mount Barker
		波容古鲁普 Porongurup
	满吉姆 Manjimup	
	玛格丽特河 Margaret River	
	潘伯顿 Pemberton	
西澳大利亚东南沿海 West Australian South East Coastal		
昆士兰 Queensland		
	格兰纳特贝尔 Granite Belt	
	南伯奈特 South Burnett	
维多利亚 Victoria		
中维多利亚 Central Victoria	本迪戈 Bendigo	
	高宝谷 Goulburn Valley	纳金碧湖区 Nagambie Lakes
	希斯科特 Heathcote	
	史庄伯吉山区 Strathbogie Ranges	
	上高宝谷 Upper Goulburn	

国家/州/区域 State/zone	产区 Region	次产区 Subregion
吉普斯兰 Gippsland		
东北维多利亚 North East Victoria	阿尔卑斯山谷 Alpine Valleys	
	比奇沃思 Beechworth	
	格林罗旺 Glenrowan	
	国王谷 King Valley	
	路斯格兰 Rutherglen	
西北维多利亚 North West Victoria	墨累河岸地区 Murray Darling	
	斯旺希尔 Swan Hill	
菲利普港 Port Phillip	吉朗 Geelong	
	马斯顿山区 Macedon Ranges	
	莫宁顿半岛 Mornington Peninsula	
	森伯里 Sunbury	
	雅拉谷 Yarra Valley	
西维多利亚 Western Victories	格兰屏 Grampians	大西部 Great Western
	亨提 Henty	
	帕洛利 Pyrenees	
北领地 Northern Territory 澳大利亚首都领地 Australian Capital Territory		

1. 东南澳大利亚地区包括整个新南威尔士和塔斯马尼亚以及部分昆士兰和南澳大利亚州
The zone South Eastern Australia incorporates the whole of the states of NSW. Vic. And Tas. And only part of QLD and SA.
2. 墨累河岸地区和斯旺希尔包括在大江大河(新南威尔士)和西北维多利亚(维多利亚)区
Murray Darling and Swan Hill are contained within the zones of Big River(NSW) and North West VIctoria (Vic)
3. 使用大西部是合法的
The use of Great Western is subject to legally enforceable conditions of use.

第三节　澳大利亚：风土独特，西拉称王

提到澳大利亚，你会想到什么？悉尼歌剧院、魅力大堡礁、美味大龙虾、可爱灰袋鼠还是澳大利亚狗不理包子？我的脑子里只有澳大利亚西拉葡萄酒。

一、地理特征

从塔斯马尼亚高的凉爽地和山麓，到雨水充沛的维多利亚和新南威尔士，从具有温和海洋性气候的南澳和西澳，到遍布热带雨林的昆士兰，澳大利亚这个幅员辽阔的国家涵盖了多种地形和地貌。悉尼，这个澳大利亚最大的城市靠近南纬34度线，气候类似西班牙的舍维尔（Seville）。墨尔本，位于南纬38度线，其气候则类似北半球的西西里和旧金山。另外两个州的首府阿德莱德和佩斯则位于这两个纬度之间，霍巴特则是澳大利亚最南端的州首府所在地。

大美葡萄酒

二、气候特点

澳大利亚大部分葡萄园都位于东南部靠近海岸的地区，气候以地中海式气候为主，炎热干燥，来自南极寒流的调节，可以带来些许湿润凉爽的空气。靠近澳大利亚内陆的地区，更多表现为酷热的大陆性气候，降雨稀少，大多葡萄园需要靠近河流，以方便灌溉。西澳的产区气候凉爽，出产的葡萄酒相当著名，不过产量很小。北部则是广阔的沙漠地区，不适合葡萄的种植。

三、葡萄品种

澳大利亚年产葡萄酒超 10 亿升，约占世界葡萄酒总产量的 4%，其中 2/3 必须出口。

白葡萄品种主要有霞多丽、雷司令、长相思、赛美容、灰比诺、维欧尼等。红葡萄品种主要有西拉（又叫西拉子 Shiraz）、赤霞珠、歌海娜、黑比诺、美乐等。

其中最值得一提的葡萄品种就是大名鼎鼎的西拉，它是澳大利亚种植面积最广的葡萄品种，为澳大利亚葡萄酒赢得了极高的国际声誉。一提起澳大利亚葡萄酒，很多人脑子里想到的第一个酒就是西拉。南澳的巴罗萨及麦克拉伦谷被公认为是世界上最好的西拉产区。维多利亚的森伯里（Sunbury）及新南威尔士的猎人谷品质也相当高。维多利亚的希斯科特产区被酒评人认为是澳大利亚未来的最佳西拉产区。

澳洲赤霞珠也非常出色，能轻易地表现出成熟迷

人而且甜美的黑醋栗、黑莓等果香，还夹杂着香甜的橡木气息，口感顺滑，不失紧致。著名产区有库拉瓦拉和麦克拉伦谷。

霞多丽在白葡萄品种中排名第一。从凉爽的西澳到炎热的南澳，展现出多样的风格，许多澳大利亚的霞多丽都会用橡木块、橡木条或是橡木桶进行发酵和陈酿。

雷司令在澳大利亚凉爽的产区表现极佳，最为有名的是位于南澳的伊顿谷和克莱尔谷，带着明显的矿物风味和汽油的味道。

赛美容种植历史悠久，是猎人谷的传统白葡萄品种，能够酿造出层次丰富、口感圆润、具有上佳陈年潜力的白葡萄酒。在这些广阔和地形多样的产区中，最为著名和重要的有南澳、新南威尔士、维多利亚、西澳四大区域。四大区域的葡萄酒各有特色，都具备世界级水平。

澳洲极畅销的葡萄酒品牌——麦格根

第四节 南澳：无人不识巴罗萨

南澳大利亚州简称"南澳"，位于澳大利亚大陆南部海岸线的中心位置，北领地和昆士兰州以南，新南威尔士州和维多利亚州以西，南冰洋和大澳大利亚湾以北，海岸线长达 3700 公里。南澳是世界上最干旱

的地区之一，以山脉、草地和山谷为主的地形，沙漠广布，独特的气候地理环境和丰富多彩的动植物生态，构成了特有的大自然景观。

去巴罗萨热气球上欣赏产区风景。图片来源：BIG4

一、产区概况

南澳葡萄产量占其国一半以上，并拥有世界上最古老的一些葡萄藤。在南澳的巴罗萨谷和阿德莱德山区，人们发现了这些令人肃然起敬的古老葡萄藤。由于与世隔绝，这些老藤躲过了席卷整个北美、欧洲和澳大利亚东岸的根瘤蚜虫灾害。

二、气候特点

南澳气候多种多样，巴罗萨气候相对温和，沿海的麦克拉伦谷、南福雷里卢、金钱溪和位于福雷里卢的兰好乐溪属于海洋性气候，阿德莱德山区较为凉爽，而墨累河的河岸地区则比较炎热。

三、土壤特征

土壤也丰富多彩，这个州的东南部包括石灰岩海岸地区（Limestone Coast），这里的"特罗莎"（Terra Rossa）土壤覆盖在石灰岩上，为出产别具一格、风味清雅的库拉瓦拉红葡萄酒创造了良好条件。石灰岩海岸地区也包括帕史维（Padthaway）、拉顿布里（Wrattonbully）和本逊山地区（Mount Benson）等产区，这里的酒不仅受到与该地区同名的石灰岩土的影响，而且带有临近南部海洋上柔和的微风气息。

四、葡萄品种

南澳产区西拉排第一，西拉葡萄酒备受追捧，国际声誉很高。此外，赤霞珠、美乐、黑比诺和歌海娜等红葡萄也有上佳表现。此外，因曾是德国移民的聚居区，雷司令白葡萄品种也比较多见。慕维德尔、赛美容、长相思等也有种植。

维、河地、南福雷里卢、南福林德尔士山区、拉顿布里等。

五、主要产区

南澳州著名产区有巴罗萨、伊顿谷、库纳瓦拉、阿德莱德山区、麦克拉伦、克莱尔谷，其他著名产区还有金钱溪、袋鼠岛、兰好乐溪、本逊山、帕史

六、著名产区

1. 巴罗萨

巴罗萨是澳大利亚第一产区。巴罗萨产区内有崎岖不平的丘陵和连绵的山丘与山谷，葡萄园的位置、坡度和朝向都各不相同。该产区日气温变化幅度大，日照时间长，湿度低，降水量少。这种典型的大陆性气候是酿造酒体饱满浓郁的红葡萄酒、加强葡萄酒和口感饱满的白葡萄酒的良好条件。

西拉是这里的明星品种，种植面积占产区的50%左右。典型的巴罗萨谷西拉葡萄酒单宁柔和，酒体饱满，拥有成熟的黑色水果风味以及美国橡木桶赋予的丝丝甜美感。赤霞珠在巴罗萨谷也有非常不错的表现，果香成熟，单宁柔顺。赛美容则是该产区最知名的白葡萄品种，酿造时多采用橡木桶发酵，口感圆润，带有烤面包的味道。

2. 伊顿谷

伊顿谷是世界上幸存下来的最古老的

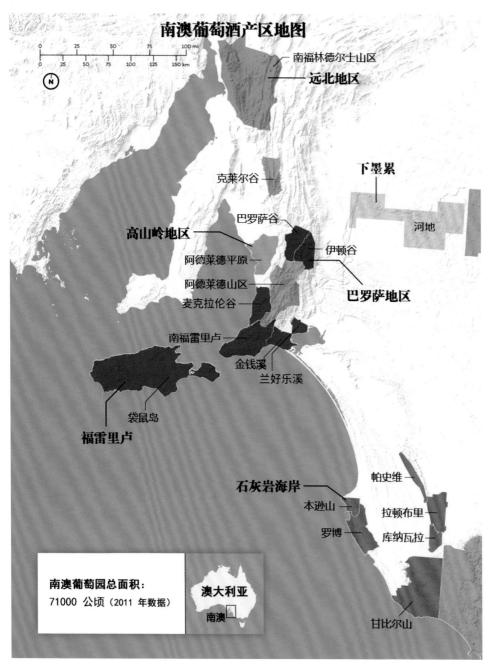

南澳葡萄酒地图。图片来源：Wine Folly

西拉和雷司令的故乡。伊顿谷是凉爽的巴罗萨，凭借其凉爽的气候，古老的土壤及晚熟的状态，伊顿谷葡萄酒独树一帜，果香复杂，酒体优雅，层次分明，精致细腻。

该产区雷司令最为著名，优质的伊顿谷雷司令散发着浓郁的酸橙和葡萄柚香气，酸味清冽，棱角分明，最出色的酒款具有极强的生命力，随着陈年会逐渐发展出橘子酱和烘烤的风味。此外，该产区的西拉、霞多丽和赤霞珠葡萄酒也非常不错。

3. 库纳瓦拉

库纳瓦拉坐落在南澳的石灰岩海岸地区，受来自南极寒流的影响，这里享有温和的海洋性气候。夏天多云，可缓解炎热的炙烤。这个产区最出名的是它的独特自然现象——红土。红土地带海拔不高，形状像雪茄一样，绵延 15 公里，宽约 1 公里，是古老的海岸线演化而来。红土养分丰富，易于透水，但是很薄，厚度只有 5—100 厘米。这是澳大利亚最适宜葡萄生长的土壤，孕育出的赤霞珠葡萄酒风味浓郁，结构感强，拥有标志性的黑醋栗、桉树及薄荷的香气，其中的佼佼者陈年潜力可达数十年。西拉、美乐和霞多丽也表现很好。

4. 阿德莱德山区

阿德莱德山区距离海岸约 14 公里，当地的葡萄园均分布在海拔 400 米以上的山坡上，在海风和高海拔的共同作用下，这里成了南澳最凉爽的产区，尤为适合种植长相思、雷司令、赛美容、霞多丽及黑比诺等品种。产自阿德莱德山区的白葡萄酒往往蕴含清新纯净的品种风味，酸味活泼，口感脆爽，其中的大多数霞多丽葡萄酒都会进行苹果酸 - 乳酸发酵（Malolactic Fermentation），以增加复杂度和提高酒体的顺滑感。黑比诺在这里既用于酿造静止红葡萄酒，也会和霞多丽一起酿造起泡酒。

5. 麦克拉伦谷

麦克拉伦谷是澳大利亚最早的葡萄种植地区之一。

地处温热地带，但因为受海风和高海拔的影响，该地区夏季天气较凉爽，葡萄能较好地积累物质风味和保持良好的酸度，白天充足的光照保证葡萄充分成熟。该地区多变的地形和多样的土壤成分造就了不少小环境，使得所出产的葡萄和葡萄酒风格也较多样化。西拉是表现最好的品种，赤霞珠、歌海娜、黑比诺、雷司令、长相思和霞多丽在不同的区域也都有上佳表现。

6. 克莱尔谷

1839 年，克莱尔谷的葡萄酒历史启动并一发不可收。由于山谷中高低起伏的地势、不同地点和方向的天气有很大的差异，形成了相当特殊的气候。总体来说，这里属温带大陆性气候，冬季寒冷，夏季炎热。由于夏季少雨干燥，灌溉是必需的，真菌引致的植物病也甚少出现。西拉产量最大，但名气最高的却是迷人多酸、爽口干净、明晰清澈的雷司令。克莱尔谷的雷司令除了浓郁的柑橘香气，干爽的甜和适宜的酸，在陈年 20 年以上的雷司令身上，还会酝酿出一股淡淡的烤杏仁、核桃仁等坚果的香味，令人赞不绝口，"澳大利亚雷司令之乡"也因此得名。

七、南澳名酒

南澳是澳大利亚酒王奔富葛兰许（Penfolds Grange）的诞生地，还聚集着一系列顶级名庄，包括与奔富并称为"三剑客"的翰斯科酒庄（Henschke）和克拉伦敦山酒庄（Clarendon Hills），以及该国最贵葡萄酒的克里斯·瑞兰德（Chris Ringland）和被权威酒评家罗伯特·帕克（Robert Parker）誉为"南半球最佳酒庄"的双掌酒庄（Two Hands）等。

最重要的是，南澳将西拉的魅力发挥到了极致。

第五节　新南威尔士：猎人谷和赛美容

1788 年，在新南威尔士首府悉尼，欧洲移民种下了澳大利亚第一株葡萄树。因此，新南威尔士是澳大利亚最早的葡萄种植地。新南威尔士坐落于澳大利亚的东部海岸，拥有一系列变化多样的气候条件，葡萄酒风格也变化多样。新南威尔士州共有 14 个葡萄酒产区，猎人谷是其中最为有名的产区，猎人谷的赛美容和西拉葡萄酒闻名全球。

一、气候特点

新南威尔士州位于澳大利亚东南部，毗邻南太平洋，面积占澳大利亚国土总面积的 10.4%，有悉尼、纽卡索和肯布拉三大港口，沿海有大分水岭，岭东虽然狭窄但却是新南威尔士州最富饶的土地，岭西是山区。这里的气候随区域变化，有的炎热干燥，有的凉爽，变化较大。

二、土壤特征

新南威尔士土壤类型多变，包括沙质壤土和黏质壤土，各地土壤的肥沃度不尽相同。下猎人谷产区散布着红棕色的石灰岩壤土，而唐巴兰姆巴地区则是玄武岩和花岗岩。

三、葡萄品种

比较著名的有霞多丽、西拉、赛美容、赤霞珠和维欧尼（Viognier）等葡萄品种。歌海娜、玛桑尼、莫芙德、博迪特·莫多特、桑奇莫斯、丹魄等，令人着迷，也着实有趣。

猎人谷产区，一切都刚刚好。图片来源：www.fivestaraustralia.com

四、主要产区

新南威尔士著名的葡萄酒产区有猎人谷、满吉（Mudgee）、奥兰治（Orange）、考兰（Cowra）、南部高地（Southern Highlands）、肖海尔海岸（Shoalhaven Coast）、希托普斯（Hilltops）、滨海沿岸（Riverina）、佩里库特（Perricoota）、刚达盖（Gundagai）、唐巴兰姆巴（Tumbarumba）、悉尼（Sydney）等。

五、著名产区——猎人谷

1. 风土特点

表面上看，猎人谷的气候似乎无法提供该产区成为一个世界级葡萄酒产区的先天条件，因为它有两个明显的缺陷。第一个缺陷是位置太靠北，使得猎人谷的天气非常炎热，上猎人谷（Upper Hunter）温度高到无法酿造任何精致风格的葡萄酒。另一个缺陷也相当致命，猎人谷虽然雨量不高，但是降雨却几乎全部集中在采摘季，葡萄不仅容易染病腐烂而且也因水分太多而稀释了葡萄内含物的浓度。但是，猎人谷最有趣的地方竟然是当这两个缺陷结合起来之后，却成了优点。这些缺陷形成的优点造就了经典的赛美容白葡萄酒和西拉红葡萄酒，前者多酸清爽，坚实耐放；后者轻柔温和，细致迷人。

2. 赛美容

赛美容是一个皮薄的葡萄品种，遇到潮湿的天气很容易就会感染霉菌，猎人谷的酒庄为了避开采收季的阴雨天气，常常在葡萄没有完全成熟前就提前采收，酿成的葡萄酒不仅保有非常强劲的酸度，而且酒精度多数仅有 10.5%，与酒精度动辄 14% 以上的其他葡萄酒相比，应该是属于轻量级的葡萄酒。这样的酒年轻时显得平淡无味，却非常耐陈年，十多年的陈年之后，开始演变出现蜂蜜、干果、火药以及香料等迷人的陈年香气，强酸干瘦的口感转而变得柔顺圆润。

3. 西拉

猎人谷的西拉红葡萄酒是另一个故事。当进入采收季之后，阴雨的天气常会遮蔽住澳大利亚的炙热烈阳，让原本炎热的猎人谷在葡萄进入成熟期之际，变得清凉起来，延缓了成熟的速度，酿造出澳大利亚相当少见的柔和与高雅风格的葡萄酒。西拉也是猎人谷产量最高的红葡萄品种，猎人谷西拉葡萄酒单宁柔顺，酒体中等，蕴含黑莓和樱桃等黑色水果风味，伴有一丝泥土气息。

4. 霞多丽

霞多丽是猎人谷产量第二的葡萄品种，猎人谷霞多丽葡萄酒既适应橡木桶陈酿，也可以酿造新鲜易饮型的果香葡萄酒。

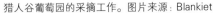
猎人谷葡萄园的采摘工作。图片来源：Blankiet

第六节　维多利亚：雅拉谷最佳

维多利亚产区，雅拉谷最佳。图片来源：Round the World Experts

维多利亚州（Victoria）是澳大利亚最小的大陆州，位于澳大利亚的东南沿海地区，西侧为南澳州（South Australia），北侧为新南威尔士州（New South Wales），南侧是隔水相望的塔斯马尼亚（Tasmania）。

一、气候特点

维多利亚州东北部是峰峦耸立的山区，海拔多在1000—2000米，分布着广袤的森林、众多的岩洞和平静的湖泊。西部是广阔的丘陵和草原，因此该州有"花园之州"的美誉，也被称为"澳大利亚缩影"。该产区的气候极其多变，西北部是炎热的大陆性气候，雅拉谷（Yarra Valley）是温和的海洋性气候。

二、土壤特征

该产区土壤类型广泛。东北部是澳大利亚特色土壤——红土。墨累盆地是砂质的冲积土。比利牛斯（Pyrenees）地区是砾石土，混有石英和页岩，底层土是黏土。

三、葡萄品种

维多利亚州最为著名的是霞多丽、黑比诺、西拉和赤霞珠。维多利亚的葡萄酒具有多种类型，有的以甜型的加强葡萄酒闻名，也盛产颜色深、酒精度高、酒体重的西拉和赤霞珠红葡萄酒。长相思、赛美容、琼瑶浆和玛珊（Marsanne）等葡萄品种也有种植。

四、主要产区

维多利亚州的葡萄酒产区按地理方位分成6个部分：西北部、西部、中部、菲利普港区域、东北部和面积较大的吉普史地（Gippsland）产区。

西北部产区包括墨累河岸地区和天鹅山产区。西部包括格兰屏、亨提和帕洛利。中部覆盖了希斯科特、本迪戈、高宝谷、上高宝和史庄伯吉山区等产区。菲利普港区域则以雅拉谷、马斯顿山区、山伯利、吉龙和莫宁顿半岛闻名。东北部有阿尔卑斯山谷、奇沃斯、格林罗旺、路斯格兰和国王谷等产区。

雅拉谷的起泡酒质量也非常高，图为 domaine-chandon 酒庄内景

维多利亚州最著名的葡萄酒产区是雅拉谷。

五、雅拉谷

雅拉谷位于澳大利亚首府墨尔本的东北侧，也是维多利亚州（Victoria）的第一个葡萄酒产区。该产区的葡萄园海拔跨度大，朝向多样，总体上属于凉爽温和的海洋性气候。

1. 风土特点

雅拉谷多少受到了海洋的影响，冬春降雨较多，气候寒冷，夏季相对凉爽、干燥和潮湿。受到一定的沿海的影响。昼夜气温较为稳定，反映了距离大海较近的特点。主要有两种基本的土壤类型，即灰、灰棕颜色的土壤和肥沃的红色火山土。

2. 葡萄品种

黑比诺是雅拉谷最重要的葡萄品种。雅拉谷黑比诺葡萄酒，通常含有草莓、李子及黑樱桃等丰富果香以及橡木桶赋予的别样风味，单宁成熟柔顺，优质黑比诺葡萄酒陈年潜力极为优秀。雅拉谷的西拉和赤霞珠也一样精致美妙，深受专业人士和一般消费者的青睐。

另外，雅拉谷霞多丽水准也非常高。霞多丽是雅拉谷种植得最广泛的白葡萄品种，其风格多样，有的是口感复杂的橡木桶陈酿葡萄酒，有的高贵拘谨、持成稳重，有的新鲜易饮，雅拉谷霞多丽一直都是遵循传统工艺的典范。其他白葡萄品种还有长相思，经常与澳大利亚赛美容、琼瑶浆、玛珊等酿制混酿葡萄酒。

第七节　西澳：玛格丽特河

西澳大利亚州位于澳大利亚大陆西部，濒临印度洋，占澳大利亚总面积的1/3，是澳大利亚最大的州。该州多沙漠和盐湖，地广人稀，蕴藏着丰富的矿产，自然风光与生态环境仍保留原始状态，是澳大利亚最富有原始自然景观的州。

一、气候特点

因为产区面积大，气候非常多变，从西部的地中海气候，到中部的半干旱大陆性气候，再到南部的亚热带气候，各种气候不一而足。天鹅谷夏季炎热干燥，较为漫长，冬季湿润短暂，是世界上最炎热的产区之一。玛格丽特河属地中海气候，降雨量较高，弗里曼特尔医师（Fremantle Doctor）和阿尔巴尼医师（Albany Doctor）等海风缓解了夏季的炎热。下大南部地区更为凉爽，夏季降雨量较低。海岸地区湿度较高，有利于贵腐菌形成。

二、土壤特征

该产区的土壤一般是冲积土、沙土、砾石土和黏质壤土，土层十分深厚，排水性良好。西南海岸地区名叫"大石砂"的土壤表层呈灰白色，非常细腻。玛格丽特河部分地区的底层土是石灰岩，混有砾石。

玛格丽特河产区——人与自然和谐统一。图片来源：Margaret River Discovery

三、葡萄品种

西澳大利亚州最主要的白葡萄品种是霞多丽，红葡萄品种是赤霞珠、美乐和西拉。这几个品种不仅产量大而且质量高，其中赤霞珠是西澳葡萄酒贸易的核心产品。

葡萄压榨

酒窖内景。图片来源：Margaret River Discovery

西澳以位于佩斯以北的天鹅谷产区名气最大，主要出产白勃艮第风格的霞多丽葡萄酒。最南端的产区属大陆性气候，雷司令表现出特别的香气和酸度。西澳还有一种极具地方特色的葡萄酒，那就是由赛美容和长相思酿造的混酿葡萄酒，这种传统的波尔多风格混酿葡萄酒经常被缩写成"SSB"或"SBS"（品种的首字母顺序根据各品种的比例决定），SSB 和 SBS 通常是一些入门级的葡萄酒。

机械采收。图片来源：Margaret River Discovery

葡萄树切顶作业。图片来源：Margaret River Discovery

四、主要产区

西澳产区由玛格丽特河、大南部产区、靠近西澳首府佩斯的佩斯产区以及其他内陆产区四大子产区组成。玛格丽特河排名第一，大南部产区葡萄收成较晚。佩斯产区有天鹅地区、佩斯山区和皮尔三地。内陆产区包括黑林谷、满吉姆和潘伯顿。其中，潘伯顿离南部海岸线最短距离仅为 25 公里，它和黑林谷都是西澳较为年轻的产区。

五、玛格丽特河

1. 气候特点

玛格丽特河产区的西、东、南三面被印度洋包围，受海洋的影响，特别接近适宜葡萄生长的地中海型气候。年平均温差只有 7.6 C，春夏两季的降雨量不足，

威亚普产区的风向仪。图片来源：Margaret River Discovery

占全年的 25%。这意味着葡萄的生长季节相对干燥，能有效预防多种病害的出现。

2. 土壤特征

该产区主要的土壤类型是由花岗岩和片麻岩演化而成的沙砾土或细颗粒的壤土，透水性好，适合种植多个葡萄品种。玛格丽特河产区分布着多条小河和山谷，同时有大量的树木、灌木和花草，为抵御从海洋刮过来的风起到了一定的作用。

1996 年，玛格丽特河产区纳入澳大利亚官方地理标志葡萄酒产区。1999 年，葡萄栽培学家 John Gladstones 博士建议根据气候和土壤的差异，将产区分成六个子产区：卡布那普（Carbunup）、卡利代尔（Karridale）、树顿（Treeton）、威亚普（Willyabrup）、雅林角（Yallingup）和沃尔克利夫（Wallcliffe），其中，威亚普因葡萄酒品质出众，被誉为"皇冠上的珠钻"。这六个子产区虽未获得地理标志授权，但已得到业界认可。

3. 葡萄品种

该产区主要品种有赤霞珠、西拉、长相思、霞多丽等。

玛格利特河的霞多丽白葡萄酒具有较高的知名度，风味浓郁，集中度高，拥有馥郁的核果香味和天然的高酸度，在发酵时会通过苹果酸－乳酸发酵和橡木桶陈酿等工艺来增加复杂度和提升圆润感。此外，玛格利特河还是澳大利亚长相思和赛美容混酿的葡萄酒标杆，长相思、赛美容混酿葡萄酒散发着清新的柑橘、核果以及热带水果的芬芳，风味浓郁，优雅精致，酸味活泼，口感脆爽，平衡性佳，堪称一绝。

尽管西澳产区在面积上是澳大利亚最大的葡萄酒产区，拥有众多优秀的葡萄酒品牌，但在葡萄酒产量上，玛格丽特河只占区区的 3%。尽管产量占比较低，但优秀葡萄酒却占到了全国顶级葡萄酒的 20% 以上。这样的数字充分说明了当地葡萄酒经营者深谙"物以稀为贵"的道理。玛格丽特河产区所有葡萄都用来酿酒，而且在酿造工艺、设备、陈酿方式等方面也是精益求精，追求极致。这也是这个产区创造了如此多经典之作的原因。

第八节　澳大利亚葡萄酒分级体系

澳大利亚葡萄酒地理标志制度（AGI）虽为官方制定，但并没有按品质划分葡萄酒的等级。澳大利亚葡萄酒现在常用的等级分级体系或者类似于其他国家的分级体系主要有三种。

一、以品种混酿为基础的分级

按品种混酿原则，可将澳大利亚葡萄酒大致上分为三个等级，即普级酒（Generic Wine）、高级品种酒（Varietal Wine）和高级混酿酒（Varietal Blend Wine）。

1. 普级酒。Generic 是"一般的""普通的"的意思，是使用多种葡萄酿造而成的酒，是一般消费的低价佐餐酒，在酒标上可能会标注有 Red or White/Sweet or Dry 等简单标示，且不标示葡萄品种、产地和年份。

2. 高级品种酒。Varietal 是指"多样的""变化的"，以西拉、赤霞珠、霞多丽等单一品种葡萄酿造，是具多样性且富有变化的高级葡萄酒，以出口为主。另外，根据澳大利亚的葡萄酒法，凡使用一种葡萄达 85% 以上者，就能够将该品种标示于酒标之上。

3. 高级混酿酒。混合两种以上高级品种所酿造的葡萄酒，假如使用两种葡萄达 85% 以上时，就可以将葡萄品种标示于酒标上。例如酒标上显示：西拉 / 赤霞珠，意思是西拉和赤霞珠总计达 85% 以上，而西拉含量多于赤霞珠。

二、詹姆斯·哈利德分级

1986 年，詹姆斯·哈利德创建了一套评级体系，开始对澳大利亚葡萄酒进行品评和客观的评分，并以年鉴的形式出版，成为权威的澳大利亚葡萄酒购买指南。其中的酒庄评级和酒款评分，也被葡萄酒爱好者们视为"葡萄酒圣经"。詹姆斯·哈利德的《澳大利亚葡萄酒宝典》中，包含澳大利亚各个产区的介绍和年

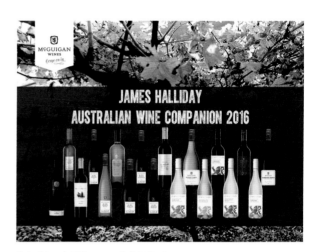

詹姆斯·哈利德 2016 葡萄酒指南

份表述，以及全澳大利亚 2000 多个酒庄、近万款葡萄酒的评分和评级。

詹姆斯·哈利德采用百分制的评分体系评价酒款，用星级体系评价酒庄。

1. 百分制体系

84—86 分是"可以接受"（Acceptable），87—89 分为"推荐饮用"（Recommended），90—93 分为"强力推荐"（Highly recommended），94—100 分是"顶尖葡萄酒"（Outstanding wines）。

2. 星级酒庄体系

百分制的评分中 94—100 分的酒品可以获得五个杯子的星级，成为"五杯酒"标志葡萄酒。同时，一个酒庄拥有两款以上"五杯酒"葡萄酒才可以成为五星级酒庄。

★★★☆准四星级酒庄：表明酒庄实力过硬、值得信赖。准四星级酒庄占澳大利亚酒庄总数的 8% 左右。

★★★★四星级酒庄：表明酒庄能够酿造出具有特色的葡萄酒。四星级酒庄占澳大利亚酒庄总数的 10% 左右。

★★★★☆准五星级酒庄：表明酒庄接近五星级酒庄的水平，能酿造出高水平的葡萄酒。准五星级酒庄占澳大利亚酒庄总数的 10% 左右。

★★★★★黑五星级酒庄（五星标志和酒庄名均为黑色）表明酒庄出众，能够生产出高品质的葡萄酒，并且在当年至少有 2 款以上的葡萄酒获得了詹姆斯·哈利德 94 分（或以上）的评分。黑五星级酒庄占澳大利亚酒庄总数的 9% 左右。

★★★★★红五星级酒庄（五星标志为红色，酒庄名为黑色）表明酒庄卓越出众，酿造的葡萄酒特色突出，为典范之作。

入选条件为：该酒庄至少有 2 款葡萄酒当年获得了詹姆斯·哈利德 94 分（或以上）的评分，且前两年也必须是五星级评级。这使得葡萄酒的品质得以持续保证，红五星级酒庄占澳大利亚酒庄总数的 5% 左右。

★★★★★双红五星级酒庄（五星标志和酒庄名均为红色）

表明酒庄在相当长的时期内一贯是红五星级酒庄且表现卓越，是当之无愧的澳大利亚酒庄之粹，也是澳大利亚顶级的老牌酒庄，数量极少，每年仅有 100 家左右，占澳大利亚酒庄总数的 3% 左右。

三、兰顿分级

1991 年，兰顿拍卖行首次推出"兰顿澳大利亚葡萄酒分级（Langton's Classification）"系统。兰顿分级基于澳大利亚本地的精品酒款在二级市场，即酒类拍卖和收藏市场的历史纪录。在经历了 28 年的不断发展和变革之后，2018 年兰顿分级公布到第七版，共有 136 款精品澳大利亚葡萄酒列入了这份名单。

兰顿分级将澳大利亚葡萄酒分为三类：至尊级（Exceptional）、杰出级（Outstanding）和优秀级（Excellent）。三种分类是通过分析澳大利亚优质葡萄酒拍卖纪录编制的，包括长期的价格和需求量。它是一种基于消费者需求而非单一意见的独特评级系统，因此对

兰顿至尊葡萄酒

澳大利亚最好的葡萄酒的评级更加准确。纳入兰顿分级的三个基本要求：葡萄酒至少酿造了 10 个年份，在二级市场（除酒庄直采外的渠道）有良好的销售记录，必须有年份（某些雪莉风格或混合年份起泡酒等无法参与评选）。兰顿分级约 4—5 年更新一次。兰顿分级是对葡萄酒的分级而非酒庄，能否成功进入分级系统取决于一款葡萄酒在公开市场上的表现、需求量以及价格，而非酒庄或产区等的表现，所以是非常严格和公正的。

1. 至尊级。最稀缺、受追捧和最珍贵的葡萄酒，代表了澳大利亚葡萄酒的最高品质。

2. 杰出级。极受市场欢迎的葡萄酒，是澳大利亚葡萄酒质量的标杆之作，有强大市场号召力的优质葡萄酒。

3. 优秀级。需求稳定而品质优良的葡萄酒。

第十四章

新西兰之美：小而精的葡萄酒国度

只要到了新西兰，你就会理解为什么我说，新西兰的颜色如此之亮，个性如此之鲜明，生命的能量如此之高尚！我也最终明白了，新西兰的葡萄酒之美只是这个美丽国家的风土最简单的表达。

——世界最佳侍酒师大赛冠军　朱莉·杜波

不管是世界上的哪个产区，倒春寒都是葡萄园的重大风险。图片来源：New Zealand Wine

第一节　新西兰：神话中的中土世界

时光流逝，历史成为传说，传说成为神话。

电影《魔戒》拍得很美，神秘的魔戒城、田园牧歌霍比屯、马尔堡的皮鲁斯河、洛丝萝林的幽静森林，都是新西兰的实景地，因为《魔戒》的成功，新西兰有了"神话中的中土世界"的美誉。

环境保护和可持续发展在葡萄酒行业并不是一个新词儿，无论法国、美国、澳大利亚还是中国，大家都把保护环境，减少污染物排放和可持续发展作为企业的核心社会责任。但是，新西兰葡萄酒行业已经远远超脱了环保概念，对于可持续发展的关注和投入，新西兰是国家级的，他们已经上升到了追求人与自然极致和谐的层面。

碧蓝的天空、纯净的湖水、常年不化的冰山，所有从业者对自然的崇敬，造就了绿色、自然、健康的葡萄园和纯净、平衡、协调的葡萄酒。

1819 年，英国传教士萨缪尔·马斯登（Samuel Marsden）在新西兰北岛远北大区的凯利凯利（Kerikeri）开辟了第一块葡萄园，开始试验种植 100 个葡萄品种。十几年后，另一个英国人詹姆斯·布斯比（James Busby）在北岛的怀唐依（Waitangi）成功酿造新西兰第一瓶葡萄酒。19 世纪 30 年代晚期，让·巴蒂斯特·鲍姆巴利尔（Jean Baptiste Pompallier）主教带来法国葡萄品种，并在今天的吉斯本（Gisborne）和霍克斯湾（Hawke's Bay）附近建设葡萄园。1880 年，西班牙移民酿酒师约瑟夫·索罗（Joseph Soler）的葡萄酒在墨尔本国际展览上赢得六个奖项。1886 年，他又在伦敦获得大奖。

新西兰葡萄酒虽然也有 200 多年的历史，但是其发展却一波三折，加上禁酒令以及啤酒、烈酒流行等因素的影响，使得新西兰葡萄酒长期处于边缘状态。

20 世纪 60 年代，新西兰葡萄酒行业开始崛起，葡萄酒在这个国家慢慢被认可和接受。20 世纪 60 年代末和 70 年代初，更多的新西兰年轻人前往欧洲学习和工作，许多新西兰人发现和体验到了欧洲的葡萄酒文化。这种文化的交流和互动也推动葡萄酒在新西兰越来越受欢迎。1973 年，英国加入欧洲经济共同体，新西兰肉类和奶制品贸易受到影响，原来的农场被开发成葡萄园。20 世纪 70 年代，新西兰马尔堡（Marlborough）地区开始生产葡萄酒。20 世纪后期，马尔堡的长相思已经声誉鹊起了，奥克兰（Auckland）和霍克湾的酿酒厂也开始酿造赤霞珠葡萄酒。经过多年的努力，今天的新西兰葡萄酒已经成为继奶制品、羊毛制品后另一个著名的农产品。

19 世纪初，英国人在北岛开辟了第一个葡萄园。图片来源：New Zealand Wine

第二节　新西兰：无人不知的长相思

近30年来，新西兰葡萄酒没有受到传统的束缚，新技术快速普及，产品创新不断。随着对当地风土条件的探索和葡萄品种上的磨合，新西兰葡萄种植和酿酒技术达到国际一线水准，对各大产区微气候和小产区土壤的研究也达到较高水准，各种风土潜力得到充分发挥。

一、气候特点

新西兰位于南半球，由南到北纬度相距约有六度，对照北半球相同的位置，大约等于巴黎到非洲北部，相当于跨越了欧洲最负盛名的勃艮第、罗纳河谷、波尔多和意大利托斯卡纳等产区。新西兰应该是南半球最适合种植酿酒葡萄的国家，可是事实上由于海岛型多雨气候，新西兰温度较低，与北半球欧洲的大陆型气候有着极大的差异。新西兰距离澳大利亚约有1600多公里，全岛绿草如茵，以畜牧业为主。但直到最近30年来，葡萄酒产业才发展成为重要的农业之一。

新西兰分为南岛与北岛两大岛屿，南岛寒冷，北岛相对炎热，春夏两季的温差约10 C以上，两岛葡萄采收工作大约从每年的二月一直延续到六月才能全部结束。过度充沛的雨水，是葡萄生长期最常遇到的问题，雨水稀释了葡萄的含糖量，多少影响到葡萄的成熟度。

二、葡萄品种

1. 白葡萄品种

主要有长相思、霞多丽、灰比诺、阿内斯（Arneis）和雷司令等。

2. 红葡萄品种

主要有黑比诺、赤霞珠、美乐和丹魄等。

新西兰四大葡萄酒的产量占到全国的80%以上，这四个葡萄酒分别是长相思、霞多丽、黑比诺、赤霞珠与美乐混酿。其他不断增长且受欢迎的葡萄品种也有着突出的表现。在西拉、灰比诺和雷司令的引领下，从阿内斯（Arneis）到丹魄（Tempranillo），多个品种正在崭露锋芒。新西兰的气候、土壤与地貌特征特别有利于葡萄的生长。许多产区都拥有温和而阳光充沛的夏季，昼夜温差大，延缓了葡萄的成熟期，使它们拥有了纯净浓郁的品种典型性。

第三节　新西兰葡萄酒地理标志和登记制度

马尔堡的长相思熟了。图片来源：New Zealand Wine

　　2006 年，新西兰议会通过《葡萄酒与烈酒地理标志登记法案/Geographical Indications Registration Act》（以下简称《法案》），2017 年发布实施。自此，新西兰各大产区可以申请地理标志标签（GI）。

一、地理标志登记制度

　　《法案》的主要动机是通过建立正式的地理标志（GI）来保护每个葡萄酒产区的集体知识产权，从而保证某产区的名字不会被使用在其他地方所生产的葡萄酒上。标注某地理标志产区的葡萄酒，首先该产区必须完成注册。已完成注册的地理标志一共有 18 个，分别是北地（Northland）、奥克兰（Auckland）、马塔卡纳（Matakana）、库姆（Kumeu）、怀赫科岛（Waiheke Island）、吉斯本（Gisborne）、霍克斯湾（Hawke's Bay）、中霍克斯湾（Central Hawke's Bay）、怀拉拉帕（Wairarapa）、格莱斯顿（Gladstone）、马丁堡（Martinborough）、尼尔森（Nelson）、马尔堡（Marlborough）、坎特伯雷（Canterbury）、北坎特伯雷（North Canterbury）、怀帕拉谷（Waipara Valley）、怀塔基谷北奥塔哥（Waitaki Valley North Otago）和中奥塔哥（Central Otago）。

　　比较巧合的是，就在《法案》发布的同时，一家新西兰酒庄就被指控出口带有欺诈性标识的数千瓶葡萄酒，这家酒庄的负责人、酿酒师也面临多达 150 多项的指控。

二、品种标注要求

　　新西兰葡萄酒法规不同于美国和欧洲，它在商标上标注的内容随销售地的不同而不同。英国是新西兰葡萄酒最大的出口国，因此多数新西兰葡萄酒是严格按照欧洲市场的要求来标注的。如果酒标上标注单一葡萄品种如赤霞珠，新西兰本国市场要求，赤霞珠的体积含量至少占 75%；如果出口至欧洲和美国，含量至少占 85%。如果酒标上标注多于一个品种（如赤霞珠和美乐），品种名称顺序按含量比例递减顺序标注，如果是新西兰国内市场，被标注的品种至少含 75%；如果销往欧洲和美国，则被标注品种含量必须达到 100%。

第四节　新西兰：南岛称帝，北岛为王

新西兰是一个岛屿国家，由北岛和南岛两个岛屿组成，各大知名葡萄酒产区分布在北岛和南岛上。

北岛著名产区有北地、奥克兰、怀卡托（Waikato）/丰盛湾（Bay of Plenty）、吉斯本、霍克斯湾、马丁堡/怀拉拉帕等产区。

南岛著名产区有马尔堡、尼尔森、怀帕拉谷/坎特伯雷和中奥塔哥。因为靠近南极，越往南越寒冷，酿造的酒也越清爽优雅，酸度更高，果香也更加活泼。

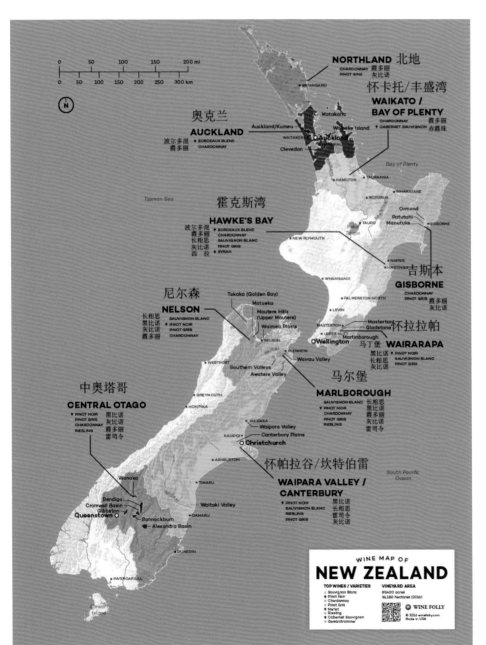

新西兰产区图

一、经典葡萄酒

新西兰的经典葡萄酒有马尔堡长相思、中奥塔哥黑比诺和霍克斯湾的波尔多混酿葡萄酒。

虽然新西兰出产的红葡萄酒品质不差，但白葡萄酒还是占了全国产量的90%。新西兰最有名的是长相思葡萄酒，在国际上享有盛誉。最著名的红葡萄品种是黑比诺，中奥塔哥的品质最佳，马尔堡、霍克斯湾也相当出色。霍克斯湾盛产波尔多品种的混酿红葡萄酒，赤霞珠、美乐和品丽珠都可酿造出一流的葡萄酒。霞多丽、雷司令、琼瑶浆、灰比诺、米勒（Müller-Thurgau）等果香浓郁的品种也在新西兰长势良好。

二、北岛著名葡萄酒产区

1. 奥克兰

奥克兰产区年日照时间为 2060 小时，降水 1240 毫米，气候温暖潮湿，葡萄的成熟度不是问题，但有病虫害困扰。该产区土壤以黏土为主，排水性稍弱，所以葡萄园选址和管理是影响葡萄酒品质的重要因素。奥克兰东部的怀赫科岛（Waiheke Island）气候更加温暖干燥，还有凉爽海风帮助降温，是奥克兰最好的子产区。

波尔多混酿是奥克兰最常见的葡萄酒类型，美乐表现最佳，浓郁而不失优雅。西拉是又一个明星品种，表现出既复杂又浓郁的特点。白葡萄品种中霞多丽最常见，口感成熟、酸度平衡，带有成熟新鲜的热带水果风味。灰比诺在奥克兰则展现出肉感、饱满的一面，带有成熟核果和香料的风味。

2. 吉斯本

1769 年 10 月 8 日，英国探险家库克船长及其皇家海军"奋进号"在新西兰吉斯本首次登陆，是新西兰最东边的葡萄酒产区。该产区日照时间最长，故而采收最早，年均降水 1051 毫米，尤其集中在夏末和秋季。土壤以黏土和粉砂壤土的混合型土壤为主，部分地区还分布有河沙壤土，适合芳香型品种生长。

霞多丽是吉斯本最重要和最成功的品种，故吉斯本有"霞多丽之都"的美誉。吉斯本霞多丽香气浓郁，口感丰富，大部分以新鲜易饮的果香型葡萄酒为主，顶级的酒款拥有足够的深度和陈年潜力。芳香型品种的种植也十分普遍，灰比诺、琼瑶浆、雷司令和维欧尼也都表现上佳。长相思在吉斯本也有种植，由于日照时间长，该地长相思往往表现出奔放、成熟的热带水果风味，有些酒庄会通过提前采收酿造酒体更加轻盈的长相思，以保留其清新的酸度和草本风味。

3. 怀拉拉帕

怀拉拉帕是一个精致的小产区，产量仅占其国家的 1%。年日照时间为 1915 小时，春秋凉爽，夏季高温且昼夜温差大。另一方面降雨也较为理想，年均 979 毫米，且集中在冬春季节，秋季漫长干燥，是酿造晚

怀拉拉帕之春

收和贵腐葡萄酒的绝佳产区。

黑比诺是无可争议的王牌，怀拉拉帕黑比诺结构和深度俱佳，葡萄品种自带的芳香优雅，还有富含矿物的土壤带来的咸鲜风味。长相思虽没有黑比诺那样备受瞩目，但其浓郁鲜活的口感、立体的结构以及草本与热带水果混合的馥郁香气，让人印象深刻。

4. 霍克斯湾

霍克斯湾是新西兰仅次于马尔堡的第二大产区。霍克斯湾的夏天和秋天通常是干燥的，年日照时间长。土壤以淤泥混合型土壤为主，呈现出火山灰质土壤特征，其中吉布利特砾石区凭借独特的风土成为酿造优

霍克斯湾之秋

质红葡萄酒的理想之地。土壤、地形、微气候的巨大差异意味着葡萄品种之间成熟期的差异和葡萄酒品种的多样化。

产区以美乐为主的波尔多混酿闻名，口感强劲而不失优雅，同时陈年潜力上佳。另外，西拉的表现也越发耀眼，西拉葡萄酒通常带有鲜明的土壤和胡椒风味，甚至可以与罗纳河谷媲美。霍克斯湾霞多丽和长相思混酿葡萄酒也很有特点，酒体饱满且富有层次的成熟果香，并带有显著的橡木和黄油气息。

三、南岛著名葡萄酒产区

1. 马尔堡

新西兰最出色的白葡萄酒往往都来自南岛，而南岛最重要的产区就是马尔堡。马尔堡目前是新西兰葡萄酒最大的产区，夏季温暖，秋季干燥，光照充足，昼夜温差大，降雨较少。这些条件使葡萄拥有相对漫

长的成熟期，并能保留住较高的酸度。马尔堡的土壤以泥沙地为主，含有大量漂石，能够反射热量，因此长相思、雷司令和黑比诺等冷凉品种长势良好。

长相思是马尔堡最有名的一张名片，马尔堡长相思浓郁的热带水果风味，爽脆的酸度，加之那一抹独特的白醋栗和矿物味道，很容易分辨和记忆。灰比诺和雷司令品质也很高，还可以酿制讨喜的晚摘葡萄酒。黑比诺水准极高，口感清瘦，酸度较高，中等酒体，单宁精细，并带有集中的樱桃和李子等红色水果风味，以及鲜明的土壤气息。

当地的起泡酒品质也非常亮眼，品质不俗，使用霞多丽和黑比诺以传统香槟工艺酿造。

2. 中奥塔哥

中奥塔哥位于新西兰南岛最南端，也是世界上最靠南的产区之一。与新西兰其他产区不同，因为高海拔与靠近内陆的关系，这里是唯一的大陆性气候。臭氧层上的空洞造成了强烈的太阳辐射，这也可能是新西兰比世界上任何国家都更重视环保的重要原因。凉爽的夜间保留了葡萄天然的酸度，让这里成为高质量葡萄酒的摇篮。

黑比诺是当仁不让的明星，占总产量的80%。中奥塔哥黑比诺酸度卓越，散发出红色水果与精致的矿物、土壤和草本气息。另外，雷司令和灰比诺也非常出色，酒体轻盈，高酸且活泼，充满浓郁的果香和矿

马尔堡的夏天和中奥塔哥的冬天。图片来源：New Zealand Wine

物质感。

　　新西兰还有其他几个产区，如北地、尼尔森、坎特伯雷 / 怀帕拉谷和怀卡托 / 丰盛湾等，葡萄酒品质也非常高。

　　新西兰以精品酒庄为主，强调品质与个性，在中国的价格也相对较高，但却非常有特点，品尝新西兰葡萄酒，是一场充满了探索乐趣的旅程。

第十五章

南非之美：新旧世界的桥梁

游南非，就等于环游世界。

南非地处南半球，位于非洲大陆的最南端，有"彩虹之国"的美誉，风景绮丽，动植物资源极为丰富。不管是原始部落还是欧陆小镇，不管是古老的黄金城还是现代化的大都市，南非处处是美。

在大西洋和印度洋的双重影响下，南非葡萄酒产区呈现出典型的海洋性气候

第一节　南非：彩虹之国的葡萄酒传奇

　　由于欧洲国家的殖民运动，南非葡萄酒出现了萌芽迹象，从第一株葡萄树种下至今，南非的葡萄酒已经走过370年的历史。今天的南非，已经发展成为世界第九大葡萄酒生产大国，在世界的葡萄酒版图中占有非常重要的一席之地。

一、葡萄酒萌芽

　　1652年，荷兰人入侵南非，对当地黑人发动多次殖民战争。欧洲船队要往返亚洲，就需要在中间歇脚和补充给养，荷兰东印度公司开始在开普建立基地。但是后来形势的发展大大超出了初衷，开普逐渐成了大商埠。

　　1655年，开普首任总督里贝克种下了第一株葡萄，并于1659年2月2日亲自用开普葡萄酿造第一批葡萄酒。随后，葡萄的种植在罗斯希尔（Roschheuvel）（也就是今天的著名城市比绍斯科特Bishopscourt和温贝赫Wynberg）地区大面积推广开来。里贝克大力鼓励农民种植葡萄，但当地农民没有经验，许多葡萄园发展并不顺利。

　　1679年，史戴尔继任开普总督，情况有了好转。他对葡萄栽培和酿酒不仅满怀热情，而且造诣很深。他在自己的农庄康斯坦蒂亚（Constantia）开辟葡萄园，并酿造了好酒。这就是康斯坦蒂亚葡萄酒闻名世界的开端。

340

1899—1902年爆发了英布战争，英国人战胜并统治南非

二、发展和低谷

1688 年，法国的胡格诺派新教徒为逃避天主教的迫害来到南非。作为宗教难民，胡格诺教徒们穷困潦倒，身无分文，只能出卖自己的劳力和葡萄种植与酿酒智慧，南非的葡萄酒生产和酿造水平终于破冰提升了，该产业慢慢繁荣起来。

18 世纪，南非葡萄酒产业仍然存在很多困难。南非葡萄酒的质量仍然不高，出口到欧洲和远东市场也不容易。而且，南非缺乏橡木桶，葡萄酒得不到良好的陈酿，加上工艺技术不成熟，全面限制了葡萄酒质量的进步。最适合的葡萄品种也没有选育完成，南非葡萄酒之路难题颇多。

1803 年，拿破仑战争爆发，法国切断了与英国的葡萄酒贸易，为南非葡萄酒创造了新的市场机会，英国不得不从南非大量进口葡萄酒，南非葡萄酒产量快速增长。然而，拿破仑战争结束后，南非向英国的葡萄酒出口量再次陷入萎缩。

1886 年，始于法国的根瘤蚜虫灾害也光顾了南非，摧毁了南非大片的葡萄园，南非的葡萄酒产业再次陷入混乱。

1918 年，南非葡萄种植者合作协会（KWV）的成立，南非的葡萄酒酿造业进入稳定发展的阶段。

三、曙光来临

今天，南非葡萄酒业已经发展到拥有葡萄园面积将近12万公顷（180万亩），产量达到8亿多升的规模，占世界总产量的3%，世界出口量的3%，葡萄酒从业者35万名。南非也成长为世界第九大葡萄酒出产国。

第二节　南非：最南端的非洲风情，皮诺塔基诞生之地

皮诺塔基（Pinotage），就像是南非的黑色宝石，散发着迷人的光芒，照耀着南非这片土地。一个皮诺塔基，让南非葡萄酒在世界葡萄酒之林熠熠生辉。

一、地理条件

南非的葡萄种植区主要位于西开普省，分布在南纬34度附近高低不平的山谷、坡地和高原上，形成了从海边向内陆不超过50公里的沿海葡萄种植带。北开普省的橙河地区靠近撒哈拉沙漠，也有葡萄园，土地平坦且贫瘠。

二、气候特点

由于大西洋和印度洋的双重影响，南非大部分葡萄酒产区都呈现出海洋性气候特征，气候凉爽，非常适宜种植葡萄。

由于两洋交汇，大西洋上来自南极洲寒冷的班格拉洋流，缓解了夏季的暑热。白天，有海上吹来的习习凉风，晚间则有富含湿气的微风和雾气，日照时间也非常合适。这样的气候条件适合多种葡萄的生长，并创造了南非丰富的葡萄酒种类。

三、土壤类型

开普葡萄酒产区土地古老，地形和土壤随区域变

化各不相同。

在沿海地区，多是砂质岩和被侵蚀的花岗岩，在地势较低处则被页岩层层包围。靠近内陆的区域则以页岩母质土和河流沉积土为主，页岩土壤通常为褐色，结构坚固，部分为已分解的母岩，富含养分，保水性良好。代表性产区有格兰罗沙（Glenrosa）、黑地（Swartland）、克兰姆斯（Klapmuts）、埃斯考特（Estcourt）等。

沿海地区的花岗岩土通常为红色或黄色，呈酸性，分布于山麓坡地及山区，具有良好的物理特性和保水性，代表性产区有奥克利夫（Oakleaf）、图库路（Tuku-lu）、赫顿（Hutton）、克洛弗利（Clovelly）等。塔尔布山砂岩土壤为相对贫瘠的沙土，保水性较好，代表性产区有福恩伍德（Fernwood）、朗兰兹（Longlands）、韦斯特利（Westleigh）、邓迪（Dundee）等。

四、生物多样性

开普葡萄酒产区区域内大约有 9600 多种植物，其中地方特有的占 70%。开普植物王国是世界上六个植物王国中面积最小，但是品种最丰富的一个。它孕育着超乎寻常的多种生物，潜在地赋予了这里所产葡萄酒的独特韵味。

五、葡萄品种

1. 白葡萄品种

主要有长相思、白诗南、哥伦巴（Colombard）、苏坦娜（Sultana）、霞多丽、赛美容、亚历山大玫瑰（Hanepoot，英文意为非洲白葡萄）、南非雷司令（Crouchen blanc）等。

2. 红葡萄品种

主要有皮诺塔基（Pinotage）、品丽珠、黑比诺、马尔贝克、赤霞珠、西拉、美乐、黑神索（Cinsaut Noir）等，南非的地道品种皮诺塔基——它是采用黑品诺和神索两个品种杂交创造的。

六、皮诺塔基传奇

1. 诞生

皮诺塔基起源于南非，是南非著名葡萄栽培专家亚伯拉罕·伊扎克·博罗德（Abraham Izak Perold）"发明"的。之所以说是发明，是因为皮诺塔基是个杂交的新品种，之前并不存在。1925 年，亚伯拉罕将黑比诺（Pinot Noir）和神索（Cinsaut）杂交，皮诺塔基就此诞生，其名称 Pinotage 是摘取了亲本名字的一半结合而成（神索当时在南非被称为 Hermitage）。之所以选择这两个品种，一来是因为亚伯拉罕本身就喜欢黑比诺，二来当时神索在南非是最重要的红葡萄品种。

2. 皮诺塔基的上升之路

皮诺塔基之于南非，就像仙粉黛之于美国，西拉之于澳大利亚，佳美娜之于智利和长相思之于新西兰。但是，皮诺塔基并不是一开始就大红大紫，实际上还经历了一定的跌宕起伏。

由于这是一个本地的新品种，皮诺塔基刚一出现，

亚伯拉罕·伊扎克·博罗德

皮诺塔基的树形为灌木树形（左），其虽源于黑比诺但果实与之差别很大（右）

就受到了欢迎，但是酿酒师缺乏对这个品种的酿造经验，导致了不少劣质酒的出现，这让它在发展初期遭受了很多白眼。

1991 年，炮鸣之地酒庄（Kanonkop）酿酒师贝耶斯·朱特（Beyers Truter）携皮诺塔基葡萄酒参加英国葡萄酒和烈酒大赛，被评为年度酿酒师，这是首位南非人获此殊荣。这次国际事件促进了皮诺塔基的复兴。更多的酒厂和酿酒师开始认真对待皮诺塔基，他们试着延长发酵时间，降低发酵温度，以浸渍果皮中的颜色和单宁，最大限度地保留果香，增加皮诺塔基葡萄酒的魅力。同时还采用美国和法国的橡木桶陈酿，以增加葡萄酒的复杂性和层次感，这些都促进了皮诺塔基品质的提升。

3. 皮诺塔基的特点

皮诺塔基是黑比诺和神索的杂交品种。黑比诺最初种植于勃艮第，早熟皮薄，适应天气冷凉的产区，酿造出来的葡萄酒一般酒体轻盈，口感柔顺，优雅细

腻。神索多产且抗病能力强，较容易成熟，酿造的葡萄酒口感轻盈柔和，果香丰富，多用来酿造桃红葡萄酒。皮诺塔基将黑比诺的优雅细腻和神索的耐寒结合起来，既继承了亲本的某些特征，也有自己的个性。皮诺塔基耐寒、多产，发芽较早，抗病能力强，容易成熟，而且粒小、皮厚、含糖量高，酸度适宜稳定，单宁丰富。

皮诺塔基多采用灌木（Bush Vine）树形，特别是很多树龄较老的葡萄藤。皮诺塔基继承了黑比诺和神索的良好基因，既可酿造单品葡萄酒，也能在混酿中表现良好。因此，可以胜任桃红、红葡萄酒，又能酿造类似波特的加强酒以及红起泡酒。

但是，品质较差的皮诺塔基葡萄酒可能会有刺鼻的、类似于丙酮的或者油漆的化学品味，果香和深层次香气较少，口感单薄，酸度相对较高，平衡感较差，且带点苦涩感。所以，买皮诺塔基葡萄酒不能买太便宜的。

第三节　南非葡萄酒法定产区制度：借鉴法国，但又不同

1973 年，南非葡萄酒及烈酒管理局（Wine and Spirit Board）制定和颁发了南非产地分级制度（Wine of Origins，简称 WO），该制度部分借鉴了法国的原产地命名制度（AOC），但南非 WO 制度主要是希望通过酒标来更精确地告诉消费者葡萄酒的产地和品质等级。

一、葡萄酒产地分级

根据 WO 制度，南非葡萄酒产地被划分为四个等级：

地理区域级产区（Geographical Unit），目前唯一且重要的是西开普省（Cape Town）。

地区级产区（Region），有：海岸产区（Coastal Region）、布里厄河谷（Breede River Valley）和开普南海岸（Cape South Coast）。

区域级子产区（District），如斯泰伦博斯（Stellenbosh）、帕尔（Paarl）、伍斯特（Worcester）、罗贝尔森（Robertson）、沃克湾（Walker Bay）、埃尔金（Elgin）。

葡萄园级子产区（Ward），如康斯坦蒂亚（Constabtia）、德班山谷（Durbanville）、天地山谷（Hemel-en-Aarde）、艾琳（Elim）。

二、葡萄酒标签制度

1989 年，南非发布酒类产品法案，南非葡萄酒及烈酒管理局负责原产地、葡萄品种、葡萄采摘期的控制管理。在南非 WO 产区范围内酿造的葡萄酒，都可以申请送交葡萄酒及烈酒管理局进行官方评价，通过官方评价的葡萄酒将被授予一个官方标签，这种标签由南非葡萄酒及烈酒管理局担保，保证葡萄酒标注的产地、品种、收获年份等所有信息的真实性。另外，如果葡萄酒达到一个特别高的水准，就被允许在标签上使用很少见的名称"优质"（Superior）。

三、葡萄品种标识

产品标签上葡萄的品种名称是按照葡萄酒原产地计划获得授权的，只有品种相符才能使用。如果葡萄酒酒标上标注某品种，那么该品种的体积含量至少要达到75%。另外，如果是出口欧盟或者美国，则其中85%的成分必须来自该葡萄品种。

南非大约有73个葡萄品种被批准用于葡萄酒的生产，每个品种都具有长期以来对不同土壤和气候适应而产生的不同特点，能够满足酿造特定品质、特定口味葡萄酒的要求。这就是葡萄品种、产地以及葡萄酒之间的一种密切关系。

344

南非葡萄酒上的官方标签

大美葡萄酒

第四节　南非葡萄酒产区：西开普省的层层细分

　　南非是南半球最著名的葡萄酒生产国之一，常被形容为架接旧世界与新世界的桥梁。南非葡萄酒在工艺和技术上属于新世界，但在产品风格上通常与旧世界有更多的共同之处。南非葡萄酒以其丰富多样的风格受到国际关注和赞誉。

　　在葡萄酒原产地计划的主导下，开普葡萄酒产区的生产区被分为官方划定的大区域、地方区域和小区。包括四个主要区域：布利德河谷、克林克鲁、沿海区及奥勒芬兹河。其中包含了 17 个不同的地方区域和 51 个更小的区，其中就有非洲最南端 Cape Agulhas 附近令人振奋的艾琳地区。

一、康斯坦提亚葡萄酒产区

　　康斯坦提亚是南非开普敦省比较有历史的一个葡萄酒产区，以冷凉气候条件下出产的高品质长相思干白葡萄酒和麝香甜白葡萄酒而享有盛誉，波尔多混合

风格葡萄酒也具有非常高的品质。赤霞珠、美乐种植在光照较强的陡峭斜坡上，以保证葡萄很好地成熟。

　　1860 年，根瘤蚜虫灾害几乎使康斯坦提亚的葡萄园损失殆尽，然后人们就遗忘了种植葡萄的事情。直到 1980 年，葡萄种植才复兴。康斯坦提亚的葡萄园多种植在比较低的山脚下，最高的葡萄园海拔高度为 400 米，这片葡萄园也是南非最陡峭的葡萄园。受到山脉的庇护和海洋冷风的吹拂，再加上斜坡上比较低的平均气温，使得这里的葡萄保持了非常好的酸度。土壤为花岗岩土，同时含有高比例的黏土，有很好的排水性，同时黏土也能保留一定的水汽供给干燥夏季葡萄树生长的需要。

二、沃克海湾葡萄酒产区

　　沃克海湾位于南非西开普省南部的海岸上，是南非著名的葡萄酒产区之一。出产南非最好的具有勃艮

康斯坦提亚的葡萄园起伏连绵。图片来源：Andy's Car Rental

沃克湾的天地山谷。图片来源：Serious Eats

第风格的霞多丽和黑比诺葡萄酒。另外也出产同样高等品质的长相思、美乐、西拉葡萄酒。

沃克海湾属于海洋性气候，是南非最冷凉的葡萄酒产区之一。夏季非常长，阳光强烈，从海洋吹来的冷风很好地调节了葡萄园的温度。这适当延长了葡萄的成熟期，让葡萄可以积累更多的风味物质同时保留了较好的酸度。

沃克海湾的土壤结构为页岩和砂石，同时还有高比例的黏土，虽然排水性非常强，但黏土还可以保留一定的水汽供给葡萄生长季节的部分水分需求，葡萄树为了得到更多的水分，会尽力向土壤深层扎根，发展出更深厚的根系。葡萄园的产量通常非常低，这样得到的果实香气、内含物质都比较浓缩。沃克海湾的葡萄酒吸引了国际的关注。

三、得班山谷（Durbonville）

像康斯坦提亚一样，得班山谷的干地葡萄园非常靠近开普敦。这里有四个酒庄和三个葡萄酒酿造厂，主要位于靠海的起伏坡地上。不同的地貌和海拔，孕育了以红葡萄为重点的多种葡萄酒。该地区生产的索味浓干白和美乐被世人所熟知。

四、克林卡鲁（小卡鲁）

这个狭长的区域从蒙地桂一直到奥茨霍恩，气候稍显极端——夏日较暖而降水较少。葡萄种植往往是在灌溉水充沛的河谷区。克林卡鲁生产南非最负盛名的几种加强型葡萄酒，如卡利兹卓布区因出产高品质的波特酒而闻名。

大美葡萄酒

五、北开普 (Northern Cape)

开普最北部的种植区，也是第四大产区。它一直沿奥兰治河延伸，是南非最温暖的地区，面积超过15000公顷，是最重要的白葡萄酒产区，红葡萄——尤其是美乐、皮诺塔基以及西拉种植来越多。

六、奥勒芬兹河 (OLIFANTS RIVER)

该产区是沿奥勒芬兹河宽阔山谷的一片带状区域。与其他的开普产酒区相比，这里也较为温暖，降水也少。而细致的叶幕管理技术，保障了葡萄能借叶片遮挡阳光。同时，结合现代化的酿酒技术，奥勒芬兹河地区成为一个重要的优质、高价值葡萄酒的基地。该区内包含有较凉爽的、高海拔的塞德堡和皮克涅库夫区。

七、奥弗贝格 (Overberg)

新兴的葡萄栽培区，如波特河、爱坚和沃克湾分布在较凉爽的南部地区。沃克湾区靠近海滨城市赫尔曼纽斯，是目前南非最好的霞多丽、黑比诺和白索味浓的产地。这些葡萄园中有一部分靠海，能受益于凉爽的海风，土壤是风化的页岩土，非常适合喜欢凉爽气候的品种。

八、帕尔 (Paarl)

帕尔是离开普敦50公里的一个风景优美的小镇。坐落在由三块巨大的形如圆屋顶的花岗岩形成的岩层下部，岩石中最大的一块被称为帕尔峰。很多品种的葡萄都在这里有种植，如赤霞珠、西拉、皮诺塔基、白诗南、霞多丽、白索味浓等。

帕尔区内被誉为开普地区"烹饪之都"的佛兰夏克，这里还保持着法国胡格诺教派特征，也反映在所

KWV 公司著名的大教堂酒窖。图片来源：KWV 公司官网

产的葡萄酒中。这个区还包括惠灵顿，一个发展中的葡萄酒产区，生产一些有潜力的葡萄酒，以及最新的西蒙堡-帕尔。

九、罗贝尔森（ROBERTSON）

靠布利德河灌溉的罗贝尔森地区被誉为"美酒、玫瑰谷"。这里的炭岩土使它很适于放养赛马。当然，也一样适于优质葡萄酒的生产。虽然夏季的气温比较高，但是，有凉爽的带着湿气的东南风吹拂山谷。这是传统的白葡萄酒产区，以霞多丽而驰名。罗贝尔森也是开普地区最令人瞩目的几种西拉产区。另外，这里还出产加强型甜葡萄酒。

十、斯泰伦布什（STELLENBOSCH）

斯泰伦布什的酿酒历史可追溯到17世纪后叶。这个地区，有悠远历史的酒庄，也有当代的酿造厂，拥有几乎所有知名葡萄品种。该产区被分为几个小的品种栽培区，包括 Simonsberg-Stellenbosch、Jonkershoek、Bottelary、Devon Valley、Helderberg、Papegaaiberg、Koelenhof 和 Vlottenburg。斯泰伦布什有很多葡萄酒教育机构和研究机构，当然也有很多的顶级酒庄。

这里的气候条件非常理想，冬季降水非常充足，

夏季很少过于炎热，这主要归功于从 False Bay 出来的冷风，但生长季比较干燥。北部的葡萄园多种植在西蒙博格山谷（Simonsberg Mountain）缓和的斜坡上，这样的梯度也造就了多种多样的微气候条件，可划分为多个子产区，适宜多个葡萄品种的种植。斯泰伦布什多为花岗岩和砂石土壤，还有比较高比例的黏土。

斯泰伦布什最著名的葡萄品种是赤霞珠，与美乐一起混酿波尔多风格的葡萄酒。另外著名的葡萄品种还有西拉，也是皮诺塔基葡萄的诞生地，在冷凉的地方还可以出产非常高品质的长相思和霞多丽葡萄酒。

十一、黑地（Swartland）

黑地产区位于开普敦西北，属沿海区，向北与皮克特堡接壤，是浓郁醇厚的红葡萄及高品质加强型葡萄酒（波特酒）的传统产区。

黑地产区属于地中海气候，葡萄园位于山坡谷地，土壤复杂多样，很适合种植酿酒葡萄。赤霞珠、梅乐、西拉、黑比诺和霞多丽表现出色。

十二、图尔巴（TULBAGH）

图尔巴产区被 Winterhoek 山三面环绕，除了葡萄园，还布满果园和麦田。山地的复杂性造就了多种多样区域性小气候，夏季气候仍然比较暖和。凭借现今高技术含量的葡萄园灌溉管理和先进的栽培实践，这一地区的潜力正在逐步显现。

十三、沃赛斯特（WORCESTER）

沃赛斯特产区葡萄酒生产以大型合作社为特色，也是最重要的白兰地产区。近年来，部分大型合作社中开

南非著名品牌堡森道葡萄园

南非的葡萄采摘。图片来源：Wines Pectator

超好喝的堡森道美乐干红葡萄酒

始出产优质葡萄酒。该产区占据了布利德河谷及其支流的大部分区域。在这里，不同的河谷土壤以及微气候都有所不同。沃赛斯特附近的罗森乡村，分布着河谷土上种植的茂密葡萄园。

十四、新产区（NEW AREAS）

令人振奋的新产区正在涌现。

艾琳（Elim）地区在非洲最南端，有着凉爽的海上葡萄园，是个独立的小区域。Langkloof 位于半干旱的克林卡鲁区，距离海岸只有 18 公里，受海洋影响巨大。在冬季常降雪的史瓦特堡高山上也有葡萄园。

第十六章

中国之美：当惊世界殊

葡萄美酒夜光杯，欲饮琵琶马上催。醉卧沙场君莫笑，古来征战几人回?

——唐朝诗人　王翰

贺兰山脚下的天赋酒庄

9000 年前的贾湖遗址考古成果

王翰的《凉州词》被明代文人王世贞推为唐代七绝的压卷之作，可见其文学造诣之高。诗人用饱蘸激情的笔触，铿锵激越的音调，奇丽耀眼的辞藻，第一句就犹如突然间拉开的帷幕，在读者面前呈现出五光十色、琳琅满目、酒香四溢的盛大筵席。葡萄酒、夜光杯、琵琶的乐音、气壮山河的劝酒辞令，让人惊喜，使人兴奋，催人泪目，抒写出我华夏男儿马革裹尸的义薄云天和豪迈之气！

而这里的葡萄酒是真实的、在我国古代西北部地区（或者叫西域之地）酿造的葡萄美酒，夜光杯是一种玉质的精美酒杯。

中国葡萄酒看似舶来，实却历史久远，本书开篇曾说"这个世界的葡萄酒故事始于中国"。

野生葡萄驯化、酿酒与中华文明一样源远流长

第一节　中国：灿烂的葡萄和葡萄酒文化

关于葡萄和葡萄种植，我国是最早有文字记录的国家。因此，要描述中国的葡萄种植和葡萄酒历史，除了博物馆里的瓶瓶罐罐，我们还有文字，这一点是其他国家无法比拟的。我们前面写法国、意大利，说到葡萄种植历史，其时间节点都非常模糊，就是因为文字记录的缺乏或者所记太少。

葡萄这个名字，在中国有很多叫法，蒲陶、蒲萄、蒲桃、葡桃等，葡萄酒则相应地叫作"蒲陶酒"等。关于葡萄两个字的来历，李时珍在《本草纲目》中写道："葡萄，《汉书》作蒲桃，可造酒，人酺饮之，则酶然而醉，故有是名。""酺"是聚饮的意思，"酶"是大醉的样子。按李时珍的说法，葡萄之所以称为葡萄，是因为这种水果酿成的酒能使人饮后酶然而醉，故借"酺"与"酶"两字，叫作葡萄。

一、世界上最早的酒

经中国科技大学和美国宾夕法尼亚大学对贾湖出土的陶器进行研究分析，9000 年前的贾湖人已掌握原始的酿酒技术，这对研究世界葡萄酒文化史具有重大意义。

2004 年 12 月，中国科技大学与美国宾夕法尼亚大学对贾湖遗址发掘出土的陶器上的附着物进行了化验分析，研究证实，沉积物中含有酒类挥发后的酒石酸。根据碳 -14 同位素年代测定推断，9000 年前的中国先民已经学会了酿酒。这被证明是目前发现的世界上最早的"酒"。贾湖遗址的发现，改写了这一记录，比国外发现的最早的酒要早 2000 多年，成为世界上目前发现最早与酒有关的实物资料。美国一家公司将之"窃取"生产了一款名为"贾湖酒庄"的酒，但据说是啤酒。

二、欧亚种葡萄酒的萌芽

关于葡萄的第一次的文字记载发生在商朝，《诗经》内有三篇记录了葡萄，"南有蓼木，葛蘽累之"，"绵绵葛蘽，在河之浒"，"六月食郁及薁，七月亨葵及菽"。其中的"葛蘽""薁"就是指葡萄。3000 年前的周朝，我国已经出现家庭种植的葡萄和葡萄园，而且先人们也知道怎样贮藏葡萄。

我国的欧亚种葡萄（即全世界广为种植的葡萄品种）始于汉武帝建元年间。张骞出使西域时（公元前 138—前 119 年）从大宛（今中亚的塔什干地区）带回了葡萄品种和酿酒工匠。《太平御览》记载，汉武帝时期，"离宫别观傍尽种蒲萄"，葡萄的种植和葡萄酒的酿造都达到了一定的规模。东汉末年，国势衰退，葡萄种植和葡萄酒业也极度困难，葡萄酒异常珍贵。《三国志·魏志·明帝纪》中，裴松子注引汉赵岐《三辅决录》："（孟）佗又以蒲桃酒一斛遗让，即拜凉州刺史。"

魏文帝曹丕不仅自己喜欢葡萄酒，还把自己对葡萄酒的见解写进诏书，告之群臣。有了曹丕的身体力行，葡萄酒得到恢复和发展，在晋朝及南北朝时期，成为王公大臣、文人雅士筵席上常饮的美酒。

美国生产的 Chateau Jiahu 啤酒，也可翻译成"贾湖酒庄"。图片来源：360 图书馆

著名电视剧《长安十二时辰》剧照

著名电视剧《长安十二时辰》中的酒晕妆剧照

三、鼎盛时代的唐元

盛唐时期，社会风气开放，不仅男人喝酒，女人也普遍饮酒。女人丰满是当时公认的美，女人醉酒更是一种美。唐明皇李隆基特别欣赏杨玉环醉韵残妆之美，常常戏称贵妃醉态为"岂妃子醉，是海棠睡未足耳"。当时，女性化妆时，还喜欢在脸上涂上两块红红的胭脂，是那时非常流行的化妆法，叫作"酒晕妆"。盛唐时期，人们不仅喜欢喝酒，而且喜欢喝葡萄酒。因为到唐朝为止，人们主要是喝低度的米酒，从色、香、味等几个方面，葡萄酒都更美一些，这就给葡萄酒的发展提供了市场空间。《太平御览》记载，唐太宗贞观十三年（640年），李靖率军破高昌（今新疆吐鲁番），大唐引入高昌葡萄，李世民还亲自参与葡萄酒的酿造。唐朝诗人墨客对葡萄酒那就更是不吝笔墨了，王翰、白居易、李白等人也都是葡萄酒粉丝。王翰有《凉州词》，白居易也在《寄献北郡留守裴令公》中有"羌管吹杨柳，燕姬酌蒲萄"的诗句。李白《对酒》中写道："蒲萄酒，金叵罗，吴姬十五细马驮。"南宋陆游的《夜寒与客烧干柴取暖戏作》中有"如倾潋潋蒲萄酒，似拥重重貂鼠裘"。诗中把喝葡萄酒与穿貂鼠裘相提并论，说明葡萄酒可以给人体提供热量，同时也表明了当时葡萄酒的名贵。

元朝统治者十分喜爱葡萄酒。意大利人马可·波

罗在元朝政府供职十七年，他所著的《马可·波罗游记》记录了他在元朝所见所闻的大量史实，其中有不少关于葡萄园和葡萄酒的记载。在"哥萨城"（今河北涿州）一节中说："过了这座桥（指北京的卢沟桥），西行四十八公里，经过一个地方，那里遍地的葡萄园，肥沃富饶的土地，壮丽的建筑物鳞次栉比。"在描述"太原府王国"时则这样记载，"那里有好多葡萄园，制造很多的酒，这里是契丹省唯一产酒的地方，酒是从这地方贩运到全省各地。"《元史》卷七十四记载，元世祖忽必烈至元年间，祭祀宗庙的祭品中就有葡萄酒。

四、转入低谷的明清

明朝是酿酒业大发展的新时期，酒的品种、产量都大大超过前面的时代，葡萄酒不如白酒和黄酒流行。李时珍《本草纲目》记录了葡萄酒三种酿造工艺和葡萄酒的风土属性。三种工艺中第一种是不加酒曲的纯葡萄汁发酵，第二种是酒曲发酵，第三种方法是类似白兰地的葡萄烧酒工艺。李时珍还认识到了葡萄酒的风土属性："（葡萄）酒有数等，出哈喇火者最烈，西番者次之，平阳、太原者又次之。"

清康熙二十五年（1686年），荷兰人的贡品中就有"葡萄酒两桶"，汤若望还用葡萄酒招待过中国友人。康熙四十七年（1708年）废黜太子，康熙四十八年（1709年）重立储君，但仍不满意。加上皇子胤祄早逝，令他伤心至大病一场。欧洲传教士说葡萄酒有滋补功效，康熙索性一试，饮后效果不错，后来竟每天都喝几杯，据说康熙最喜欢的葡萄酒是波尔多的木桐。清中期，葡萄酒进入低谷。清后期，由于海禁的开放，葡萄酒的品种明显增多，除国产葡萄酒外，还有多种进口酒。

五、蓬勃发展的近现代

1892年，爱国华侨实业家张弼士在烟台芝罘创办了张裕葡萄酒公司，并在烟台栽培葡萄。这是我国葡

萄酒业经过二千多年的漫长发展后，出现的第一个近代新型葡萄酒厂。1914年，张裕葡萄酒公司正式出酒。1915年，在巴拿马万国博览会上，张裕所产的红葡萄酒、白兰地、味美思，以及用欧洲著名优良葡萄品种命名的"雷司令""解百纳"等葡萄酒荣获金质奖章，自此，烟台葡萄酒名声大振。此后，太原、青岛、北京、通化相继兴建葡萄酒厂。由于军阀混战，帝国主义的摧残，官僚资本的掠夺，我国葡萄酒工业生存处境艰难，张裕葡萄酒公司于1948年宣告破产。1949年，全国的葡萄酒产量还不到100吨。

从1949年到1979年，中国形成五个葡萄酒产区，分别是东北（黑龙江、吉林、辽宁）、华北（河北、北京、天津）、山东全省、西北（山西、内蒙古、陕西、宁夏、甘肃、新疆）、南方（四川、广西、云南、浙江）。这也是当今中国葡萄酒区域的基本雏形。该时期的葡萄酒其实就两类，第一类是国际葡萄和葡萄酒组织（OIV）规定的葡萄酒完全由葡萄制成。第二类当时叫"折全汁"，用中国本土的山葡萄酿成，因酸度太高，颜色过深，必须加糖掺水调和。随着葡萄酒的国际化和规范化，中国派遣专家团队出国考察、技术交流和学习培训，优良葡萄品种不断进入中国。20世纪70年代，长城酿造集团（长城葡萄酒前身）派遣年轻

酿酒师团队出国学习，引进国外先进设备，创办中国长城葡萄酒有限公司。长城葡萄酒有限公司于20世纪70年代末和80年代初，几次引进赤霞珠、美乐、黑比诺、霞多丽、长相思、赛美容、仙粉黛、雷司令等20多个国际品种在河北怀来县和昌黎县试种。1976年，长城葡萄酒联合中国食品发酵研究院采用怀来县龙眼白葡萄品种开发的中国干白葡萄酒酿造成功。1980年，法国人头马集团与天津市国营农场管理局合资成立中法合营王朝葡萄酒酿酒有限公司。1984年，长城葡萄酒联合中国食品发酵研究院成功研发的中国干白葡萄酒酿造成功。

改革开放以后，中国葡萄酒进入快速发展期，形成了长城、张裕、王朝三大葡萄酒品牌巨头以及新天、威龙、尼雅、怡园、香格里拉等群星闪耀的葡萄酒格局。山东烟台、山东蓬莱、河北怀来县、河北昌黎县、新疆石河子和建设兵团、陕西榆林、吉林通化等传统葡萄酒产区发展很快，产品品质不断提升。21世纪初，宁夏回族自治区将推动葡萄酒行业发展提升至自治区发展战略的头等大事，积极推动宁夏葡萄酒与国际接轨和葡萄酒行业招商引资，国内外投资蜂拥而至。近年来，宁夏葡萄酒行业发展取得重大成果，宁夏葡萄酒在每年举办的布鲁塞尔葡萄酒烈酒品评赛、品醇客

北京农学院李德美老师组织的"向上中国葡萄酒"国际推广活动

葡萄酒烈酒品评赛、IWSC 等国际国内葡萄酒比赛中获得优异成绩，成为近年来国际知名度发展速度很快的葡萄酒产区。

另外，近几年国内知名葡萄酒企业大力发展国际业务，葡萄酒出口和国外渠道拓展渐有起色。国产葡萄酒领军品牌在德国杜塞尔多夫 PROWEIN 国际酒展、波尔多 VINEXPO 国际酒展、巴黎卢浮宫贝丹德梭精品酒展等大放异彩，获得国外同行、酒评家、葡萄酒

媒体和酒商的好评。除了酒展，国酒与中餐结合在国外组织品鉴会和大师班也是一大亮点。

中国有幅员辽阔的国土，得天独厚的自然环境，复杂多样的气候条件，无所不有的土壤类型，本土原生的葡萄品种，源远流长的酒文化积淀，我们有充分的理由和条件酿出好酒。时间进入 21 世纪，各大产区纷纷发力，在国际舞台上频频亮相，中国葡萄酒当惊世界殊，中国葡萄酒行业也处于蓬勃发展阶段。

能够打动国外葡萄酒消费者的是中国风土和中国特色

第二节 中国葡萄酒法律法规体系：臻于完善

20 世纪 90 年代初，中国葡萄酒行业标准体系逐步建立与规范。1990 年，我国卫生部颁布执行《葡萄酒企业卫生规范》GB12696-1990，规定了葡萄酒厂在生产过程中必须满足的卫生标准。1994 年，原国家质量技术监督局颁布《葡萄酒》国家标准（GB/T15037-1994），我国葡萄酒的定义及指标规定初步与国际接轨，但这一标准只属于推荐标准，同年废除了《葡萄酒及其试验方法》《半汁葡萄酒》和《山葡萄酒》三项国家推荐标准。因为推荐标准的法律效力较弱，中国的葡萄酒乱象层出不穷，假酒屡禁不止，给中国的葡萄酒行业发展带来非常不利的影响。

2005 年，《葡萄酒及果酒生产许可证审查细则》、

《发酵酒卫生标准》和《预包装饮料酒标签通则》正式发布实施。

2008 年，《葡萄酒》国家标准（GB15037-2006）正式发布实施，葡萄酒行业标准由推荐标准改为国家强制性标准，所有葡萄酒生产企业和从业者必须执行。新葡萄酒标准规定了葡萄酒生产原料、原产地、生产年份、品种、葡萄酒分类等内容，是一次与国际葡萄酒标准的全面对标。

中国国家标准对葡萄酒年份、品种和产地的要求如下：

年份葡萄酒，所标注的年份是指葡萄采摘的年份，其中年份葡萄酒所占比例不低于酒含量的 80%（体积

分数）。

品种葡萄酒，用所标注的葡萄品种酿造的酒所占比例不低于酒含量的75%（体积分数）。

产地葡萄酒，用所标注的产地葡萄酿造的酒，产地葡萄酒所占比例不低于80%（体积分数）。

中国国家标准规定，所有产品中均不得添加合成着色剂、甜味剂、香精、增稠剂。

2019年7月25日，中国酒业协会批准发布T/CBJ4101-2019《酿酒葡萄》和T/CBJ4102-2019《橡木桶》两项团体标准，并于2019年10月1日起实施。

《酿酒葡萄》团体标准的制定，规范统一了我国酿酒葡萄的技术指标和检验规范，明确了酿酒葡萄质量评价标准，提高酿酒葡萄栽培技术水平；同时，也为葡萄收购加工提供原料质量评价依据。这对提高我国葡萄酒产品的品牌竞争力，推动我国葡萄酒迈向国际市场，保障我国葡萄酒产业科学、健康、可持续发展，均具有重要意义。而《橡木桶》团体标准的制定为橡木桶产品的生产和选购以及质量管理与监测控制过程提供标准和依据，提高了橡木桶产品质量。

此外，中国酒业协会还对中国葡萄酒的产区标准进行了明确。11月，在2019中国酒业协会国家级评酒委员年会上，中国《葡萄酒产区标准》发布。该标准的制定与推广实施，可以更好地明确产区概念，指导产区建设，打造产区知名度，从而推动我国葡萄酒行业健康发展，有效减少由于定义模糊带来的行业性问题，规范葡萄酒行业的发展。

第三节　中国葡萄酒产区：风土多样，品种丰富

中国是世界上最适合种植葡萄的国家之一。

2018年，国际葡萄与葡萄酒组织（OIV）发布的报告显示，中国的葡萄园面积是1312万亩，葡萄种植面积排世界第二位。中国葡萄总产量1170万吨，位居世界第一位。中国葡萄酒产量是91万吨，居世界第10位。

一、中国的地理特征

我国东西最大跨度5200公里，跨经度62度，时差4个小时以上。最东端在黑龙江与乌苏里江主航道中心线的相交处，最西端在帕米尔高原上。南北最大跨度5500公里，约跨纬度49度，最南端在南海的南沙群岛中的曾母暗沙，位于北纬3度，最北端在黑龙江省漠河以北的黑龙江主航道中心线上北纬52°10′—53°33′之间。在地势上则是西高东低，山地、高原和丘陵约占陆地面积的67%，盆地和平原约占陆地面积的33%，山脉多呈东西和东北－西南走向，主要有阿尔泰山、天山、昆仑山、喀喇昆仑山、喜马拉雅山、阴山、秦岭、南岭、大兴安岭、长白山、太行山、武夷山、台湾山脉和横断山等山脉。西部有世界上最高大的高原青藏高原，平均海拔4000米以上。中国是世界上河流最多的国家之一。中国有许多源远流长的大江大河。其中流域面积超过1000平方千米的河流就有1500多条。中国湖泊众多，共有湖泊24800多个，其中面积在1平方公里以上的天然湖泊就有2800多个。另有，大陆海岸线长约1.8万公里，海域面积473万平方公里。

二、中国的气候条件

从气候类型上看，东部属季风气候，西北部属温带大陆性气候，青藏高原属高寒气候。从温度带划分看，有热带、亚热带、暖温带、中温带、寒温带和青藏高原区。从干湿地区划分看，有湿润地区、半湿润

地区、半干旱地区、干旱地区之分。而且同一个温度带内，可含有不同的干湿区；同一个干湿地区中又含有不同的温度带。因此在相同的气候类型中，也会有热量与干湿程度的差异。地形的复杂多样，也使气候更具复杂多样性。

幅员辽阔的国土，复杂多样的气候，千变万化的地形，绵长曲折的海岸线，数不胜数的微气候，使世界上大多数农作物和植物都能在中国找到适宜生长的地方。

葡萄也是众多植物中的一个。

三、中国的酿酒葡萄品种

1. 白葡萄品种

霞多丽、贵人香、雷司令、长相思、赛美容、白诗南、琼瑶浆、维黛儿、小芒森等。

2. 红葡萄品种

赤霞珠、蛇龙珠、马瑟兰、美乐、品丽珠、小味儿多、黑比诺、西拉、神索、宝石解百纳、增芳德等。

3. 中国本土葡萄品种

龙眼（白葡萄品种）、山葡萄、刺葡萄、北玫、北红等。

我国酿酒葡萄以红葡萄品种为主，约占80%，白葡萄品种20%。中国红葡萄品种种植量最大的是赤霞

怀来县的龙眼熟了

珠，白葡萄品种是霞多丽。

四、中国的葡萄酒品种

经过近40年的快速发展，中国葡萄酒品种也越来越丰富，逐渐完善起来。现在，我国的葡萄酒种类包括红葡萄酒、白葡萄酒、桃红葡萄酒，平静葡萄酒、起泡酒、葡萄白兰地、加强酒等都有生产。烟台、蓬莱、怀来还生产起泡酒，怀来长城桑干酒庄2006年用霞多丽葡萄品种研发成功香槟法传统起泡酒，被国际酿酒大师米歇尔·罗兰誉为"中国香槟"。长城和张裕都有能力生产高品质白兰地、VSOP和XO，长城30年陈酿白兰地在国外酒展和专业大师班上获得各界人士的好评。中国的东北产区还盛产冰酒和山葡萄酒。

怀来县的琼瑶浆

源自法国，但在中国绽放的马瑟兰

河北省怀来县桑干酒庄

第四节　中国葡萄酒著名产区：东南西北中，处处有美酒

目前，我国已经形成 10 个主要的葡萄酒产区：东北产区、昌黎产区、天津产区、怀涿盆地、胶东半岛、黄河故道、贺兰山东麓、河西走廊、新疆产区和西南产区。我国葡萄酒生产分布在 20 多个省、区、市，产量居前的有山东、河北、宁夏、新疆、河南和天津等。尤其是宁夏、新疆等新兴及传统产区，发展速度都比较快，很多精品酒庄的葡萄酒屡获国际大奖，国际知名度也与日俱增，葡萄酒逐渐成为当地的支柱产业。现在，全国葡萄酒生产厂家约 500 家，并出现了长城、张裕、王朝、威龙等多个知名葡萄酒品牌。

一、东北产区

东北产区包括北纬 45°以南的长白山麓和东北平原，土壤较肥沃，以黑钙土为主。有效积温 2567—2279℃。

主要酿酒葡萄品种有山葡萄及其杂交品种。

通化是东北最为重要的葡萄酒生产城市。由于该地区冬季严寒，欧亚种葡萄品种大多数浆果不能充分成熟。因此，长期以来，该地区的酿酒原料受到限制，产品结构基本是单一的甜红葡萄酒。为了改变这一状况，中国农业科学院在1973—1996年间，用山葡萄抗寒种与不抗寒的世界品种进行了杂交试验，在大规模山葡萄资源调查的基础上，选育出了"左山一"和"左山二"两个葡萄品种，在生产中发挥了重大作用。另外，"双庆""双丰"以及利用四种杂交模式培育出的新品种也为东北地区葡萄酒发展提供了丰富的资源。

东北产区山葡萄酒特点鲜明，充满山葡萄特有的、较为浓郁的果香，口感爽口，颜色很深。东北产区也填补了中国冰酒的空白，富有特色。

二、胶东半岛产区

胶东半岛三面环海，气候良好，四季分明，由于受海洋的影响，与同纬度的内陆相比，气候温和，夏无酷暑、冬无严寒。半岛西部高于东部，北部高于南

部，沿海高于内陆，其中莱州、平度、蓬莱、龙口是高温区，年平均气温12.0—12.6℃，有效积温4000℃。半岛近2万平方公里的地域内，由于各地的小气候和土壤条件的差异很大，因此，又分为几个不同的小产区。

烟台的传统产区主要分布在蓬莱、龙口和福山等县市，属渤海湾半湿润区，该区年活动积温3800—4200℃，无霜期180天以上，7月平均气温24℃左右，受海洋影响，近海及山地夏季气温不高，有利于葡萄色泽、风味发育。年降水量750—800mm，成熟季节降水偏高。适合晚熟、极晚熟酿酒品种的栽培，以霞多丽、贵人香、赤霞珠、马瑟兰、白玉霓以及白羽、佳利酿等较为常见。

平度市的大泽山地处胶东半岛西部，属暖温带半湿润季风大陆性气候。年平均温度11.9℃，极高温度38.6℃，极低温度17.9℃。年平均降水量688.4mm，无霜期190—200天，比较适宜种植葡萄。

烟台是我国近代葡萄酒工业的发祥地。早在1892年，爱国华侨张弼士先生就在此创建了张裕葡萄酒公

山东省蓬莱市君顶酒庄

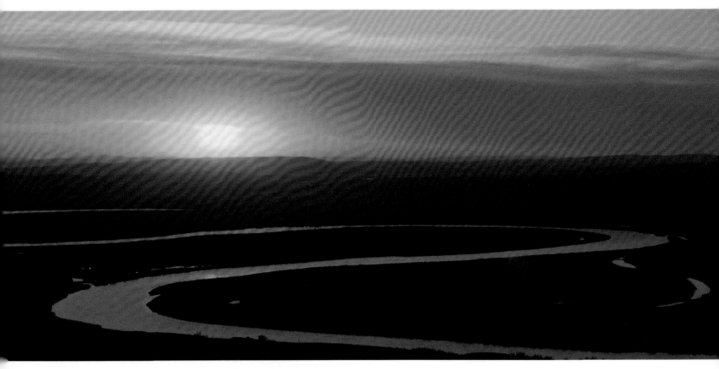

太阳照在桑干河上（桑洋盆地历来就是中国著名的葡萄产地）

司。2019年9月19日，法国拉菲罗斯柴尔德男爵集团下属"珑岱"酒庄在此开业并发布新品。

三、天津

天津产区的葡萄基地分布在天津蓟县、汉沽等地，为渤海湾半湿润区。

有效积温在2000—3000℃，活动积温在3700—4200℃。最暖月平均气温25—26℃。年降雨量在500—600mm。

滨海气候有利于色泽及香气形成，玫瑰香品质最为突出。土质为稍黏重的滨海盐碱土壤，矿质营养丰富，有利于香气形成和色泽形成。蓟县东部山区及东北部的遵化、迁西、兴隆山区气温明显降低，晚熟品种成熟期可较平原推迟10天左右，光照充足，微风习习，土壤多为富含砾石、钙质、透气良好的壤土或沙壤土。

天津产区诞生了王朝葡萄酒等著名品牌。

四、河北沙城

包括宣化、涿鹿、怀来。

沙城产区位于桑洋盆地内，北依燕山，南靠太行，中有桑洋河横贯，形成了两山夹一川的"V"形盆地，盆底海拔在450—850米。由于山脉的阻挡和季风气候的影响，造成了盆地内独特的微气候。产区热量丰富，活动积温在3500℃以上，昼夜温差较大，平均为12.5℃。太阳光辐射高达146.36千卡/平方厘米，无霜期长达160天，年平均降雨量在400毫米左右。土壤为褐土，质地偏沙，多丘陵。

龙眼、霞多丽、雷司令等白葡萄品质发展迅速。近十年来，赤霞珠、西拉、美乐、马瑟兰等红品种也非常成功。沙城是长城品牌发源地，是中国最为优秀的葡萄产区之一，也是中国产区与国际葡萄酒产业接轨和合作最早的产区之一。

五、河北昌黎

昌黎县位于北纬39度25分至47分，地处河北省

河北省昌黎县葡萄沟树王——树龄约 150 岁

东北部。

受海洋的影响，气候变化稳定，热量丰富，雨量适中，土壤适宜，自然条件优越，是我国优秀的酿酒葡萄产地。

主要品种有：霞多丽、贵人香、赤霞珠、品丽珠、蛇龙珠、美乐、佳丽酿和白玉霓等。

六、宁夏贺兰山东麓

贺兰山东麓地处银川平原的西部，系黄河冲积平原与贺兰山冲积扇之间的洪积平原地带，现酿酒葡萄园面积 57 万亩。该产区是中国进行葡萄酒风土和产区营销最为成功的产区。

宁夏贺兰山东麓属中温带半干旱气候区。年平均气温 8.9℃，4—9 月活动积温 3289℃。年日照时数 3029.6 小时。光照充足，昼夜温差大，转色期的 8 月，产区日平均气温在 20℃以上，年

桑干酒庄的酒窖

降雨小于200mm，有利于抑制病虫害，适合有机种植。

产区沙砾结合型土质透气极佳，土壤类型以灰钙土、浅灰钙土、风沙土、砾质灰钙土、灌淤土等类型为主。土壤有机质含量高，又有引黄灌渠横穿而过，可满足葡萄生长各个时期的养分和水分需要。这里种植葡萄无病虫害，具有香气发育完全，色素形成良好，含糖量高，含酸量适中，产量高，无污染，品质优良

的优势。

贺兰山东麓产区白葡萄品种以霞多丽、贵人香、雷司令等为主，红葡萄品种主要是赤霞珠、蛇龙珠、美乐、品丽珠、黑比诺、西拉、马瑟兰、小味儿多、北玫等。

宁夏贺兰山东麓产区是制度标准和政策体系相对完善的产区。从品种引进、苗木繁育、葡萄园管理，到酒庄建设、葡萄酒酿造、销售，对标世界一流葡萄酒产区，结合宁夏实际，制定了技术标准和管理办法，颁布了《宁夏贺兰山东麓葡萄酒产区保护条例》。保乐力加、轩尼诗、桃乐丝等国外葡萄酒巨头也纷纷前来投资。

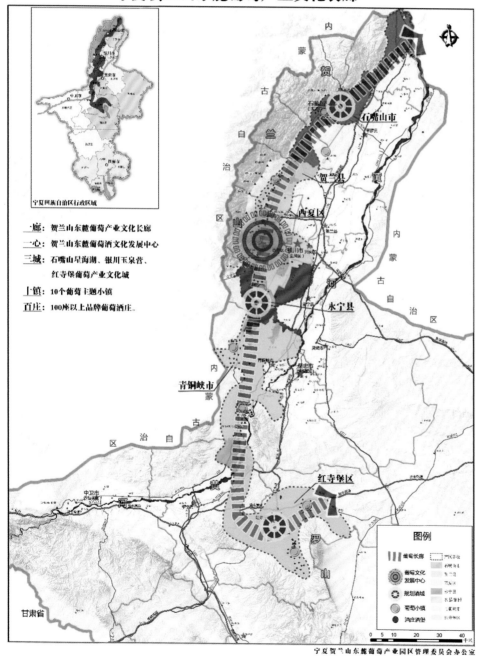

宁夏贺兰山东麓葡萄产业文化长廊

宁夏贺兰山东麓葡萄产业园区管理委员会办公室

七、甘肃武威

甘肃产地位于河西走廊东部地区，这里生产的葡萄成熟充分、糖酸适中、无病虫害，特色突出，可谓是我国最佳的优质酿酒葡萄和葡萄生态区之一。其中武威地区表现最好。武威地处河西走廊东端，葡萄种植区分布在民勤县、武威市和古浪县北部的沙漠沿线区，正好处于所谓的北纬30—40度世界种植葡萄的"黄金带"上。

宁夏贺兰山天赋酒庄的酒窖

光照：位于中纬度地区的沙漠沿线，空气干燥，大气透明度高，光能资源丰富，年日照时数 2730—3030 小时，日照率为 64%—68%，太阳总辐射 134—138 千卡 /cm²。降水稀少，年降水量在 200mm 以下，蒸发量达 2600—3100mm，相对湿度低，病虫害少，可以少施农药或不施农药。土壤以沙质土为主，土壤结构疏松，孔隙度大，有利于葡萄根系生长。沙质土矿物质含量丰富，热交换快，温差大，有利于浆果的着色和成熟，非常适于优质葡萄的栽培。

八、新疆

新疆地区主要的葡萄产区包括吐鲁番盆地的鄯善，玛纳斯平原和石河子地区。

此区土壤为沙质土，气候干燥，无病虫害，有效积温高，日照充足，昼夜温差大，有利于糖分的迅速积累。但夏季温度过高，成熟迅速，致使葡萄糖高酸低。鄯善地区属暖温带干旱区，年活动积温 4500—5000℃，最暖月平均气温高达 28—34℃，昼夜温差大，日照充足，降雨稀少，年降雨量 20—50mm，水热系数 7、8、9、10 四个月均小于 1.5。玛纳斯平原属于中温带干旱或半干旱地区。葡萄生长气候冷凉，年活动积温 3200—3800℃，6—8 月份平均气温 21—22℃，昼夜温差大。年降水量 200—300mm。

新疆吐鲁番产区历来是我国无核白葡萄生产基地。现在这里成功试种了赤霞珠、美乐、品丽珠、歌海娜、西拉等品种，葡萄糖度较高，酸度相对较低，适于酿造具有西域特色的甜型葡萄酒。

1997 年在这里创建的新天葡萄酒公司，葡萄园面

香格里拉的秋天

积达 15 万亩。这里气候温和，降水适中，土壤富含矿物质，葡萄品质好，无污染。主要品种有：龙眼、牛奶、赤霞珠、美乐、霞多丽、黑比诺等。一些抗病性差的优良白色品种如长相思、雷司令等及早中熟红色酿酒品种在该地区有较大的发展前途。

九、云南产区

云南省的酿酒葡萄主要分布在弥勒、蒙自、东川和呈贡等县。

年平均气温为 17.38℃，12 月气温最低，月平均气温 9.81℃；6 月气温最高，月平均气温 22.64℃。全年 ≥10℃的活动积温 5675℃。该区葡萄 2 月初萌芽，早熟品种 6 月上、中旬成熟，晚熟品种成熟期为 7 月上中旬。生长期≥10℃的活动积温 3500℃左右。全年降雨量 720.49mm，集中在 6—10 月。全年日照时间较短，有 2129.43 小时，葡萄生长期为 1242.60 小时。

这里是我国最具特色的新兴的葡萄酒产区，它是我国纬度最低（北纬 25 度），海拔最高（1500 米），气候最多样化，土壤最红，酸度最高，红葡萄酒颜色最深的地区。法国已经绝种的玫瑰蜜葡萄是重要的品种之一。云南发布了中国首个由香格里拉酒业起草的单一园标准《迪庆高原酿酒葡萄种植技术规程》（DB5334/T 2—2018），也是与国际对标的一个重要创新。

主要品种有：玫瑰蜜、赤霞珠、美乐等。

巴尔干半岛西部、黑海地区和其他

葡萄酒能点亮心灵深处的秘密，给我们带来希望，击退怯懦，驱走枯燥，也教会我们如何来达成所愿。

——罗马帝国时期著名诗人、批判家　贺拉斯

瓦豪莱茵河畔的梯田。图片来源：www.pfeffel.at

第一节　巴尔干半岛西部：值得探奇之地

我们对巴尔干地区的政治和战争津津乐道，但却不知道这个地方还盛产葡萄酒。其实巴尔干半岛西部酿酒历史非常悠久，非常适宜葡萄种植，当地也诞生了许多极具特色的酿酒葡萄品种，是非常值得探奇的葡萄酒产区。巴尔干半岛与西班牙、葡萄牙所在的伊比利亚半岛及意大利所在的亚平宁半岛并称为南欧三大半岛，主要的葡萄酒产酒国有黑山共和国、克罗地亚、斯洛文尼亚、保加利亚和罗马尼亚。

一、黑山共和国 (Montenegro)

葡萄种植历史大概有 2200 年。气候以温带大陆性气候为主，沿海地区为地中海式气候，全年 240 多天的光照，年平均气温 13.5℃。土壤结构和地理位置优越，多数地区适合种植葡萄。黑山共和国葡萄酒产业不大，葡萄园面积约 4300 公顷（6.5 万亩）。

黑山主要的白葡萄品种有霞多丽和克里斯托（Krstac）。克里斯托种植比例很高，几乎占据优质葡萄园面积的 70%。主要红葡萄品种是韵丽（Vranec）、美乐等。韵丽红葡萄酒颜色深，单宁重，口感浓郁。葡萄酒种类有红葡萄酒、白葡萄酒、桃红葡萄酒和起泡酒等。

二、克罗地亚

公元前 5 世纪，古希腊人将葡萄引进克罗地亚海岸，因此，这个国家关于葡萄酒的故事非常丰富。克罗地亚的葡萄酒品质很高，价格不贵。主要的葡萄品种有普拉瓦茨马里（Plavac Mali，又叫小兰珍珠）、格拉塞维纳（Grasevina）、伊斯塔斯卡玛尔维萨（Malvazija Istarska）等。克罗地亚主要有两个差别特别明显的产区。

一个是沿海产区，包括伊斯特利亚 (Istria)、克罗地亚海岸产区（Hvratsko Primorje）和达尔马提亚海岸产区 (Dalmatia)。沿海产区属地中海气候，夏季漫长，炎热干燥；冬季短暂，湿润温和。伊斯特利亚 (Istria) 和北部海岸地区以果香浓郁的干白葡萄酒为主，葡萄品种多样但以玛尔维萨为主，也有酒体宏大的干红葡萄酒。达尔马提亚地区最有名的是普拉瓦茨马里。

另一个是内陆产区，位于这个国家的东北部，毗邻匈牙利，以白葡萄酒为主。主要葡萄品种是格拉塞维纳（Grasevina），种植非常广泛，是克罗地亚最受欢迎的品种之一。这种葡萄是威尔士雷司令（Welschriesling）在克罗地亚的别名，可以酿造干型、清新、芳香的白葡萄酒，常带有苹果的风味。

罗马尼亚"任性"酿酒——红白混酿

罗马尼亚"任性"酿酒——如此粗犷

三、斯洛文尼亚

斯洛文尼亚葡萄酒历史悠久，葡萄酒产区以大陆性气候为主，到处是绿意盎然的丘陵，非常适合种植葡萄。全国有三个主要的葡萄酒产区，分别为东部的波达维（Podravje）、中南部的波萨维（Posavje）和西部的普利摩斯卡（Primorska）。

普利摩斯卡葡萄园面积约 6940 公顷（10 万亩出头），与比邻的意大利产区弗留利渊源颇深，夏季炎热，秋季雨早，受亚得里亚海和阿尔卑斯山影响，酒体强劲，香气丰富。波达维葡萄园面积 6780 公顷，是最靠内陆和分布最广的产区，当地最为著名的葡萄也是威尔士雷司令。波萨维葡萄园只有 2703 公顷，以混酿葡萄酒为主，相对于波达维，这个产区的葡萄酒酒体轻盈，酸度更高，精致度弱。

斯洛文尼亚主要的白葡萄品种是威尔士雷司令、琼瑶浆、米勒 - 图高、灰比诺、白比诺、富尔民特、霞多丽和长相思等。红葡萄则为黑比诺、佳美、圣劳伦（Saint-Laurent）、蓝佛朗克（Blaufrankisch）、茨威格（Zweigelt）、普莱弗斯科（Refosco）、丽波拉（Ribolla，本土品种）、弗留利（Friulano）以及国际品种赤霞珠、美乐、佳美娜等。

四、保加利亚

20 世纪 70 年代，保加利亚的赤霞珠葡萄酒是一个笑柄，但是到了 90 年代，它却发生了翻天覆地的变化，是保加利亚的土地私有化刺激了葡萄酒的品质的蝶变。实际上保加利亚的葡萄酒历史将近 3000 年，是世界上最早进入葡萄酒时代的国家之一。

保加利亚排第一的品种是美乐，赤霞珠位列第二，美乐和赤霞珠成熟度好，结构感强。西拉、黑比诺、品丽珠、马尔贝克等也表现越来越好。霞多丽、琼瑶浆、维欧尼和长相思存在感也越来越突出了。另外，保加利亚还有本土著名葡萄品种玛露德（Mavrud）。最好的白葡萄酒产自东北部的凉爽地区。

葡萄酒产区主要集中在南部的色雷斯低地（Thracian Lowlands）和北部的多瑙河平原（Danubian Plain）。保加利亚学习意大利的法定产区制度，将这两个产区划分为 21 个法定产区和 23 个更高等级的优质法定产区。

五、罗马尼亚

2600 年前，罗马尼亚开始酿造葡萄酒，这个国家也是欧洲主要产酒国之一，好年份的话，产量可以进入欧洲前 6 位，在世界上也能排在前 15 位。罗马尼亚也对标欧洲同行，建立了法定产区制度。

罗马尼亚是典型的大陆性气候，四季分明，适合多种葡萄生长，明星品种是白葡萄 Fetească Albă，这个品种的名字翻译过来特别美妙，叫"白姑娘"。白姑娘才艺出众，可以酿造出优质的干白葡萄酒，也能奉献甜型或半甜型葡萄酒，而且清脆爽口的起泡酒也一样信手拈来。除了"白姑娘"外，罗马尼亚还有雷司令、阿里高特、长相思、马斯喀特、灰比诺、霞多丽等一堆有趣的本土和国际品种。红葡萄品种有美乐、赤霞珠、黑姑娘（Fetească Neagră，非常有意思的品种）、黑巴比斯卡（Băbească Neagră，值得一试哦）和黑比诺。

罗马尼亚的主产区有：特兰西瓦尼亚（Transylvania），是白葡萄酒产区，更是吸血鬼诞生地）；塔雷夫（Tarnave），以果香浓郁、酸度清晰的白葡萄酒闻名；克里萨纳（Crisana），流行用卡达卡（Kadarka）和黑比诺混酿；蒙特尼亚 / 奥尔泰尼亚（Muntenia/Oltenia），是黑姑娘、梅鹿辄、赤霞珠和黑比诺的天下；巴纳特（Banat），品质不高，多是餐酒；多布罗加（Dobrogea），又一个黑姑娘和国际品种统治之地；多瑙河梯田，好看又好听的鲜食葡萄产区，其中摩尔多瓦（Moldova）是最大的子产区，葡萄园面积占全国 30% 以上，买罗马尼亚酒请认准"Moldova"商标。

第十七章　巴尔干半岛西部、黑海地区和其他　367

第二节　黑海地区：又一葡萄酒起源之地

有太多研究认为，葡萄酒起源于高加索山脉一带，然后从黑海经由希腊、罗马传至欧洲，再传至美洲、澳大利亚、南非等地，所以黑海地区还是必须说一说的。

一、格鲁吉亚（Georgia）

格鲁吉亚有可能是葡萄酒的诞生地，考古学家曾于 1965 年从舒拉维尔山民居遗址发现 10 粒葡萄籽，经放射性碳年代测定大致时间为公元前 7000 至公元前 6000 年。格鲁吉亚也是葡萄品种最多的国家之一，据国际葡萄与葡萄酒组织（OIV）发布的葡萄品种汇编，格鲁吉亚共有 500 种以上葡萄种类。

格鲁吉亚是斯大林的故乡，格鲁吉亚葡萄酒是苏联时期的国宴酒。

有一次毛泽东主席访问苏联，在一次莫斯科郊外的宴会上，毛泽东看到斯大林将红白葡萄酒混合起来喝，于是便悄悄问旁边的人为什么。斯大林解释道："这是长期的习惯了，每种葡萄酒都有自己的味道和醇香，特别是格鲁吉亚酒。我觉得红酒中掺一点白的味道更浓郁，就像一束鲜花散发着多种花的香味。"

1. 葡萄品种

（1）晚红蜜（Saperavi）：卡赫基产区本土红葡萄品种，在格鲁吉亚其他产区都有种植，晚红蜜可酿造具有极佳的陈酿潜质的优质干红葡萄酒，大多数顶级的格鲁吉亚葡萄酒都是用该品种酿造。不过，该品种可以酿制干型酒，单宁含量高，酸度也高，也可以酿制甜酒。

（2）卡兹黛利（Rkatsiteli）：卡赫基本土代表性白葡萄品种，格鲁吉亚语意为"红色葡萄藤"，即国内所熟知的白羽葡萄，在格鲁吉亚及其他国家很多地方都有种植，可酿造欧洲经典风格葡萄酒和卡赫基传统陶罐（Qvevri）葡萄酒。

2. 陶罐酿酒法

陶罐酿酒是格鲁吉亚一种古老的葡萄酒酿造方式，因其酿造工艺复杂，产量太低，使这种葡萄酒更显珍贵，在欧洲和北美地区享有极高的声誉。酿造葡萄酒时需要将陶罐埋入土中，只将陶罐口露出地面，葡萄、葡萄皮和葡萄梗均置于陶罐中，埋入土中的陶罐可使葡萄汁在 14—15℃下发酵和贮存，并使葡萄酒在良好状态下保存相当长时间。这样酿造的葡萄酒不管酒精度高低，单宁含量都相当高。

陶罐酿酒的陶罐和在地下陶罐中作业的工人。图片来源：UNESCO

3. 葡萄酒产区

格鲁吉亚有三个悠久的葡萄酒产区，分别是高加索山的卡赫季（Kakheti）（该国 60% 以上的产量都来源于此）、卡尔特里（Kartli）和西部的伊梅列季（Imereti）地区。

二、希腊（Grecece）

希腊是欧洲葡萄酒发源地，法国、意大利、西班牙等旧世界的葡萄酒都是从希腊传播过去的。希腊堪称欧洲葡萄酒的始祖。

1. 葡萄品种

阿斯提可（Assyrtiko），希腊最受欢迎的葡萄酒之一。阿斯提可白葡萄酒风味凝练集中，清新爽口，带有矿物风味和海盐的余味。主要产地是圣托里尼。阿斯提可酿造风格多样的葡萄酒，也可以用来酿造从拜占庭时期就开始存在的希腊甜酒——圣酒（Vinsanto）。

玫瑰妃（Moschofilero），一种独特的葡萄，果皮呈粉紫色，但酿造出的酒却是白葡萄酒。玫瑰妃葡萄酒馥郁芬芳，带有玫瑰和紫罗兰的香气，果香浓郁，

清脆爽口，酸度平衡，酒精度偏低。主要产区是伯罗奔尼撒（Peloponnese）地区。

阿吉提可（Agiorgitiko），风情万种，风格多样的葡萄酒。主要产区是伯罗奔尼撒东北部的尼米亚（Nemea）地区。

黑喜诺（Xinomavro），希腊最优秀的葡萄品种。黑喜诺葡萄酒非常具有陈年潜力，并代表希腊葡萄酒在国际舞台上大放异彩。该葡萄酒风格多变，或酒体轻盈、酸度偏高，或风味浓郁、带有橡木气息。同时，还可以与西拉、美乐和赤霞珠等混酿。

2. 产区分级

根据欧盟的法律，葡萄酒分为法定产区酒（AOP）和日常餐酒（Table wines）两大类，日常餐酒又分为三大类：地理标志酒、传统列名酒和品牌葡萄酒。

地理标志酒类似于法国的 IGP，规定了产区地理位置、生产条件、葡萄品种、酿酒方法、最低酒精度以及口味特征等。

希腊的传统列名酒就是"热茜娜"（Retsina），专指干型希腊葡萄酒，使用传统方法酿造，在葡萄汁中

阿斯提可（Assyrtiko）的种植架势像个"篮子"，目的是收集极少的雨露。图片来源：PUNCH

加入了松树松脂。

市场上常见的瓶装葡萄酒都属于品牌葡萄酒，这些酒以各自的商标销售，无法定产区概念。

3. 主要产区

希腊主要产区有纳乌沙 (Naoussa)、尼米亚 (Nemea) 和圣托里尼 (Santorini)。

纳乌沙位于北希腊，气候非常凉爽，很多葡萄园种植在高地上，以红葡萄酒为主。主要用当地的品种黑喜诺酿造单宁强劲、酸高、风味复杂的葡萄酒，容易让人想起意大利的巴罗洛。

尼米亚位于奔尼撒半岛，产量占希腊三分之一左右，此地没有根瘤蚜虫困扰。主要品种是阿吉提可。属于地中海式气候，冬季温暖短暂，夏季十分炎热，好的葡萄园都位于海拔较高的坡地。降水集中在春秋两季，冬季很少，夏季干燥。葡萄酒柔顺，酸度低，

最累腰的采收，圣托里尼的葡萄熟了

纳乌沙的葡萄园"相对"正常

去尼米亚品酒和感受历史。图片来源：Tsantali

但是果香浓郁。

圣托里尼最出名的是用阿斯提可 (Assyrtiko) 葡萄酿造的干白葡萄酒，这个品种在完全成熟时还能保持

很高的酸度，风格上有点像维欧尼，当地的火山灰质土壤赋予葡萄酒矿物气息。这个葡萄也是希腊圣酒的主要酿酒品种。

第三节　其他国家：瑞士精致，奥地利美妙

这个世界上能够种植葡萄和酿酒的国家还有很多，比如俄罗斯、日本、阿塞拜疆、英国、苏格兰、土耳其、以色列、荷兰等，但因为葡萄酒一来不是这些国家的主流酒种，二来葡萄酒的产量和影响力相对来说还比较有限，我们就不做过多阐述了。

但瑞士和奥地利的葡萄酒还是有点意思的，所以，在此单独开篇简单介绍一下。

一、瑞士（Switzerland）

很少有人了解瑞士葡萄酒，因为瑞士葡萄酒几乎从不出口，很少能在国际市场看到瑞士葡萄酒。瑞士葡萄酒像是深巷里的美酒，又像是待字闺中的小家碧玉，鲜为人知。其实，瑞士葡萄酒一方面是较为精致的葡萄酒，另一方面也是非常昂贵和稀缺的葡萄酒。瑞士的葡萄园面积达到了15000公顷（23万亩）左右，比第一段提到的绝大多数国家都要多。

1. 葡萄品种

主要葡萄品种有莎斯拉（Chasselas）、黑比诺、佳美、美乐、小胭脂红（Humagne Rouge）、奥铭（Arvine）、白萨瓦涅（Savagnin Blanc）、佳玛蕾（Gamaret）、黑佳拉（Garanoir）和灰比诺等。

莎斯拉和黑比诺，这两个品种所酿葡萄酒的产量分别占总产量的27%和29%。莎斯拉是一个非常古老的瑞士本土品种，原产自日内瓦湖（Lake Geneva）畔，在瑞士广泛种植。在瓦莱产区，莎斯拉又被称为芬丹（Fendant）。

瑞士拉沃产区美如画。图片来源：Frenchtoday

2. 风土特点

瑞士这个国家的纬度与勃艮第比较接近，纬度和环境都适合种植葡萄，境内多山、多湖，阿尔卑斯和汝拉两大山脉约占国土面积的 70%，土壤类型多样，微气候丰富多变。瑞士大多数产区的海拔都在 4000 米以上，气候凉爽。但西南部的瓦莱州（Valais），夏季炎热，光照强烈，近似地中海气候。而南部的提契诺州（Ticino）产区暴雨频发，降雨量高，夏季的平均气温比瑞士其他产区要高。

3. 主要产区

瑞士 80% 的葡萄来自法语区的西部各州。

瓦莱（Valais）是最大的产区，其葡萄种植面积占总种植面积的 30% 以上。排第二的是沃德州（Vaud），其种植面积占比约 25%。日内瓦州（Geneva）是第三大产区，另外还有提契诺以及包括纳沙泰尔（Neuchatel）、莫拉（Morat）和比尔（Biel/Bienne）在内的三湖产区（Three Lakes Region）。

瓦莱州有欧洲最高的葡萄园，气候非常干燥，引阿尔卑斯山雪水灌溉，葡萄成熟度极高甚至过熟。

沃德州的拉沃（Lavaux）产区是瑞士最具知名度的葡萄酒产区，瑞士一首古老的诗歌写道：三个太阳宠爱着拉沃。第一个是天上的太阳，炙热又慷慨；第二个是日内瓦湖湖水折射的阳光，照向产区的葡萄园梯田；第三个是梯田上的石墙，这些石墙白天折射阳光，到了夜间再把白天储存的热量散发出来。这样，葡萄园光照和热量充足，又充满了独特的风土特征和地方风情。

由于瓦莱、日内瓦、拉沃和沃德州的多数葡萄园位于陡峭的山坡上，采收工作必须先由人工完成，再通过小型的单轨货车运输至酒厂，如果产量比较大，还会借助直升机来运送。

二、奥地利

奥地利的葡萄种植有着悠久的历史，奥地利东部布尔根兰州的一座坟穴中发现了公元前 700 年人工种植的葡萄籽。到了罗马时代，葡萄种植在奥地利已经广泛流传开来。奥地利的葡萄酒产量是瑞士的 3 倍，2020 年，该国葡萄酒产量排世界第 15 位，但是跟瑞士

采收后的葡萄由小单轨货车运输（请以湖面猜测坡度）。图片来源：Trbimg

一样，这个国家的葡萄酒基本上都被本国人喝掉了。

1. 葡萄品种

白葡萄品种主要有绿维特利纳 (Gruner Veltliner)、雷司令纽伯格 (Neuburger)、威斯堡格德 (Weissburgunder)、黄穆斯卡特拉 (Gelber Muskateller)、仙粉黛、威尔士雷司令（Welschriesling）、富尔民特（Furmint）等。

红葡萄品种主要有茨威格（Zweigelt）、蓝佛朗克（Blaufrankisch）、圣罗兰（St、Laurent）、黑比诺（Pinot Noir）等。

绿维特利纳是奥地利第一白葡萄品种，也是为奥地利赢得国际声誉的葡萄品种，遍布奥地利各个产区，最主要是下奥地利州（Niederosterreich）。

茨威格是奥地利最受欢迎的红葡萄品种，以活泼的樱桃果香最为典型。高质量的茨威格葡萄酒酒体饱满，陈年潜力强，并展现出酸樱桃或黑樱桃的风味。蓝佛朗克是仅次于茨威格的第二大红葡萄品种。

2. 风土特点

奥地利的气候以典型的大陆性气候为主，土壤有板岩、沙土、黏土、片麻岩、肥沃的黄土等，不一而足。

3. 主要产区

奥地利产区划分为 4 个大区，共 17 个子产区。4 个大区分别是下奥地利州、布尔根兰（Burgenland）、施泰尔马克（Steiermark）、维也纳（Vienna）。

下奥地利州是产量最大的大区，下辖 8 个子产区，其中瓦豪（Wachau）最知名。瓦豪以多瑙河沿岸陡峭的南向梯田闻名，典型的大陆性气候，昼夜温差大使得风味物质良好积累，花岗岩、云母、片麻岩等土壤带给葡萄酒矿物质感。

布尔根兰是第二大葡萄酒产区，生产顶级的甜酒与红葡萄酒，下辖 5 个子产区，最知名的是新锡德尔湖产区。

施泰尔马克是个小产区，绝大多数是白葡萄酒。

维也纳产区最小，主要是新鲜易饮和酒体轻盈的葡萄酒。

4. 奥地利葡萄酒制度

奥地利葡萄酒分级像是德国的翻版，无 GI 葡萄酒（Wein），PGI 葡萄酒（Landwein）非常少，绝大部分葡萄酒属于欧盟法定产区等级葡萄酒。

奥地利 4 个大区、17 个子产区均可生产法定产区（PDO）葡萄酒。

第十八章

新世界和旧世界的看标识酒

我认为把葡萄酒作为奢侈品收税是极大的错误，它不是奢侈品，而是公民的保健食品。

——美国第三任总统　托马斯·杰弗逊

多数新世界国家的葡萄酒酒标是英语标注的，标注的信息和覆盖的内容差别不大。中国葡萄酒主要以汉语标注，但部分国际化程度较高的葡萄酒品牌，也能做到在产品上使用中英双语标注。葡萄酒的酒标大多含正标和背标两个部分，正标除了产品最核心的信息外，风格上更偏美观，更吸引人，而背标信息量更大，可以通过阅读背标了解更加细致的信息，如产品口感和生产细节等。中国国家法律法规要求，进口葡萄酒必须在清关前张贴详细说明产品基本信息的中文背标方可上市销售。否则，属违法葡萄酒。

旧世界通常指的是葡萄酒的发源地，酿酒历史悠久，以法国、意大利、西班牙为代表，还包括葡萄牙、德国、奥地利、匈牙利等，主要是欧洲国家和西亚地区。新世界则指的是葡萄酒的新兴产地，酿酒历史较短，主要以美国、澳大利亚为代表，还有南非、智利、阿根廷、新西兰等，基本上属于欧洲扩张时期的殖民地国家。

中国属于葡萄酒世界的远古葡萄酒国家，因为中间曾经有断代，从当前葡萄酒的文化习惯、发展现状、历史积淀、行业管理等方面看，风格偏向新世界。

本章的主要目的是方便大家了解新旧世界酒标标注的区别。

第一节　新世界与旧世界葡萄酒酒标主要内容解析

葡萄酒酒标的作用一方面是葡萄酒最基本的身份说明，另一方面就像是人的衣服，也有吸引消费者目光的作用，促进葡萄酒消费达成。不管是新世界还是旧世界，每一款葡萄酒的酒标（假酒除外）都在告诉我们，这瓶酒是谁，叫什么名字，来自哪里，品质如何，什么样的人需要谨慎饮用等等。

新世界和旧世界的葡萄酒酒标标注的内容有很多地方是相同的，但细节上也有很多不同。

一、生产商类信息

1. 作用与功能

说明该款葡萄酒的来源，通常会以最为清晰和显眼的方式进行标注，比如葡萄酒的品牌名称、品牌LOGO、生产商名称等。新旧世界都必须标注产品名称和部分生产商相关的信息，如生产商地址等。

2. 新旧世界的差别

旧世界国家更倾向于（不是绝对）将产品名称、品牌LOGO标注在酒标的上半部分或者顶部，新世界则没有任何约束。

旧世界国家对葡萄酒灌装地址的标注要求也与新世界不同，以德国为例，必须清晰标注在正标上。新世界只需在背标上体现生产商地址即可。

新世界国家形成了不少葡萄酒行业巨头，比如美国的嘉露、星座，智利的圣利塔、干露，澳大利亚的富邑、佳酿，中国的长城、张裕等，这些巨型葡萄酒公司的产品上，除了品牌系列信息外，还会标注母公司或者集团公司的信息。当然，随着旧世界国家各大葡萄酒巨头的兼并收购，葡萄酒集团公司规模越来越大，也越来越朝着这个方向发展了。

二、产区类信息

1. 作用与功能

主要表示葡萄酒的产地，无论是新世界还是旧世界，产区都是酒标必不可少的内容。

不管是旧世界还是新世界，酒标上标注的产区信息越具体、范围越小，表明该葡萄酒的品质越高级。

比如旧世界的法国波尔多、梅多克、波亚克三级产区，到波亚克范围就非常小了，是拉菲、拉图这些名庄所在的村庄，酒的品质一般较高，价格也贵。再比如新世界的美国加利福尼亚、纳帕和奥克维尔三级产区也是越来越小，葡萄酒也越来越贵。

2. 新旧世界差异

旧世界在产区管理和酒标标注上更为严谨，新世界比较粗犷。

旧世界的法定产区分级体系对于消费者来说意义重大。这是因为旧世界的产区分级上升到了国家法律的层面，产区、级别和标注权限是非常严肃和清晰的，比如法国产葡萄酒酒标上的 AOP、IGP、VDF 和 VDCE（欧盟餐酒），级别一定程度可以与价格挂上钩。旧世界的产区标识的坏处是难以记忆，好处是它是品质的直接体现之一，非常有助于葡萄酒筛选。

另外，有的旧世界产区名称就能代表一个葡萄酒酒种、葡萄品种，而不需要再标注酒种和葡萄品种，比如法国葡萄酒如果标注了"夏布利（Chablis）"，就说明这是一款霞多丽酿造的白葡萄酒；如果标注了"巴罗洛（Barolo）"，就是用内比奥罗（Nebbiolo）酿造的，而酒标上不会再作任何关于品种的说明。

三、年份类信息

酒标上的年份就是采摘葡萄的那一年，而不是指葡萄酒上市的年份。但是，波特酒、马德拉酒等酒标上显示的数字，可能是陈酿过程耗费的时间，也可能是入瓶陈酿的时间。

四、葡萄品种

1. 作用和功能

是指酿造该葡萄酒使用的葡萄品种，但混酿葡萄酒也不会标明所有的混酿品种及其百分比含量。

2. 新旧世界的差异

在旧世界国家没有标注任何品种的葡萄酒，有可能是多种葡萄的混酿，也有可能是产区就已经代表了品种，比如上面提到的夏布利和巴罗洛。

在新世界国家没有标注任何品种的葡萄酒，说明这款酒是多种葡萄的混酿，属于级别较低的葡萄酒。

每个国家对单一品种的标注原则是不一样的，比如南非国内只要达到体积含量的 75% 就可以标注单一品种，但如果出口欧洲，该品种的体积含量必须达到 85% 以上。

五、酒精含量

葡萄酒的酒精度以酒精含量（Alcohol by Volume，缩写为 ABV）来表示，普通的干型葡萄酒酒精度介于 12—14 度，用 % 表示。

六、容量标注

容量指的是净含量，通常以"毫升（mL）"或"厘升（cL）"为单位，最常见的容量是 75cL 或 750mL。

七、质量等级类信息

1. 作用和功能

质量等级类信息主要是说明该葡萄酒有多好，级别多高，多么稀有，获得过什么国际、国内奖项、行业荣誉等。

2. 质量等级的体现

第一类是政府或者管理类协会颁发的证书、瓶颈签、特殊标志等，比如意大利经典基安帝的大公鸡、德国名庄联盟的鹰形标、南非葡萄酒及烈酒管理局颁发的质量认证等。

第二类是各种葡萄酒国际、国内竞赛的获奖标识等，后面有专门的章节介绍这些比赛。各大比赛的大金奖、金奖或者银奖都代表了产品品质的高低，获奖葡萄酒一定是质量不错的葡萄酒，有缺陷的葡萄酒肯定拿不到奖。现在，真正的超级名酒一般不再参与这些竞赛了，比如拉菲古堡，因为他们的名气已经超过任何大奖的奖牌了。

第三类是法定等级类，以旧世界的规定最为规范。比如法国的列级庄制度和德国高级优质葡萄酒里的珍藏、精选、逐粒精选、冰酒、逐粒精选贵腐葡萄酒制度等。

第四类是与陈酿时间直接相关的质量等级信息，如特级珍藏（Gran Reserva）、珍藏（Reserve/ Reserva）、精选（Special Selection）等字样。但是这些词语新旧世界的规定是不同的。旧世界管理严格，必须达到具体陈酿时间才能标注，具备法律效力。但新世界里就看生产商各自的道德和底线了，是各说各话、无法律约束的自发行为。

第五类是新旧世界都会使用的限量、特殊工艺类质量概念。也属于只能自家产品内部比较，不是进行平行比较的主要指标。

八、装瓶信息

1. 作用和功能

这是说明产品真实性、灌装主体和生产商生产能力的主要信息。

国外很多小酒庄是不具备自行灌装、包装这些生产能力的，只能把散酒运走找个灌装生产线装瓶和包装。国外已经形成了非常成熟的葡萄酒配套体系，即便只有两亩地，一样可以做庄主，产区内配套服务商可以帮着解决所有的灌装、贴标、装箱等工作。国外装瓶方式主要有几种，分别是酒庄和酒厂内装瓶、酒商装瓶和第三方代工生产等。

2. 酒庄和酒厂内装瓶

以法国举例，Mis en bouteille au chateau/domaine（法国常用标注），是指酒庄内装瓶。

以德国和美国举例，Gutsabfüllung（德语）、Estate Bottled（英语）是指该葡萄酒是在该酒厂完成装瓶的。

3. 酒商装瓶（Mis en bouteille la propriete）

Propriete 的法语意思是财产、物业、产业和不动产之类，由于股权关系，一些酒庄的产权属于 Propriete 公司所有，一切法律责任全由公司负责。波尔多的很多酒庄的副牌酒会标示"MIS EN BOUTEILLE A LA PROPRIETE"，如小拉菲（Carruades de Lafite）。在法国其他地区，如果合作社的几家酒庄共用一个车间，车间里只有一条灌装线，就需要错开日期轮流装瓶。酒商装瓶（Mis en bouteille la propriete）可能是一款品质不错的副牌酒，也有可能是品质一般的葡萄酒。

4. 第三方代工生产（Mis en bouteille par）

Mis en bouteille par 的意思是第三方代工生产，可以采用任何地方的葡萄原料和原酒，由品牌持有方委托第三方进行装瓶。这种业务在国外被称为"private label wine"，中国常被称作 OEM 葡萄酒。

九、含硫标识

很多国家要求葡萄酒标签上必须标注"含亚硫酸盐（Contains Sulfites）"字样。葡萄酒中含有亚硫酸盐是不可避免的，适量饮用不影响身体健康。

第二节　新世界主要国家的酒标示例

新世界的几个主要葡萄酒国家美国、澳大利亚、智利和南非酒标都相对简单，容易阅读和辨识，中国葡萄酒因为有语言优势，直接观察和分析即可。下面以美国、澳大利亚、智利和南非为例，解析一下酒标上的主要内容。

左 1 是美国纳帕黑骏马　左 2 是澳大利亚猎人谷麦格根　右 2 是智利空加瓜谷圣利亚　右 1 是南非埃尔金堡森道

（1）右 2 智利生产 Product of Chile，右 1 南非生产 Wine of South Africa
（2）酒精含量：分别是 14.8、13、13.5 度
（3）容量，都是 750mL
（4）产区：分别是美国纳帕（Napa Valley）、猎人谷（Hunter Valley）、空加瓜谷（Colchagua Valley）和 Jeries
（5）品质术语：左 2 是个人珍藏，右 2 是珍藏级
（6）年份：分别是 2013 年、无年份、2016 年和无年份
（7）葡萄品种：分别是西拉、西拉子（或者西拉）、佳美娜、黑比诺
（8）酒庄和品牌：黑骏马、麦格根、圣利亚和堡森道
（9）品质信息：左 1 是限量款，左 2 也是限量款
（10）生产信息：堡森道公司内生产、成熟和灌装
（11）装瓶厂及地址

第十九章

一瓶好葡萄酒的标准

葡萄酒是世界上最健康、最卫生的饮料。

——法国化学家 路易斯·巴斯德

Misha's Vineyard

295

新西兰中奥塔哥的葡萄园雪景。图片来源：New Zealand Wine

第一节　好喝与好酒能否画等号

1000 个人就有 1000 个哈姆雷特。

葡萄酒五花八门，对葡萄酒的认知和看法也是多样的，有人喜欢干红，有人喜欢桃红，有人喜欢香槟，有人喜欢干白，有人觉得拉菲好，有人推崇拉图，有人膜拜啸鹰，有人钟情餐酒。

我的身边还有很多人对葡萄酒提不起兴趣，包括我的家人和部分朋友。哪怕是我认为再好的葡萄酒，他们也认为不好喝，完全没有一瓶可乐来得痛快，他们最大的一个感受是葡萄酒不好喝。我明白，他们所谓的不好喝，是跟可乐、雪碧相比，葡萄酒喝起来让他们不够愉悦和享受。我也明白，他们所谓的葡萄酒不好喝，是因为他们喝的都是干红或者干白，我如果拿一瓶贵腐酒、冰酒、半甜葡萄酒，他们可能会立即改变对葡萄酒的看法。

就像之前我们先把葡萄酒与干红、红酒做一个区分一样，说葡萄酒"好"与"不好"，"好喝"与"不好喝"，其实都得看描述的目标与对象。

对于没有接触葡萄酒的人来说，他们说葡萄酒不好喝的原因是，他们当时接触的葡萄酒都是干型葡萄酒，糖度低、酸度高、单宁重，对他们来说喝起来又干又涩、又酸又苦。即便是给他们开一瓶正当年份的拉菲或者罗曼尼·康帝，他们也不会觉得好喝，因为他们对标的对象不是干红葡萄酒，而是可乐、雪碧和果粒橙。

对于开始尝试饮用葡萄酒的人来说，果香型葡萄酒、半干、半甜甚至是甜酒可能更能让他们接受，因为糖度高，酒体圆润，入口简单，芳香四溢，他们觉得好喝。

对于稍微喝了一阵子葡萄酒的人来说，他们可能已经适应了葡萄酒的酸度、单宁，喝得越多，简单易饮的葡萄酒、糖度高的葡萄酒慢慢就无法满足他们的需求，他们开始觉得单调、乏味、腻歪，这个时候慢慢接触旧世界、里奥哈、波尔多的干型酒，感受不一样的酒体、回味，他们对酒的认识会有更加美妙和立体的感受。

对于葡萄酒从业者、发烧友、爱好者或者品鉴家来说，好喝与好酒是能画等号的，因为他们"好喝"的定义是基于这款酒是"好"酒，酒不错，才能得到他们所谓的"好喝"的评价。而好喝与否，并不与品牌直接相关，而是与打开塞子后倒入酒杯的产品直接相关。即便同是拉菲酒庄的葡萄酒，也有正副牌之分，也有大小年之分，也有储存环节质量变异之分，也有偶尔出现的木塞污染导致"不好喝"的情形。因此，对于他们来说，好喝的酒才是好酒。

所以，好喝能否等同于好酒，还取决于很多的条件，比如身体状态、餐酒搭配、饮酒环境等因素，但最主要的是喝酒之人的"段位"。段位高的人，能把好喝的标准与好酒的标准画上等号。那么，一瓶好酒的标准到底是什么？那得先从好葡萄酒的几个关键指标说起。

第二节　什么样的葡萄酒是一瓶好酒

一瓶质量优良的葡萄酒应该是让人感到开心的、愉悦的、舒适的、和谐的、美丽的，让人享受的。总的来说，一瓶好葡萄酒需要满足四个条件，分别是平衡度、复杂性、层次感和典型性。

一、平衡度

葡萄酒千差万别，平衡度是衡量葡萄酒是否优质的第一要素，具体体现在颜色、香气和口感三者之间的协调平衡。一款好酒是各种口感、风味之间的和谐，没有哪个成分过于突兀，单宁、酸度、糖度、酒精度几个主要成分之间平衡协调。酸甜适中，不会让你觉得太甜，或者喝起来太腻，也不会太酸涩，让人难以入口。

平衡度在外观、香气和口感上有具体表现。

1.外观质量

优质葡萄酒的外观质量应该是洁净的，主要指标是澄清度和颜色。

优质葡萄酒必须澄清、透明、晶莹而有光泽，失去光泽或不同程度浑浊的葡萄酒，其香气和口感一般也不会太好。老年份的名庄酒和高端酒会有一些沉淀或者颜色变浅，主要是贮存时间比较长导致的，有的人喜欢老年份，认为那是一种独有的魅力和情怀，有的人更喜欢正值顶峰时期的葡萄酒。

2.香气质量

葡萄酒的香气应该令人愉悦、舒服，给人以和谐、平衡的感觉，只有这样的葡萄酒才是优雅的。优质的陈年葡萄酒，以浓郁、舒适而和谐的醇香为主，多以香料香和焦化香为主。而优雅的新鲜葡萄酒则是以花香和成熟的水果香为主。

优质葡萄酒有的虽简单但平衡、和谐，有的馥郁而富有特性，有的醇厚且顺滑，优质葡萄酒咽下后仍然保留余香，绵长持久。

3.口感质量

葡萄酒入口后的发展变化，不同香气和味觉的呈现，使得葡萄酒感官特征具有立体感。

优质干白和新鲜葡萄酒给人以清凉酸爽的感觉，其酸味清新活泼，余味香而微酸，非常清爽。

优质干红给人以柔软、顺滑、流畅、肥硕和平衡感，令人舒适而愉悦。

二、复杂性

一款好酒会体现出足够的复杂性，复杂性与浓郁度有时候有一定的关联。

好葡萄酒的复杂性，表现的是香气的复杂性和层次感。复杂一定程度上可以理解为"多"，更多的香气，更多的风味，比如陈酿型霞多丽干白葡萄酒，除了霞多丽白葡萄品种本身自带的柠檬、苹果、梨子、菠萝、桃子、无花果香气、花香、矿物外，还有橡木桶陈酿过程中，汲取橡木桶中的单宁和风味后产生的香草、烤面包、黄油、焦糖、焦糖布丁、椰子、果仁糖等的香气。经过橡木桶陈酿的霞多丽相对于未经陈酿的霞多丽就表现出更多、更复杂的风味出来。

优秀的风土条件能够赋予葡萄在生长过程中累积更多的风味物质，且在糖度、酸度、单宁上达到更好的成熟与平衡，相反，低档的风土，可能出产的葡萄就相对简单和单调。例如在产区气候、温度、光照相似的条件下，较贫瘠的土壤有利于葡萄树往深处扎根，汲取土壤中各个层面更为复杂的营养，发展出更多的风味物质。另外，酿酒工艺和陈酿手段，也会赋予葡萄酒更加多样的表现。反映在干红葡萄酒上，复杂性强的葡萄酒一般果香、发酵香和陈酿香都有呈现。以高质量的赤霞珠葡萄酒为例，可能会表现出黑樱桃、黑莓、焦糖、植物、烟熏、雪松、铅笔芯、黑醋栗和泥土的气息。

还有一种观点解释复杂性，据《葡萄酒观察家》（*Wine Spectator*）专栏作家詹妮弗·菲德勒（Jennifer Fiedler）等专家所述，复杂性也是一种关于惊喜的定义，是一种让你"出乎意料"的感动。她说当她喝到一瓶真正的好酒时，她会感觉她正在飙车或在空中飞行。这种出于本能的反应，她认为与"出乎意料的惊喜"这个概念有关。

关于"复杂性"，还有一点需要说明的是，虽然很多好酒都具有"复杂性"的特点，但并不意味着与"复杂性"相对的"简单性"这一词就一定只能用在差酒上。简单的葡萄酒未必不是好酒，也可以是让人"出乎意料"感动的葡萄酒。伟大的葡萄酒也可以被描述为简单纯净或微妙，但一定是复杂的。

必须再补充的是，复杂不是指无谓的堆叠，如果有许多混乱、不协调的风味出现，这是葡萄酒的缺陷，只有不断演绎出惊喜，才是正向的复杂性。

三、层次感

层次感表达的是葡萄酒的变化，是一种时间上的变化、空间上的变化，它也可以说成是复杂性的升级或者另一个境界的复杂性。时间上的变化是指葡萄酒打开后，随着与空气的接触，葡萄酒香气、味觉、口感、回味的变化和递进，以及葡萄酒回味的产生与持续；空间上的变化是指在杯中、鼻腔、舌尖、舌头两侧和舌头后部的立体呈现。

比如一支德国摩泽尔的经典雷司令，刚打开时，酒杯中能闻到雷司令陈年带来的清淡煤油风味，搭配

蜂蜡和圆润的白桃，杏子香气，入口后能尝到菠萝、柚子汁和柠檬汁的香味。一段时间后，椴花、蜂蜜以及柑橘的层叠香气会越来越丰沛，尤其是蜂蜜、甜橙、菠萝和各种花香会变得越来越饱满集中，余味也会越来越悠长。

因此，层次感不是单一扁平的感受，反映了葡萄酒的"球状"平衡感。如果形容一款酒有层次感，意味着从酒的前味、中味和余味中以及随着时间的变化，你都能感受到香气和风味，它们层次分明，相互叠加。

四、典型性

如果平衡性是葡萄酒质量方面的和谐，那么典型性是产品个性方面的阐释。

典型性的一个表现是，一款酒应该变现其本身应具备的特征，如果酿酒师把赤霞珠酿成了美乐或者品丽珠的特点，或者无法分辨出赤霞珠本身的特征，或者使用了太多的修饰和掩盖手段，让葡萄酒失去了本该具备的典型性，这就不是一款合格的葡萄酒。

典型性的另一个表现是，一款好酒应该像人一样具有个性，就像四大天王的歌声，刘德华声音浑浊、字正腔圆，黎明声音细腻、王子气质，郭富城节奏欢快、令人愉悦，张学友唱功一流、催人泪下。葡萄酒如果与别人家差别不大，中规中矩，就很难成为顶级美酒，很难给人带来"惊喜"之感。

那么，怎样才能体会到葡萄酒的平衡度、复杂性、层次感和典型性呢？

下面，我们进入葡萄酒的品鉴环节。

第三节　如何品鉴一瓶好酒

葡萄酒的深入品鉴是鉴别葡萄酒品质最可靠、最有效的方法。

葡萄酒的品鉴技术主要包括四个步骤，分别是观察、闻香、品尝和评价。

一、观察

品鉴的第一步是观察葡萄酒的外观。外观指标包括色泽、澄清度等，主要通过观察液面、酒体、酒柱以及气泡等进行判断。

1. 液面

用食指和拇指捏着酒杯的杯脚，低头垂直观察葡萄酒的液面，葡萄酒的液面呈圆盘状，液面必须洁净、光亮、完整，如果液面有木塞的碎屑、沉淀，可能是侍酒不当；如果出现杂质、浑浊，可能是酒出现了质量问题。

如果透过圆盘状的液面，可观察到杯柱和杯体的连接处，说明葡萄酒具有良好的澄清度。

2. 颜色

葡萄酒的颜色取决于葡萄品种、酿造方法和葡萄酒的年龄。

葡萄酒的颜色包括色度和色调两个维度。色度反映的是葡萄酒颜色的深浅，我们常用的词如浅、淡、深、浓、暗都是说色度。

色调方面，葡萄酒包括一系列各种各样的颜色。

色度与色调一起组成不同的组合可以形容各种各样的葡萄酒。

（1）白葡萄酒

在白葡萄酒中，我们几乎可以找到所有的黄色，如近似无色、禾秆黄色、绿禾秆黄色、黄色、金黄色（陈酿型白葡萄酒或者利口白葡萄酒的典型颜色）、琥珀黄色（陈酿型白葡萄酒，但这种颜色的葡萄酒，只有当其口感发现不了氧化味才是优质葡萄酒）。

还有铅色，是略带灰色的颜色，一般为失去光泽的葡萄酒。

以及棕色，除了开胃酒和餐后酒外，棕色葡萄酒一般是氧化或者衰老的白葡萄酒的颜色。

（2）桃红葡萄酒

桃红葡萄酒是含有少量红色素略带红色色调的葡萄酒。桃红葡萄酒的颜色因葡萄品种、酿造方法和陈酿方式的不同差别很大。

桃红葡萄酒的颜色介于黄色和浅红色之间，以玫瑰红为主。最为常见的还有石榴红、樱桃红、草莓红、杨梅红、葡萄柚红、砖红、赭红、胭脂红、鲑鱼红、腮红、粉红、洋葱皮红等颜色。

（3）红葡萄酒

红葡萄酒的颜色几乎包括了所有的红色。

红色素赋予年轻的红葡萄酒的色调取决于葡萄酒的酸度，在新葡萄酒中，高酸、低 pH 使其颜色呈现为鲜艳的紫红色；反之葡萄酒的颜色为深红色。

在红葡萄酒的陈酿过程中，单宁逐渐与游离花色素苷等结合，使葡萄酒向黄色色调转变。

瓦红或者砖红色为成年红葡萄酒常有的颜色。

棕色则为瓶储或瓶内陈酿 10 年以上的颜色。

形容红葡萄酒颜色的词语有：宝石红、鲜红、深红、暗红、紫红、瓦红、砖红、黄红、棕红和黑红等。

（4）观察葡萄酒颜色的方法

观察葡萄酒的颜色需要一定的光源条件与白色背景物，光源以自然光为最佳，日光灯、白光等亦可，白色背景物可以是纯白色的任何东西，一张白色的 A4 纸、餐厅里的白色桌布或口布等都可以胜任。

观察葡萄酒的颜色时，需要着重观察两个颜色区段，即酒的边缘部分和酒窝部分。酒的边缘部分又可以分为水色边缘和本色边缘。水色边缘，在酒的最外侧，颜色最浅，像水一样的颜色。本色边缘是介于水色边缘和酒窝部分的区域。酒窝部分是葡萄酒颜色最为浓重、深沉的部分，是酒杯中颜色区域面积最大的范围。酒的水色边缘，会随着酒龄之增长而加宽。酒的本色边缘，其颜色会随着年龄之增长而渐失其色。酒的本色边缘能反映很多信息，本色边缘越窄，说明酒龄越小或者酒体越重。本色部分的颜色色调越鲜艳、深沉或者饱和度越高，很大可能性产自纬度靠近赤道的葡萄酒产区（南、北半球皆同），或年份好的葡萄酒（干旱少雨且炎热），而且这种色泽深的葡萄酒，令人可预测到在舌间有着强烈、劲道的口感印象。换言之，颜色较浅的葡萄酒，酒质可能比较细致优雅，通常来自离赤道较远的葡萄产区，或较寒冷的产区，抑或是多雨成熟度不足的年份葡萄酒。

3. 挂杯

将酒杯倾斜或摇动酒杯，使葡萄酒均匀分布在酒杯内壁上，静止后酒可以观察到酒杯内壁上形成的无色酒柱，这就是挂杯现象。挂杯的形成是由于水和酒精的表面张力，其次是由于葡萄酒的黏滞性。葡萄酒中甘油、酒精、还原糖等含量越高，挂杯就越多，其下降速度就越慢。反之，甘油、酒精、还原糖等含量越低，葡萄酒的流动性就越强，挂杯就少或者没有，酒柱下降的速度也越快。

4. 气泡

平静葡萄酒中，二氧化碳的含量很低，如果观察外观时发现有起泡或者泡沫，说明这个葡萄酒中二氧化碳的含量过高。但起泡酒、香槟、卡瓦、阿斯蒂、塞克特等就必须观察其气泡状况，包括气泡的大小、数量、更新速度等。起泡酒会在酒的表面形成一层或厚或薄的泡沫层，泡沫层是由均匀、细小的气泡形成，且每个气泡持续的时间为数秒钟，当这层泡沫消失后则沿酒杯内壁形成一圈"泡环"，不断产生的气泡保证了"泡环"的持久性，"泡环"持续的时间，决定于起泡酒的年龄。

观察起泡酒，必须使用香槟杯，且酒杯的温度不

能比酒的温度高，否则产生的气泡就大，更不能用冰块去降温，因为这使酒杯湿润影响气泡的形成。

二、闻香

在由嗅觉和味觉构成的风味中，贡献最大的是哪些能被嗅觉感知的葡萄酒中的分子，作为葡萄酒风味的广泛差异主要是由嗅觉来判断的。

1. 按来源，可以把葡萄酒的香气分为三类

（1）一类香气。源于葡萄浆果，所以又叫果香或者品种香。

（2）二类香气。源于葡萄果汁的发酵，所以又叫发酵香或酒香。

（3）三类香气。源于葡萄酒的陈酿，所以又叫陈酿香或醇香。三类香气中，根据陈酿方式的不同，又有还原香和氧化香两类。

2. 按香气特征，可以把葡萄酒的香气分为八类

（1）花香，包括所有的花香。

最为常见的花香有紫罗兰和玫瑰花香。多种红葡萄品种都带有紫罗兰香气：比如西拉、美乐、歌海娜、马尔贝克甚至黑比诺，而玫瑰的香气可以出现在红葡萄酒（通常和红色水果相伴出现）甚至是白葡萄酒里。除此之外，常见的花香还有甘菊花、薰衣草、天竺葵、桂花香、茶花香以及中国的槐花香等。

素雅清淡的槐花清香，在高品质的麝香（Muscat）葡萄酒和中国沙城产区的雷司令和龙眼葡萄酒里也经常会遇到。

（2）果香，包括所有的水果香气。

通常葡萄酒里都会有水果的香气，最为常见的是红色水果、黑色水果或是热带水果香气。前两者在红葡萄酒里常见，后两者则多见于白葡萄酒。

红色水果指的是草莓、覆盆子、樱桃（车厘子）、蔓越莓（小红莓）和红醋栗这些颜色通常为红色的一类水果。红色水果香气常常出现在黑比诺、佳美等葡萄酒中，在品丽珠和美乐等葡萄酒中也有不少。

黑色水果通常是指李子、黑醋栗、蓝莓、黑莓和桑葚等颜色为黑色的一类水果。通常在酿酒时葡萄果实比较成熟的红葡萄酒中出现。

（3）香脂气味

指芳香植物的气味。在葡萄酒中是各种树脂的气味。

（4）化学气味

包括酒精、硫、氧化、酵母、微生物、还原等气味，具体有臭鸡蛋味、划火柴、干纸板、湿纸板、硫、醋、乙醛等气味，这些气味的出现，都会不同程度地损伤葡萄酒的质量。

（5）植物与矿物气味

在凉爽的气候下，很多品种会表现出植物的风味，如树叶、青草、绿茶、青椒、蘑菇、湿青苔等气味。除此之外，我们还能遇到松针儿、薄荷、灌木、松露、青橄榄或黑橄榄等的香气。

典型的植物气味比如赤霞珠带有青椒、薄荷以及雪松的味道，而新西兰的长相思葡萄酒通常有强烈的植物芳香。

矿物气味主要呈现为石油、煤油、湿石头、接近燧石或是粉笔屑的气味。在陈年雷司令葡萄酒中较为常见的就是石油或煤油的气味。

（6）动物气味

主要包括野味、脂肪味、肉味、麝香味、猫尿味等等。猫尿味在长相思葡萄酒中较为常见，而成熟的勃艮第红葡萄酒以及罗纳河谷葡萄酒一般带有野味的香气，经过木桶陈年的红葡萄酒会呈现出皮革的气味。

（7）香料气味

有来自葡萄本身，也有来自橡木桶陈酿和酒精提供的刺激感。

常见辛香料味有黑/白胡椒、丁香、香柏、茴香、肉桂、香草等等。比较有名的比如澳大利亚西拉的黑胡椒风味、歌海娜中常见的白胡椒味以及优质佳美中常有的肉桂气味。

（8）烘烤气味

通常在葡萄酒中闻到烤面包、黄油、焦糖之类的香味，这是葡萄酒在橡木桶中陈酿的证明。当然，用橡木片或者橡木条等便宜材料也有类似效果。这些处理能够给葡萄酒增添烘烤、椰子、香草、柏油、咖啡、烤面包、黄油、焦糖、烟草和烟熏风味。

3.闻香的技巧

（1）第一次闻香

指葡萄酒倒入酒杯后，在葡萄酒静止状态下的闻香，这种闻香，可以迅速提取葡萄酒中扩散性最强的那一部分香气。

（2）第二次闻香

第一次闻香后，摇动酒杯，使葡萄酒呈圆周运动，促使挥发性弱的物质得到释放，加上杯壁上也沾满了酒，这时候香气挥发最彻底，香气表现最为浓郁、优雅和充分。

（3）第三次闻香

第二次闻香目的是抓取使人愉悦的香气，第三次闻香是为了鉴别葡萄酒中的缺陷。这次闻香前，需要剧烈摇动酒杯，最极端的类型是用另一只手盖住酒杯，上下摇动后闻香。这样可以使缺陷气味如乙酸乙酯、氧化、霉味、硫化氢等气味释放出来。

三、品尝

我们在品尝葡萄酒的时候，实际上是视觉、味觉、嗅觉、触感等多种感觉的综合感受。

味觉和嗅觉关系最为紧密，我们体验到的各种滋味，都是味觉和嗅觉协同作用的结果。如果患感冒，鼻子不通气，便会降低对葡萄酒的味觉敏感性。

触觉在葡萄酒的品鉴上更多的是口腔皮肤的感觉，如柔软、坚硬、粗糙、细致、嫩滑等，触觉一般与嗅觉相关联，与味觉发生关系，如焦香则浓郁，鲜嫩则味淡等。

视觉在观察葡萄酒的颜色和外观，它与味觉有一定的关联，其媒介是一种心理作用，葡萄酒美丽的色泽、诱人的外观，对人的食欲刺激很大，自然对味觉

葡萄酒的主要香气类型

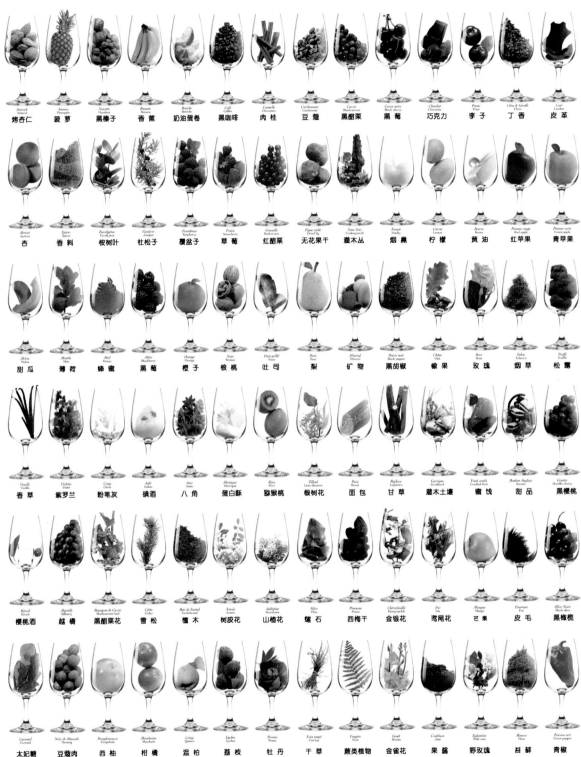

Amande Almond 烤杏仁	*Ananas* Pineapple 菠萝	*Noisette* Hazelnut 黑榛子	*Banane* Banana 香蕉	*Brioche* Brioche 奶油蛋卷	*Café* Coffee 黑咖啡	*Cannelle* Cinnamon 肉桂	*Cardamome* Cardamom 豆蔻	*Cassis* Blackcurrant 黑醋栗	*Cerise noire* Black cherry 黑莓	*Chocolat* Chocolate 巧克力	*Prune* Plum 李子	*Clou de Girofle* Clove 丁香	*Cuir* Leather 皮革
Abricot Apricot 杏	*Épices* Spices 香料	*Eucalyptus* Eucalyptus 桉树叶	*Genièvre* Juniper 杜松子	*Framboise* Raspberry 覆盆子	*Fraise* Strawberry 草莓	*Groseille* Redcurrant 红醋栗	*Figue sèche* Dried fig 无花果干	*Sous-bois* Undergrowth 灌木丛	*Fumée* Smoky 烟熏	*Citron* Lemon 柠檬	*Beurre* Butter 黄油	*Pomme rouge* Red apple 红苹果	*Pomme verte* Green apple 青苹果
Melon Melon 甜瓜	*Menthe* Mint 薄荷	*Miel* Honey 蜂蜜	*Mûre* Blackberry 黑莓	*Orange* Orange 橙子	*Noix* Walnut 核桃	*Pain grillé* Toast 吐司	*Poire* Pear 梨	*Minéral* Mineral 矿物	*Poivre noir* Black pepper 黑胡椒	*Chêne* Oak 橡果	*Rose* Rose 玫瑰	*Tabac* Tobacco 烟草	*Truffe* Truffle 松露
Vanille Vanilla 香草	*Violette* Violet 紫罗兰	*Craie* Chalk 粉笔灰	*Iode* Iodine 碘酒	*Anis* Anise 八角	*Meringue* Meringue 蛋白酥	*Kiwi* Kiwi 猕猴桃	*Tilleul* Lime blossom 椴树花	*Pain* Bread 面包	*Réglisse* Liquorice 甘草	*Garrigue* Scrubland 灌木土壤	*Fruit confit* Candied fruit 蜜饯	*Bonbon Anglais* Sweets 甜品	*Griotte* Morello cherry 黑樱桃
Kirsch Kirsch 樱桃酒	*Myrtille* Bilberry 越橘	*Bourgeon de Cassis* Blackcurrant bud 黑醋栗花	*Cèdre* Cedar 雪松	*Bois de Santal* Sandalwood 檀木	*Acacia* Acacia 树胶花	*Aubépine* Hawthorn 山楂花	*Silex* Flint 燧石	*Pruneau* Prune 西梅干	*Chèvrefeuille* Honeysuckle 金银花	*Iris* Iris 鸢尾花	*Mangue* Mango 芒果	*Fourrure* Fur 皮毛	*Olive Noire* Black olive 黑橄榄
Caramel Caramel 太妃糖	*Noix de Muscade* Nutmeg 豆蔻肉	*Pamplemousse* Grapefruit 西柚	*Mandarine* Mandarin 柑橘	*Coing* Quince 温柏	*Lychee* Lychee 荔枝	*Pivoine* Peony 牡丹	*Foin coupé* Cut hay 干草	*Fougère* Fern 蕨类植物	*Genêt* Broom 金雀花	*Confiture* Jam 果酱	*Eglantine* Wild rose 野玫瑰	*Mousse* Moss 苔藓	*Poivron vert* Green pepper 青椒

品鉴一款葡萄酒酒杯也很重要——Lucaris Vinoplus 水晶杯

也有激发作用。

1. 基本味觉构成

葡萄酒具有酸、甜、苦、咸四种主要味觉。

酸味来自各种酸。葡萄酒中的酸主要包括酒石酸、苹果酸、柠檬酸、琥珀酸、乳酸和醋酸。

甜味来自葡萄酒中葡萄糖、果糖、酒精和甘油。

咸味物质主要来源于葡萄原料、土壤、工艺处理，是无机盐和少量有机酸盐，它们在葡萄酒中的含量为2—4g/L，因品种、土壤、酒种的不同而有差异。

苦味在葡萄酒中并不明显，非常细微，主要来源于葡萄酒中的酚类或多酚类物质，酚类物质中最常见的就是缩合单宁，缩合单宁来源于葡萄的果皮和果籽，单宁的另一来源是橡木桶。

当我们品尝葡萄酒的时候，酸、甜、苦、咸四种味觉并不是同时被感知的。在葡萄酒入口的刹那，我们就能体会到葡萄酒中的甜味，第二秒之后甜味渐渐降低，10秒左右彻底消失。咸味和酸味出现得也很早，但持续时间长于甜味。而苦味在口腔内发展的速度最慢，在吐掉酒后，其强度仍然上升，而且保持的时间最长。

这主要是由于舌头的构造和功能分区导致的。

甜味的敏感区在舌尖，酸味和咸味在舌头的两侧，苦味在舌根部。

2. 涩味（收敛感）

白葡萄酒基本没有涩味。

红葡萄酒中的涩味主要来源是一些酚类化合物质，如单宁、酚酸、黄酮类。由于其具有的营养、防病、治病等作用，可提高红葡萄酒的饮用价值。

由单宁引起的收敛感（涩味），与其分子大小有关。分子量小的单宁，由于其分子太小，反应活性弱，收敛性也弱。分子量太大的单宁，由于其缩合度高，与蛋白质的分子大小差异太大，其收敛性也弱。分子量适中的单宁，收敛性最强。

3. 余味

我们把咽下或吐出葡萄酒后所获得的感觉，称为余味、回味或者后味。咽下或吐出葡萄酒后，口中感觉并不会立即消失。因为口腔、咽部、鼻腔还充满着葡萄酒及其蒸汽，还有很多感觉存在，它逐渐降低，最后消失，这就是余味。

余味中口感和香气持续的原因有二。第一，少量的葡萄酒及其呈香物质的存在，其浓度会越来越低，呈香物质也会随着呼吸逐渐排出。第二，延迟性反应，即对已消失的感觉的回忆。

四、口感与质量分析

1. 优质甜的主要表现

优质葡萄酒的甜通常表现为令人舒适的、和谐的，我们常形容这种感觉为圆润、柔软、柔和、流畅和肥硕，表达的都是顺口、好喝的概念。

即使干红葡萄酒里不含糖或者含糖量极少，如果酒精、甘油等带来的甜感能够与酸和单宁相平衡，则该葡萄酒也可以称之为圆润。

2. 优质酸的主要表现

优质葡萄酒的酸通常表现为令人舒适的、平衡的，这种酸一般是爽利、清新的酸。优质酸一般是苹果酸、乳酸体现的。劣质酸的表现是生硬、尖酸，带有粗糙感，主要在后味上体现酸味，这主要是酒石酸引起的，给人带来不适之感。

另外，醋酸菌污染的葡萄酒会造成醋酸和乙酸乙酯含量过高，体现出来的酸败味、辛辣感和燥热感，它破坏了葡萄酒的清爽和纯正。

3. 优质单宁的主要表现

优质红葡萄酒的单宁质量与香气质量密切相关，口味的优雅与香气的优雅总是相伴出现。优质单宁在葡萄酒的陈酿和成熟过程中，伴随醇香的出现，这类单宁不仅会软化，还会参与醇香的构建。

单宁是葡萄酒苦味的来源，正常的苦味是红葡萄酒耐贮藏的标志，但苦味在后味上占主导就是葡萄酒的缺陷。

单宁是构成葡萄酒筋肉的成分，足够高的单宁含量可以使葡萄酒厚实、丰满、浓郁，而显得结构强壮、酒体充沛、余味持久。但过高会让葡萄酒生硬、粗糙。

4. 优质余味的表现

余味的长短与葡萄酒的种类和质量等级直接相关。如果通过感受葡萄酒的平衡和和谐可以确认一款葡萄酒是否是好酒的话，那么高级名酒的确定则需要通过余味。高级干白葡萄酒的余味香而微酸、清爽，优质红葡萄酒在口中留下醇香和单宁的丰满滋味。

我们必须强调余味的舒适度要比余味的长短更重要，一些芳香型白葡萄酒，虽然余味短，但仍然受消费者欢迎。

第四节　向大师学习把感性的葡萄酒品鉴量化

罗伯特·帕克是这个世界上把感性的葡萄酒品鉴变成可量化活动最成功的人，他也是世界上最著名的葡萄酒评论家。

他建立了一个100分制的评价体系，按照观察（颜色和外观）、闻香（香气评价）、品尝（风味和余味），外加陈年潜力四个指标对一款葡萄酒进行打分。根据帕克的评分体系，所有葡萄酒都有50分的基础分，再加上以上四个模块的得分，就是这款酒的总得分。根据总分，葡萄酒分为六个等级。极佳95—100、优秀90—94、优良80—89、一般70—79、次品60—69和劣品50—59。为了平时学习方便，我们可以参考帕克的评分方法，另建一个模板，便于日常积累和记录，供大家参考使用。样表参考见下页。

第五节　低端酒与高端酒的差异到底在哪里

很多人疑惑，葡萄酒的价格为什么差别那么大，有的50元，有的100元，有的500元，有的好几万元。为什么价格差别那么大，它们之间的差异到底在哪里？我们按两个极端进行讨论。

一、高端酒与低端酒

我们用两个极端做一个总结就是，低端葡萄酒与高端葡萄酒到底差异在什么地方。其实主要差异在几个方面：

葡萄酒品鉴表

购买渠道:

价格:

评分人:　　　　　　　　评分日期:

基本信息		评价项目	差	下	中	良	优	极优
			0	1	2	3	4	5
酒种		颜色表现	○○	○○	○○	○○	○○	○○
年份		外观表现	○○	○○	○○	○○	○○	○○
产区		香气表现	○○	○○	○○	○○	○○	○○
等级		酒体表现	○○	○○	○○	○○	○○	○○
评分规则: 基础分50分以上共10项, 每项10分占50分, 总共100分		陈酿潜力	○○	○○	○○	○○	○○	○○
		得分	基础分50分+_____分					

得分等级

- ○ 100分　　完美美酒　★★★★★+
- ○ 95-99分　顶级品质　★★★★★
- ○ 90-94分　上等佳酿　★★★★
- ○ 85-89分　好　酒　　★★★
- ○ 80-84分　还　行　　★★
- ○ 75-79分　一　般　　★
- ○ 70-74分　不及格　　〆
- ○ 70分以下　劣　酒　　✖

产区等级、美誉度

- ○ 村庄级、庄园级　★★★★★
- ○ 子产区级　　　　★★★★
- ○ 优质大区级　　　★★★
- ○ 大区级　　　　　★★
- ○ 优良餐酒级　　　★
- ○ 普通餐酒级　　　〆

性价比

- ○ 极高性价比　★★★★★
- ○ 高性价比　　★★★★
- ○ 有性价比　　★★★
- ○ 欠性价比　　★★
- ○ 低性价比　　★
- ○ 无性价比　　✖

综合评语:

推荐指数:　★★★★☆

1. 高端酒品质高，价格也就贵；反之，低端酒品质低，价格也就便宜。

2. 高端酒成本高，所以各个环节的价格，比如批发价、加盟价、零售价等等就会很好。反之，低端酒成本低，购买的时候价格也就便宜。

3. 高端酒和低端酒的差异还有品牌隐形价值的溢价。

4. 高端酒以酒庄酒为主，低端酒以工厂酒为主。

二、酒庄酒与工厂酒

酒庄酒与工厂酒在原料、产量、采收方式、生产工艺等方面都存在很大不同。

1. 酒庄酒产量低，数量有限。以波尔多产区为例，拉菲酒庄正牌葡萄酒年产量只有 20 万瓶左右，帕图斯酒庄产量不到 5 万瓶；但是工厂酒的产量就会非常高，动辄以万吨（1300 瓶 / 吨）为单位。

2. 酒庄酒的原料好，葡萄质量高。越是高级的酒庄，葡萄园的管理越是精细，帕图斯酒庄的葡萄园就像是一个艺术品展览馆，每棵树一样高、一样粗、一样的架势、一样的果穗数量，葡萄园的行距、株距、除草、翻土等整齐划一，非常漂亮。

3. 酒庄的采收方式以手采为主，工厂酒全部机械采收。

4. 酒庄酒的发酵、陈酿、瓶储各个环节精益求精；工厂酒追求成本至简，生产过程较为粗放。

三、口感上的差别

1. 高端酒复杂，低端酒简单。

2. 高端酒协调、优雅、平衡；低端酒协调性不足，优雅度和平衡感比不上高端酒。

如果是有明显缺陷的葡萄酒，价格相对较低。

手工采摘

机器采摘

压榨前的粒选

大规模的压榨

第六节　发现葡萄酒沉淀一定要退货吗

一、葡萄酒中的沉淀是何物？

葡萄酒中的沉淀物一般可分为两大类：胶质体和酒石酸盐（Tartaric Acid）。胶质体一般会在葡萄酒陈放几年后产生，组成的物质通常为天然色素、多糖物质和蛋白质；而酒石酸盐则来自葡萄本身，是水果当中的天然成分，在低温状态下会形成结晶。除此之外，葡萄酒中的沉淀物质还可能有酒泥（Lees）、果皮、果梗或者过滤不充分的小颗粒。

在贮存一定年限的红葡萄酒里，一般会出现薄片状的暗色沉淀物，有些甚至分量不少。这些沉淀物主要由单宁以及因年代久远而凝集的色素构成。不过这类沉淀也不是老酒独有的，一些饱满浓郁型的红葡萄酒，比如炎热年份的波尔多、一些新世界的赤霞珠、西拉等也容易出现这类沉淀。

二、葡萄酒中有沉淀物意味着变质了吗？

陈年的葡萄酒中有沉淀，是正常现象，无论是上述哪种沉淀，都不会损害人的健康和酒的风味及品质，顶多会影响一点口感体验以及不那么美观。只有当沉淀物呈絮状漂浮在酒中、酒液浑浊的时候你才需要担心，这时候往往是酒真的变质了。

三、酒中有沉淀，怎么办？

虽说沉淀对葡萄酒的品质和饮用者的健康无害，但毕竟颜值不高，同时也会影响品鉴感受，所以大多时候我们还是会选择除去沉淀。那么问题来了，如何处理酒中的沉淀呢？

1. 将酒瓶直立放于清凉处，让杂质缓慢沉淀至瓶底，这个过程通常需要几个小时的时间。如果条件允许，最好提前一天就把要喝的"老酒"竖起来。

2. 尽量选用较为温和的方式开启瓶塞，可以考虑使用双片老酒开瓶器，以免老酒脆弱的塞子被普通开瓶器弄断。

3. 将葡萄酒从瓶中缓缓倒入干净的容器（通常是细口的醒酒器）中。这个过程最好在辅助光源下进行，一手持酒瓶，另一只手拿醒酒器，缓慢倒酒，直至看到瓶颈处有沉淀出现，便停止倒酒。

除此之外，在珍藏老酒的时候，我们应采取恰当的储存方式且注意葡萄酒的适饮时间，因为与年轻的葡萄酒相比，老酒在氧气的催化下要脆弱得多，一不小心就可能错过其香气和风味最美好、复杂的时段。

生产过程会残留沉淀物（图为葡萄酒发酵阶段）。

葡萄酒生产过程中的残留物

第二十章

葡萄酒的主流销售渠道和选酒策略

在凡人所知的一切事物中，葡萄酒是最能激发和点燃人类激情的东西，是所有人共同的燃料。

——英国文艺复兴时期散文家、哲学家 弗朗西斯·培根

第一节 国内葡萄酒现状

中国近代葡萄酒发展史超过百年，更有近40年的快速增长期，但葡萄酒在我国仍然不算主要酒种，葡萄酒的消费量无法与白酒、啤酒相提并论。国人对葡萄酒的理解和认识仍处于学习和理解阶段，整体行业还有较大的发展空间，市场占有率和成熟度还有非常大的距离。国内的葡萄酒市场现状还存在以下问题，一定程度上制约了葡萄酒消费的发展速度。

一、假酒仍然存在

2019年11月，一条"黑作坊造假波尔多四级名庄拉图嘉利"的朋友圈短视频震惊了整个葡萄酒圈。尽管视频只有短短的15秒，我们仍然可以看到，在一个狭窄的空间里，几乎完整的光瓶酒在贴标生产线上摇身一变成了波尔多四级名庄拉图嘉利，而拉图嘉利雕花订瓶以及酒帽上的品牌信息也高度吻合。

假酒的做法主要有两种，第一种手法是原酒造假，使用全部或部分"三精一水"制造假酒，这种做法最为可恶，因为假酒对身体伤害很大，造假者无视消费者人身安全和身体健康。第二种手法是，使用真酒仿制名牌，酒体本身并不假，但品质相去甚远。国内销量较高的著名品牌都有可能成为制假者的猎物和目标，一般消费者辨认起来难度较大。

二、价格虚高问题

很多人买酒、购物都喜欢扫码，于是市场上就出现了各种各样的扫码软件、扫码App和小程序，用软件或者App扫码得到的葡萄酒的价格一般情况远远高于买家的实际购买价格。

三、难辨原装进口

不少商家还表示自己出售的葡萄酒都是原装原瓶进口酒，在出口国原产地的酒庄生产。国内也确实存在进口酒身份偷梁换柱、打擦边球、主动回避等现象。国内生产的葡萄酒，取了个外国名，酒标设计也洋味十足，如果不注意生产厂家和地址，也可能很难分辨到底是进口货还是国产货。

四、商标傍大牌

拉菲、奔富、长城等知名葡萄酒品牌均成为被"傍"的对象，大量相似商标、名称的商品在市场上屡见不鲜。据不完全统计，仅"拉菲"葡萄酒便有20余种相似名称的商品在售，成为被"傍"现象最多的品牌，最假的是"拉飞"，最不易辨认的是"拉斐"，最多见的是"××拉菲"或者"拉菲××"。

实际上，"傍大款"可不是中国独有，国外更是五花八门，花样繁多，法国、澳大利亚都有大量新老拉菲和多个"奔富"品牌，关于品牌上的知识产权官司更是层出不穷，连篇累牍。

五、过度包装

这好像是中国很多商品的通病，不能把板子全打在葡萄酒上，但是过度包装确实不够环保，也会偏离葡萄酒基本的使用价值。久而久之，低质高价的过度包装在消费者心中形成了一定的负面印象，对行业的长远发展有不利影响。

那么，如何才能识别和分辨一瓶酒的真实身份呢？请继续阅读。

第二节　如何鉴别假酒、冒牌酒、国内灌装酒

一、鉴别假酒

鉴别假酒的酒液是否是假酒的第一个方法是闻，也就是使用闻香的技巧，"三精一水"的假酒是满满的化学味，让人非常不悦，比较容易辨别。所以，这种假酒越来越少了。

还有一种方法非常简单，网上类似的信息很多。有的说可以取一张上好的纸巾，将葡萄酒滴在纸巾上，由于真葡萄酒中的红色是天然色素，颗粒非常小，在纸巾上扩散开的湿迹是均匀的葡萄酒的红色，没有明显的水迹扩散。而假冒葡萄酒由于是用苋菜红等化工合成色素勾兑而成的，色素颗粒大，会沉淀在餐巾纸的中间，而水迹不断往外扩散，红色区域跟水迹之间分界明显，消费者凭此可以很简单地辨别真假葡萄酒。

我没有遇到过假酒，也没有使用这种方法测试过，看下面的图片好像差别还是挺大的，左边的假酒与右边的真酒颜色上确实差别很大。

二、鉴别冒牌酒

冒牌酒就是假品牌酒，像之前提到的假拉菲、假奔富、假拉图嘉利等案件侵犯了知名品牌知识产区的违法产品。冒牌酒也是假酒中的一种，但因为假冒了知名品牌，有可能混在真酒当中一起卖，让人防不胜防，买了都不知道是假酒。当然，假酒领域最为猖獗的是假白酒，尤其以中国第一白酒某台为甚。

鉴别冒牌酒非常麻烦，有的时候普通消费者光凭借外观很难分辨真假。即便是专业人士，识别高仿的假酒，也很不容易。或许直到打开瓶品尝了酒，才有可能鉴别出真假。鉴别一瓶酒是否是冒牌酒和国内灌装酒方法相似，主要有以下几种方法：

1.查验该产品的真实性资料。进口酒进入大卖场、连锁超市、京东、天猫等正规渠道，供应商需要提供产品的入境货物检验检疫证明、报关单和原产地证明等证明真实性的材料，个别渠道也需要提供。如果是国产酒，可以查验产品出厂检验合格证、厂方提供的承诺资料等质量文件。

2.看玻璃瓶身数字。有的原装进口红酒的瓶底或瓶身下端有凹凸的英文和数字表明容量和酒瓶直径等，这个方法适用范围较为有限，仅适用于部分国家的葡萄酒。

3.看背标上商品条形码的开头数字。原装进口红酒的背面都会有国际条形码，条形码的第一个数字代表着不同的国家：美国是0，法国是3，中国是6，智利是7，西班牙是8，澳大利亚是9。

4.正背酒标检查。中国法律法规规定，进口葡萄酒除了在酒瓶正面要贴有进口国文字的正标外，同时还必须在背面贴中文背标。凡是销售没有中文背标的进口葡萄酒都是违法行为。

5.瓶帽材质和松紧。原装进口葡萄酒的瓶帽大多数都是铝合金瓶帽，国产酒大多数是塑料瓶帽。进口葡萄酒的瓶帽可以转动，而且可靠，但塑料瓶帽一般吸合力更强，不容易转动。但国内铝帽也越来越普及，仅靠此方法，也不是非常有效。

6.开瓶品鉴。冒牌酒之所以仿冒拉菲、奔富等高端酒，就是因为它们的价格贵，冒牌酒用假酒或者低档散酒灌装成本非常低，造假的毛利高，效益好。但这种酒与真酒相比，香气、颜色、口感都相差非常大，稍有经验的人开瓶品鉴就能很快发现真假。

三、鉴别国内灌装酒

国内灌装酒一般是进口葡萄酒散酒，在中国的保税区或者普通生产线二次分装的葡萄酒。

如果是正规厂家，国内灌装加工生产的品牌酒，不能按假酒或者问题酒处理。但如果国内灌装还冒充

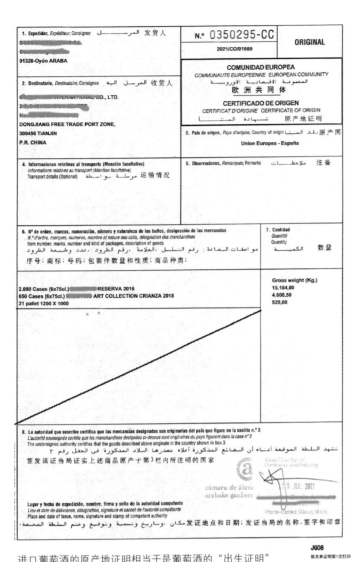

另外，瓶帽差异较大。法国葡萄酒瓶帽都是铝合金材质，而中国的瓶帽大多数是塑料瓶帽。

2. 原产地证明、海关单据和商检证明查验是最主要手段

像之前提到的，原瓶进口葡萄酒都有"三证"，即原产地证明、海关单据和进口货物出入境检验检疫证明。国内灌装葡萄酒是没有进口葡萄酒的原产地证明、清关单据和入境货物检验检疫证明的。只要查验这三个文件，就可以很轻松地把国内灌装酒排除在外。

进口葡萄酒的原产地证明相当于是葡萄酒的"出生证明"

是原瓶进口就属于违法行为。

与识别冒牌酒的方法相似，国内灌装产品也可以通过简单的方法识别。

1. 包材上的区分

国内灌装的产品，玻璃瓶、酒标、瓶帽大多都是国内生产，玻璃瓶可能在瓶底上有一定差异，原装进口红酒的瓶底或瓶身下端有凹凸的英文和数字表明容量和酒瓶直径等。但仅仅依靠玻璃瓶，可靠性不足，还需要其他辅助措施。

酒标的正标很难辨识，冒充原瓶进口肯定会用进口酒惯用的酒标。但背标稍加分析就能看出是否是国内灌装，因为背标上的生产商和其地址信息会清晰说明是否是国内灌装。

大美葡萄酒

中华人民共和国海关进口货物报关单

中国海关报关单是进口葡萄酒的"签证"

中华人民共和国出入境检验检疫

入境货物检验检疫证明

编号 _____

3207202110000 ⬛⬛⬛⬛

收货人	~~⬛⬛⬛⬛~~ 公司		
发货人	~~⬛⬛⬛⬛ CO., LTD.~~		
品　名	~~⬛⬛⬛ CARRION S.A.~~ 干红葡萄酒	报检数/重量	**40500升/**39690千克
包装种类及数量	**3090纸制或纤维板制盒/箱	输出国家或地区	西班牙
合同号	~~⬛⬛~~ SH-2101	标记及号码	N/M
提/运单号	***		
入境口岸	上海		
入境日期	2021年08月19日		

证明

清单：

序号	品名	产地	规格	数/重量	生产日期
1	~~⬛⬛⬛~~ 干红葡萄酒	西班牙	6*750ML瓶/箱	**40500升/**39690千克	2021-06-25

上述货物经检验检疫合格评定，予以通关放行。

******

签字：~~⬛⬛⬛⬛~~　　　　　日期：　　　年　　月　　日

2021

备注

***

进口葡萄酒入境检验检疫证明是中国海关检验合格后授予的可靠性文件

第三节　国内主要葡萄酒销售渠道

中国是世界上葡萄酒消费发展速度最快的国家。

世界上没有任何一个国家像中国这样，同时存在那么多的销售渠道。葡萄酒消费成熟的国家，葡萄酒的销售渠道主要是超市、餐厅酒吧和葡萄酒商店，这三类销售渠道销量占比可达50%—70%以上，如火如荼的互联网销售也有，但远远没有中国的规模那么大，占比小。酒庄直销或者会员制销售多是高端葡萄酒的专利。

中国葡萄酒的销售形势五花八门，常见的可以买酒的渠道有大型卖场、连锁超市、街头便利店、烟酒行、葡萄酒专营店、酒类连锁店、餐厅、酒吧、夜场、KTV、烟酒店、杂货铺或夫妻店、朋友圈、各大电商平台（天猫、京东、苏宁、酒仙网等）、酒厂直供、酒庄体验店、免税店等。

北京某商场的葡萄酒专区，面积约60平方米，产品种类较为齐全

一、大卖场、会员制卖场：越来越接轨国际

能够提供大面积酒水区域的首推大卖场和会员制大卖场。

大卖场和会员制大卖场营业面积大，收银台多，基本都在5000平方米以上，可以提供一站式自选服务，商品包括家电、服装、家居用品、生鲜及日用品等，涵盖消费者的日常所需。家乐福、大润发、沃尔玛、麦德龙、COSCO、乐购、步步高、山姆会员店、苏果大卖场等是大卖场的典型代表。

葡萄酒已经成为中国大卖场的必备商品，很难想象哪个大卖场没有葡萄酒。

（一）大卖场的葡萄酒品类特点

国内的大卖场和超市葡萄酒的货架一般分为国产酒区和进口酒区。

国产酒区主要是耳熟能详的张裕、长城、威龙、王朝、龙徽等知名葡萄酒品牌，品牌数量并不多，但货架长度却不小，而且国产酒货架的另一个特点是，国产葡萄酒的礼盒产品琳琅满目、丰富多样，有的非常奢华贵重。

进口葡萄酒区主要有法国酒、澳大利亚酒、智利酒、意大利酒和西班牙酒，稍微齐全的卖场和超市还有阿根廷酒、美国酒、新西兰酒，甚至是南斯拉夫、奥地利、黑山和塞尔维亚等国家的产品。

在大卖场葡萄酒货架面前犹如陷入葡萄酒的海洋，各种标签、瓶型、国别、品种花样繁多，不懂酒的人立即就蒙圈了，很容易让人产生老虎吃天无从下口之感。有的时候，实在无法选择了，就听从了导购员的建议或者选择最熟悉的品牌了事。而在国外，卖场是没有导购的，国外消费者喜欢尝试不同的葡萄酒。

（二）大卖场的葡萄酒服务特点

1.产品异常丰富，可选择范围巨大

2.产品真实性有保证

大卖场和连锁超市为了确保产品品质和保护自己的声誉，一般会要求国产酒厂家提供产品合格证、检验检测报告等证明材料。针对进口葡萄酒会要求提供原产地证明、报关单、商检报告等文件。

但提供了以上材料是不是就可以保证买到的每一瓶酒都没有问题呢？也不是，很多山寨品牌、傍大款品牌，比如拉菲××、奔富××等，还是很容易就可以提供以上所需的资料，而卖场和超市有时候为了销量，也不一定会管理得那么严格。

3.质量问题索赔成本较低

所谓跑得了和尚跑不了庙，大卖场的好处在于发现了质量问题索赔容易。而且，消费者是弱势群体，受消费者权益保护相关法律法规的保护。

4.质量问题出现的可能性较大

因为卖场产品太多，动销非常缓慢，有的葡萄酒在货架上陈列的时间过久，加上光照、环境等因素导致葡萄酒口感可能会不太好。另外，生产日期比较久的产品，新鲜度也是一个考验。

5.满足需求的能力强

卖场因为产品多，类别丰富，可选择的余地比较大，不管是喜欢干白、干红、半干、半甜、甜酒、起泡、香槟、加强酒等哪种类型的朋友，都可以找到对应的产品。

6.产品性价比一般

大卖场是供应商供货居多，厂家直供较少，卖场各种收费名目繁杂，加上流通环节再层层加价，造成产品价格的竞争优势不足。因此，卖场渠道高质低价的可能性较小，低质高价的可能性较大。但如果关注一个商品时间比较久，碰到这个商品出现大幅度的折扣或者降价或者搭赠活动，是可以考虑的。沃尔玛、家乐福这些大型连锁卖场每逢春节、国庆、中秋这样的节假日总有不少品牌开展大力度促销，以抢占节日销售的市场份额，这个时候的价格相对来说就划算很多。

7.名庄酒和高端酒可见但不多

大卖场渠道不是销售拉菲、罗曼尼·康帝这些顶级葡萄酒的场所，大卖场内名庄酒几乎踪迹全无。高端酒以奔富、长城、张裕等部分品牌为主。国内个别明星卖场葡萄酒区配备单独存放名庄酒的大型恒温酒

柜，但这种卖场太少了，如果有，大可以放心购买名庄酒和高端酒。

（三）大卖场的葡萄酒选酒策略

1. 选择大品牌

大品牌较为可靠，假酒少，刨除价格因素，大品牌葡萄酒周转较快。

2. 选择知名进口商和生产商

选购进口葡萄酒，知名进口商比小进口商在专业能力、服务质量、商誉重视程度和产品丰富性上都要好很多。

3. 选择临近生产日期

生产日期越近，说明产品越新鲜，卖场里的葡萄酒不用考虑越陈越香，进口酒中真正的超高端葡萄酒是很少在卖场销售的。这个渠道的葡萄酒要即买即喝，或者99%的葡萄酒都要坚持即买即喝的原则。

4. 学习葡萄酒产区基础知识

继续读本书后面的内容，对于选酒的帮助会非常大。

5. 查验产品真实性单据

高端酒、酒庄酒、名庄酒一定要查验"三证"，即原产地证明、报关单和进口货物检验检疫证明。

二、连锁超市和独立超市：小一号的大卖场

连锁超市和独立超市也能够提供必要和相对较好的葡萄酒服务。

连锁超市是以食品、饮料、日用品为主，生鲜和蔬菜开始逐渐占有一定比重，能够满足普通消费者的大部分日常生活所需，店内商品的价格比传统食杂店或便利店便宜，营业面积通常在1000平方米左右或者更大。北京华联、华润万家、苏果社区店、果蔬好等是连锁超市的典型代表。

独立超市的经营范围、规模与连锁超市相似，但以单独经营为主，没有其他分店，主要面向周边社区的消费者。

连锁超市和独立超市在葡萄酒的销售和服务上是缩小了一号的大卖场！

（一）连锁超市和独立超市的葡萄酒品类特点

1. 产品还是比较丰富的，可选择范围也较大。

2. 产品真实性较为有保证，与大卖场相比不相上下。

连锁超市和独立超市也会要求酒厂家提供产品合格证、检验检测报告、原产地证明、报关单、商检报告等文件。

假酒的可能性不大，但山寨品牌、傍大款品牌还是可能存在的。

3. 质量问题索赔成本较低。

4. 质量问题出现的可能性比大卖场稍好。

主要是连锁超市的葡萄酒种类和单品数量远远小于大卖场，这可能会加快葡萄酒在店面的周转，产品新鲜度应该会有保障。

5. 大多数的连锁超市和独立超市葡萄酒需求的满足能力都不如大卖场，像香槟、起泡酒、冰酒等等小酒种可能就买不到了，名庄酒几乎看不到踪影。但也存在个别精品、高端连锁超市，如婕妮王、进口超市等葡萄酒的种类也越来越丰富和专业了。

6. 产品性价比一般。

价格链变化或者加价率与大卖场相似，费用都不会太低。

7. 名庄酒消失殆尽，有少量高端酒存在，以国产酒为主。

（二）大卖场的葡萄酒选酒策略

1. 选择大品牌。

2. 选择知名进口商和生产商。

3. 选择临近生产日期。

4. 学习葡萄酒产区基础知识。

5. 查验产品真实性单据。

三、小型超市、便利店：产品少，可应急

小型超市和便利店销售葡萄酒的价格、种类、数量、品级等方面基本相似，产品比较少，可选择余地不大，主要以大众品牌、餐酒和中低端的大区级产品为主。

便利店是一个不错的应急消费渠道。近几年来，7-11、罗森、便利蜂、全时等连锁便利店异军突起，大有逐步替代街头杂货店、夫妻店的趋势。连锁便利店因为其靠近社区、产品聚焦日常生活所需、即买即走、不用排队等优势，最近几年发展极为迅速。便利店是连锁方式经营的自选式小商店，各门店拥有统一风格的店牌和店内布局，并统一采购和配送，一般在100平方米以下，设有收银台和专职收银员，便利店的营业时间一般较长。

小型超市多是连锁或独立经营，服务的群体比较固定，一般是社区居民，商品以食品饮料、日用品为主，营业面积在100—1000平方米之间。

（一）小型超市和便利店葡萄酒产品有如下几个特点：

1. 产品类别较为单一，可选择性不强。连锁便利店因为面积有限，只会陈列为数不多几个常见品牌，比如长城、洛神、黄尾袋鼠、红魔鬼等等。

2. 产品价格较为合理。

3. 产品真实性较强。

4. 产品新鲜度较好。

5. 很难满足高端或者相对专业的消费者。

问题是便利店以中低端葡萄酒为主，高端产品相对较少，如果是葡萄酒的深度爱好者，便利店不是特别好的选择。

（二）小型超市和便利店选酒策略：

1. 满足临时和紧急需求的首选。

如果你有紧急需求，或者对酒没有特别要求，或者上瘾了家里又没有酒了，可以在便利店选一瓶酒临时满足一下需求。

2. 尽量买生产日期较近的葡萄酒。

3. 选择大品牌和知名厂商。

4. 聚焦法国和澳大利亚等最常见的国别的葡萄酒。

四、烟酒店：最复杂、接地气儿的渠道

烟酒店是中国最为特殊的葡萄酒销售渠道，店面多，分布广，绝对是葡萄酒销售的主流渠道之一，这与国外大相径庭。烟酒店顾名思义一方面买卖烟草，烟草是烟酒店重要的收入来源之一，部分烟酒店还配备福利彩票和体育彩票的售卖机。烟酒店主要销售名优白酒、地产白酒和一定比例的葡萄酒（通常单店葡萄酒销量远低于白酒）。

烟酒店在每个城市都非常多见，大小不一，规模不等，有的是一个小门脸，有的装潢华丽。但基本都有一个共同的特点，那就是门头的招牌都会有某某烟酒店，或者某某名烟名酒专营，也有不少写某某酒庄之类的，烟酒店是葡萄酒销售最重要的终端之一。烟酒店买酒，如果没有熟悉的老板，在路边随便误打误撞地买，有一定的风险。白酒黄金十年的高速发展刺激了烟酒店的快速扩张，并在2010年前后出现了井喷现象，数量的膨胀和团购的兴起使得烟酒店的竞争压力越来越大，烟酒店多以个体方式存在，抗风险能力极差，而服务能力的参差不齐使得消费者对烟酒店的信任程度大打折扣。在很多省市，烟酒店对葡萄酒的销售贡献非常大，这是烟酒店长期建立的团购客户带来的。但部分名烟名酒店图谋暴利或者选酒能力弱，销售假酒、劣质酒、冒牌酒的情况也是有的，很多知名葡萄酒品牌如长城、张裕等打假的重点方向中，烟酒店也是主要取证渠道之一。

烟酒店的葡萄酒业务当前主要有四大亟待突破的瓶颈：

1. 自身经营模式的缺陷

烟酒的服务、管理、产品、品质保障等方面存在太多需要提升和改进之处，导致用户向便利店和线上平台转移。

2. 互联网时代，转型乏力

烟酒店天然的基因属性导致其对互联网的适应性先天不足。烟酒店在互联网化和新零售上无能为力，无法实现互联网化升级，也难以做到与互联网平台的深入融合和技术革新。

3. 商品价格没有竞争力

传统渠道的层层加价导致烟酒店在整体供应链体系中处于价格末端，受制于上游各环节的影响。另外，由于店小，进货少，规模优势不突出，导致产品价格下不来，竞争力较弱。

4. 产品芜杂

由于进货渠道芜杂，商品难免良莠不齐，假货、水货、冒牌货多，难以确保规范与品质，在食品安全被高度重视的今天，普通烟酒店的生意对烟草和白酒的依赖程度越来越高了。

未来的烟酒店肯定要转型，改变现在的小农经济式运营模式，向规范化、正规化、连锁化发展，烟酒店要想长远发展，必须做到货真价实、诚信经营、价值回归。

烟酒店选酒策略：尽量选择可靠、熟悉的烟酒店买酒；尽量选择店面看上去正规，服务质量好的烟酒店；在店中选择生产日期相对较近的葡萄酒。

五、食杂店、小卖部：方便面和小零食渠道

传统食杂店一般是独立的、家庭式经营的非自助商店，一般销售包装食品、饮料、日用品、玩具、文具等商品，其中食品饮料比例较大，酒水占比不高，是啤酒各大品牌的主要竞争阵地之一，白酒主要以地产酒、便宜酒为主。葡萄酒一般只有寥寥几瓶，主要销售国产知名品牌干红葡萄酒和低端进口葡萄酒。

食杂店和小卖部葡萄酒产品少，专业性还不如烟酒店。

食杂店、小卖部买点国产啤酒、小零食、方便面什么的就可以了，至于葡萄酒，还是多走几步路更好。

六、夜场、酒吧渠道：只要是酒，就可以嗨起来

夜场主要包括高中低档夜总会、量贩 KTV、慢摇吧、酒吧等，啤酒、烈酒是主流消费酒种，葡萄酒也慢慢成为夜场酒水消费的主要酒种。除 KTV 外，大多设有吧台，销售洋酒、红酒、啤酒、鸡尾酒等品类。

夜场可以分为娱乐型夜场和休闲型夜场。

纯娱乐型夜场，主要有迪厅、夜总会、KTV、演艺酒吧等形式的场所，消费群年龄多在 20—35 岁。干红的销量较大，多是以低档酒为主，而且总有促销人员诱惑你买酒。而休闲型夜场则和娱乐型夜场有着本质的区别。休闲型夜场的消费群年龄多在 30 岁以上，其中以一些社会上的成功人士居多，因此，相对来说酒的质量也好一些。

娱乐型夜场选酒，确保是真酒是第一要务。其次是尽量从中挑选性价比较高的品质葡萄酒。

休闲型夜场酒品相对较好，价格肯定也是呱呱叫，夜场葡萄酒的加价率基本上差不太大，可以优先考虑新世界国家或者旧世界里的西班牙、意大利等国别的酒。

七、餐饮、酒店渠道：期待专业性和多样性

国外葡萄酒消费的三大主流渠道分别是卖场超市、现饮渠道和葡萄酒或者酒类专营店，国外电商发展不快，其他渠道都是小渠道或者非主流渠道。国外餐饮、酒店、酒吧等现饮渠道葡萄酒可不便宜，越是高级的餐厅，葡萄酒的加价率越高，顶级餐厅葡萄酒价格相比超市翻三倍基本是行规，即使是一般餐厅，葡萄酒的价格比超市价格贵个一倍也是很正常的。即便如此，国外现饮渠道的葡萄酒销售依然是三大主流渠道之一，生意非常火爆，这一点跟中国的啤酒有一拼。但是中国餐厅正好相反，餐厅渠道是葡萄酒运营商赚钱最辛苦的渠道，主要原因是中国餐饮消费者太过于喜欢自带酒水。

酒吧除了烈酒和啤酒之外，葡萄酒越来越丰富了

（一）国内餐厅和酒店渠道葡萄酒弱势的原因

中国消费者不在餐厅和酒店点酒的原因主要有以下四点：

1. 餐厅的酒价格高

前几年，餐厅的酒水加价率非常高，一般到消费者手里可能已经高于市场零售价的两倍甚至三倍，消费者当然不会去为这么贵的酒买单。

2. 难收取开瓶费

中国工商部门严格管理开瓶费，不允许酒店或者餐厅收取客人开瓶费，这是国内和国外餐厅最大的区别之一。欧美发达国家也可以自带酒水，但是开瓶费相当高昂，米其林星级餐厅的开瓶费一般在 60—90 欧元/瓶，餐厅里的侍酒师可以提供非常专业的侍酒服务，不管是 82 年拉菲还是 3 欧元的餐酒都可以服务得非常到位。一般餐厅的开瓶费高低不等，基本上在 10—30 欧元/瓶之间。在这种情况下，自带酒水就非常不划算，如果带的是特别高端的产品或者非喝不可的葡萄酒那另当别论。

3. 产品线比较单一

中国餐厅可选择的葡萄酒产品少，没办法满足消费者的一些个性需求。这一点也是与国外差别非常明显之处。欧美国家餐厅酒单非常丰富，即便是一个小餐厅，酒单里也都有个几十款酒。而这一点国内餐厅还远远达不到或者达到的非常少。

4. 缺乏侍酒服务

中国餐厅的葡萄酒服务与欧美国家相比差距不是一公里两公里的问题，而是十万八千里。中国配备专业侍酒师或者对服务员进行侍酒培训的高级餐厅越来越多，但是 99% 以上的餐厅还是不达标，有的连葡萄酒酒杯都没有，更别提醒酒工具、海马刀、滗酒器、香槟杯等稍微专业的器具了。能提供基本侍酒服务的服务员更少，服务员能把酒开好、醒好、不断塞就已经很不错了。

（二）国内餐厅和酒店渠道葡萄酒潜力

葡萄酒在国内的餐饮渠道虽然发展质量不高，但是近年来还是出现了一些积极特点，相信未来餐厅点酒会慢慢像啤酒一样变得越来越普遍。餐饮渠道的葡萄酒相对来说还是可信的，主要表现如下：

1. 中国餐饮渠道葡萄酒产品相对质量较高

餐厅和酒店里的葡萄酒假酒不多，主要销售知名品牌葡萄酒。因此，餐厅和酒店里的葡萄酒真实性还是可靠的。

2. 可以解决燃眉之急，自己带的酒不够，可以临时加一瓶

应急的时候可以挑着买，进口酒贵了就买国产酒，国产酒有一个优点，就是只有主流知名品牌才有能力进行渠道运营，几个主流牌子的葡萄酒品质相对来说还是很可靠的。

3. 有问题可以立即索赔

餐厅渠道的葡萄酒都是什么时候买什么时候开，一旦发现葡萄酒有假或质量有重大瑕疵，可以随时向餐厅索赔。

4. 一定要看生产日期，佐餐还是要选新鲜一些的好

买酒时看一下生产日期，一定要选生产日期相对近的，这一点非常重要。为啥？餐厅渠道就是为了现饮，不是为了收藏，越是年轻的酒越是新鲜。反之，越是老的酒，放在仓库里或者架子上的时间长了，本来没事的也可能变质或者不新鲜了。

5. 名牌连锁餐饮发力平价葡萄酒

很多名牌连锁餐饮都在推出平价酒，让餐厅买酒更有性价比，餐厅点酒未来可能会越来越普遍。

（三）餐饮、酒店渠道选酒策略

1. 香槟或者起泡酒可以开胃

香槟适用于大多数食物和菜品，更是餐前制造气氛不可多得的好选择。不论是中餐的凉菜还是西餐的开胃前菜，甚至是海鲜、清蒸鱼、牛排，都可以用香槟启动。可惜香槟和起泡酒在国内的餐厅和酒店并不多见，只有高级餐厅或者五星级以上酒店才能买到，而且价格很贵。

法国等葡萄酒消费成熟的国家，餐饮渠道的消费占比能达到 30% 左右

大
美
葡
萄
酒

2.干白一般是专业人士的选择

长相思、雷司令、霞多丽、灰比诺等白葡萄酒都是非常好的选择。西班牙、意大利、南法、智利、澳大利亚的干白性价比较高，波尔多、勃艮第、德国、新西兰的干白相对价格较贵，但如果追求高端、稀缺又不差钱的话，就无所谓了。

3.中高端干红葡萄酒是餐厅的主角

法国、西班牙、意大利、智利、澳大利亚等国家知名产区、大区级以上葡萄酒是比较好的选择。国产品牌中的中高端产品也可以成为餐饮和酒店用酒的选择。

4.餐厅、酒店点酒的雷区

不差钱选高端酒和国内外名庄酒，追求性价比选择大区级和普通村庄级，低端酒选生产日期近的产品，国产酒一定要看品牌和来源。

八、葡萄酒专营店：专业、专注、有服务

葡萄酒专营店是最近几年发展较为迅速的葡萄酒销售终端，现在的葡萄酒专营店有连锁型专卖店、单体专卖店和混合专卖店，混合专卖店除了销售葡萄酒之外，还可能销售白酒、烈酒、啤酒等其他酒种。

欧美国家葡萄酒专营店非常普遍，是国外葡萄酒购买和消费的主要渠道，光波尔多一个80万人的城市，各种类型的葡萄酒店铺至少上千家，美国的 Total Wine 更是酒水连锁的巨无霸。中国的葡萄酒专营店才刚刚起步，这种符合国际发展的、前卫的、流行的营销模式将催生出诸多葡萄酒专营店品牌。如果说卖场、商超、烟酒店、夜场和餐饮渠道是目前我国葡萄酒消费的传统终端，那么，全新终端———葡萄酒专营店必将成为未来葡萄酒消费的专业终端，这种终端形态将随着市场的成熟而呈现出强大的生命力。

当前，中国比较知名的葡萄酒连锁店有中粮名庄荟、齐饮、富隆酒窖、1919、酒直达等品牌，在国内已经形成一定的知名度和影响力。

葡萄酒专营店这个新兴的葡萄酒消费渠道，具有以下特点：

美国 Total Wine 酒连锁

1.专业性强。葡萄酒专营店相对于卖场、超市、便利店、烟酒店等主流渠道，在产品的类别上，在国别多样性上，在品质的权威性上等方面都具有无与伦比的优势。葡萄酒专营店一般会按国别、产品类型、价位段等排序方式，进行葡萄酒的陈列和展示，非常方便筛选和比较。另外，专卖店的店员都会参加专业的葡萄酒培训，店员的葡萄酒专业水平一般会比普通消费者高不少。

2.体验性强。葡萄酒专营店在店面功能设计、装修、配饰、产品陈列上，一般会考虑为消费者提供浓厚的葡萄酒文化气息，让人仿佛置身于葡萄酒的世界，感觉自然不同。店面一般会提供消费者免费试饮和品鉴活动。葡萄酒的试饮本身就是消费者视觉、听觉、嗅觉、触觉的综合体验。店面提供的其他消费"软环境"，如精美的佐酒小点心、放松的背景音乐、穿着精致的店员等也会提供不一样的购物体验。

3.是个不错的学习平台。消费者在葡萄酒专营店可以逛，可以喝，也可以学。店里的员工肯定是经过专业的葡萄酒培训和教育的，一般会至少持有葡萄酒烈酒（WSET）品酒师或者国际侍酒师（ISG）相关证书。我们在购买过程中不仅可以挑酒还可以学酒，通过与店员聊天、品酒、交流，增长葡萄酒专业知识，拓展葡萄酒视野。

4.价格较贵。专营店里的产品需要一定的毛利要求，否则的话无法支撑店面租金、员工工资、店面装修等软硬件投入。因此，价格肯定不是最低的。

5.假货少。葡萄酒专营店销售假货的概率要远远

中粮名庄荟酒类连锁店

低于其他渠道，原因也非常简单，俗话说跑得了和尚跑不了庙，专卖店卖假酒的成本实在太高了，万一被发现被行政处罚的可能性非常大。除了假货少，山寨酒、杂牌酒也要少得多。

6. 注重线上线下结合。现在的专营店都可以实现店面5公里内30分钟下单和送货了。通过手机 App、小程序、微信联系等方式，可以轻松实现店面送酒，还是很方便的。

九、熟人卖酒：其实是好渠道

很多人不敢从熟人那里买酒，总有一个感觉是，越是熟悉，他越是宰你。

马云曾说过：熟人买卖，你卖给他多少钱，都会觉得你赚他钱，卖给他多便宜也不领情！你的成本、时间、运输，人家都不看在眼里，宁愿被别人骗，让别人赚钱，也不支持认识的人，因为他心里总是在想，你到底赚了他多少钱，而不是你帮他省了多少钱。

其实熟人买酒是个非常安全的渠道，熟人卖酒在国外也一样流行。美国纳帕很多小酒庄的产品基本不进渠道，要么是熟人买了，要么是会员买了。像美国这种情况，你买到的酒绝对是自己喜欢的酒、好酒，非常稳妥，可能还有收藏价值。

中国的熟人经济是非常发达的，像葡萄酒这样不被了解和熟知的酒种，有个熟人能够供货，是我们选购葡萄酒的放心选择。葡萄酒生意门槛不高，但对专业性要求却非常高。熟人在葡萄酒上不断学习、积累、

研究，可以轻松掌握比我们多得多的葡萄酒专业知识和信息，也是我们身边不可或缺的葡萄酒专家。

从熟人那里购买葡萄酒，研究好了以下几个问题，可能会更有帮助。

1. 熟人的葡萄酒的来源和去向

我们需要了解熟人做的葡萄酒产品从哪里来到哪里去，从哪里来是指葡萄酒的来源，是法国、智利、澳大利亚等国家直接进口，还是别家进口商的合作伙伴；到哪里去是指，他是怎么卖酒的，他是把酒卖给了以上说的那些卖场、超市、餐厅、夜场、电商等渠道呢，还是就只做做团购，卖卖亲戚、朋友圈子等等。这可以帮助我们确认熟人的葡萄酒的品质特性，确认熟人的葡萄酒生意安全性，时间久了也会了解自己选购的葡萄酒在各个渠道的价格，我们有没有拿到特别好的折扣和优惠等等。如果熟人有一家自己的店面，店面较大且装修很好，又有专业的品鉴师或者侍酒师，可信度和安全性就更高一些。

2. 熟人的葡萄酒生意状态

我们可以了解熟人的葡萄酒生意到底是一个什么样的状态，产品多不多，做了多长时间，消费者投诉多不多，工商局罚款有没有，生意盈利高不高等。当然这些信息，如果是非常熟悉的朋友，了解起来也不难，平时喝个酒、聊个天、打个球都可以简单地交流和沟通一下。这些信息可以协助我们确保熟人的葡萄酒是合法经营，正常进口，而不是走一些非法途径经营。

3. 必须知道自己需要什么

在熟人那里买酒，不管是自己喝，还是作为礼物馈赠，抑或商务宴请都必须知道自己的需求。熟人也可能只经营低端葡萄酒，你如果图便宜，看上去从他那里赚到了不少好处，买了低端酒送给重要人物或者宴请高端人士，结果可能会达不到预期。因此，通过熟人买酒必须非常清楚地说明，自己需要什么档次、什么品质、什么价位、什么用途、多少数量等核心信息。如果第一次没有把握，可以先少量买些试试，反馈好可以再多买多用。

熟人买酒，相对来说假酒可能性少一点，出现问

大美葡萄酒

题解决起来可能比较方便。另外价格可能相对优惠。

最重要的一点是，必须清楚自己的需求，了解所买是何物，不要买错了。

十、电商：无所不有，仔细筛选

中国已经是世界上互联网营销最发达的国家。

几乎任何商品都可以网购了，葡萄酒自然也不例外，而且销售占比越来越高。互联网葡萄酒销售平台有京东、天猫、拼多多、苏宁易购等大型互联网电商，也有酒仙网、红酒世界网、中粮名庄荟这样的新零售公司。

葡萄酒种类和品牌浩如烟海，名目繁多，价格迥异，可选择的空间特别大。网上购买葡萄酒有着方便、省事、送货上门和价格实惠等特点，加上现在各大平台对产品准入都有严格的要求，产品整体品质在逐步上升。互联网还有一大优势就是产品种类特别齐全，卡瓦、普罗赛克、阿斯蒂、香槟、贵腐、冰酒、波特、雪莉、马德拉酒等等各个小酒种和干红、干白等大酒种应有尽有，更别提各大名庄、列级庄甚至是膜拜酒都有可能淘得到。

有优点也有缺点，互联网买酒因为无法亲眼看到、亲手摸到，在打开包装之前甚至是开瓶喝酒之前，你都无法确认一瓶葡萄酒的品质和真实性。因此，与常规渠道相比，互联网渠道以下几个方面需要注意：

1. 标签不完整

大多数葡萄酒，正标拍摄清晰，背标被重视程度不够，还有的只有外语背标，没有中文背标，这样标对于了解一个酒的信息来说，是非常不够的。这一点上，我们需要选择正规商家和可靠平台，注意筛选，规避可疑产品。

2. 破损问题

葡萄酒是容易碎的东西。互联网商家如果在产品包装上做得不够好，葡萄酒在运输过程当中，很容易破碎和污损。出了问题，各种拍照找售后，也是麻烦，有时候还要和商家扯皮，也是劳心费力。

3. 货不对版

我在某新零售手机 App 上看很多买家留言，不少人提到快递送到的葡萄酒和网页上的介绍不一样，明明网上的产品有中文背标或者防伪标识，结果货送到了，发现没有防伪或者没有中文背标。或者明明网上显示是 13 度的酒精度，到手之后只有 12 度。或者网上的图片和产品信息是 2015 年份，结果送到的是 2017 年份。这都是货不对版的现象。

4. 无法品鉴

葡萄酒不像买衣服、鞋子、包包等东西，葡萄酒这东西开瓶之前，你喝不到；但是一旦开瓶之后，就无法退货了。虽然葡萄酒近几年来快速增长，但这一轮增长更多是在传统渠道的繁荣，而电商渠道的发展反倒并没有想象中那么快。在电商领域，消费者在缺少体验的情况下挑选非标产品的葡萄酒挑战还是有的。

5. 产品真实性难以保证

个别电商平台所售葡萄酒中假货、冒牌货、水货和国内灌装冒充原瓶进口的情况还非常普遍，产品真实性难以保证。

6. 低端酒猖獗

各大电商平台为了招揽客户，往往会采取低价打折的方式来吸引消费者。消费者在不知道如何挑选葡萄酒的情况下，低价战术本来无可厚非，但价格战之下，导致假冒伪劣葡萄酒过多就不合适了。网上卖得最好的葡萄酒往往都是低价产品，比如 99 元一箱甚至还包邮等等，有的还会附赠醒酒器和酒杯等配件，但这种酒是最需要谨慎购买的。

如此低的价格之下，葡萄酒的质量可想而知，用户购买之后体验不佳，反而可能会对葡萄酒产生反感。

十一、免税店：可信赖的不方便渠道

我国国内的免税店主要有口岸免税店，口岸免税店中又以机场免税店为主，北京、香港、上海、深圳、广州等出入境人员密集的机场都是免税店较多的地方。除了口岸免税店外，我国境内的免税店还有运输工具免税店、市内免税店、外交人员免税店、供船免税店及我国出国人员外汇免税商店。

我国的免税店发展近30年，免税业务主要由中国免税品集团运营，在全国30个省、市、自治区及港澳台地区，设立了涵盖机场、机上、边境、外轮供应、客运站、火车站、外交人员、市内和邮轮9大类型200多家免税店，免税店两大商号品牌"中国免税"和"日上免税"都是中国免税品集团下辖的门店品牌。

世界各地的大型机场免税店酒水业务都非常成熟了，闻名世界的戴高乐机场、首都机场、香港机场等国际化机场免税店，葡萄酒的种类非常丰富，价格相对来说也不贵，选择余地和淘酒的乐趣十足。

免税店渠道的葡萄酒有几个特点：

1. 零售价格比有税渠道便宜

免税渠道的进口葡萄酒产品，在进口环节节省了关税、增值税和消费税，综合税率远远低于国内进口葡萄酒产品。

免税渠道的国产葡萄酒，因为要先离港出口，出口环节国内退返增值税和消费税，免税店进货成本比国内常规渠道成本要低20%以上。

因此，免税店里进口葡萄酒和国产葡萄酒都要比常规渠道便宜至少15%以上。

2. 葡萄酒真是可靠、非常保真

免税店内无假货，这一点非常让人放心。

3. 免税店也有缺点

那就是每次只能凭借护照和登机牌购买两瓶！另一个缺点是，免税店以中高端产品和名庄酒为主，价格相对来说都不便宜。

香港机场酒类免税店

巴黎戴高乐机场免税店罗曼尼·康帝，价格：32480欧元

巴黎戴高乐机场免税店1982年拉菲，价格：8526欧元

第二十一章

美的征途：从田间到餐桌的产业链之旅

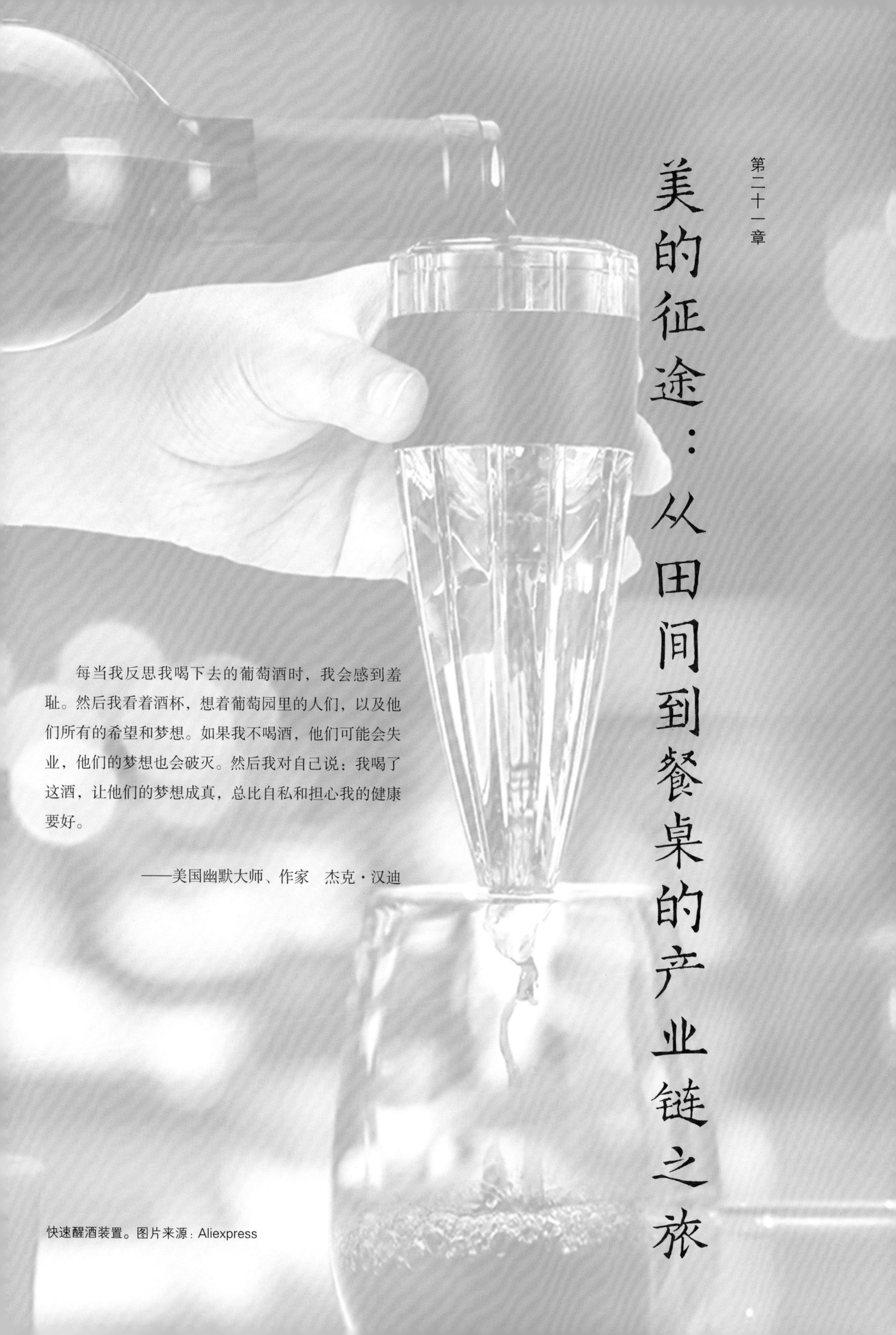

每当我反思我喝下去的葡萄酒时，我会感到羞耻。然后我看着酒杯，想着葡萄园里的人们，以及他们所有的希望和梦想。如果我不喝酒，他们可能会失业，他们的梦想也会破灭。然后我对自己说：我喝了这酒，让他们的梦想成真，总比自私和担心我的健康要好。

——美国幽默大师、作家 杰克·汉迪

快速醒酒装置。图片来源：Aliexpress

第一节　从田间到玻璃瓶之旅的葡萄酒

一瓶好酒的诞生，起于葡萄园，中间是发酵和陈酿赋予其生命，最后在餐桌上的绽放，呈现了一瓶葡萄酒最为重要的时刻。

一、葡萄的成熟过程

葡萄树一般春季发芽，发芽后 10 天内从树芽开始长叶，并开始长出卷须。具体时间是北半球 3 月或 4 月发芽，南半球 9 月发芽，具体视各地气候情况而定。

发芽后 6—13 周内，葡萄树开始进入开花期，葡萄花呈黄绿色，看上去像是小粒的葡萄，等合生花瓣脱落后就会长出花柱，完成授粉后就会长成葡萄，北半球的 6 月和南半球的 12 月绿色坚硬的葡萄幼果就长出来了。北半球的 8 月和南半球的 2 月葡萄开始成熟转色，颜色由绿色转变为黄色或者紫色，坚硬的果实

开始变软，葡萄的糖度和风味物质进入快速积累期。

北半球的 9 月和 10 月，南半球的 3 月和 4 月，葡萄进入完全成熟期，采摘的时间到了。

二、葡萄采摘和压榨

葡萄的采摘分为人工手采和机器采摘两种，这两种采摘方式与葡萄酒的品质并没有直接的对应关系。但是一般情况下，高端和名庄酒基本都是人工手采，中低端葡萄酒以机械采摘为主。另外，西班牙、意大利、德国、瑞士、南非和阿根廷等产区坡度陡峭的葡萄园因为坡度太大，根本无法机械操作，而必须人工手采。

采摘后的葡萄有的进行筛选，有的直接压榨，前者用于酿造品质较高的葡萄酒或者精品葡萄酒，后者

托斯卡纳的葡萄压榨。图片来源：The Grand Wine Tour

一般用于酿造餐酒等高性价比葡萄酒。筛选分为穗选和粒选两个情况，穗选的目标是挑出未成熟以及腐烂的葡萄果穗，粒选是在穗选的基础上再筛选出不合格的果粒，确保进入破皮和压榨环节的葡萄果粒饱满、成熟。高端和名庄酒一般采用穗选和粒选相结合的工艺，中低端产品一般直接进入压榨工序。

较好的压榨方式是柔性破碎或者柔性压榨，柔性压榨确保葡萄果粒进入发酵环节的完整性，更大程度保留果香。破碎工序需要注意去除果梗，果梗中的单宁质量不高。

三、发酵

发酵是一种生物化学反应，葡萄果汁在酵母的作用下，葡萄中所含的糖分会逐渐转变成酒精、二氧化碳和水，二氧化碳挥发掉，葡萄新酒中主要成分是水

和酒精。如果葡萄所含的糖分高，超过酵母所能负荷的程度，比如一些德国和匈牙利迟采葡萄或者冰酒葡萄，发酵的过程就会提前结束，由此便可以酿造口味较甜、酒精浓度较低的葡萄酒。高品质葡萄酒需要经过苹果酸至乳酸的发酵过程，但入门级葡萄酒可能完成酒精发酵即结束发酵。

四、陈酿和装瓶

陈酿工艺的不同也会反映在葡萄酒的品质上，陈酿分为大型容器陈酿、橡木桶陈酿和瓶储陈酿三种方式。

新鲜即饮型葡萄酒经由大型容器陈酿后即可装瓶出售，高端和顶级葡萄酒橡木桶陈酿和瓶储都是艺术，非常重要且工艺精细。

冬季剪枝 葡园过冬 初春发芽

开花，挂果，转色，采摘

绝大多数的葡萄酒瓶仍是以软木塞或者类似于软木塞的塞子来封瓶的。软木塞的种类也非常多，最高级的是天然软木塞。其次是颗粒塞、高分子塞、生物合成塞等。但不管是新世界还是旧世界，螺旋盖的使用率都越来越高了。在新世界国家，螺旋盖也用于很多中高端葡萄酒上。但对于旧世界来说，高端和名庄酒还是使用纯天然的软木塞。

414

葡萄的逐粒精选

第二节　储存的奥秘，82年拉菲为什么还能喝

依据传统，阴暗湿冷的地窖是储存葡萄酒的最佳场所，但现代都市中这样的场所并不容易实现。爱酒的朋友们除了尽快把买回来的酒喝掉，购买一台恒温酒柜也是一个比较好的储存葡萄酒的方法。在没有地下室，也暂时没有恒温酒柜的情况下，我们需要注意几个问题，以保护好葡萄酒。

一、温度

太冷的环境会使葡萄酒成长缓慢，难以进入最佳状态；太热则又成熟太快，导致葡萄酒不够丰富细致。

国外常见的葡萄酒摆放和陈列形式

恒温酒柜

葡萄酒最理想的贮存温度是 14℃左右，不过只要保持温度在 5—20℃范围之间，对葡萄酒都是可以的，在这个温度范围内只要温度不急剧变化，对酒质的影响都是微乎其微的。

二、湿度

70% 左右的空气湿度是葡萄酒的最佳储存湿度，太湿容易使软木塞及酒的标签腐烂，太干则让软木塞失去弹性，造成漏酒和酒体氧化。

三、亮度

葡萄酒的贮存区域最好不要有任何光线，因为光线容易造成酒的变质，特别是日光灯和霓虹灯易让酒产生还原变化，发出浓重难闻的味道。香槟酒和白酒对光线最敏感，要特别小心。

四、通风

葡萄酒像海绵，常将周围的味道吸入到瓶里去，酒窖中最好能够通风，以防止霉味太重。此外也须避免将洋葱、大蒜等味道重的东西和葡萄酒放在一起。习惯将酒藏在冰箱中的朋友，最好不要放太久，以免冰箱的味道渗透到酒里。

五、振动

即使没有太多的科学根据，但一般爱酒者还是相信过度振动会影响到葡萄酒的品质，例如长途运输后的酒须经数日的时间才能稳定其品质即是最好的证明，所以还是尽量避免将酒搬来搬去，或置于经常振动的地方，尤其是年份旧的老酒。

六、摆放

传统摆放酒的方式是将酒平放，使葡萄酒和软木塞接触以保持其湿润。因为软木塞的干燥皱缩使得无法完全封瓶，造成空气进入，使酒氧化，而且还可能造成漏酒。另外，科学研究发现，酒瓶残留的空气是造成因热胀冷缩使酒流出瓶外的主因，传统的平放会增强这种效应。最好是将酒按 30°摆放或者平放，让瓶塞同时与葡萄酒和残留空气接触，从而避免其干燥。

因此，只要储存得当，对于像 1982 年拉菲这样优秀年份的优质葡萄酒来说，其生命力可以很长。

第三节　品味葡萄酒之美

品味葡萄酒之美可以发生在多种情况下，一次聚会，一次酒庄之旅，一次时尚宴会，一次晚餐，一次品鉴会，一场酒类的展会等等，品味葡萄酒之美其实没有太多的条条框框，有的时候甚至可以随性而为，不拘一格，但不同的方式、场合、时间，品味葡萄酒的效果或者感受之完整是有很大差别的。

在日常饮用葡萄酒的场合，如果我们能稍微注意以下几个方面，葡萄酒之美会呈现得更为淋漓尽致。

一、品味葡萄酒的顺序

不同的葡萄酒品种之间，颜色、香气和口感差别很大。

1. 专业品鉴葡萄酒时，颜色上一般是先白后红，酒体上一般是先轻（轻盈型）后重（饱满型），酒精度上是先低后高，糖度上是干、半干、半甜、甜，年份上先小后老，饮用时先起泡酒后平静葡萄酒。

2. 对于常见的葡萄酒种和葡萄品种来说，可参考的先后次序依次是：干型香槟/起泡酒、干型雷司令、灰比诺、长相思、琼瑶浆、白诗南、维欧尼、霞多丽（橡木桶陈酿型）、桃红葡萄酒、黑比诺、歌海娜、桑娇维塞、丹魄、美乐、仙粉黛、西拉、马尔贝克、赤霞珠、甜白葡萄酒、甜红葡萄酒、加强葡萄酒（雪莉、波特、马德拉）。

对于一些混酿葡萄酒而言，判断侍酒顺序可能不那么容易，但通常以体积占比最高的品种为准。

二、最佳饮酒温度

1. 起泡酒的最佳适饮温度为 4—7℃，如香

槟、卡瓦和阿斯蒂等。

2. 中等和轻盈酒体的白葡萄酒最佳适饮温度为 5—10℃，如灰比诺、长相思、雷司令等。经过橡木桶陈酿的白葡萄酒的最佳适饮温度则是 12—16℃，如勃艮第白葡萄酒。

3. 桃红葡萄酒的最佳适饮温度为 6—12℃。

4. 酒体轻盈的红葡萄酒最佳适饮温度为 12—

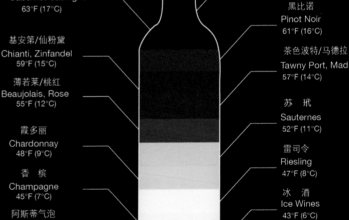

葡萄酒的最佳饮用温度

13℃，如博若莱和瓦波里切拉红葡萄酒。酒体中等和饱满的红葡萄酒最佳适饮温度为15—18℃，如波尔多、里奥哈、巴罗洛和澳大利亚的西拉红葡萄酒等。

5.甜葡萄酒的最佳饮用温度为5—8℃，冰酒为5—6℃，贵腐甜酒为8℃，晚收型甜酒为7—8℃。

6.加强葡萄酒最佳饮用温度为8—18℃。菲诺雪莉、白波特为8—11℃。茶色波特、宝石红波特、马德拉为14—18℃。年份波特、老年份茶色波特、阿蒙提拉多雪莉、欧罗索雪莉为16—19℃。

三、醒酒技巧

1.醒酒出于三个目的：去除沉淀、消除异味和易于饮用

长时间存放的葡萄酒大多会出现沉淀，使葡萄酒变得浑浊，影响观感和口感。葡萄酒由于在酿造过程中使用了硫化物，个别酒存放久了会产生令人不愉悦的还原性气味或其他异味，醒酒可以帮助散掉异味。充分接触氧气可以帮助葡萄酒进一步打开自身的香气

和风味，柔化单宁和尖酸，使酒更好喝。

2.什么酒需要醒酒

一般来说，高酸、单宁强劲、酒体厚重的葡萄酒，不论是年轻还是年老可能都需要醒酒，这就需要我们从两方面具体分析：

（1）葡萄品种

赤霞珠、西拉、内比奥罗和桑娇维塞等葡萄品种具有高酸、高单宁的特性。用这些葡萄品种酿造的酒，如果刚开瓶就饮用，可能会觉得又酸又涩、难以入口，因此需要通过醒酒进一步柔化其单宁及酸度，改善酒的口感。

（2）发展阶段

葡萄酒如同人一般，有着年轻、成熟及衰老的生命周期。如果一款酒还处于年轻阶段或正值壮年，很可能需要通过醒酒以呈现更好的状态。如前所述，高酸、高单宁的年轻葡萄酒需要通过醒酒使口感更圆润、顺滑，同时进一步打开其风味。而经过陈年仍值壮年的葡萄酒，可能在陈年过程中产生了沉淀，也可能因

帆船醒酒器

为长时间的"沉睡"，香气在刚开瓶时比较闭塞，需要经过醒酒分离出沉淀，并"唤醒"其更丰富的香气和风味。

3. 醒酒的时长如何确定

确定醒酒时长的最好方法是先闻一闻或是尝一尝葡萄酒，但除此之外，我们也可以根据葡萄酒的品种特性做一个大概的估算。

单宁含量高、酒体重的红葡萄酒，如赤霞珠、西拉、巴罗洛等需要醒大约40分钟至2个小时（已陈年20年以上、处于衰退期的酒除外）。酒体中轻的红

不管是倒进醒酒器还是入杯都需要轻柔缓慢和仔细观察

葡萄酒，如黑比诺、佳美等，品质较高的酒（餐酒基本不需要特别醒酒），最好醒酒30分钟至1小时之间。风味浓郁、奔放的白葡萄酒，如加利福尼亚霞多丽等，可以醒酒1小时左右。酒体轻盈的白葡萄酒，如灰比诺等一般不需要醒酒。在酒有异味等必须醒酒的情况下，最好不要超过30分钟，且须密切关注酒的状态。

4. 如何处理葡萄酒中的沉淀

在开瓶前，先将酒瓶安静直立放置一段时间，让沉淀在瓶底沉积。用手电筒的光线确认沉淀在酒瓶上黏附的位置，倒酒时需要将沉淀位置处于酒瓶弧度的顶部，这样倒酒时不至于将过多沉淀带出。开瓶时切忌晃动瓶身，开瓶后将瓶口擦拭干净。将酒液缓慢、平稳地倒入醒酒器。当倒酒过半时，要进一步减缓速度。如果看到葡萄酒沉淀或者浑浊到达瓶颈处了，立即停止倒酒。

沉淀严重的情况下，也可以使用纱布或者专业的过滤器倒酒，那样就更方便了。

四、葡萄酒配餐

简单来说，烹饪就是油、酸、咸和甜等味道的一种融合过程。而在葡萄酒与食物的搭配中，同样也要考虑到这些味道之间的均衡一致。风味搭配说起来容易做起来难，所以，牢记以下葡萄酒配餐中的六个基本原则：

1. 高酸葡萄酒适合与油腻食物和甜食搭配。

2. 脂肪含量高的食物需要与高酸或高酒精度的葡萄酒来搭配食用。

3. 甜食可以均衡葡萄酒中单宁带来的苦味。

4. 进餐时要慎重，不要用咸味食物搭配高酸葡萄酒。

5. 美味的甜食与带酸的甜葡萄酒搭配。

6. 高酒精度的葡萄酒可以减少高脂食物的油腻感，平衡甜食的甜腻感。

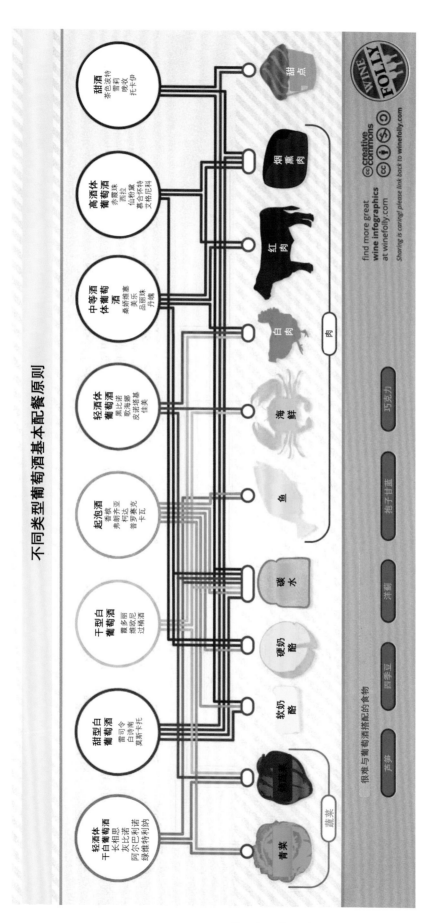

不同类型葡萄酒基本配餐原则

发现葡萄酒之美的几项参考

第二十二章

葡萄酒引导我前进，葡萄酒让人放声高歌，让人像傻瓜一样大笑，让人激情舞蹈，甚至诱使他脱口而出说一些他从来没有讲过的故事。

——古希腊诗人　荷马

布鲁塞尔国际葡萄酒大赛后场即将被盲品的参赛选手

第一节 国际葡萄酒盲品大赛获奖

一款葡萄酒能够获奖的基本前提是这款葡萄酒没有缺陷，因此能够获奖的葡萄酒质量都在中上水平。换一句话说，获奖葡萄酒是有质量保证的。

国际葡萄酒盲品大赛的主办方一般是著名的葡萄酒知名媒体、各大葡萄酒协会、著名酒评人等，都具有较高的公正性。奖项设置以金奖、银奖、铜奖三个等级为主，获奖总体比例在20%—30%不等，金奖的比例最低，不到3%，银奖约在10%左右。也有少数大赛设置大金奖、金奖和银奖。获奖葡萄酒会获得赛事举办方颁发的获奖证书和奖项LOGO在产品上的使用权。因此，国际葡萄酒比赛的获奖情况可以作为我们购买葡萄酒的参考之一。

但是，世界范围内的葡萄酒盲品比赛实在是太多了，光在美国就有大大小小50多个，我们可以重点关注含金量较高的国际比赛和知名国别比赛。

世界上比较有影响力的葡萄酒盲品比赛有：

1. 国际葡萄酒暨烈酒大赛（International Wine & Spirits Competition）是业界公认的全球顶级葡萄酒竞赛，也是全球最盛大、最尊贵的醇酒美食盛宴。简称IWSC。

2. 国际葡萄酒挑战赛（International Wine Challenge），世界最大的葡萄酒竞赛之一，每年有超过9000种酒参赛。简称IWC。

3. 布鲁塞尔国际葡萄酒大奖赛（Concours Mondial de Bruxelles），世界最具影响力的葡萄酒大赛之一，每年有10000多种葡萄酒参赛。

4. 品醇客葡萄酒国际大奖赛（Decanter World Wine Awards），由专业葡萄酒杂志《品醇客》（Decanter）组织举办。每年有16000多款葡萄酒参赛，其中金奖获奖率为2%。

5. 柏林葡萄酒大赛（Berlin Wine Trophy，简称BWT），是由世界葡萄与葡萄酒组织（OIV）和国际酿酒师联盟（UIOE）联合举办的国际性葡萄酒大赛，除对葡萄酒颁奖之外，该大赛也对酒庄进行评奖。

6. 巴黎大赛（Concours Général Agricole），世界农产品最高级别大赛之一，法国农业水产部举办的官方赛事。买法国酒可以重点参考。

7. 马孔大赛（Concours des Grands Vins de France de Macon），法国著名葡萄酒大赛之一，历史悠久，1989 年曾因一次展出试饮 10520 瓶葡萄酒而被载入吉尼斯世界纪录。买法国酒可以重点参考。

8. 波尔多葡萄酒大赛（Concours de Bordeaux —— vin d'Aquitaine），又称阿基坦大赛，只有阿基坦大区内葡萄酒可以参赛，虽然是区域性竞赛，但是享誉全球。波尔多葡萄酒的风向标。

9.《葡萄酒观察家》（Wine Spectator）杂志百大葡萄酒 Top 100，顶级葡萄酒的风向标。美国的《葡萄酒观察家》是目前全球发行量最大的葡萄酒专业刊物。

除以上知名度较高的国际葡萄酒比赛以外，还有其他很多比赛也较有影响力，如西班牙国际酒神大赛（Concurso Internacional de Vinos Bacchus）、意大利 VinItaly 国际葡萄酒大赛五星酒（5 STAR WINES）、意大利侍酒师协会"四棵葡萄藤"（Associazione Italiana Sommelier，简称 AIS）、美国旧金山年度葡萄酒大赛（San Francisco Chronicle Wine Competition，简称 SF-CWC）、美国加州葡萄酒竞赛（California State Fair Wine Competition，简称 CSFWC）、加拿大国际葡萄酒大赛（Selections Mondiales Des Vins Canada，简称 SMV）、悉尼国际葡萄酒大赛（Sydney International Wine Competition，简称 SIWC）、皇家莱德葡萄酒展（Royal Adelaide Wine Show，简称 RAWS）、皇家昆士兰葡萄酒大赛（Royal Queensland Wine Show，简称 RQWS）、亚洲葡萄酒大赛（Asia Wine Trophy）等。

2019 年布鲁塞尔大赛后场准备工作

一般来说，越是国际化的葡萄酒大赛参赛葡萄酒越多，竞争激烈，含金量也较高。立足于本地的葡萄酒大赛对于当地的葡萄酒挑选是非常具有参考性的。比如，一款法国波尔多的葡萄酒，如果没有在法国的竞赛中获奖而是在日本或者新西兰的大赛中获奖了，那么这个奖项的含金量就值得考虑了。相反如果这款酒在波尔多葡萄酒大赛上获得金奖，就说明这个酒在本地的诸多竞争者中脱颖而出，是其中的佼佼者。

第二节　葡萄酒酒评家评分

酒评家是这个世界上最为专业的葡萄酒人群，这些人葡萄酒基本功扎实，天赋极高，鼻子灵敏，嗅觉发达，记忆力超群，见多识广，自成体系，快速和敏锐地洞悉一款葡萄酒的本质和等级。酒评家相对独立，保持公允，很少被利益和美色所诱。通过阅读酒评家的评语和比较评分，我们可以判断这款酒的风格是否符合我们的需求。获得酒评家满分的葡萄酒还是长远葡萄酒投资的重要参考。

这个地球上最为著名的酒评家是罗伯特·帕克（Robert Parker），但除了罗伯特·帕克，其他几位也非常了不起！

1. 罗伯特·帕克（简称 RP）

帕克出生于美国，人称葡萄酒皇帝，自从有了帕克，酒评家这个群体更加富有魅力和神秘色彩了。1978 年，帕克创办了《葡萄酒倡导家》（*Wine Advocate*，以下简称 WA），但很久以来，WA 和帕克都籍籍无名。直到 1982 年份的波尔多期酒出炉，状况才有所改变。帕克预测 1982 年将成为波尔多 20 世纪的顶级年份，并给予了 1982 年份拉菲古堡红葡萄酒极高的评价。但当时最为著名的酒评家正好与帕克的看法相反。后来证明帕克赢了，帕克一战成名。

2. 杰西斯·罗宾逊（Jancis Robinson，简称 JR）

杰西斯·罗宾逊出生于英国，是葡萄酒贸易行业以外的第一位葡萄酒大师、《品醇客》1999 年"年度杰

出女性"、大英帝国荣誉勋章获得者等等。杰西斯采用的是欧洲传统的 20 分制评分体系，最低分 12 分为"有缺陷或不平衡（Faulty or Unbalanced）"，最高分 20 分为"无与伦比（Truly Exceptional）"，获得高于或等于 16 分的酒款便可视为优秀酒款。

3. 尼尔·马丁（Neal Martin，简称 NM）

尼尔·马丁之前是一名业余的葡萄酒作家，被帕克发现并挖到 WA，迅速成为如今最著名的酒评家之一，很多人认为尼尔·马丁将是罗伯特·帕克的接班人。马丁采用与帕克类似的 100 分制评分体系，专注于品鉴波尔多、勃艮第、南非、苏玳和托卡伊酒款、波特酒和马德拉酒等加强酒。

4. 詹姆斯·萨克林（James Suckling，简称 JS）

他也是一名美国人，曾就职于《葡萄酒观察家》。2010 年，詹姆斯·萨克林创业推出了个人网站，并以品鉴记录、视频、博客等方式向葡萄酒爱好者传递相关资讯。萨克林同样采用美国最流行的百分制品评酒款。

5. 安东尼·盖洛尼（Antonio Galloni）

2004年，安东尼创办了《皮埃蒙特报告》（*Piedmont Report*），重点介绍意大利皮埃蒙特产区的葡萄酒。2006年，盖洛尼受到著名酒评家罗伯特·帕克的邀请，加入WA成为一名编辑。盖洛尼也一度被认为是帕克的接班人，却在2013年下海并创办葡萄酒网站Vinous，后又邀请尼尔·马丁加盟。

6. 艾伦·米多斯（Allen Meadows，简称AM）

艾伦·米多斯是勃艮第领域最有影响力的人物。2000年，艾伦从美国某金融公司辞去高级副总裁一职，同合伙人创办了Burghound.com，并每年花费4个多月时间走访300多座勃艮第葡萄园，将所有的资讯及品鉴记录发布于Burghound.com上。艾伦同样采用百分制，其评分标准向来以严苛著名，至今唯一一款获得艾伦满分的酒款是1945年份的罗曼尼·康帝。

7. 杰夫·里弗（Jeff Leve，简称JL）

杰夫·里弗创办的著名网站"酒窖情报"（The Wine Cellar Insider），已收录超过15000条独家酒评，专注于波尔多葡萄酒报道，同时也涉及法国教皇新堡和美国加州产区。除了专业酒评和文章外，酒窖情报还收录有波尔多大小酒庄的详尽介绍，因此在葡萄酒初学者之间也颇受欢迎。

8. 蒂姆·阿特金（Tim Atkin，简称TA）

2001年，蒂姆取得葡萄酒大师头衔，并凭借理论考试中的出色发挥获得罗伯特·蒙大维奖。在撰写文章之余，蒂姆也常担任各类葡萄酒比赛的评委，是国际葡萄酒挑战赛主席之一。蒂姆采用百分制，最低分为75分，给出的评分以88—93分居多。

9. 让·马克·奎恩（Jean-Marc Quarin）

让·马克生于教皇新堡的一个酿酒师家庭，大学主修酿酒专业，毕业后跟随波尔多许多位著名酿酒师学习葡萄酒知识。让·马克使用20分制进行评分，但会为英语国家提供百分制酒评。

10. 史蒂芬·坦泽（Stephen Tanzer，简称ST）

史蒂芬·坦泽是一名美国酒评家，1985年创办著名酒类杂志——《国际酒窖》。2014年，《国际酒窖》被Vinous收购，史蒂芬担任Vinous总编辑。史蒂芬专注于皮埃蒙特、勃艮第、波尔多及加州葡萄酒的品鉴，采用百分制评分体系。

11. 詹姆斯·哈利德（James Halliday）

詹姆斯·哈利德是澳大利亚著名酒评家，每年都给澳大利亚葡萄酒打分，并以年鉴的形式出版，成为权威的澳大利亚葡萄酒购买指南。其酒庄评级和酒款评分，也被葡萄酒爱好者们视为"葡萄酒圣经"。詹姆斯·哈利德创建了澳大利亚葡萄酒红五星评级体系。

12. 贝丹德梭（Bettane & Desseauve）

米歇尔·贝丹（Michel Bettane）和蒂里·德梭（Thierry Desseauve）这对搭档被认为是法国最权威的葡萄酒评论家。2005年，两人创办贝丹德梭机构，每年出版《法国葡萄酒年鉴》。俩人每年于巴黎卢浮宫举办"贝丹德梭酒展"，只有全球顶级葡萄酒才有资格参展。

罗伯特·帕克曾公开称赞贝丹（右）为全欧洲最有影响力的酒评家

以上简称 RP、JS、JR、BD，包括专业媒体缩写如 WA、WE、WS 等，经常会出现在某款葡萄酒的产品介绍里，评分高低是一款葡萄酒品质最直接的体现。

第三节　国际葡萄酒酒评媒体和机构评分

除了酒评家之外，还有很多著名的葡萄酒评分媒体和机构，也会定期发布葡萄酒评分，与独立酒评家一样，这些葡萄酒媒体和机构也是我们购买和选择葡萄酒的重要参考。媒体和机构的评分以百分制、20 分制和星级三种形式为主。百分制一般 95 分以上为顶级葡萄酒，是收藏家的宠儿；90 分以上就是非常高品质的葡萄酒了。在 20 分制下，高于 16 分的葡萄酒称为"高分酒款"。星级体系中三星以上为高端酒。

1.《葡萄酒倡导家》(*The Wine Advocate*，简称"WA")

由著名酒评家罗伯特·帕克创办，按帕克的 100 分制评分。帕克已经退休，由该杂志各地酒评家负责评分，是知名度最大、最为公平以及客观的葡萄酒媒体。

2.《葡萄酒爱好者》(*Wine Enthusiast*，简称"WE")

于 1988 年在纽约创办。每年该杂志都会请专业品酒人士对葡萄酒进行评分，其品酒团由世界著名的葡萄酒评论家组成，涉及世界各个产区，WE 评分体系是 100 分制。

3.《葡萄酒观察家》(*Wine Spectator*，简称"WS")

于 1976 年创办于美国。与《葡萄酒倡导家》不

葡萄酒爱好者

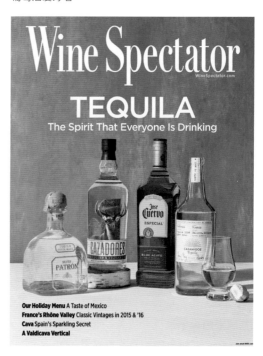

葡萄酒观察家

426

同，该杂志团队采用盲品的形式，按品种、产区每次品评 20—30 款酒，按百分制评分。每年 WS 都要对约 1.5 万款葡萄酒进行品评，非常具有公正性。除了评分，WS 每年还出版"百大葡萄酒榜单"（Wine Spectator Top 100）。

4.《品醇客》（*Decanter*）

英国《品醇客》杂志创办于 1975 年，在葡萄酒界极具权威性和公平性。最初，《品醇客》的评分体系以五星制和 20 分制为主，但近年来百分制越来越流行，《品醇客》也开始采用百分制。

5. 葡萄酒志（*Vinous*）

由《葡萄酒倡导家》前员工安东尼·盖洛尼一手创办。该网站不仅为消费者提供新发布酒款的酒评、年份回顾及酒款垂直品鉴等信息，还整合了视频、图片及用户评论等传播媒介，在各大葡萄酒网站中独树一帜。安东尼·盖洛尼陆续邀请史蒂芬·坦泽和尼尔·马丁加盟，实力异常强大。Vinous 采用主流的 100 分制。

6.《葡萄酒与烈酒》（*Wine &Spirits*，简称"WS"）

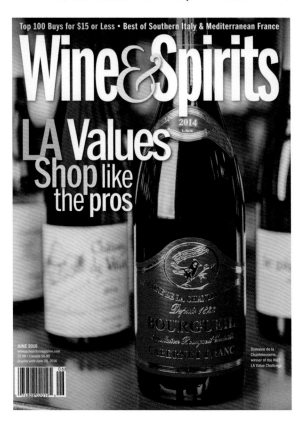

始于 1982 年，每年品评超过 13000 瓶葡萄酒。该

杂志与《葡萄酒观察家》一样也是盲品，被盲品的酒首先交予由杂志的工作人员、零售商、调酒师、酿酒师以及其他葡萄酒专业人士组成的筛选团筛选，筛选出的较高品质的葡萄酒，才有机会参加评分。

7.《维诺葡萄酒》（*Vinum Europas Weinmagazin*）

创刊于欧洲的葡萄酒杂志，其品评团队由该杂志编辑和具有影响力的专业酒评家组成。按 20 分制评分。如果一款葡萄酒得到《维诺葡萄酒》杂志的 16 分评价，那么这款酒可以说是"令人印象深刻"（Impressive），18 分则为"杰出"（Outstanding）。

8.《葡萄酒评论》（*La Revue du Vin de France*）

创刊于 1927 年，《葡萄酒评论》是世界上历史最悠久的葡萄酒杂志，被《费加罗报》（*Le Figaro*）誉为"葡萄酒圣经"。该杂志旗下拥有世界资深专业品酒师，由于评分严苛，酒款得分在 15.5 分以上就算"优秀"。

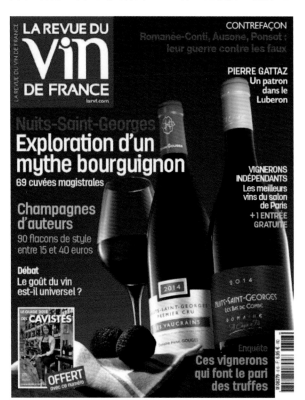

葡萄酒评论

8.《桦榭葡萄酒指南》（*LE Guide Hachette des Vins*）

创建于 1985 年，是法国历史悠久的葡萄酒指南之一，在法国葡萄酒界地位崇高。仅针对法国特定产区的葡萄酒进行评分，评分 1—5 分，共分为五个等级，其中 3 级为"优秀"，4 级为"卓越"，5 级为"杰出"。

9. 大红虾（*Gambero Rosso*）

大红虾是用"葡萄酒杯"个数多少来评分。最高的奖项为三杯奖，所以也是一种三星评分制。大红虾开创了《意大利葡萄酒年鉴》（*Vini d'Italia*），其评分体系对于意大利葡萄酒意义十分重大。等级从低至高依次为：黑一杯、黑二杯、红二杯、红三杯和三杯＋五个等级。红二杯以上的葡萄酒通常被认为品质优异。

第四节　拍卖，可遇不可求的顶级稀缺美酒风向标

窖藏的顶级佳酿，都在这些拍卖行里！

拍卖行是购买和获取高端、顶级、稀缺葡萄酒的渠道之一，拍卖行拍卖的酒或者销售的酒除了价格贵之外，一般都较为保真和可靠。顶级葡萄酒拍卖成交量近年来越来越高，在高端酒中所占比例越来越大。中国和美国是世界上最大的拍卖葡萄酒买家。美国人收藏的葡萄酒宽度和深度都较广，各种档次的葡萄酒都有人喜欢。而中国收藏家更关注最好、顶级的品牌，如帕图斯、罗曼尼·康帝等。

一、拍卖行葡萄酒的特点

1. 国际品种葡萄酒

法国勃艮第的黑比诺、霞多丽和波尔多的赤霞珠、美乐混酿，德国的雷司令，美国纳帕谷的赤霞珠，意大利的巴罗洛和超级托斯卡纳，匈牙利的贵腐酒等都是拍卖会上的宠儿。

2. 橡木桶陈酿的葡萄酒

拍卖市场一定是橡木桶陈酿葡萄酒的天下。啸鹰酒庄赤霞珠，法国橡木桶（65% 新桶比例）陈酿 2 年。帕图斯酒庄美乐，法国橡木桶陈酿 16—20 个月。勒弗莱酒庄骑士蒙哈榭特级园（Domaine Leflaive Cheva-lier-Montrachet Grand Cru），由勃艮第伯恩丘霞多丽酿造，在法国橡木桶酒精发酵及酒泥陈酿 15 个月，至少使用 30% 的新橡木桶。

3. 品评家打高分的葡萄酒

国际知名的葡萄酒品评家高分或者满分葡萄酒也是拍卖市场关注度高的对象。满分酒极为稀缺，即便是膜拜酒庄或者是一级庄也难以经常产出满分葡萄酒，个别要求极为苛刻的酒评家，如艾伦·米多斯等几乎从不给满分。罗伯特·帕克的满分酒非常有市场，比如 1982 年份拉菲、1990 年份玛歌等。

4. 知名葡萄园或者葡萄酒村的葡萄酒

知名葡萄园和葡萄酒村天然具备网红属性，本来粉丝就多，意大利、德国、匈牙利、法国等著名酒园的葡萄酒是收藏家竞拍的对象。昂贵的葡萄酒往往来自顶级单一葡萄园。伊慕酒庄（Egon Muller）的贵腐逐粒精选雷司令就来自德国摩泽尔产区最著名的葡萄园沙兹堡，也是世界上最贵的白葡萄酒。

5. 有故事的葡萄酒

拍卖的葡萄酒故事越精彩，越受欢迎。葡萄酒的故事性有几个方面，如葡萄酒品牌本身的故事，品牌的悠久传承，葡萄酒酿酒师故事，葡萄酒拍卖人或者收藏家的故事，葡萄酒自离开酒庄后跌宕起伏的经历

边品鉴美酒边买下拍品，拍卖会能买到平时买不到的酒

等等。

二、著名拍卖行

1. 苏富比

1744 年创立于伦敦，历史悠久的拍卖行之一。1970 年该公司在伦敦举办了其首场葡萄酒拍卖。2017 年，12 瓶 1990 年份的葡萄酒拍出了 102.4 万元的天价。2016 年，一瓶 2013 年份的罗曼尼·康帝成交价达到 36.1 万元，远远高出市场预估价。

2. 佳士得

1769 年，佳士得进行了葡萄酒历史上第一场专场拍卖会。1788 年，佳士得第一次在葡萄酒拍卖说明书中加入了葡萄园的介绍。首次出现的是拉菲古堡酒庄和玛歌酒庄。2017 年，12 瓶 1947 年的白马酒庄红葡萄酒在伦敦佳士得拍出 148 万，1 瓶 1806 年份的拉菲古堡成交价达到 40 万元。

3. 阿奇

创立于 1820 年，是美国最古老的葡萄酒专营店。1998 年，阿奇在纽约举行首场葡萄酒拍卖会。这个家族企业经过三代人的努力，逐渐发展成为美国名酒拍卖行业的老大，至今在世界各地拍卖额已达 5000 万欧元。2010 年，阿奇的葡萄酒年度拍卖总额在所有拍卖行中排名第一，达到 9491 万美元。

4. 施氏

成立于 1944 年，开始是葡萄酒零售公司。1995 年，施氏和佳士得合作在美国发展葡萄酒拍卖业务。佳士得的拍卖经验和施氏这个纽约零售大腕拥有的客户资源相结合，很快获得了巨大成功。2001 年施氏开始自己从事拍卖业务。2011 年拍卖摘得亚洲、美国以及全球葡萄酒拍卖额桂冠。该公司曾拍出一瓶 1982 年的拉菲，以人民币 14 万元成交。

三、拍卖行十大葡萄酒

十大拍卖总额最高的葡萄酒分别产自：勃艮第罗曼尼·康帝酒庄、波尔多木桐酒庄、波尔多拉菲酒庄、波尔多玛歌酒庄、波尔多柏图斯酒庄、波尔多拉图酒庄、勃艮第阿曼卢索（Armand Rousseau）、波尔多奥比昂酒庄、勃艮第亨利·贾伊儿、勃艮第卢米酒庄（Domaine G.Roumier）慕西尼园。

拍卖行的存在是为了超级发烧友寻找适合窖藏的顶级葡萄酒，而总有些收藏家乐意花大钱购买特别年份的佳酿。

拍卖行有假酒吗？答案是肯定的，而且越是名酒，假的越多。

第五节　著名酿酒师光环

一个酒庄的总酿酒师就像是武侠小说里的门派掌门人，掌门人的江湖排名和武功高低，直接决定门派保护费和服务费的价格，越是著名的酒庄，酿酒师越重要。越是名气大的酿酒师，酬劳越高，酿造的酒越贵。另外，随着国外葡萄酒行业的成熟，还诞生了一个独立酿酒师群体，他们以为酒庄提供酿酒技术服务为生存法门。本篇，我们就重点谈谈能够提高葡萄酒价格的酒庄酿酒师和酿酒顾问们。

1. 世界最著名酿酒师——米歇尔·罗兰

我把米歇尔·罗兰（Michel Rolland）放在第一位不是因为我和他长达十年的相识和合作关系，而是因为他确实是我个人最为敬佩的酿酒师。米歇尔·罗兰足迹遍布世界各主要产酒大洲，对每个国家的风土情况都较为了解，尤其擅长法国、意大利、美国、阿根廷、西班牙、中国等著名葡萄酒产酒国和产区。葡萄酒酿造技术极为精湛，这一点从他指导过的波尔多列级酒庄、纳帕膜拜级酒庄、各国名庄就可以看得出来。罗兰领导酿造的顶级葡萄酒有：美国的哈兰酒庄等，意大利的马塞托（Masseto）和欧纳拉雅（Ornellaia Ornellaia）等，智利阿尔帕塔（Clos Alpata）等，波尔多金钟酒庄（Angélus）、欧颂（Ausone）、柏菲（Pavie）、庞特卡耐（Pontet-Canet）、卓龙（Troplong-Mondot,）、黑教皇（Pape Clément）、力士金（Chateau Lascombes）、雷沃堡（Chateau de Viaud）等，每一款都是

著名酿酒大师米歇尔·罗兰

呱呱叫的好酒。买稳妥的酒，可以认准米歇尔·罗兰的名号。

2. 南美禅师——阿尔伯特·安东尼尼

阿尔伯特·安东尼尼（Alberto Antonini）有个类

似于禅意的观点——未来的葡萄酒终将回归过去。这个观点在他 30 年的酿酒生涯中不断启发着他，回归简单，才能更好地诠释葡萄酒的风土。阿尔伯特·安东尼尼的酿酒经历可以用华丽来形容，他在托斯卡纳的道尔恰酒庄（Col d'Orcia）和安东尼世家酒庄（Marchesi Antinori）等著名酒庄担任过技术主管，后来转做安东尼世家的酿酒顾问。1995 年，安东尼尼建立了蚁丘酒庄（Altos Las Hormigas），主攻马尔贝克。在智利，安东尼尼指导干露酒庄（Concha y Toro）、嘉斯山酒庄（Montgras）、莱达酒庄（VinaLeyda）、埃德华兹酒庄（Luis Felipe Edwards）等知名酒庄。

3. 葡萄酒界的史蒂夫·乔布斯——保罗·霍布斯

保罗·霍布斯（Paul Hobbs），被称作葡萄酒界的史蒂夫·乔布斯，美国的作品一号（Opus One）便是他的杰作，但他最成功的是在美洲和欧洲多地担任酿酒顾问，他的个性坚定、固执、苛刻，从不妥协，一定要将自己的想法贯彻到底。1991 年在纳帕建立自己的同名酒庄（Paul Hobbs），后来又在其他国家先后建立酒庄，包括阿根廷酒王科沃斯酒庄（Vina Cobos），足迹遍布 7 个国家和地区，是 35 家酒庄的酿酒师。

4. 近年拍卖行明星——克里斯托弗·卢米

克里斯托弗·卢米（Christophe Roumier）是勃艮第著名的卢米酒庄（Domaine G.Roumier）的庄主兼酿酒师，现在与他的父亲让 - 马利·卢米（Jean-Marie Roumier）一起管理酒庄。克里斯托弗·卢米酿造的葡萄酒，无论是勃艮第大区级，还是特级园，都有一种纤细灵巧而又纯净的风格。在一个已经拥有如此多优质地块的产区，克里斯托弗·卢米向我们展示了一个人能把已经非常杰出的风土以人力提高到什么程度，卢米酒庄近年来也是拍卖市场的明星。

5. 德国雷司令大师——赫尔穆特杜·荷夫

赫尔穆特杜·荷夫（Helmut Donnhoff）是著名的雷司令大师，现在经营着德国著名的杜荷夫酒庄（Weingut Donnhoff）。和其他很多伟大的酿酒师一样，杜荷夫也坚持表达产区所在的风土特点，他的理念是酿酒师只是个中介，将风土经由葡萄酒进行体现。他的葡萄酒风格不强劲，但是非常优雅，每一款酒都有属于自己的最佳成熟度。

6. 波尔多理念的践行家——斯蒂芬·德农古

德农古（Stephane Derenoncourt）的客户大多数在波尔多，包括骑士酒庄（Domaine de Chevlier）、博塞酒庄（Chateau Beausejour）和荔仙酒庄（Chateau Prieure-Lichine）等列级酒庄，其足迹遍布西班牙、奥地利、意大利、黎巴嫩、叙利亚、土耳其、乌克兰以及美国等国家和产区。美国加州的 Inglenool 和弗吉尼亚的 Boxwood 都由其指导酿造。

7. 段长青

段长青，中国国家葡萄产业技术体系首席科学家、中国农业大学食品科学与营养工程学院葡萄与葡萄酒研究中心主任，是我国酿酒葡萄种植、葡萄酒风味测评和高新酿造技术研究等方面的领军人物，更是国内各大产区和诸多葡萄酒品牌争相聘请的技术流专家，经过段长青指导后的葡萄酒往往发生质的飞跃。

8. 李德美

李德美，北京农学院食品科学与工程学院酿酒工程系主任，另担任中国农学会葡萄分会副理事长、中国酒业协会葡萄酒分会副秘书长等职务，先后担任国内多家知名酒庄的酿酒顾问，被著名葡萄酒杂志 *Decanter* 评为"世界葡萄酒行业最有影响力 50 人"，获得"宁夏葡萄酒产业特别贡献奖"等荣誉称号。

第二十三章

葡萄酒消费

美的格局：从世界葡萄酒行业现状看

你知道为什么你买的酒总是那几个国家的吗？下面几个章节的内容将会给你答案。而且，你可能还会继续购买这些国家的酒。

导酒管是各大酒庄、酒厂必不可少的工具。图片来源：New Zealand Wine

第一节 世界葡萄种植和葡萄酒产量概况

根据国际葡萄与葡萄酒组织（OIV）2019年公布的数据，2018年全球葡萄种植面积为740万公顷，合1.11亿亩。全球葡萄产量达到7800万吨，食用葡萄产量为2730万吨。全球葡萄干产量为130万吨，葡萄酒产量（不包括果汁）大约292亿升，合2920万吨，合389亿瓶。

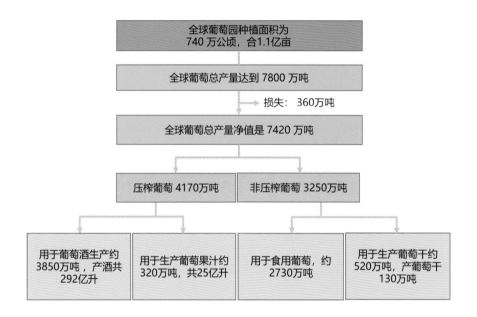

根据OIV2021年的数据，2020年，全球葡萄种植总面积降低到730万公顷，合1.09亿亩左右，降幅0.2%。自2000年到2017年，受伊朗、土耳其、葡萄牙、乌兹别克斯坦和美国等国家葡萄园大幅减少的影响，全球葡萄种植总面积一直处于快速萎缩态势。2017年之后，葡萄种植情况似乎稳定了下来。但是，这种稳定背后却掩盖不了国家之间的巨大差异。

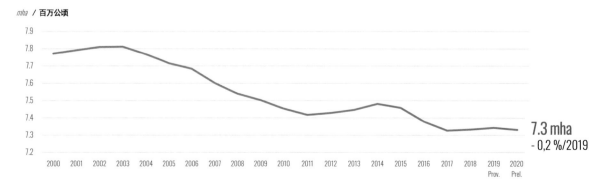

全球葡萄种植面积变化趋势图

那么，世界上主要葡萄种植国家的情况呈现出了什么样的特点呢？

先看北半球。

从欧洲来看，欧盟成员国的葡萄园面积总体稳定，连续七年保持在 330 万公顷，也就是 4950 万亩，将近世界葡萄种植总面积的一半。自 2015 年以来，欧盟葡萄园在新苗栽种和葡萄拔除之间经历着难得的平衡，这种平衡主要得益于葡萄园产能的管理。2020 年，法国葡萄园面积比 2019 年增长了 0.4%，意大利增长了 0.8%，西班牙减少了 0.6%，葡萄牙减少了 0.2%，罗马尼亚减少了 0.4%，保加利亚减少了 1.8%，匈牙利减少了 3.9%，德国没有变化。

东欧的情况差异较大，摩尔多瓦仍在继续下降，同比减少了 2%，俄罗斯则增加了 0.6%。

亚洲的土耳其是世界上第五大葡萄种植国。2020 年，土耳其葡萄园面积降低了 1.1%，总面积为 43.1 万公顷，合 647 万亩，这已经是土耳其连续第七年葡萄园面积缩水，自 2013 年以来，土耳其已经硬生生减少了 7 万公顷葡萄园，也就是直降 105 万亩，降幅还是非常大的。

但是，中国的情况正好相反。近 20 年来，中国葡萄总种植面积一直在大幅增长，2020 年达到 78.5 万公顷，也就是 1177.5 万亩，与 2019 年相比，仍保持了 0.6% 的增幅。但是自 2015 年开始，这种增幅已经连续五年变小。根据中国第三次全国农业普查数据，2019 年和 2020 年，中国葡萄种植面积位居世界第三位，仅次于西班牙和法国。

自 2013 年以来，美国的葡萄园面积一直在下降，特别是 2018 年，下降幅度再次加大。2020 年，美国葡萄园总面积约 40.5 万公顷，合 648 万亩。

再看南半球。

南美洲葡萄园总面积连续五年下降，各主要国家差异较大。

2020 年，阿根廷葡萄园总面积为 21.5 万公顷，合 322.5 万亩。但是，自 2014 年以来，阿根廷葡萄园面积年均负增长率近 1%。智利和巴西的葡萄园面积也在缩减，同比减少都是 1.2%。南非则连续两年保持稳定，维持在 12.2 万公顷左右，合 183 万亩。

大洋洲的澳大利亚近两年来没有太大变化，葡萄园总面积是 14.6 万公顷，合 219 万亩。新西兰则有 2% 的增长，总面积达到了 4 万公顷，合 60 万亩，是历史最高水平。

第二节　世界领先的葡萄和葡萄酒生产国

我们要了解一下为什么有些国家葡萄酒出名，有些国家葡萄酒反应一般，其实这跟其葡萄种植和葡萄酒生产有重要关系。

一、世界葡萄种植

根据 2020 年的数据，世界排名前六位的国家，葡萄园（含鲜食葡萄）总面积占全球葡萄园种植面积的 56% 左右。近几年来，葡萄种植面积前六位的国家分别是西班牙、法国、中国、意大利、土耳其和美国。第七至十位是阿根廷、智利、葡萄牙和罗马尼亚。但葡萄的产量排序稍有不同，根据 2018 年的数据，世界排名前十位的国家分别是中国、意大利、美国、西班牙、法国、土耳其、印度、阿根廷、智利和伊朗。

意大利、法国、西班牙三个国家的葡萄酒总产量占到世界总产量的53%，前八大葡萄酒生产国总产量占世界总产量的77%。其中，欧盟成员国的葡萄酒总产量占世界的63%。

世界主要产酒国葡萄酒产量占比

- 其他国家 23%
- 意大利 19%
- 法国 18%
- 西班牙 16%
- 美国 9%
- 阿根廷 4%
- 澳大利亚 4%
- 智利 4%
- 南非 4%

世界各国葡萄酒产量占比

436

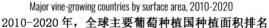

Major vine-growing countries by surface area, 2010-2020
2010-2020 年，全球主要葡萄种植国种植面积排名

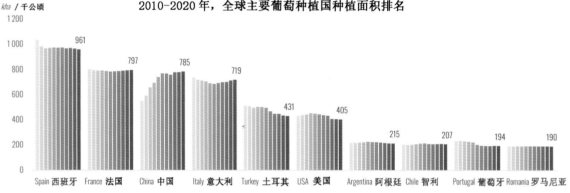

kha / 千公顷

- Spain 西班牙 961
- France 法国 797
- China 中国 785
- Italy 意大利 719
- Turkey 土耳其 431
- USA 美国 405
- Argentina 阿根廷 215
- Chile 智利 207
- Portugal 葡萄牙 194
- Romania 罗马尼亚 190

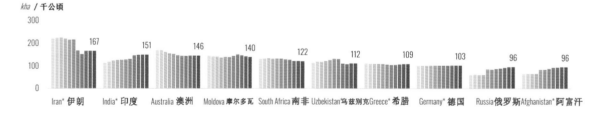

kha / 千公顷

- Iran* 伊朗 167
- India* 印度 151
- Australia 澳洲 146
- Moldova 摩尔多瓦 140
- South Africa 南非 122
- Uzbekistan 乌兹别克 112
- Greece* 希腊 109
- Germany* 德国 103
- Russia 俄罗斯 96
- Afghanistan* 阿富汗 96

其实根据 OIV2018 年的统计数据，中国葡萄种植面积虽不是最大，但产量却是世界第一。这是因为我国的葡萄主要以鲜食和制干为主，酿酒葡萄在我国的占比不足 10%。鲜食葡萄产量高，动辄亩产都至少1000 公斤，酿酒葡萄产量相对较低，尤其是酒庄酒和精品葡萄酒，产量就更低了。大部分欧美国家种植葡萄是以酿酒为主。

二、全球葡萄酒生产情况

自 2020 年以来，全球葡萄酒产量一直在大幅度波动，上下振荡的幅度将近 500 万千升（按大致密度算，约 500 万吨），2004 年、2013 年和 2018 年葡萄酒产量都非常高，约 295 亿升。2000 年至 2004 年，全球葡萄酒产量呈上升趋势，但 2004 年之后急速下滑，2012 年到达阶段性的最低点，全球葡萄酒产量只有 260 亿升。

2013 年，葡萄酒产量又达到一个小高峰，总产量也超过 290 亿升，之后再次进入下跌通道，直到 2018 年，再次回到 295 亿升左右。

2019 年和 2020 年两年，葡萄酒产量都不高。2020 年，全球葡萄酒总产量是 260 亿升，同比增长了 1%，总量增加了 2.5 亿升。但这两年的产量都处在近 20 年的平均产量之下。

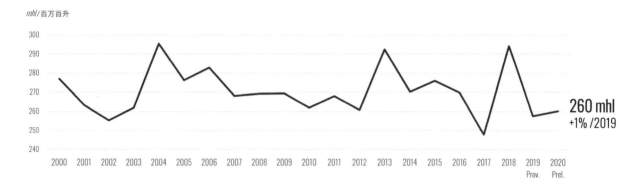

2000 年以来的世界葡萄酒总产量变化图

2020 年，全球葡萄酒产量排名前三的国家如同过去一样，还是意大利（49.1 亿升）、法国（46.6 亿升）、西班牙（40.7 亿升）。第四至第十位分别是美国、阿根廷、澳大利亚、南非、智利、德国和中国。近年来，中国的葡萄酒产量逐年下降，已经多年没有超过 10 亿升了。

2020年世界主要葡萄酒产酒国及产量排名

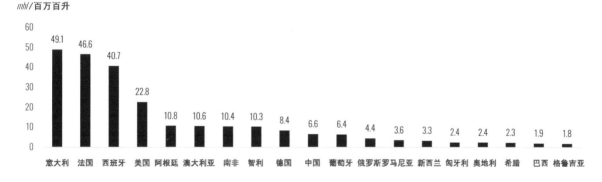

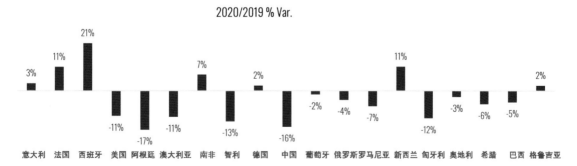

第 11 至 19 位是葡萄牙、俄罗斯、罗马尼亚、新西兰、匈牙利、奥地利、希腊、巴西和格鲁吉亚。近年来，第 11 至 13 的顺序变化不大，但是从第 15 名开始，各个国家经常变换顺序，乌克兰、摩尔多瓦、瑞士和保加利亚也曾多次进入全球前 20 强，但后面这五六个国家的葡萄酒产量与前十名相比，实在是太小了。

第三节　世界葡萄酒消费现状

2018 年，葡萄酒消费总量最大的国家是美国，葡萄酒的饮用量达到了 33 亿升，合 44 亿瓶（见下图左半部分）。第二至第二十位的国家分别是法国、意大利、德国、中国大陆（居第五位，不含中国香港、中国澳门和中国台湾）、英国、俄罗斯、西班牙、阿根廷、奥地利、葡萄牙、加拿大、罗马尼亚、南非、新西兰、日本、巴西、比利时、瑞士、乌拉圭。

但非常有意思的是，人均葡萄酒饮用量最大的不

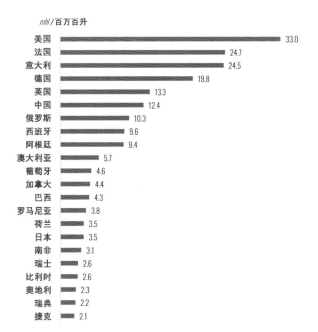

2020年各国葡萄酒消费总量排名

mhl / 百万百升

美国	33.0
法国	24.7
意大利	24.5
德国	19.8
英国	13.3
中国	12.4
俄罗斯	10.3
西班牙	9.6
阿根廷	9.4
澳大利亚	5.7
葡萄牙	4.6
加拿大	4.4
巴西	4.3
罗马尼亚	3.8
荷兰	3.5
日本	3.5
南非	3.1
瑞士	2.6
比利时	2.6
奥地利	2.3
瑞典	2.2
捷克	2.1

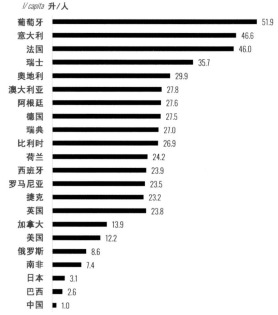

2020年各国葡萄酒人均饮用量排名

l / capita 升 / 人

葡萄牙	51.9
意大利	46.6
法国	46.0
瑞士	35.7
奥地利	29.9
澳大利亚	27.8
阿根廷	27.6
德国	27.5
瑞典	27.0
比利时	26.9
荷兰	24.2
西班牙	23.9
罗马尼亚	23.5
捷克	23.2
英国	23.8
加拿大	13.9
美国	12.2
俄罗斯	8.6
南非	7.4
日本	3.1
巴西	2.6
中国	1.0

2020 年各国葡萄酒消费总量排名和人均消费量排名

是美国、法国和意大利，却是产量和消费总量靠后的葡萄牙，葡萄牙年人均消费量达到 51.9 升，合 750 毫升装的是 70 瓶，这里面还包括老人、孩子、孕妇等。后面的国家分别是意大利、法国、瑞士、奥地利、澳大利亚、阿根廷、德国、瑞典、比利时、荷兰、西班牙、罗马尼亚、捷克、英国、加拿大、美国、俄罗斯、南非、

日本、巴西和中国。这个排名除了前几名和最后几名比较稳定，中间部分每年的变化还是很大的。

猛一看葡萄牙的人均消费量挺高，但大家不知道的是，这个数字在 2018 年是 62 升，合 750 毫升装是 83 瓶。因为疫情等因素的影响，葡萄牙的人均葡萄酒

438

大美葡萄酒

消费量大幅减少了 13 瓶之多！相较于 2018 年，人均消费量同样大幅下降的还有匈牙利、比利时、南非和中国，中国几乎腰斩，从 2018 年的人均 1.8 瓶下降到了 2020 年的人均 1 瓶！小幅下降的有法国、澳大利亚、罗马尼亚、西班牙、加拿大、俄罗斯。关键是疫情之下，很多国家的葡萄酒消费不仅没有被限制，反倒是与 2018 年持平甚至是增加了，瑞士、德国、美国、日本基本持平或微增，但是意大利、阿根廷、巴西增幅还都不小！既然不能工作，那就索性在家里好好享受葡萄酒吧！

说完了这个世界上都是谁在喝葡萄酒，我们再看看他们喝的葡萄酒大概都是从哪里来的。

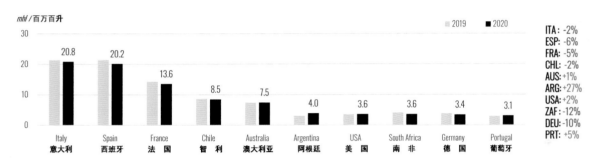

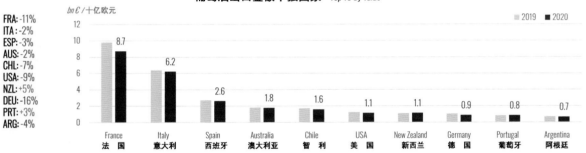

葡萄酒出口量和出口金额十强国家

根据 2020 年数据，各主要产酒国中，出口葡萄酒最多的国家是意大利，西班牙排第二位，法国第三。第四至第十分别是智利、澳大利亚、阿根廷、美国、南非、德国和葡萄牙。但是从金额或者货值来说，法国最高，说明法国葡萄酒均价要高于意大利和西班牙，世界三大巨头当中，法国酒仍然占据霸主地位。另外，从其他国家的数据也可以看出，澳大利亚葡萄酒比智利葡萄酒贵，新西兰酒可能比所有国家的葡萄酒均价都要高。阿根廷和南非的葡萄酒平均单价也不高，属于性价比较高的葡萄酒。

第四节　中国葡萄酒的生产和消费现状

根据 2020 年 OIV 的数据，中国是世界上第十大葡萄酒生产国，是第六大葡萄酒消费国，是第五大葡萄酒进口国（以金额计），中国消费者喝掉了世界上 5% 的葡萄酒，这一比例与我们的人口基数相比，其实非常低。

我们国家的葡萄酒规模比不上白酒和啤酒，白酒光产值就已经接近万亿，啤酒也有 3000 亿以上，但葡萄酒还只是数百亿量级。这跟我们国家的酒水消费文化、经济发展阶段、各酒种的价格、葡萄酒的普及度和行业健康水平等因素都有莫大的关系。

2017 年之前中国葡萄酒行业一直是快速发展的，尤其是在 21 世纪初。从 2000 年开始，伴随着新一轮消费升级的大潮，葡萄酒行业进入快速发展车道，葡萄酒在规模上出现了良好的发展势头。2001—2005 年，中国的葡萄酒产销量增长了一倍。2006 年，葡萄酒行业产值达到 130 亿元左右，同比增长 25.04%，产量也达到 5000 万升。同时，进口葡萄酒也开始大踏步进入中国市场，但进口总量的占比还不高。2009 年，中国葡萄酒产量达到 9.6 亿升，2010 年是 10.9 亿升，2011 年是 11.6 亿升，2012 年达到顶峰 13.8 亿升。进口葡萄酒也在高速发展。到 2017 年，中国进口葡萄酒 7.87 亿升，进口总额达到了 27.89 亿美元，复合增长率在 10% 以上。这种巨大的市场潜力和需求，为全球葡萄酒业带来了欣喜和希望。随着进口葡萄酒不断涌入，中西方葡萄酒文化减速碰撞与交流，中国葡萄酒市场国际化程度越来越高。经过十多年的发展后，中国好像进入了葡萄酒行业的鼎盛时期。

440

国产葡萄酒经历了一段时间的飞速发展后，很快遇到了瓶颈。2013年，国产葡萄酒进入调整通道，产量开始逐年下跌。这时，国产酒与进口酒有点此消彼长之意。进口酒高歌猛进，快速占领市场。国产酒和进口酒的双轮驱动，提高了葡萄酒的整体市场规模，葡萄酒一度成为中国白酒行业的心腹大患，众多白酒的经销商也纷纷"白转红"或"白染红"。但是从2018年起，中国葡萄酒产量、消费总量、人均消费量和进口量等重要数据都处于下降态势，这之前的稳定增长被逆转。进口葡萄酒也出现了下降趋势，同比下滑8%，进口总量是7.29亿升，比国产葡萄酒产量略高，进口总额是28.5亿美元。2019年，进口总量6.6亿升。

2020年，就只有4.7亿升了。葡萄酒不再是白酒的竞争对手，相反在以茅台为代表的酱香白酒的引领之下，葡萄酒在酒水市场中的份额不断被蚕食。"白转红"不仅没有完成，反倒是"红转白"、"红染白"和"红染酱"又成为潮流。

但是，中国葡萄酒行业仍然是朝阳产业，市场空间巨大，增长潜力犹在。葡萄酒因为酒种的特性，品种的丰富，酒体的愉悦，将吸引越来越多的年轻人群、爱美女士和追求健康的消费者。在未来不远的将来，中国葡萄酒行业将会迎来再一次的触底反弹，也会走上更加良性的发展之路。

第二十四章

皆可成圣，变身葡萄酒大师

这个世界上有一小群人叫葡萄酒大师（Master of Wine，简称 MW），他们是这个世界上在葡萄酒领域最为专业的群体之一，在葡萄酒领域叱咤风云，但想成为葡萄酒大师特别困难，过程曲折而又复杂，如果不从事葡萄酒这个行业，这个称谓对我们来说意义并不大。

但如果我们掌握了葡萄酒世界里的基本要点，我们也能成为日常生活中和朋友中间的"葡萄酒大师"。

花谢果出。图片来源：New Zealand Wine

第一节　敲黑板，回顾各产酒国网红品种

经过几百上千年的演变和发展，不同国家和产区的风土逐渐成就了当地最具代表性和典型的葡萄品种，反过来，这些葡萄品种又强化了地方风土特色，两者相辅相成，共同促进，一起推高了这个产区乃至国家在葡萄酒格局中的地位。于是，这些独具风格的、由当地代表葡萄品种酿成的酒，成为本国葡萄酒的代言人。

1. 法国勃艮第——黑比诺（Pinot Noir）

法国法定葡萄品种很多，但是最为突出的产地当属勃艮第，勃艮第最标杆的品种是黑比诺。

2. 德国——雷司令（Riesling）

世界最贵的贵腐酒出自德国的伊慕酒庄，是由雷司令酿成的，这里的雷司令品质当属世界之最。

3. 意大利——内比奥罗（Nebbiolo）

意大利的内比奥罗葡萄酒属于三高葡萄酒，高酸、高单宁、高酒精度。意大利酒王巴罗洛正是用内比奥罗酿造的。

4. 西班牙——丹魄（Tempranillo）

丹魄是西班牙当之无愧的贵族品种，最高等级DOCa产区里奥哈和普里奥拉托的顶级酒款都有丹魄的贡献。

5. 澳大利亚——西拉（Shiraz）

源于法国，却在澳大利亚大红大紫，成为澳大利

444

左上：黑比诺

右上：内比奥罗

左下：丹魄

右下：西拉

大美葡萄酒

亚标志性葡萄品种，也在葡萄酒世界树立了自己的顶级标杆。

6. 智利——佳美娜（Carmenere）

源于法国但在法国并不出众，19世纪的根瘤蚜虫肆虐之后，在法国几乎绝迹，而早期移植到智利的佳美娜却展现了非常高的品质，甚至超越了在法国种植的佳美娜，成为智利的旗舰品种，带领智利葡萄酒走向世界。

7. 新西兰——长相思（Sauvignon Blanc）

源于法国，亦很出众。但新西兰长相思犹如异军突起的一匹黑马，已经成为新西兰葡萄酒的代名词。

8. 南非——皮诺塔基（Pinotage）

不但是南非的旗舰品种，也代表着这个国家的葡萄酒品质，让南非葡萄酒在世界葡萄酒生产国里占据了一席之地。

9. 美国——仙粉黛（Zinfandel）

美国的膜拜酒王都是用国际品种比如赤霞珠、梅洛等酿造的，但是有一个品种却代表着美国的特色，那就是仙粉黛。仙粉黛经常被用来酿桃红葡萄酒，酒体清爽，花香四溢。

10. 阿根廷——马尔贝克（Malbec）

又一个原产于法国葡萄品种，马尔贝克在阿根廷有着不俗的表现，如今已成为阿根廷最重要、种植面积最广的优质红葡萄品种，马尔贝克之于阿根廷就如同西拉之于澳大利亚。浓郁的黑色水果香气和烟熏风味是马尔贝克葡萄酒最突出的特征。

11. 匈牙利——富尔民特（Furmint）

富尔民特是匈牙利托卡伊阿苏甜酒（Aszu）的主要酿酒品种，具有酸度高、糖分高、易受贵腐侵染的特性，是酿造阿苏甜酒的完美原料。但富尔民特并不仅仅用于酿造甜酒，未经贵腐菌感染的也可以酿造出品质上乘的干型葡萄酒。

第二节　划重点，顶级产区以及明星葡萄品种

这个世界上能够酿造葡萄酒的葡萄品种非常庞杂，但并不是所有的葡萄都可以酿造出高品质的葡萄酒，就好比我们在菜市场逛一圈买几斤葡萄回家自己做葡萄酒一样，这只能作为兴趣爱好的出发点，很难酿出好酒，甚至还会酿出伤害身体的酒。我们如果掌握了全球最顶尖的十大国家和其代表性葡萄品种，我们在选择葡萄酒和品鉴葡萄酒时一定会如虎添翼，现总结如下。

一、法国

1. 点评：当仁不让的综合竞争力世界第一，不管发生多少次"巴黎审判"，法国依然是世界之王。

2. 主要产区：波尔多、勃艮第、香槟、罗纳河谷、卢瓦河谷、阿尔萨斯、普罗旺斯、朗格多克、西南产区、汝拉。

3. 明星品种：赤霞珠、美乐、品丽珠、长相思、赛美容、霞多丽、黑比诺、雷司令。

二、意大利

1. 点评：葡萄酒产量世界第一。

2. 主要产区：托斯卡纳、皮埃蒙特、威尼托、伦巴第、西西里岛、翁布里亚。

3. 明星品种：桑娇维塞、美乐、特雷比奥罗、黑珍珠、巴贝拉、灰比诺、格蕾拉。

三、西班牙

1. 点评：葡萄种植面积世界第一。

2. 主要产区：里奥哈、普里奥拉托、杜埃罗河岸、下海湾、佩内德斯。

3. 明星品种：丹魄、歌海娜、蒙纳斯翠尔、博巴尔。

四、德国

1. 点评：世界上最贵的白葡萄酒在德国。

2. 主要产区：摩泽尔、莱茵高、纳赫、莱茵黑森、巴登。

3. 明星品种：雷司令、穆勒塔戈。

五、葡萄牙

1. 点评：一定要记住波特酒和马德拉酒。

2. 主要产区：杜罗河、阿连特茹、阿尔加维。

3. 明星品种：罗丽红（丹魄）、多瑞加弗兰卡、卡斯特劳、国产多瑞加、紫北塞、阿尔巴利诺、阿兰多

六、美国

1. 点评：曾经战胜法国葡萄酒最彻底的国家，三次巴黎审判。

2. 主要产区：加利福尼亚州、华盛顿州、俄勒冈州。

3. 明星品种：赤霞珠、霞多丽、美乐、黑比诺、仙粉黛、长相思。

七、澳大利亚

1. 点评：世界西拉之王。

2. 主要产区：猎人谷、雅拉谷、巴罗萨谷、玛格丽特河。

3. 明星品种：西拉、赤霞珠、霞多丽。

八、新西兰

1. 点评：世界长相思之王。

2. 主要产区：奥克兰、吉斯本、马尔堡。

3. 明星品种：长相思、霞多丽、灰比诺、黑比诺、赤霞珠、美乐。

九、阿根廷

1. 点评：世界最高葡萄酒产区。

2. 主要产区：门多萨、圣胡安、拉里奥哈。

3. 明星品种：马尔贝克、伯纳达、霞多丽、赤霞珠。

十、智利

1. 点评：世界佳美娜之王。

2. 主要产区：科金博、阿空加瓜、中央山谷、南部产区。

3. 明星品种：赤霞珠，霞多丽，佳美娜。梅洛，长相思。

十一、南非

1. 点评：请试试皮诺塔基。

2. 主要产区：斯泰伦博斯、帕尔、伍斯特、罗贝尔森、沃克湾、埃尔金。

3. 明星品种：白诗南、赤霞珠、皮诺塔基、霞多丽。

第三节　巧归纳，总结天下美酒分级和法定产区制度

新旧世界最大的差异莫过于各国葡萄酒产区和葡萄酒的分级制度。而新世界各个国家差别较大，法律法规的管控力度和严谨程度无法与欧洲相比。

旧世界其实就是欧洲葡萄酒世界，大多数欧洲葡萄酒产酒国都采纳了欧盟农产品"受保护原产地标示规范（PDO）"与"受保护地理性标示规范（PGI）"两种农产品品质保护体系。

一、法国

法国出产的葡萄酒级别从低到高依次是日常餐酒 VDF、地区餐酒 IGP、优良地区 VDQS 和法定产区 AOP 四个大的级别，AOP 这个级别授予的产区越小，葡萄酒品质越好，价格越贵。但因为 AOP 实在覆盖区域太大、产品价格跨度太高，无法有效区分不同葡萄酒的产品等级，很多产区在 AOP 的基础上又衍生出更加具体的分级。

波尔多以酒庄为单位进行评级形成了列级庄制度，常见的列级体系有梅多克 1855 分级、苏玳 1855 分级、格拉夫分级和圣埃美隆分级。勃艮第是以葡萄园为单位进行分级，将葡萄园分级特级园、一级园和村庄级葡萄园。香槟、罗纳河谷与勃艮第相似。普罗旺斯仿照波尔多建立了列级庄制度。

二、意大利

意大利葡萄酒分为日常餐酒（VDT）、优良地区餐酒（IGT）、法定产区（DOC）、优质法定产区（DOCG）四个级别。

三、西班牙

西班牙的葡萄酒分级可以说也是很细致烦琐的。

最新的葡萄酒法于2003年修订，将葡萄酒分为五级，由低到高分别为：VDM、VC、VDLT、DO、DOC，只有里奥哈和普里奥拉两个产区是DOC。

法定产区（DO）级别的葡萄酒，再根据橡木桶陈酿时间分为4个档次：新酒 Vino Joven、Crianza 陈酿级、Reserva 珍藏级、Gran Reserva 特级珍藏级，这是其他国家没有的。

四、德国

德国葡萄酒分级最为繁杂，先是把葡萄酒分为普通葡萄酒：日常餐酒（Tafelwein）、地区餐酒（Landwein）、优质餐酒（QbA）和高级优质餐酒（QmP）。再根据葡萄的成熟度也就是葡萄的含糖量，将高级优质餐酒（QmP）划分6个小等级：珍藏（Kabinett）、晚米（Spatlese）、精选（Auslese）、逐粒精选（Beerenauslese 或 BA）、逐粒精选葡萄干葡萄酒（Trockenbeerenauslese 或 TBA）、冰葡萄酒（Eiswein）。

五、葡萄牙

葡萄牙与法国、西班牙和意大利比较接近，葡萄酒分级共分八级，从低到高依次是：日常餐酒（VDM）、地区餐酒（VR）、优质半干起泡酒（VFQPRD）、优质起泡酒（VEQPRD）、优质加强葡萄酒（VLQPRD）、准法定产区（VQPRD）、推荐产区（IPR）、法定产区（DOC）。

六、美国葡萄酒分级制度

美国没有正式的葡萄酒分级制度，只有葡萄酒产地管制条例（简称AVA）。AVA以法国的法定产区体系（AOC）为参考，但没有那么多限制。条例只根据地理位置、自然条件、土壤类型及气候划分产区，对产区可栽种的葡萄品种、产量和酒的酿造方式没有限制，这也是与法国原产地控制条例最根本的区别。目前美国有大大小小170余个AVA葡萄酒产区，其中有90多个是在加州。AVA的面积大小差别很大，常常是大包小，大产区里包含着几个中产区，中产区里又有小产区，最小的AVA可以是单一葡萄园或单一酒庄的所在地。

七、智利葡萄酒分级制度

智利的葡萄酒分级制度比较简单，类似于美国的葡萄酒法规，对产区、葡萄品种、葡萄栽培方法、酿酒方法等都没有具体要求。这些标示由酒庄自行标注，因此不同酒庄间没有太多可比性。不过对于有信誉有声望的酒庄而言，标注级别越高，葡萄酒品质越好。

澳大利亚葡萄酒大致上分为以下五个等级：品种酒（Varietal）、珍藏级（Reserva）、极品珍藏级（Gran Reserva）、家族珍藏（Reserva de Familia）、至尊限量级（Premium）。同样，这些分级没有法律保障。

八、阿根廷葡萄酒分级制度

阿根廷国家农业技术研究院（Instituto Nacional de Tecnologia Agropecuaria）于1999年提出了一系列方案，经政府核定而成为阿根廷法定产区标准（D.O.C.）的法令，唯有符合资格的葡萄酒标签上才可以注明 D.O.C. 法定产区的字样。已核定四个法定产区分别是 Lujan de Cuyo、San Rafael、Maipu 和 Valle de Famatina。

九、澳大利亚

澳大利亚建立了产区地理标志制度（GI），把产区分为三级，即地区（Zone）、区域（Region）和次区域（Sub-region），南澳州在此基础上引入了优质地区（Super Zone）概念，目前只有阿德莱德地区被定义为优质地区。澳大利亚 GI 制度并无直接法律权利保障，而是透过产地的注册及商标相关法规来限制以产地标示作为商标，以达到间接保护产地标示的目的。

澳大利亚葡萄酒大致上分为以下三个等级：普通酒（Generic Wine）、高级品种酒（Varietal Wine）、高级混酿酒（Varietal Blend Wine）。

十、南非葡萄酒分级制度

1973 年，南非葡萄酒及烈酒管理局（Wine and Spirit Board）制定和颁发了南非产地分级制度（Wine of Origins 简称 WO），也是借鉴了法国的原产地命名制度（AOC），但南非 WO 制度主要是希望通过酒标来更精确地告诉消费者葡萄酒的产地和品质等级。

根据 WO 制度，南非葡萄酒产地被划分为四个等级，从低到高分别是：地理区域级（Geographical Unit，只有西开普省一个）、地区级产区（Region）、区域级子产区（District）、葡萄园级子产区（Ward）。

以上只是简单汇总，方便大家对比和了解，更多详细资料还需要参考各个国别相关内容。

第四节　记小本，掌握葡萄酒中的著名酒种和另类分子

看完本书我们知道，葡萄酒远远不止于干红、红酒、干白这些类型，葡萄酒所涵盖的范围非常宽广，绝大多数以葡萄为原料发酵生产的酒都可以叫葡萄酒。但葡萄酒里有一些非常有意思的酒种，非常有必要做一个整理和总结，比如香槟、卡瓦、克莱蒙、普罗赛克、雪莉酒、波特酒、马德拉酒、贵腐酒、冰酒、黄酒、稻草酒和绿酒等。

采用法定葡萄品种和酿造工艺生产的起泡酒才能叫香槟。唐·培里侬是香槟声名鹊起的主要功臣，现在这个品牌也是香槟顶级品牌之一。香槟产区主要选用霞多丽、黑比诺和莫尼耶皮诺这三个葡萄品种来酿造香槟酒。霞多丽香槟主要产自白丘产区，酸度较高，花香迷人；黑比诺香槟主要来自兰斯山产区，紧致而优雅；莫尼耶皮诺以马恩河谷最出名。

一、香槟（Champagne）

香槟其实也是一种起泡酒，但只有法国香槟产区

二、卡瓦（Cava）

西班牙最为出名的起泡酒，最早诞生于加泰罗尼

形形色色的起泡酒。图片来源：Getränke Hörl

亚地区（Catalonia），1972 年这种酒才被命名为卡瓦（Cava）。卡瓦的主要品种是马家婆、帕雷亚达和沙雷洛，都是白葡萄品种。少数卡瓦也可采用霞多丽、黑比诺、歌海娜和慕合怀特酿造。

如果说法国香槟是一位彬彬有礼的绅士的话，那么西班牙卡瓦则是一位激情飞扬的斗牛士。

三、克莱芒（Cremant）

克莱芒起泡酒产于法国阿尔萨斯和勃艮第等产区，主要以白比诺葡萄为酿酒原料，也使用灰比诺、黑比诺、雷司令或者霞多丽，克莱芒起泡酒热烈、活泼而且精致。1976 年 8 月 24 日，阿尔萨斯起泡酒原产地控制命名制度建立，这个制度带给阿尔萨斯全新的管理框架，依照香槟酒各种标准和要求，酿造高品质的起泡酒。

450

四、普罗赛克（Prosecco）

普罗赛克是意大利最为著名的起泡酒。其酿造工艺既有香槟法工艺，又有成本较低的罐内发酵工艺，格雷拉（Glera）是酿造普罗赛克的主要品种。2009 年，意大利葡萄酒管理局授予普罗赛克 DOCG（Prosecco DOCG），自此，"Prosecco" 这个名字受法定产区的法律管制和保护。

五、塞克特（Sekt）

塞克特是德国起泡酒的统称。Sekt 是德语，意思是起泡。塞克特起泡酒的酒精度要求不少于 10%，塞克特对葡萄品种的使用没有严格限制，是由雷司令、白比诺和灰比诺酿造而成。

六、雪莉酒（Sherry）

雪莉酒是一种加强葡萄酒，酒精度根据不同的雪莉种类在 14.5%—22% 之间，被誉为西班牙的国酒。1933 年，西班牙第一个国家葡萄酒法案颁布生效，雪莉酒的命名和管理被法制化。只有在产地划分、葡萄品种、栽种方式、生产工艺、陈年时间、陈年地点、生产规模、产量等等各种细节满足了法定条件且经过审核合格后，方可冠以"雪莉酒（JEREZ-XER-ES-SHERRY）"进行销售。

七、波特酒（Port）

波特酒是世界上最著名的加强葡萄酒之一，酒精度在 17%—22% 之间。除葡萄牙以外，澳大利亚、南非、阿根廷和美国等也生产类似的葡萄酒，但根据欧盟原产地保护法的规定，只有来自葡萄牙的加强葡萄酒才能叫"波特酒（Port/Porto）"，这跟香槟一样。

波特、雪莉和马德拉酒

八、马德拉酒（Madeira）

葡萄牙的马德拉酒酿酒工艺非常特殊，往新酒里添加48度的白兰地以提高酒精度到17—18度，再以30℃—50℃的温度存放3个月以上，加速酒的成熟和老化，这使得马德拉酒拥有一种略呈氧化的特殊香味。一些高品质的马德拉酒，经得起风吹雨打，有"不死之酒"的美誉。

九、贵腐酒（Noble Wine）

贵腐酒是源自匈牙利的一种很珍贵的甜葡萄酒，因利用附着于葡萄皮上一种被称为"贵腐霉"的霉菌酿造而成，故名"贵腐酒"。这个世界上法国、匈牙利和德国出产最为优秀的贵腐酒，分别位于法国波尔多苏玳产区、匈牙利托卡伊产区、德国的莱茵高产区。

十、冰酒（Ice Wine）

冰酒是在1794年由德国法兰克尼亚（Franconia）的酿酒师意外发明的。当时，酿酒师使用在葡萄藤上结冰的葡萄来进行压榨，得到了一种残留糖分含量非常高的葡萄酒，这就是后来的冰酒。冰酒多用维黛儿和雷司令葡萄酿造。全球只有加拿大、德国、奥地利、美国、中国等少数几个国家生产冰酒。

十一、稻草酒（Vin de Paille）

也是法国汝拉地区最具代表性的葡萄酒，稻草酒是一种使用在稻草上风干的葡萄来酿造的甜酒。具体方法是将采收后的霞多丽、萨瓦涅或者普萨放置于麦秆堆上，风干6周后再进行压榨，接着在橡木桶中陈酿2—3年。这种酒颜色金黄，口感甜美诱人，带有杏脯和果酱的风味，陈年潜力也是不容小觑。

十二、黄酒（Vin Jaune）

黄酒是法国汝拉地区最具代表性的葡萄酒，其酿酒方式与西班牙的雪莉（Sherry）相似。黄酒色泽晶莹华贵，带有独特的核桃、坚果的香气，口感浓厚圆润，余韵相当悠长，陈年潜力极强，可达数十年。

发现葡萄酒之美

第二十五章

葡萄酒是我的挚爱，它是亲人，是心之温暖，是精神之动力。葡萄酒也是一种文明，一种艺术，是人类文明的精髓，是生活的艺术。

——罗伯特·蒙大维

各主要产酒国推动葡萄酒行业的可持续发展，为葡萄酒增加了更多魅力

葡萄酒的消费场景：Wine Spectator

怎样在千千万万种葡萄酒中，发现葡萄酒之美？找到自己心仪的对象？

喜欢葡萄酒的人越来越多了，但是很多人可能会问，我怎么能够买到我想要的酒呢？

以现在的条件，想要找到一瓶自己喜欢的美酒其实不难，这个世界能够提供的葡萄酒之多、种类之丰富、渠道之多样，以至于不管我们是谁，什么性别，手里有多少钱，都可以发现符合自己要求的葡萄酒。所以，对于一个喜欢葡萄酒的人，愿意为葡萄酒花费时间和精力的人来说，葡萄酒世界像一个万花筒，永远有你尚未接触和值得探索的神秘领域。

我们可以通过住所附近的酒类连锁店、大型卖场、社区连锁超市、便利店、互联网渠道等多种方式购买葡萄酒。另外，我们也可以开上车去一趟最近的葡萄酒产区，访问自己喜欢的酒庄、酒厂，现场品酒和确定自己喜欢的种类。我们也可以去拍卖行获取限量的、珍贵的、稀缺的高档和名庄葡萄酒。

我们先要确认自己到底需要什么样的葡萄酒，葡萄酒千变万化，到底是需要干红、干白、起泡酒还是加强葡萄酒，需要一个基本认知。在想买一瓶、喝一瓶、找到一瓶自己喜欢的葡萄酒之前，你有没有潜意识地想到葡萄酒可选择的范围？

所以，如果你不喜欢甜的东西，那么你可以试试干白、干红、干型起泡酒、干型雪莉酒；如果你觉得酸度是个障碍，但又不喜欢甜腻，你可以选择偏甜润型的干红，比如澳大利亚或智利的白和红葡萄酒；如果你不喜欢单宁的色感，你可以选择干白、半干或者半甜、甜型葡萄酒。总之，最好你有一类自己喜欢的葡萄酒。

在葡萄酒消费比较成熟的市场，人们会在起泡酒、白葡萄酒、桃红葡萄酒、红葡萄酒、贵腐酒（或者冰酒）、加强葡萄酒之间游刃有余，来回转换。夏天天热大家多喝凉爽的起泡酒、白葡萄酒和桃红葡萄酒，冬天天冷大家饮用红葡萄酒和加强葡萄酒。餐前聊天唠嗑，大家用起泡酒烘托轻松的氛围。餐后上了甜点，开一瓶甜甜的贵腐酒搭配。

如果有选择困难"症状"，请参考下面的流程。

准备, 开始, 喝!

简单回答几个问题就可以找到适合
自己的葡萄酒!

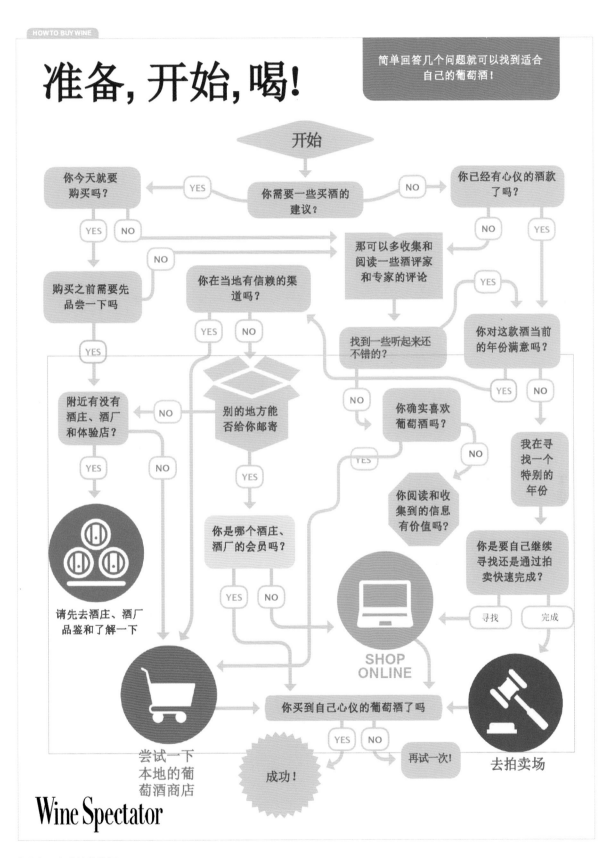

发现自己喜欢的葡萄酒

序　号	国　家	产　区	酒庄外文名称	酒庄中文名称
1	法　国	波尔多	Chateau LAFITE–ROTHSCHILD	拉菲酒庄
2	法　国	波尔多	Chateau LATOUR	拉图酒庄
3	法　国	波尔多	Chateau MOUTON–ROTHSCHILD	木桐酒庄
4	法　国	波尔多	Chateau PICHON–LONGUEVILLE	碧尚男爵酒庄
5	法　国	波尔多	Chateau DUCRU–BEAUCAILLOU	宝嘉龙酒庄
6	法　国	波尔多	Chateau MARGAUX	玛歌酒庄
7	法　国	波尔多	Chateau COS–D'ESTOURNEL	爱诗途酒庄
8	法　国	波尔多	Chateau HAUT–BRION	奥比昂酒庄
9	法　国	波尔多	Chateau LA MISSION HAUT–BRION	美讯酒庄
10	法　国	波尔多	Chateau d'Yquem	滴金酒庄
11	法　国	波尔多	Chateau ANGELUS	金钟酒庄
12	法　国	波尔多	Chateau AUSONE	欧颂酒庄
13	法　国	波尔多	Chateau CHEVAL BLANC	白马酒庄
14	法　国	波尔多	Chateau PAVIE	柏菲酒庄
15	法　国	波尔多	Chateau Petrus	帕图斯酒庄
16	法　国	波尔多	Chateau Le Pin	里鹏酒庄
17	法　国	波尔多	Chateau Lafleur	花堡酒庄
18	法　国	波尔多	Chateau Vieux Chateau Certan	老色丹酒庄
19	法　国	波尔多	Chateau de Viaud	雷沃堡酒庄
20	法　国	勃艮第	Domaine Armand Rousseau Pere et Fils	阿曼·卢梭父子酒庄
21	法　国	勃艮第	Domaine Leroy	勒桦酒庄
22	法　国	勃艮第	Domaine de La Romanee–Conti	罗曼尼·康帝
23	法　国	勃艮第	Domaine Henri Jayer	亨利·贾伊尔

序　号	国　家	产　区	酒庄外文名称	酒庄中文名称
24	法　国	勃艮第	Domaine Leflaive	勒弗莱酒庄
25	法　国	勃艮第	Domaine Coche–Dury	科奇酒庄
26	法　国	勃艮第	Domaine Dugat–Py	杜加酒庄
27	法　国	勃艮第	Domaine d'Auvenay	奥维那酒庄
28	法　国	勃艮第	Maison Louis Jadot	路易拉都酒庄
29	法　国	勃艮第	Domaine des Comtes Lafon	拉芳酒庄
30	法　国	勃艮第	Domaine Hubert Lignier	休伯特里尼耶酒庄
31	法　国	勃艮第	Domaine Comte Georges de Vogue	武戈伯爵酒庄
32	法　国	香　槟	Dom Pérignon	唐·培里侬
33	法　国	香　槟	Louis Roederer	路易王妃
34	法　国	香　槟	Krug	库克香槟
35	法　国	香　槟	Pol Roger	宝禄爵香槟
36	法　国	香　槟	Bollinger	堡林爵香槟
37	法　国	香　槟	Veuve Clicquot	凯歌香槟
38	法　国	罗纳河谷	E.Guigal	吉佳乐世家酒庄
39	法　国	罗纳河谷	Maison M. Chapoutier	莎普蒂尔酒庄
40	法　国	罗纳河谷	Domaine Jean–Louis Chave	让–路易斯·沙夫
41	法　国	罗纳河谷	Domaine Paul Jaboulet Aîné	嘉伯乐酒庄
42	法　国	罗纳河谷	Château de Beaucastel	博卡斯特酒庄
43	法　国	罗纳河谷	Château Rayas	哈雅丝酒庄
44	法　国	罗纳河谷	Domaine Henri Bonneau	亨利·博诺酒庄
45	法　国	罗纳河谷	Domaine Du Pégau	佩高古堡
46	法　国	罗纳河谷	Domaine De Marcoux	马可酒庄
47	法　国	罗纳河谷	Michel & Stephane Ogier	奥杰酒庄
48	法　国	罗纳河谷	Domaine Roger Sabon	沙邦酒庄
49	法　国	罗纳河谷	Domaine Pierre Usseglio & Fils	比斯丽菲酒庄
50	法　国	阿尔萨斯	Domaine Weinbach	温巴赫酒庄
51	法　国	阿尔萨斯	Domaine Zind–Humbrecht	鸿布列什酒庄
52	法　国	阿尔萨斯	Maison Trimbach	婷芭克世家酒庄
53	意大利	威尼托	Distilleria Bottega	波特嘉酒庄
54	意大利	威尼托	Dal Forno Romano	戴福诺酒庄
55	意大利	威尼托	Giuseppe Quintarelli	昆达莱利酒庄
56	意大利	皮埃蒙特	Angelo Gaja	嘉雅酒庄
57	意大利	皮埃蒙特	La Spinetta	斯缤尼塔酒庄
58	意大利	皮埃蒙特	Giacomo Conterno	孔特诺酒庄
59	意大利	皮埃蒙特	Elio Altare	伊林奥特酒庄
60	意大利	皮埃蒙特	Bruno Giacosa	嘉科萨酒庄
61	意大利	皮埃蒙特	Roberto Voerzio	沃尔奇奥酒庄
62	意大利	皮埃蒙特	Luciano Sandrone	桑德罗妮酒庄

序　号	国　家	产　区	酒庄外文名称	酒庄中文名称
63	意大利	托斯卡纳	Tenuta Luce	麓鹊酒庄
64	意大利	托斯卡纳	Soldera	索得拉酒庄
65	意大利	托斯卡纳	Biondi Santi	碧安帝山迪酒庄
66	意大利	托斯卡纳	Ornellaia	奥纳亚酒庄
67	意大利	托斯卡纳	Masseto	马塞托酒庄
68	意大利	托斯卡纳	Tenuta San Guido	圣圭托酒庄
69	意大利	托斯卡纳	Marchesi Antinori	安东尼世家酒庄
70	西班牙	里奥哈	Artadi	阿塔迪酒庄
71	西班牙	里奥哈	Bodegas Muga	慕佳酒庄
72	西班牙	里奥哈	Marques de Murrieta	莫瑞塔侯爵酒庄
73	西班牙	里奥哈	Bodegas Contador	康塔多酒庄
74	西班牙	里奥哈	Lopez de Heredia	洛佩兹雷迪亚酒庄
75	西班牙	杜埃罗河岸	Bodegas Vega Sicilia	贝加西西里亚酒庄
76	西班牙	杜埃罗河岸	Dominio de Pingus	平古斯酒庄
77	西班牙	普里奥拉托	Clos Erasmus	伊拉姆酒庄
78	西班牙	普里奥拉托	Alvaro Palacios L'Ermita	奥瓦帕乐艾米塔
79	葡萄牙	杜罗河谷	Quinta Do Noval	火鸟庄园
80	葡萄牙	杜罗河谷	Taylor Fladgate	弗拉德盖特酒庄
81	德　国	摩泽尔	Weingut Egon Muller	伊慕酒庄
82	德　国	莱茵高	Weingut Robert Weil	罗波威尔
83	德　国	摩泽尔	Weingut Joh. Jos. Prum	普朗酒庄
84	德　国	那　赫	Weingut Donnhoff	杜荷夫酒庄
85	美　国	加利福尼亚	Screaming Eagle	啸鹰酒庄
86	美　国	加利福尼亚	Sine Qua Non	西恩夸农酒庄
87	美　国	加利福尼亚	Harlan Estate	哈兰酒庄
88	美　国	加利福尼亚	Abreu Vineyard	艾伯如酒庄
89	美　国	加利福尼亚	Colgin Cellars	寇金酒庄
90	美　国	加利福尼亚	Eisele Vineyard Estate	艾西尔酒庄
91	美　国	加利福尼亚	Dominus Estate	多米纳斯酒庄
92	美　国	加利福尼亚	Dalla Valle Vineyards	达拉·瓦勒酒庄
93	阿根廷	门多萨	Catena Zapata	卡氏家族酒庄
94	中　国	沙　城	Chateau Sungod	桑干酒庄
95	澳大利亚	南　澳	Henschke	翰斯科酒庄
96	澳大利亚	南　澳	Clarendon Hills	克拉伦敦山酒庄
97	澳大利亚	南　澳	Penfolds Grange	葛兰许
98	智　利	迈坡谷	Vina Almaviva	活灵魂酒庄
99	智　利	空加瓜谷	Casa Lapostolle	蓝宝堂酒庄
100	智　利	阿空加瓜谷	Vinedo Chadwick	查威克酒庄

Kris Hirst：*The Origins and History of Winemaking*，*The Archaeology and History of Grapes and Making Wine*,Thought Co, 2009 年 11 月 26 日。

[德] 史蒂芬·莱因哈特编著：《德国顶级酒庄鉴赏》，王丹译，上海科学技术出版社 2017 年版。

[法] 米歇尔·罗兰、[法] 伊莎贝尔·博尼塞：《葡萄酒宗师》，周劲松译，中信出版社 2016 年版。

[英] 哈里斯：《古罗马生活》，卢佩媛等译，希望出版社 2007 年版。

[英] 哈里斯：《古希腊生活》，李广琴译，希望出版社 2006 年版。

[加] 罗德·菲利普斯：《酒：一部文化史》，马百亮译，格致出版社 2019 年版。

[英] 杰西斯·罗宾逊、[美] 琳达·墨菲：《美国葡萄酒地图》，严轶韵、戴鸿靖、程奕译，中信出版社 2014 年版。

[英] 休·约翰逊、杰西斯·罗宾逊：《世界葡萄酒地图》，吕杨、朱明晖、严轶韵、汪子懿等译，中信出版社 2014 年版。

[英] 休·约翰逊：《葡萄酒的故事》，程芸译，中信出版社 2017 年版。

[加] 雅克·奥洪：《世界葡萄酒版图 北美（加拿大、美国、墨西哥）》，何柳译，电子工业出版社 2015 年版。

[加] 雅克·奥洪：《世界葡萄酒版图 意大利葡萄酒新指南》，倪瑶、何柳、于梦泠译，电子工业出版社 2015 年版。

[加] 雅克·奥洪：《世界葡萄酒版图 法国葡萄酒新指南（全彩）》，陈媛译，电子工业出版社 2014 年版。

[加] 雅克·奥洪：《世界葡萄酒版图 南美（阿根廷、巴西、智利、乌拉圭）》，王丽、何柳译，电子工业出版社 2015 年版。

[加] 雅克·奥洪：《世界葡萄酒版图 南非、澳大利亚、新西兰》，何柳译，电子工业出版社 2015 年版。

[美] 凯伦·麦克尼尔：《葡萄酒圣经》，职烨、英尔岛、陈泠珅等译，上海三联书店 2018 年版。

[美] 罗伯特·帕克：《世界顶级葡萄酒及酒庄全书》，焦志倩、王品品译，北京联合出版公司 2012 年版。

[美] 彼得·林：《寻找香槟》，马千译，社会科学文献出版社 2020 年版。

［日］《葡萄酒艺术》编辑部：《精品葡萄详解》，辽宁科学技术出版社 2019 年版。

李华、王华：《中国葡萄酒》，西北农林科技大学出版社 2019 年版。

林裕森：《西班牙葡萄酒》（港台原版），积木文化 2019 年版。

王国庆：《阿根廷：葡萄酒的新大陆》，世界知识出版社 2011 年版。

杨白劳：《世界历史有一套之罗马帝国睡着了》，现代出版社 2010 年版。

杨白劳：《法兰西：卢浮宫里的断头台》，现代出版社 2020 年版。

杨白劳：《德意志是铁打的》，现代出版社 2016 年版。

伊国涛：《读醉·宁夏葡萄酒指南》，中国轻工业出版社 2019 年版。

范朝斌：《穿越时间的醇美：葡萄酒简史》，商务印书馆 2019 年版。

刘沙：《浓醉安第斯：智利葡萄酒谷之旅》，上海文艺出版社 2012 年版。

中国酿酒工业协会：《葡萄酒一级品酒师职业技能鉴定同意培训教程》，2010 年 8 月。

中国酿酒工业协会：《葡萄酒一级酿酒师职业技能鉴定同意培训教程》，2010 年 8 月。

善水文化：《葡萄酒具》，湖北科学技术出版社 2011 年版。

唐文龙、阮仕立、孔令红：《中国葡萄酒文化》，中国轻工业出版社 2012 年版。

李德美：《深度品鉴葡萄酒》，中国轻工业出版社 2012 年版。

林裕森：《酒瓶里的风景：勃艮第葡萄酒》，中信出版社 2017 年版。

孙萌：《改变世界葡萄酒格局的"巴黎审判"》，《财富生活》2017 年第 11 期。

魏耀宇、Bella Sperrier、史蒂文·斯伯莱尔：《不一样的修行之路》，《葡萄酒》2017 年第 6 期。

蔡金萍：《传奇葡萄酒大师：史蒂文·斯伯莱尔——巴黎审判和柏林品鉴会背后的推手》，《葡萄酒》2016 年第 11 期。

后记

我的葡萄酒观

本书与其说是我的葡萄酒观点，不如说是我这么多年对资料、经验、经历、所见、所闻、品尝和感悟的二次加工和呈现。希望能给葡萄酒爱好者和希望成为葡萄酒爱好者的朋友提供一些参考。

我先是从事葡萄酒的供应链工作，与生产环节的质量、食品安全和可持续发展等工作关系颇近。后来到河北省沙城产区的著名酒庄工作。葡萄酒的大门突然向我打开了，我从来没有发现葡萄酒原来这么美，这么有魅力，能够吸引那么多人。我在沙城的朋友、同事们，也都是一群葡萄酒的狂热爱好者，有的毕生从事葡萄酒事业，有的家庭几代都在酿酒，他们当中有中国葡萄酒酿酒大师，有中国葡萄酒营销创新先驱，有质量检测员，有酿酒工，也有奋战在一线的销售代表，更有面朝黄土背朝天、日日在葡萄园里流汗的园艺工，就是在这个十万人口的小城，我近距离熟悉了从葡萄苗木到一瓶高档美酒诞生的整个过程。我和同事们一起研究苗木、种植、筛选、酿造、包装、检验检测等技术改进方案，推进实验室开发 TCA、重金属、农残等指标的检测技术，与科研院校合作进行关键技术研究，完成多项葡萄酒科研项目和专利申报，更学习了如何酿造起泡酒、干红、干白、桃红、甜酒、白兰地。后来，基于企业发展需要，我开始从事组织酒庄体验营销工作，开放酒庄给社会各界人士参观学习和推动葡萄酒文化推广工作。

是沙城帮我建立了葡萄酒世界观和葡萄酒美学观，我从沙城人那里学到了葡萄酒的精神、中国葡萄酒人的精神，他们是中国葡萄酒名人堂里熠熠发光的明星！

那是一个像家一样的团队，我离开沙城返回北京的时候，是我职业生涯流泪最多，也是看到同事泪花最多的一次，我在沙城收获太多，不光是葡萄酒的世界之门，葡萄酒技术之美，葡萄酒工艺之魅，更有沙城不尽的乡土感情，虽然已离开多年，我感觉仍然生活在那里，我还爱着沙城那个城市、那些人，我希望这辈子做他们的家人。

如果说沙城帮我推开了葡萄酒之门，那么进口葡萄酒为我打开了葡萄酒的世界之窗。每一扇窗户都可以看到不一样的风景，每一扇窗户都涌进来不一样的美。

因为沙城的工作经验，我有幸负责波尔多右岸离帕图斯很近的村庄级酒庄的工作将近五年，五年里酒庄外貌没有太大变化，但石墙内部却完全不一样了，酒瓶里的液体也悄悄地演变，富有生机，这个酒庄终于在 2019 年获得《葡萄酒倡导家》评选的产区第一高分，这是我这么多年以来收获的最大成就。因为负责进口葡萄酒采购、营销工作和国产酒出口工作，我有机会接触各大葡萄酒生产国的同人和朋友，也非常了解国外的生产情况、销售渠道、畅销产品和零售价格。因此，《大美葡萄酒》这本书得以概括葡萄酒的国际市场和消费情况。

葡萄酒离不开风土，风土取决于产区，这本书的完成也得益于各主要产酒国、产区的大力协助。在此，尤其

462

大美葡萄酒

要感谢直接和间接提供了协助的波尔多、勃艮第、卢瓦尔河谷、罗纳河谷、法国西南产区、朗格多克及南法、普罗旺斯、香槟酒行、里奥哈、纳瓦拉、杜埃罗河谷、皮埃蒙特、托斯卡纳、威尼托等著名产区的葡萄酒协会和行业联合会等组织和好友，也要感谢智利、阿根廷、新西兰、南非等国家葡萄酒局和贸易促进会等单位和个人给予的支持。另外，国际知名的葡萄酒媒体机构、酒评机构、国际赛事等也贡献颇多，因此还必须对贝丹德梭、布鲁塞尔葡萄酒烈酒大奖赛、《醇鉴》杂志、《葡萄酒观察家》等媒体和相关领域的友人致谢。

这是我人生中的第一本书，写作过程和书写本篇的状态一样，每一点都有写不尽的故事和遗憾，可为了阅读的愉悦感，很多地方进行了压缩和删减。书籍是个遗憾艺术，希望能通过未来不断的再版让它表现得更好。

必须再次感谢与我一同工作过的沙城、北京、波尔多、全球各地的同事和朋友们，过去几年里我经常无意识地从他们那里获取本书的资料，有的朋友还帮我翻译了很多文本，也有的帮我制作了一些图表，我当时也没想到会将这些东西用到书里，他们当时肯定更是不了解我居然还会有成书的意图了。但在此，我必须向他们表示感谢，感谢大家的无私分享和帮助。

最后要说的是，葡萄酒是值得耗费一生去学习和体验的物种，不管我们从哪里开始，都是正当其时。诚挚地欢迎您与我一起，打开葡萄酒之门，了解葡萄酒，发现葡萄酒，共同探究葡萄酒之美。

天地有大美而不言，瓶中有阳光自绽放。

附录 原植物彩图

第一部

裸子植物门 Gymnospermae

1-1-1　赤松　全株

1-1-2　赤松　树干

1-1-3　赤松　雌球果

1-1-4　赤松　针叶

1-2-1　兴凯湖松　植株

1-2-2　兴凯湖松　生境

1-2-3　兴凯湖松　树干与雌球果

1-3-1　红松　雌球果

1-3-2　红松　孢子叶球

1-3-3　红松　针叶

1-3-4　红松　树干

1-4-1　油松　枝叶

1-4-2　油松　雄球花　　　　　　　　　　　1-4-3　油松　针叶

1-4-4　油松　果　　　　　　　　　　　　　1-5-1　落叶松　针叶

1-5-2　落叶松　枝干　　　　　　　　　　　1-5-3　落叶松　生境

1-5-4 落叶松 雌球果

1-6-1 白杆 枝

1-6-2 白杆 球果

1-6-3 白杆 针叶

1-6-4 白杆 树皮

1-7-1 侧柏 叶

1-7-2　侧柏　孢子叶

1-7-3　侧柏　果

1-8-1　东北红豆杉　树皮

1-8-2　东北红豆杉　植株

1-8-3　东北红豆杉　果

1-8-4　东北红豆杉　种子

第二部

被子植物门 Angiospermae
单子叶植物 Monocotyledons

2-1-1 野慈姑 花序

2-1-2 野慈姑 叶

2-1-3 野慈姑 生境

2-1-4 野慈姑 花

2-1-5 野慈姑

2-2-1 剪刀草 花

2-2-2 剪刀草 叶

2-2-3 剪刀草 果

2-3-1　泽泻　植株

2-3-2　泽泻　生境

2-3-3　泽泻　药材

2-3-4　泽泻　花

2-4-1　东方泽泻　生境

2-4-2　东方泽泻　植株

2-4-3　东方泽泻　花序

2-4-4　东方泽泻　花

2-5-1 眼子菜 全株与生境

2-5-2 眼子菜 叶

2-6-1 花蔺 生境

2-6-2 花蔺 花

2-6-3 花蔺 叶

2-6-4 花蔺 果

2-7-1　藜芦　根与叶

2-7-2　藜芦　叶

2-7-3　藜芦　花

2-8-1　毛穗藜芦　花

2-8-2　毛穗藜芦　叶

2-8-3　毛穗藜芦　植株

2-9-1 兴安藜芦 花　　　　　　2-9-2 兴安藜芦 植株　　　　　　2-9-3 兴安藜芦 根

2-10-1 尖被藜芦　　　　　　　　　　2-10-2 尖被藜芦 幼苗

2-10-3 尖被藜芦 生境　　　　2-10-4 尖被藜芦 花序　　　　2-10-5 尖被藜芦 植株

2-11-1 知母 生境

2-11-2 知母 根

2-11-3 知母 花

2-11-4 知母 植株

2-12-1 萱草 植株

2-12-2 萱草 叶

2-13-1 大苞萱草 花

2-13-2　大苞萱草　花序　　　　　　　2-13-3　大苞萱草　生境　　　　　　　2-14-1　北黄花菜　花蕾

2-14-2　北黄花菜　生境　　　　　　　　　　　2-14-3　北黄花菜　花

2-15-1　小黄花菜　　　　　　　　2-15-2　小黄花菜　植株　　　　　　　2-15-3　小黄花菜　花

2-16-1　顶冰花　植株

2-16-2　顶冰花　果实

2-16-3　顶冰花　生境

2-16-4　顶冰花　花

2-17-1　三花顶冰花　花

2-17-2　三花顶冰花　根

2-17-3 三花顶冰花 植株

2-17-4 三花顶冰花 叶

2-18-1 小顶冰花 植株

2-18-2 小顶冰花 花

2-18-3 小顶冰花 根

2-18-4 小顶冰花 生境

2-19-1　平贝母　植株　　　　　2-19-2　平贝母　叶　　　　　　2-19-3　平贝母　果

2-19-4　平贝母　花　　　　　　　　　　　2-20-1　卷丹　花

2-20-2　卷丹　叶　　　　　2-20-3　卷丹　植株　　　　　2-21-1　毛百合　鳞茎

2-21-2　毛百合　叶

2-21-3　毛百合　花

2-21-4　毛百合　生境

2-22-1　条叶百合　花蕾

2-22-2　条叶百合　鳞茎

2-22-3　条叶百合　叶

2-23-1　山丹　鳞茎

2-23-3　山丹　叶

2-23-4　山丹　花

2-24a-1　东北百合　花

2-23-2　山丹　果

2-24a-2　东北百合　鳞茎

2-24a-3　东北百合　花蕾

2-24a-4　东北百合　生境

2-24b-1　垂花百合　花与花序

2-24b-2　垂花百合　生境

2-24b-3　垂花百合　叶及幼蕾

2-25-1　绵枣儿　植株

2-25-2　绵枣儿　花

2-26-1　山韭　叶

2-26-2　山韭　植株

2-26-3　山韭　花蕾

2-26-4　山韭　生境

2-26-5　山韭　花

2-27-1　细叶韭　花

2-27-2 细叶韭 根

2-28-1 辉韭 花

2-27-3 细叶韭 全株

2-28-2 辉韭 植株

2-29-1 黄花葱 生境

2-29-2 黄花葱 花

2-29-3　黄花葱　根

2-29-4　黄花葱　叶

2-30-1　砂韭　植株

2-30-2　砂韭　根

2-31-1　茖葱　根

2-31-2　茖葱　叶

2-31-3　茖葱　花蕾与生境

2-31-4　茖葱　花

2-32-1　碱韭　植株与生境

2-32-2　碱韭　花

2-33-1　蒙古韭　花

2-33-2　蒙古韭　生境与植株

2-34-1　薤白　根

2-34-2 薤白 植株

2-34-3 薤白 花序

2-34-4 薤白 花

2-35-1 野韭 花

2-35-2 野韭 生境

2-35-3 野韭 果

2-36-1 长梗韭 根

2-36-2 长梗韭 花

2-36-3 长梗韭 全株

2-36-4 长梗韭 花序

2-37-1 球序韭 花

2-37-2 球序韭 根

2-37-3 球序韭 全株

2-37-4 球序韭 生境

2-37-5 球序韭 叶

2-38-1　铃兰　花

2-38-2　铃兰　生境

2-38-3　铃兰　植株

2-38-4　铃兰　叶

2-38-5　铃兰　果

2-39-1　七筋姑　植株

2-39-2　七筋姑　叶

2-39-3　七筋姑　果

2-39-4　七筋姑　花

2-40-1　鹿药　植株与花

2-40-2　鹿药　全株

2-40-3 鹿药 果　　　　2-41-1 兴安鹿药 植株与生境　　　　2-41-2 兴安鹿药 果

2-41-3 兴安鹿药 花　　　　　　　　2-42-1 舞鹤草 植株

2-42-2 舞鹤草 生境　　　　　　　　2-42-3 舞鹤草 花

2-43-1 宝珠草 花

2-43-2 宝珠草 生境

2-43-3 宝珠草 果

2-43-4 宝珠草

2-44-1 吉林延龄草 根

2-44-2 吉林延龄草 植株

2-44-3 吉林延龄草 花

2-44-4 吉林延龄草 生境

2-45-2　黄精　花

2-45-3　黄精　生境

2-45-1　黄精　植株

2-46-1　二苞黄精　植株

2-46-2　二苞黄精　花序

2-46-3　二苞黄精　生境

2-46-4　二苞黄精　根

2-47-1 玉竹 根

2-47-2 玉竹 花

2-47-3 玉竹 植株

2-47-4 玉竹 花序

2-47-5 玉竹 生境

2-48-1 小玉竹 植株

2-48-2 小玉竹 花

2-48-3 小玉竹 苗

2-48-4 小玉竹 根

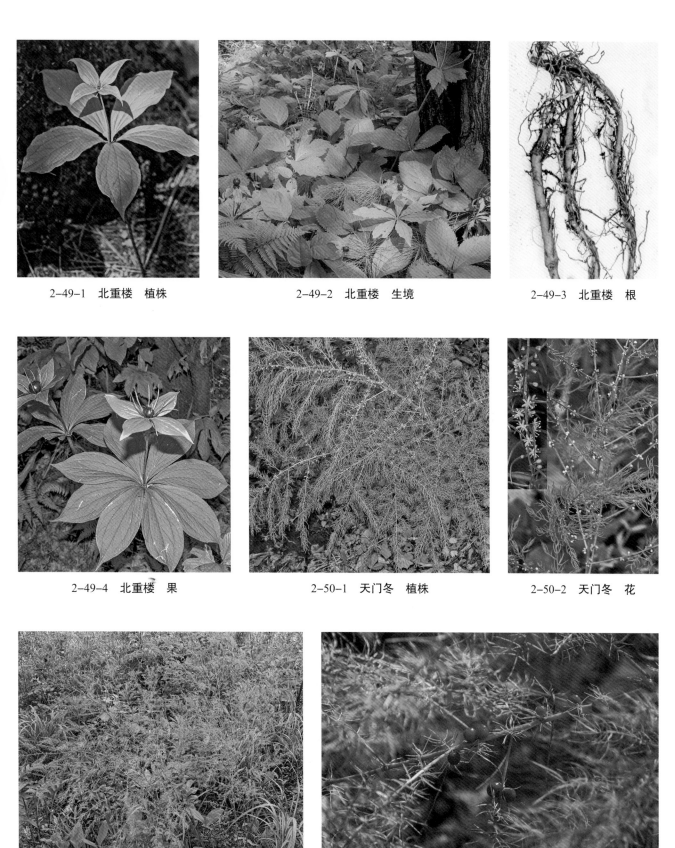

2-49-1　北重楼　植株　　　　　　2-49-2　北重楼　生境　　　　　　2-49-3　北重楼　根

2-49-4　北重楼　果　　　　　　2-50-1　天门冬　植株　　　　　　2-50-2　天门冬　花

2-50-3　天门冬　生境　　　　　　　　2-50-4　天门冬　果

2-51-1 龙须菜 果　　　　　2-51-2 龙须菜 花　　　　　2-51-3 龙须菜 生境

2-51-4 龙须菜 幼苗　　　　2-52-1 兴安天门冬 花　　　　2-52-2 兴安天门冬 生境

2-52-3 兴安天门冬 果实　　　　　　　2-52-4 兴安天门冬 植株

2-53-1 穿龙薯蓣 生境

2-53-2 穿龙薯蓣 果

2-53-3 穿龙薯蓣 根

2-53-4 穿龙薯蓣 植株

2-54-1 雨久花 生境

2-54-2 雨久花 花

2-54-3 雨久花 植株

2-54-4 雨久花 叶

2-55-1 野鸢尾 果

2-55-2 野鸢尾 根

2-55-3 野鸢尾 植株

2-55-4 野鸢尾 花

2-56-1 鸢尾 生境

2-56-2 鸢尾 花

2-57-1 细叶鸢尾 花

2-57-2 细叶鸢尾 生境

2-58-1 马蔺 花

2-58-2 马蔺 生境

2-59-1 囊花鸢尾 花

2-59-2　囊花鸢尾　生境

2-60-1　燕子花　花

2-60-2　燕子花　生境

2-61-1　玉蝉花　花

2-61-2　玉蝉花　生境

2-61-3　玉蝉花　景观

2-62-1　紫苞鸢尾　花

2-62-2　紫苞鸢尾　根

2-62-3　紫苞鸢尾　生境

2-63-1　矮紫苞鸢尾　花

2-63-2　矮紫苞鸢尾　生境

2-64-1　单花鸢尾　花

2-64-2　单花鸢尾　生境

2-65-1　溪荪　植株　　　　　　　　2-65-2　溪荪　生境　　　　　　　　2-65-3　溪荪　花

2-66-1　小灯心草　花　　　　　　　　　　　　　2-66-2　小灯心草　生境

2-67-1　鸭跖草　花　　　　　　　　　　　　　2-67-2　鸭跖草　生境

2-68-1　芦苇　植株

2-68-2　芦苇　叶鞘

2-68-3　芦苇　花

2-68-4　芦苇　花序

2-68-5　芦苇　根

2-69-1　鹅观草　花

2-69-2　鹅观草　生境

2-69-3 鹅观草 叶

2-70-1 纤毛鹅观草 花

2-69-4 鹅观草 植株

2-70-2 纤毛鹅观草 生境

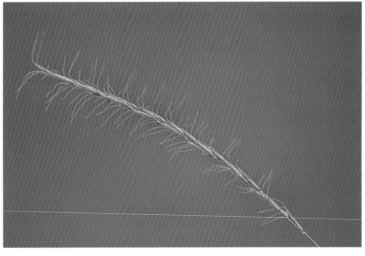

2-70-3 纤毛鹅观草 穗

2-70-4 纤毛鹅观草 植株

2-71-1 画眉草 果穗

2-71-2 画眉草 生境

2-71-3 画眉草 植株

2-72-1 小画眉草 生境

2-72-2 小画眉草 花

2-73-1 牛筋草 花序

2-73-2 牛筋草 生境

2-74-1 雀麦 植株

2-74-2 雀麦 生境

2-74-3 雀麦 花

2-74-4 雀麦 穗

2-75-1 无芒雀麦 花序

2-75-2 无芒雀麦 生境

2-76-1　草地早熟禾　植株

2-76-2　草地早熟禾　小花

2-76-3　草地早熟禾　生境

2-77-1　硬质早熟禾　生境

2-76-4　草地早熟禾　花序

2-77-2　硬质早熟禾　叶

2-77-3　硬质早熟禾　植株

2-77-4　硬质早熟禾　穗

2-78-1　茼草　花序

2-78-2　茼草　生境

2-79-1 狼尾草 植株

2-79-2 狼尾草 花

2-79-3 狼尾草 生境

2-79-4 狼尾草 穗

2-80-1 白草 生境

2-80-2 白草 叶

2-80-3 白草 植株

2-80-4　白草　穗

2-81-1　看麦娘　花序

2-82-1　荩草　花序

2-81-2　看麦娘　生境

2-82-2　荩草　生境

2-83-1　狗尾草　花序

2-83-2　狗尾草　叶

2-84-1　金色狗尾草　穗

2-84-2　金色狗尾草　生境

2-85-1　大狗尾草　叶

2-85-2　大狗尾草　穗

2-85-3　大狗尾草　生境

2-85-4 大狗尾草 植株

2-86-1 稗 穗

2-86-2 稗 生境

2-87-1 长芒稗 植株

2-87-2 长芒稗 生境

2-87-3 长芒稗 芒

2-88-1 无芒稗 穗

2-88-2 无芒稗 植株

2-88-3 无芒稗 生境

2-88-4 无芒稗 叶

2-89-1 白茅 生境

2-89-2 白茅 穗

2-89-3　白茅　植株　　　　　　　　2-90-1　荻　穗　　　　　　　　2-90-2　荻　生境

2-90-3　荻　　　　　　　　　　　　　　　　　　2-91-1　芒　穗

2-91-2　芒　生境　　　　　　　　　　　　　　2-92-1　荩草　生境

2-92-2　荩草　花

2-92-3　荩草　植株

2-93-1　拂子茅

2-93-2　拂子茅　生境

2-93-3　拂子茅　穗

2-94-1　臭草　生境

2-94-2　臭草　穗

2-94-3 臭草 叶

2-94-4 臭草 植株

2-95-1 赖草 生境

2-95-2 赖草 花

2-95-3 赖草 植株

2-95-4 赖草 穗

2-96-1　天南星　植株

2-97-1　东北南星　叶

2-96-2　天南星　花序

2-97-2　东北南星　花序

2-96-3　天南星　果

2-97-3　东北南星　块茎

2-98-1　朝鲜南星　块茎

张艳杰 摄

2-98-2　朝鲜南星　花序与叶

张艳杰 摄

2-98-3　朝鲜南星　植株

2-99-1　菖蒲　生境

2-99-2　菖蒲　花序

周繇 摄

2-100-1　臭菘　果实

2-100-2 臭菘 花序

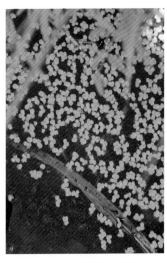

2-101-1 紫萍 生境

2-100-3 臭菘 根

2-101-2 紫萍 植株

2-100-4 臭菘 生境

2-102-1 水烛 果序

2-102-2 水烛 生境

水烛

2-102-3 水烛

2-103-1 小香蒲 植株

2-103-2 小香蒲 生境

2-104-1 长苞香蒲 生境

2-104-2 长苞香蒲 果序

2-105-1 香蒲 果序

2-105-2 香蒲

2-105-3 香蒲 生境

2-106-1 宽叶香蒲 植株

2-106-2 宽叶香蒲 生境

2-106-3 宽叶香蒲 叶

2-107-1 普香蒲 植株

2-107-2 普香蒲 生境

2-108-1 无苞香蒲 生境

2-108-2 无苞香蒲 果序

无苞香蒲

2-108-3 无苞香蒲

2-109-1 益智 花

2-109-2 益智 居群

2-109-3 益智 花序

2-109-4 益智 生境

2-110-1　香附子　花序

2-112-1　头状穗莎草　花序

2-110-2　香附子　根茎

2-112-2　头状穗莎草　生境

2-111-1　褐穗莎草　花序

2-111-2　褐穗莎草　生境

2-113-1　宽叶薹草　幼苗

2-114-1　野笠薹草　花序

2-113-2　宽叶薹草　生境

2-114-2　野笠薹草　生境

2-115-1　白颖薹草　花

2-115-2　白颖薹草　生境

2-116-1　寸草　花序

2-116-2　寸草　生境

2-117-1　大穗薹草　生境

2-117-2　大穗薹草　花序

2-118-1　尖嘴薹草　生境

2-118-2　尖嘴薹草　花序

2-119-1　乌拉草　生境

2-119-2　乌拉草　果序

2-119-3　乌拉草　植株

2-120-1　水葱　花序

2-120-2　水葱　生境

2-120-3　水葱　花

2-120-4　水葱　叶

2-121-1　荆三棱　植株

2-121-2　荆三棱　花

2-121-3　荆三棱　群居

2-121-4　荆三棱　药材

2-122-1　扁秆蘸草　生境

2-122-2　扁秆蘸草　花

2-122-3 兴凯湖湿地大景观

2-123-1 大花杓兰 植株

2-123-2 大花杓兰 花

2-123-3 大花杓兰 生境

2-124-1 大白花杓兰 全株

2-124-2 大白花杓兰

2-124-3 大白花杓兰 花

2-125-1 杓兰 根

2-125-2 杓兰 花

2-125-3 杓兰 植株

2-126-1 东北杓兰 花

2-126-2 东北杓兰 生境

568

2-126-3 东北杓兰

2-127-1 紫点杓兰 花

2-127-2 紫点杓兰 生境

2-127-3 紫点杓兰 根

2-128-1 羊耳蒜 鳞茎

2-128-2 羊耳蒜 花

2-128-3 羊耳蒜 全株

2-129-1　二叶兜被兰　花

2-130-1　二叶舌唇兰　生境

2-129-2　二叶兜被兰　植株

2-131-1　山兰　花

2-129-3　二叶兜被兰　块根

2-131-2　山兰　生境

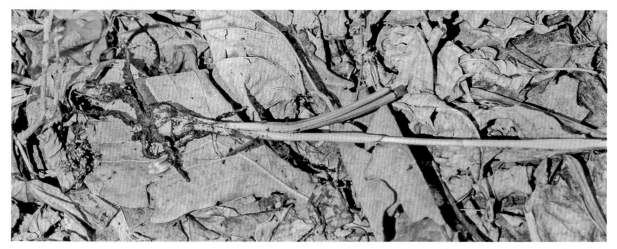

2-131-3 山兰 块根

2-132-1 朱兰 果实

2-132-2 朱兰 花

2-132-3 朱兰 植株

2-133-1 绶草 花

2-133-2 绶草 花序

2-133-3 绶草 叶

绶草

2-133-4 绶草

张艳杰 摄

2-134-1 蜻蜓兰 花

2-134-2 蜻蜓兰 生境

2-134-3 蜻蜓兰 块茎

2-134-4 蜻蜓兰 植株

第三部

被子植物门 Angiospermae
双子叶植物 Dicotyledons

3-1-1　胡桃楸　幼苗

3-1-2　胡桃楸　雌花与果实

3-1-3　胡桃楸　雄花

3-2-1　山杨　叶

3-1-4　胡桃楸　植株

3-2-2　山杨　植株

3-2-3 山杨 花

3-3-1 垂柳 生境

3-3-2 垂柳 花序

3-4-1 三蕊柳 雄花序

3-4-2 三蕊柳 叶

3-4-3 三蕊柳 雌花序

3-5-1 大黄柳 雄花序

3-5-2 大黄柳 植株

3-6-1 棉花柳 雄花序

3-6-2 棉花柳 生境

3-7-1 钻天柳 植株

3-7-2 钻天柳 枝干

3-7-3 钻天柳 叶

3-8-1 日本桤木 叶

3-8-2 日本桤木 果

3-8-3 日本桤木 植株

张艳杰 摄

3-9-1 辽东桤木 树冠

张艳杰 摄

3-9-2 辽东桤木 果

张艳杰 摄

3-9-3 辽东桤木 植株

577

3-9-4　辽东桤木　枝

张艳杰　摄

3-10-1　榛　植株

3-10-2　榛　果

3-11-1　毛榛　果

3-11-2　毛榛　植株

3-12-1　白桦　果

3-12-2 白桦 生境

3-13-1 岳桦 生境

3-13-2 岳桦 植株

3-14-1 硕桦 树皮

3-15-1 黑桦 树皮

3-14-2 硕桦 生境

3-15-2 黑桦 生境

3-16-1 蒙古栎 叶

3-16-2 蒙古栎 果

3-16-3 蒙古栎 幼果

3-17-1 辽东栎 果

3-17-2 辽东栎 生境

3-17-3 辽东栎 叶

3-18-1 榆树 叶

3-18-2 榆树 果实

3-19-1 大果榆 叶

3-19-2 大果榆 果

3-20-1 黑榆 果

3-20-2　黑榆　枝干

3-21-1　旱榆　植株

3-22-1　春榆　叶

3-22-2　春榆　生境

3-22-3　春榆　小枝与木栓翅

3-23-1　裂叶榆　叶

3-23-2 裂叶榆 果

3-24-1 桑 果

3-24-2 桑 花

3-24-3 桑 果实

3-25-1 葎草 生境

3-25-2 葎草 花

3-26-1　啤酒花　植株

3-27-1　宽叶荨麻　植株

3-26-2　啤酒花　花蕾

3-28-1　狭叶荨麻　生境

3-27-2　宽叶荨麻　幼苗

3-28-2　狭叶荨麻　植株

3-29-1 百蕊草 花

3-29-2 百蕊草 生境

3-30-1 长叶百蕊草 花

3-30-2 长叶百蕊草 生境

3-31-1 槲寄生 生境

3-31-2 槲寄生 红果

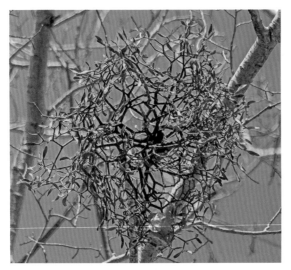

3-31-3　槲寄生　黄果1

3-31-4　槲寄生　段树上

3-31-5　槲寄生　白桦树上

3-31-6　槲寄生　枝叶

3-31-7　槲寄生　榆树上

3-31-8　槲寄生　黄果2

3-32-1　拳参　花序

3-32-2　拳参　植株

3-33-1　耳叶蓼　植株

3-33-2　耳叶蓼　根

3-33-4　耳叶蓼　叶

3-33-3　耳叶蓼　生境

3-34-1　珠芽蓼　花　　　　　3-34-2　珠芽蓼　生境　　　　　3-35-1　两栖蓼　植株

3-35-2　两栖蓼　生境　　　　　　　　　3-35-3　两栖蓼　花

3-36-1　水蓼　花序　　　　　　　　　　3-36-2　水蓼　植株

3-36-3 水蓼 茎

3-37-1 叉分蓼 花序

3-37-2 叉分蓼 花

3-37-3 叉分蓼 生境

3-37-4 叉分蓼 叶

3-38-1 香蓼 幼苗

3-38-2 香蓼 生境　　　　　　　3-38-3 香蓼 花　　　　　　　3-39-1 酸膜叶蓼 植株

3-39-2 酸膜叶蓼 花　　　　　3-40-1 红蓼 生境　　　　　　3-40-2 红蓼 植株

3-40-3 红蓼 花　　　　　　　　　　　3-40-4 红蓼 叶

3-41-1 杠版归 植株　　　　　3-41-2 杠板归 果　　　　　3-41-3 杠板归 生境

3-42-1 萹蓄 植株　　　　　　　　3-42-2 萹蓄 生境

3-43-1 西伯利亚蓼 花　　　　　　3-43-2 西伯利亚蓼 植株

3-43-3　西伯利亚蓼　生境

3-44-1　春蓼　生境

3-44-2　春蓼　植株

3-45-1　戟叶蓼　植株

3-44-3　春蓼　花

3-45-2　戟叶蓼　叶

3-45-3 戟叶蓼 生境

3-46-1 柳叶刺蓼 茎

3-45-4 戟叶蓼 花

3-46-2 柳叶刺蓼 植株

3-47-1 箭叶蓼 生境

3-47-2 箭叶蓼 花

3-47-3 箭叶蓼 叶

3-48-1 酸模 生境

3-48-2 酸模 茎节

3-49-1 小酸模 植株

3-49-2 小酸模 生境

3-50-1 皱叶酸模 生境

3-50-2 皱叶酸模 果

3-50-3 邹叶酸模 花

3-51-1 羊蹄 生境

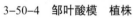

3-50-4 邹叶酸模 植株

3-51-2 羊蹄 果

3-52-1 巴天酸模 果

3-52-2 巴天酸模 生境

3-53-1　毛脉酸模　果

3-53-2　毛脉酸模　生境

3-53-3　毛脉酸模　茎叶

3-53-4　毛脉酸模　根

3-54-1　波叶大黄　叶

3-54-2　波叶大黄　果

3-54-3　呼伦贝尔大草原上的叉分蓼

3-55-1　马齿苋　生境

3-55-2　马齿苋　叶

3-55-3　马齿苋　植株

3-55-4　马齿苋　花

3-56-1　老牛筋　全株

3-56-2　老牛筋　花

3-56-3　老牛筋　生境

3-57-1　狭叶卷耳　花

3-57-2　狭叶卷耳　生境

3-57-3　狭叶卷耳　叶

3-58-1　毛蕊卷耳　生境

3-58-2　毛蕊卷耳　花

3-59-1　石竹　生境

3-59-2　石竹　植株

3-60-1　簇茎石竹　生境

3-62-1　头石竹　茎叶

3-61-1　缝裂石竹　花

3-62-2　头石竹　花

3-61-2　缝裂石竹　生境

3-63-1　瞿麦　植株

3-63-2 瞿麦 生境

3-63-3 瞿麦 花

3-64-1 草原石头花 全株

3-64-2 草原石头花 花

3-64-3 草原石头花 叶

3-65-1 大叶石头花 花

3-65-2 大叶石头花 幼苗

3-65-3　大叶石头花　生境

3-66-1　剪秋罗　植株

3-66-2　剪秋罗　花

3-67-1　浅裂剪秋罗　植株

3-67-2　浅裂剪秋罗　花

3-67-3　浅裂剪秋罗　生境

3-67-4　浅裂剪秋罗　叶

3-68-1　丝瓣剪秋罗　花

3-68-2　丝瓣剪秋罗　生境

3-69-1　鹅肠菜　花

3-69-2　鹅肠菜　生境

3-70-1　女娄菜　生境

3-70-2　女娄菜　花

3-71-1 坚硬女娄菜 　 3-71-2 坚硬女娄菜 花 　 3-71-3 坚硬女娄菜 生境

3-71-4 坚硬女娄菜 茎与叶 　 3-72-1 蔓茎蝇子草 植株

3-72-2 蔓茎蝇子草 花 　 3-73-1 长柱蝇子草 花

3-73-2　长柱蝇子草　生境

3-74-1　山蚂蚱草　生境

3-74-2　山蚂蚱草　花

3-75-1　縫瓣繁缕　生境

3-75-2　縫瓣繁缕　花

3-75-3　縫瓣繁缕　植株

3-76-1 繁缕 生境

3-77-1 细叶繁缕 花

3-76-2 繁缕 花

3-77-2 细叶繁缕 生境

3-78-1 银柴胡 生境

3-78-2 银柴胡 药材

3-79-1 细叶孩儿参 块根

3-79-2 细叶孩儿参 花

3-79-3 细叶孩儿参 全株

3-80-1 麦蓝菜 生境

3-80-2 麦蓝菜 花

3-81-1 藜

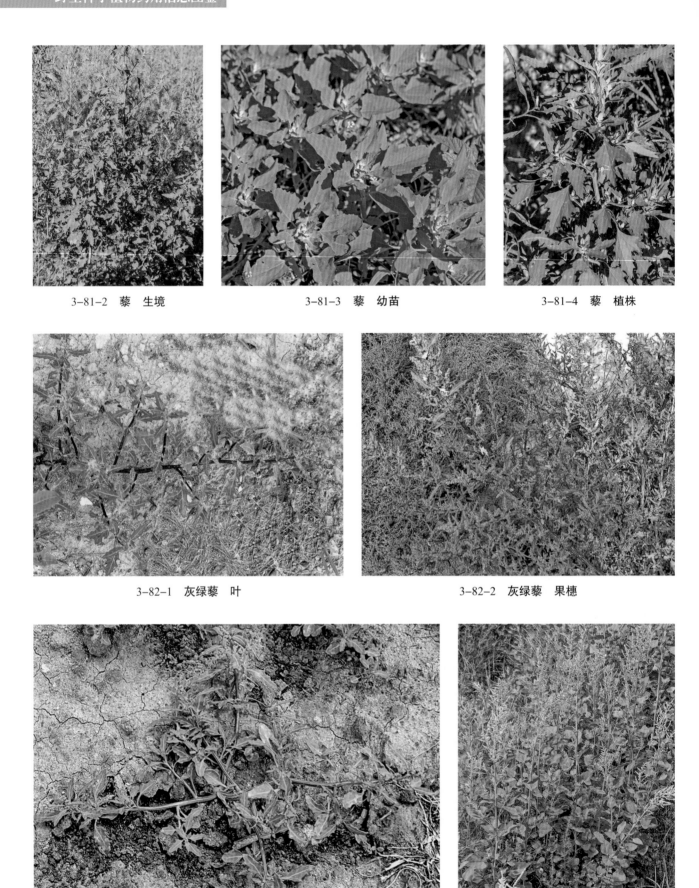

3-81-2　藜　生境　　　　　　　3-81-3　藜　幼苗　　　　　　　3-81-4　藜　植株

3-82-1　灰绿藜　叶　　　　　　　　　　　3-82-2　灰绿藜　果穗

3-82-3　灰绿藜　生境　　　　　　　　　　3-83-1　尖头叶藜　生境

3-83-2　尖头叶藜　幼苗

3-84-1　杂配藜　生境

3-84-2　杂配藜　幼苗

3-85-1　兴安虫实　果穗

3-85-2　兴安虫实　植株

3-86-1　地肤　幼苗

3-86-2　地肤　生境

3-86-3　地肤　花

3-86-4　地肤　植株

3-87-1　碱地肤　生境

3-87-2　碱地肤　植株

3-88-1　猪毛菜　植株

3-88-2　猪毛菜　生境

3-88-3　猪毛菜　植株

3-88-4　猪毛菜　花

3-89-1　碱蓬　花

3-89-2　碱蓬　植株

3-89-3　碱蓬　茎叶

3-89-4　碱蓬　花序

3-90-1　凹头苋　植株

3-90-2 凹头苋 生境

3-91-1 反枝苋 果序

3-91-2 反枝苋 植株

3-92-1 皱果苋 花

3-92-2 皱果苋 植株

3-92-3 皱果苋 叶

3-93-1 青葙 茎叶

3-93-2 青葙 植株

3-93-3 青葙 生境

3-93-4 青葙 花

3-94-1 五味子 果实

3-94-2 五味子 花

3-94-3 五味子 生境

3-94-4 五味子 幼苗

3-95-1　北乌头　植株

3-95-2　北乌头　生境

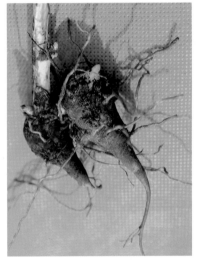

3-95-3　北乌头　块根

3-95-4　北乌头　花

3-96-1　长白乌头　生境

3-96-2　长白乌头　花

3-97-1 黄花乌头 花

3-98-1 蔓乌头 植株

3-97-2 黄花乌头 生境

3-98-2 蔓乌头 叶

3-98-3 蔓乌头 花

3-99-1 侧金盏花 花蕾

3-99-2　侧金盏花　花

3-99-3　侧金盏花　叶

3-99-4　侧金盏花　果

3-100-1　多被银莲花　植株

周繇摄

3-100-2　多被银莲花　根状茎

3-101-1　二歧银莲花　植株与花

3-101-2　二歧银莲花　居群

3-101-3　二歧银莲花　叶与花蕾

3-102-1　黑水银莲花　生境

3-102-2　黑水银莲花　叶与花

3-103-1　阴地银莲花　生境

3-103-2　阴地银莲花　叶与花

3-104-1　小银莲花　花　　　　　　　　　　3-104-2　小银莲花　植株

3-105-1　尖萼耧斗菜　植株　　　　　　　　3-105-2　尖萼耧斗菜　花与果

3-105-3　尖萼耧斗菜　花　　　3-106-1　华北漏斗菜　生境　　3-106-2　华北漏斗菜　花

3-107-1 三角叶驴蹄草 生境

3-107-2 三角叶驴蹄草 幼苗

3-108-1 膜叶驴蹄草 生境

3-107-3 三角叶驴蹄草 花

3-108-2 膜叶驴蹄草 叶

3-108-3 膜叶驴蹄草 花

3-109-1　兴安升麻　花（雌）　　　　3-109-2　兴安升麻　花（雄）　　　　3-109-3　兴安升麻　根

3-109-4　兴安升麻　植株　　　　　　　　3-110-1　大三叶升麻　果

3-110-2　大三叶升麻　生境　　　　3-110-3　大三叶升麻　叶　　　　3-110-4　大三叶升麻　植株

3-111-1 单穗升麻 生境

3-111-3 单穗升麻 花

3-112-1 类叶升麻 生境

3-112-2 类叶升麻 花

3-112-3 类叶升麻 果

3-111-2 单穗升麻 植株

3-113-1 棉团铁线莲 花蕾与花

3-113-2 棉团铁线莲 叶

3-113-3 棉团铁线莲 果

3-113-4 棉团铁线莲 根

3-114-1 辣蓼铁线莲 花

3-114-2 辣蓼铁线莲 果

3-114-3 辣蓼铁线莲 根

3-114-4 辣蓼铁线莲 植株

3-115-1　西伯利亚铁线莲　花

3-115-2　西伯利亚铁线莲　叶

3-116-1　长瓣铁线莲　植株

3-116-2　长瓣铁线莲　叶

3-116-3　长瓣铁线莲　生境

3-116-4　长瓣铁线莲　花

3-117-1 褐毛铁线莲 花

3-117-2 褐毛铁线莲 植株

3-118-1 紫花铁线莲 花

3-118-2 紫花铁线莲 植株

3-119-1 翠雀 叶

3-119-2 翠雀 花

3-119-3 翠雀 生境

3-120-1　东北高翠雀　花序

3-120-2　东北高翠雀　花

3-120-3　东北高翠雀　生境

3-120-4　东北高翠雀　果实

3-121-1　水葫芦苗　生境

3-121-2　水葫芦苗　花与果

3-121-3　水葫芦苗　叶

3-122-1　白头翁　生境

3-122-2　白头翁　植株

3-122-3　白头翁　根

3-122-4　白头翁　花

3-123-1　细叶白头翁　叶

3-123-2　细叶白头翁　花

3-124-1　兴安白头翁　花

3-124-2　兴安白头翁　叶

3-124-3　兴安白头翁　果序

3-124-4　兴安白头翁　根

3-125-1　蒙古白头翁　幼苗

3-125-2　蒙古白头翁　花

3-125-3　蒙古白头翁　生境

3-125-4　蒙古白头翁　植株

3-126-1　石龙芮　果

3-126-2　石龙芮　植株

3-127-1　毛茛　生境

3-127-2　毛茛　花

3-127-3　毛茛　生境与果实

3-128-1　茴茴蒜　果

3-128-2　茴茴蒜　花

3-128-3　茴茴蒜　花

3-129-1　唐松草　植株

3-129-2　唐松草　叶

3-129-3 唐松草 幼苗

3-130-1 贝加尔唐松草 叶

3-130-2 贝加尔唐松草 植株

3-131-1 东亚唐松草 植株与花

3-131-2 东亚唐松草 叶

3-132-1 展枝唐松草 植株

3-132-2 展枝唐松草 叶

3-133-1 瓣蕊唐松草 花

3-133-2 瓣蕊唐松草 植株

3-134-1 狭裂瓣蕊唐松草 花

3-134-2 狭裂瓣蕊唐松草 叶

3-134-3 狭裂瓣蕊唐松草 植株

3-134-4 狭裂瓣蕊唐松草 根

3-135-1 短梗箭头叶唐松草 花

3-135-2　短梗箭头叶唐松草　叶　　　　　　3-135-3　短梗箭头叶唐松草　植株

3-136-1　金莲花　叶与花　　　　　　　　　3-136-2　金莲花　植株

3-137-1　宽瓣金莲花　叶　　　　　　　　　3-137-2　宽瓣金莲花　花

3-138-1　短瓣金莲花　花

3-138-2　短瓣金莲花　花萼

3-138-3　短瓣金莲花　生境

3-139-1　长瓣金莲花　花

3-139-2　长瓣金莲花　叶

3-139-3　长瓣金莲花　生境

3-139-4　锦河大峡谷

3-140-1　细叶小檗　枝叶

3-140-2　细叶小檗　花与叶

3-140-3　细叶小檗　成熟果实

3-140-4　细叶小檗　果

3-141-1　黄芦木　叶与刺

3-141-2　黄芦木　幼果

3-141-3 黄芦木 花

3-142-1 鲜黄连 花与植株

3-141-4 黄芦木 果

3-142-2 鲜黄连 根

3-143-1 蝙蝠葛 叶与果

3-142-3 鲜黄连 生境

3-143-2　蝙蝠葛　植株

3-143-3　蝙蝠葛　花

3-143-4　蝙蝠葛　成熟果实

3-144-1　睡莲　叶

3-144-2　睡莲　生境

3-144-3　睡莲　花

3-145-1　芡实　果

3-145-2　芡实　叶表面

3-145-3　芡实　生境与花

3-145-4　芡实　叶背面

3-145-5　芡实　果实与种子

3-146-1　银线草　植株

3-146-2　银线草　生境

3-146-3　银线草　根

3-147-1　木麻黄　叶

3-147-2　木麻黄　果

3-147-3　木麻黄　花

3-148-1　辽细辛　花

3-148-2　辽细辛　叶

3-149-1　汉城细辛　生境

3-148-3　辽细辛　植株与生境

3-149-2　汉城细辛　植株

3-149-3　汉城细辛　叶

3-149-4　汉城细辛　花

3-150-1 芍药 花

3-150-2 芍药 植株与生境

3-151-1 毛果芍药 花

3-151-2 毛果芍药 根

3-152-1 草芍药 果实

3-152-2 草芍药 花

3-152-3　草芍药　植株

3-153-1　狗枣猕猴桃　植株

3-152-4　草芍药生境

3-153-2　狗枣猕猴桃　花

3-153-3　狗枣猕猴桃　果

3-153-4　狗枣猕猴桃　叶

3-154-1　软枣子猕猴桃　花、果、叶

3-154-2　软枣子　花

3-154-3　软枣子　叶及幼果

3-154-4　软枣子　根

3-155-1　葛枣猕猴桃　花

3-155-2　葛枣猕猴桃　果

3-156-1　黄海棠

3-156-2　黄海棠　花

3-156-3　黄海棠　植株

3-156-4　黄海棠　花蕾

3-157-1　赶山鞭　花

3-157-2　赶山鞭　植株

3-157-3　赶山鞭　叶

3-157-4　赶山鞭

3-158-1 白屈菜 生境　　　　　　　　　3-158-2 白屈菜 幼苗

3-158-3 白屈菜 花　　　3-158-4 白屈菜 植株　　　3-159-1 堇叶延胡索 植株

3-159-2 堇叶延胡索 花　　　　　　　　3-159-3 堇叶延胡索 根

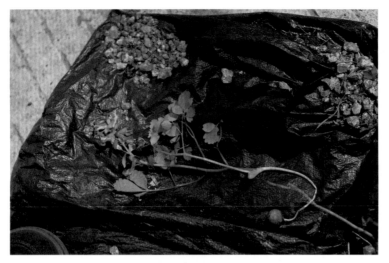

3-160-1　延胡索　块茎

3-162-1　齿瓣延胡索　根

3-160-2　延胡索　生境

3-162-2　齿瓣延胡索　花

3-161-1　全叶延胡索　花

3-161-2　全叶延胡索　全株

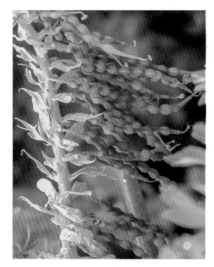

3-163-1 珠果黄堇 果

3-163-2 珠果黄堇 全株

3-163-3 珠果黄堇 花

3-163-4 珠果黄堇 生境

3-164-1 小黄紫堇 花

3-164-2 小黄紫堇 叶

3-165-1 巨紫堇 花

3-165-2 巨紫堇 生境

3-165-3 巨紫堇 植株

3-166-1 野罂粟 生境

3-166-2 野罂粟 花

3-166-3 野罂粟 植株

3-167-1 黑水罂粟 果

3-167-2　黑水罂粟　花

3-167-3　黑水罂粟　叶

3-168-1　长白山罂粟　植株

3-168-2　长白山罂粟　花

3-169-1　荷青花　生境

3-169-2　荷青花　叶与花

3-170-1 垂果南芥 生境

3-170-2 垂果南芥 果穗

3-171-1 荠 花

3-171-2 荠 果

3-171-3 荠 幼苗

张艳杰 摄

3-172-1 白花碎米荠 叶

3-172-2　白花碎米荠　果

3-172-3　白花碎米荠　花

3-172-4　白花碎米荠　植株

3-173-1　伏水碎米荠　全株

3-173-2　伏水碎米荠　花

3-174-1　细叶碎米荠　花

3-174-2　细叶碎米荠　块茎

3-175-1　播娘蒿　生境

3-174-3　细叶碎米荠　植株

3-176-1　葶苈　植株

3-176-2　葶苈　花

3-175-2　播娘蒿　花与果

葶苈

3-176-3 葶苈 果实 3-176-4 葶苈 3-177-1 芝麻菜 植株

3-177-2 芝麻菜 叶 3-177-3 芝麻菜 花

3-178-1 小花糖芥 植株 3-178-2 小花糖芥 花

3-179-1 独行菜 果序

3-179-2 独行菜 植株与生境

3-179-3 独行菜 幼苗

3-180-1 家独行菜 果序

3-180-2 家独行菜 果

3-180-3 家独行菜 植株

3-181-1　密花独行菜　植株

3-182-1　葶菜　果

3-181-2　密花独行菜　根

3-182-2　葶菜　植株

3-182-3　葶菜　生境

3-183-1　沼生葶菜　植株

3-183-2　沼生蘋菜　叶

3-184-1　风花菜　生境

3-184-2　风花菜　花序

3-184-3　风花菜　茎叶

3-184-4　风花菜　果实

3-185-1　诸葛菜　生境

3-185-2　诸葛菜　植株

3-185-3　诸葛菜　幼苗

3-186-1　菥蓂　生境

胡光远 摄

3-185-4　诸葛菜　花

3-186-2　菥蓂　果实

3-186-3　菥蓂　植株

3-186-4　菥蓂　花序

3-187-1　垂果大蒜芥　植株　　　　　　　　　　3-187-2　垂果大蒜芥　叶

3-187-3　垂果大蒜芥　花　　　　　　　　　　3-188-1　钻果大蒜芥　生境

3-188-2　钻果大蒜芥　花　　　　　　　　　　3-188-3　钻果大蒜芥　叶与果

3-188-4 嘉峪关湿地远地远眺祁连山

3-189-1 瓦松 生境

3-189-2 瓦松 花

3-190-1 钝叶瓦松 花序

3-190-2 钝叶瓦松 植株

3-191-1 黄花瓦松 生境

3-191-2 黄花瓦松 植株

3-192-1　狼爪瓦松　植株

3-192-2　狼爪瓦松　生境

3-193-1　八宝　植株

3-193-2　八宝　花

长药八宝

3-193-3　八宝

3-194-1　费菜　生境

3-194-2　费菜　果　　　　　　　3-194-3　费菜　植株　　　　　　3-195-1　灰毛景天

3-195-2　灰毛景天　花　　　　　　　　　　　3-195-3　灰毛景天　生境

3-196-1　库页红景天　生境　　　　　　　　　3-196-2　库页红景天　花

周繇 摄

3-197-1　长白红景天　植株

3-197-2　长白红景天　花

3-198-1　落地生根　花

3-198-2　落地生根　生境

3-198-3　落地生根　植株

3-198-4　落地生根　叶

3-199-1　落新妇　植株　　　　　3-199-2　落新妇　花序　　　　　3-199-3　落新妇　生境

3-200-1　中华金腰　生境　　　　　　　　　3-201-1　毛金腰　花

3-200-2　中华金腰　花　　　　　　　　　　3-201-2　毛金腰　生境

3-202-1 林金腰 生境

3-202-2 林金腰 花

3-203-1 多枝梅花 根

3-203-2 多枝梅花草 生境

3-203-3 多枝梅花草 花

3-204-1 东北茶藨子 花序

3-204-2　东北茶藨子　幼果

3-205-1　双刺茶藨子　植株

3-205-2　双刺茶藨子　果

3-206-1　东北山梅花　植株

3-206-2　东北山梅花　生境

3-206-3　东北山梅花　花

3-206-4　东北山梅花　叶

3-207-1　斑点虎耳草　生境

3-207-2　斑点虎耳草　花

3-207-3　斑点虎耳草　叶

3-208-1　长白虎耳草　植株

3-208-2　长白虎耳草　生境

3-208-3　长白虎耳草　植株

周繇　摄

3-208-4　长白虎耳草　花

667

3-209-1 绣线菊 植株

3-209-2 绣线菊 生境

3-209-3 绣线菊 花

3-210-1 毛果绣线菊 生境

3-210-2 毛果绣线菊 花

3-210-3 毛果绣线菊 植株

3-210-4 毛果绣线菊 叶

3-211-1 珍珠梅 花

3-211-2 珍珠梅 生境

3-211-3 珍珠梅 花蕾

3-211-4 珍珠梅 果穗

3-212-1 假升麻 生境

3-212-2 假升麻 花序

3-213-1　鸡麻　枝

3-213-2　鸡麻　果

3-213-3　鸡麻　生境

3-213-4　鸡麻　花

3-214-1　水榆花楸　树干

3-214-2　水榆花楸　花

3-215-1 花楸树 枝叶

3-215-2 花楸树 果

3-215-3 花楸树 生境

3-215-4 花楸树 嫩果

3-216-1 稠李 花

3-216-2 稠李 生境

3-216-3　稠李　果

3-216-4　稠李　叶

3-217-1　山里红　植株

3-217-2　山里红　未成熟果实

3-217-3　山里红　成熟果实

3-217-4　山里红　花

3-218-1　欧李　枝

3-218-2　欧李　叶

3-219-1　毛樱桃　花

3-219-2　毛樱桃　果

3-220-1　榆叶梅　生境

3-220-2　榆叶梅　花

3-220-3　榆叶梅　花蕾

3-221-1　东北李　果

3-221-2　东北李　花

3-222-1　山杏　生境

3-222-2　山杏　花

3-223-1　东北杏　树干

3-223-2　东北杏　叶

3-224-1　蛇莓　生境

3-224-2　蛇莓　叶

3-224-3　蛇莓　植株

3-224-4　蛇莓　果实

3-225-1　山刺玫　生境

3-225-2　山刺玫　果

3-225-3 山刺玫 花

3-225-4 山刺玫 植株

3-226-1 美蔷薇 生境

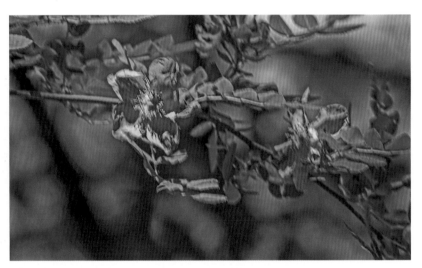

3-226-2 美蔷薇 花

3-226-3 美蔷薇 果

3-226-4 美蔷薇 叶

3-227-1　库页悬钩子　花

3-227-2　库页悬钩子　果

3-227-3　库页悬钩子　植株

3-228-1　牛叠肚　果

3-229-1　兴安悬钩子　果

3-229-2　兴安悬钩子　生境

3-230-1　覆盆子　植株

3-230-2　覆盆子　果

3-230-3　覆盆子　叶

3-230-4　覆盆子　生境

3-231-1　龙牙草　植株

3-231-2　龙牙草　茎叶

3-232-2 东方草莓 花

3-231-3 龙牙草 花

3-232-3 东方草莓 果

3-232-1 东方草莓 植株

3-232-4 东方草莓 生境

3-233-1 地榆 植株

3-233-2 地榆 花

3-233-3 地榆 植株

3-233-4 地榆 根

3-234-1 腺地榆 花序

3-234-2 腺地榆 花

3-234-3 腺地榆 生境

3-235-1 长叶地榆 全株

3-235-2 长叶地榆 花序

3-235-3 长叶地榆 叶

3-236-1 长蕊地榆 生境

3-236-2 长蕊地榆 叶

3-236-3 长蕊地榆 花

3-237-1　大白花地榆　花　　　　　　　　　　　　3-237-2　大白花地榆　生境

3-237-3　大白花地榆　植株　　　　　　　　　　　3-238-1　小白花地榆　生境

3-238-2　小白花地榆　花　　　　　　　　　　　　3-238-3　小白花地榆　植株

3-239-1 蚊子草 花

蚊子草

3-239-2 蚊子草 植株与生境

3-240-1 槭叶蚊子草 叶

3-240-2 槭叶蚊子草 花

3-240-3 槭叶蚊子草 景观

3-240-4 槭叶蚊子草 植株

3-241-1 翻白蚊子草 叶

3-241-2 翻白蚊子草 花

3-242-1 路边青 花

3-242-2 路边青 果

3-242-3 路边青 生境

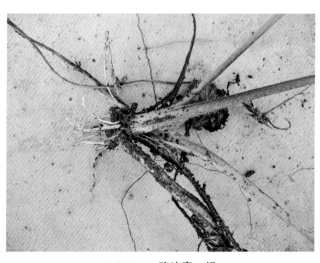

3-242-4 路边青 根

3-242-5　路边青　重瓣变异

3-243-1　蕨麻　花

3-243-2　蕨麻　植株

3-243-3　蕨麻　生境

3-243-4　蕨麻　根

3-244-1　狼牙委陵菜　花

3-244-2 狼牙委陵菜 植株

3-244-3 狼牙委陵菜 叶

3-244-4 狼牙委陵菜 生境

3-245-1 莓叶委陵菜 植株

3-245-2 莓叶委陵菜 根

3-245-3 莓叶委陵菜 花蕾

3-246-1　翻白草　植株

3-246-2　翻白草　叶

3-246-3　翻白草　花

3-247-1　假翻白委陵菜　花

3-247-2　假翻白委陵菜　叶

3-247-3　假翻白委陵菜　生境

3-248-1　委陵菜　生境

3-248-2　委陵菜　花

3-248-3　委陵菜　叶

3-249-1　大萼委陵菜　生境

3-249-2　大萼委陵菜　花

3-250-1　朝天委陵菜　花蕾

3-250-2　朝天委陵菜　生境

3-251-1　长叶二裂委陵菜　植株

3-250-3　朝天委陵菜　叶

3-251-2　长叶二裂委陵菜　花

3-252-1　轮叶委陵菜　花

3-252-2　轮叶委陵菜　生境

3-253-1　喙夹云实　果

3-253-2　喙夹云实　生境

3-254-1　紫穗槐　植株

3-255-1　膜夹黄耆　花

3-254-2　紫穗槐　花

3-255-2　膜夹黄耆　根

3-255-3 膜夹黄耆 植株

3-256-1 蒙古黄耆 果

3-256-2 蒙古黄耆 植株

3-256-3 蒙古黄耆 花

3-256-4 蒙古黄耆 生境

3-257-1 华黄耆 植株

3-257-2 华黄耆 果　　　　　3-257-3 华黄耆 花　　　　　3-258-1 湿地黄芪 花

3-257-4 华黄耆 生境　　　　　3-258-2 湿地黄芪 植株

3-258-3 湿地黄耆 生境　　　　　3-258-4 湿地黄耆 叶

3-259-2　草木犀状黄耆　生境

3-259-3　草木犀状黄耆　花

3-260-1　细叶黄耆　生境

3-260-2　细叶黄耆　叶

3-260-3　细叶黄耆　花

3-260-4　细叶黄耆　植株

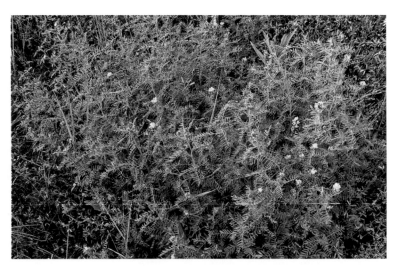

3-261-1 丹麦黄耆 花

3-261-2 丹麦黄耆 生境

3-261-3 丹麦黄耆 植株

3-261-4 丹麦黄耆 叶

3-262-1 糙叶黄耆 叶

3-262-2 糙叶黄耆 植株

3-262-3 糙叶黄耆 花

694

3-263-1　新巴黄耆　根

3-263-2　新巴黄耆　生境

3-264-1　乳白黄耆　花

3-264-2　乳白黄耆　生境

3-265-1　山岩黄耆　植株

3-265-2　山岩黄耆　景观

3-265-3　山岩黄耆　生境

3-265-4　山岩黄耆　叶

3-266-1　野大豆　植株

3-266-2　野大豆　花

3-266-3　野大豆　生境

3-266-4　野大豆　果实

3-266-5 绰尔湿地草甸景观

3-267-1 甘草 叶

3-267-2 甘草 生境

3-267-3 甘草 花

3-267-4 甘草 根

3-268-1 刺果甘草 花序

3-268-2 刺果甘草 生境

3-268-3　刺果甘草　叶

3-268-4　刺果甘草　果

3-269-1　米口袋　花

3-269-2　米口袋　植株

3-269-3　米口袋　根

3-270-1　狭叶米口袋　生境

3-270-2　狭叶米口袋　植株

3-270-3　狭叶米口袋　花

3-270-4　狭叶米口袋　果与根

3-271-1　鸡眼草　花

3-271-2　鸡眼草　植株

3-272-1　含羞草　花

3-272-2 含羞草 生境

3-272-3 含羞草 叶

3-273-1 山黧豆 生境

3-273-2 山黧豆 叶

3-273-3 山黧豆 花

3-274-1 大山黧豆 花

3-274-2 大山黧豆 生境

3-274-3 大山黧豆 植株

3-274-4 大山黧豆 叶

3-275-1 胡枝子 植株

3-275-2 胡枝子 叶

3-275-3 胡枝子 生境

3-275-4 胡枝子 花

3-276-1　兴安胡枝子　生境

3-276-2　兴安胡枝子　花

3-277-1　美丽胡枝子　植株

3-277-2　美丽胡枝子　花

3-278-1　多花胡枝子　生境

3-278-2　多花胡枝子　花序

3-278-3 多花胡枝子 花　　　3-279-1 尖叶铁扫帚 植株　　　　　3-279-2 尖叶铁扫帚 花

3-280-1 牛枝子 花　　　　　　　　　3-280-2 牛枝子 生境

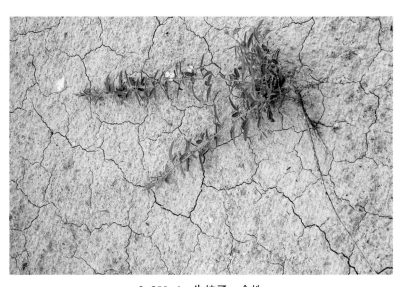

3-280-3 牛枝子 叶　　　　　　　　　3-280-4 牛枝子 全株

3-280-5　额尔古纳湿地的同心岛

3-281-1 野苜蓿 花

3-281-2 野苜蓿 叶

3-281-3 野苜蓿 生境

3-282-1 紫苜蓿 植株

3-282-2 紫苜蓿 叶

3-282-3 紫苜蓿 花

3-282-4 紫苜蓿 生境

3-283-1 花苜蓿 花序

3-283-2 花苜蓿

3-283-3 花苜蓿 花

3-283-4 花苜蓿 生境

3-284-1 天蓝苜蓿 花

3-284-2 天蓝苜蓿 植株

3-284-3 天蓝苜蓿 叶

3-285-1 草木犀 生境

3-285-2 草木犀 叶

3-285-3 草木犀 植株

3-285-4 草木犀 果

3-286-1 白花草木犀 植株

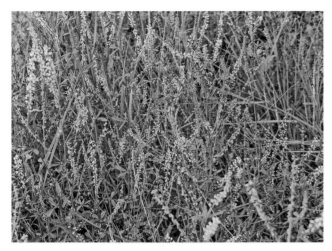

3-286-2　白花草木犀　生境

3-286-3　白花草木犀　花

3-287-1　多叶棘豆　果

3-287-2　多叶棘豆　植株

3-287-3　多叶棘豆　花

3-287-4　多叶棘豆　生境

3-288-1　硬毛棘豆　生境

3-288-2　硬毛棘豆　植株

3-289-1　山泡泡花　果

3-289-2　山泡泡花　生境

3-289-3　山泡泡花　花

3-289-4　山泡泡花　根

3-289-5　山泡泡花　植株

3-290-3　海拉尔棘豆　花

3-290-1　海拉尔棘豆　植株

3-290-2　海拉尔棘豆　生境

3-290-4　海拉尔棘豆　叶

3-291-1 长白棘豆 果

3-291-3 长白棘豆 花

3-291-4 长白棘豆 生境

3-291-2 长白棘豆 叶

3-292-1 槐 叶

3-292-2　槐　植株

3-293-1　苦参　果

3-292-3　槐　花

3-293-2　苦参　全株

3-293-3　苦参　生境

3-293-4　苦参　花

3-294-1　披针叶野决明　叶　　　　　3-294-2　披针叶野决明　花　　　　　3-294-3　披针叶野决明　全株

3-294-4　披针叶野决明　生境　　　　　　　　　3-295-1　翅荚决明　叶

3-295-2　翅荚决明　植株　　　　　　　3-295-3　翅荚决明　花

3-295-4　翅荚决明　生境

3-296-1　望江南　生境

3-296-2　望江南　荚果

3-297-1　猪屎豆　生境

3-297-2　猪屎豆　植株

3-297-3　猪屎豆　叶

3-297-4　猪屎豆　生境

3-298-1　野火球　生境　　　　　3-298-2　野火球　叶

3-298-3　野火球　花　　　　　3-299-1　红车轴草　生境

3-299-2　红车轴草　花　　　　　3-299-3　红车轴草　叶

3-299-4 红车轴草 植株

3-300-1 山野豌豆 生境

3-300-2 山野豌豆 花

3-301-1 歪头菜 花

3-301-2 歪头菜 生境

3-301-3 歪头菜 叶

3-302-1　多茎野豌豆　生境　　　　　　　　　3-302-2　多茎野豌豆　花

3-303-1　广布野豌豆　生境　　　　　　　　　3-303-2　广布野豌豆　花

3-303-3　广布野豌豆　植株　　　　　　　　　3-304-1　救荒野豌豆　生境

3-304-2　救荒野豌豆　花

3-305-1　野豌豆　生境

3-305-2　野豌豆　花

3-306-1　细叶野豌豆　叶

3-306-2　细叶野豌豆　花

3-307-1　大叶野豌豆　生境

3-307-2　大叶野豌豆　花

3-308-1 牻牛儿苗 花

3-308-2 牻牛儿苗 果

3-308-3 牻牛儿苗 植株

3-309-1 老鹳草 植株

3-309-2 老鹳草 花

3-310-1 毛蕊老鹳草 植株

3-310-2　毛蕊老鹳草　生境

3-310-3　毛蕊老鹳草　花

3-311-1　突节老鹳草　植株

3-311-2　突节老鹳草　叶

3-312-1　兴安老鹳草　生境

3-312-2　兴安老鹳草　花

3-313-1 线裂老鹳草 花

3-313-2 线裂老鹳草 生境

3-314-1 鼠掌老鹳草 花

3-314-2 鼠掌老鹳草 植株

3-314-3 鼠掌老鹳草 叶

3-315-2　东北老鹳草　花

3-315-1　东北老鹳草　植株

3-316-1　蒺藜　植株

3-316-2　蒺藜　花

3-316-3　蒺藜　生境

3-316-4 大兴安岭主脉上丰富植被

3-317-1 亚麻　　　　　　　3-317-2 亚麻　花　　　　　　3-317-3 亚麻　生境

3-318-1 野亚麻　　　　　　3-318-2 野亚麻　花　　　　　3-318-3 野亚麻　生境

3-319-1 垂果亚麻　　　　　3-319-2 垂果亚麻　花蕾　　　3-319-3 垂果亚麻　花

3-320-1　黑水亚麻　叶

3-320-2　黑水亚麻　花蕾

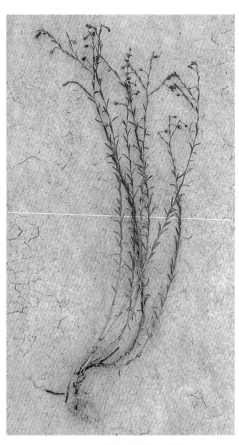

3-320-4　黑水亚麻　全株

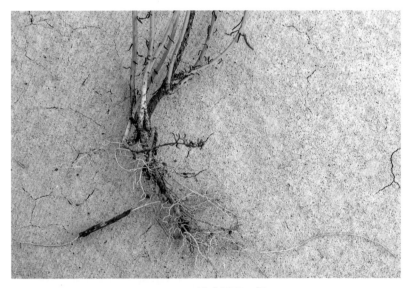

3-320-3　黑水亚麻　根

3-321-1　一叶萩　叶

3-321-2　一叶萩　生境

3-321-3　一叶萩　花

3-322-1　铁苋菜　植株

3-322-2　铁苋菜　花

3-323-1　大戟　植株

3-323-2　大戟　生境

3-324-1　乳浆大戟　植株

3-324-2　乳浆大戟　生境

3-325-1 狼毒大戟 生境

3-325-2 狼毒大戟 根

3-325-3 狼毒大戟 幼株

3-325-4 狼毒大戟 花序

3-326-1 地锦 植株

3-326-2 地锦 叶

3-327-1 林大戟 生境

3-327-2 林大戟 植株

3-328-1 飞扬草 植株

3-328-2 飞扬草 生境

3-329-1 蓖麻 果

3-329-2 蓖麻 花

3-329-3 蓖麻 植株

3-330-1 白鲜 根

3-329-4 蓖麻 叶

3-330-2 白鲜 植株

3-330-3 白鲜 花

3-330-4 白鲜 果实

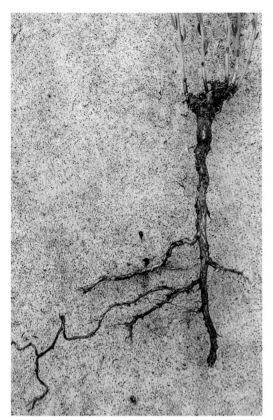

3-331-1 北芸香 根

3-331-2 北芸香 生境

3-331-3 北芸香 花

3-332-1 黄檗 树皮

3-332-2 黄檗 叶

3-332-3　黄檗　秋果

3-332-4　黄檗　青果

3-333-1　倒地铃　花

3-333-2　倒地铃　植株

3-333-3　倒地铃　果

3-333-4　倒地铃　生境

3-334-1 远志 植株

3-334-2 远志 根

3-334-3 远志 花

3-334-4 远志 生境

3-335-1 西伯利亚远志 花

3-335-2 西伯利亚远志 根

3-336-1 茶条槭 果

3-336-2 茶条槭 叶

3-336-3 茶条槭 花蕾

3-336-4 茶条槭 花

3-337-1 色木槭 植株

3-337-2 色木槭 花

3-338-1　元宝槭　花

3-338-2　元宝槭　果

3-338-3　元宝槭　生境

3-339-1　花楷槭　花

3-339-2　花楷槭　叶

3-339-3　花楷槭　植株

3-340-1　青楷槭　树干

3-340-2　青楷槭　果

3-340-3　青楷槭　叶

3-341-1　水金凤　花

3-341-2　水金凤　植株

3-341-3　水金凤　生境

3-342-1　卫矛　枝翅

3-342-2　卫矛　植株

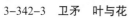
3-342-3　卫矛　叶与花

3-343-1　瘤枝卫矛　植株

3-343-2　瘤枝卫矛　花

3-344-1　白杜　花

3-344-2　白杜　果

3-345-1　南蛇藤　花

3-344-3　白杜　生境

3-345-2　南蛇藤　枝与叶

3-345-3　南蛇藤　生境

3-345-4　南蛇藤　果

3-346-1　鼠李　生境

3-346-2　鼠李　枝

3-346-3　鼠李　果

3-347-1　乌苏里鼠李　叶

3-347-2　乌苏里鼠李　生境

3-347-3　乌苏里鼠李　植株

3-348-1 酸枣 生境

3-348-3 酸枣 叶

3-348-4 酸枣 植株

3-348-2 酸枣 幼果

3-349-1 山葡萄 果

3-349-2　山葡萄　叶

3-349-3　山葡萄　花蕾

3-349-4　山葡萄　生境

3-350-1　白蔹　果

3-350-2　白蔹　生境

3-350-3　白蔹　根

3-350-4 白菝 花

3-351-1 辽椴 果

3-351-2 辽椴 嫩叶

3-352-1 紫椴 花

3-352-2 紫椴 树干

3-352-3 紫椴 叶

3-353-1　苘麻　生境

3-353-2　苘麻　植株

3-353-3　苘麻　花

3-353-4　苘麻　果实

3-354-1　野西瓜苗　生境

3-354-2　野西瓜苗　植株

3-354-3　野西瓜苗　叶

3-354-4　野西瓜苗　花

3-355-1　锦葵　生境

3-355-2　锦葵　花

3-355-3　锦葵　果

3-355-4　锦葵　叶

3-356-1 野葵 花

3-356-2 野葵 生境

3-357-1 地桃花 植株

3-357-2 地桃花 花

3-357-3 地桃花 生境

3-358-1　黄蜀葵　生境

3-358-3　黄蜀葵　花

3-358-4　黄蜀葵　植株

3-358-2　黄蜀葵　叶

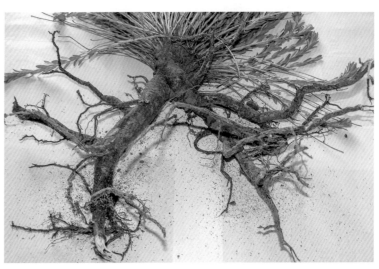

3-359-1　狼毒（瑞香）　根

3-359-2　狼毒（瑞香）　红花植株

3-359-3　狼毒（瑞香）　黄花植株

3-359-4　狼毒（瑞香）　花

3-359-5　狼毒（瑞香）　花蕾

3-360-1　东北瑞香　植株

3-360-2　东北瑞香　花

3-361-1　沙棘　果与生境

3-361-3　沙棘　果

3-361-2　沙棘　叶

3-362-1　杉叶藻　花

3-362-2　杉叶藻　生境

3-363-1　紫花地丁　花

3-363-2　紫花地丁　全株

3-363-3　紫花地丁　生境

3-364-1　裂叶堇菜　花

3-364-2　裂叶堇菜　植株

3-365-1　总裂叶堇菜　花

3-365-2　总裂叶堇菜　植株

3-366-1　鸡腿堇菜　生境

3-366-2　鸡腿堇菜　植株

3-366-3　鸡腿堇菜　花

3-366-4　鸡腿堇菜　种子

3-367-1　东北堇菜　花

3-367-2 东北堇菜 根

3-367-3 东北堇菜 植株

3-368-1 班叶堇菜 植株

3-368-2 班叶堇菜 花

3-369-1 球果堇菜 植株

3-369-2 球果堇菜 全株

3-370-1　早开堇菜　花

3-370-2　早开堇菜　全株

3-371-1　茜堇菜　生境

3-371-2　茜堇菜　花

3-372-1　兴安堇菜　植株

3-372-2 兴安堇菜 花

3-373-2 辽宁堇菜 花

3-373-1 辽宁堇菜 生境

3-374-1 溪堇菜 花

3-374-2 溪堇菜 植株

3-375-1　双花堇菜　花　　　　　　　　　　3-375-2　双花堇菜　叶

3-375-3　双花堇菜　植株　　　　　　　　　3-376-1　白花堇菜　花

3-375-4　双花堇菜　生境　　　　　　　　　3-376-2　白花堇菜　果

3-377-1　柽柳　生境

3-377-2　柽柳　花

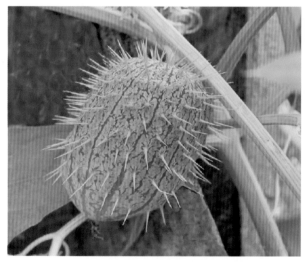

3-378-1　刺儿瓜　果

3-378-2　刺儿瓜　花

3-379-1　赤瓟　花

3-379-2　赤瓟　植株与幼果

3-379-3 赤飑 果

3-379-4 赤飑 块根

3-380-1 龙珠果 花

3-380-2 龙珠果 当年果

3-380-3 龙珠果 翌年果

3-380-4 龙珠果 植株

3-381-1　千屈菜　花

3-381-2　千屈菜　植株

3-381-3　千屈菜　生境

3-382-1　丘角菱　植株

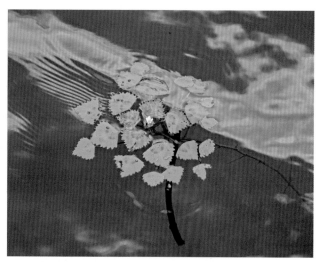

3-382-2　丘角菱　生境

3-383-1　细果野菱　生境

3-383-2　细果野菱　花

3-383-3　细果野菱　果

3-384-1　柳兰　花

3-384-2　柳兰　叶

3-384-3　柳兰　生境

3-385-1　沼生柳叶菜　生境

3-385-2　沼生柳叶菜　植株

3-386-1　露珠草　植株

3-386-2　露珠草　花叶

3-387-1　深山露珠草　植株

3-387-2　深山露珠草　生境

3-388-1　水珠草　花

3-388-2　水珠草　生境

3-389-1　月见草　花

3-389-2　月见草　果

3-389-3　月见草　生境

3-389-4　月见草　幼苗

3-390-1　毛草龙　花

3-390-2　毛草龙　植株

3-391-1　红瑞木　生境

3-391-2　红瑞木　花

3-391-3　红瑞木　果

3-392-1　无梗五加　叶

3-392-2　无梗五加　果

3-392-3　无梗五加　植株

3-393-1　刺五加　一年生枝

3-393-2　刺五加　果

3-393-3　刺五加　植株

3-393-4　刺五加　叶

3-394-1　辽东楤木　植株

3-394-2　辽东楤木　生境

3-394-3　辽东楤木　枝刺

3-394-4　辽东楤木　新芽

3-395-1 东北羊角芹 植株

3-395-2 东北羊角芹 花

3-395-3 东北羊角芹 叶

3-395-4 东北羊角芹 生境

3-396-1 朝鲜当归 生境

3-396-2 朝鲜当归 叶

3-396-3 朝鲜当归 花

3-397-1　狭叶当归　植株

3-397-2　狭叶当归　花

3-397-3　狭叶当归　生境

3-398-1　白芷　根

3-398-2　白芷　全株

3-398-3　白芷　生境

3-398-4 白芷 花

3-399-1 黑水当归 生境

3-399-2 黑水当归 生境

3-399-3 黑水当归 花

3-400-1 峨参 植株

3-400-2 峨参 花

3-401-1　北柴胡　生境

3-401-2　北柴胡　花与植株

3-402-1　红柴胡　花

3-402-2　红柴胡　根

3-402-3　红柴胡　植株

3-403-1　长白柴胡　植株

3-403-2　长白柴胡　花

3-404-1　兴安柴胡　生境

3-404-2　兴安柴胡　花

3-404-3　兴安柴胡　植株

3-405-1　线叶柴胡　生境

3-405-2　线叶柴胡　全株

3-406-1　毒芹

3-406-2　毒芹　花

3-407-1　蛇床　植株

3-407-2　蛇床　花

3-408-1　高山芹　花

3-407-3　蛇床　根

3-408-2　高山芹　叶

3-409-1　硬阿魏　植株

3-409-2　硬阿魏　花

3-410-1　兴安独活　叶

3-409-3　硬阿魏　根

3-410-2　兴安独活　花

3-410-3　兴安独活　生境

3-411-1 短毛独活 花

3-411-2 短毛独活 根

3-411-3 短毛独活 叶

3-412-1 狭叶短毛独活 花

3-412-2 狭叶短毛独活 植株

3-413-1 细叶藁本 生境

3-413-2 细叶藁本 植株

3-414-1　岩茴香　生境

3-414-2　岩茴香　根

3-414-3　岩茴香　生境

3-415-1　香根芹　根

3-415-2　香根芹　叶

3-416-1　山芹　花

3-416-2　山芹　植株　　　　　　3-417-1　棱子芹　植株

3-417-2　棱子芹　果　　　　　　3-418-1　石防风　植株

3-418-2　石防风　生境　　　　　　3-418-3　石防风　花

3-419-1　兴安前胡　花

3-419-2　兴安前胡　生境

3-420-1　红花变豆菜　花

3-420-2　红花变豆菜　生境

3-420-3　红花变豆菜　植株

3-420-4　红花变豆菜　叶

3-421-1 防风 植株

3-421-3 防风 叶

3-421-4 防风 根

3-422-1 泽芹 植株

3-421-2 防风 花

3-422-2 泽芹 叶

3-422-3 泽芹 生境

3-422-4 泽芹 花

3-423-1　迷果芹　叶

3-423-2　迷果芹　植株

3-424-1　小窃衣　生境

3-424-2　小窃衣　果

3-424-3　小窃衣　花

3-424-4 五花草塘大景观

3-425-1　红花鹿蹄草　植株

3-425-2　红花鹿蹄草　叶

3-425-3　红花鹿蹄草　花

3-425-4　红花鹿蹄草　生境

3-426-1　兴安鹿蹄草　花

3-426-2　兴安鹿蹄草　叶

3-427-1　日本鹿蹄草　花

3-427-2　日本鹿蹄草　叶与植株

3-427-3　日本鹿蹄草　全株

3-428-1　松下兰　植株

3-428-2　松下兰　花

3-428-3　松下兰　生境

3-429-1　兴安杜鹃　生境

3-429-2　兴安杜鹃　花

3-429-3　兴安杜鹃　花蕾

3-430-1　迎红杜鹃　花

3-430-2　迎红杜鹃　植株

3-430-3　迎红杜鹃　枝与叶

3-431-1　高山杜鹃　花

3-430-4　迎红杜鹃　生境

3-431-2　高山杜鹃　植株

3-432-1　照山白　果

3-432-2　照山白　花

3-432-3　照山白　叶

3-432-4　照山白　植株

3-433-1　笃斯越橘　植株

3-433-2　笃斯越橘　生境

3-434-1 点地梅 叶

3-434-2 点地梅 花

3-434-3 点地梅 生境

3-435-1 东北点地梅 植株

3-435-2 东北点地梅 花

3-436-1 北点地梅 生境

3-436-2　北点地梅　花

3-437-1　长叶点地梅　果

3-437-2　长叶点地梅　花

3-437-3　长叶点地梅　生境

3-437-4　长叶点地梅　叶

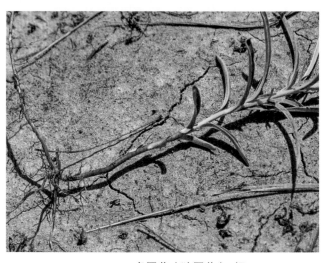

3-438-1　虎尾草（狼尾花）　根

3-438-2 虎尾草（狼尾花） 花

3-438-3 虎尾草（狼尾花） 全株

3-438-4 虎尾草（狼尾花） 生境

3-439-1 黄莲花 生境

3-439-2 黄莲花 花

3-439-3 黄莲花 全株

3-439-4 黄莲花 叶

3-440-1 樱草 花

3-440-2 樱草 生境

3-440-3 樱草 叶

3-441-1 胭脂花 植株

3-440-4 樱草 植株

3-441-2 胭脂花 花

3-441-3 胭脂花 基生叶

3-441-4 胭脂花 生境

3-442-1 白花丹 生境

3-442-2 白花丹 植株

3-442-3 白花丹 花

3-442-4 白花丹 叶

3-443-1 二色补血草 根

3-443-2 二色补血草 花

3-443-3 二色补血草 生境

3-443-4 二色补血草 植株

3-444-1 暴马丁香 果

3-444-2 暴马丁香 花

3-444-3　暴马丁香　叶

3-444-4　暴马丁香　花序

3-445-1　紫丁香　花

3-445-2　紫丁香　全株

3-446-1　辽东丁香　花

3-446-2　辽东丁香　花蕾与叶

3-446-3 辽东丁香 全株

3-447-1 水曲柳 全株

3-447-2 水曲柳 树干

3-447-3 水曲柳 叶

3-448-1 花曲柳 树干

3-448-2 花曲柳 叶

3-449-1 龙胆 根

3-449-2 龙胆 花

3-449-3 龙胆 花蕾

3-449-4 龙胆 生境

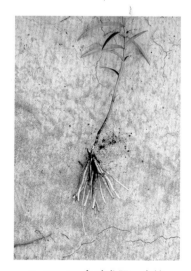

3-450-1 条叶龙胆 全株

3-450-2 条叶龙胆 生境

3-450-3 条叶龙胆 叶

3-451-1　朝鲜龙胆　花蕾

3-452-2　三花龙胆　全株

3-451-2　朝鲜龙胆　全株

3-452-3　三花龙胆　花

3-452-1　三花龙胆　花蕾

3-452-4　三花龙胆　根

3-453-1　秦艽　居群

3-453-2　秦艽　生境

3-453-3　秦艽　叶

3-454-1　达乌里秦艽　根

3-453-4　秦艽　花蕾

3-454-2　达乌里秦艽　花

3-454-3　达乌里秦艽　叶　　　　　　　3-454-4　达乌里秦艽　全株

3-455-1　鳞叶龙胆　花　　　　　　　　3-455-2　鳞叶龙胆　根

3-455-3　鳞叶龙胆　叶　　　　　　　　3-456-1　长白山龙胆　生境

3-456-2　长白山龙胆　花

3-457-2　高山龙胆　全株

3-457-1　高山龙胆　花

3-457-3　高山龙胆　生境

3-458-1　辐状肋柱花　植株

3-458-2　辐状肋柱花　生境

3-459-1　花锚　花

3-459-2　花锚　植株

3-460-1　瘤毛獐牙菜　花

3-459-3　花锚　居群

3-460-2　瘤毛獐牙菜　植株

3-461-1　北方獐牙菜　花

3-462-1　荇菜　花

3-461-2　北方獐牙菜　叶

3-462-2　荇菜　全株

3-461-3　北方獐牙菜　植株

3-462-3　荇菜　生境

3-462-4 阿尔山天池景观

3-463-1 合掌消 根与叶

3-463-3 合掌消 花

3-463-4 合掌消 生境

3-463-2 合掌消 果

3-464-1 紫花合掌消 花

3-464-2　紫花合掌消　全株

3-464-3　紫花合掌消　叶

3-465-1　白薇　花

3-465-2　白薇　花序

3-465-3　白薇　全株

3-465-4　白薇　植株

3-466-1　潮风草　根

3-466-2　潮风草　花

3-466-3　潮风草　居群

3-467-1　徐长卿　生境

3-467-2　徐长卿　花

3-467-3 徐长卿 果

3-468-1 鹅绒藤 花

3-467-4 徐长卿 植株与根

3-468-2 鹅绒藤 生境

3-468-3 鹅绒藤 叶与果

3-468-4 鹅绒藤 植株

3-469-1 地梢瓜 全株

3-469-2 地梢瓜 花叶果

3-469-3 地梢瓜 生境

3-470-1 杠柳 新枝

3-470-2 杠柳 叶

3-470-3 杠柳 花

3-470-4　杠柳　植株

3-471-1　萝藦　果

3-471-2　萝藦　花

3-471-3　萝藦　植株

3-472-1　牛角瓜　花

3-472-2　牛角瓜　生境

3-473-1 蓬子菜 根

3-473-2 蓬子菜 叶

3-473-3 蓬子菜 花与叶

3-473-4 蓬子菜 植株

3-474-1 北方拉拉藤 叶与花

3-474-2 北方拉拉藤 植株

3-475-1 猪殃殃 叶

3-475-2 猪殃殃 花

3-476-1 茜草 果

3-476-2 茜草 花

3-476-3 茜草 叶

3-476-4 茜草 植株

3-477-1　林生茜草　果

3-477-4　林生茜草　植株与花

3-477-2　林生茜草　花

3-477-3　林生茜草　叶

3-478-1　花蒽　植株

3-479-1 小花葱（中华花葱）
叶与花序

3-479-2 小花葱 植株

3-478-2 花葱 花

3-479-3 小花葱（中华花葱） 花

3-478-3 花葱 叶

3-479-4 小花葱 生境

3-479-5 小花葱 叶

3-480-1 打碗花 花

3-480-2 打碗花 叶

3-480-3 打碗花 植株

3-480-4 打碗花 全株

3-481-1 旋花 花

3-481-2 旋花 生境

3-481-3 旋花 叶

3-482-1 藤长苗 生境

3-482-2 藤长苗 植株与叶

3-482-3 藤长苗 花

3-483-1 银灰旋花 花

3-483-2 银灰旋花 生境

3-483-3 银灰旋花 植株

3-484-1 田旋花 花

3-484-2　田旋花　花蕾

3-484-3　田旋花　生境

3-485-1　北鱼黄草　花

3-485-2　北鱼黄草　植株

3-486-1　山土瓜　植株

3-486-2　山土瓜　花

3-486-3 山土瓜 生境

3-486-4 山土瓜 叶

3-487-1 菟丝子 果

3-487-2 菟丝子 花

3-487-3 菟丝子 生境

3-488-1 金灯藤 果

3-488-2 金灯藤 生境

3-489-1 蕹菜 叶

3-489-2 蕹菜 花

3-489-3 蕹菜 植株

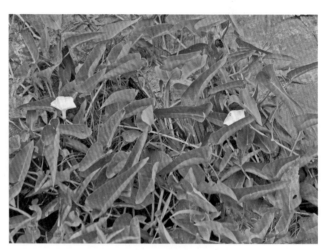

3-489-4 蕹菜 生境

3-490-1 五爪金龙 花

3-490-2 五爪金龙 生境

3-490-3 五爪金龙 叶

3-490-4 五爪金龙 植株

3-491-1 厚藤 花

3-491-2 厚藤 叶

3-491-3 厚藤 生境

3-491-4 厚藤 藤

812

3-492-1　斑种草　花

3-492-2　斑种草　幼苗

3-493-1　柔弱斑种草　花

3-493-2　柔弱斑种草　植株

3-494-1　狭苞斑种草　花

3-494-2　狭苞斑种草　全株

3-495-1　砂引草　果

3-495-2　砂引草　花

3-495-3　砂引草　全株与根

3-496-1　鹤虱　果

3-496-2　鹤虱　花

3-496-3　鹤虱　生境

3-497-1 紫草 全株

3-497-2 紫草 花

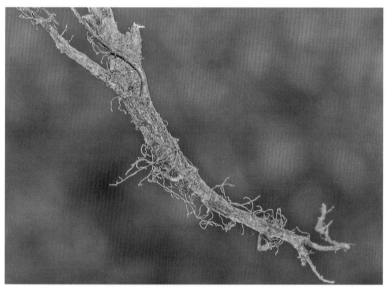

3-497-3 紫草 根

3-497-4 紫草 植株

3-498-1 疏花软紫草 生境

3-498-2 疏花软紫草 植株

3-499-1　附地菜　花

3-499-2　附地菜　全株

3-499-3　附地菜　生境

3-500-1　朝鲜附地菜　花

3-500-2　朝鲜附地菜　生境

3-500-3　朝鲜附地菜　植株

3-501-1　藿香　白花植株

3-501-3　藿香　植株与叶

3-501-4　藿香　花

3-502-1　多花筋骨草　花序

3-501-2　藿香　紫花植株

3-502-2　多花筋骨草　花

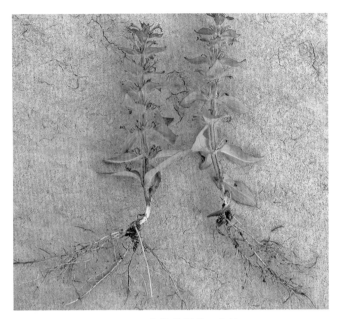

3-502-3　多花筋骨草　全株

3-503-1　水棘针　花与叶

3-502-4　多花筋骨草　生境

3-503-2　水棘针　生境

3-503-3　水棘针　植株

3-504-1　风轮菜　花

3-504-2　风轮菜　生境

3-504-3　风轮菜　叶

3-505-1　风车草　花

3-505-2　风车草　居群

3-505-3　风车草　生境

3-506-1　香青兰　花

3-506-2 香青兰 生境

3-507-1 青兰 花序

3-507-2 青兰 植株

3-507-3 青兰 叶

3-508-1 毛建草 花

3-508-2 毛建草 植株

3-508-3　毛建草　叶

3-508-4　毛健草　生境

3-509-1　香薷　花序

3-509-2　香薷　花

3-509-3　香薷　植株

3-510-1　蜜花香薷　花

3-510-2　蜜花香薷　植株

3-511-1　海州香薷　花

3-511-2　海州香薷　植株

3-512-1　鼬瓣花　花

3-512-2　鼬瓣花　植株

3-512-3　鼬瓣花　叶

3-513-1　活血丹　叶

3-513-2　活血丹　生境

3-513-3　活血丹　植株

3-514-1　夏至草　花

3-514-2　夏至草　叶

3-514-3　夏至草　花序

3-514-4　夏至草　居群

3-515-1　宝盖草　花

3-515-2　宝盖草　生境

3-515-3　宝盖草　植株

3-516-1　野芝麻　花

3-516-2　野芝麻　花序

3-516-3　野芝麻　叶

3-516-4　野芝麻　植株

3-517-1　益母草　花

3-517-2　益母草　花序

3-517-3　益母草　植株

3-517-4　益母草　幼苗

3-518-1 细叶益母草 花

3-518-2 细叶益母草 花序

3-518-3 细叶益母草 叶

3-519-1 錾菜 花与叶

3-519-2 錾菜 茎

3-520-1 地笋 花序与花

3-520-2　地笋　生境

3-520-3　地笋　植株

3-521-1　薄荷　植株（栽培）

3-521-2　薄荷　叶（野生）

3-522-1　东北薄荷　生境

3-522-2　东北薄荷　花序与叶

3-522-3　东北薄荷　幼苗

3-523-1 紫苏 植株　　　　　　　　　　3-523-2 紫苏 果

3-524-1 块根糙苏 根　　　　　　　　　3-524-2 块根糙苏 花

3-524-3 块根糙苏 生境　　　　　　　　3-524-4 块根糙苏 幼苗

3-525-1　蓝萼香茶菜　花

3-525-2　蓝萼香茶菜　花序

3-525-3　蓝萼香茶菜　生境

3-526-1　尾叶香茶菜　花

3-526-2　尾叶香茶菜　生境

3-526-3　尾叶香茶菜　叶

3-526-4 尾叶香茶菜 植株

3-527-1 夏枯草 花

3-527-2 夏枯草 植株

3-527-3 夏枯草 居群

3-528-1 裂叶荆芥 花

3-528-2 裂叶荆芥 植株

3-529-1　黄芩　根

3-529-2　黄芩　果

3-529-3　黄芩　花

3-529-4　黄芩　叶

3-530-1　并头黄芩　花

3-530-2　并头黄芩　生境

3-530-3　并头黄芩　叶

3-531-1　黑龙江京黄芩　果

3-531-2　黑龙江京黄芩　植株

3-532-1　水苏　生境

3-532-2　水苏　花

3-533-1　华水苏　花

3-533-2　华水苏　全株

3-533-3 华水苏 生境

3-534-1 毛水苏 种子

3-534-2 毛水苏 花

3-534-3 毛水苏 花序

3-534-4 毛水苏 茎与叶

3-535-1 百里香 植株

3-535-2　百里香　花　　　　　　　　　　　3-535-3　百里香　生境

3-536-1　显脉百里香　生境　　　　　　　　3-536-2　显脉百里香　植株

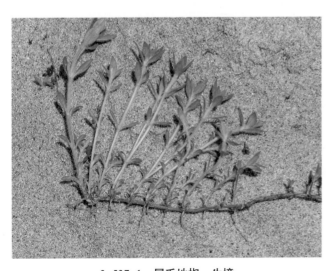

3-537-1　展毛地椒　生境　　　　　　　　　3-537-2　展毛地椒　植株

3-538-1 毛曼陀萝 植株

3-538-2 毛曼陀萝 果

3-538-3 毛曼陀萝 花

3-539-1 小天仙子 生境

3-539-2 小天仙子 果

3-539-3 小天仙子 花

3-540-1　挂金灯　生境

3-540-2　挂金灯　果

3-540-3　挂金灯　花

3-541-1　苦蘵　花

3-540-4　挂金灯　果皮

3-541-2　苦蘵　植株

3-541-3 苦蘵 果

3-541-4 苦蘵 生境

3-542-1 毛酸浆 生境

3-542-2 毛酸浆 花

3-542-3 毛酸浆 植株

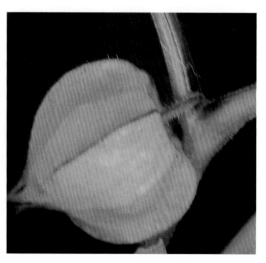

3-542-4 毛酸浆 果

3-543-1　龙葵　植株

3-543-2　龙葵　花

3-543-3　龙葵　生境

3-543-4　龙葵　叶

3-543-5　龙葵　果

3-544-1　单叶青杞　花

3-544-2　单叶青杞　叶

3-544-3　单叶青杞　果

3-545-1　枸杞　花

3-545-2　枸杞　植株

3-545-3　枸杞　枝条

3-545-4　枸杞　生境

3-545-5　尖峰岭热带北缘生物物种基因库

3-546-1 柳穿鱼 花

3-546-2 柳穿鱼 植株

3-546-3 柳穿鱼 叶

3-546-4 柳穿鱼 生境

3-547-1 达乌里芯巴 植株

3-547-2 达乌里芯巴 生境

3-547-3　达乌里芯巴　花

3-547-4　达乌里芯巴　果

3-548-1　白花泡桐　枝

3-548-2　白花泡桐　花

3-549-1　通泉草　叶

3-549-2　通泉草　生境

3-549-3　通泉草　花

3-550-1　弹刀子菜　植株

3-550-2　弹刀子菜　花

3-550-3　弹刀子菜　生境

3-551-1　山萝花　花序

3-551-2　山萝花　花

3-551-3　山萝花　植株　　　　3-552-1　红纹马先蒿　花

3-551-4　山萝花　生境　　　　3-552-2　红纹马先蒿　植株

3-552-3　红纹马先蒿　生境　　　　3-552-4　红纹马先蒿　叶

3-553-2　沼生马先蒿　花

3-553-1　沼生马先蒿　生境

3-554-2　旌节马先蒿　植株

3-554-3　旌节马先蒿　花序

3-554-1　旌节马先蒿　花序

3-554-4　旌节马先蒿　基生叶

3-555-1 野苏子（马先蒿）植株

3-555-2 野苏子（马先蒿）花

3-556-1 轮叶马先蒿 植株与生境

3-555-3 野苏子（马先蒿）生境

3-556-2 轮叶马先蒿 花

3-557-1 返顾马先蒿 幼株

3-557-2　返顾马先蒿　花

3-557-3　返顾马先蒿　生境

3-557-4　返顾马先蒿　叶

3-558-1　穗花马先蒿　花

3-558-2　穗花马先蒿　植株

3-558-3　穗花马先蒿　生境

3-559-1　埃氏马先蒿　花

3-559-2　埃氏马先蒿　植株

3-559-3　埃氏马先蒿　柱头

3-559-4　埃氏马先蒿　生境

3-560-1　松蒿　植株

3-560-2　松蒿　花

3-560-3　松蒿　植株

3-560-4　松蒿　叶

3-561-1 阴行草 生境

3-561-2 阴行草 植株

3-561-3 阴行草 花

3-561-4 阴行草 叶

3-562-1 细叶婆婆纳 植株

3-562-2 细叶婆婆纳 花

3-562-3 细附婆婆纳 生境

3-563-1 轮叶穗花（轮叶婆婆纳）
花 1

3-563-2 轮叶穗花（轮叶婆婆纳）
植株

3-563-3 轮叶穗花（轮叶婆婆纳）
花 2

3-563-4 轮叶穗花（轮叶婆婆纳）
生境

3-564-1 白婆婆纳 花

3-564-2 白婆婆纳 生境

3-565-1 大婆婆纳 叶

3-565-2 大婆婆纳 植株

3-565-3 大婆婆纳 生境

3-565-4 大婆婆纳 花

3-566-1 兔儿尾苗 生境

3-566-2 兔儿尾苗 花

3-566-3　兔儿尾苗　叶　　　　　3-566-4　兔儿尾苗　植株　　　　3-567-1　草本威灵仙　生境

3-567-2　草本威灵仙　花　　　　3-567-3　草本威灵仙　叶　　　　3-567-4　草本威灵仙　植株

3-568-1　管花腹水草　花

3-568-2　管花腹水草　生境

3-569-1　地黄　花

3-569-2　地黄　根

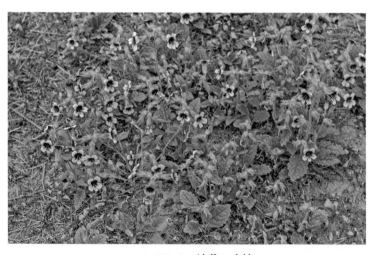

3-569-3　地黄　生境

3-569-4　地黄　植株

3-569-5　山岩黄耆群落

3-570-1　假马鞭　植株

3-570-2　假马鞭　花

3-571-1　角蒿　花

3-571-2　角蒿　生境

3-571-3　角蒿　种子

3-571-4　角蒿　幼苗

3-572-1 十万错 生境

3-572-2 十万错 花

3-572-3 十万错 植株

3-573-1 宽叶十万错 植株

3-573-2 宽叶十万错 叶

3-573-3 宽叶十万错 生境

3-573-4　宽叶十万错　花

3-574-1　列当　花

3-574-2　列当　生境

3-575-1　黄花列当　植株

3-575-2　黄花列当　花

3-575-3　黄花列当　全株

3-576-1　草苁蓉　生境与花

3-576-2　草苁蓉　药材

3-577-1　透骨草　生境

3-577-2　透骨草　植株

3-577-3　透骨草　花

3-577-4　透骨草　叶

3-578-1　车前　根

3-578-2　车前　花

3-578-3　车前　生境

3-578-4　车前　叶

3-579-1　平车前　根

3-579-2　平车前　植株

3-579-3　平车前　花　　　　　　3-579-4　平车前　生境　　　　　　3-579-5　平车前

3-580-1　大车前　叶　　　　　　　　　　　　3-580-2　大车前　花

3-580-3　大车前　生境　　　　　　　　　　　3-580-4　大车前　根

3-581-1 北车前 根

3-581-2 北车前 花

3-581-3 北车前 生境

3-582-1 长叶车前 植株

3-581-4 北车前 植株

3-582-2 长叶车前 生境

3-582-3　雾灵山森林公园

3-583-1　六道木　花　　　　　3-583-2　六道木　植株　　　　　3-583-3　六道木　枝干

3-583-4　六道木　生境　　　　　　　　3-583-5　六道木　叶

3-584-1　忍冬　花　　　　　　　　　　3-584-2　忍冬　叶

3-585-1　蓝靛果　植株

3-585-2　蓝靛果　果

3-585-3　蓝靛果　叶

3-585-4　蓝靛果　花

3-586-1　紫花忍冬　叶

3-586-2　紫花忍冬　花

3-586-3 紫花忍冬 果

3-586-4 紫花忍冬 生境

3-587-1 长白忍冬 叶

3-587-2 长白忍冬 果

3-587-3 长白忍冬 植株

3-587-4 长白忍冬 花

3-588-1 金银忍冬 生境

3-588-2 金银忍冬 花蕾

3-588-3 金银忍冬 植株

3-588-4 金银忍冬 果

3-589-1 金花忍冬 花

3-589-2 金花忍冬 生境

3-590-1 郁香忍冬 植株

3-590-2 郁香忍冬 花

3-590-3 郁香忍冬 新芽

3-590-4 郁香忍冬 枝条

3-591-1 接骨木 花

3-591-2 接骨木 植株

3-591-3　接骨木　生境

3-591-4　接骨木　果

3-592-1　鸡树条　果

3-592-2　鸡树条　秋叶

3-592-3　鸡树条　花

3-592-4　鸡树条　植株

3-593-1 败酱 花

3-593-2 败酱 茎叶

3-593-3 败酱 幼苗

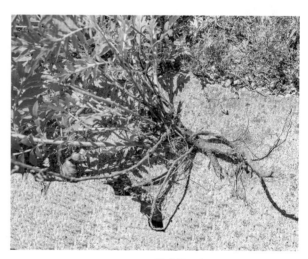

3-594-1 岩败酱 根

3-594-2 岩败酱 生境

3-594-3 岩败酱 植株

3-594-4　岩败酱　花

3-595-1　糙叶败酱　生境

3-595-2　糙叶败酱　植株

3-595-3　糙叶败酱　根

3-596-1　墓头回　茎叶

3-596-2　墓头回　生境

3-596-3　墓头回　基生叶

3-596-4　墓头回　花

3-596-5　墓头回　植株

3-597-1　缬草　生境

3-597-2　缬草　花蕾

3-597-3　缬草　花

3-597-4　缬草　植株

3-598-1　宽叶缬草　花蕾

3-598-2　宽叶缬草　叶

3-599-1　黑水缬草幼苗

3-599-2　黑水缬草　生境

3-599-3　黑水缬草　花

3-599-4　黑水缬草　根

3-600-1　华北蓝盆花　花

3-600-2　华北蓝盆花　植株

3-601-1　窄叶蓝盆花　植株

3-601-2　窄叶蓝盆花　生境

3-601-3　窄叶蓝盆花　花

3-601-4　长白山高山花园景观

3-602-1　轮叶沙参　幼苗

3-602-2　轮叶沙参　根

3-602-3　轮叶沙参　叶

3-603-1　长柱沙参　植株

3-602-4　轮叶沙参　花

3-603-2　长柱沙参　花

3-603-3 长柱沙参 叶

3-604-2 长白沙参 花

3-605-1 狭叶沙参 花

3-604-1 长白沙参 植株

3-605-2 狭叶沙参 生境

3-605-3 狭叶沙参 植株

3-606-1 展枝沙参 枝

3-606-2 展枝沙参 花

3-606-3 展枝沙参 果

3-607-1 扫帚沙参 生境

3-606-4 展枝沙参 生境

3-607-2 扫帚沙参 植株

3-607-3 扫帚沙参 花

3-607-4 扫帚沙参 枝

3-608-1 荠苨 生境

3-608-2 荠苨 花

3-608-3 荠苨 植株

3-609-1 薄叶荠苨 生境

3-610-2 松叶沙参 生境

3-610-3 松叶沙参 根

3-609-2 薄叶荠苨 花

3-610-4 松叶沙参 花序

3-610-1 松叶沙参 花

3-611-1 聚花风铃草 生境

3-611-2 聚花风铃草 植株

3-612-1　紫斑风铃草　植株　　　　3-612-2　紫斑风铃草　生境

3-611-3　聚花风铃草　叶

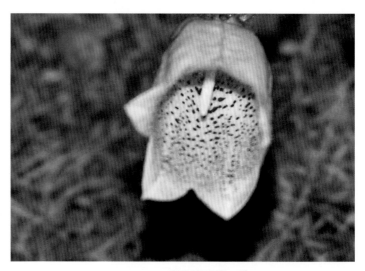

3-612-3　紫斑风铃草　花

3-612-4　紫斑风铃草　花蕾　　　　　3-613-1　党参　花

3-613-2　党参　生境

3-613-3　党参　植株

3-613-4　党参　花蕾

3-614-1　羊乳　叶

3-614-2　羊乳　花

3-614-3　羊乳　植株

3-615-1　山梗菜　花

3-615-2　山梗菜　花

3-616-1　桔梗　花

3-616-2　桔梗　生境

3-616-3　桔梗　花蕾

3-616-4　桔梗　白花

3-617-1　林泽兰　花

3-617-2　林泽兰　植株

3-617-3　林泽兰

3-618-1　飞机草　花

3-618-2　飞机草　植株

3-618-3　飞机草　生境

3-619-1　紫菀　花

3-619-2　紫菀　苞片

3-619-3　紫菀　基生叶

3-619-4　紫菀　植株

3-619-5　紫菀　生境

3-619-6　紫菀

3-620-1　高山紫菀　果

3-620-2　高山紫菀　花与居群

3-620-3 高山紫菀 叶

3-621-1 三脉紫菀 花

3-621-2 三脉紫菀 植株

3-622-1 西伯利亚紫菀 生境

3-622-2 西伯利亚紫菀 植株

3-623-1 小蓬草 植株

3-623-2 小蓬草 叶

3-623-3 小蓬草

3-624-1　东风菜　花　　　　3-624-2　东风菜　植株　　　　3-624-3　东风菜　生境

3-625-1　一年蓬　花　　　　　　　3-625-2　一年蓬　植株

3-626-1　狗娃花　植株　　　　3-626-2　狗娃花　花　　　　3-626-3　狗娃花　花冠

3-627-1　阿尔泰狗娃　花

3-627-2　阿尔泰狗娃花　生境

3-628-1　鞑靼狗娃花　花

3-628-2　鞑靼狗娃花　生境

3-629-1　马兰　花

3-629-2　马兰　生境

3-629-3　马兰　叶

3-630-1　全叶马兰　植株

3-630-2　全叶马兰　花

3-630-3　全叶马兰　生境

3-631-1　山马兰　花

3-631-2　山马兰　植株

3-631-3　山马兰

3-632-1　钝苞一枝黄花　植株

3-632-2　钝苞一枝黄花　花

3-633-1　一枝黄花　植株

3-633-2　一枝黄花　花

3-634-1　寡毛毛果一枝黄花　植株

3-635-1　女菀　生境

3-635-2　女菀　全株

3-635-3　女菀　花

3-636-1　和尚菜　花

3-636-2　和尚菜　植株

3-636-3　和尚菜　花序

3-637-1　野茼蒿　叶

3-637-2　野茼蒿　花序

3-637-3　野茼蒿　生境

3-637-4　野茼蒿　植株

3-638-1　旋覆花　花

3-638-2　旋覆花　植株

3-638-3　旋覆花　生境

3-638-4　旋覆花　叶

3-639-1　线叶旋覆花　花

3-639-2 线叶旋覆花 植株

3-640-1 柳叶旋覆花 生境

3-640-2 柳叶旋覆花 叶

3-640-3 柳叶旋覆花 花

3-641-1 土木香 花

3-641-2 土木香 叶

3-641-3 土木香 植株

3-641-4　土木香

3-642-1　火绒草　花

3-642-2　火绒草　植株

3-643-1　团球火绒草　生境

3-643-2　团球火绒草　根

3-643-3　团球火绒草　花

3-643-4　团球火绒草

3-644-1　鬼针草　花

3-644-2　鬼针草　叶

3-644-3　鬼针草　植株

3-644-4　鬼针草　生境

3-644-5　鬼针草

3-645-1　小花鬼针草　生境

3-645-2　小花鬼针草　植株

3-646-1　柳叶鬼针草　花

小花鬼针草

3-645-3　小花鬼针草

3-646-2　柳叶鬼针草　叶

柳叶鬼针草

3-646-3　柳叶鬼针草

3-647-1　羽叶鬼针草　生境

3-647-2　羽叶鬼针草　花　　　　　　　　　　3-647-3　羽叶鬼针草　植株

3-648-1　狼杷草　花　　　　　　　　　　　　3-648-2　狼杷草　植株

狼杷草

3-648-3　狼杷草　叶　　　　　　　　　　　　3-648-4　狼杷草

3-649-1 菊蒿 花

3-649-2 菊蒿 植株

3-650-1 牛膝菊 花

3-650-2 牛膝菊 植株

3-651-1 菊芋 植株

3-651-2 菊芋 花

3-652-1　腺梗豨莶　花

3-652-2　腺梗豨莶　生境

3-653-1　苍耳　植株

3-653-2　苍耳　果

3-654-1　蒙古苍耳　生境

3-654-2　蒙古苍耳　花

3-655-1　高山蓍　花

3-655-2　高山蓍　幼苗

3-655-3　高山蓍　植株

3-655-4　高山蓍　生境

3-656-1　蓍　幼苗

3-656-2　蓍　花

3-656-3　蓍　叶

3-656-4　蓍

3-656-5 蓍 生境

3-657-1 短瓣蓍 植株

3-657-2 短瓣蓍 花

3-658-1 母菊 生境

3-658-2 母菊 花

3-659-1 同花母菊 花

3-659-2　同花母菊　生境

3-659-3　同花母菊　全株

3-660-1　蟛蜞菊　生境

3-660-2　蟛蜞菊　植株

3-660-3　蟛蜞菊　叶

3-660-4　蟛蜞菊　花

901

3-661-1　野菊　生境

3-661-2　野菊　植株

3-661-3　野菊　花

3-662-1　小红菊　植株

3-662-2　小红菊　花

3-662-3　小红菊　生境

902

3-663-1 紫花野菊 植株

3-663-2 紫花野菊 叶

3-663-3 紫花野菊 花

3-663-4 紫花野菊

3-664-1 小山菊 生境

3-664-2 小山菊 植株

3-664-3 小山菊 花

3-664-4　小山菊　生境

3-665-1　细叶菊　花

3-665-2　细叶菊　叶

3-666-1　线叶菊　生境

3-666-2　线叶菊　花

3-666-3　线叶菊　根

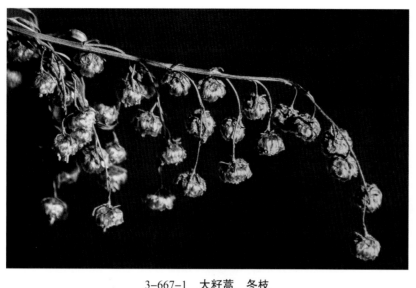

3-667-1　大籽蒿　冬枝

3-667-2　大籽蒿　生境

3-667-3　大籽蒿　花

3-667-4　大籽蒿　叶

3-668-1　萎蒿　花序

3-668-2　萎蒿　植株

3-668-3　萎蒿　叶

3-668-4　萎蒿　生境

3-670-1　莳萝蒿　植株

3-669-1　冷蒿　植株

3-670-2　莳萝蒿　茎叶

3-671-1　黄花蒿　植株

3-671-2　黄花蒿　花序

3-671-3　黄花蒿

3-672-1　青蒿　幼苗

3-672-2　青蒿　花序

3-673-1　牡蒿　植株

3-674-1　艾　叶

3-673-2　牡蒿　生境

3-674-2　艾　生境

3-674-3 艾

3-675-1 朝鲜艾 叶

3-675-2 朝鲜艾 生境

3-676-1 野艾蒿 生境

3-676-2 野艾蒿 叶

3-677-1 南艾蒿 植株

3-677-2 南艾蒿 生境

3-678-1　五月艾　生境

3-678-2　五月艾　叶

3-679-1　蒙古蒿　花

3-679-2　蒙古蒿　植株

3-679-3　蒙古蒿

3-680-1　红足蒿　植株

3-680-2　红足蒿　叶

3-681-1　茵陈蒿　幼苗

3-681-2　茵陈蒿　植株

3-682-1　柳叶蒿　植株

3-682-2　柳叶蒿　生境

3-682-3　柳叶蒿　花序

3-683-1　毛莲蒿　植株

3-683-2　毛莲蒿　花序

3-684-1　菴间　植株

3-684-2　菴间　幼苗

3-685-1　白莲蒿　花序

3-685-2　白莲蒿　叶

3-685-3　白莲蒿　植株

3-686-1　圆头蒿　生境

3-687-1　裂叶蒿　叶

3-686-2　圆头蒿　果

3-687-2　裂叶蒿　花序

3-687-3　裂叶蒿　生境

3-688-1　山尖子　花

3-688-2　山尖子　叶

3-688-3　山尖子　植株

3-689-1　蹄叶橐吾　生境

3-689-2　蹄叶橐吾　花

3-690-1　狭苞橐吾　生境

3-690-2　狭苞橐吾　花

3-691-1　橐吾　生境

3-691-2　橐吾　花

3-692-1　全缘橐吾　植株

3-692-2　全缘橐吾　花

3-692-3　全缘橐吾　生境

3-692-4　全缘橐吾　根

3-693-1 掌叶蜂斗菜 植株

3-693-2 掌叶蜂斗菜 生境

3-693-3 掌叶蜂斗菜 叶

3-693-4 掌叶蜂斗菜 根

3-694-1 狗舌草 生境

3-694-2 狗舌草 花

3-695-1　红轮狗舌草　花

3-695-2　红轮狗舌草　生境

3-696-1　麻叶千里光　花

3-696-2　麻叶千里光　植株

3-696-3　麻叶千里光　生境

3-696-4　麻叶千里光　叶

3-697-1　额河千里光　生境

3-697-2　额河千里光　花

3-698-1　林荫千里光　植株

3-698-2　林荫千里光　生境

3-698-3　林荫千里光　叶

3-698-4　林荫千里光　花

3-699-1　欧洲千里光　花

3-699-2 欧洲千里光 植株

3-700-1 琥珀千里光 植株

3-700-2 琥珀千里光 花

3-701-1 兔儿伞 生境

3-701-2 兔儿伞 幼株

3-701-3 兔儿伞 全株

3-701-4 兔儿伞 花

3-701-5 兔儿伞 苗

3-702-1 驴欺口 生境

3-702-2 驴欺口 花

3-702-3 驴欺口 叶

3-702-4 驴欺口 生境

3-703-1　牛蒡　花序

3-703-2　牛蒡　植株

3-703-3　牛蒡　种子

3-704-1　山牛蒡　叶

3-704-2　山牛蒡　花

3-704-3　山牛蒡　生境

3-705-1 苍术 花

3-705-2 苍术 生境

3-705-3 苍术 植株

3-705-4 苍术 根

3-706-1 关苍术 植株

3-706-2 关苍术 块根

关苍术

3-706-3 关苍术

3-706-4　关苍术　生境

3-707-1　朝鲜苍术　果

3-707-2　朝鲜苍术　花

3-707-3　朝鲜苍术　植株

3-708-1　丝毛飞廉　花

3-708-2　丝毛飞廉　茎

3-709-1　节毛飞廉　花

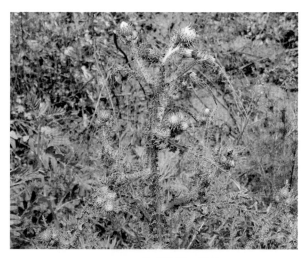

3-709-2　节毛飞廉　植株

3-710-1　刺儿菜　花

3-710-2　刺儿菜　生境

3-711-1　蓟　花序

3-711-2　蓟　植株

3-712-1　烟管蓟　花序

3-712-2　烟管蓟　幼株

3-713-1　绒背蓟　生境

3-713-2　绒背蓟　花

3-714-1　野蓟　生境

3-714-2　野蓟　花

3-715-1　莲座蓟　植株

3-715-2　莲座蓟

3-716-1　林蓟　花

3-717-1　藿香蓟　花

3-716-2　林蓟　叶

3-717-2　藿香蓟　花序

3-717-3　藿香蓟　生境

3-717-4　藿香蓟　叶

3-718-1　蝟菊　生境

3-718-2　蝟菊　花

3-719-1　泥胡菜　苗

3-719-2　泥胡菜　植株

3-719-3 泥胡菜 根

3-720-1 伪泥胡菜 生境

3-720-2 伪泥胡菜 叶

3-720-3 伪泥胡菜

3-721-1 麻花头 植株

3-721-2 麻花头 生境

3-721-3 麻花头

3-722-1 多花麻花头 生境

3-722-2　多花麻花头　花　　　　　3-722-3　多花麻花头　　　　　3-723-1　漏芦 1

3-723-2　漏芦　花蕾　　　　　　　　　　　　3-723-3　漏芦　花序

3-723-4　漏芦　根　　　　　　3-723-5　漏芦　生境　　　　　3-723-6　漏芦

3-724-1 风毛菊 植株

3-724-2 风毛菊 花序

3-724-3 风毛菊

3-725-1 美花风毛菊 植株

3-725-2 美花风毛菊 花

3-726-1 龙江风毛菊 植株

3-726-2 龙江风毛菊 花

3-727-1　草地风毛菊　花

3-728-1　羽叶风毛菊　植株

3-727-2　草地风毛菊　幼苗

3-728-2　羽叶风毛菊　花序

3-728-3　羽叶风毛菊

3-729-1　柳叶风毛菊　生境

3-729-2 柳叶风毛菊 全株

3-730-1 大丁草 （春型）

3-730-2 大丁草 （秋型）

3-731-1 猫儿菊大黄菊 根

3-731-2 猫儿菊大黄菊 花

3-731-3 猫儿菊大黄菊 生境

3-732-1　山柳菊　植株

3-732-2　山柳菊　花

3-732-3　山柳菊　叶

3-733-1　剪刀股　花

3-733-2　剪刀股　植株

3-734-1　报茎小苦荬　花

3-734-2　报茎小苦荬　生境

3-735-1　中华小苦荬　花 1

3-735-2　中华小苦荬　花 2

3-735-3　中华小苦荬　植株

3-736-1　光滑小苦荬　花

3-736-2　光滑小苦荬　生境

3-737-1　黄瓜菜（黄瓜假还阳参）
花

3-737-2　黄瓜菜（黄瓜假还阳参）
植株

3-737-3　黄瓜菜（黄瓜假还阳参）

3-738-1　长裂苦苣菜　花

3-738-2　长裂苦苣菜　叶

3-739-1　短裂苦苣菜　植株

3-739-2　短裂苦苣菜　叶

3-739-3　短裂苦苣菜　花

3-740-1　全叶苦苣菜　叶

3-740-2　全叶苦苣菜　生境

3-741-1　苦苣菜　幼苗

3-741-2　苦苣菜　花

3-742-1　苣荬菜　叶

3-742-2　苣荬菜　生境　　　　　3-742-3　苣荬菜　花　　　　　3-742-4　苣荬菜　植株

3-743-1　山莴苣　　　　　　　3-743-2　山莴苣　植株　　　　　3-743-3　山莴苣　花

3-744-1　乳苣　花　　　　　　3-744-2　乳苣　生境　　　　　3-744-3　乳苣

3-745-1 翅果菊 生境　　　　　　　　　3-745-2 翅果菊 花

3-745-3 翅果菊 叶　　　　　3-745-4 翅果菊 生境　　　　　3-745-5 翅果菊

3-746-1 翼柄翅果菊 生境　　　　　　　　3-746-2 翼柄翅果菊 花序

3-747-1 毛脉翅果菊 叶

3-747-2 毛脉翅果菊 花蕾

3-748-1 毛连菜 花序

3-748-2 毛连菜 叶

3-749-1 日本毛连菜 花

3-749-2 日本毛连菜 幼株

3-750-1 福王草 叶

3-750-2 福王草 生境

3-751-1 鸦葱 全株

3-751-2 鸦葱 花与花蕾

3-751-3 鸦葱 植株

3-752-1 蒙古鸦葱 植株

3-752-2　蒙古鸦葱　花　　　　　3-753-1　华北鸦葱　花　　　　　3-753-2　华北鸦葱　根

3-754-1　桃叶鸦葱　　　　　　　　　3-754-2　桃叶鸦葱　生境

3-754-3　桃叶雅葱　花　　　　　　　3-755-1　细叶黄鹌菜　生境

3-755-2　细叶黄鹌菜　花

3-756-1　碱黄鹌菜　花

3-756-2　碱黄鹌菜　植株

3-757-1　蒲公英　生境

3-757-2　蒲公英　植株

3-757-3　蒲公英　花

3-758-1　大头蒲公英　生境

3-758-2　大头蒲公英　花

3-759-1　东北蒲公英　植株

3-759-2　东北蒲公英　居群

3-760-1　异苞蒲公英　植株

3-760-2　异苞蒲公英　花

3-761-1　药用蒲公英　植株

3-761-2　药用蒲公英　花

3-762-1　斑叶蒲公英　花

3-762-2　斑叶蒲公英　植株

3-763-1　朝鲜蒲公英　植株

3-763-2　朝鲜蒲公英　花

3-764-1 芥叶蒲公英 植株

3-764-2 芥叶蒲公英 花

3-764-3 芥叶蒲公英 生境

3-765-1 光苞蒲公英 生境

3-765-2 光苞蒲公英 花

3-766-1 多葶蒲公英 植株

3-766-2　多葶蒲公英　花

3-767-1　小花蒲公英　花

3-767-2　小花蒲公英　植株

3-768-1　白缘蒲公英　花

3-768-2　白缘蒲公英　植株

3-768-3　白缘蒲公英　生境

3-768-4　白缘蒲公英　叶与花蕾

3-768-5　远眺百花山主峰

药用植物名索引

后 记

实现中华民族伟大复兴是近代以来中华民族最伟大的梦想，实现这一目标，我们比任何一个时期都需要科技创新来支撑国家长久的繁荣与强大。积跬步以至千里，积小流而成江海，相信《野生种子植物药用信息图鉴》的出版会为保障人民生命健康、提升人民生活品质、促进人的全面发展起到良好的指导作用。

根植于内心的爱国情怀是每一个有良知的中国知识分子的基本素养，《野生种子植物药用信息图鉴》的作者及其支持者们能克服种种困难，自费考察数十年，将其所得不要任何报酬地回馈给社会，就是对他们最好的爱国注解。他们是实现中国梦伟大征程中不容忽视的民族动力。相信本书的问世会为中医药事业提供一个创新发展的新引擎。

本书源于刘金杰、赵春艳多年积累的文字资料和实地拍摄图片资料，著作权属于刘金杰、赵春艳。在编写的过程中刘金杰完成了 20 余万字的编写任务，李叶双、赵春艳各完成了 15 余万字的编写任务，每位副主编各完成了 8 余万字的编写任务，每位编者各完成了 1 余万字的编写任务。本书的所有作者都曾参加过刘金杰组织的野外考察工作。

随着国家"一带一路"倡议的实施以及《"健康中国 2030"规划纲要》的发布，中华文化将再次造福世界，而中医药行业也将迎来新一轮的挑战与机遇。中医药文化从古至今不断发展，靠的就是不断吸取人民的智慧与经验，《野生种子植物药用信息图鉴》正是源于中医药基层工作者的多年实践，并参阅大量经典文献融合完成的实用性信息库，相信她一定会为促进大健康产业发展做出应有的贡献。

刘金杰

2021 年 12 月 9 日

致　谢

　　人的一生，能致力于一项自己喜欢的工作是很幸运的。我有幸受到前辈们的教导，在植物分类学方面进行了研究和知识储备。一部专著得以问世，除了我自身的努力与付出之外也离不开方方面面的支持。在这里我要感谢我的导师赵常忠和付沛云等老师的教导。感谢我的供职单位哈尔滨医科大学大庆校区对我的培养。感谢中国中医科学院黄璐琦院长在组织编写《全国中草药汇编》时给予我的专业熏陶。感谢海南医学院领导的组织和运作。感谢致力于植物资源考察工作的杰出实践者——周繇教授为本书作序。感谢我曾经的同事——中国农业大学生命学院何群教授给予方向上的引导。感谢我下乡时期的战友——图书出版修图专家施为民无偿为我的图片进行了修版。感谢我所在单位同事高力新、郭文广、白冰、纪长伟、朱宝国等给予的工作支持以及为此书得以问世而尽力的诸位朋友们，如解鲜花、陈明忠、孙宝连……我就不一一列出了，谢谢所有的朋友们。感谢我的家人在我考察中给予的重要支持，使我能完成心愿。

　　我感谢中国中医药出版社对本书的认可和支持，感谢王秋华主任和董美虹编辑细致的指导。感谢东北林大郑宝江教授无偿对本书进行了审定并提出了宝贵的修改意见。感谢海南医学院中医院院长谢毅强教授的严谨把关。感谢唐山张玉江老师的无私指导。感谢所有关心中草药事业发展和致力于植物保护的好友们，尤其是以周繇教授为首的华夏植物群，在我整理资料的过程中给予的信息与指导，在此集体谢过。

　　中医药事业和环境保护工作还任重而道远，"路漫漫其修远兮，吾将上下而求索"。植物生态保护与中草药对人类健康的作用还有许多工作要做，我的著作由于水平所限，难免会有错误和不当之处，敬请指正。我在这里诚挚的谢谢大家了。

刘金杰

2021 年 12 月

图书在版编目（CIP）数据

大美葡萄酒 / 李长征 编著 . — 北京：东方出版社，2022.3
ISBN 978-7-5207-2414-2

Ⅰ.①大…　Ⅱ.①李…　Ⅲ.①葡萄酒—基本知识　Ⅳ.① TS262.61

中国版本图书馆 CIP 数据核字（2021）第 199939 号

大美葡萄酒

（DAMEI PUTAOJIU）

编　　著：李长征
策　　划：张永俊
责任编辑：王金伟
责任审校：曾庆全
出　　版：东方出版社
发　　行：人民东方出版传媒有限公司
地　　址：北京市西城区北三环中路 6 号
邮　　编：100120
印　　刷：北京联兴盛业印刷股份有限公司
版　　次：2022 年 3 月第 1 版
印　　次：2022 年 3 月第 1 次印刷
开　　本：880 毫米 ×1230 毫米　1/16
印　　张：30
字　　数：500 千字
书　　号：ISBN 978-7-5207-2414-2
定　　价：218.00 元
发行电话：（010）85924663　85924644　85924641